LES

PHÉNOMÈNES

DE

LA NATURE

LEURS LOIS

ET LEURS APPLICATIONS AUX ARTS ET A L'INDUSTRIE,

D'APRÈS LE Dr W. F. A. ZIMMERMANN,

PAR

LE Dr H. VALÉRIUS,

Professeur de physique à l'université de Gand.

DEUX VOLUMES GR. IN-8°,

ILLUSTRÉS D'UN GRAND NOMBRE DE GRAVURES SUR BOIS, ET DE PLUSIEURS PLANCHES COLORIÉES,

publiés en 64 livraisons.

PROSPECTUS.

Nous sommes à l'entrée d'une ère nouvelle. Une révolution se prépare, plus grande et plus féconde qu'aucune de celles qui ont marqué les diverses périodes de notre histoire. Il nous serait impossible de prévoir jusqu'où s'étendra l'influence qu'elle exercera sur l'avenir des peuples, et l'esprit le plus pénétrant oserait à peine faire quelques conjectures à cet égard. Mais si l'avenir nous est encore voilé, le mouvement actuel ne saurait échapper à personne. Il résulte de la tendance de notre époque vers *l'étude et les applications des forces de la nature.*

Pendant des siècles, le livre de la nature nous était, pour ainsi dire, resté complétement fermé; on traitait de téméraires et de présomptueux ceux qui essayaient d'en pénétrer les secrets. Notre époque a la gloire d'avoir secoué l'empire de ce préjugé. Non-seulement elle a réuni en corps de doctrine les observations et les recherches isolées de nos devanciers, mais elle a découvert un grand nombre de phénomènes nouveaux, elle a remonté à leurs causes, les a expliqués et classés dans un ordre qui les enchaîne étroitement, elle a formulé les lois qui les régissent et indiqué les applications dont ils sont susceptibles. Par cet immense travail, elle a changé la face de l'industrie et porté la physique à un tel degré de perfection, qu'à l'aide des seules données de cette science, il a été possible d'aborder les problèmes les plus difficiles, tels, par exemple, que celui de la formation de notre globe, au point de vue des changements successifs qu'il a éprouvés.

Les générations les plus reculées nous envieront d'avoir été les contemporains de cette grande révolution dans le domaine des sciences naturelles et dans celui de l'industrie.

A peine commençons-nous à en cueillir les premiers fruits, et déjà que de résultats obtenus !

Par le refroidissement, la vapeur d'eau se condense et donne lieu à un espace vide. La découverte de cette seule loi naturelle, qui sert de base aux machines à vapeur, a transformé le commerce et l'industrie, et doté l'homme de forces qui lui permettent d'exécuter en un jour le travail qui auparavant exigeait des siècles, et de parcourir des distances de plusieurs lieues en moins de temps qu'il n'en faut pour faire quelques pas.

La machine électrique qui, il y a quelques années à peine, n'était qu'un jouet d'enfants, que de résultats merveilleux n'a-t-elle pas fait réaliser, depuis qu'elle nous a permis l'étude d'un agent qui joue un rôle si important dans l'univers tout entier ! En effet, en moins d'un instant, l'électricité transporte la pensée d'un bout de la terre à l'autre ; elle a ouvert à la médecine un champ nouveau et dont, sans elle, on n'eût jamais soupçonné l'existence ; elle est même devenue la rivale du soleil, puisqu'elle est capable de développer une lumière presque aussi éclatante que celle de cet astre.

Il nous serait facile de citer, par centaines, d'autres conquêtes de la science, et qui ne sont, comme les précédentes, que des applications de lois naturelles très-simples.

En présence de ce mouvement scientifique sans exemple, en présence d'applications qui, en s'étendant et en se multipliant chaque jour davantage, créent, sous nos yeux, pour ainsi dire un monde nouveau, on comprend suffisamment pourquoi l'étude de la physique est devenue un besoin si réel pour les masses. Malheureusement, les nombreux ouvrages publiés, pour répondre à ce besoin, soit en Allemagne, soit en France, et décorés du titre de *Traités populaires*, n'atteignent guère ce but, comme plus d'un de nos lecteurs aura pu s'en convaincre par sa propre expérience. C'est ce qui a décidé M. le docteur Zimmermann à essayer à son tour de combler la lacune regrettable que nous signalons, en offrant à l'Allemagne un *Traité de physique contenant le résultat de toutes les recherches accomplies jusqu'à ce jour, présenté de telle façon que, pour le comprendre, il ne faut pas avoir fait d'études scientifiques préalables.* Par son ouvrage « *Le Monde avant la création de l'homme,* » ce savant a déjà vulgarisé une branche des sciences naturelles que les gens du monde connaissaient à peine de nom. Le succès extraordinaire de cette publication (dix éditions en moins de deux ans), succès qui n'a pas son pareil dans les annales de la librairie, nous donne la certitude que ce nouveau travail ne sera pas accueilli avec moins de faveur et que chacun y trouvera une ample moisson de connaissances utiles et intéressantes.

Dans cet ouvrage, il expose successivement toutes les parties de la physique : l'électricité, le magnétisme, le galvanisme, l'optique, le calorique, la pneumatique, l'acoustique, l'hydraulique et la mécanique. Pour faciliter l'intelligence des théories et des principes dont il a à traiter, il cherche constamment à s'appuyer sur des faits que le lecteur connaît ou peut observer aisément. En outre, il a soin d'indiquer toutes les applications de la physique à la vie ordinaire, aux arts et à l'industrie, de telle manière que chacun puisse se former une opinion raisonnée sur les diverses applications dont il s'agit, et *tirer parti, pour son propre usage, des connaissances qu'il aura acquises.*

Nous recommandons ce livre à tous ceux qui ne veulent pas rester en arrière, qui désirent étendre le cercle de leur savoir et se perfectionner dans leur industrie ; à tous ceux qui veulent connaître l'esprit de notre époque, ses œuvres, ses créations, et les avantages que nous offrent les conquêtes de la science. Enfin, nous recommandons ce livre à tous ceux qui, après les labeurs et les fatigues de la journée, désirent trouver un délassement propre à satisfaire le cœur et l'esprit.

M. le docteur H. Valérius, professeur à l'université de Gand, a enrichi et augmenté notre édition de plusieurs notes intéressantes. En outre, il a remanié un certain nombre de chapitres de l'édition allemande, de manière à les mettre en rapport avec les besoins des lecteurs auxquels nous nous adressons.

L'exécution matérielle du livre ne laissera rien à désirer. De nombreuses gravures accompagnent et expliquent le texte, ce qui n'empêche pas le prix de l'ouvrage d'être extrêmement modique.

Spécimen des gravures.

Canon électrique.

Conditions de la souscription.

LES PHÉNOMÈNES DE LA NATURE, formant deux beaux volumes gr. in-8°, illustrés d'un grand nombre de gravures sur bois et de plusieurs planches coloriées, seront publiés en 64 livraisons de 16 pages, à 25 centimes.

PRIX DE L'OUVRAGE COMPLET : 16 FRANCS.

ON SOUSCRIT :

PARIS.	**BRUXELLES.**	**PARIS.**
SCHULZ ET THUILLIÉ,	CHARLES MUQUARDT,	GUSTAVE HAVARD,
7, Quai des Grands-Augustins.	Éditeur.	15, Rue Guénégaud.

et chez tous les libraires de la France et de l'étranger.

Imprimerie de J. Stienon, à Bruxelles.

PHÉNOMÈNES

DE

LA NATURE.

TOME PREMIER

Bruxelles, imprimerie de J. Stienon.

LES
PHÉNOMÈNES
DE
LA NATURE

LEURS LOIS

ET LEURS APPLICATIONS AUX ARTS ET A L'INDUSTRIE,

D'APRÈS LE D' W. F. A. ZIMMERMANN,

PAR

LE D' H. VALÉRIUS,

Professeur de physique à l'université de Gand.

PHYSIQUE POPULAIRE A L'USAGE DES GENS DU MONDE,

ILLUSTRÉE D'UN GRAND NOMBRE DE GRAVURES.

TOME PREMIER.

Électricité. — Magnétisme. — Galvanisme.

<table>
<tr><td>**PARIS.**</td><td>**BRUXELLES.**</td><td>**PARIS.**</td></tr>
<tr><td>SCHULZ ET THUILLIÉ,</td><td>CHARLES MUQUARDT,</td><td>GUSTAVE HAVARD,</td></tr>
<tr><td>12, Rue de Seine.</td><td>Éditeur.</td><td>15, Rue Guénégaud.</td></tr>
</table>

ET CHEZ HECTOR BOSSANGE ET FILS, COMMISSIONNAIRES POUR L'ÉTRANGER.

1858

INTRODUCTION.

« Si l'on peut comparer la Nature à un livre ouvert, sous les yeux de tout le monde, il faut convenir néanmoins que le texte n'en est pas également intelligible partout, et qu'il s'y rencontre nombre de passages difficiles à interpréter. » Ainsi parle M. Dove dans son remarquable *Traité de l'électricité*.

Par malheur, ceux qui savent reconnaître les signes de cette cryptographie ne sont guère nombreux. On ne trouve pas tout d'abord la clef de ces hiéroglyphes, bien qu'ils offrent en certains endroits des symboles assez transparents. Le Champollion des monuments de la nature est encore à naître, tandis que des œuvres d'art qui paraissaient bien plus difficiles à comprendre ont été clairement expliquées.

D'où vient cette différence ? Je crois qu'on peut l'attribuer à deux causes. — Pourquoi, demandait un jour à Mozart l'empereur Joseph II, a-t-on écrit sur la musique si peu de choses bonnes et intelligibles ? — Le grand compositeur répondit : « Ceux qui savent écrire, n'entendent rien à la musique, et ceux qui comprennent la musique, ne savent pas écrire. »

Eh bien, ces paroles vraies pour la musique, le sont également en ce qui concerne la Nature. En effet, trop souvent l'homme de science ne trouve pas des formes accessibles aux profanes, et celui qui sait se faire comprendre de tout le monde a rarement quelque chose d'important à dire. Voilà l'une des causes. L'autre consiste en ce qu'il n'est pas donné au premier venu de saisir les lois qui président aux formes des corps et de déterminer le but assigné à chacune d'elles, car, dans la nature, toute forme a sa signification et sa raison d'être.

Que l'on prenne au hasard, par exemple, la plume qui nous sert à tracer ces lignes. Elle doit porter l'oiseau, et par conséquent pouvoir refouler vivement l'air ; elle sert d'armure, de vêtement, de fourrure, d'abri ; elle doit être à la fois solide et légère, à la fois roide et souple. Quelle haute intelligence, quelle admirable prévoyance éclatent dans le moindre détail de sa composition !... La plume est creuse pour être légère en même temps que forte. Songez que la même quantité de matière répartie sur la même longueur supportera plus ou moins de poids, selon qu'elle sera disposée en tube ou en colonne massive ; songez que le roseau est beaucoup plus résistant que le bâton.

Remarquez en outre l'incomparable délicatesse avec laquelle les plumes sont enduites d'une sorte de cire grasse et consistante, fermant tout passage à l'eau. Voyez comme elles sont en même temps propres à réchauffer l'oiseau. D'un côté les plumes sont formées de substances qui conduisent très-mal la chaleur, et de l'autre, elles se recouvrent si bien que toute circulation de l'air se trouve interceptée. Or, grâce à cette double condition, elles arrivent à garder avec soin jusqu'aux moindres quantités de calorique développées dans l'organisme. Enfin, s'il faut que la plume véte et arme l'oiseau, ne faut-il pas avouer que tout concourt à atteindre ce but ? Jamais une oie n'a été blessée par le plomb destiné aux perdrix, ni une perdrix par la cendrée des petits oiseaux ; la masse du plumage offre tant de résistance, qu'une outarde, que dis-je ? un cygne ne saurait être tué par des chevrotines, si ce n'est lorsque, par hasard, on touche la tête.

On le voit donc clairement, un grand nombre de résultats sont obtenus par les moyens les plus simples, les plus sûrs et les plus efficaces : tel est partout le procédé de la nature. Regardez un arbre : son tronc, ses branches, ses feuilles, tout n'est-il pas développé selon les principes les plus simples et les plus appropriés de la physique ?

Ne remarquez-vous pas dans chaque organe, dans chaque os, dans chaque veine de l'animal, un modèle, un type parfaitement réalisé ? Et comment tant de merveilles se seraient-elles accomplies sans l'Esprit créateur, pénétrant au plus profond du chaos ? Savez-vous quelque chose au monde de plus intéressant que d'observer les lois et les procédés de la puissance créatrice, comme le fait le naturaliste, ou au moins comme devrait le faire tout homme studieux, d'écouter les récits de ceux qui ont scruté le domaine de la nature ?

Le docteur Klencke, dans son *Influence de la physique sur la vie humaine*, dit avec beaucoup de raison : Quiconque n'est pas quelque peu initié aux sciences naturelles, erre au sein de son pays natal comme Robinson au milieu d'un monde inconnu. — Voyez s'élever vers le ciel la fumée des hautes cheminées de mille fabriques diverses. On dirait de gigantesques obélisques qui se dressent pour honorer l'audace du travail humain. Les soufflets gémissent, les roues grincent et les marteaux retentissent au fond des ateliers et des usines, comme autant de Cyclopes au service du dieu de l'Industrie. Le profane jouit des produits de tant d'efforts, sans se douter que c'est l'étude de la nature qui lui permet de tirer parti des fruits des champs et lui donne le métal arraché aux entrailles du sol, l'allumette chimique si chétive et néanmoins si utile, tant d'autres choses enfin qu'exige le nécessaire, aussi bien que le superflu de la vie. Avec une locomotive haletante il fend l'espace autrefois interdit au grand nombre. C'est à peine s'il devine, dans sa joie ou dans sa peur, qu'il ne dévore les distances que parce qu'une force brute de la nature, jusqu'alors violemment destructive, a été à la fin enchaînée par le vouloir obstiné de l'homme. Le voilà parvenu au terme d'un lointain voyage ; une dépêche télégraphique envoie l'espoir et la joie à ceux qu'il a laissés à mille lieues de là ; il considère l'appareil électro-magnétique d'un regard hébété plutôt qu'admiratif ; il suit d'un œil effaré le fil électrique qui se perd à l'extrémité de l'horizon ; puis, quand il apprend, quand il constate à n'en pouvoir plus douter que pendant sa stupeur une chose morte a pu porter sa pensée vivante au loin dans sa famille, force lui est bien de s'avouer en rougissant, qu'il passe comme un étranger au milieu de ce monde tout nouveau pour lui. Il y a bien des années qu'il brûle du gaz dans sa demeure, et il ne sait pas d'où vient ce gaz, ce que c'est, ni pourquoi la lumière en est si éclatante. Il se promène sous un ciel qui lui dispense les plus doux comme les plus ardents rayons. Qu'importe ! il ignore la nature des astres, leur nombre, leurs révolutions, leurs distances et leurs attractions réciproques. Lui qui, en proie au doute, aux angoisses, supplie tous les échos, que ne songe-t-il un instant à ces lois éternelles qui règnent dans l'immensité et qui, sans se plier à aucun caprice de l'homme, se révèlent pourtant à l'esprit qui ose en sonder les mystères ! Ce profane n'est-il pas autant à plaindre que celui qui, sans feu ni lieu, erre à l'aventure sur une terre inconnue ? Ne sachant rien des choses qui l'entourent, n'est-il pas comme un étranger dans sa propre patrie ?

Au dix-neuvième siècle, on peut le dire, il n'est plus permis d'abdiquer sa raison ; il faut qu'on se demande compte de tout ce qu'on emploie pour le luxe ou pour les besoins de la vie. Le temps n'est pas loin où l'on ne voudra admettre, dans l'ordre matériel, que ce que l'on pourra comprendre. Au surplus, si merveilleuses, si surprenantes qu'apparaissent les applications des phénomènes de la nature, on peut les ramener à un bien petit nombre de lois générales. Que de conquêtes de la science dont le vulgaire, c'est-à-dire quiconque sait lire et réfléchir, pourrait et devrait profiter !...

Puisque la science ne s'arrête pas dans ses progrès, pourquoi attendrait-on davantage pour se familiariser avec ce qu'elle a déjà si bien mis en lumière? Le siècle remarquable où nous vivons et qui vient à peine d'atteindre la moitié de sa course, nous étourdit par le nombre et la variété de ses découvertes. Fixant les longitudes par la précision la plus scrupuleuse du chronomètre, il a appris à l'homme à ne plus dévier d'une seconde de sa route sur le vaste désert de l'Océan. Il a ôté au navire ses voiles, au char ses chevaux, remplaçant par la vapeur toute espèce de force motrice, en même temps qu'il réduisait les distances au dixième, au vingtième, devançant l'aigle dans son essor, et le vent dans sa course.

Ce dix-neuvième siècle, si hâtif dans sa marche, a créé l'électro-magnétisme. Par l'électricité il a su aimanter l'acier; par le magnétisme il a su électriser; il a arraché des étincelles à l'aimant. On a trouvé une baguette divinatoire permettant d'explorer le sein des mers; on a inventé un thermomètre pour leurs abîmes. La fugacité de l'éclair a pu être mesurée, et nous avons appris à transmettre jusqu'aux derniers confins de la terre nos pensées à peine écloses. L'électricité a déplacé des montagnes, fait voler en éclats les rochers au plus profond des gouffres, animé des navires, improvisé des gravures et des statues. Désormais l'énorme continent de l'Amérique n'est plus pour nous qu'une île, et nous avons trouvé au nord comme au midi les pôles magnétiques.

La science contemporaine a donné à la chimie une base plus fixe, transformé les éléments d'autrefois en corps composés, tiré de ceux-ci 62 corps élémentaires, créé et brûlé des diamants. Elle a trouvé un feu plus intense que le feu du soleil, une lumière presque aussi éclatante que sa lumière. De larges fleuves, des bras de mer ont été comme enchaînés par des ponts orgueilleusement arqués et suspendus; des chaussées, des lignes de fer s'élancent aujourd'hui par-dessus les plus larges vallées ou passent sous les fleuves les plus profonds, en sorte que l'on voit, d'un côté, de lourds bâtiments de guerre voguer à pleines voiles au-dessus

d'une route où cheminent des cavaliers et des piétons, et de
l'autre, au-dessus des vaisseaux, rouler des voitures pesamment
chargées. On a ôté à la houille sa propriété éclairante pour ne
lui laisser que sa puissance calorifique, si bien qu'après avoir
tiré du charbon le gaz pour éclairer les villes, on a pu, au moyen
du coke, chauffer les locomotives et fondre les métaux.

De nos jours on a trouvé l'art de multiplier par la photogra-
phie les œuvres du dessinateur et du peintre. La momification,
la teinture en pourpre, la peinture sur verre et bien d'autres
secrets ont été comme exhumés des âges anciens. L'homme s'est
enhardi à marcher ainsi qu'une tortue au fond de la mer. Quels
cieux, comme dit le poëte, ne tenterait-il pas? Pareil au condor,
l'homme se hasarde au plus haut des airs. Bientôt il saura y
diriger sa course. N'a-t-il pas déjà déterminé la marche régulière
des comètes et leur lumière d'emprunt? Par les mathématiques,
développées dans leur plénitude et par les chaînes d'idées qui s'y
rattachent, n'a-t-il pas porté son esprit jusqu'aux plus lointaines
régions du ciel, les parcourant comme un maître qui visite son
domaine? N'a-t-il pas deviné, par le calcul, l'existence de planètes nouvelles qui se trouvent à plus de 300 millions de lieues au
delà d'Uranus, et ce qu'il avait deviné, n'a-t-il pas fini par en constater nettement la réalité, en s'armant d'instruments optiques
rendus chaque jour plus ingénieux et plus parfaits?

On le voit, ce siècle a ouvert de vastes champs à la pensée ;
il importe de les explorer, non-seulement à cause de l'attrait
puissant qu'ils offrent à notre curiosité, mais encore pour obéir
aux exigences studieuses de notre époque. En effet, les notions
des faits physiques se répandent si loin, pénètrent si profondément la vie populaire, que sous peu il n'y aura plus de ré-
mouleur qui ne connaisse à fond les propriétés de sa pierre à
aiguiser, plus de forgeron qui ne raisonne sur la différence du
charbon de terre et du charbon de bois, du coke, du lignite, etc.
Un propriétaire ou directeur de fabrique rougira s'il ignore ou
ne peut définir convenablement les forces naturelles dont il doit
faire usage dans son exploitation. Les teinturiers, les brasseurs,

les tanneurs, les constructeurs de machines, les passementiers,
les fabricants de bronzes, les facteurs de pianos, les carrossiers,
les filateurs, les verriers, les faïenciers, etc., etc., commencent déjà à comprendre qu'ils ne peuvent plus faire un pas
dans leur industrie, sans être guidés par le flambeau de la
science.

Pour satisfaire à ces besoins d'instruction, à ces tendances in-
vestigatrices, il existe des manuels, des livres populaires de toute
espèce, traitant soit de l'une ou de l'autre partie, soit de l'ensemble des notions physiques. Mais ils n'ont guère de populaire
que le titre; en général, les savants ont peine à sortir des sphères
de l'érudition. Il est moins facile qu'on ne se l'imagine de se détacher de ses vieilles préoccupations, de renoncer à des habitudes invétérées, et tel qui pense écrire pour les gens du monde,
ne s'aperçoit pas toujours des connaissances préalables qu'exigera
l'étude de son œuvre.

Sans doute, on ne peut guère traiter scientifiquement des
phénomènes de la physique, sans invoquer l'appui du calcul;
mais qu'est-ce qui empêche de s'en tenir aux conquêtes obtenues, de manière que le lecteur profane ne se doute ni des difficultés qu'il côtoie, ni des brusques transitions qu'on lui fait
éviter? L'érudit de profession repoussera une œuvre ainsi con-
çue; mais de ses mains elle retombera avec fruit dans celles de la
multitude avide de faits positifs et dégagés d'abstractions. Là elle
sera accueillie comme un guide fidèle, comme un conseiller, on
pourrait dire, comme un ami.

C'est ce but et ce but seul que s'est proposé l'auteur du
présent livre. Il demande qu'on le juge sous le point de vue où
il s'est placé. On dira peut-être qu'il n'a pas assez de science.
Pourvu qu'il soit compris des masses et que ce qu'il leur donne
leur soit utile, son but se trouvera atteint. Il peut très-bien
se faire que les chapitres de ce livre plaisent d'autant plus au
peuple, qu'ils plaisent moins aux savants, lesquels oublient souvent les autres à force de s'occuper d'eux-mêmes. Au reste,
l'auteur parle d'après quelque expérience. Pendant plusieurs

années, il lui a été donné d'entretenir un public nombreux d'une grande variété de sujets de physique, et il croira ne pas avoir cette fois perdu sa peine, s'il parvient à faire trouver dans cet écrit la clarté et la simplicité qu'il a toujours recherchées dans ses conférences populaires.

AURORE AUSTRALE
observée par le Capitaine J. Ross, dans son voyage au Pôle Sud.

NOTIONS GÉNÉRALES.

La *physique* a pour objet les propriétés générales des corps et elle détermine les lois des forces qui les sollicitent. — Chacun sait à peu près ce que l'on entend par un corps. La terre, les métaux, l'eau, l'air, en voilà des exemples. Mais si l'on veut une définition, on peut dire que l'on appelle corps tout ce qui est susceptible d'affecter nos sens d'une manière quelconque. — La pesanteur qui fait tomber les corps à la surface de la terre ; l'élasticité, en vertu de laquelle un ressort que l'on courbe tend à se redresser et se redresse effectivement quand on l'abandonne à lui-même, voilà des forces.

Les forces ne tombent pas sous les sens, nous ne les voyons pas, nous ne pouvons conclure à leur existence que par les effets qu'elles produisent. Nous voyons qu'une goutte d'eau reste attachée au verre, c'est un effet de l'adhésion ; mais nous ne pouvons pas sentir l'adhésion, ni goûter l'élasticité, pas plus que nous ne pouvons toucher la cohésion et voir ou entendre la pesanteur.

On divise tous les corps de la nature en *corps pondérables* et en *corps impondérables*. Comme leur nom l'indique, les premiers sont ceux sur lesquels la pesanteur exerce une action susceptible d'être constatée et mesurée : tels sont les métaux, le bois, l'eau, l'air atmosphérique, etc. Les autres paraissent complétement échapper à l'action de la pesanteur, et c'est pour ce motif qu'on les appelle impondérables. On n'en connaît jusqu'ici que quatre, savoir : la *chaleur*, l'*électricité*, le *magnétisme* et la *lumière*.

Ces agents sont répandus partout dans la nature, et ils ont entre eux des relations tellement intimes, qu'on serait tenté de les considérer comme des manifestations différentes d'un même principe. Il n'existe pas de corps sur la terre qui ne contienne de la chaleur ; le mercure congelé lui-même en renferme, puisque nous pouvons le refroidir davantage, ce qui serait impossible s'il n'abandonnait pas de la chaleur. De même il serait difficile de trouver un espace absolument privé de lumière. En effet, dans les caves les plus profondes, dans les fouilles de la taupe, les ténèbres ne sont pas complètes : la taupe, le chat et d'autres animaux nocturnes y voient suffisamment pour se diriger. L'homme lui-même, par un exercice prolongé, peut rendre son œil tellement sensible à la moindre impression lumineuse, qu'il apprend à lire là où tout autre se croirait dans l'obscurité la plus absolue. Un prisonnier de la Bastille en fit la triste expérience. Enfermé pendant quarante années dans un cachot souterrain, en apparence complétement privé de lumière, il parvint non-seulement à écrire, mais encore à lire. Toutefois, son œil devint tellement impressionnable que lorsque enfin on lui accorda sa grâce, il lui fut impossible de s'habituer de nouveau à la lumière du jour, et il sollicita, comme une faveur, la permission de rentrer dans sa prison.

Quant à l'électricité et au magnétisme, ils ne sont pas moins universellement répandus que la chaleur et la lumière, et ils agissent d'une manière incessante, même là où souvent nous ne soupçonnerions pas leur existence.

Voyez maintenant les liens intimes qui existent entre les quatre corps impondérables. Le magnétisme est capable de développer de la chaleur, de la lumière et de l'électricité; la chaleur, de produire du magnétisme, de l'électricité et de la lumière, et l'électricité, de donner naissance à de la lumière, à de la chaleur et à du magnétisme. Eh bien, il a fallu des siècles pour découvrir les rapports que nous venons d'indiquer. Si on les avait constatés plus tôt, et dans un autre ordre chronologique, la nomenclature de la partie de la science qui traite des corps impondérables, eût été sans doute bien différente de celle qu'on a adoptée. Si nous avions connu, par exemple, le magnétisme avant l'électricité et que nous eussions tout d'abord pu en explorer le domaine, comme nous l'avons fait en dernier lieu, il ne serait question aujourd'hui que de combinaisons et de décompositions *magnétiques*, de *courants magnétiques*, de lumière et de commotions magnétiques, de chaleur magnétique, etc., car tous ces phénomènes se développent de la manière la plus simple par l'aimantation des corps et leur retour à l'état naturel, de même que chaque phénomène électrique s'accompagne du phénomène magnétique qui peut le produire. Cependant il a fallu plus de deux mille ans pour constater ces résultats, alors que les forces magnétiques étaient, comme aujourd'hui, partout et incessamment en activité. La terre est un grand et énergique aimant, probablement un électro-aimant, et il est à peu près certain qu'elle doit sa vertu magnétique à des courants électriques qui circulent dans son intérieur et qui sont produits par la distribution inégale de la chaleur solaire à sa surface. La lumière de l'aurore boréale est donc aussi, selon toutes les apparences, d'origine magnétique, bien que, par habitude, nous l'appelions lumière électrique. En effet, elle se produit toujours lorsque le magnétisme terrestre éprouve une perturbation un peu considérable, et c'est pour cette raison que l'aiguille aimantée en annonce de la manière la plus sûre la prochaine apparition. *Ce n'est pas l'aurore boréale qui fait osciller l'aiguille aimantée, mais ce sont les oscillations de celle-ci, produites par les variations d'intensité du magnétisme, qui annoncent celle-là.*

Les corps pondérables se présentent sous trois états : ils sont solides, liquides ou gazeux. On désigne quelquefois les liquides et les gaz sous le nom collectif de *fluides*, et les gaz sous celui de *fluides élastiques*. Le fer est un corps solide ; l'eau, un liquide ; l'air, un gaz ou un fluide élastique. Une chose digne de remarque, c'est qu'un même corps peut être tantôt solide, tantôt liquide, tantôt gazeux. L'eau nous en offre un exemple ; à l'état solide, elle constitue la glace, et à l'état gazeux, la vapeur. Les trois états dont il vient d'être question dépendent donc, non de la nature des parties dont se compose un corps, mais simplement de la manière dont elles sont agrégées entre elles. De là le nom d'*états d'agrégation* qu'on leur donne.

Les anciens philosophes de la Grèce admettaient quatre éléments, la terre, l'eau, l'air et le feu. Mais ils n'attachaient pas au mot élément la même signification que nous ; ils entendaient par là l'état d'agrégation des corps. La terre était le symbole de l'état solide ; l'eau, celui de l'état liquide, et l'air, le type de l'état gazeux.

Mais que représentait dans cette doctrine le feu ou la chaleur ? Ici, nous devons bien l'avouer, les anciens nous ont devancés. Nous ne connaissions que trois états d'agrégation. Ils en admettaient un *quatrième*, que les progrès de la science nous ont également forcés à admettre, c'est celui sous lequel se présentent les corps impondérables et pour le symbole duquel ils avaient choisi la chaleur.

Quelle marche convient-il de suivre dans l'étude de la physique ? Celui qui se propose d'étudier cette science pour devenir professeur, commencera probablement par apprendre les mathématiques ; puis il se familiarisera avec les phénomènes les plus simples, et ce ne sera qu'après ces travaux préliminaires qu'il abordera les problèmes les plus difficiles, non pour les résoudre, ce qui serait encore impossible, mais afin de connaître exactement l'état actuel de la science en ce qui les concerne.

Les gens du monde qui étudient les sciences naturelles pour cultiver leur esprit et pour mériter le nom d'hommes instruits, peuvent suivre une route diamétralement opposée. Lorsqu'on veut bâtir une maison, il faut commencer par les fondations ; mais quand on ne veut que la dessiner, on peut tout aussi bien commencer par le toit, qui certes ne s'écroulera pas, fût-il encore dépourvu d'appuis.

Bien que cette marche paraisse moins logique, cependant ce n'est pas sans raison que nous lui donnons la préférence sur l'autre. On peut, par abstraction, remonter des cas particuliers à la règle générale, de même qu'on peut passer de celle-ci aux premiers. Mais dans les sciences où des progrès incessants ont forcé les idées à se modifier de manière à faire considérer comme la généralité ce qu'on avait envisagé jusqu'alors comme cas particulier, et réciproquement, cette dernière marche nous paraît commandée par les circonstances. Or voilà ce qui est arrivé pour la physique. Jusqu'ici on exposait cette science en commençant par l'étude des *propriétés générales* des corps, parmi lesquelles on rangeait la pesanteur, l'impénétrabilité, l'adhésion, la cohésion, etc. ; et on reléguait à la fin, parmi les *propriétés particulières*, les phénomènes de la chaleur, de la lumière, de l'électricité et du magnétisme. Mais actuellement nous savons que la pesanteur, par exemple, n'est pas une propriété commune à tous les corps, puisque les impondérables ne la possèdent pas, tandis qu'il n'existe aucun corps qui ne puisse manifester des phénomènes électriques, calorifiques, lumineux ou magnétiques. Il nous semble, par conséquent, préférable, au point où en est la science aujourd'hui, de commencer notre travail par les impondérables.

Jusqu'ici nous ne connaissons que quatre corps dans cette classe, mais il est possible qu'il en existe encore d'autres qui agissent sans cesse autour de nous, bien que, faute des moyens nécessaires, nous n'ayons pas encore pu les mettre en évidence. Voilà pourquoi nous devons observer, et toujours observer ; peut-être finirons-nous par découvrir encore du nouveau. L'auteur s'estimerait heureux s'il pouvait décider quelques-uns de ses lecteurs à faire de la physique leur étude de prédilection, leur spécialité ; car chaque nouveau soldat qui vient se ranger sous cette bannière augmente l'armée des observateurs et en multiplie les forces. Aussi, pour captiver l'attention de ses lecteurs, en leur présentant en premier lieu les phénomènes les plus beaux et les plus attrayants, il exposera d'abord la théorie de l'électricité, ou, pour nous servir d'une comparaison employée plus haut, il commencera le dessin de l'édifice par le toit. Celui-ci s'élevant très-haut dans les airs, il espère ouvrir au lecteur un vaste et superbe horizon, et lui permettre de prendre une idée exacte de l'ensemble du domaine à explorer.

DE L'ÉLECTRICITÉ.

L'électricité, par laquelle nous allons commencer l'étude des corps impondérables, n'a été pendant longtemps qu'un simple objet de curiosité. Son nom lui vient du mot grec ἤλεκτρον (*electron*) qui signifie ambre jaune. C'est, en effet, dans cette substance qu'on l'a observée pour la première fois. Pour la développer, il suffit de frotter l'ambre qui acquiert, par ce moyen, la propriété d'attirer des corps légers. Le philosophe Thalès, 600 ans avant l'ère chrétienne, avait déjà remarqué le phénomène dont il s'agit. En parlant de l'ambre jaune, il dit : « Quand le frottement lui a donné la chaleur et la vie, il attire les brins de paille, comme l'aimant attire le fer. » Mais là se bornèrent les connaissances des anciens sur l'électricité, car ils n'observaient pas ou plutôt ils ne faisaient pas d'expériences ; personne ne songea à soumettre d'autres corps au frottement, bien qu'il eût été naturel d'essayer au moins, sous ce rapport, les substances analogues à l'ambre, telles que les résines, le copal, etc. Si l'on avait fait ces expériences, on aurait reconnu de suite que l'ambre n'est aucunement la seule substance à laquelle le frottement communique la propriété d'attirer des corps légers. Dans le Mexique, les enfants s'amusent à frotter la graine oléagineuse d'un palmier, pour pouvoir attirer des brins de plantes sèches ; chez nous, les enfants font une expérience analogue avec des morceaux de cire à cacheter ou de colophane, et quelquefois même ils essayent, mais en vain, de produire la même attraction au moyen d'un couteau ou d'un crayon préalablement frottés. Eh bien, ce que font ces enfants, les anciens philosophes ne le tentèrent point, quoiqu'ils eussent dû y être portés par cette circonstance qu'ils connaissaient un second corps jouissant de la même propriété que l'ambre. Théophraste d'Eresos lui donne le nom de λυγκούριον. Quel était ce corps? Était-ce la tourmaline ou une autre pierre précieuse? Voilà ce qu'il est impossible de décider. Mais cela importe peu; le point essentiel, c'est que c'était un autre corps que l'ambre et qu'il était démontré par là que la propriété d'attirer des corps légers n'appartenait pas exclusivement à ce dernier. Et cependant ils ne poussèrent pas plus loin leurs investigations!

Un passage de Pline, où il s'agit de la torpille, pourra servir à démontrer combien les anciens étaient peu disposés à faire des expériences : *dicitur, agunt, fertur, narratur,* « on dit, on raconte, que ce poisson donne de violentes secousses quand on le touche sans précaution. » Ainsi s'exprime ce philosophe, et pourtant, pour s'assurer par lui-même de l'exactitude de ce que l'on rapportait, il n'avait qu'à faire acheter une torpille par un de ses esclaves, ce qui n'eût pas été difficile, puisque à cette époque, comme encore aujourd'hui, ce poisson se trouve sur tous les marchés de Naples. Mais cette manière de procéder n'était pas dans les idées des naturalistes de ce temps, et c'est ainsi que l'on s'explique pourquoi la propriété de l'ambre frotté d'attirer des corps légers est restée pendant plus de vingt siècles à l'état de fait isolé, jusqu'à ce qu'en 1633, Gilbert, médecin de la reine Élisabeth, à Londres, y eût appelé de nouveau l'attention, en faisant voir que beaucoup d'autres substances, telles que les résines, le soufre, le verre et les pierres précieuses, peuvent aussi, par le frottement, acquérir la propriété attractive.

Mais la tendance vers les *investigations,* vers les *expériences,* était trop récente, les relations entre les différents pays trop difficiles (peut-être plus difficiles qu'elles ne le sont aujourd'hui entre les parties les plus éloignées de la terre), pour que *la Nouvelle physiologie de l'aimant,* ouvrage en langue latine dans lequel Gilbert avait consigné ses découvertes, eût pu se répandre avec la même vitesse que se répandrait aujourd'hui un travail de cette importance, et que s'est propagée en 1820 la découverte de l'électro-magnétisme par Oerstedt. Si bien que les faits nouveaux dont la science venait de s'enrichir, restèrent enfermés dans les cabinets d'étude de quelques savants, jusqu'à ce qu'en 1671, Otto de Guericke eût publié son célèbre ouvrage intitulé : *Experimenta Magdeburgica.*

Le savant bourgmestre de Magdebourg est non-seulement l'inventeur de la machine pneumatique, mais aussi le véritable fondateur de la science de l'électricité. Il est également l'inventeur de la première

machine électrique, qui remplaça avec avantage les bâtons de verre et
de résine dont on s'était servi jusqu'alors pour se procurer l'électricité.
La machine électrique dont il s'agit consistait essentiellement dans un
globe de soufre, fixé à un axe au moyen duquel on pouvait lui imprimer un mouvement de rotation autour d'un de ses diamètres. Pendant
qu'il tournait, un ouvrier y appliquait ses mains, pour l'électriser par
le frottement. En parlant des expériences qu'il a faites avec cette machine, Otto de Guericke se plaint souvent, avec une naïveté qui fait
rire aujourd'hui, de ce que toutes les mains n'électrisent pas le globe
de soufre au même degré, que certaines mains développent beaucoup d'électricité, d'autres peu, et enfin d'autres, pas du tout ; seulement il n'attribue pas ces phénomènes au degré plus ou moins grand
d'humidité des différentes mains, mais à la nature particulière des
individus.

Au moyen de cette machine électrique, Otto de Guericke découvrit
quelques faits nouveaux. On savait que des corps légers étaient attirés ; mais le premier il fit voir qu'après avoir été attirés, ils se trouvaient eux-mêmes *chargés* d'électricité, qu'alors ils étaient *repoussés*
et avaient perdu la propriété de pouvoir être attirés de nouveau par
le corps électrisé aussi longtemps qu'ils n'avaient pas été mis en contact avec un corps à l'état naturel. C'était la découverte de la communication et de la soustraction de l'électricité, de la charge et de la
décharge. C'était, en même temps, celle de la répulsion des électricités de même nom, bien que les idées d'électricités de même espèce
et d'électricités contraires n'aient été introduites que beaucoup plus
tard dans la science.

Une autre découverte beaucoup plus importante vint bientôt s'ajouter à celles qui précèdent. En effet, Otto de Guericke observa que la
sphère de soufre, après avoir été frottée, était lumineuse dans l'obscurité, qu'elle dégageait de petites étincelles, dont chacune était accompagnée d'un léger bruissement. Ces étincelles et ce bruit, si faibles
qu'ils fussent, il les compara à l'instant à l'éclair et au tonnerre, comparaison parfaitement exacte, comme Franklin le démontra plus tard.

Cependant l'attention des physiciens n'était pas encore suffisamment
éveillée et leur esprit n'était pas encore porté, comme aujourd'hui,
vers l'examen et la discussion des faits.

L'édifice vermoulu de la doctrine des péripatéticiens n'était pas
assez ébranlé pour que la science de l'électricité eût pu faire de rapides
progrès. On avait divisé tous les corps de la nature en deux classes :
ceux qui prennent de l'électricité par le frottement, comme les corps

cités plus haut; et ceux qui n'en prennent pas, comme les métaux, le lin, le bois, le liége, les substances humides. Cette division était inexacte, puisque *tous les corps s'électrisent par le frottement*. Néanmoins on la conserva, sans aller plus loin, jusqu'au commencement du XVIIIe siècle qui fut marqué par un progrès important. C'est, en effet, vers cette époque, en 1727, que Gray, physicien anglais, découvrit que si certains corps ne prennent pas d'électricité quand on les frotte, ils peuvent cependant en prendre d'une autre manière. Voici comment il fut conduit à cette découverte. Gray, après avoir électrisé un tube de verre ouvert par les deux bouts, voulut voir s'il obtiendrait les mêmes résultats en fermant le tube avec un bouchon de liége. Or, en faisant l'expérience, il s'aperçut avec un grand étonnement que le bouchon lui-même était devenu électrique, tandis qu'il ne l'est jamais lorsqu'on le frotte directement. Un petit cordon de chanvre, attaché au bouchon, devint électrique comme lui; des cordons plus longs, de 1, de 10, de 30 pieds, le devinrent pareillement dans toute leur longueur; car par leur extrémité libre ils attiraient encore vivement des corps légers qu'on leur présentait. Gray imagina alors de suspendre horizontalement à des fils de soie une ficelle de chanvre d'une longueur de 666 pieds [1], et celle-ci se comporta de même. Mais l'expérience ne réussit plus lorsqu'il voulut substituer des cordons de laine [2] aux cordons de chanvre ou de lin. Elle réussit, au contraire, parfaitement avec des fils métalliques. Par conséquent, le chanvre, les métaux, etc., ont la propriété de transmettre l'électricité, et la laine ne la possède point. C'est ainsi que Gray fut conduit à cette distinction fondamentale des corps en *conducteurs* et en *non-conducteurs* de l'électricité, distinction bonne, bien qu'elle ne soit pas rigoureusement exacte, puisque *les meilleurs conducteurs*, un fil d'or, par exemple, *opposent encore une certaine résistance à la propagation de l'électricité*, et que *les plus mauvais conducteurs ne l'arrêtent jamais complétement*.

La manière dont furent dirigées les expériences qui précèdent est extrêmement instructive, car elle montre que les plus petites circonstances doivent être examinées et que souvent elles conduisent aux résultats les plus inattendus. Gray avait d'abord suspendu sa ficelle à des fils de lin. L'expérience échoua. Son aide, Granville Wheeler, proposa alors de les remplacer par des fils de soie. Gray adopta cette propo-

---

[1] Voir l'ouvrage, si remarquable, du docteur Dove, *Sur l'électricité*. Berlin, 1848.

[2] *Dictionnaire de Physique*, de Gehler, article *Électricité*.

sition, parce que ces derniers étaient plus minces que les fils de lin
employés précédemment. Lorsque ensuite on soumit à l'épreuve une
ficelle plus longue et plus pesante, les fils de soie se rompirent, mais
on avait cependant pu constater que la ficelle s'était montrée conductrice dans toute son étendue. Pour pouvoir répéter l'expérience, on
substitua aux fils de soie des fils de métal de même diamètre, mais
la ficelle ne se chargea plus. Il fallut alors revenir aux fils de soie,
les prendre plus épais et, par conséquent, plus résistants. Aussitôt la
ficelle s'électrisa de nouveau et il resta ainsi établi que la manière dont
celle-ci se comportait ne dépendait pas de l'épaisseur, mais bien de la
nature des fils de suspension [1].

Dans un autre passage de son *Traité d'électricité*, Dove s'exprime
comme suit : « Qui ne reconnaît, dans le fil horizontal des expériences
« de Gray, le fil de cuivre établi le long de nos chemins de fer, et
« dans les fils de soie, les supports de bois sec qui sont destinés à
« l'isoler, en l'empêchant de venir en contact avec le sol? Chaque fois
« que la terre s'était couverte d'un dépôt abondant de rosée, les expé-
« riences de Gray échouèrent ; de même aussi, après une forte pluie,
« quand les supports du fil télégraphique ont été mouillés, la trans-
« mission des dépêches est rendue plus difficile. »

On expérimenta ensuite une foule d'autres corps pour les essayer
sous le rapport de leur conductibilité électrique. Un poulet vivant,
suspendu par des fils de soie et mis en contact avec un corps électrisé,
se chargea même d'électricité. Ce phénomène extraordinaire fit penser
que d'autres corps organisés présenteraient peut-être une propriété
analogue, et bientôt Gray suspendit devant lui, au moyen de cordons
de soie, un petit garçon, et constata, à son grand étonnement, que lorsqu'il mettait en contact avec les pieds de cet enfant des bâtons de verre
préalablement frottés, la tête de celui-ci attirait des feuilles minces de
métal qu'on en approchait. Plus tard, une bulle de savon démontra à
Gray la conductibilité des liquides ; mais quel ne fut pas l'étonnement
de ce savant lorsque, en approchant son doigt de la surface de l'eau
dans laquelle il avait plongé le tube de verre frotté, il vit cette surface
se soulever et s'avancer vers son doigt, puis une faible étincelle, accompagnée d'un léger bruissement, s'échapper du sommet de la petite
montagne liquide !

Peu de temps après, Dufay et Nollet aperçurent le même phénomène lumineux sur des corps vivants. Un chat noir, posé sur un cous-

[1] *Histoire des inventions*, t. I. Leipzig. 1785.

sin de soie, dégageait des étincelles quand on passait la main sur son dos et manifesta par des signes non douteux combien il se ressentait douloureusement de sa conductibilité électrique. Mais qui pourrait décrire l'effroi dont furent saisis Dufay et Nollet, lorsque le premier s'étant suspendu dans un filet de soie et que Nollet s'étant approché de lui, ils virent une brillante étincelle jaillir de l'un à l'autre et ressentirent un picotement douloureux? Du feu jaillissant de l'eau et du corps humain, était en effet un phénomène si nouveau, si inattendu, qu'il fallait le voir, le voir de ses propres yeux pour croire qu'il fût possible.

La différence essentielle que ces expériences et un grand nombre d'autres répétées des centaines de fois ont établie entre les conducteurs et les non-conducteurs de l'électricité, consiste dans la manière dont ces corps se comportent lorsqu'on les électrise ou qu'on veut leur enlever leur électricité. Lorsqu'on met un corps conducteur en contact, par un de ses points, avec un bâton de verre ou de résine frotté, on remarque que ce corps ne s'électrise pas seulement sur le point touché, mais encore sur tous les autres points de sa surface et cela en quelque sorte instantanément. Si, au contraire, on fait l'expérience avec un corps mauvais conducteur, on observe que le seul point touché manifeste la vertu électrique. Les corps conducteurs ont donc la propriété de transmettre l'électricité, tandis que les non-conducteurs ne la transmettent pas. En outre, si les premiers se chargent instantanément sur tous les points de leur surface, ils peuvent de même être instantanément ramenés à l'état naturel. Il n'en est point ainsi des autres. Lorsqu'on veut électriser dans toute son étendue un corps mauvais conducteur, il faut électriser directement chacun des points de sa surface, par exemple en les frottant, et pour ramener un tel corps à l'état naturel quand il a été électrisé, il faut enlever successivement l'électricité à chacun de ses points. C'est ainsi qu'un bâton de verre frotté dans toute sa longueur ne perd son électricité qu'aux points qu'on touche avec la main : à ses extrémités, quand ce sont celles-ci que l'on saisit; dans sa partie moyenne, quand c'est là que le contact des mains est établi.

Ces propriétés distinctives entre les corps conducteurs et les corps non-conducteurs sont très-importantes à considérer. C'est sur elles que repose la possibilité de faire passer l'électricité d'un corps sur un autre, d'accumuler sur un même conducteur métallique l'électricité disséminée sur les différents points d'une sphère de résine ou de soufre, d'un cylindre de verre, etc., qu'on a frottés, et de faire agir ensuite, en une seule fois, toute la quantité d'électricité recueillie.

Cette électrisation d'un corps conducteur au moyen de l'électricité disséminée sur un corps mauvais conducteur fut réalisée pour la première fois par Bose, de Wittemberg, au moyen d'une machine électrique de Winkler, de Leipzig. Cette machine différait de celle d'Otto de Guericke, en ce que le globe de soufre était remplacé par un globe de verre et que l'électricité était développée, non par le frottement des mains, qui avaient l'inconvénient d'être souvent humides, mais par celui d'un coussin recouvert d'un cuir souple. Bose approcha du globe de cette machine un tuyau de tôle de fer qu'il fit d'abord tenir par un homme monté sur un gâteau de résine, mais qu'il suspendit plus tard à des fils de soie. Grâce à l'emploi de ces derniers, on pouvait déjà obtenir des étincelles assez vives pour que le 23 janvier 1744, à la première séance de l'Académie des sciences de Berlin, que Frédéric le Grand venait de fonder, le docteur Ludolf ait pu, au grand étonnement de la cour qui était présente, allumer par elles de l'éther sulfurique contenu dans une coupe en métal qu'on approcha du conducteur de la machine. « C'est ainsi, comme le fait remarquer
« M. Dove, que la lumière qui s'était levée à Magdebourg ne détermina pour la première fois une combustion que soixante et treize
« ans après qu'on l'eut aperçue, et cette combustion fut produite dans
« la ville de Berlin. »

Mais une découverte qui excita bien autrement la curiosité du monde savant, fut celle de la bouteille condensante que firent, indépendamment l'un de l'autre, le chanoine de Kleist, de Camin, en Poméranie, en l'an 1744, et, un an plus tard, Cuneus, de Leyde.

Dans ce temps, on électrisait tout, les hommes, les animaux et les corps inanimés, pour voir ce qu'ils deviendraient sous l'influence de l'électricité. C'est ainsi qu'un jour, de Kleist électrisa du mercure contenu dans une petite bouteille qu'il approcha de la machine. Cette bouteille était fermée au moyen d'un bouchon à travers lequel passait un clou destiné à conduire l'électricité jusqu'au mercure. Or, chaque fois que de Kleist toucha ce clou, il reçut une secousse violente qui se fit sentir jusqu'à son épaule. De son côté, Cuneus fit la même découverte en électrisant de l'eau. A cet effet, il avait rempli d'eau un grand verre et plongé dans ce liquide un fil de métal pour l'arrivée de l'électricité. Ces dispositions prises, il saisit le verre avec la main, mit le fil de métal en contact avec le conducteur de la machine et fit fonctionner cette dernière. Eh bien, lorsque, après un certain temps, il voulut retirer le fil de cuivre, pour abandonner l'eau électrisée à elle-même, il reçut une commotion tellement forte, que, dans son épouvante, il laissa tomber le verre qui alla se briser sur le sol. Du nom de l'un de ses inventeurs, la bouteille condensante s'appelle la bouteille de Kleist, et de celui de la résidence de l'autre, la bouteille de Leyde. En France, c'est seulement sous ce dernier nom qu'elle est connue, et c'est pour ce motif que, par la suite, nous ne la désignerons jamais autrement.

Dans le *Dictionnaire de physique* qu'il a publié et qui offre tant d'intérêt pour l'histoire de la science, M. Gehler, l'un des plus illustres savants de notre époque, donne également quelques détails curieux sur la découverte de la bouteille de Leyde.

Voici comment il s'exprime : « L'honneur d'une découverte de cette
« importance, qui excita l'admiration de tous les physiciens et im-
« prima un nouvel essor à l'étude de l'électricité, revient incontes-
« tablement à un prêtre catholique, le chanoine de Kleist, de Camin,
« en Poméranie, qui la fit le 11 octobre 1745, la communiqua le
« 4 novembre suivant au docteur Lieberkühn, de Berlin, le 28 du
« même mois au prédicateur Swietlitzki, de Dantzig, et bientôt après
« au professeur Krüger, de Halle. Lieberkühn l'annonça à l'académie
« des sciences de Berlin, Swietlitzki à la société des naturalistes de
« Dantzig et Krüger la publia dans un ouvrage qui parut déjà en 1746.
« Cet ouvrage contient sur la découverte du chanoine de Kleist ce qui
« suit : « On obtient des effets d'une force extraordinaire si l'on électrise
« un clou ou un fil de laiton plongé dans une petite fiole à médecine.
« La fiole doit avoir été préalablement bien desséchée et chauffée. Il
« est bon aussi de la frotter auparavant avec de la craie pour bien la
« nettoyer. Les expériences réussissent encore mieux si l'on y intro-
« duit, avant de l'approcher de la machine, un peu d'esprit-de-vin ou de
« mercure. Aussitôt qu'on éloigne la fiole, après l'avoir laissée quelque
« temps en contact avec le tuyau électrisé de la machine (le conducteur),
« le clou ou le fil de laiton qu'elle porte dégage des aigrettes lumineuses
« pendant un temps suffisant pour qu'on puisse faire dans la chambre
« une soixantaine de pas avec cette petite machine en combustion. Si
« pendant l'électrisation on touche le clou avec le doigt ou avec une
« pièce de monnaie, on éprouve un choc si fort que les bras et les
« épaules en sont ébranlés, et l'on se figure à peine à quel degré de
« puissance l'électricité peut atteindre. Si la fiole a une faible lon-
« gueur, de telle sorte que la main qui la soutient se trouve assez près
« du clou, l'étincelle s'élance d'elle-même sur le doigt le plus rappro-
« ché, et il est arrivé une couple de fois que des verres minces ont

« été brisés par la violence de la secousse dont cette étincelle était
« accompagnée. »

On voit dans ce passage de Krüger l'admiration et la curiosité exprimées avec une naïveté presque comique; mais qu'aurait dit ce savant s'il avait vu décharger une de nos bouteilles actuelles, et surtout
s'il avait été témoin des effets d'une de nos batteries, même de force
moyenne!

Après quelques essais infructueux, Gralath, de Dantzig, construisit
déjà des bouteilles plus parfaites, au moyen desquelles il put instantanément faire éprouver la commotion à un cercle de vingt personnes.
Un peu plus tard, l'abbé Nollet réussit à donner le choc électrique
simultanément à cent trente personnes, tua des animaux, et bientôt les
découvertes se succédèrent avec une grande rapidité.

En parlant de cette époque, M. Dove s'exprime comme suit :
« L'impression immense que ces phénomènes produisirent sur les
« premiers observateurs, ressort des descriptions qu'ils nous ont lais-
« sées. Muschenbroeck eut besoin de deux jours pour se remettre de
« son effroi. « Pour la couronne de France, écrit-il à Réaumur, je
« ne voudrais pas m'exposer à une seconde commotion. » Winkler
« éprouva, après le choc électrique, des convulsions dans tout le
« corps, et se crut menacé d'une fièvre chaude, car « pendant deux
« jours il lui sembla qu'il avait comme une pierre dans la tête. »
« Néanmoins sa femme ne put vaincre la curiosité qui la tourmen-
« tait. Mais la secousse qu'elle reçut fut telle, qu'elle ne put presque
« plus marcher après. Ce ne fut que quinze jours plus tard qu'elle
« osa risquer une seconde dose, qui fut aussi la dernière, car elle ne
« voulut plus recommencer. Bose exprima le vœu de mourir du choc
« électrique, pour être cité, après sa mort, dans les *Annales de l'Aca-
« démie de Paris!*

« La nouvelle de cette découverte extraordinaire se répandit dans
« toute l'Europe avec la rapidité de l'éclair. Sur toutes les grandes
« foires on vit des bouteilles de Leyde en action, comme on en voit,
« même aujourd'hui encore, dans quelques villes de France, d'Al-
« lemagne et d'autres pays. Me trouvant en 1843 (c'est M. Dove
« qui parle), pendant les fêtes de juillet, aux Champs-Élysées à
« Paris, je me fis donner, pour un sou, une commotion électri-
« que, mais l'impression ne fut plus la même. *C'est drôle*, dit
« mon voisin dans la chaîne; il ne fut plus question de la couronne
« de France. »

Bien que les appareils dont il vient d'être question et un grand nombre d'autres qui seront décrits plus tard, aient permis d'explorer avec succès une grande partie du domaine de l'électricité; bien que l'électricité agisse sur tous nos sens, le toucher, la vue, l'odorat, l'ouïe et le goût, tandis que le magnétisme n'agit sur aucun d'eux, puisqu'un barreau d'acier aimanté, par exemple, ne se distingue en rien d'un barreau non aimanté, cependant il ne nous a pas encore été donné de découvrir la véritable nature de cet agent, pas plus que nous n'avons pu déterminer celle du magnétisme. L'expérience qui devra nous révéler ce grand mystère est encore à faire.

Tout ce que nous pouvons dire de l'électricité, c'est qu'elle constitue un agent répandu sur notre globe tout entier, dans tous les corps, un agent dont l'influence s'exerce à travers tous les corps (même à travers le verre et la résine) et qui, d'ordinaire à l'état latent, peut être rendu libre, soit par les procédés de la science, soit par ceux de la nature, et produit alors les effets les plus étonnants et les plus variés.

DIFFÉRENTS NOMS DONNÉS A L'ÉLECTRICITÉ.

Suivant les moyens employés pour la développer, l'électricité reçoit différents noms. C'est ainsi qu'on l'appelle *électricité de frottement* quand elle est produite par le frottement d'un métal contre le verre, d'une peau de chat contre la résine, etc.; *électricité de contact*, quand elle résulte du contact de deux métaux différents, et dans ce cas on l'appelle aussi *électricité galvanique*, parce que les travaux de Galvani ont provoqué les recherches qui l'ont fait découvrir; *électricité atmosphérique*, lorsqu'elle est le résultat du changement d'état de la vapeur d'eau contenue dans l'atmosphère, c'est-à-dire de la formation des nuages; *thermo-électricité*, lorsqu'elle est dégagée par un changement de température; *magnéto-électricité*, quand elle est mise en liberté par un aimant; *hydro-électricité*, quand c'est la vaporisation artificielle qui l'a développée[1]; et enfin, *électricité animale*, quand elle est excitée par des organes spéciaux dans les corps des animaux, comme cela s'observe chez le gymnote, par exemple.

Mais quel que soit le mode de développement employé, l'électricité produite est toujours la même quant à sa nature. Il ne saurait donc

---

[1] Cette origine que l'auteur assigne à l'électricité atmosphérique est loin d'être démontrée, et quant à celle de l'hydro-électricité, nous verrons qu'elle doit être cherchée, non dans la vaporisation elle-même, mais dans le frottement des globules d'eau qui sont entraînés par la vapeur.   (H. V.)

être question de diverses espèces d'électricité. Les seules différences qui existent entre les diverses sources d'électricité, c'est qu'elles ont des énergies inégales et que les unes fournissent l'électricité à l'état de faible tension, et les autres à l'état de forte tension. Toutefois sous le rapport de leur puissance et de la tension de l'électricité qu'elles développent, les différentes sources passent des unes aux autres par degrés insensibles, de telle sorte qu'il est souvent difficile d'établir une ligne de démarcation nette entre elles.

On admet que tous les phénomènes électriques sont produits par deux agents différents, qui s'attirent mutuellement et repoussent leurs propres parties constituantes. En vertu de cette force attractive qu'ils exercent l'un sur l'autre, ces agents tendent à se recombiner lorsqu'ils ont été séparés, et c'est dans l'acte de cette recombinaison qu'ils influencent particulièrement nos organes et produisent tous les phénomènes que l'on connaît sous le nom de phénomènes de l'électrisation. Les corps dans lesquels les deux agents dont il s'agit sont combinés de manière à neutraliser leurs effets, ne manifestent aucun phénomène particulier et on les désigne sous les noms de *corps non électriques* ou de *corps à l'état naturel*. Les corps dans lesquels ces mêmes agents sont séparés manifestent, au contraire, un grand nombre de propriétés remarquables, et on les appelle *corps électriques* ou *corps électrisés*.

DIFFÉRENTS EFFETS DE L'ÉLECTRICITÉ.

L'un des deux agents dont il vient d'être question a été appelé électricité positive ($+$) et l'autre électricité négative ($-$). Quelquefois cependant on les désigne aussi respectivement sous les noms d'*électricité vitrée* ou *vitreuse* et d'*électricité résineuse*, parce que le premier a été découvert dans le verre et le second dans la résine. Mais ces deux dernières dénominations sont mauvaises, car un même corps peut se charger tantôt d'électricité positive et tantôt d'électricité négative, selon le corps ou le procédé employé pour l'électriser.

Les corps dans lesquels les deux électricités ne se neutralisent pas, c'est-à-dire qui sont chargés soit d'électricité positive, soit d'électricité négative, peuvent produire les effets suivants :

1° Des effets mécaniques : des mouvements, soit d'attraction, soit de répulsion d'autres corps, la désagrégation des particules des corps, etc. ;

2° Des phénomènes lumineux : des étincelles et des aigrettes lumineuses de diverses couleurs ;

3° Répandre une odeur particulière, plus ou moins facile à reconnaître;

4° Des phénomènes calorifiques : l'échauffement, l'incandescence, la fusion, la vaporisation, la combustion ;

5° Des actions chimiques : des combinaisons et des décompositions ;

6° Des phénomènes magnétiques : la déviation de l'aiguille aimantée, l'aimantation passagère du *fer doux*, l'aimantation durable de *l'acier trempé* ;

7° Des actions très-appréciables sur l'organe du goût, qu'ils peuvent impressionner à la manière des acides ou à celle des alcalis ;

8° Une excitation particulière des nerfs qui se trouvent sur le trajet que doivent suivre les deux électricités pour se recombiner. Cette excitation peut aller jusqu'à occasionner la mort.

Un corps capable de produire un ou plusieurs des phénomènes précités est dit *chargé d'électricité* ou *électrisé*. Cet état est passager : non-seulement il peut être modifié à volonté par l'expérimentateur, mais il disparaît aussi de lui-même avec le temps ; on dit alors que le corps est *déchargé*.

On produit la décharge d'un corps électrisé en le touchant avec un autre corps non chargé ou chargé d'électricité contraire. La décharge est plus ou moins rapide suivant que les deux corps qu'on met en contact livrent plus ou moins facilement passage à l'électricité.

CORPS CONDUCTEURS DE L'ÉLECTRICITÉ.

On appelle *corps conducteurs parfaits* ceux qui n'opposent aucun obstacle au passage de l'électricité ; ceux qui, au contraire, arrêtent complétement cet agent portent le nom d'*isolateurs parfaits*. Mais ces distinctions n'ont de valeur qu'en théorie, car, ainsi qu'il a déjà été dit, il n'existe aucun corps qui ne soit plus ou moins conducteur, ou plus ou moins isolant.

Parmi les corps conducteurs, les métaux occupent le premier rang. Ce sont eux qui se laissent le plus facilement traverser par l'électricité, et bien qu'ils ne possèdent pas tous cette propriété au même degré, cependant leur conductibilité dépasse toujours de beaucoup celle des autres corps conducteurs.

Le mouvement de l'électricité à travers les corps a la plus grande analogie avec celui de l'eau dans les tuyaux de conduite. De même que la quantité d'eau qui s'écoule, dans un temps donné et sous une pression égale, dépend de la section du tuyau ou du canal, de même la quantité d'électricité qui traverse un corps, aussi dans un temps donné et la tension du fluide restant invariable, est proportionnelle à la section de ce conducteur perpendiculairement au sens de la propagation. Il en résulte que, sans changer la quantité d'électricité qui circule, on peut toujours remplacer un quelconque des corps qu'elle traverse par un autre qui lui oppose exactement la même résistance. Si l'on veut, par exemple, quadrupler la quantité d'eau qui, dans un temps déterminé, s'écoule d'un lac, il suffira évidemment de rendre la section du canal d'écoulement quatre fois plus grande. Or, il en est de même pour l'électricité. Je sais qu'à travers un fil de cuivre d'un douzième de pouce de diamètre, il passe une certaine quantité d'électricité. Eh bien, si je veux livrer passage, dans le même temps, à une quantité d'électricité seize fois plus grande, je n'aurai qu'à employer un fil d'un diamètre quatre fois plus grand, car la section de ce nouveau fil sera égale à 4×4 ou à seize fois celle du premier. Pareillement, si je veux transmettre à travers un fil d'argent neuf la quantité d'électricité qui traverse actuellement un fil de cuivre d'une ligne de diamètre, ce fil devra avoir une section dix fois plus grande que ce dernier, ou un diamètre d'un peu plus de trois lignes, puisque la conductibilité de l'argent neuf est environ dix fois moindre que celle du cuivre. Il va de soi que ces deux fils sont supposés avoir même longueur.

Ce qui précède explique comment on peut transformer en bons conducteurs des corps tels que la terre, l'eau, etc., qui conduisent mal l'électricité. Il suffit pour cela de laisser circuler l'électricité, non pas à travers une mince couche isolée de terrain, ou à travers un mince filet d'eau, mais à travers la terre tout entière, à travers tout un fleuve ou la masse tout entière de la mer. On se procure ainsi les conducteurs les plus parfaits qu'il soit possible de réaliser.

Après les métaux viennent, parmi les corps conducteurs, le charbon de bois bien calciné, la plombagine, les pyrites, la galène, puis les liquides. C'est à ces derniers que le sol doit sa conductibilité, car lorsqu'il est sec et non pénétré d'humidité, il est mauvais conducteur. Parmi les liquides, les acides concentrés conduisent le mieux ; viennent ensuite les dissolutions salines, l'eau, l'alcool, les huiles. Cependant cet ordre n'est pas adopté par tous les physiciens. C'est ainsi que, selon M. Pouillet, une dissolution saturée de chlorure de platine conduirait mieux que l'acide nitrique, et une dissolution de sel ammoniac mieux que l'acide sulfurique anglais concentré. En général, les pouvoirs conducteurs des métaux diffèrent assez peu les uns des autres. Il en est de même de ceux des liquides ; mais si l'on passe des métaux aux liquides, on constate des différences très-notables. La conductibilité du cuivre est 50 fois plus grande que celle du mercure, une dissolution saturée de sulfate de cuivre conduit 400 fois mieux que l'eau, tandis que celle-ci a un pouvoir conducteur 6,400 millions de fois moindre que celui du cuivre.

Après les liquides viennent, dans l'ordre de leurs conductibilités, les corps humides (le bois, la toile, l'air), que la dessiccation convertit en isolateurs; puis les flammes, la fumée, le vide [1].

C'est par erreur que l'on a rangé, pendant longtemps, parmi les isolateurs, l'éther, les huiles grasses et les huiles essentielles. Pour se convaincre que ces substances n'isolent pas complétement, il suffit de les faire communiquer avec une machine électrique au moyen d'un fil de métal; on verra alors que le passage de l'électricité n'est pas interrompu, pourvu qu'on ait pris la précaution de les introduire dans un vase métallique.

CORPS NON-CONDUCTEURS OU ISOLATEURS.

Les différentes espèces de verre sont la plupart des isolateurs, des non-conducteurs ou de mauvais conducteurs. Cependant, dans ces derniers temps, on a fabriqué, surtout en Belgique, des verres à base de soude qui sont de très-mauvais isolateurs, parce qu'ils attirent l'humidité de l'air. Aussi a-t-on de la peine maintenant à se procurer de bons plateaux de verre à glace pour les machines électriques. Quelques variétés de verre sont tellement hygroscopiques que, même dans un appartement chaud, elles condensent l'humidité de l'air, sous forme de gouttelettes, à leur surface. Je possède des plaques de verre blanc qui s'électrisent à peine et un cylindre de grandes dimensions qui ne développe pas de traces d'électricité.

Sont également non-conducteurs : le diamant et toutes les pierres précieuses, le soufre, toutes les résines depuis l'ambre jusqu'à la colophane, l'asphalte et d'autres résines fossiles; le caoutchouc et la gutta-percha; les gommes et d'autres sucs végétaux bien desséchés; puis les fibres végétales à l'état de parfaite dessiccation, le bois, le lin, le chanvre, et par suite le papier; les produits épidermiques de la plupart des animaux, les cheveux, les poils, les plumes, et surtout la soie; enfin les différents corps gazeux.

Il faut être extrêmement circonspect lorsqu'il s'agit de décider si un

[1] D'après les expériences les plus récentes de Harris, de M. Becquerel, etc., les corps conducteurs électrisés ne perdent pas toute leur électricité dans le vide, ce qui paraît dû à la mince couche d'air qu'ils retiennent à leur surface.　　　　(H. V.)

corps est non-conducteur ou conducteur, et surtout lorsqu'il s'agit de lui assigner son rang dans l'une ou dans l'autre de ces classes, parce que les résultats des expériences que l'on doit faire pour résoudre ces questions, peuvent être influencés par une foule de circonstances. C'est ainsi que la glace, par exemple, à toute température, égale ou inférieure à 20 degrés au-dessous de zéro, est un isolateur tellement parfait que M. Achard, de Berlin, a pu construire, avec cette substance, une excellente machine électrique, une bouteille de Leyde, etc. L'eau, et même la glace quand elle approche de son point de fusion, sont, au contraire, des corps conducteurs ; la vapeur d'eau, tant qu'elle est sèche, ne conduit pas l'électricité, tandis qu'elle devient conductrice quand elle passe à l'état de vapeur vésiculaire, comme dans le brouillard et les nuages.

Le bois récemment coupé est conducteur, le bois sec est un isolateur ; le charbon conduit l'électricité, la cendre l'isole, tandis que la fumée et la flamme sont de nouveau des conducteurs. La texture même et les dimensions de la section d'un corps peuvent changer la manière dont il se comportera par rapport à l'électricité. Le bois résineux, par exemple, conduit l'électricité dans le sens de ses fibres, et l'arrête dans la direction perpendiculaire. Les étoffes soie et coton donnent lieu à des phénomènes inverses : elles sont conductrices dans le sens perpendiculaire à la longueur de la pièce et isolantes dans le sens même de cette longueur. Tous ces résultats, bien que peu connus, sont faciles à expliquer. En effet, le bois résineux et ces étoffes se composent de couches juxtaposées d'isolateurs et de conducteurs. Lorsque les couches conductrices parallèles touchent par l'une de leurs extrémités le corps électrisé et par l'autre la terre, l'électricité peut s'écouler ; lorsque, au contraire, ces couches sont placées en travers, de manière qu'en allant du corps électrisé vers le sol, on rencontre, alternativement, une couche de résine et une couche de bois, ou bien un fil de coton et un fil de soie, le passage de l'électricité se trouve évidemment empêché. On comprend donc que lorsqu'on veut déterminer le degré de conductibilité d'un corps, il est indispensable, pour éviter les erreurs, de bien préciser les conditions dans lesquelles on opère. C'est ainsi qu'on ne peut pas dire, d'une manière absolue, que le verre et la résine, par exemple, sont des non-conducteurs, bien que celle-ci fournisse les isolateurs les plus parfaits, et le verre, les isolateurs les plus employés. En effet, le verre chauffé au rouge et la cire à cacheter fondue conduisent l'électricité au lieu de l'arrêter, comme ils le font à la température ordinaire. Le vernis présente quelque chose d'analogue : liquide, il est conducteur; desséché, il isole.

Ordinairement on admet entre les corps conducteurs et les non-conducteurs une classe de corps qu'on appelle demi-conducteurs. Tels sont : les os, l'ivoire, la corne, le bois, le papier, le parchemin, le marbre, le gypse cristallisé, l'albâtre, etc. Mais cette distinction paraît peu fondée, car les limites de cette classe sont trop mal définies. Quoi qu'il en soit, les substances que nous venons d'énumérer peuvent, sans erreur sensible, dans la pratique, être envisagées comme conducteurs par rapport à l'électricité de frottement, et comme non-conducteurs par rapport à l'électricité de contact; car une pile donne sensiblement un courant de même intensité, qu'elle repose sur le bois ou sur le verre, tandis que le conducteur d'une machine électrique ne fournit pas d'étincelles quand il repose sur un support de bois.

QU'EST-CE QUE L'ÉLECTRICITÉ? HYPOTHÈSES DE SYMMER ET DE FRANKLIN.

Pour expliquer les phénomènes électriques des corps, Symmer, physicien anglais, a admis l'existence de deux fluides impondérables, qui repoussent leurs propres molécules ou parties constituantes, et s'attirent mutuellement. L'un de ces fluides est identique avec celui que prend le verre frotté avec de la laine, et s'appelle *fluide positif* ou *électricité positive;* l'autre est identique avec celui qui se développe sur la résine également frottée avec de la laine et s'appelle *fluide négatif* ou *électricité négative.* On suppose que tous les corps de la nature possèdent ces fluides, ou ces deux électricités, en quantités égales et à l'état de combinaison. Cette combinaison des deux électricités est appelée *électricité naturelle* ou *fluide neutre.* Aussi longtemps qu'un corps ne contient que du fluide neutre, il est à *l'état naturel,* et ne manifeste aucune propriété électrique. Mais si, par un moyen quelconque, son fluide neutre vient à être décomposé, il présente des propriétés nouvelles dont plusieurs varient suivant qu'il retient le fluide positif ou le fluide négatif. Nous verrons en effet plus loin que les corps électrisés positivement se distinguent de ceux qui sont chargés de fluide négatif par la couleur des étincelles qu'ils émettent, par la distance à laquelle celles-ci jaillissent, par les figures électriques et les aigrettes qu'ils peuvent produire, ainsi que par la saveur qu'ils donnent. Ces phénomènes lumineux, ainsi qu'une foule d'autres effets que peuvent produire les corps électrisés, se manifestent au moment où les deux électricités se recombinent pour former de nouveau du fluide neutre. Lorsque cette recombinaison s'effectue entre les électricités opposées de deux corps voisins, elles s'avancent l'une vers l'autre et se réunissent au milieu de la plus courte distance qui les sépare. Tant que la recombinaison n'a pas eu lieu, les deux corps s'attirent; ils se repousseraient s'ils étaient tous les deux chargés d'électricités de même nom. Ainsi les phénomènes d'attraction et de répulsion se manifestent aussi longtemps que les électricités restent libres. Il en est de même de l'attraction que les corps électrisés exercent sur les corps à l'état naturel. Nous verrons bientôt que celle-ci est due à l'attraction qui a lieu entre l'électricité du corps électrisé et l'électricité de nom contraire dont elle provoque le développement sur le corps à l'état naturel.

Cette théorie de Symmer, sur les deux fluides électriques, se prête avec une grande simplicité à l'explication des phénomènes : aussi est-elle généralement admise par les physiciens. Cependant, on ne doit pas oublier que ce n'est pas là une réalité démontrée, mais seulement une hypothèse bonne et utile pour coordonner les faits et aider à les retenir.

Plusieurs physiciens partagent encore les idées de Franklin, et n'admettent qu'un seul fluide électrique, agissant par répulsion sur lui-même, et par attraction sur la matière pondérable. Dans cette hypothèse, chaque corps doit contenir une certaine quantité de fluide dépendant de sa masse et de sa nature, afin qu'il y ait équilibre électrique entre ce corps et tous ceux qui l'entourent. Plusieurs causes accidentelles, entre autres le frottement, peuvent augmenter ou diminuer cette quantité nécessaire pour l'équilibre, et le corps est alors électrisé positivement ou négativement. Dans le premier cas, le corps se comporte comme le verre frotté avec de la laine; dans le second, comme de la résine frottée également avec de la laine.

Les dénominations d'électricité positive et d'électricité négative employées dans la théorie de Symmer ont même été empruntées à Franklin; mais, comme on le voit par ce qui précède, celui-ci s'en est servi dans une autre acception que Symmer. Quoi qu'il en soit, l'électricité vitrée ou positive se représente par le signe $+$ (*plus*), et l'électricité résineuse ou négative par le signe $-$ (*moins*).

DES ATTRACTIONS ET DES RÉPULSIONS ÉLECTRIQUES.

Tout corps est susceptible d'être électrisé par des moyens convenables, et si, au besoin, on le sépare de la terre en le suspendant, le

tenant ou le faisant supporter par des corps très-peu conducteurs, tels
que le verre, le soufre, la soie, la résine, il peut conserver sa vertu
électrique pendant un certain temps. Aussi longtemps qu'il se trouve
dans cet état, son électricité libre tend à attirer du fluide de nom
contraire pour se combiner avec lui et produire du fluide neutre.
Telle est la cause des attractions et des répulsions que peuvent exercer les corps électrisés.

Fig. 1.   Pour constater ces attractions et ces répulsions, on n'a
qu'à promener un bâton de verre frotté à une faible distance
au-dessus d'une table sur laquelle se trouvent de petites
boules de moelle de sureau. On verra celles-ci, comme l'indique la figure 1, s'élancer vers le bâton de verre, y adhérer
un instant, puis être repoussées et retomber, s'élever de nouveau pour retomber encore une fois, et ainsi de suite, jusqu'à
ce que le verre ayant perdu toute son électricité libre, soit re-
venu à l'état naturel et cesse d'attirer les petites boules.

L'expérience devient plus simple et elle donne des résultats
plus faciles à expliquer lorsqu'on la modifie de la manière suivante : On suspend une petite balle de sureau à un fil de soie
et on en approche le bâton de verre frotté. Bientôt celui-ci
attirera la balle, pour lui enlever une partie de son électricité
négative ; dès que cet effet est produit, les deux corps sont chargés, au
même degré, d'électricité positive, seulement la balle de sureau exigera
d'autant moins d'électricité pour sa charge que ses dimensions seront
plus petites par rapport à celles du bâton de verre. Voici comment les choses se passent : l'électricité positive du bâton de verre
décompose une certaine quantité de fluide neutre de la boule de
moelle de sureau (on en verra la preuve plus loin), attire le fluide
négatif vers elle et repousse le fluide positif ; en vertu de l'attraction
qui s'exerce entre l'électricité positive du verre et celle de nom contraire de la balle, celle-ci s'approche du verre et va se mettre en contact avec lui ; mais à l'instant de ce contact, l'électricité négative de la
balle est neutralisée par une égale quantité de fluide positif du verre,
et la balle reste chargée d'une quantité d'électricité positive égale précisément à celle qui a disparu sur le bâton de verre. Les deux corps
se repoussent alors et la balle se trouve dans le même état que le
bâton de verre. Par conséquent, elle tendra aussi à enlever de l'électricité négative aux corps voisins pour revenir à l'état naturel, et c'est
pour cette raison qu'elle est attirée par les corps qu'on en approche,
entre autres par le doigt de la main.

Au moment du contact, elle se comporte comme le bâton de verre : elle enlève autant d'électricité négative que possible. Mais si c'est avec la main qu'elle est venue en contact, comme celle-ci est en communication avec le sol par l'intermédiaire du corps et qu'elle peut, par conséquent, fournir autant d'électricité négative qu'il en faut pour neutraliser l'électricité positive de la balle, cette dernière sera ramenée à l'état naturel.

Supposons maintenant la petite balle de sureau revenue à l'état naturel par son contact avec la main, et toujours en présence du bâton de verre électrisé. Celui-ci l'attirera de nouveau, perdra une partie de son électricité qui sera neutralisée par une quantité égale d'électricité négative de la balle, repoussera cette dernière qui reviendra se décharger par son contact avec la main, et ainsi de suite, jusqu'à ce que le bâton de verre ait perdu toute son électricité et se trouve ramené à l'état naturel.

On peut obtenir le même résultat, c'est-à-dire le retour du bâton de verre ou de tout autre corps électrisé à l'état naturel, d'une manière plus simple et plus rapide, en mettant ces corps en communication directe avec le sol par un corps bon conducteur. Dans l'expérience avec les boules de moelle de sureau répandues sur une table, dont il a été question plus haut, le bâton de verre perd aussi son électricité, comme dans l'expérience avec la balle suspendue à un fil de soie. Seulement, et la raison en est facile à concevoir, le verre est ramené avec plus de rapidité à l'état naturel dans la première de ces expériences que dans la seconde.

TENSION ET COURANTS ÉLECTRIQUES.

Lorsqu'un corps conducteur est électrisé, le fluide libre dont il est chargé se porte en totalité à sa surface, pour y former en quelque sorte une couche très-mince. La cause de cette distribution, que nous démontrerons bientôt par l'expérience, est due à la répulsion qu'exercent les unes sur les autres les molécules d'un même fluide et en vertu de laquelle elles tendent sans cesse à se disperser, jusqu'à ce qu'elles trouvent un obstacle qui les arrête. Cet obstacle, c'est l'air atmosphérique, qui est un mauvais conducteur. L'effort que les molécules du fluide libre d'un corps électrisé exercent contre la couche d'air qui est en contact avec lui pour se disperser davantage, est ce qu'on appelle la *tension électrique*.

Dans les corps mauvais conducteurs, la distribution de l'électricité libre ne saurait être la même. A cause de l'obstacle que ces corps mettent à son mouvement, l'électricité ne se déplace que lentement et reste plus ou moins adhérente aux molécules sur lesquelles elle a été développée.

Lorsque l'électricité d'un corps se combine avec l'électricité contraire d'un autre corps voisin, il se forme ce qu'on appelle *un courant électrique*. Le conducteur à travers lequel ce courant s'établit, possède, pendant toute la durée de celui-ci, la propriété d'aimanter les corps magnétiques; le fer, passagèrement; l'acier trempé, d'une manière durable. Cette découverte, l'une des plus importantes de la physique, a été faite en 1820, par Oerstedt, physicien suédois.

Pendant des siècles, la théorie du magnétisme formait une doctrine isolée dans les Traités de physique. On n'avait pu découvrir aucun lien entre le magnétisme et les autres agents de la nature. Ce lien, vainement cherché, se trouve établi dans les quelques mots qui précèdent. L'électricité peut développer du magnétisme, et, comme nous le verrons, le magnétisme peut produire de l'électricité. Il y a une trentaine d'années, on aurait pu supprimer dans les Traités de physique le chapitre relatif au magnétisme, sans devoir mutiler les autres doctrines de la science. Mais depuis 1820, époque à laquelle remonte la découverte de l'aimantation par les courants électriques, on a constaté tant de rapports entre le magnétisme et les autres agents de la nature, qu'il n'est plus possible d'étudier les propriétés de ceux-ci sans connaître celles du magnétisme. En effet, les liens entre la lumière, la chaleur, l'électricité et le magnétisme sont devenus tellement intimes, que l'on serait porté, avec Ampère, à considérer ces agents comme des manifestations différentes d'une même cause. Nous reviendrons plus tard sur ces questions que nous n'avons voulu qu'indiquer pour le moment.

Ainsi que nous l'avons dit plus haut, sous le rapport de la manière dont ils se comportent par rapport à l'électricité, tous les corps de la nature peuvent être divisés en corps conducteurs et corps non-conducteurs ou, plus exactement, corps mauvais conducteurs. Les uns et les autres s'électrisent par le frottement. Lorsqu'on frotte, avec une peau de chat ou une queue de renard, un disque de métal suspendu par des cordons de soie ou tenu par un manche de verre, et qu'on en approche ensuite le doigt, on obtient une petite étincelle très-facile à observer. On savait déjà antérieurement qu'un disque ainsi qu'un bâton de verre ou de résine s'électrisent par la même opération. Il semble donc qu'il n'existe aucune différence entre les deux classes de corps, puisque tous s'électrisent par le frottement. Cependant il n'en est pas ainsi. En effet, quand même on ne frotterait qu'un seul point d'un corps conducteur, toute la surface de ce corps s'électriserait; tandis que, dans les mêmes circonstances, un corps non-conducteur ne s'électriserait que sur le point frotté, et nullement sur les autres. Première différence.

Lorsqu'on fait communiquer avec le sol, par un de ses points, un corps électrisé, en le touchant, par exemple, avec le doigt, si ce corps est conducteur, on lui enlève toute son électricité, tandis que s'il est mauvais conducteur, on n'enlève que l'électricité du point touché, et nullement celle qui pourrait avoir été développée sur les autres points de sa surface. Seconde différence.

Lorsqu'on frotte deux corps, isolés au besoin, l'un contre l'autre, par exemple, un disque de verre contre un disque de cuivre tenu par un manche isolant, ils s'électrisent tous les deux, car étant séparés, ils attirent des corps légers; en outre, l'un d'eux se charge d'électricité positive et l'autre d'une égale quantité d'électricité négative. C'est en cela que consiste *la loi de l'électrisation par le frottement.*

Pour s'assurer que les deux corps frottés sont chargés d'électricités d'espèces opposées, on les sépare et l'on approche de l'un d'eux une petite boule de moelle de sureau suspendue à un fil de soie. Cette boule sera attirée, puis, après s'être chargée d'une certaine quantité de fluide de même nom que celui du corps, elle sera repoussée. Si alors on en approche le second corps, au lieu d'être repoussée, elle sera attirée. Le second corps prend donc, par le frottement, de l'électricité négative lorsque le premier se charge de fluide positif, et réciproquement.

Pour démontrer que les deux corps frottés se chargent de quantités égales des deux fluides, il suffit de les disposer l'un à côté de l'autre et de placer la petite boule de moelle de sureau à peu près au milieu de l'intervalle qui les sépare. La boule oscillera alors de l'un à l'autre jusqu'à ce qu'ils soient revenus à l'état naturel, ce qui aura lieu, en même temps, pour tous les deux. Voici ce qui se passera. Supposons, pour fixer les idées, que la balle se porte d'abord vers le corps électrisé positivement. Elle lui enlèvera une certaine quantité de son électricité qui sera neutralisée par une égale quantité d'électricité négative du second corps, à l'instant où elle viendra se mettre en contact avec ce corps, après avoir été repoussée par le premier. De cette manière, les deux corps électrisés auront déjà, l'un et l'autre, perdu la même quantité de leurs fluides respectifs. La balle, revenue un instant à l'état naturel, se chargera immédiatement d'une certaine quantité d'électricité négative du corps avec lequel elle est actuellement en contact, et se rendra vers le corps électrisé positivement, qui neutralisera l'électricité apportée par la balle, chargera celle-ci de nouveau et la repoussera vers le corps électrisé négativement, et ainsi de suite. On voit donc que les oscillations de la balle devront avoir pour résultat de ramener les deux corps à l'état naturel, et comme ce retour a lieu au même instant pour chacun d'eux, nous devons en conclure qu'ils possédaient, à l'origine, c'est-à-dire immédiatement après avoir été frottés l'un contre l'autre, des quantités égales de fluides contraires.

On a cru pendant longtemps que certains corps, tels que les métaux, n'étaient pas électrisables par le frottement. C'était une erreur. En effet, si les métaux ne s'électrisaient pas, c'est qu'on les tenait avec la main et qu'ainsi on leur enlevait l'électricité aussitôt qu'elle était développée. Mais si on les avait tenus au moyen d'un manche isolant de verre ou de résine, ou comme nous l'avons dit plus haut, si on les avait suspendus à des fils de soie, ils auraient manifesté des signes d'électricité, ainsi que les substances non-conductrices. Tous les corps sont donc électrisables par le frottement.

CLASSIFICATION DES CORPS D'APRÈS LA NATURE DE L'ÉLECTRICITÉ QU'ILS ACQUIÈRENT EN ÉTANT FROTTÉS SUCCESSIVEMENT LES UNS AVEC LES AUTRES.

Toutes les substances peuvent être classées les unes à la suite des autres dans un ordre tel, que par le frottement chacune prend l'électricité positive avec celle qui suit et l'électricité négative avec celle qui précède, et que les charges électriques sont d'autant plus intenses que les deux substances frottées sont plus éloignées l'une de l'autre dans la série. Mais cette classification est difficile à établir, à cause de la difficulté de tenir compte de toutes les circonstances qui influent sur la nature de l'électricité que prend chaque corps. Voici toutefois un tableau qui donne cette classification d'une manière assez exacte pour les principaux corps mauvais conducteurs :

Peau de chat, diamant, peau de lapin, peau de lièvre, tourmaline, corindon, cristal de roche, verre, laine, papier, gutta-percha, soie teinte, soie blanche, soie écrue, caoutchouc, colophane, ambre, soufre, cire à cacheter [1].

[1] Dans son grand *Traité d'électricité*, M. A. de la Rive donne le tableau ci-dessous qui diffère, en quelques points, de celui rapporté dans le texte allemand :
Peau de chat, diamant, flanelle, ivoire, cristal de roche, laine, verre, coton, toile de

Si on voulait classer les corps uniquement d'après leur pouvoir isolant, il faudrait les disposer dans un autre ordre qui, d'après les recherches très-exactes du docteur Riess, de Berlin, serait pour les non-conducteurs et les demi-conducteurs le suivant : cire à cacheter, ambre, résines, soufre, cire, jais (substance bitumineuse d'un beau noir dont on faisait autrefois une foule de petits ouvrages, comme des colliers, des bracelets, des boutons, etc., que l'on exécute maintenant en verre noir), mica, pierres précieuses, soie écrue, soie teinte, laine, poils, plumes, papier desséché, parchemin, cuir, végétaux desséchés, porcelaine, huiles essentielles, camphre, caoutchouc, craie, chaux, phosphore, glace à — 20° R., cendres animale et végétale, huiles grasses, oxydes métalliques secs, glace à 0° R., paille, papier, marbre, bois sec, fleurs de soufre, verre pilé, alcool et éther.

M. Riess range parmi les demi-conducteurs les neuf substances citées en dernier lieu. Mais on doit également considérer comme tels les substances qui les précèdent jusqu'à la craie exclusivement, en exceptant toutefois la glace à — 20° R., qui est un bon isolateur et qui devrait probablement occuper dans le tableau une place plus avancée que celle qui lui est assignée par le physicien dont il s'agit. La craie est pour ainsi dire un bon conducteur pour l'électricité de frottement.

Tous les corps qui précèdent, les pierres précieuses exceptées (parce qu'on ne peut pas les obtenir en masses assez grandes pour les expériences), présentent, après avoir été frottés, les propriétés suivantes : ils attirent d'abord et repoussent ensuite les corps légers qu'on en approche. Lorsqu'on en approche la main, ils dégagent une petite étincelle, visible dans l'obscurité et accompagnée d'un faible bruissement. Placés à une petite distance de la figure, ils occasionnent la même sensation que les toiles d'araignée. Ils exhalent une odeur assez caractéristique de phosphore. Mais pour réussir, plusieurs de ces expériences exigent qu'on opère sur d'assez grandes masses de la substance, ce qui n'est pas toujours possible lorsqu'il s'agit de corps cristallisés. C'est ainsi que la tourmaline frottée attire

lin, soie blanche, la main sèche, bois, cire à cacheter, colophane, ambre, soufre, caoutchouc, gutta-percha, papier préparé (papier électrique de M. Schoenbein), collodium, coton-poudre.

Le papier préparé dont il s'agit dans ce tableau s'obtient en plongeant du papier fin non collé dans un mélange d'acide sulfurique et d'acide nitrique fumant, le lavant ensuite à pleine eau et le laissant sécher. Sa puissance électrique est si considérable que, par le frottement seul de la main, on peut en tirer de fortes étincelles accompagnées du dégagement d'une odeur particulière (ozone).   (H. V.)

la cendre (d'où son nom hollandais *aschentrekker*), mais non de
petits morceaux de papier; qu'elle n'exhale aucune odeur et ne produit pas la sensation de toile d'araignée, si manifeste avec un bâton
de verre frotté.

DES ÉLECTROSCOPES.

On voit donc que les moyens que nous avons indiqués jusqu'ici
pour reconnaître si un corps est électrisé ou non, peuvent ne plus
suffire lorsque ce corps ne possède qu'une faible quantité d'électricité.
Il faut alors avoir recours à des instruments particuliers que l'on
appelle *électroscopes* quand ils ne sont propres qu'à accuser la présence de l'électricité, et *électromètres*, quand ils sont, en outre,
disposés de façon à pouvoir en mesurer exactement la quantité. Nous
ne nous occuperons que des électroscopes. Nous les décrirons successivement, en commençant par les plus simples.

Fig. 2. Ce sera donc par le *pendule électrique* que nous aborde-
rons notre examen. Cet appareil se compose tout simplement d'un fil de soie ou de lin attaché par l'une de ses extrémités à un support métallique et portant à l'autre une petite
balle de moelle de sureau *a* (fig. 2). Le support est formé d'une
tige de laiton fixée verticalement sur un pied *c* de même métal,
et recourbée à son extrémité supérieure qui se termine par un
crochet *b* pour suspendre le fil. Suivant que ce fil est de soie ou de
lin, le pendule est dit *isolé* ou *non isolé*. Dans le pendule isolé la portion verticale de la tige du support est quelquefois en verre. Par là
l'isolement devient plus parfait. Mais cette substitution du verre au
laiton est, en général, inutile, la soie ayant par elle-même un pouvoir
isolant assez considérable.

Lorsqu'on veut reconnaître si un corps est électrisé, on l'approche
de la boule *a* du pendule : s'il attire cette boule, il est électrisé;
s'il ne l'attire pas, il est à l'état naturel. Pour cette épreuve, il faut
donner la préférence au pendule non isolé, qui est un peu plus sensible.

Après avoir constaté qu'un corps est électrisé, il faut encore déterminer la nature de l'électricité dont il est chargé. A cet effet, on doit
se servir du pendule isolé. On approche de la boule un corps électrisé,
chargé d'une électricité connue, par exemple, un bâton de résine frotté
avec de la flanelle, et qui possède, par conséquent, du fluide négatif.

La boule sera d'abord attirée, puis repoussée, aussitôt qu'elle se trouvera électrisée négativement. Cela posé, on en approche le corps soumis à l'épreuve, et alors de deux choses l'une : ou il l'attire, ou il la repousse. Dans le premier cas, il est électrisé positivement, et dans le second, négativement; car nous savons que les électricités de même nom se repoussent et que celles de nom contraire s'attirent.

Fig. 3.

L'aiguille électrique (figure 3) est un électroscope également très-simple, mais dont la construction exige déjà le secours du mécanicien : elle se compose d'un fil de laiton terminé par deux boules métalliques qui doivent être creuses pour être plus légères; au milieu de la longueur du fil est une chape, en acier ou en agate, que l'on pose sur un pivot supporté par un pied en laiton. Une force très-faible suffit pour mettre l'aiguille en mouvement. Si on voulait isoler l'appareil, il suffirait de le placer sur une lame épaisse de verre, ou bien sur trois petits morceaux de cire à cacheter qu'on fixerait par fusion en trois points différents de la surface inférieure du pied.

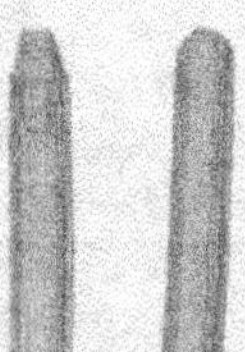

Fig. 4.

La figure 4 représente un troisième électroscope très-simple, que chacun peut facilement construire soi-même. En *a*, on le voit disposé pour être mis de côté, et en *b*, pour fonctionner. Il consiste en deux petites balles de moelle de sureau suspendues à des fils de soie qui sont fixés au bouchon *b*. Celui-ci s'amincit légèrement à chacune de ses extrémités, de manière à pouvoir être introduit, par chacune d'elles, dans l'ouverture du tube de verre de l'appareil.

Cet électroscope sert principalement à déterminer la nature de l'électricité qu'un corps possède. A cet effet, on charge les balles d'une électricité connue, par exemple, en les touchant avec un bâton de résine frotté. Aussitôt qu'elles sont électrisées, elles se repoussent et les pendules divergent, comme le montre la figure *b*. On approche ensuite, par dessous, le corps soumis à l'épreuve. S'il est chargé de fluide positif, les boules de l'électroscope se rapprochent; et s'il est, au contraire, électrisé négativement, elles s'éloignent davantage.

L'électroscope à feuilles d'or, que nous allons décrire, est infiniment plus sensible encore que les précédents. Il consiste

Fig. 5.

en un petit ballon de verre (figure 5) mastiqué inférieurement sur un pied en bois. Dans
le col du ballon se trouve fixée, avec de la
gomme laque, une tige de laiton munie, en
haut, d'un pas de vis, pour recevoir un disque de
métal, de la grandeur d'une pièce de cinq francs
ou d'une dimension plus considérable. L'extrémité inférieure de la tige est aplatie ; on y colle,
par simple apposition, deux feuilles d'or qui retombent parallèlement. On vernit la surface extérieure
du ballon jusqu'à une certaine distance, pour
rendre l'isolement de la tige plus parfait.

Les électricités de même nom se repoussent, et
c'est pour ce motif que les corps électrisés repoussent les corps à l'état naturel, après les avoir attirés
d'abord et leur avoir communiqué une partie de leur fluide électrique.

Lorsqu'on a électrisé de la même manière les deux feuilles de l'électroscope précédent, elles s'écartent, comme le montre la figure 5.
Eh bien, tant que dure cette divergence, elles peuvent servir à déterminer la nature de l'électricité dont un corps est chargé. Supposons,
par exemple, qu'on leur ait communiqué de l'électricité positive. On
présentera le corps au-dessus du disque de l'électroscope. S'il est
électrisé positivement, il repoussera l'électricité de même nom répandue sur le disque, et les feuilles d'or acquérant une surcharge,
s'écarteront encore plus. Si le corps soumis à l'épreuve est, au contraire, électrisé négativement, il attirera le fluide libre de l'électroscope
sur le plateau, et les feuilles se rapprocheront. Ainsi, suivant que le
corps approché détermine un plus grand ou un moindre écartement
des feuilles, il contient de l'électricité identique, ou de nom contraire
à celle dont l'instrument est chargé.

L'électroscope à feuilles d'or est également très-propre à faire reconnaître si un corps est électrisé ou non. A cet effet, on présente ce corps
au-dessus du plateau de l'appareil qui doit se trouver à l'état naturel.
Quand le corps approché n'est pas électrisé, les feuilles d'or restent
immobiles ; quand, au contraire, il est chargé d'électricité, elles divergent. C'est que, dans ce dernier cas, son électricité décompose le fluide
neutre de l'électroscope, attire l'électricité de nom contraire à la sienne
sur le plateau, et repousse celle de même nom dans les feuilles qui
doivent, par suite, diverger. (Voyez l'article sur l'*Électricité par
influence*.)

On peut rendre l'électroscope à feuilles d'or plus sensible encore, en plaçant sur son plateau, préalablement recouvert en dessus d'une couche de vernis à la gomme laque, un autre plateau métallique, recouvert en dessous du même vernis. Ce second plateau doit être muni d'un manche isolant; il est représenté dans la figure 5. A l'article *Théorie de la bouteille de Leyde*, on trouvera l'explication de la manière dont il agit.

L'électroscope à feuilles d'or est un appareil extrêmement utile pour toutes les expériences sur l'électricité de frottement. La forme importe peu, et, comme le montre la figure 6, un petit flacon et une simple pièce de monnaie peuvent, au besoin, servir à sa construction.

Pour le charger préalablement d'électricité positive, on peut approcher au-dessus de son disque, et sans toucher celui-ci, un bâton de résine frotté. Le fluide neutre de l'instrument est décomposé par l'influence de l'électricité négative de la résine (voyez l'article sur l'*Électricité par influence*) : le fluide positif est attiré sur le disque et le fluide négatif est repoussé dans les feuilles, qu'il fait diverger. Si l'on éloignait la résine, il y aurait recomposition, et l'appareil ne conserverait aucune trace d'électricité; mais si lors de l'influence, et les feuilles étant écartées, on touche un instant le plateau avec le doigt, le fluide repoussé fuit dans le sol et les feuilles se rapprochent; si l'on éloigne ensuite le bâton de résine, on voit les feuilles diverger par la nouvelle distribution du fluide positif resté sur l'instrument. Cette méthode d'électrisation par influence doit être préférée quand le corps dont on se sert pour charger l'électroscope est peu conducteur, ou qu'étant conducteur, ce corps, mis en contact avec le plateau de l'instrument, électriserait trop fortement les feuilles.

Le plus souvent le fond du vase de verre de l'électroscope à feuilles d'or, au lieu d'être de verre, est de métal et alors il porte deux boules de cuivre, ou bien il communique à deux petites lames d'étain s, t, (fig. 7) collées verticalement sur les parois intérieures du vase, de part et d'autre des extrémités libres des feuilles d'or g et dans le plan où s'opèrent leurs écarts. Cette disposition est très-favorable à la sensibilité de l'appareil. En effet, quand les feuilles sont électrisées et se repoussent, leur électricité libre développe sur les lames voisines s et t, du fluide contraire qui, par son attraction, augmente l'écartement, et par là la sensibilité de l'électroscope.

Observons encore que la nature des conducteurs mobiles de l'électroscope est indifférente. Volta, au lieu de feuilles d'or, faisait usage de deux brins de paille qu'il suspendait à la tige par de petits anneaux de fil de métal très-fin, et Cavallo se servait de deux balles de sureau suspendues à des fils semblables, qui étaient attachés comme les pailles. Nous parlerons plus tard de l'*électroscope de Bohnenberger*.

DE LA BALANCE DE TORSION.

Les *attractions et les répulsions électriques sont en raison composée des quantités de fluide et en raison inverse du carré des distances.* Cette loi fondamentale des actions électriques peut se démontrer au moyen d'un appareil imaginé par Coulomb, et connu sous les noms de *balance de torsion* ou de *balance de Coulomb*. Il est fondé sur la loi de l'élasticité de torsion, d'après laquelle *la force nécessaire pour tordre un fil élastique d'un angle donné, est proportionnelle à cet angle.* Mais avant de le décrire, il est nécessaire que nous fassions comprendre le sens exact des lois que nous venons d'énoncer, et qui sont exprimées dans un langage mathématique que nous ne supposons pas connu du lecteur.

Une quantité est dite *directement proportionnelle* ou simplement *proportionnelle* à une autre, lorsque celle-ci devenant 2, 3, 4, etc., fois plus grande ou plus petite, l'autre devient pareillement 2, 3, 4, etc., fois plus grande ou plus petite. Par exemple, en disant que la force nécessaire pour tordre un fil élastique d'un angle donné est proportionnelle à cet angle, nous exprimons que s'il faut une force comme 1, pour tordre ce fil d'un degré, il faudra une force comme 2 pour le tordre de 2°, une force comme 3 pour le tordre de 3°, et ainsi de suite.

Lorsque nous disons qu'une quantité est en *raison composée* de deux autres, nous exprimons qu'elle est proportionnelle au produit de ces dernières, c'est-à-dire qu'elle devient 2 fois plus grande lorsque l'une de celles-ci prend une valeur double, 4 fois plus grande quand la valeur de chacune de ces dernières est doublée, et ainsi de suite.

Quand deux quantités sont telles, que lorsque l'une devient 2, 3, 4, etc., fois plus grande, l'autre devient 2, 3, 4, etc., fois plus petite, c'est-à-dire égale à 1/2, 1/3, 1/4, etc., de sa valeur primitive, on dit que ces quantités sont *inversement proportionnelles* ou en *raison inverse* l'une de l'autre.

Le *carré* d'un nombre est le produit de ce nombre par lui-même. Par conséquent, les carrés des nombres 3, 10, 12 sont respectivement 9, 100 et 144 : car, par exemple, 3 multiplié par 3 est égal à 9 ; et 12 multiplié par 12 est égal à 144, etc.

D'après cela, si l'on énonce que les attractions ou les répulsions entre deux corps électrisés sont en raison inverse du carré des distances, cela exprime que si à une certaine distance ces corps s'attirent ou se repoussent avec une force égale à 1 ; à une distance double, ils s'attireront ou se repousseront 4 fois moins ou avec une force égale à 1/4 ; à une distance 4 fois plus grande, 16 fois moins ou avec une force égale à 1/16, etc.

Cette loi de la *raison inverse du carré des distances* se retrouve dans un grand nombre de phénomènes naturels, et c'est pour ce motif que nous avons tenu à la faire bien comprendre. Voyons d'abord comment on la vérifie pour les phénomènes électriques.

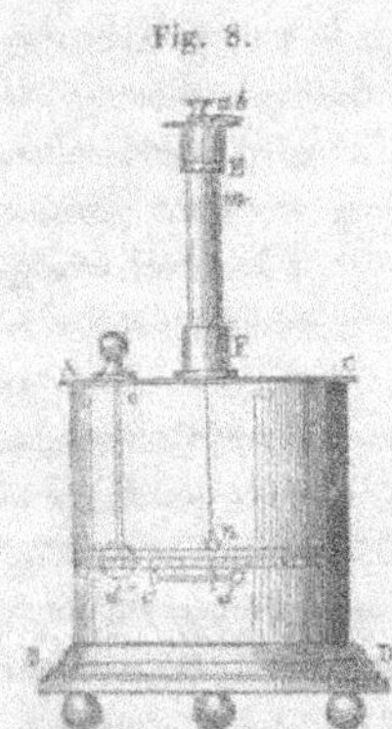

La balance de Coulomb, appliquée à l'électricité, est composée (figure 8) d'un cylindre de verre A B D C, d'environ 30 centimètres de diamètre, fermé par un plateau de verre AC, percé à son centre d'une ouverture circulaire sur laquelle est mastiqué un autre cylindre de verre EF d'un plus petit diamètre et d'une plus grande hauteur ; à l'extrémité supérieure du cylindre EF se trouve une boîte en cuivre qui l'enveloppe et peut tourner librement autour de lui ; cette boîte est fermée supérieurement par une plaque métallique sur laquelle se trouve un cadran divisé en 360 parties égales ; le centre de la plaque est percé d'une ouverture dans laquelle s'engage à frottement libre un cylindre de cuivre, qui sert d'axe à l'aiguille *ab* et qui est terminé supérieurement par un bouton destiné à le faire mouvoir. L'axe de l'aiguille porte inférieurement une pince que l'on serre au moyen d'un anneau. Cette partie de l'appareil porte le nom de *micromètre*. (La figure 9 présente la coupe du micromètre et sa projection horizontale sur une plus grande échelle.) Un fil métallique très-fin *m n*, fixé supérieurement à la pince de l'axe de l'aiguille, supporte à sa partie inférieure une petite masse métallique, à travers laquelle s'engage un fil de gomme laque *cd*, dont une des extrémités est armée d'un petit disque de papier doré ou de clinquant, et l'autre d'un léger contre-poids qui lui fait équilibre. Le plateau A C est percé d'une autre ouverture O par laquelle on introduit une tige isolante, à l'extrémité de laquelle se trouve une petite boule de métal d' ; le cylindre A B D C est revêtu extérieurement, à la hauteur du levier cd et du centre de la boule d', d'une bande de papier divisée en 360 parties égales. Le mouvement de la boîte du micromètre sert à amener le levier cd sur le zéro de la division de la cage A B D C, en laissant l'aiguille sur le zéro de sa division.

Pour trouver la loi des répulsions électriques, Coulomb, après avoir enlevé de la cage la boule d', plaça l'aiguille du micromètre sur le zéro de la division, et fit tourner la boîte jusqu'à ce que le disque c, dans sa position d'équilibre, fût en face du zéro de la division de la cage, auquel doit également correspondre le centre de la boule d' ; ensuite il donna une faible charge électrique à cette boule et la remit en place : le disque c, en touchant la boule d', partagea son électricité avec elle et fut repoussé ; le levier cd resta en équilibre, lorsque la distance fut telle que la force répulsive fit équilibre à la force de torsion. Dans une série d'expériences, l'angle du levier, avec sa première position mesurée sur la division du cylindre A B D C, était de 36° ; en faisant mouvoir l'aiguille du micromètre de manière à faire rapprocher le disque de la boule, Coulomb reconnut que, pour diminuer de moitié leur distance, il fallait faire marcher l'aiguille de 126°, et pour que la distance des centres du disque et de la boule ne fût plus que le quart de ce qu'elle était d'abord, il fallait faire tourner la même aiguille de 567°. Il est évident que, dans ces deux dernières positions d'équilibre, la torsion du fil était égale à l'angle dont le levier cd se trouvait dévié de sa position primitive, augmenté de l'angle décrit en sens contraire par le micromètre. Ainsi, dans ces trois opérations, les torsions étaient 36°, 18 + 126 et 9 + 567, ou bien 36, 144 et 576 ; or, ces nombres, qui représentent aussi les forces répulsives successivement observées, sont entre eux comme 1, 4, 16 ; et comme les distances étaient 1, 1/2, 1/4, il en résulte évidemment la loi énoncée.

Dans ces expériences, il y a cependant trois causes d'erreurs : la première consiste en ce que la distance réelle des centres de la boule et du disque n'est pas mesurée par l'arc qui les sépare, mais par sa corde ; la seconde résulte de ce que, la force répulsive ne s'exerçant pas perpendiculairement au levier cd, une portion de cette force est détruite par l'obliquité du levier ; la troisième consiste en ce que les corps chargés d'électricité en perdent continuellement par le contact de l'air, et que, par conséquent, la force répulsive doit diminuer pendant la durée des expériences. Les deux premières erreurs peuvent facilement se calculer, et en les introduisant dans les données des expériences citées, on trouve encore l'accord le plus satisfaisant. Quant à la dernière, elle était très-petite le jour où furent faites les expériences, car le levier ayant été dévié de 30°, ne s'est rapproché que d'un demi-degré en 2 minutes. On peut, du reste, en atténuer l'influence dans toutes les conditions atmosphériques, en faisant séjourner dans l'intérieur de la cage de la chaux vive, plusieurs jours avant de se servir de l'instrument, de manière que celui-ci contienne de l'air le plus sec possible.

Les attractions électriques suivent la même loi que les répulsions; on le vérifie au moyen du même appareil; mais les expériences doivent être dirigées d'une manière un peu différente qu'il est facile d'imaginer.

La balance de torsion sert aussi à démontrer que les attractions et répulsions électriques sont proportionnelles aux produits des intensités, ou des quantités d'électricité qui agissent l'une sur l'autre. Par exemple, le cercle de clinquant et la boule étant électrisés de la même manière, on imprime au fil métallique une torsion additionnelle qui maintient ces deux corps à une distance voulue d; si l'on touche ensuite la boule avec une autre boule semblable et isolée, qui lui enlève conséquemment la moitié de son électricité libre, on trouve qu'il faut diminuer de moitié la torsion totale, pour retenir le cercle à la même distance d; si l'on touche ensuite le cercle de clinquant avec un autre cercle égal et isolé, il faut encore réduire la torsion totale de moitié, ou au quart de ce qu'elle était dans l'origine, pour que le cercle revienne toujours à la même distance.

Ainsi, dans ces trois cas différents, les forces répulsives, agissant à la même distance, sont entre elles comme 1, 1/2, 1/4, et varient conséquemment dans le même rapport que le produit des quantités d'électricité libre répandues sur les deux corps. (H. V.)

DE L'ÉLECTRICITÉ PAR INFLUENCE.

Nous venons de voir que chacun des fluides électriques attire le fluide de nom contraire, et repousse celui de même nom; ces attractions et répulsions n'ont pas lieu seulement sur les fluides libres, mais elles s'exercent aussi sur les fluides combinés; et il résulte

de là qu'un corps électrisé qu'on approche d'un corps conducteur isolé et à l'état naturel, peut décomposer le fluide neutre de ce
dernier, en attirant vers lui l'électricité de nom contraire à la sienne,
et repoussant sur la face opposée de ce corps l'électricité de même
nom. Ce sont ces électricités produites à distance que l'on appelle *électricités par influence.*

Fig. 10.

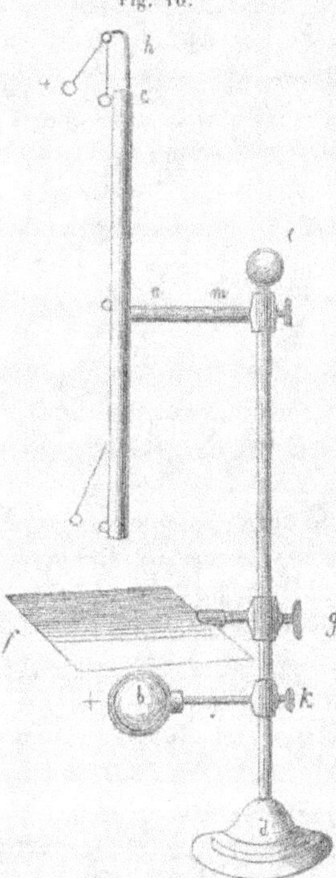

Pour démontrer cette action des corps
électrisés sur les corps conducteurs
qu'on en approche, on s'est servi jusque
dans ces derniers temps d'un appareil
dont les résultats n'étaient pas con-
cluants. On le remplace maintenant par
un appareil imaginé par M. Riess, de
Berlin, et qui n'offre pas cet inconvénient. L'appareil de M. Riess est représenté par la figure 10 et se compose
d'un fort cylindre de verre *c*, mastiqué,
par son extrémité inférieure, dans un
pied de métal *d*, d'un poids suffisant
pour assurer la stabilité des différentes
pièces que le cylindre de verre doit porter. Ces pièces sont : 1° une sphère métallique *b*, fixée à une tige de verre qui
est mastiquée dans une douille de métal.
Celle-ci peut glisser le long du cylindre *c*, et on l'assujettit dans la position
voulue au moyen de la vis de pression *k*;
2° un cylindre conducteur vertical de
laiton *a e*, également mobile le long du
cylindre de verre *c* et susceptible d'être
arrêté dans une position quelconque au

moyen d'une vis de pression. Ce conducteur, arrondi à ses deux extrémités, a environ un pied de longueur. Isolé par la tige de verre *m*, il
porte trois petites boules de moelle de sureau attachées à des fils de
soie; le fil de l'une est fixé à la tige de verre *eh* qui est mastiquée dans
l'extrémité supérieure du cylindre de laiton, et les fils des deux autres
sont suspendus à celui-ci de façon que les balles qu'ils supportent se
trouvent l'une à son milieu et l'autre en contact avec son extrémité inférieure; 3° une lame très-mince de verre *f*, que l'on fixe, au moyen
de la vis de pression *g*, entre la sphère *b* et le cylindre de laiton *ea*.

Cela posé, si l'on électrise la boule *b*, on remarque qu'aussitôt les deux pendules extrêmes du cylindre de laiton divergent, ce qui ne peut provenir que de ce qu'ils ont été électrisés par influence et de la même manière que les parties correspondantes du conducteur ; car s'ils se trouvaient encore à l'état naturel, ces pendules seraient attirés par la sphère électrisée *b*, et, en vertu de cette attraction et de leur pesanteur, ils resteraient appliqués contre le cylindre de laiton. Il est facile, en outre, de constater que si l'électricité de *b* est positive, le pendule le plus voisin est électrisé négativement, et le pendule supérieur positivement. En effet, lorsqu'on approche successivement des deux boules un bâton de résine frotté, celui-ci repousse la première et attire la seconde. Le pendule du milieu ne se déplaçant pas, il est évident qu'il reste à l'état naturel, ainsi que la partie correspondante du conducteur influencé.

Si ensuite on fait rentrer l'électricité de *b* dans le sol, en mettant ce corps en contact avec le doigt, on voit les deux premiers pendules retomber, et tout signe d'électricité disparaît dans le cylindre *ae*. C'est qu'alors les deux fluides, développés par l'influence du corps électrisé, se sont recombinés pour former du fluide naturel. Ce résultat prouve qu'il n'était pas passé d'électricité de *b* au cylindre *ae*.

Si l'on place à la suite du cylindre *ae*, lorsque les deux fluides séparés par influence se manifestent à ses extrémités, un autre conducteur pareillement isolé et muni de trois pendules semblablement disposés, ce nouveau cylindre donne aussi des signes d'électricité, négative dans l'extrémité en regard de *ae*, positive dans l'extrémité opposée. La décomposition du fluide neutre de ce second cylindre est principalement due à l'influence de l'électricité positive de *ae*, laquelle agit à une plus courte distance que l'électricité négative qui se trouve sur le même corps *ae*, et que le fluide positif répandu sur *b*.

L'appareil (figure 10) qui vient de nous servir pour démontrer l'électrisation par influence, permet également de constater une propriété remarquable de l'électricité attirée par *b* sur le conducteur *ae*, et qui consiste en ce que cette électricité ne s'écoule pas dans le sol, comme le ferait l'électricité ordinaire si on mettait en communication avec la terre le corps sur lequel elle se trouve. En effet, le cylindre *ae* étant touché avec le doigt ou avec tout autre conducteur en contact avec le sol, lorsqu'il est soumis à l'influence de *b*, on voit le pendule supérieur retomber, en sorte que tout signe d'électricité repoussée disparaît. Le pendule inférieur reste, au contraire, soulevé, et même s'éloigne encore davantage. Le premier de ces faits s'explique par l'attraction de l'électricité de b qui empêche l'électricité du pendule inférieur de s'écouler dans le sol. Quant à l'augmentation de la divergence de ce pendule, on s'en rend compte en remarquant que l'équilibre électrique entre b et ae est établi lorsque les électricités libres de ces deux corps sont telles, que la résultante de leurs actions simultanées sur chacun des éléments d'une molécule de fluide neutre de ae est nulle. Si donc on enlève l'électricité repoussée, en touchant le corps ae avec le doigt, c'est-à-dire si on enlève l'une des forces du système, l'équilibre est rompu, une nouvelle décomposition de fluide neutre doit avoir lieu, et l'électricité attirée provenant de ce fluide neutre décomposé vient s'ajouter à celle que ae contenait déjà et produit l'accroissement de divergence du pendule qu'il s'agissait d'expliquer. Cette nouvelle décomposition de fluide neutre s'arrêtera lorsque la résultante des actions des électricités de b et de ae sur une molécule de fluide neutre de ce dernier corps sera de nouveau égale à zéro, c'est-à-dire lorsque toutes les actions de l'électricité attirée sur ae seront détruites par des actions égales et contraires de l'électricité de b. L'électricité de ae ne pourra donc manifester sa présence par aucune des propriétés de l'électricité ordinaire, et c'est pour ce motif qu'on lui donne le nom d'*électricité dissimulée ou latente*. Mais si on vient à ramener le corps b à l'état naturel, l'électricité dissimulée de ae redeviendra libre et se comportera comme l'électricité ordinaire. On verra alors les deux pendules extrêmes diverger; celui du milieu divergera peu ou même restera immobile, parce que quand un cylindre est électrisé, la majeure partie de son électricité s'accumule à ses deux extrémités.

Lorsque nous avons expliqué le jeu des électroscopes, nous avons été forcés de nous appuyer sur la théorie de l'électricité par influence. Si maintenant le lecteur veut relire ce que nous avons dit de ces appareils, il comprendra facilement tous les points qui l'auront embarrassé d'abord. (H. V.)

DISTRIBUTION DE L'ÉLECTRICITÉ A LA SURFACE DES CORPS CONDUCTEURS.

Lorsqu'un corps conducteur isolé, de forme quelconque, est électrisé, soit positivement, soit négativement, le fluide électrique se porte à la surface extérieure du corps, où il forme une couche d'une épaisseur extrêmement mince. La cause de cette distribution est due à la répulsion qu'exercent les unes sur les autres les molécules d'un même fluide électrique et en vertu de laquelle elles tendent sans cesse à se disperser, jusqu'à ce qu'elles trouvent un obstacle qui les arrête.

Cet obstacle, c'est l'air atmosphérique qui est mauvais conducteur.

L'accumulation de l'électricité, tout entière à la surface, se démontre par les expériences suivantes :

1° Lorsqu'on touche avec une petite sphère métallique isolée par une tige de verre, un point quelconque d'un corps conducteur possédant de l'électricité libre, il est évident que s'il existe de l'électricité sur le point touché, cette électricité, trouvant sur la petite boule métallique un chemin pour se disperser, passera sur elle et pourra être enlevée si on retire la boule du point touché. Lorsque le point touché ne contient pas de fluide libre, la petite boule métallique restera, au contraire, à l'état naturel, pendant comme après le contact avec le corps électrisé.

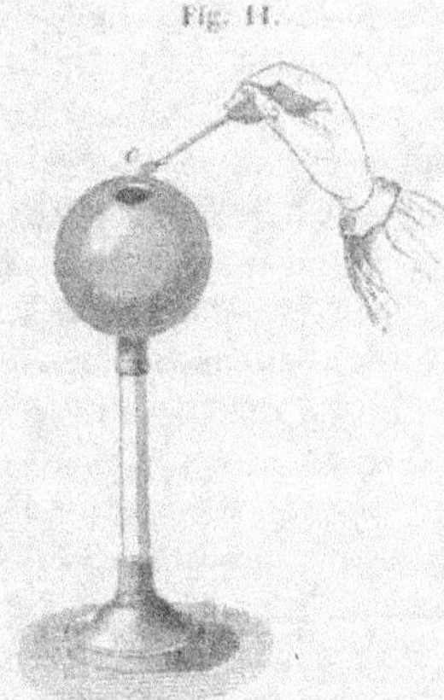

Fig. 11.

Cela posé, pour reconnaître la distribution de l'électricité dans un corps conducteur isolé, on prend une sphère métallique de 15 ou 20 centimètres de diamètre (figure 11), ayant une cavité un peu profonde, on l'isole et on la charge d'électricité : lorsqu'on vient avec la petite boule isolée la toucher à sa surface extérieure, on y prend du fluide ; mais lorsqu'on la touche au fond de la cavité *c*, la petite boule reste à l'état naturel, comme on peut s'en assurer en l'approchant d'un pendule électrique. Pour que cette expérience réussisse, il faut que l'air ambiant soit très-sec, car autrement il est impossible de retirer la petite boule sans qu'elle s'électrise en franchissant l'ouverture de la cavité. On est averti de cette électrisation par le bruit de la petite étincelle dont elle est accompagnée.

Fig. 12.

2° On a une sphère de cuivre A (fig. 12), suspendue à un fil de soie ou isolée sur un pied de verre ; sur cette sphère s'appliquent deux hémisphères creux B, B, aussi en cuivre, de même diamètre qu'elle, pouvant la recouvrir exactement et s'enlever à volonté à l'aide de manches de verre. Après avoir électrisé la sphère, on applique dessus les deux hémisphères, qu'on tient par les manches de verre, puis on les retire brusquement et bien ensemble. Or, on observe qu'ils sont alors électrisés tous les deux, mais que la sphère n'a conservé aucune trace d'électricité : le fluide communiqué à la sphère était donc tout entier à sa surface, puisqu'il a été complétement enlevé en même temps que les deux enveloppes qui la touchaient.

Fig. 13.

3° On peut encore constater que l'électricité se porte à la surface des corps, au moyen de l'appareil représenté par la figure 13. Il consiste en un cylindre de carton, revêtu d'étain, et isolé au moyen de deux cordons de soie attachés à des boutons de bois qu'il porte aux extrémités de son axe. Ces cordons, d'une longueur de 2 à 3 pieds, sont fixés au plafond de la chambre ou à un support quelconque. Sur le cylindre peut s'enrouler une mince feuille d'étain dont l'extrémité libre est munie d'une tige de bois qui en occupe toute la longueur. A cette tige sont fixés deux fils de soie f, f, réunis par une seconde tige également de bois. Enfin la feuille d'étain porte à cette même extrémité libre un électroscope composé de deux balles de moelle de sureau suspendues à des fils de lin (et non de soie).

La feuille d'étain ayant été enroulée, si l'on électrise le cylindre, on voit les balles de l'électroscope diverger en vertu d'une répulsion électrique. Or, si l'on déroule alors la feuille métallique à l'aide d'une traction exercée sur la tige de bois qui réunit les fils de soie f, f, la divergence diminue; en abandonnant la tige de bois à elle-même, la feuille s'enroule de nouveau et la divergence augmente. On conclut de là que, la quantité totale d'électricité possédée par un corps restant la même, la répulsion exercée par l'électricité, en chaque point de la surface, est d'autant moindre que la surface est plus grande, ce qui montre que l'électricité se porte à la surface.

DES MACHINES ÉLECTRIQUES.

Toutes les expériences que nous avons décrites jusqu'ici n'exigeaient que de faibles quantités d'électricité. Mais si l'on veut obtenir des effets plus intenses, on doit avoir recours aux *machines électriques* dont nous allons nous occuper.

figure 34 repose sur des pieds de verre. Par là on obtient l'isolement que réclament certaines expériences. Mais on peut aussi se dispenser de l'emploi de ces pieds : il suffit pour cela, quand on a besoin d'isoler la batterie, de la placer sur un tabouret isolant, qui d'ailleurs est un appareil indispensable dans tout cabinet de physique.

TENSION MAXIMUM ET CHARGE LIMITE DU CONDUCTEUR DES MACHINES ÉLECTRIQUES.

Lorsqu'on met en action une machine électrique, le conducteur isolé se charge en proportion plus ou moins grande suivant la force de la machine et le temps plus ou moins long pendant lequel elle a marché. Il y a cependant une limite à ce temps : lorsque l'intensité de l'électricité est sur chaque partie du conducteur égale à ce qu'elle est sur la partie du plateau ou du cylindre qui vient d'éprouver le frottement et qui n'est pas encore déchargée, il n'est pas possible d'augmenter la charge électrique de ce conducteur, lors même que l'on continue à faire marcher la machine. Si la surface du conducteur dépasse une certaine limite, variable avec les dimensions et la puissance de la machine, la tension de l'électricité du conducteur ne peut même pas devenir égale à celle du verre à l'instant du frottement. En effet, comme d'une part, la machine ne peut développer, dans l'unité de temps, qu'une certaine quantité d'électricité, et que de l'autre, le conducteur, par son contact avec l'air et par suite du pouvoir isolant imparfait de ses supports, perd, dans le même temps, d'autant plus d'électricité que sa charge est plus forte et sa surface plus étendue, il est évident que lorsqu'on augmente graduellement cette surface, il doit arriver un moment où le conducteur, avant d'avoir acquis la tension du plateau ou du cylindre, perd autant d'électricité qu'il en reçoit, et où, par conséquent, sa charge cesse de s'accroître. Ainsi, dans tous les cas, en faisant fonctionner une machine électrique, on ne pourra accumuler sur le conducteur qu'une certaine quantité d'électricité que nous nommerons la *charge limite* — Quand le conducteur a acquis cette charge, la tension de l'électricité est la plus grande possible, ou un maximum. (H. V.)

ÉLECTROMÈTRE A CADRAN.

Pour démontrer que la tension de la machine électrique a une limite qui ne peut être dépassée, quelle que soit la vitesse de rotation du plateau et le temps pendant lequel on tourne ; pour connaître éga-

lement à chaque instant quelle est la tension de l'électricité déjà accumulée sur le conducteur et les corps conducteurs isolés avec lesquels
on l'a mis en communication, on fait usage de l'électromètre à cadran, ou *électromètre de Henley*. — On
nomme ainsi un petit pendule électrique consistant en
une tige conductrice de métal ou de bois *d* (fig. 35), et
qu'on fixe verticalement sur un pied ou sur le conducteur de la machine électrique ; la tige porte, dans
sa partie supérieure, un cadran d'ivoire *b*, divisé en
degrés. Au centre de ce dernier est un petit axe autour duquel tourne une aiguille de bois ou d'ivoire *a*,
terminée par une balle de moelle de sureau et mobile
dans un plan vertical. Elle prend naturellement une
position verticale, par conséquent parallèle à celle de
la tige avec laquelle la balle de moelle de sureau vient

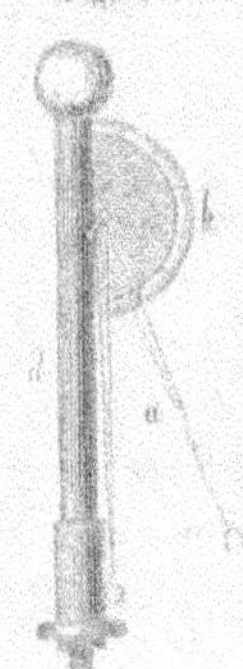

se mettre en contact. Mais l'appareil étant vissé ou simplement posé sur
le conducteur, à mesure que la machine se charge, l'aiguille diverge
et finit par s'arrêter quand le maximum de tension est atteint. Si l'on
cesse alors de tourner le plateau, l'aiguille retombe rapidement dans
l'air humide ; mais dans l'air sec, elle ne retombe que lentement, ce
qui indique que la déperdition est faible. Un conducteur de dimensions ordinaires n'exige que quelques tours de plateau pour prendre sa
charge limite.

L'électromètre de Henley ne sert pas seulement pour juger de la
tension de l'électricité accumulée sur le conducteur d'une machine,
mais encore pour apprécier la charge que l'on a communiquée à une
bouteille de Leyde ou à une batterie. Pour nous rendre raison de cette
seconde application, nous devons examiner d'abord comment s'opère la
charge de ces appareils. (H. V.)

THÉORIE DE LA BOUTEILLE DE LEYDE.

Lorsqu'on veut charger une bouteille de Leyde, on met en contact
avec une machine électrique en activité la tige qui fait partie de la garniture intérieure, et l'on établit une communication aussi parfaite que
possible entre le sol et la garniture extérieure, soit à l'aide de la main,
soit à l'aide d'une chaîne métallique. Quelquefois la tige de la garniture
intérieure est recourbée en crochet. Alors pour charger la bouteille, on
la suspend par ce crochet au conducteur de la machine, et on attache à

un anneau fixé à son armature extérieure une chaîne qui touche le sol. Dans les deux cas, la bouteille, éloignée du conducteur sans que sa tige cesse d'être isolée, se trouve chargée intérieurement de l'espèce d'électricité fournie par la source, et extérieurement du fluide contraire, en totalité à l'état latent. Voici ce qui se passe.

Supposons que la garniture intérieure ait reçu la charge limite que la machine pourrait lui communiquer sans la présence de la seconde garniture. Soit $+ E$ cette quantité d'électricité, que nous supposons, pour fixer les idées, être du fluide positif. $+ E$ décomposera, par influence, une certaine quantité de fluide neutre de la garniture extérieure, attirera le fluide négatif et repoussera dans le sol le fluide positif. L'électricité négative attirée sera dissimulée ou latente. Soit $- e$ sa quantité. L'électricité positive $+ E$ de la garniture intérieure doit l'emporter en masse sur celle négative $- e$ de la garniture extérieure, puisqu'elle a repoussé dans le sol une quantité $+ e$ du fluide positif de cette dernière garniture, malgré l'attraction à moindre distance que $- e$ exerçait sur $+ e$.

Cela posé : l'électricité $- e$ de la garniture extérieure rendra, à son tour, latente une partie $+ e'$ de l'électricité de la garniture intérieure, c'est-à-dire détruira l'action répulsive que $+ e'$ exerçait sur les molécules électriques qui tendaient à arriver de la machine. Par conséquent, la garniture intérieure se trouvera dans le même état que si elle avait perdu cette quantité $+ e'$ de son fluide, et la machine pourra de nouveau lui en envoyer une quantité égale, pour ramener sa charge en électricité libre à la valeur limite, c'est-à-dire à $+ E$. Cette seconde dose $+ e'$ d'électricité positive agira comme la première $+ E$: elle décomposera une nouvelle portion du fluide naturel de la garniture extérieure, et accumulera sur celle-ci une nouvelle quantité d'électricité négative, qui dissimulera encore une certaine partie $+ e''$ de l'électricité $+ e'$ reçue en dernier lieu par la garniture intérieure, en sorte que la source pourra donner une troisième dose d'électricité à cette garniture, c'est-à-dire $+ e''$.

On voit comment le jeu de l'électricité latente permet d'accumuler sur la garniture intérieure une quantité d'électricité positive beaucoup plus grande que celle qui lui serait communiquée par la machine, si la garniture extérieure n'était pas en sa présence. Mais cette accumulation a une limite qu'il est impossible de dépasser. En effet, de chacune des quantités successives d'électricité que la source envoie à la garniture intérieure, une partie reste libre et conserve sa tension. Il arrivera donc un moment où la somme de ces quantités d'électricité restées libres sera égale à $+$ E, et où, par conséquent, la source cessera de pouvoir accroître la charge électrique qui se trouve sur la garniture avec laquelle elle communique. La bouteille possède alors toute la masse d'électricité qu'il est possible d'y accumuler au moyen de la source employée. La valeur de cette charge est d'autant plus grande que la source est plus intense et l'épaisseur de la lame de verre qui sépare les deux garnitures plus faible. Toutefois il y a une limite à l'épaisseur de cette lame, car, si elle est trop mince, elle ne peut résister à la tension avec laquelle les deux fluides dissimulés tendent à se réunir, et elle est percée.

La théorie qui précède trouve une vérification dans ce fait qu'une bouteille de Leyde ne se charge que faiblement si sa face extérieure est isolée, tandis que sa tige communique avec une source d'électricité ; c'est qu'alors l'électricité repoussée, ne pouvant plus s'écouler dans le sol, neutralise presque complétement l'action que l'électricité attirée exerce sur le fluide libre de la garniture intérieure, et, par suite, empêche celui-ci de passer à l'état latent.

Il est évident que tout ce que nous venons de dire sur les bouteilles de Leyde s'applique aux batteries électriques. L'avantage que celles-ci présentent sur les premières, consiste en ce qu'elles sont susceptibles de recevoir des charges bien plus considérables, à cause de la plus grande surface de leurs garnitures. On sait, en effet, que la quantité d'électricité qu'une même source permet d'accumuler sur un corps, augmente, toutes choses égales d'ailleurs, avec la surface de ce dernier.

Il existe encore d'autres appareils électriques qui reposent sur les mêmes principes que la bouteille de Leyde, dont ils ne diffèrent que par la forme. On les désigne, avec celle-ci, sous le nom collectif de *condensateurs électriques*. Nous en verrons des exemples dans l'électroscope à condensateur de Volta et dans le carreau magique. (H. V.)

ÉLECTROSCOPE A CONDENSATEUR.

Nous avons dit (page 39) qu'on rend l'électroscope à feuilles d'or beaucoup plus sensible, en plaçant sur son plateau, préalablement recouvert en dessus d'une couche de vernis à la gomme laque, un second plateau métallique, recouvert en dessous du même vernis, et porté par un manche isolant. Quand on fait communiquer avec une source d'électricité l'un des plateaux, qui prend alors le nom de *plateau collecteur*, et qu'on met l'autre plateau en communication avec le sol en le touchant avec le doigt légèrement mouillé, l'électricité de la source, se répandant alors sur le plateau collecteur, agit, à travers la couche isolante du vernis, sur le second plateau, pour repousser dans le sol l'électricité de même nom et attirer celle de nom contraire. Les deux fluides s'accumulent donc sur les deux plateaux, absolument comme dans la bouteille de Leyde, et c'est à cette accumulation qu'est dû l'avantage de la disposition indiquée. L'appareil ainsi chargé, si l'on retire successivement le doigt, la source d'électricité et le plateau supérieur, la dissimulation cesse, et l'électricité du plateau inférieur, devenue libre, se manifeste par l'écartement des feuilles. (H. V.)

EMPLOI DE L'ÉLECTROMÈTRE A CADRAN POUR MESURER LA CHARGE DES
BOUTEILLES DE LEYDE ET DES BATTERIES ÉLECTRIQUES.

A mesure qu'une bouteille de Leyde se charge, la quantité d'électricité libre qui se trouve sur la garniture en communication avec la source, va en augmentant. Par conséquent, pour juger de l'intensité de la charge que la bouteille a acquise, il suffit de pouvoir déterminer, à chaque instant, la tension de ce fluide libre. Or, c'est à quoi peut très-bien servir l'électromètre à cadran décrit plus haut. Il suffit, pour cela, de le poser ou de le visser, soit sur le conducteur de la machine, soit sur la garniture avec laquelle ce conducteur communique.

Les électromètres à cadran ne sont pas comparables entre eux, c'est-à-dire, ils n'indiquent pas le même nombre de degrés dans les mêmes circonstances. En effet, pour qu'ils fussent comparables, il faudrait, chose impossible à réaliser dans la pratique, les construire tous avec des matériaux de même nature, et leur donner des formes et des dimensions rigoureusement identiques. En outre, les degrés d'un même électromètre à cadran ne sont pas proportionnels à la charge électrique. La relation qui existe entre ces deux espèces de quantités n'ayant pas été recherchée, les indications de cet instrument se bornent à faire reconnaître que la charge d'un corps a réellement atteint l'intensité nécessaire pour produire les effets qu'on en attend. Or, cette donnée est la seule qu'il importe d'avoir pour la plupart des expériences qu'on fait avec les bouteilles de Leyde ou avec les batteries électriques.

On sait, par exemple, que lorsqu'une batterie a reçu la charge qu'exige la production d'un certain phénomène, l'électromètre dont on se sert marque tel degré. Eh bien, chaque fois qu'on voudra reproduire le même phénomène, il faudra laisser la machine électri-

que en activité jusqu'à ce que l'aiguille de l'électromètre ait remonté
au même point. Ce temps est très-variable, car il dépend non-seulement de l'état de la machine, mais encore du degré d'humidité de l'air.
Aujourd'hui, par exemple, il faut 100 tours de plateau pour charger
la batterie, et six mois après, dans des conditions plus défavorables,
il en faudra 500, 600 et peut-être davantage. Sans l'emploi de l'électromètre à cadran, on n'aurait donc aucune donnée pour juger du
degré de la charge communiquée à la batterie, et l'on serait exposé à
échouer dans la plupart des expériences. Au contraire, avec l'électromètre, on est certain de réussir chaque fois.

EXCITATEUR.

On a donné le nom d'*excitateur* à un petit appareil au moyen duquel
on peut, promptement et sans danger, produire la décharge d'une bouteille de Leyde ou d'une batterie, c'est-à-dire, opérer la recombinaison
des deux électricités accumulées sur les garnitures de ces instruments.

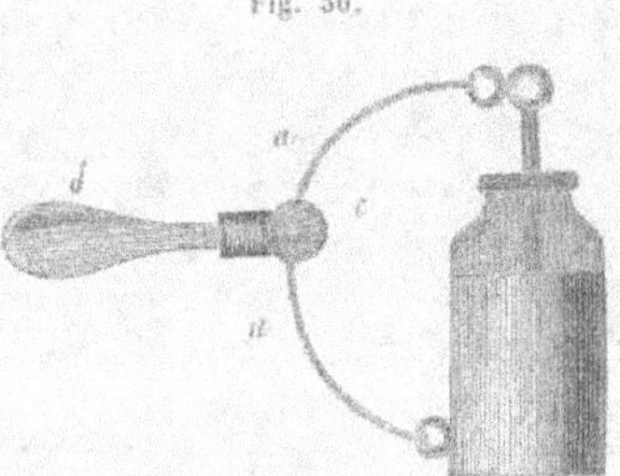

Fig. 36.

La figure 36 représente un
excitateur de la forme habituellement adoptée. C'est une
espèce de pince métallique dont
les branches courbes a, a, sont
terminées par des boules, et
réunies par une articulation ou
charnière c, fixée à un manche
de verre d, d'environ 30 centimètres de longueur. Pour dé-
charger une bouteille de Leyde au moyen de cet excitateur, on met
l'une des boules de celui-ci en contact avec la garniture extérieure et on
approche l'autre graduellement du bouton de la garniture intérieure.
Avant que l'excitateur ait touché ce bouton, les électricités accumulées
sur les deux garnitures de la bouteille se recombinent, l'étincelle
jaillit, et la bouteille est déchargée.

EXCITATEUR UNIVERSEL OU DE HENLEY.

L'excitateur de Henley n'est pas aussi simple que celui dont il vient
d'être question ; mais c'est un appareil presque indispensable dans
une foule d'expériences.

Il consiste en deux supports isolants de même hauteur et placés sur un même pied de bois, à une distance de 25 à 30 centimètres l'un de l'autre (fig. 37). Chacun d'eux porte à son extrémité supérieure un

Fig. 37.

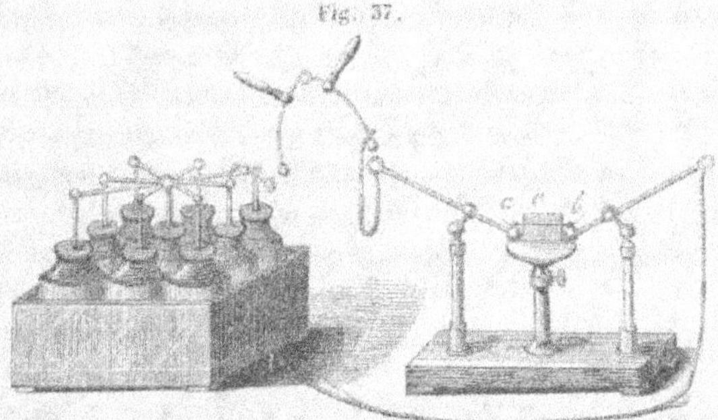

genou auquel est fixé une petite boule de métal à travers laquelle glisse à frottement juste une tige métallique, terminée d'un côté par un crochet ou par un anneau, et de l'autre, par une pointe filetée pour pouvoir y visser une petite boule. Les deux tiges peuvent ainsi être placées dans toutes les directions, et leurs extrémités a, b, quand elles sont mises vis-à-vis l'une de l'autre, peuvent être éloignées à une distance quelconque. On place entre les pointes ou les boules opposées de ces deux tiges, en le posant sur une petite table de bois qu'on peut élever à volonté, le corps c, qui doit être traversé par la décharge d'une bouteille de Leyde ou d'une batterie ; puis l'on fait communiquer l'une des tiges avec l'armure extérieure du condensateur, et on établit la communication de la seconde avec l'armure intérieure, au moyen de l'excitateur à manche de verre.

Cet instrument peut servir dans la plupart des expériences que l'on fait, soit avec la bouteille de Leyde, soit avec la batterie électrique.

BOUTEILLE OU ÉLECTROMÈTRE DE LANE.

La divergence de l'électromètre de Henley ne dépendant que de la tension de l'électricité libre répandue sur le corps avec lequel il est en communication, il est clair que cet instrument, bien que propre à faire apprécier le plus ou moins d'intensité de la charge d'une même bouteille de Leyde ou d'une même batterie électrique, ne fournit aucune donnée pour comparer entre elles les charges de différentes bouteilles ou de différentes batteries. En effet, considérons, par exemple, deux batteries dont l'une ait des garnitures d'une surface double

de celle des garnitures de la seconde. Supposons ces deux batteries
chargées de telle façon que la tension de leur fluide libre soit la même.
Il est évident qu'alors la charge de la plus grande de ces deux batteries sera double de celle de la plus petite, et cependant l'électromètre
marquera le même nombre de degrés sur chacune d'elles. Cet instrument ne fournit, par conséquent, aucune donnée sur l'intensité de la
charge totale des batteries ou des bouteilles de Leyde. Mais cette
charge peut être mesurée au moyen d'un appareil qu'on appelle *bouteille* ou *électromètre de Lane*, du nom de son inventeur.

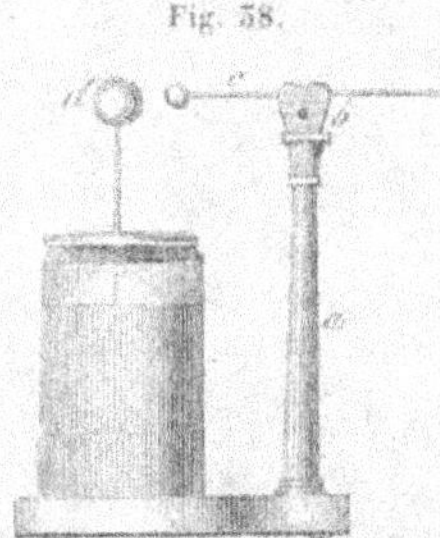

Fig. 58.

C'est, comme le montre la figure 58, une
bouteille de Leyde dont la garniture extérieure peut être mise en communication, au
moyen d'une chaîne conductrice, avec une
tige de métal *c*, mobile dans l'anneau *b*, qui
est fixé à la partie supérieure du cylindre de
verre *a*. La tige *c* est terminée du côté de la
bouteille par un bouton de métal, et elle
porte des divisions qui permettent de mesurer la distance de ce bouton au bouton *d*
de la bouteille.

Lorsque, après avoir placé le bouton de la tige *c* à une certaine distance du bouton *d*, on fait communiquer la garniture intérieure de
l'appareil avec une machine électrique en activité, l'étincelle ne pourra
jaillir qu'à l'instant où la charge aura atteint un degré déterminé, variable avec la distance des deux boutons et avec l'état hygrométrique de
l'air ; mais, si ces deux éléments restent constants, on peut être assuré
qu'à chaque explosion correspond la même charge de la bouteille.
De plus, tant que l'état hygrométrique de l'air n'éprouve pas de variation, cette charge est proportionnelle à la distance des deux boules ou
distance explosive, laquelle peut, par conséquent, lui servir de mesure.
En effet, Lane a trouvé que si l'on imprime une vitesse de rotation
constante ou uniforme au plateau de la machine électrique qui sert à
charger la bouteille, de manière à développer dans des temps égaux
des quantités égales d'électricité, le nombre des étincelles, dans l'unité
de temps, est en raison inverse de la distance des deux boutons, ce
qui démontre évidemment la proposition énoncée.

Cela posé, voici comment M. Riess, de Berlin, se sert de la bouteille de Lane pour mesurer, par exemple, la charge d'une bouteille
de Leyde : il isole celle-ci, et en fait communiquer la garniture extérieure avec l'intérieur de la bouteille de Lane, tandis qu'il met la

garniture extérieure de cette dernière en contact parfait avec le sol. Ce contact parfait peut être obtenu de diverses manières ; par exemple, en reliant la garniture dont il s'agit, au moyen d'une chaîne conductrice, aux tuyaux qui servent pour la conduite du gaz. La figure 39

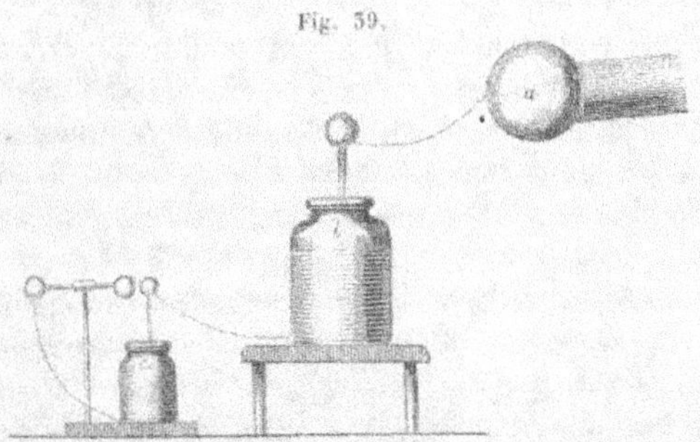

Fig. 39.

représente les dispositions que nous venons d'indiquer : a, conducteur de la machine électrique ; b, bouteille ou batterie à charger ; c, bouteille de Lane. Lorsqu'on met la machine en activité, l'électricité qui se rend sur la garniture intérieure de la bouteille de Leyde ou de la batterie, repousse l'électricité de même nom de la garniture extérieure ; cette électricité repoussée va charger la bouteille de Lane, et quand la charge de celle-ci a acquis une certaine intensité, les-électricités contraires se recombinent avec explosion. Par conséquent, à chacune des décharges spontanées de la bouteille de Lane qui ont lieu pendant le temps que la machine électrique reste en activité, correspond une quantité déterminée d'électricité accumulée sur les garnitures de la bouteille de Leyde ou de la batterie, et la charge acquise par celles-ci est proportionnelle au nombre des décharges de la bouteille de Lane. Ce nombre peut, par conséquent, servir de mesure à la charge qu'il s'agissait d'évaluer. (H. V.)

EXPÉRIENCES ÉLECTRIQUES DIVERSES.

La machine électrique permet de répéter, sur une plus grande échelle, toutes les expériences que nous avons décrites précédemment comme devant se faire avec un bâton de résine ou de verre frotté.

Supposons qu'on ait à sa disposition une machine à cylindre de verre, munie de deux conducteurs destinés à recueillir l'un, l'électricité négative, et l'autre, l'électricité positive. A l'aide d'une pareille machine, on pourra non-seulement constater les attractions et les répulsions électriques, l'odeur de phosphore qu'exhalent les corps électrisés, l'impression d'un souffle léger qu'ils produisent lorsqu'on en approche la figure, etc., etc. ; mais encore obtenir, non pas des étincelles petites et à peine perceptibles, comme celles que donne un bâton de verre ou de résine frotté, mais des étincelles fortes, brillantes, souvent en forme de zigzag, comme l'éclair, longues de 8, 15, 25 ou même 75 centimètres, accompagnées d'un bruit qui frappe l'air comme un coup de fouet, et produisant, quand leur longueur approche du chiffre indiqué en dernier lieu et qu'on les a soutirées au moyen du coude présenté au conducteur, une sensation douloureuse dans le bras qui persiste souvent des heures entières.

La distance à laquelle se fait sentir l'action d'une machine électrique, ou le rayon de sa sphère d'activité, dépend évidemment, toutes choses égales d'ailleurs, du degré de sa puissance. Le conducteur d'une machine de force moyenne attire, par exemple, une petite boule de moelle de sureau à une distance d'environ un mètre, tandis que la grande machine de Van Marum, qui se trouve à l'Institut polytechnique de Londres, produit le même effet à une distance d'environ 12 mètres.

Lorsqu'on met en communication parfaite avec le sol l'un des deux conducteurs de la machine à cylindre de verre, l'autre prend une charge électrique beaucoup plus considérable. Par conséquent, suivant l'espèce d'électricité qu'on veut recueillir, c'est ou le conducteur du coussin, ou celui du cylindre de verre qu'il faut faire communiquer avec la terre. Du reste, nous ne faisons ici que rappeler ce que nous avons déjà dit précédemment (p. 74).

La machine étant en activité, si l'on réunit les deux conducteurs isolés au moyen d'un fil de métal, ils cessent aussitôt de donner des signes d'électricités libres. C'est qu'alors les électricités qu'ils reçoivent se recombinent à travers le fil, en quelque sorte instantanément et à mesure qu'elles se développent.

Lorsque deux personnes posent la main, la première sur l'un des conducteurs et la seconde sur l'autre, et qu'ensuite on met la machine en activité, elles n'éprouvent aucune sensation particulière, bien que la machine, dont les deux conducteurs communiquent avec le sol, développe alors beaucoup d'électricité. Mais lorsque l'une de ces personnes retire la main du conducteur, sans toutefois l'en éloigner à une trop grande distance, elle reçoit des étincelles et éprouve de faibles secousses, tandis que l'autre continue à ne rien ressentir. Lorsque, au contraire, les deux personnes retirent les mains posées sur les conducteurs, elles reçoivent toutes les deux des étincelles : enfin, lorsque, en outre, elles se tiennent par leurs mains libres, elles ne reçoivent pas seulement des étincelles, mais elles éprouvent en même temps, dans tout le corps, un léger ébranlement dont l'intensité dépend de la puissance de la machine employée. Cet ébranlement devient un peu plus considérable, si les deux personnes se placent sur des tabourets isolants. C'est qu'alors toute l'électricité est obligée de traverser les deux personnes, ce qui n'avait pas lieu auparavant.

Lorsqu'une personne isolée sur un tabouret à pieds en verre communique avec le conducteur d'une machine électrique en activité, elle peut être considérée comme un prolongement de ce dernier. Cependant l'augmentation de surface qui en résulte pour le conducteur ne donne pas lieu à un allongement notable des étincelles. Ce fait est dû à deux causes : 1° à la grande déperdition d'électricité qui s'opère par les cheveux, par les angles et par les arêtes du corps, par les filaments des tissus dont se composent les vêtements et par le tabouret qui n'isole jamais d'une manière complète; et 2° à ce que le corps humain, malgré les liquides dont il est imprégné, est un conducteur beaucoup moins parfait que les métaux. La première cause a pour effet d'empêcher le conducteur de la machine de prendre une charge proportionnelle à l'accroissement de surface qu'il a reçu par son contact avec le corps de l'expérimentateur. Quant à la conductibilité imparfaite du corps humain, pour faire comprendre comment elle peut contribuer à raccourcir les étincelles du conducteur de la machine, considérons deux corps de même forme, possédant la même charge électrique, mais dont l'un soit bon conducteur et l'autre mauvais conducteur de l'électricité. Lorsqu'on approche de ces corps électrisés un corps conducteur en communication avec le sol, par exemple le doigt, leur électricité libre décompose le fluide neutre du doigt, attire l'électricité de nom contraire et repousse dans le sol celle de même nom. De son côté, l'électricité attirée sur le doigt exerce une action attractive sur l'électricité libre des deux corps dont il s'agit, et sollicite cette dernière électricité à s'accumuler sur les points de ces corps qui sont les plus rapprochés du doigt. Mais l'accumulation et, par conséquent, la tension du fluide électrique sur ces points seront nécessairement moindres dans le corps mauvais conducteur que dans l'autre, qui n'oppose, pour ainsi dire, aucune résistance au mouvement du fluide; d'où il suit qu'à l'approche du doigt, le corps mauvais conducteur ne pourra donner une étincelle aussi longue que le corps bon conducteur. Ces considérations montrent déjà pourquoi le conducteur de la machine électrique donne des étincelles à peu près de même longueur, qu'il se trouve ou non en communication avec une personne placée sur un tabouret isolant. Mais, ce qui plus est, lorsque l'étincelle éclatera, le corps mauvais conducteur dont il est question ne perdra pas autant de son électricité libre que le corps bon conducteur; et l'électricité qu'il retient se répandant ensuite uniformément à sa surface, constituera une nouvelle charge qui se comportera comme la première. En résumé, lorsqu'on approche lentement le doigt d'un corps électrisé, si ce corps n'est pas très-bon conducteur, on obtient des étincelles petites eu égard à la charge, et celle-ci se partage en plusieurs charges partielles dont la neutralisation a lieu par des étincelles successives qui éclatent à mesure que la distance entre le doigt et le corps électrisé diminue. Or, ce sont là précisément les phénomènes que l'on observe quand on approche graduellement le doigt du corps d'une personne électrisée; car lorsque la charge est un peu intense, on obtient facilement trois, quatre et même cinq étincelles successives, tandis que, dans les mêmes circonstances, un conducteur métallique en donne tout au plus deux, une très-grande et une très-petite [1]. Le corps humain est par conséquent un conducteur beaucoup moins parfait que les métaux, et l'on voit que nous avons eu raison d'invoquer sa conductibilité imparfaite pour rendre compte de la faible longueur des étincelles que l'on peut tirer du conducteur d'une machine en communication avec le corps d'une personne isolée sur un tabouret.

EXPÉRIENCES FONDÉES SUR LES ATTRACTIONS ÉLECTRIQUES.

On peut manifester les attractions électriques par plusieurs expé-

[1] Cette petite étincelle des conducteurs métalliques ne paraît pas tenir à la même cause que les étincelles successives des corps doués d'une conductibilité imparfaite. Voici son origine. L'étincelle électrique est le résultat de la neutralisation à travers l'air de quantités égales de fluides contraires accumulées sur les deux corps entre lesquels elle jaillit. Or, lorsqu'on approche d'un corps électrisé un corps conducteur communiquant avec le sol, ce corps se charge nécessairement d'une quantité de fluide attiré moindre que celle du fluide libre qui se trouve sur le corps influençant, car l'action de ce dernier a lieu à distance. Par conséquent, lorsque l'étincelle éclate, une partie seulement de l'électricité du corps électrisé pourra être neutralisée, et une autre restera libre à sa surface : c'est cette dernière qui donne la petite étincelle dont il s'agit. Selon ma manière de voir, la charge secondaire qui se forme après la première décharge d'une bouteille de Leyde au moyen d'un excitateur tient, en partie, à la même cause que le résidu d'électricité qui produit la petite étincelle, en partie à la mauvaise conductibilité du verre de la bouteille. Les auteurs attribuent cette charge secondaire exclusivement à la résistance que le verre oppose au mouvement de l'électricité.   (H V)

riences curieuses; nous nous bornerons à citer les deux suivantes :

La première, que l'on a nommée *la danse des pantins*, consiste à disposer deux disques de métal dont l'un communique avec le sol, et l'autre avec le conducteur de la machine, parallèlement l'un à l'autre, à une distance de 20 centimètres environ, mais qui peut être plus ou moins grande, suivant la force de la machine (fig. 40). On place sur le disque inférieur (celui qui communique avec le sol) des morceaux de liége ou de moelle de sureau auxquels on donne la forme de petits bonshommes de 2 à 3 pouces, et qu'on habille d'une étoffe de soie très-légère. Aussitôt qu'on met la machine en activité, les petites figures se mettent à danser entre les deux disques. L'explication de ce mouvement est facile à trouver. On peut également remplacer les pantins par des balles de moelle de sureau.

Fig. 40.

L'autre expérience est analogue à la précédente. On électrise la surface intérieure d'une cloche de verre en touchant ses différents points avec le conducteur d'une machine électrique en activité. Puis on la renverse sur une table au-dessus d'un tas de petites balles de sureau qui se mettent aussitôt à danser dans l'intérieur de la cloche, attirées et repoussées qu'elles sont successivement par sa surface qui, à cause de sa faculté isolante, garde longtemps l'électricité qu'on lui a donnée (fig. 41). En remplaçant la cloche de verre par un tube fermé supérieurement au moyen d'un couvercle métallique communiquant avec la machine en activité, on obtient le même mouvement des balles de sureau d'une manière plus simple, pourvu que la hauteur du tube ne soit pas trop considérable, eu égard à la puissance de la machine.

Fig. 41.

EXPÉRIENCES FONDÉES SUR LES RÉPULSIONS ÉLECTRIQUES.

Dans les expériences qui précèdent, nous avons déjà pu observer des répulsions électriques. C'est ainsi que les pantins, après s'être élancés vers le disque supérieur, étaient repoussés immédiatement après l'avoir touché. Mais on a l'occasion d'observer de pareilles répulsions dans une foule d'autres circonstances.

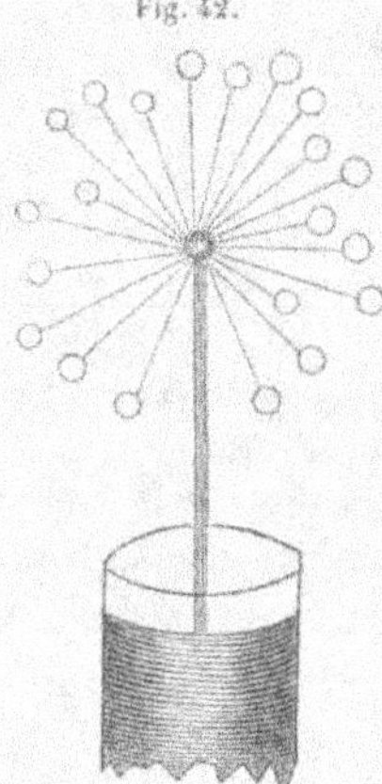

Fig. 42.

Que l'on prenne, par exemple, un certain nombre de fils de soie ou de lin de 8 à 10 centimètres de longueur; qu'on attache à chacun de ces fils une balle de moelle de sureau, et qu'à l'aide d'un nœud on les réunisse par leurs extrémités libres (fig. 42); puis qu'on suspende ce système sur la pointe d'une tige métallique fixée à un support isolant et plus longue que les pendules, afin que les balles, en retombant verticalement, ne puissent venir toucher le support, mais restent en contact avec la tige conductrice. Cela fait, si on électrise cette tige en la mettant en communication avec le conducteur de la machine, les balles, s'électrisant toutes de la même manière, se repousseront les unes les autres, et se distribueront sur la surface d'une sphère dont les fils de suspension représenteraient des rayons.

Au lieu de fils de soie ou de lin, qui s'entrelacent aisément, on peut employer des brins de paille. Mais alors il faut avoir soin de faire usage d'une machine électrique plus puissante, car les brins de paille, étant plus lourds que ces fils, exigent des forces plus grandes pour se mettre en mouvement.

Le verre se laisse étirer en fils d'une très-grande ténuité. Autrefois on faisait, avec de pareils fils de verre, de fort belles aigrettes que les dames portaient comme ornement dans leur coiffure. Quand on suspend une aigrette de cette espèce au conducteur d'une machine électrique en activité, elle s'ouvre et s'étale largement, parce qu'après avoir été électrisés, les fils dont elle se compose se repoussent les uns les autres. De même que les pendules de l'expérience précédente, ces fils reviennent à leur position primitive lorsqu'on tire des étincelles du conducteur, mais ils s'en écartent de nouveau si la machine continue à fonctionner et à restituer au conducteur l'électricité que les étincelles lui ont fait perdre.

Il est à peine besoin de faire observer que les expériences qui précèdent sont toutes susceptibles d'être variées de mille manières différentes.

EXPÉRIENCES FONDÉES SUR LES ATTRACTIONS ET LES RÉPULSIONS ÉLECTRIQUES.

Parmi les appareils basés sur les attractions et les répulsions électriques, nous citerons en premier lieu le *carillon électrique*.

Pour le construire, on dispose autour d'un timbre métallique isolé et à des distances égales, un ou plusieurs timbres pareils qu'on suspend par des chaînes conductrices communiquant avec le sol. Au milieu de l'intervalle entre chaque timbre extérieur et le timbre central se trouve une petite boule métallique fixée à un fil de soie. Lorsqu'on fait communiquer le timbre central avec une source électrique, donnant, par exemple, de l'électricité positive, ce timbre attire les différents pendules, en décomposant leur fluide neutre ; près du contact, il y a étincelle, et les boules électrisées positivement sont repoussées par le timbre ; dépassant leurs positions d'équilibre, elles se rapprochent des timbres périphériques correspondants qui, d'ailleurs, les attirent, parce qu'ils sont chargés d'électricité négative développée par l'influence de l'électricité positive du timbre central et des boules ; en touchant les timbres périphériques, les pendules reviennent à l'état naturel, puis se chargent d'électricité négative et retombent pour être attirés de nouveau par le timbre central, et ainsi de suite. On conçoit que l'on puisse disposer les timbres et les pendules assez près les uns des autres pour qu'il y ait choc à chaque attraction, et conséquemment son produit.

Fig. 43.

La figure 43 représente un carillon électrique d'une construction plus simple. Il se compose d'une tige métallique horizontale qui porte, en son milieu, un timbre suspendu par un fil de soie et, à ses extrémités, deux autres timbres suspendus par des chaînes conductrices. Entre ces trois timbres sont fixées à des fils de soie deux petites boules métalliques. Le timbre du milieu communique avec le sol au moyen d'une chaîne conductrice. Lorsqu'on suspend l'appareil, par le crochet dont sa tige est munie, au conducteur d'une machine électrique en activité, les deux timbres extrêmes s'électrisent, attirent les pendules, les repoussent ensuite vers le timbre du milieu, les attirent de nouveau, et ce jeu se continue aussi longtemps que la machine électrique ne cesse pas de fonctionner.

Voici une expérience qui s'explique de la même manière que les oscillations des pendules du carillon électrique. Devant le conducteur d'une machine électrique et à une distance convenable, on dispose un pendule isolé. Lorsqu'on tourne la machine, ce pendule est d'abord attiré et ensuite repoussé. Si alors on le touche avec le doigt, le conducteur l'attire de nouveau, puis le repousse vers le doigt et lui fait ainsi exécuter des oscillations rapides qui se continuent aussi longtemps que la machine est en activité.

Au lieu de la main, on peut prendre une boule de métal communiquant au sol, et au lieu du pendule, une *araignée* faite avec du liége

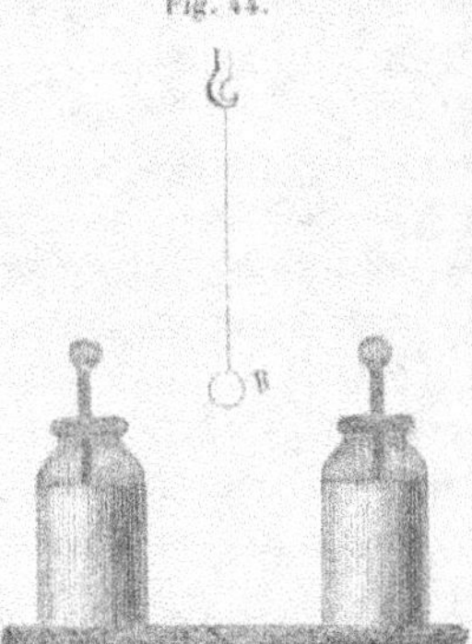

Fig. 44.

un peu brûlé à sa surface, et suspendue à un fil de soie. Les huit pattes de l'araignée sont en cire et on les enduit d'une mince couche de graphite ou plombagine, tant pour les noircir que pour les rendre conductrices.

L'araignée électrique oscille également très-bien quand on la suspend entre les boutons de deux bouteilles de Leyde (fig. 44) dont l'une est chargée positivement et l'autre négativement. Les oscillations ne s'arrêtent que lorsque les bouteilles se trouvent déchargées.

La balançoire et l'escarpolette électriques sont fondées sur les mêmes principes que les appareils précédents. La première consiste dans une planchette de bois *bc* (fig. 45) très-légère, recouverte sur sa surface

Fig. 45.

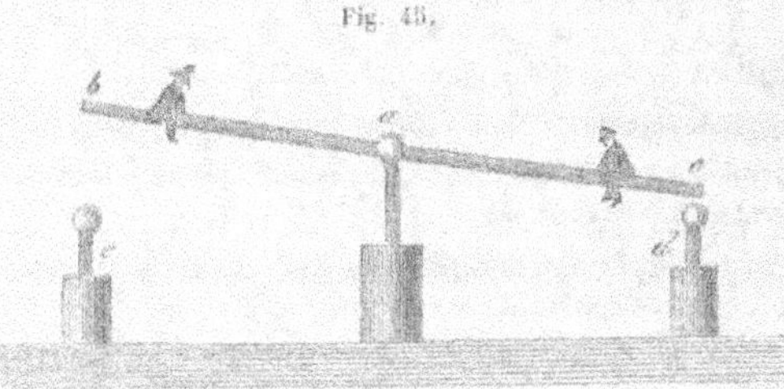

inférieure d'une mince feuille d'argent ou d'étain. Cette planchette repose en *a* sur une tige de verre et peut prendre un mouvement oscillatoire autour de ce point comme une balançoire ordinaire. Elle porte deux petites figures très-légères, fixées de manière à se faire mutuellement équilibre. Enfin, à une petite distance au-dessous des extrémités de la planchette, se trouvent les boutons *d*, *e*, de deux bouteilles de Leyde chargées intérieurement, l'une d'électricité positive et l'autre d'électricité négative. Les garnitures extérieures de ces bouteilles doivent communiquer avec le sol. Cela posé, lorsqu'on dérange un peu la planchette de la position horizontale, elle prend, autour du point *a*, un mouvement de balancement facile à expliquer. En effet, si c'est, par exemple, l'extrémité *c* qu'on a abaissée, celle-ci est attirée par le bouton *d*; elle vient toucher ce bouton et prendre une partie de l'électricité libre dont il est chargé. Aussitôt après, elle est repoussée, tandis que l'extrémité *b*, qui s'est pareillement électrisée, se trouve attirée par le bouton *e*, qui possède du fluide contraire. A l'instant où *b* vient en contact avec *e*, la planchette perd l'électricité que *d* lui avait communiquée, et prend une certaine quantité de l'électricité libre de *e*. Alors l'extrémité *b* est repoussée, l'extrémité *c* se rapproche du bouton *d*, et ainsi de suite, jusqu'à ce que les bouteilles soient presque complétement déchargées.

Fig. 46.

L'escarpolette électrique, représentée par la figure 46, n'est autre chose qu'un petit bonhomme qui est suspendu par des fils de soie entre deux boules métalliques isolées, et qui se balance dans l'air lorsqu'on fait communiquer ces boules avec les boutons de deux bouteilles de Leyde chargées intérieurement, l'une de fluide positif et l'autre de fluide négatif. Il est bon d'attacher les fils de soie à des tiges de verre, car si l'on employait des tiges conductrices, la petite figure pourrait perdre son électricité à chaque passage dans l'intervalle qui les sépare, ce qui ralentirait ses mouvements. Le jeu de cet appareil est très-facile à comprendre, si l'on a suivi les détails dans lesquels nous sommes entrés à propos de la balançoire électrique.

ÉLECTRISATION DU CORPS HUMAIN.

Lorsqu'une personne montée sur un tabouret isolant communique avec une machine électrique en activité, elle s'électrise et éprouve sur la peau, et surtout à la figure, l'impression d'un souffle léger; ses cheveux se hérissent et laissent échapper des aigrettes de lumière. Si alors on approche d'elle la jointure du doigt ou quelque corps conducteur, on voit, à chaque étincelle qui jaillit, ses cheveux retomber et se redresser bientôt après.

On a cherché depuis longtemps à employer l'électricité dans l'art de guérir, et les essais que l'on a faits dans ce but ont conduit à quel-

ques résultats importants. Nous nous occuperons en premier lieu de
l'emploi de l'électricité développée au moyen de la machine ordinaire.
Quant à l'emploi des courants électriques, il en sera question plus tard,
lorsque nous aurons appris à connaître les appareils à l'aide desquels
on se les procure. Il est à peine besoin de faire remarquer que, dans
ce qui va suivre, ces applications de l'électricité seront principalement
envisagées au point de vue des principes de physique sur lesquels elles
reposent. Les principaux procédés en usage pour l'administration de
l'électricité de la machine ordinaire sont : l'*électrisation par simple
contact*, qu'on appelle aussi le *bain électrique*, l'*électrisation par étincelles* et l'*électrisation par la bouteille de Leyde*. Parmi ces procédés,
nous n'examinerons, dans cet article, que les deux premiers; le troisième sera étudié lorsqu'il s'agira des effets de la bouteille de Leyde.

Fig. 47.   Pour administrer le bain électrique, on place le malade
sur un tabouret isolant, et on le met ensuite en communication avec le conducteur de la machine. Le plus souvent on
établit cette communication à l'aide d'un petit appareil que l'on
appelle un *excitateur* et qui sert en même temps à diriger
l'électricité au gré de l'opérateur. C'est tout bonnement, comme
le montre la figure 47, une tige métallique *c*, fixée à un manche isolant de verre *a b*. L'extrémité libre de cette tige est terminée en pointe, et munie d'un filet de vis, pour recevoir une
boule métallique *d*, d'environ 3 centimètres de diamètre. Enfin,
à cette tige on attache, soit une chaîne conductrice, soit, pour
éviter la déperdition d'électricité qui aurait lieu si cette chaîne
venait par hasard à toucher le sol, un simple fil de cuivre
recouvert de gutta-percha et assez mince pour se prêter avec
facilité à tous les mouvements qu'on imprime à l'excitateur.
L'opérateur suspend cette chaîne ou ce fil par le bout libre au conducteur, et touche avec la boule de l'excitateur le corps du malade,
qui se trouve alors en communication avec la machine. Du reste, de
quelque manière que cette communication soit établie, l'électricité
dégagée par la machine se propage jusqu'au malade et se distribue à
la surface de son corps. Là, une partie de ce fluide reste à l'état de
repos, ou comme on dit plus souvent, à l'*état statique*, et l'autre s'écoule
incessamment, sous forme de courants, dans l'air ambiant qui est toujours plus ou moins bon conducteur de l'électricité. En d'autres termes,
l'électricité neutre des couches d'air les plus rapprochées de la surface
du malade est décomposée, et ces couches, après avoir neutralisé une
partie de l'électricité du malade, restent chargées de fluide de même

nom que celui de ce dernier. Les molécules d'air ainsi électrisées sont ensuite repoussées par l'électricité de même nom restée sur le corps du malade, puis remplacées par d'autres à l'état naturel, qui viennent s'électriser à leur tour, et ainsi de suite. C'est probablement à l'agitation de l'air qui se produit de cette façon qu'il faut attribuer l'impression d'un souffle léger qu'éprouve sur la peau, et surtout à la figure, la personne soumise à l'expérience. Quoi qu'il en soit, l'intensité de cette impression ne paraît pas varier beaucoup avec la nature de l'électricité fournie par la machine : elle est à peu près la même avec le bain électro-positif qu'avec le bain électro-négatif.

On emploie encore un autre procédé pour administrer le bain électrique. Il repose sur ce fait : lorsqu'un conducteur électrisé est terminé en pointe ou qu'on le fait communiquer avec une pointe également conductrice, toute son électricité se porte au sommet de cette pointe, surmonte l'obstacle que l'air lui oppose et se perd. Cette propriété, que l'on appelle le *pouvoir des pointes*, est facile à constater. A cet effet, il suffit de placer un électromètre de Henley sur le conducteur d'une machine électrique, pour être à même d'apprécier le degré de la charge; on observe alors qu'une même vitesse du plateau donne lieu à un écartement maximum du pendule, très-différent suivant que le conducteur est ou n'est pas muni d'une pointe. Pour rendre impossible l'accumulation de l'électricité sur le conducteur d'une machine, il n'est pas même nécessaire de munir ce conducteur d'une pointe : il suffit de lui présenter, à 30 ou 40 centimètres de distance, une pointe communiquant avec le sol par une chaîne conductrice. Dans cette condition, l'électricité développée sur la machine et agissant à distance, repousse dans le sol le fluide de même nom et attire vers la pointe le fluide contraire, qui par là acquiert une tension suffisante pour vaincre la résistance de l'air et pour venir neutraliser une partie de l'électricité influente.

Cela posé, voici le second procédé pour administrer le bain électrique. On dévisse la boule de l'excitateur et on présente la pointe à la personne montée sur un tabouret isolant. Il va sans dire que la chaîne de l'excitateur reste en communication avec le conducteur de la machine comme dans le premier procédé que nous avons décrit. Si alors on tourne la machine, le malade s'électrise comme s'il touchait directement le conducteur, et voici comment : supposons que la machine donne de l'électricité positive. En vertu du pouvoir des pointes, ce fluide s'écoule par l'extrémité effilée de l'excitateur, décompose le fluide neutre du corps du malade, s'unit à l'électricité négative provenant de cette décomposition, et met en liberté le fluide positif.

L'électrisation par étincelles se fait en isolant le malade et en approchant ensuite de son corps la boule d'un excitateur communiquant avec une machine en activité. La distance à laquelle on présente l'excitateur se règle d'après la longueur des étincelles que l'on veut obtenir : plus cette distance est faible, plus les étincelles sont petites et se succèdent rapidement. Après un certain nombre d'étincelles, le malade a acquis toute la charge électrique que la machine est capable de lui communiquer. Après quoi l'excitateur ne donne plus de nouvelles étincelles qu'à mesure que la charge du malade diminue par suite de la perte d'électricité qui a lieu par l'air et par les supports du tabouret qui n'isolent jamais complétement.

On donne encore le nom d'*électrisation par étincelles* à une opération qui consiste à tirer, soit au moyen de la main, soit au moyen de la boule d'un excitateur dont la chaîne touche le sol, une suite d'étincelles d'une personne isolée et en communication avec une machine en activité. Mais cette dénomination est impropre, car, en opérant comme nous venons de le dire, loin de communiquer de l'électricité à la personne, on lui ôte, à chaque étincelle, une partie de celle qu'elle a reçue.

Du reste, de quelque manière que l'on tire les étincelles du corps d'une personne, les effets sont toujours les mêmes : elles produisent une sensation comparable, jusqu'à un certain point, à celle que donnerait le choc d'un petit corps dur qui viendrait frapper la peau; elles déterminent, en outre, une légère contraction des muscles dans le voisinage desquels elles éclatent; enfin, elles donnent lieu à une faible rougeur de la peau qui, à la longue, peut devenir plus sensible et se couvrir d'une légère éruption vésiculeuse.

Les procédés d'électrisation que nous venons de décrire, très-employés autrefois, sont maintenant généralement abandonnés comme moins efficaces que ceux dont il s'agira plus tard. Les médecins anglais seuls font encore actuellement usage, dans certains cas, de l'électrisation par étincelles. (H. V.)

EXPÉRIENCES ET APPAREILS FONDÉS SUR LE POUVOIR DES POINTES.

ROUE ÉLECTRIQUE.

Lorsque l'électricité s'écoule par une pointe, elle détermine dans l'air un mouvement mécanique assez violent, qui tient probablement à la répulsion exercée par la pointe sur les particules d'air auxquelles elle a communiqué son électricité. Ce mouvement de l'air, qui est semblable à celui d'un souffle frais, a été nommé *vent électrique*. On peut le rendre sensible en le dirigeant contre les ailes d'un petit moulin, c'est-à-dire d'une petite roue de carton qu'il fait tourner et qu'on appelle, pour ce motif, *roue électrique*.

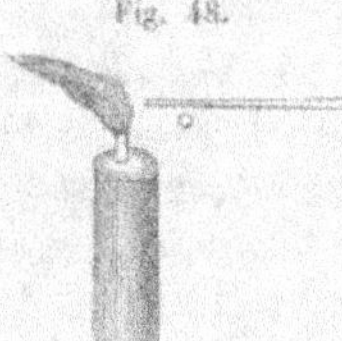

Fig. 48.

L'impulsion de l'air électrisé au moyen d'une pointe est assez énergique, non-seulement pour faire tourner le petit appareil dont il vient d'être question, mais encore pour souffler et même pour éteindre la flamme d'une bougie. La figure 48 indique de quelle manière on en fait l'expérience. Pour réussir, il faut que la bougie vienne d'être mouchée, que sa mèche ne soit pas trop longue, et qu'on emploie une machine électrique très-puissante.

AIGRETTES LUMINEUSES DES POINTES.

Lorsque l'électricité s'écoule par une pointe dans l'air, l'oreille perçoit un bruissement continu et l'organe olfactif, une odeur de phosphore ou de soufre. Si l'air électrisé par la pointe vient en contact avec la langue, il y détermine une saveur particulière. Enfin, dans l'obscurité, on remarque que la pointe dégage des aigrettes lumineuses. Il suit de tout ce qui précède, que l'électricité qui s'échappe dans l'air par une pointe, peut agir à la fois sur l'ouïe, sur l'odorat, sur le goût et sur la vue.

Les phénomènes lumineux des pointes, qu'il faut étudier dans l'obscurité, sont assez intéressants pour mériter une description détaillée. Ils varient suivant l'électricité qui s'écoule. Quand la pointe est en communication avec le conducteur d'une forte machine qui dégage du fluide positif, on aperçoit une brillante aigrette, comme celle qui est représentée par la figure 49 ; à l'extrémité de la pointe, on ne distingue qu'un seul trait de feu qui se divise à une petite distance et se ramifie en une foule de petits filets étincelants.

Fig. 49.

L'électricité négative ne donne jamais des aigrettes aussi divergentes et aussi allongées que l'électricité positive. Ce phénomène singulier est dû à ce que la première se propage plus facilement que la seconde, soit sur la surface, soit à l'intérieur des corps isolants.

MOULINET OU TOURNIQUET ÉLECTRIQUE.

Fig. 50.

Cet appareil se compose d'un système de fils métalliques horizontaux (figure 50), dirigés suivant les diamètres d'un cercle, et terminés par des pointes recourbées à angle droit, suivant des directions opposées aux deux extrémités de chaque fil. On suspend ce système sur un pivot métallique isolé. Lorsqu'on met ce pivot en communication avec le conducteur d'une machine électrique en activité, le moulinet prend un mouvement de rotation en sens contraire des pointes.

Pour expliquer le mouvement dont il s'agit, on peut admettre que, l'électricité s'échappant par les pointes du moulinet, l'air en contact avec ces pointes s'électrise de la même manière que celui-ci et le repousse ensuite, ce qui donne lieu au mouvement observé.

Il est facile de faire en sorte que le mouvement du tourniquet électrique s'accomplisse dans un plan vertical, comme celui d'une roue hydraulique. Il suffit, à cet effet, de le rendre mobile autour d'un axe conducteur horizontal, et de faire reposer les deux extrémités de cet axe sur des supports métalliques isolés, dont l'un est mis en communication avec une source d'électricité.

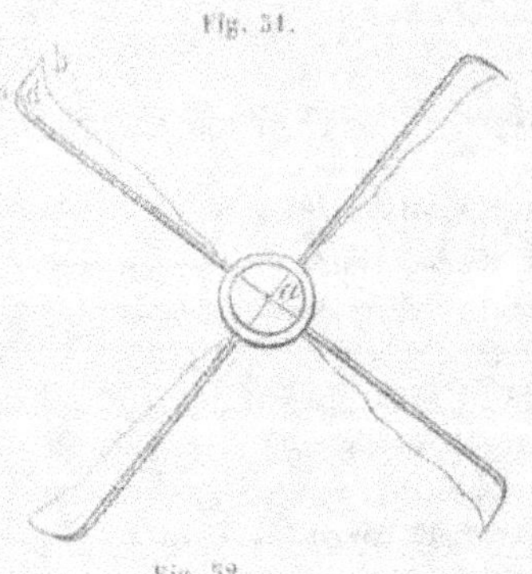

Fig. 51.

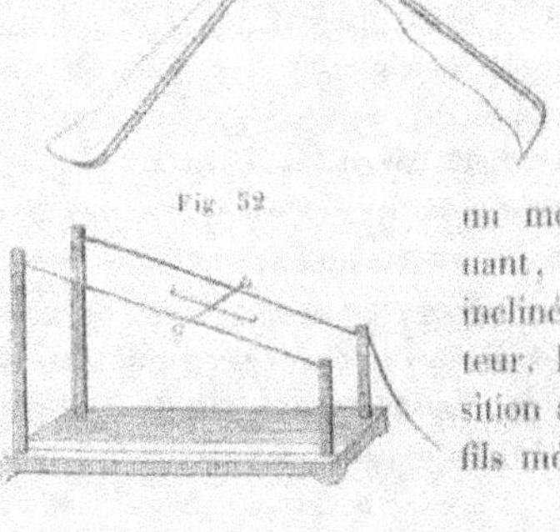

Fig. 52.

En fixant aux fils d'un moulinet ainsi disposé de petits morceaux de soie ou de papier, on obtient le moulin à vent électrique, représenté par la figure 51 : *a*, bouchon de liége dans lequel on fixe les fils *a c b*, etc. ; *d*, morceau de soie ou de papier, assez étroit pour ne pas atteindre la pointe recourbée *b*.

On peut encore modifier l'expérience de manière à obtenir un moulinet électrique qui, en tournant, remonte sur des fils métalliques inclinés, contre l'action de la pesanteur. La figure 52 représente la disposition adoptée. Celle-ci consiste en deux fils métalliques inclinés, fixés parallèle-

ment l'un à l'autre sur des colonnes de verre. Le moulinet qu'il
s'agit de faire remonter est muni d'un axe métallique, dont les extrémités sont simplement posées sur les fils. Aussitôt que l'on fait communiquer l'un de ceux-ci avec une source électrique, le moulinet,
placé au pied du plan incliné, se met à tourner et à remonter le
long de ce plan.

PLANÉTAIRE ÉLECTRIQUE.

Le *planétaire électrique*, fondé sur le même principe que le moulinet
dont il vient d'être question, a pour objet de représenter, d'une manière plus ou moins exacte, les mouvements
des planètes et de leurs satellites. S'il doit imi-
ter les mouvements de la terre et de la lune,
par exemple, il consiste en une sphère métallique creuse *b* (fig. 53), très-légère, et percée
d'un trou pour le passage d'un pivot métallique
isolé sur lequel on la pose. Cette sphère est
destinée à représenter le soleil. Elle porte un
fil horizontal de laiton, d'environ 25 centimè-

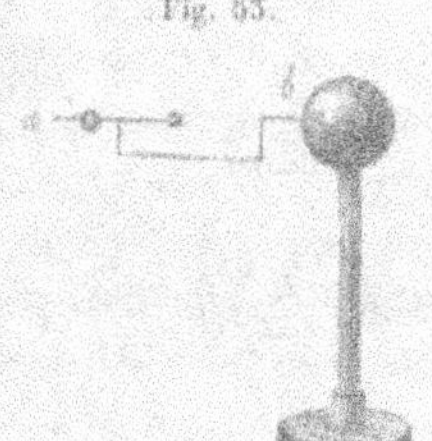

Fig. 53.

tres de longueur, recourbé à angle droit en trois points, de manière
à former, comme le montre la figure, une ligne brisée dont le premier
côté, à partir de la sphère, est parallèle au troisième, qui est le plus
long, et le second au quatrième. Cette dernière portion du fil est terminée en pointe aiguë, et elle présente, tout près de cette pointe, une
petite cavité pour recevoir le pivot d'un second fil métallique, portant
deux petites boules de moelle de sureau qui figurent l'une la terre et
l'autre la lune. Ce second fil est recourbé à angle droit à son extrémité *a*,
qui est terminée en pointe aiguë. La sphère *b* doit être équilibrée de
telle sorte que, dans son mouvement, les deux fils dont il vient d'être
question restent constamment horizontaux. Cela posé, lorsqu'on fait
communiquer le pivot métallique de la sphère *b* avec une machine
électrique en activité, cette sphère se met à tourner autour de son
diamètre vertical, en entraînant les deux boules de moelle de sureau :
on a de cette manière une imitation du mouvement de la terre et de la
lune autour du soleil. Mais, en même temps, le fil qui porte les deux
boules de moelle de sureau se met, de son côté, à tourner sur son
pivot, et produit une image du mouvement de la lune autour de la
terre. Observons toutefois, qu'abstraction faite de la ressemblance qui
n'est que très-grossière, il existe entre les mouvements de la terre et de

la lune et ceux que l'on produit au moyen du petit appareil qui précède, une différence essentielle quant à la nature des forces qui leur donnent respectivement naissance. En effet, les premiers résultent d'une impulsion initiale, combinée avec les attractions réciproques qui s'exercent entre le soleil, la terre et la lune, tandis que les seconds sont simplement des effets de l'action répulsive de l'air électrisé.

EXPÉRIENCES AVEC LA LUMIÈRE DES ÉTINCELLES ÉLECTRIQUES.

CARREAU ÉTINCELANT.

Chaque étincelle électrique pouvant être considérée comme formée par la réunion d'un certain nombre d'étincelles plus petites, on conçoit que si l'on veut multiplier les étincelles que donne une machine, il suffit de faire en sorte que l'électricité, pour se rendre dans le sol, soit obligée de se partager entre plusieurs corps qu'on présente simultanément au conducteur sur lequel elle est accumulée. Ce principe se trouve appliqué dans le carreau étincelant que nous décrirons un peu plus loin.

Un autre moyen de multiplier les étincelles que donne une machine consiste à établir de nombreuses solutions de continuité dans le conducteur par lequel le fluide s'écoule dans le sol. C'est sur ce second principe que reposent la plupart des jeux de la lumière électrique.

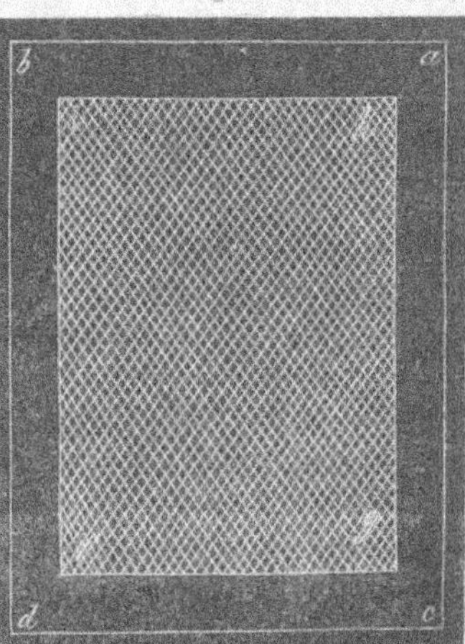

Fig. 54.

Les effets du carreau étincelant sont également fondés, en partie, sur le même principe.

Voici maintenant la construction du carreau étincelant dont il a été question plus haut. On colle sur un carreau de verre ordinaire *a b c d* (fig. 54), que l'on choisit le plus grand possible, des feuilles minces d'étain ou de clinquant destinées à former la garniture rectangulaire *f g h i*. A cet effet, on recouvre l'une des faces du carreau de verre d'une mince couche de vernis à la gomme laque, et quand la couche est presque desséchée, on applique les unes à côté des autres les feuilles de métal, de manière à former une surface métallique continue. Cela fait, on abandonne l'appareil un jour ou deux à lui-même, afin que le vernis ait le temps de se sécher complétement; puis, on divise toute la garniture en petits losanges, à l'aide de deux systèmes de sillons parallèles aux diagonales du rectangle de la garniture. On trace ces sillons au moyen d'une fourchette dont les pointes ont été bien aiguisées, et l'on enlève avec une brosse douce les parcelles de métal que les pointes de la fourchette ont détachées. Pour rendre l'appareil propre aux expériences, on n'a plus qu'à le fixer sur un support et à y ajuster, en b, par exemple, un bouton de métal ou de bois recouvert d'étain, destiné à conduire l'électricité jusqu'en i. Alors, si l'on approche le bouton d'une machine en activité, et que l'on fasse communiquer un point de la garniture avec le sol, le point g, par exemple, chaque fois que le conducteur donne une étincelle, le tableau est sillonné par une espèce d'éclair ramifié, dont la direction varie avec le point de la garniture qui communique au sol. Cet éclair est formé par les étincelles produites à chaque solution de continuité que l'électricité rencontre sur sa route vers la terre. L'expérience est extrêmement belle et frappe tous ceux qui la voient pour la première fois, surtout lorsqu'on opère dans l'obscurité; car alors la lumière des étincelles paraît beaucoup plus éclatante.

Le carreau magique ne diffère du carreau étincelant qui vient d'être décrit, qu'en ce qu'il est dépourvu de bouton conducteur et que la seconde face de la lame de verre est recouverte d'une feuille d'étain continue et non rayée. Quelquefois on remplace la feuille d'étain discontinue par une couche d'un vernis mêlé à une poudre métallique.

Pour se servir du carreau magique, on fait communiquer la feuille d'étain continue avec le conducteur d'une machine électrique, et on applique, sur la feuille divisée, l'une des boules d'un excitateur dont la seconde boule touche au sol. Alors, quand on tourne la machine, on voit éclater sur la garniture discontinue un grand nombre d'étincelles qui la sillonnent dans tous les sens, et l'appareil se charge d'électricité latente à la manière d'une bouteille de Leyde, dont il ne diffère du reste que par la forme. Lorsque le jeu des étincelles se ralentit considérablement, ce qui indique que l'appareil a pris sa charge limite, on relève la branche de l'excitateur qui communique avec le sol, et on l'approche de la feuille d'étain continue, jusqu'à ce que les électricités accumulées sur les deux faces du verre puissent se recombiner. Au moment de la décharge, c'est-à-dire quand l'étincelle part, on voit de nouveau sur la garniture discontinue des traits de feu qui serpentent dans tous les sens et qui sont encore plus éclatants que ceux qui les avaient précédés.

La couleur des étincelles électriques produites dans l'air dépend de la nature des corps entre lesquels l'explosion a lieu. Une expérience très-simple peut servir à le démontrer. Que l'on construise un carreau magique dont la garniture discontinue soit partagée en quatre parties rectangulaires ou carrées égales : la première étant formée, par exemple, d'une feuille de zinc; la seconde d'une feuille de clinquant; enfin la troisième et la quatrième respectivement de poudre d'antimoine et de poudre de bismuth. Pour appliquer ces poudres, il suffit de les suspendre dans du vernis dont on étend ensuite une couche sur le verre. Lorsqu'on charge le carreau ainsi préparé, on remarque que, suivant que la boule de l'excitateur est appliquée sur le zinc, le cuivre, l'antimoine ou le bismuth, les étincelles sont blanches, vertes, rouges ou violettes. Les autres métaux donnent lieu à des différences analogues; c'est ainsi que la limaille de fer, par exemple, produit des étincelles jaunes; l'argent, des étincelles bleues, etc. Fusinieri pense que ces variations de couleur de l'étincelle électrique proviennent de l'incandescence ou de l'oxydation des molécules pondérables entraînées par l'électricité.

Fig. 55.

Les *tableaux étincelants* reposent sur le second procédé que nous avons indiqué plus haut pour multiplier les étincelles que donne une machine. Ils sont destinés à reproduire, en traits de feu, des dessins plus ou moins variés. On les produit en collant sur un carreau de verre ordinaire de petites bandes de feuilles d'étain (fig. 55), qui forment un ruban continu, depuis *a* jusqu'à *z*; ensuite, on enlève avec une pointe toutes les parties de ces bandes qui se trouvent sur les contours du dessin que l'on veut rendre visible. Chacune de ces solutions de continuité est marquée par une étincelle, lorsqu'on fait passer le fluide de la machine de *z* en *a*, ou de *a* en *z*. On peut de cette manière représenter avec assez de vérité des figures de toute espèce : c'était le grand amusement des électriciens du siècle dernier.

TUBES ÉTINCELANTS.

Fig. 56.

Les tubes étincelants sont des tubes recouverts à leur surface de petits losanges de feuilles d'étain disposés suivant une hélice; les sommets de ces losanges sont en regard et très-voisins. En mettant les extrémités du tube, qui sont garnies d'appendices conducteurs, en contact avec les armatures d'une bouteille de Leyde, ou seulement en approchant l'une des extrémités du conducteur d'une machine électrique, l'autre communiquant avec le sol, on voit l'étincelle jaillir au même instant entre tous les losanges et dessiner une hélice.

La figure 56 représente un tube étincelant isolé, portant à son extrémité inférieure un moulinet électrique. Lorsqu'on approche du conducteur de la machine l'extrémité supérieure du tube, l'électricité repoussée s'écoule par les pointes qui se mettent à tourner, et l'hélice se dessine à peu près comme si l'appareil communiquait avec le sol.

EFFETS CALORIFIQUES DE L'ÉTINCELLE ÉLECTRIQUE.

L'étincelle électrique n'est pas seulement lumineuse, elle est aussi une source de chaleur assez intense pour faire détoner l'argent fulminant, et même pour enflammer le gaz hydrogène, l'éther, l'alcool, ainsi qu'une foule d'autres corps combustibles.

L'alcool prend assez facilement feu pour qu'on puisse l'enflammer au moyen de l'étincelle électrique sans avoir besoin d'un appareil spécial. En effet, pour l'allumer, il suffit d'en verser une cuillerée à café sur une lame de métal et d'approcher celle-ci de la machine, de manière à faire jaillir l'étincelle sur le liquide. Si l'alcool est d'un titre assez élevé, c'est-à-dire s'il est suffisamment fort, l'expérience réussit chaque fois; s'il est plus faible, il ne prend feu que lorsqu'on a eu soin de chauffer préalablement la lame métallique.

Cependant si l'on veut un appareil spécial pour l'inflammation de l'alcool ou de l'éther, on peut employer celui qui est représenté

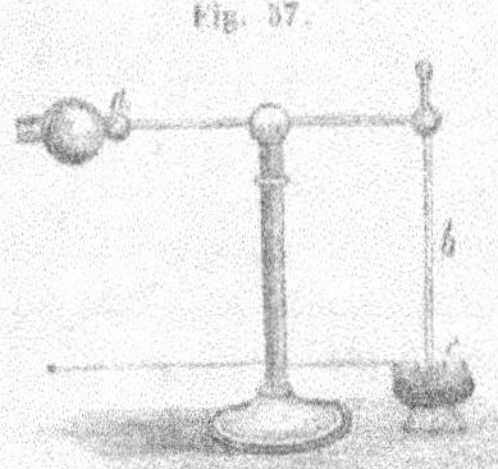

Fig. 57.

par la figure 57. Il se compose d'une tige métallique horizontale, isolée, qui porte à l'une de ses extrémités une boule que l'on met en contact avec le conducteur *a* de la machine, et à l'autre une tige *b*, également de métal, qu'on peut soulever et abaisser à volonté et qui est munie d'une boule à chacune de ses extrémités. L'alcool à enflammer se trouve dans une capsule de métal qui communique, soit avec le sol, soit avec le coussin de la machine, et que l'on dispose au-dessous de la tige *b*, de manière que la boule inférieure de celle-ci se trouve à une distance d'environ un centimètre de la surface du liquide. La capsule doit être peu profonde et ne contenir qu'une mince couche d'alcool, afin que l'expérience réussisse, même avec une machine d'une force très-peu considérable. En effet, l'étincelle ne jaillit et l'alcool ne prend feu que pour autant que l'électricité repoussée puisse traverser la couche liquide et se rendre de la capsule, soit dans le sol, soit sur le coussin où elle est neutralisée par du fluide de nom contraire. Du reste, comme nous l'avons dit, l'expérience n'exige pas un appareil spécial et elle est susceptible d'être modifiée de diverses manières, par exemple, de la manière suivante : Une personne isolée sur un tabouret et communiquant avec une machine électrique, tient dans la main le petit vase de métal qui renferme l'alcool. Si l'on approche de ce vase la jointure du doigt, de manière que l'étincelle parte à la surface du liquide, celui-ci prend feu. On peut encore opérer d'une autre manière. On tient à la main le vase conducteur où se trouve l'alcool, et une personne isolée et électrisée présente la jointure du doigt au-dessus de la surface du liquide, pour faire jaillir l'étincelle.

PISTOLET ÉLECTRIQUE.

Le gaz hydrogène ne peut prendre feu qu'à la condition qu'on l'ait transformé en gaz détonant, en le mêlant, soit avec de l'air atmosphérique qui contient un cinquième de son volume de gaz oxygène, soit, ce qui est mieux encore, avec la moitié de son volume de gaz oxygène pur. Ce dernier mélange renferme les gaz hydrogène et oxygène dans les proportions qui font l'eau.

Pour enflammer le gaz détonant, on peut se servir du pistolet

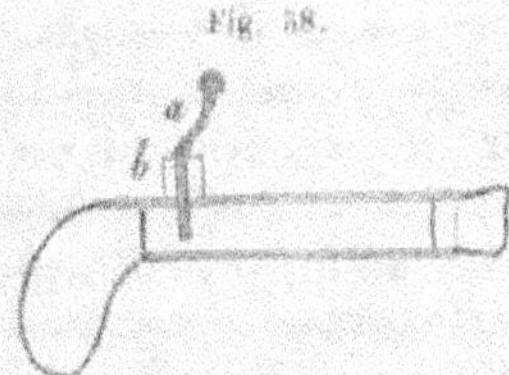

Fig. 58.

électrique ou de Volta (fig. 58) ; c'est un petit tube de fer d'environ 1 pouce de diamètre et de 6 pouces de longueur, ouvert à l'une de ses extrémités et fermé à l'autre, qui porte une culasse, afin que l'appareil ressemble à un pistolet ordinaire. L'ouverture du tube se ferme par un bouchon de liége. A une petite distance de la culasse, le tube est percé d'une ouverture d'un quart de pouce de diamètre, dans laquelle on mastique avec de la cire à cacheter un tube de verre *b*, destiné à livrer passage au fil de cuivre *a*, qui est terminé par deux petites boules. Ce fil doit passer du dedans du tube de fer au dehors sans toucher les parois, comme le montre la figure ; car l'étincelle qui entre par le fil doit passer de la boule qui se trouve dans le tube à la paroi opposée, en traversant le gaz qui remplit le pistolet.

Lorsqu'on veut faire une expérience avec le pistolet électrique, on dirige pendant quelques instants dans l'intérieur du tube le jet d'un briquet à gaz hydrogène ; puis on ferme exactement le tube et l'on approche du conducteur d'une machine la boule extérieure du fil *a*, de manière à faire jaillir une étincelle sur cette boule. A l'instant où cette étincelle jaillit, il s'en produit, dans l'intérieur du pistolet, une seconde qui détermine la combinaison de l'hydrogène avec l'oxygène de l'air resté dans l'appareil, la détonation a lieu, de l'eau est formée et le bouchon est lancé au loin.

Le *canon électrique* a la même construction que le pistolet de Volta ; mais il présente l'avantage précieux pour les personnes pusillanimes de pouvoir être déchargé sans qu'on soit obligé de le tenir à la main. Le canon est simplement posé sur son affût, de telle sorte qu'on peut facilement le retirer pour y introduire le gaz hydrogène, et, après cette opération, le remettre sur son affût. Pour décharger l'appareil, il suffit de faire tomber, par un moyen quelconque, une étincelle électrique sur la boule extérieure de son fil de cuivre.

Le gaz détonant proprement dit, c'est-à-dire un mélange de deux volumes de gaz hydrogène et d'un volume de gaz oxygène, produit une explosion bien plus violente qu'un simple mélange de gaz hydrogène et d'air atmosphérique. On peut s'en convaincre par l'expérience suivante : On adapte à l'ouverture d'une vessie de bœuf ou de cochon un bouchon de liége qui porte deux fils de laiton mastiqués dans des tubes de verre. Les deux extrémités de ces fils qui se trouvent dans l'intérieur de la vessie sont rapprochées l'une de l'autre à une

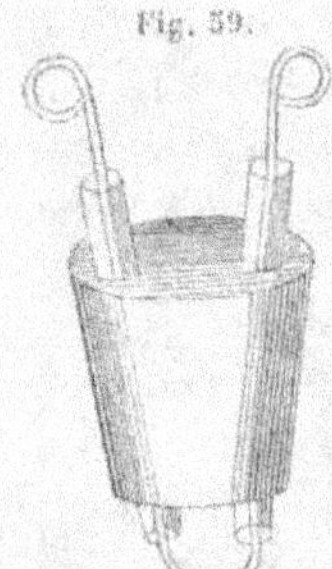

Fig. 59.

distance de 2 ou 3 millimètres, et les extrémités au dehors sont recourbées en crochet (fig. 59). La vessie ayant été remplie de gaz détonant, on la suspend à un arbre (car il faut se garder de faire l'expérience dans une chambre); puis on attache à l'un des crochets un fil conducteur communiquant avec le sol, et à l'autre, un fil pareil qu'on suspend par des fils de soie et qu'on introduit par la fenêtre jusqu'à une petite distance du conducteur d'une machine électrique pour faire jaillir l'étincelle sur son extrémité libre. Aussitôt que l'étincelle part, le gaz détonant s'enflamme, la vessie est déchirée en morceaux, et il se produit une explosion accompagnée d'un tel bruit, que l'oreille en est encore désagréablement impressionnée, même à une distance de cinquante pas.

EXPÉRIENCES AVEC LA BOUTEILLE DE LEYDE.

Le passage instantané à travers le corps des électricités qui constituent la charge d'une bouteille de Leyde ou d'une batterie, peut donner lieu à divers accidents graves, à des paralysies souvent incurables, et même, quand la charge est forte, à la mort. On comprend donc que la plupart des expériences que l'on fait avec ces appareils exigent de grandes précautions. On s'imagine, en général, qu'on ne court aucun danger tant qu'on n'est pas en communication par des corps bons conducteurs avec la garniture extérieure de l'appareil condensant, et l'on a parfaitement raison; mais cette communication peut exister sans qu'on s'en doute et être établie, par exemple, par le plancher, s'il est suffisamment conducteur. Il faut par conséquent examiner la nature du plancher, s'assurer qu'il n'est pas composé de substances trop conductrices, et ne procéder aux expériences qu'après cet examen.

COMMOTION DE LA BOUTEILLE DE LEYDE.

Lorsqu'on opère la décharge d'une bouteille de Leyde, soit en approchant graduellement une main de la garniture intérieure, tandis que l'autre est appliquée sur la garniture extérieure; soit, plus généralement, en mettant en contact avec la garniture extérieure un point quelconque du corps, et en approchant de la garniture intérieure l'une des branches d'un excitateur dont la seconde branche communique avec un autre point du corps séparé du premier par un ou plusieurs muscles sous-jacents : au moment où l'étincelle jaillit, les muscles qui se trouvent sur le trajet de l'électricité se contractent vivement, et l'on éprouve en même temps une douleur d'autant plus intense, que la charge a été plus forte; c'est à cet ensemble de phénomènes qu'on donne le nom de *commotion électrique*.

Lorsqu'on réunit les deux garnitures avec les deux mains, l'électricité passe par les bras et la poitrine. Alors les faibles charges se font sentir dans l'avant-bras seulement; les charges un peu plus fortes se font sentir au coude, et les charges plus fortes encore donnent une vive douleur à la poitrine. Si plusieurs personnes se tenant par les mains les unes à la suite des autres, la première prend la bouteille chargée par sa face extérieure, et que la dernière vienne toucher le bouton de la tige, toutes éprouvent la même commotion, pourvu que le sol ou le plancher sur lequel elles se trouvent soit mauvais conducteur, car dans le cas contraire (sur une pelouse, par exemple), il peut arriver que la première et la dernière ressentent seules une forte secousse, tandis que les autres n'en ressentent point, ou n'en ressentent que de très-faibles. C'est qu'alors la plus grande partie de l'électricité s'écoule dans le sol sans traverser toute la chaîne, comme dans le cas où l'isolement de tous les expérimentateurs était plus parfait.

La décharge d'une batterie ordinaire suffit pour tuer des oiseaux, des souris, des lapins, et même des animaux de plus grande taille; une batterie de plusieurs centaines de pieds carrés tuerait infailliblement un homme et même un cheval ou un bœuf. La charge secondaire, qui se forme après la première décharge d'une batterie puissante, est même dangereuse; c'est pourquoi il importe, pour éviter tout accident, de laisser quelque temps une communication métallique entre les deux garnitures d'une batterie déchargée. Pour qu'un animal ne puisse être atteint par la commotion, il ne suffit pas qu'il se trouve dans un milieu conducteur. C'est ainsi que les poissons peuvent être frappés et même tués dans l'eau, bien que ce liquide conduise assez bien le fluide électrique. Pour en faire l'expérience, on remplit d'eau une auge allongée, à parois peu conductrices (par exemple, en bois ou en argile), et l'on y met quelques poissons. L'auge doit être assez grande pour que ceux-ci puissent y nager à leur aise. Puis, aux deux extrémités de l'auge, on plonge dans le liquide de larges plaques de métal que l'on fait communiquer au moyen d'un excitateur, l'une avec la garniture extérieure d'une grande bouteille de Leyde chargée et l'autre avec la garniture intérieure. A l'instant de l'étincelle, les poissons sont tués, ou au moins tellement étourdis qu'ils arrivent à la surface du liquide en nageant sur le dos.

ÉLECTRISATION PAR LA BOUTEILLE DE LEYDE.

Cette méthode d'électrisation, qui est la troisième de celles dont on ait fait usage en médecine, consiste à faire passer à travers les organes malades la décharge d'une bouteille de Leyde ordinaire. La grande tension électrique qu'on peut obtenir au moyen de cet appareil permet d'agir énergiquement sur les muscles et sur d'autres organes, mais les effets s'étendent toujours au delà des points qu'on veut atteindre et se font sentir plus ou moins vivement dans les centres nerveux. Ce sont là des inconvénients graves que ne présente pas l'emploi des courants électriques dont il sera question plus loin. Cette circonstance seule nous semblerait suffisante pour faire préférer ces courants dans la pratique, si, en outre, ils n'avaient pas, sur le courant de la bouteille de Leyde, l'avantage immense de pouvoir être produits plus facilement et appropriés instantanément, quant à leur intensité, à la sensibilité de l'organe malade ou à l'effet à obtenir. Cependant, employée judicieusement et avec persévérance, la bouteille de Leyde pourrait encore, à défaut d'autres appareils, rendre quelques services aux praticiens. Voici la meilleure manière d'en faire usage. On place la bouteille sur

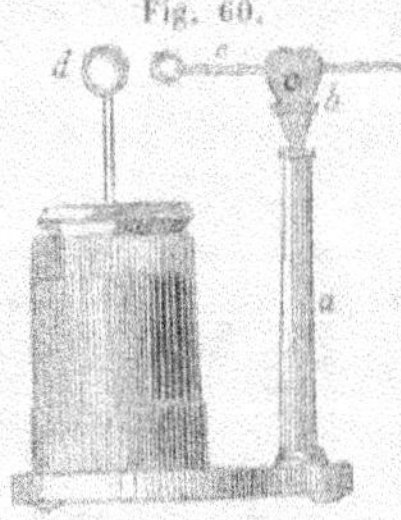

une planchette de bois qui porte une colonne de verre a (fig. 60), surmontée d'un anneau b, dans lequel peut glisser un fil de cuivre c, terminé d'un côté par une boule que l'on approche du bouton d de la bouteille, et de l'autre par un crochet auquel on suspend une chaîne conductrice. On fait communiquer cette chaîne avec l'un des points de l'organe malade, tandis qu'une seconde chaîne, qui part de la garniture extérieure, aboutit à un autre point du même organe. Alors, quand on électrise la bouteille, chaque fois que la charge a acquis une certaine intensité, variable avec la distance établie entre le bouton d et la boule de la tige c, l'étincelle part et le malade éprouve une commotion. Cette méthode a l'avantage de donner des commotions toujours égales et d'une intensité qu'on peut augmenter ou diminuer à volonté, en déplaçant simplement la tige c. (H. V.)

CHARGE PAR ÉTINCELLES.

Pour charger une bouteille de Leyde, on se borne souvent à approcher le bouton à une faible distance du conducteur de la machine, au lieu de le mettre en contact avec ce dernier, comme on devrait le faire. L'électricité du conducteur décompose le fluide neutre de la garniture intérieure, attire le fluide de nom contraire sur le bouton et repousse celui de même nom; puis, quand sa tension est devenue suffisante, elle se porte à la rencontre du fluide qu'elle a attiré, s'y combine en produisant une étincelle, et met en liberté le fluide repoussé. Celui-ci passant en grande partie à l'état latent, et la machine restant en activité, le conducteur peut bientôt donner une nouvelle étincelle, et ainsi de suite, jusqu'à ce que la tension du fluide libre de la bouteille ait atteint une certaine limite. Cette manière de charger une bouteille a été appelée *charge par étincelles*. Elle est mauvaise, car il est facile de voir qu'avec une machine donnée, elle ne permet pas d'accumuler autant d'électricité qu'on le peut par la méthode ordinaire. Néanmoins, c'est la seule à laquelle on ait l'habitude de recourir lorsqu'il s'agit de donner des commotions électriques, parce que l'on croit pouvoir juger du degré de la charge par le nombre des étincelles qui ont frappé le bouton de la bouteille. Or, c'est là une grave erreur. En effet, on conçoit sans peine que la charge qui correspond à chaque étincelle dépend de l'intensité de celle-ci, et que si l'on peut, sans danger, supporter la commotion d'une bouteille chargée par dix étincelles d'une machine ordinaire, il n'en serait plus de même si la bouteille avait reçu un nombre égal d'étincelles de la grande machine à plateau du Musée de Haarlem, par exemple, ou de la puissante machine hydro-électrique qui se trouve à Londres.

CHARGE PAR CASCADE.

Il existe une troisième méthode pour charger les bouteilles de Leyde que l'on emploie lorsqu'on veut charger rapidement plusieurs de ces appareils. Cette méthode s'appelle *charge par cascade*. Elle consiste à placer chaque bouteille sur un support isolant et indépendant, et à les disposer de façon que le bouton de chacune d'elles communique métalliquement, soit au moyen d'une chaîne, soit simplement par contact immédiat, avec l'armure extérieure de la précédente. Le bouton de la

Fig. 61

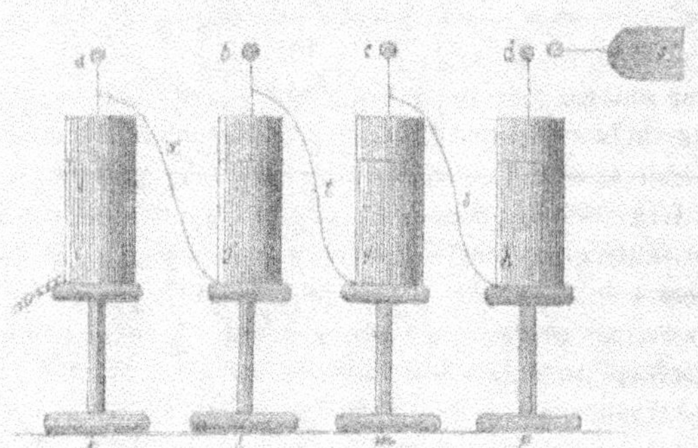

première communique avec le conducteur de la machine, et l'armure
extérieure de la dernière, avec le sol. La figure 61 représente quatre bouteilles *e, f, g, h*, disposées comme nous venons de l'indiquer : *k, l, m, p*
sont les supports isolants ; *o, t, x*, les chaînes attachées aux boutons *c, b, a* ;
s est le conducteur de la machine qui communique avec le bouton *d* ;
la garniture extérieure de la bouteille *e* est en communication avec
le sol au moyen d'une chaîne. Supposons que la machine fournisse
de l'électricité positive. On voit qu'alors le fluide de même nom de
l'armure extérieure de la première bouteille, au lieu d'être chassé
dans le sol, sert à charger la seconde en pénétrant dans son armure
intérieure ; que l'électricité positive de l'armure extérieure de la seconde
charge la troisième, et ainsi de suite jusqu'à la dernière, dont l'armure
extérieure, communiquant avec le sol, y envoie l'électricité positive
que l'influence développe à sa surface. Il est évident qu'on peut par
ce mode charger un nombre quelconque de bouteilles de Leyde avec
la quantité d'électricité nécessaire pour en charger une seule. Quand
les bouteilles sont chargées, on peut les décharger successivement, de
l'une à l'autre, en déchargeant chacune d'elles, au moyen de l'excitateur, comme si elle était seule ; ou bien simultanément, en faisant
communiquer l'armure intérieure de la première avec l'armure extérieure de la dernière. M. Dove a découvert que dans ce dernier cas la
décharge produit des effets bien plus intenses que dans le premier.
Mais, au lieu de décharger les bouteilles de l'une ou de l'autre manière,
on peut vouloir accumuler l'effet de la décharge au même point, et
alors il faut procéder comme suit : on supprime les communications
établies entre l'armure extérieure et l'armure intérieure de chaque
bouteille, ce qu'on fait, ou en enlevant avec un manche isolant les

conducteurs qui établissent cette communication, ou en éloignant les bouteilles les unes des autres. Il faut, en outre, faire communiquer ensemble toutes les armures intérieures, ce que l'on effectue de même à l'aide de tiges ou de fils métalliques mis en place au moyen d'un manche isolant. On établit une communication semblable entre les armures extérieures, résultat qu'on peut également obtenir sans l'emploi de conducteurs, en rapprochant assez les bouteilles pour que leurs armures extérieures viennent en contact. On a alors une batterie chargée et prête à agir; il faut seulement mettre du soin et de l'adresse à faire ces divers arrangements, afin d'éviter de décharger les bouteilles et surtout de prendre soi-même la décharge.

BOUTEILLES DE LEYDE CHARGÉES INTÉRIEUREMENT D'ÉLECTRICITÉ NÉGATIVE.

Dans ce qui précède nous avons considéré, en général, des bouteilles de Leyde chargées de fluide positif sur leurs garnitures intérieures; mais il est tout aussi facile de charger une bouteille, de manière que sa garniture intérieure soit électrisée négativement. A cet effet, il suffit de la tenir par le bouton et de faire arriver sur l'armure extérieure l'électricité positive de la machine; après que la bouteille est chargée, on la place sur un support isolant. Si la machine électrique est disposée de façon à fournir, à volonté, l'un et l'autre fluide, l'opération est encore plus simple. On charge le conducteur négativement, et on le fait communiquer avec la garniture intérieure de la bouteille, dont on a mis la garniture extérieure en contact avec le sol.

Enfin, voici un dernier moyen qu'on peut employer dans le cas où la machine ne donne que du fluide positif. On dispose, l'une à côté de l'autre, sur un même support isolant, deux bouteilles de Leyde dont on réunit les armures extérieures au moyen d'une feuille d'étain ou au moyen de tout autre corps conducteur; puis, on fait communiquer le bouton de l'une des deux bouteilles avec le conducteur, et on touche le bouton de l'autre avec le doigt. Cette dernière bouteille se chargera d'électricité négative sur sa garniture intérieure. En effet, comme le fluide positif de la garniture extérieure de la bouteille qui communique avec la machine ne peut se rendre dans le sol, puisque cette bouteille est isolée, il passe sur la garniture extérieure de la seconde, où il agit dans les mêmes conditions que du fluide de même nom qu'on aurait fait arriver directement de la machine, et, par conséquent, il charge d'électricité négative la garniture intérieure de cette bouteille.

Une expérience assez élégante due à Lichtenberg et dite *des figures de Lichtenberg*, met en évidence, sans électroscope et sous une forme immédiatement visible, la nature de l'électricité dont est chargée l'armure intérieure d'une bouteille. Cette expérience consiste à promener lentement sur un gâteau de résine le bouton d'une bouteille de Leyde dont on tient à la main l'armure extérieure; on peut même avec ce bouton tracer des figures. L'électricité libre de l'armure intérieure qui se renouvelle constamment à mesure qu'elle sort, puisqu'on tient à la main l'autre armure, reste adhérente à tous les points du gâteau que le bouton a touchés. Si, après avoir ainsi tracé des lignes avec le bouton d'une bouteille chargée intérieurement d'électricité positive, on en trace d'autres à côté avec le bouton d'une autre chargée d'électricité négative, on réussit à les rendre visibles et distinctes les unes des autres en saupoudrant le gâteau d'une poudre formée par un mélange de soufre et de minium, contenu dans un petit nouet de flanelle auquel on imprime de légères secousses avec le doigt pour faire sortir la poudre. On voit toutes les parties de soufre se porter sur les lignes positives et toutes celles du minium sur les lignes négatives. L'effet que nous venons de décrire provient de ce que, dans leur frottement mutuel, les molécules de soufre ont pris l'électricité négative et celles de minium l'électricité positive, ce qui fait que les premières se portent sur les traces positives et les secondes sur les traces négatives. Remarquons encore que le soufre forme autour de chacun des points électrisés positivement une petite aigrette (fig. 62 et 63), tandis que sur les points négatifs le mi-

Fig. 63.

Fig. 62.

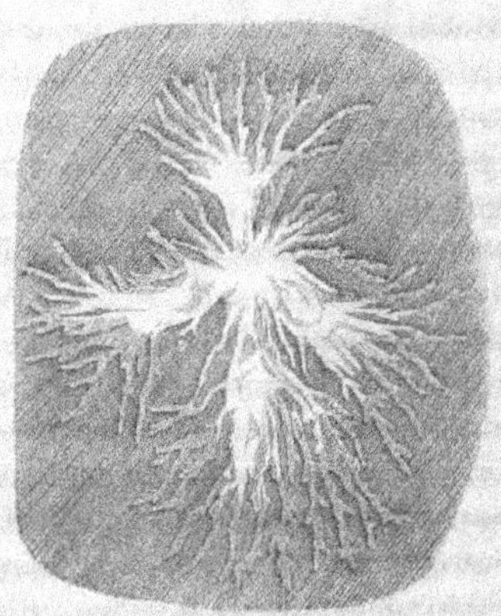

Fig. 64.

Fig. 65.

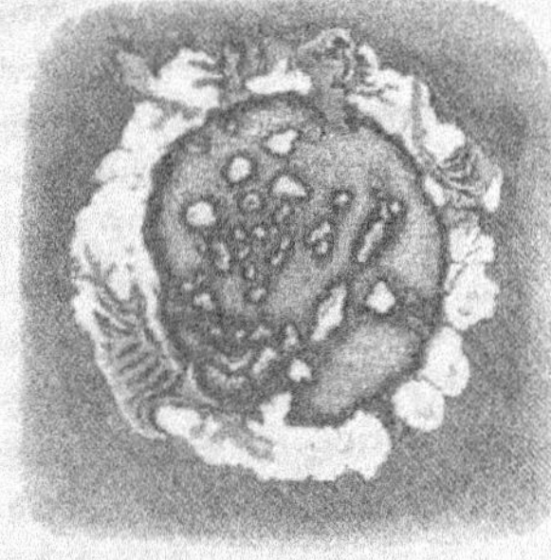

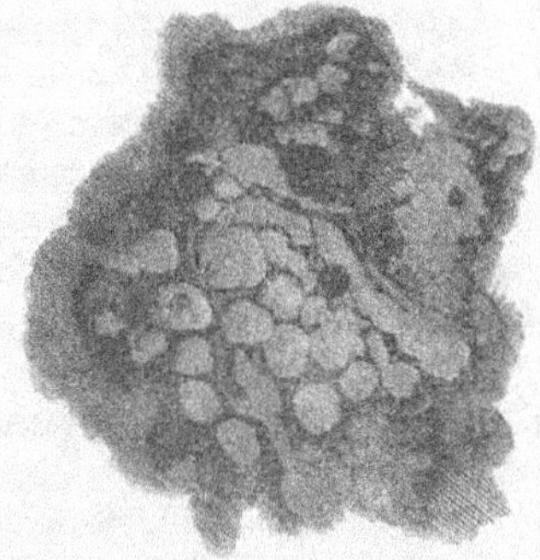

nium ne laisse qu'une tache circulaire (fig. 64 et 65). La forme de ces figures démontre que l'électricité positive se propage sur une surface isolante en ramifications, par conséquent, en filets resserrés et distribués inégalement sur la surface, tandis que l'électricité négative se propage uniformément en rayons, également distribués autour du point électrisé. Ainsi que nous l'avons déjà dit en parlant des aigrettes lumineuses des pointes, les mêmes différences s'observent lorsque l'électricité se propage dans l'intérieur des corps isolants : la propagation de l'électricité négative est toujours plus facile que celle du fluide positif.

On peut aussi produire les figures de Lichtenberg au moyen d'une seule bouteille de Leyde. Le lecteur imaginera facilement la manière dont il faudra opérer pour atteindre ce but.

L'emploi de deux bouteilles de Leyde chargées sur leurs garnitures intérieures, l'une d'électricité positive et l'autre de fluide négatif, a permis à M. Dove de résoudre la question de savoir si les effets de la décharge sur un corps sont les mêmes, qu'elle soit ou non accompagnée d'étincelle. Au premier abord, il semble impossible de produire une décharge qui ne fût pas accompagnée d'étincelle. Cependant l'ingénieux physicien précité a réalisé ce phénomène. La méthode ordinaire pour faire passer à travers un corps la décharge d'une bouteille de Leyde, consiste à mettre l'une des extrémités de ce corps en communication avec l'armure extérieure, et l'autre avec l'une des branches d'un excitateur dont on approche la seconde branche du bouton de l'appareil. Avant que cette seconde branche vienne en contact avec le bouton, l'étincelle éclate et la décharge traverse le corps soumis à l'épreuve. Par cette méthode l'étincelle est inévitable. Cependant on pouvait se demander si les effets de la décharge resteraient les mêmes dans le cas où l'on empêcherait la production de l'étincelle. Mais comment faire pour atteindre ce but? M. Dove en a trouvé le moyen. Il se sert, à cet effet, de deux bouteilles de Leyde de même dimension et chargées en sens contraires; il place le corps soumis à l'épreuve entre les garnitures extérieures, puis, au moyen d'un excitateur, il réunit les deux garnitures intérieures. Il se produit une double décharge : celle des deux garnitures intérieures, qui a lieu avec production d'étincelle; et celle des deux garnitures extérieures, qui s'effectue sans étincelle. L'expérience paraît des plus simples; mais personne, avant M. Dove, n'avait songé à la faire. C'est l'histoire de l'œuf de Colomb. Quant aux résultats, ils sont que les effets de la décharge restent exactement les mêmes, que l'étincelle éclate ou qu'elle ne se forme pas. Par conséquent, la production de l'étincelle ne donne lieu à aucune perte d'électricité.

BOUTEILLES DE LEYDE A ARMATURES LIQUIDES.

Nous avons vu que les premières expériences avec la bouteille de Leyde ont été faites simultanément en Prusse et en Hollande, et que dans ce dernier pays on a employé l'eau pour former la garniture intérieure de l'appareil. On peut recourir à des expériences du même genre, non-seulement pour démontrer que la plupart des liquides sont des conducteurs de l'électricité, mais encore pour constater que, sous le rapport de leur conductibilité, ils présentent entre eux de très-grandes différences. A cet effet, on se sert de deux grands vases coniques ou cylindriques de verre placés l'un dans l'autre. On fixe dans le vase intérieur une tige métallique disposée comme celle d'une bouteille de Leyde ordinaire, et dans le vase extérieur, on suspend une chaîne conductrice dont une extrémité descend jusqu'à une petite distance du fond de ce vase, tandis que l'autre, qui se trouve au dehors, est attachée à l'une des branches d'un excitateur: puis, on remplit les deux vases, jusqu'à environ 2 pouces de leurs bords, du liquide à essayer, par exemple, d'alcool. L'appareil étant ainsi disposé, on voit que le vase intérieur constitue une bouteille de Leyde, à armatures liquides et susceptible d'être chargée de la même manière qu'une bouteille ordinaire. Lorsque le liquide employé est de l'alcool et qu'après avoir chargé l'appareil, on approche du bouton la branche libre de l'excitateur, on obtient une petite étincelle; quand on opère la décharge de la bouteille, en touchant à la fois avec les deux mains le bouton et la chaîne, on éprouve une faible commotion. Mais si, au lieu d'alcool, on emploie de l'eau, la commotion est bien plus forte; lorsqu'on aiguise l'eau de quelques gouttes d'un acide, elle devient plus forte encore et l'éclat de l'étincelle augmente en même temps; enfin, lorsqu'on substitue à l'eau un acide concentré (l'acide sulfurique, l'acide nitrique, etc.), la commotion acquiert presque le même degré de force que celle d'une bouteille de Leyde à garnitures métalliques. Il résulte évidemment de ces expériences que tous les liquides précités conduisent plus ou moins bien le fluide électrique, et que, d'après l'ordre croissant de leur conductibilité, on doit les classer comme suit : alcool, eau pure, eau acidulée, acides concentrés.

Ces exemples suffisent pour montrer qu'en faisant remplir aux divers liquides l'office de garnitures dans la bouteille de Leyde, on peut arriver à apprécier leur degré de conductibilité électrique. D'après ce que nous verrons bientôt, les effets que produit le passage de l'électricité à travers ces mêmes corps varient suivant le degré de conductibilité qu'ils présentent. Ces effets peuvent, par conséquent, servir également à déterminer le pouvoir conducteur des corps dont il s'agit.

CONDUCTIBILITÉ ÉLECTRIQUE DES MÉTAUX.

M. Riess a déterminé le pouvoir conducteur des différents métaux en faisant passer la même décharge électrique à travers des fils de même diamètre et de même longueur, mais de nature différente, et en évaluant leur conductibilité relative d'après la quantité plus ou moins grande de chaleur qu'ils dégageaient. En effet, M. Riess a démontré que la quantité de chaleur qui se dégage dans un fil par le passage d'une quantité donnée d'électricité est inverse de la conductibilité de ce fil.

La figure 66 ci-après représente l'appareil dont M. Riess a fait usage et qu'il a désigné sous le nom de *thermomètre électrique*. Cet appareil se compose d'un tube de verre *kps*, de 45 centim. de longueur, recourbé à angle droit à ses deux extrémités, dont l'une est terminée par un ballon de verre *a*, de 9 1/2 centimètres de diamètre, et l'autre par un vase cylindrique de 7 centimètres sur 1 1/2 centimètre de diamètre. Le tube, muni d'une échelle divisée arbitrairement, est fixé sur une planchette de bois *ku*, attachée par des charnières *u*, à un plateau horizontal *hu*, de manière à pouvoir être incliné à volonté sur l'horizon et à être assujetti dans la position qu'on lui donne à l'aide d'un arc

Fig. 66.

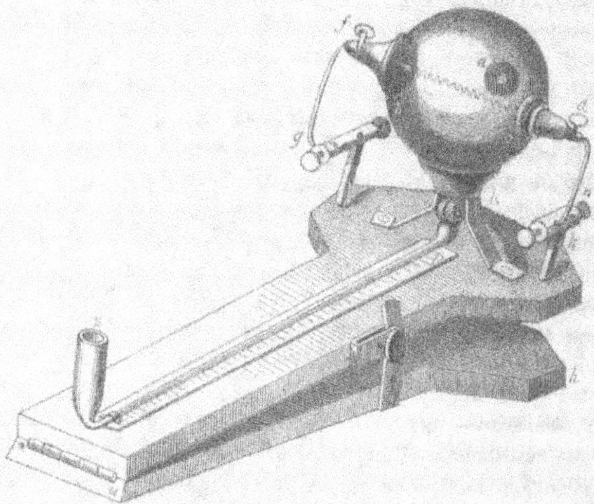

de métal divisé et d'une vis de pression. On verse dans le vase cylindrique de l'acide sulfurique coloré étendu d'alcool. Le ballon du thermomètre est perforé en trois places dont deux sont diamétralement opposées. Des douilles de métal fb, dc, mastiquées sur ces deux ouvertures, se ferment hermétiquement par des couvercles qu'on y visse. La figure 67, qui représente une coupe du ballon passant par ces mêmes

Fig. 67.

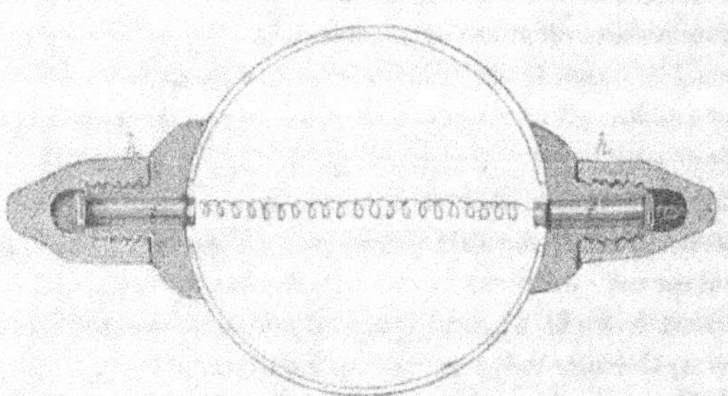

ouvertures, montre plus clairement la disposition des douilles et de leurs couvercles h, h. La troisième ouverture a, munie d'une pièce de métal perforée, est fermée au moyen d'un bouchon métallique; elle sert à laisser entrer dans le tube une colonne liquide de la longueur

voulue. Dans les deux douilles *fb*, *dc* (fig. 66), entrent sans frottement deux cylindres *ff* (fig. 67 et 68), de 7 centimètres environ de

Fig. 68.

longueur sur 5 millimètres de diamètre, munis à leur extrémité extérieure d'un écrou *x*. A leur extrémité intérieure se trouve un cône *g*
(fig. 68) qui est fixé au moyen d'une vis; la base de chacun des deux
cônes est incisée, et c'est dans ces fentes qu'on introduit par ses deux
extrémités le fil de platine dont on veut déterminer l'échauffement.
Une tige de métal (fig. 68), qui se visse sur l'un des cylindres *f*, et
qu'on passe aisément à travers le ballon, sert à introduire le fil qu'elle
entraîne; après qu'on l'a enlevée, on tend, au moyen des écrous, le
fil qui est tourné en hélice, comme le montre la figure. De gros fils
de laiton, qui aboutissent aux deux cylindres conducteurs isolés *g*, *n*
(fig. 66), mettent dans le circuit de la batterie les couvercles des
douilles et le fil de platine; celui-ci, en s'échauffant par la décharge,
dilate l'air du ballon et chasse le liquide du tube dans le réservoir.
L'instrument est d'autant plus sensible que, à conditions égales, l'inclinaison du tube vers l'horizon est plus grande. Dans l'appréciation de
l'échauffement du fil, on néglige le refroidissement de l'air causé par
les parois du ballon pendant le temps, en général très-court, de l'abais-
sement du liquide; on entoure cependant la surface de la boule d'une
enveloppe très-mince de gutta-percha recouverte d'une lame d'étain,
afin de prévenir les variations de température qui pourraient provenir
de causes extérieures. Maintenant on conclut, au moyen d'une formule
fondée sur les lois de la chaleur, l'accroissement de température qu'a
éprouvé le fil, de l'espace parcouru par le liquide évalué en divisions
linéaires (lignes ou millimètres). La bouteille de Lane, employée
d'après la méthode de M. Riess (page 88), permettant, d'ailleurs, de
mesurer la quantité d'électricité dont se compose la décharge transmise à travers le fil de platine, on peut établir le rapport exact entre
la force de la décharge et son effet calorifique.

Pour déterminer les conductibilités électriques relatives des différents métaux, M. Riess a réduit ces substances en fils de mêmes
dimensions, et il a fait pour chaque fil deux expériences : dans l'une,
le fil soumis à l'épreuve, par exemple un fil de plomb, était placé dans
le circuit de la décharge où se trouvait aussi le fil de platine du ther-

momètre électrique; dans l'autre, le fil de plomb était dans le thermomètre, et le fil de platine du thermomètre dans le circuit. On calculait ensuite la quantité de chaleur dégagée par chacun des deux fils, et le rapport inverse de ces quantités donnait la conductibilité de l'un des métaux relativement à celle de l'autre, prise pour unité. M. Riess a trouvé, par exemple, que si l'on représente par 1 la quantité de chaleur dégagée par le fil de platine, celle dégagée par un fil de plomb est égale à environ 1,50. Par conséquent, la conductibilité du plomb est égale aux 2/5 de celle du platine.

C'est également à l'aide de son thermomètre électrique que M. Riess est parvenu à déterminer pour des fils de même diamètre et de même longueur, la force de la décharge nécessaire pour les rendre incandescents. Voici les résultats qu'il a obtenus avec les métaux du commerce :

Fer.	0,816
Argentane.	0,950
Platine	1,000
Palladium.	1,07
Laiton	2,50
Argent	4,98
Cuivre	5,95

On voit bien que pour produire la même incandescence dans chaque fil, la force de la décharge doit être d'autant plus grande, que la résistance au passage de l'électricité est moindre, résultat analogue à celui qui existe pour le réchauffement. Les nombres rapportés plus haut sont, par conséquent, proportionnels aux conductibilités des métaux auxquels ils se rapportent respectivement, et peuvent servir de mesure à ces conductibilités. Il suit de là que le cuivre, par exemple, conduit l'électricité 6 fois mieux que le platine; le laiton 2 1/2 fois mieux que le platine, etc.

Le thermomètre électrique de M. Riess a encore servi à d'autres recherches importantes dans le domaine de l'électricité, et dont il sera question plus tard. (H. V.)

EFFETS DES BATTERIES ÉLECTRIQUES OU DES BOUTEILLES DE LEYDE DE GRANDES DIMENSIONS.

Les phénomènes que l'on peut produire au moyen des batteries électriques sont tellement nombreux qu'il nous serait impossible de les décrire tous : nous nous bornerons, par conséquent, à l'examen de ceux qui offrent le plus d'intérêt.

Pour la plupart des expériences dont il va être question, on n'a besoin que d'une batterie ou d'une bouteille de Leyde de 2 à 3 pieds carrés de surface, et de l'excitateur universel de Henley que nous avons décrit précédemment (page 86).

EFFETS CALORIFIQUES ET LUMINEUX.

Les effets que l'on observe lorsqu'on fait passer la décharge d'une batterie à travers un corps mis en contact avec les deux branches de l'excitateur universel, varient avec la nature de ce corps. Lorsque c'est, par exemple, un fil de fer, il devient incandescent lors de la décharge d'une batterie assez puissante, brûle et se disperse en une infinité de petits grains à l'état d'oxyde. Un fil d'or, dans les mêmes circonstances, est volatilisé en poudre violette qui tache les objets voisins, et laisse sur eux des traces analogues à celles que l'on trouve sur les murs, après la disparition d'un cordon de sonnette que la foudre a traversé. Un fil de platine rougit, et si la décharge est assez intense, eu égard à la longueur du fil, il fond et se divise en petits globules sphériques. Une bande étroite de feuille d'étain, de 8 ou 10 centimètres de longueur, est volatilisée par une batterie ordinaire ; la vapeur s'oxyde et forme de longs filaments flottants dans l'air, semblables à des toiles d'araignée.

Les fils de soie dorés présentent un phénomène singulier qui montre avec quelle rapidité les molécules de matière conductrice sont saisies par le choc électrique : l'or qui les couvre est volatilisé sans que la chaleur soit seulement capable de rompre la soie. Pour rendre cette expérience plus sensible, on appuie sur le fil une feuille de papier blanc, sur laquelle on voit, après le choc, une large trace de couleur violette. Par le même moyen, on peut enlever la dorure sur un livre ou sur une autre surface non-conductrice, pourvu qu'elle n'ait pas trop d'étendue.

On se sert de cette propriété pour faire des *empreintes électriques* : on place, entre deux lames de verre ou entre deux morceaux de bois, une découpure en papier, que l'on couvre, d'un côté, d'une feuille d'or, et de l'autre d'une feuille de papier. Lorsqu'on fait ensuite passer la décharge électrique à travers la feuille d'or, le métal se volatilise, et, par tous les *jours* de la découpure, il passe sur la feuille de papier où il fait une empreinte violette très-régulière.

M. Riess a étudié avec un soin particulier les divers phénomènes que l'on observe lorsqu'on fait passer à travers des fils métalliques minces des décharges d'une intensité croissante. Voici les principaux résultats de ses recherches. Le premier effet qu'éprouve un fil de métal mince, traversé par la décharge, consiste dans un ébranlement sensible et dans la formation d'une espèce de vapeur grise, épaisse, composée de parcelles métalliques détachées de sa surface. Il se manifeste en même temps des étincelles aux points d'attache du fil avec les conducteurs destinés à le mettre dans l'arc de clôture de la batterie. En augmentant graduellement la force de la décharge, on observe que le fil se plie en différents sens ; le nombre et la grandeur de ces inflexions augmentent avec l'intensité de la décharge. Enfin, la quantité d'électricité transmise à travers le fil croissant toujours, on constate d'abord une simple incandescence du fil, puis le fil devient très-blanc, se rompt en deux ou plusieurs fragments et finit par être fondu en globules. Les fragments que donne le fil de platine ne présentent souvent aucune trace de fusion, laquelle d'ailleurs exige, pour se produire, des décharges plus fortes que pour la simple déchirure. Il s'ensuit que les fils se brisent toujours avant d'entrer en fusion. Les métaux facilement oxydables se fondent sous l'influence de décharges relativement faibles ; c'est qu'avec ces métaux la température est augmentée par la présence de l'oxygène de l'air. Enfin, une décharge suffisamment forte peut réduire toute la masse d'un fil de métal en une vapeur de même nature que celle qui se produit comme premier effet de la décharge sur le fil.

En résumé, si l'on suit la série des effets que produisent des décharges d'une intensité croissante, on trouve que le fil commence par se réchauffer, qu'il éprouve un ébranlement, puis des inflexions, qu'il devient incandescent, qu'il est rompu en fragments, fondu et enfin pulvérisé.

Les corps facilement inflammables que l'étincelle ordinaire ne parvient pas à allumer, tels que la colophane, la poudre à canon, l'amadou, le coton-poudre, etc., prennent feu lorsqu'ils sont traversés par la décharge d'une batterie électrique. Pour enflammer la colophane, on la pulvérise et on roule du coton dans la poudre ; puis on met le coton en contact avec les boules de l'excitateur universel. S'il s'agit de la poudre à tirer, on se procure un petit parallélipipède de bois dont l'une des faces présente une cavité d'environ un pouce de profondeur et d'un demi-pouce de diamètre ; on fait aboutir dans cette cavité deux fils de cuivre d'une ligne d'épaisseur, qui ne doivent pas

se toucher, mais doivent rester à une petite distance l'un de l'autre ;
puis on introduit la poudre dans cette cavité, et on fait communiquer
les fils de cuivre, l'un, avec la garniture extérieure de la batterie, et
l'autre, au moyen de l'excitateur ordinaire, avec la garniture intérieure. Pour que l'expérience réussisse, il faut non-seulement employer
une batterie très-forte, mais encore diminuer la vitesse et l'instanta-
néité de la décharge, en introduisant dans le circuit un fil de lin
mouillé ; sans cette dernière précaution, la poudre est éparpillée, mais
elle ne prend pas feu. Pour enflammer la colophane, le coton-poudre, etc., il faut avoir également soin d'introduire dans le circuit un
fil de lin mouillé d'eau. (H. V.)

EFFETS MÉCANIQUES.

Si les corps interposés entre les branches de l'excitateur universel
ne sont pas très-bons conducteurs, ils peuvent être perforés ou brisés.
Le verre est percé ; le bois, les pierres sont brisés.

Un disque de bois sec de 3 à 4 pouces de diamètre et de 3 à 5 lignes
d'épaisseur, placé entre les pointes de l'excitateur universel, peut être
fendu en éclats, par une décharge qui le traverse dans le sens de ses
fibres.

Pour perforer une lame de verre, on la fixe dans un morceau de
liége que l'on pose sur la petite table de l'excitateur universel. On
recouvre la lame d'une mince couche d'huile, et on applique, aux
deux points opposés de la portion à travers laquelle on veut faire
passer la décharge, de petits morceaux de cire dans lesquels on enfonce
les pointes de deux aiguilles mises en contact avec les branches de
l'excitateur universel. Cela fait, on n'a plus qu'à introduire l'excitateur
universel dans le circuit de la batterie et à faire partir l'étincelle. La
couche d'huile a pour but d'empêcher que les électricités ne se réunissent en faisant le tour de la lame, dont la surface, toujours plus ou
moins humide, est légèrement conductrice. Enfin, l'électricité produisant la perforation du verre plutôt par sa tension que par sa quantité,
il convient de ne faire usage que d'une batterie à petite surface, ou
seulement d'une grande bouteille de Leyde.

Ce qui précède explique pourquoi une bouteille de Leyde, dont le
verre est trop mince, se brise quand on la charge fortement.

Une carte, placée entre les deux pointes de l'excitateur universel,
est également trouée par la décharge d'une batterie électrique ; mais

si les deux tiges qui amènent la décharge ne sont pas exactement vis-à-vis l'une de l'autre, le trou se fait vis-à-vis de la pointe qui apporte l'électricité négative. On remarque aussi que le trou présente également des bavures des deux côtés, comme si le fluide électrique était parti du milieu de la carte pour sortir par les deux faces en même temps.

Quand l'étincelle passe dans un liquide, elle éclate et brille comme dans l'air; presque toujours le liquide est lancé de toutes parts avec une grande force. Lorsqu'on transmet une forte décharge électrique à travers de l'eau contenue dans un tube de verre, fermé à ses deux extrémités au moyen de bouchons qui livrent passage à deux fils de laiton venant aboutir vers le milieu du tube à une petite distance l'un de l'autre, le tube se brise en mille pièces et l'eau est projetée avec force dans toutes les directions. L'expérience réussit plus facilement avec de l'alcool, mais elle échoue lorsqu'on emploie des liquides conducteurs, tels que les dissolutions salines et les acides.

Fig. 69.

Dans les gaz, l'étincelle produit une expansion si grande et si subite qu'elle peut lancer une petite balle au moyen du *mortier électrique* qui est représenté par la figure 69. Ce mortier est en bois de buis qu'on a plongé dans de l'huile de lin pendant deux ou trois jours et qu'on a séché ensuite au soleil. La balle est projetée avec plus de force encore lorsqu'on introduit de l'eau ou de l'alcool dans le mortier et qu'on fait passer la décharge à travers ces liquides.

Fig. 70.

Kinnersley, qui a observé le premier l'expansion que l'étincelle électrique produit dans les gaz, a inventé aussi un appareil pour en mesurer l'intensité. Cet appareil se compose d'un fort tube de verre mastiqué, à ses deux bouts, dans des viroles de cuivre qui le ferment hermétiquement et supportent deux conducteurs terminés en boule, l'un fixe, l'autre glissant à volonté dans une boîte à cuir (fig. 70). De la base de l'appareil part un second tube latéral *tt*, ouvert à sa partie supérieure. Cela posé, ayant dévissé la boîte à cuir, on verse de l'eau dans le gros tube jusqu'à ce que le niveau se trouve un peu au-dessous de la boule inférieure *b'*; serrant alors la boîte à cuir, on fait passer la décharge d'une bouteille de Leyde entre les deux boules *b*, *b'*. L'eau, instantanément refoulée hors du gros tube, s'élève dans le petit et donne la mesure de l'expansion ; mais le niveau se rétablit aussitôt, ce qui montre que le phénomène n'est point dû à une élévation de température, et que la dénomination de thermomètre donnée à l'appareil est fausse.

Nous venons de voir que l'air est déplacé, lorsque deux masses d'électricités contraires se portent l'une vers l'autre, pour se neutraliser à travers ce fluide. Ce déplacement brusque produit une compression locale qui, en se propageant dans les couches éloignées, occasionne le bruit de l'explosion. (H. V.)

QUELLE EST LA DURÉE DE L'ÉTINCELLE ÉLECTRIQUE?

La rapidité extraordinaire avec laquelle se produisent tous les effets de la bouteille de Leyde, a frappé tout le monde, principalement les hommes de science. Pour citer un fait qui la démontre, nous n'avons qu'à rappeler l'expérience du tube de verre rempli de liquide que nous avons décrite plus haut (page 126) et dans laquelle l'explosion électrique brise le tube en mille pièces, sans que les bouchons de liége qui le ferment aient seulement le temps d'être dérangés de la position qu'ils occupent. Ce fait et une foule d'autres du même genre ont porté les physiciens à rechercher la durée de l'étincelle électrique et la vitesse avec laquelle l'électricité se propage dans les corps conducteurs. C'est un physicien anglais, M. Wheatstone, qui le premier est parvenu, en 1834, à trouver le moyen de résoudre ces questions. Ce moyen repose sur des considérations assez délicates, empruntées, du reste, en partie à un jeu d'enfant, je veux dire à cette expérience que chacun a faite ou a vu faire, et qui consiste à produire un *ruban continu de lumière* par le mouvement rapide d'un petit charbon enflammé.

Supposons que le charbon décrive une circonférence de cercle et qu'il emploie, à faire le tour entier, un *dixième* de seconde seulement. Alors, *l'expérience l'a montré*, on voit une circonférence de lumière, dans laquelle l'œil le plus attentif ne découvre aucune solution de continuité. On dirait que le charbon occupe simultanément tous les points de la courbe, et ces points, cependant, il les atteint dans sa marche les uns après les autres ; et il s'écoule un *dixième* de seconde entre le moment où il quitte l'un d'eux et le moment où il y revient.

Une conséquence importante découle de cette expérience. Elle deviendra évidente si, pour un instant, on veut bien concentrer son attention sur un seul point : sur le point le plus élevé, par exemple, de la circonférence de cercle que le charbon parcourt.

Quand le charbon enflammé occupe ce point le plus élevé, les rayons de lumière qui en émanent forment son image dans l'œil de l'observateur, sur une certaine partie de la rétine. Dès que le charbon tourne, cette image doit également tourner, et cela arrive, en effet, puisque le charbon se voit toujours dans sa véritable position. La première image semblerait devoir s'évanouir en même temps, la cause qui l'engendrait ayant, sinon disparu, du moins changé de lieu : loin de là, le charbon a le temps de faire un tour entier, de revenir à sa première place, de reproduire dans l'œil l'image du point le plus élevé de la courbe, avant que la sensation résultant de son premier passage par le même point se soit effacée.

Les impressions que nous recevons par la vue ont donc une certaine durée. L'œil humain, du moins, est constitué de manière qu'*une sensation lumineuse ne s'évanouit qu'un dixième de seconde après la disparition complète de la cause qui l'a produite* [1].

Fig. 71.

Considérons maintenant un disque de papier sur lequel on a tracé des secteurs noirs et blancs d'égales dimensions (fig. 71). Pour fixer les idées, supposons qu'il y ait cinquante secteurs blancs et un même nombre de secteurs noirs. Il est facile de voir que si nous faisons tourner ce disque, avec une rapidité suffisante, autour d'un axe passant par son centre, et qu'on l'éclaire avec une lumière permanente, il paraîtra comme une surface circulaire d'un éclat uniforme, et l'on ne distinguera plus les différents secteurs qui sont tracés à sa surface. Ce phénomène commence à se manifester quand la vitesse de rotation est d'un tour par 10 secondes. Que faut-il, en effet, pour cette uniformité d'éclat? Il faut qu'aucun point du disque ne soit privé de *lumière réelle* pendant plus de 1/10 de seconde. L'axe de rotation du disque étant supposé horizontal, arrêtons-nous par la pensée au moment où un des cinquante secteurs blancs est vertical. Le secteur blanc qui le suit deviendra à son tour vertical dans la centième partie du temps que consomme une révolution com-

---

[1] Cette durée n'est pas constante : elle varie avec l'intensité de la lumière et probablement aussi avec la sensibilité des yeux de l'observateur ; toutefois elle n'est jamais que d'une fraction de seconde. Ce n'est que pour faciliter l'intelligence des explications qui vont suivre, que nous supposerons la durée dont il s'agit toujours la même et égale à 1/10 de seconde.

plète, dans la centième partie de 10 secondes ou dans 1/10 de seconde. Le troisième secteur blanc succédera de même au second, dans la verticale, après un dixième de seconde, etc. Ainsi, lorsque dans l'œil l'*image* verticale du premier secteur allait s'évanouir, le second des cinquante secteurs blancs du disque rotatif vient la renouveler; lorsque l'image de ce second secteur atteint le terme de sa durée, le troisième secteur blanc en occupe la place, et ainsi de suite. Par conséquent, l'espace vertical que les secteurs blancs et les secteurs noirs viennent successivement occuper ne cesse jamais pendant plus de 1/10 de seconde d'envoyer de la lumière à l'observateur, et la persistance des impressions lumineuses le lui fait paraître comme un espace brillant d'une lumière continue. Tout le monde remarquera que les mêmes raisonnements se seraient appliqués à un secteur blanc horizontal ou à un secteur blanc incliné; de sorte que la production d'une lumière uniforme par la rotation d'un disque partagé en secteurs blancs et noirs se trouve suffisamment expliquée.

Nous venons de montrer que le disque sur lequel on a tracé cinquante secteurs noirs et cinquante secteurs blancs donne naissance, dans l'œil, à une surface de lumière circulaire, quand la vitesse de rotation est d'un tour par 10 secondes. Une vitesse moindre ne suffirait pas; mais toute vitesse plus grande conduirait mieux encore, s'il était possible, au même résultat.

Dans le nombre infini de vitesses plus grandes que celle qui est strictement nécessaire pour que les secteurs blancs tournants paraissent former une surface continue, faisons un choix, afin de fixer les idées. Supposons que le disque fasse un tour entier en 1/10 de seconde, ce qui est une vitesse très-facile à obtenir. Chaque secteur emploiera alors le centième de cette quantité, ou 1/1000 de seconde, pour aller d'une quelconque de ses positions à celle qu'occupe au même moment le secteur précédent.

Retenons bien ce nombre (*un millième de seconde*), et introduisons dans notre expérience une dernière condition. Supposons que la lumière qui éclaire le disque tournant, que la lumière, sans la présence de laquelle ce disque ne se verrait pas, puisqu'il n'est point lumineux par lui-même, ne brille pas d'une manière continue. Admettons que, tournant toujours uniformément dans l'obscurité avec la vitesse convenue d'un tour à chaque dixième de seconde, le disque soit éclairé par l'étincelle électrique de nos machines, qui ne se montre qu'un instant. Eh bien, c'est la longueur de cet instant, c'est la durée de l'apparition de la lumière éclairante, qui déterminera si le disque éclairé apparaîtra sous sa forme véritable, avec ses secteurs blancs et noirs, ou sous la forme d'une surface continue également lumineuse partout.

Admettons que l'étincelle *ait brillé un millième de seconde*. Un *millième* de seconde est, par hypothèse, le temps que chaque secteur emploie à passer d'une de ses positions à celle qu'occupe *au même moment* le secteur qui le précède. Dans ce court intervalle de temps, il n'y aura donc pas à l'intérieur du disque tournant un seul rayon qui ne se trouve, au moins une fois, sur un secteur blanc, et ne doive, par conséquent, aller former une image dans l'œil. Ces images des différents rayons, qu'on peut supposer tracés sur le disque, durent un dixième de seconde, c'est-à-dire 100 fois plus de temps qu'il n'en faut pour que chacun d'eux lance une ligne lumineuse à l'œil. Ainsi, dans un certain moment, toutes les images en question se verront simultanément, et le disque, bien qu'il se compose de secteurs blancs et noirs, paraîtra une surface continue, éclairée sur tous ses points.

Or, quand on fait l'expérience dans les conditions que nous venons d'indiquer, le disque tournant ne paraît jamais une surface continue ; ses secteurs se voient aussi nettement, aussi distinctement que si le disque était en repos. L'étincelle de nos machines électriques n'a donc certainement pas une durée égale à la millième partie d'une seconde. Sa durée n'est même pas égale à un vingt millième de seconde, car lorsqu'on imprime au disque tournant une vitesse de 200 tours par seconde, l'étincelle donne les mêmes apparences qu'avec une vitesse vingt fois moindre. On a eu recours à des vitesses plus grandes encore, mais les phénomènes n'ont pas varié. L'étincelle s'est comportée pour ainsi dire comme une lumière d'une durée infiniment courte qui, ne saisissant, n'éclairant les divers secteurs que *dans une seule de leurs positions*, les fait paraître sous leur véritable forme et comme s'ils étaient immobiles. Cependant des expériences plus délicates faites au moyen d'un appareil dont il sera question dans l'article suivant, ont permis à M. Wheatstone de constater que la durée de l'étincelle électrique de nos machines est égale à environ la *dix-millionième partie* d'une seconde.

Une toupie ordinaire sur la surface de laquelle on trace des secteurs blancs et noirs peut également servir à démontrer la faible durée de l'étincelle électrique. L'expérience devient encore plus instructive lorsqu'on emploie la toupie imaginée par Buselt et qui consiste dans un disque épais de plomb, traversé à son centre par un axe de cuivre. On met cet appareil en mouvement à la manière des toupies d'Allemagne. Mis en rotation, sur une assiette de porcelaine, par un bras vigoureux et exercé, il tourne pendant trois quarts d'heure avec une vitesse de 200 tours par seconde.

Lorsqu'un corps opaque, éclairé par une lumière continue, se meut avec une grande vitesse, il nous est impossible de reconnaître la forme exacte qu'il possède. En effet, les images qu'il produit dans nos yeux aux différentes positions qu'il occupe successivement ayant une certaine durée, nous voyons le corps à la fois dans plusieurs de ses positions successives, comme cela a lieu pour le charbon incandescent dont il s'est agi plus haut, et il en résulte évidemment une impression qui diffère de celle de la forme réelle du corps. Cependant on a trouvé des moyens très-simples de faire distinguer cette forme : un de ces moyens consiste à éclairer le corps, non par une lumière continue, mais par une lumière instantanée, comme celle de l'étincelle électrique. Le disque tournant nous en a déjà offert un exemple.

C'est par ce procédé qu'on peut reconnaître la forme exacte d'une veine liquide qui s'écoule par une ouverture pratiquée dans un vase, le nombre des rayons d'une roue qui tourne avec une grande vitesse, la forme d'une corde qui vibre et rend un son, etc.

A la lumière du jour, une veine très-mince de mercure, par exemple, paraît sans solutions de continuité. A la lumière de l'étincelle électrique, sa partie inférieure se résout, au contraire, en un très-grand nombre de gouttelettes séparées, et cette partie prend l'aspect d'un collier de perles. C'est que l'étincelle saisit la veine dans une de ses positions, et la laisse apercevoir sous la forme qu'elle présente réellement. Lorsque la veine est éclairée par la lumière du jour ou par toute autre lumière permanente, chaque goutte est aperçue simultanément dans plusieurs de ses positions successives, et il en résulte l'apparence de la continuité. (H. V.)

DURÉE DE L'ÉTINCELLE DE LA BOUTEILLE DE LEYDE.

Nous avons vu plus haut qu'un charbon incandescent, qui n'emploie qu'un dixième de seconde à faire un tour entier, donne naissance, pour notre œil, à une circonférence de cercle qui est lumineuse dans tout son contour. On peut obtenir, du moins partiellement, la même apparence sans être obligé de déplacer le charbon. A cet effet, il suffit d'employer la disposition suivante, indiquée par M. Wheatstone. Soit *a* (figure 72), le charbon enflammé;

Fig. 72.

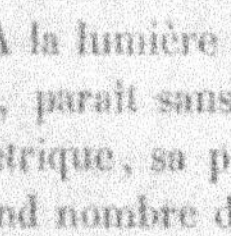

b, une plaque métallique, polie sur ses deux faces de manière à former un double miroir, mobile autour d'un axe vertical parallèle aux deux plans réfléchissants et dont le prolongement parcourt la plaque longitudinalement, au milieu de son épaisseur ; enfin, soit *c*, l'œil de l'observateur placé dans le plan horizontal qui passe par le point lumineux *a*. Un mécanisme convenable imprime le mouvement et permet d'en évaluer la vitesse, ou de compter le nombre des révolutions faites dans un temps donné. D'après les propriétés des miroirs plans, l'image du charbon fixe, observée dans le miroir mobile, doit décrire à chaque demi-révolution une circonférence de cercle horizontale, ayant son centre sur l'axe de rotation, et dont le rayon est la distance qui sépare cet axe du foyer de lumière. L'œil aperçoit une portion de cette circonférence dont la grandeur dépend de la position qu'il occupe et des dimensions du miroir ; même avec un miroir très-petit, cette portion peut toujours comprendre plusieurs degrés. Il est évident, d'après cela, que si l'image parcourt la circonférence qu'elle décrit en 1/10 de seconde ou en un temps moindre, la portion visible apparaîtra nécessairement comme un arc uniformément éclairé.

Supposons maintenant que la distance du charbon à l'axe de rotation du miroir soit de 4 mètres, par exemple, et que la vitesse du miroir ait été réglée à cinquante tours par seconde. Dans ces conditions, l'image décrira, par seconde de temps, 100 circonférences de 4 mètres de rayon, ou un arc d'un demi-degré, ayant 5 centimètres et demi de longueur, dans la 1/72,000 partie d'une seconde. L'arc que l'œil apercevra dans le miroir tournant semblera briller d'une manière continue et occupera toujours une longueur de plusieurs degrés, 40, 50, 60, par exemple. Mais si nous substituons au charbon une lumière qui n'ait qu'une durée très-courte, l'image ne sera qu'un peu élargie et elle occupera, par exemple, un arc d'un demi-degré, dans le cas où sa durée est égale à 1/72,000 de seconde. Admettons que cette nouvelle lumière soit l'étincelle d'une bouteille de Leyde dont on ait réuni les deux garnitures au moyen d'un excitateur ordinaire. Pour connaître la durée de cette étincelle, il suffira d'observer l'image dans le miroir tournant : si l'image occupe, par exemple, un arc d'un demi-degré du cercle qu'elle décrirait dans le cas où elle serait permanente, nous en conclurons que sa durée est égale à 1/72,000 de seconde. Or, M. Wheatstone, en faisant l'expérience, observa que l'image n'était nullement élargie et qu'elle apparaissait sous la forme d'un point lumineux. Par conséquent, lorsque les électricités ne doivent pas traverser d'autre corps interposé sur leur trajet que les branches de l'excitateur, la durée de l'explosion d'une bouteille de Leyde est certainement inférieure à 1/72,000 de seconde. Mais il n'en est plus de même lorsque le circuit est complété au moyen de fils conducteurs d'une grande étendue. Dans ce cas la durée de l'étincelle croît avec la longueur de ces fils et la résistance propre du métal dont ils sont formés. Dans une expérience, M. Wheatstone a trouvé que lorsque le fil interposé est un fil de cuivre de $1^{mm},7$ de diamètre et de 402^{m} de longueur, la durée de l'étincelle est de 1/24,000 de seconde.

(H. V.)

VITESSE DE L'ÉLECTRICITÉ.

M. Wheatstone s'est servi du même miroir tournant pour déterminer la vitesse de transmission de l'électricité à travers un fil conducteur

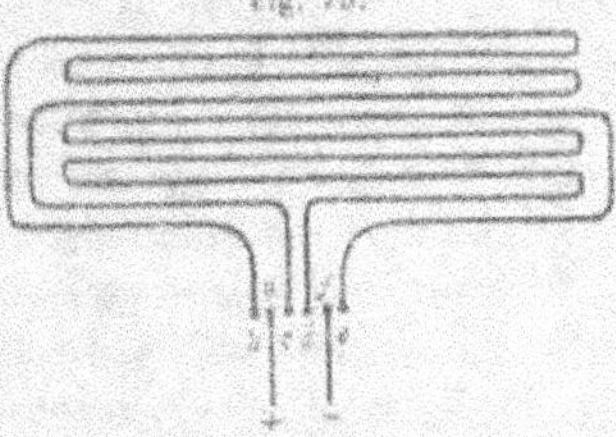

Fig. 73.

d'une grande longueur. A cet effet, soient six boules a, b, c, d, e, f, semblables et disposées sur une même verticale (figure 73); a communique avec la garniture extérieure d'une bouteille de Leyde chargée, et nous supposerons que cette garniture contienne du fluide positif; deux fils de cuivre, ayant une même longueur, de plusieurs centaines de mètres, réunissent b et c, d et e; enfin, la sixième boule f est munie d'un fil métallique que l'on met en contact avec la garniture intérieure du condensateur. Au moment de ce contact, la décharge s'opère par trois étincelles, une de a à b, la seconde de c à d, la troisième de e à f. Voici comment ces étincelles se forment : le fluide positif de a décompose le fluide neutre du fil bc, attire l'électricité négative pour la neutraliser au moment de l'étincelle et repousse le fluide positif qui doit traverser toute la longueur du fil bc pour arriver en c. Des phénomènes analogues ont lieu dans le fil ed; l'électricité négative de f attire le fluide positif de e et le neutralise; l'étincelle de f à e se produit au même instant que celle de a à b; l'électricité négative devenue libre parcourt toute la longueur du fil ed et arrive en d en même temps que l'électricité positive atteint la boule c; ces deux électricités se combinent pour produire la troisième étincelle. On voit, d'après cette explication, que si l'électricité a besoin d'un temps appréciable pour parcourir des fils d'une longueur égale à celle des fils ed et cb, l'étincelle de c à d devra être en retard sur les deux étincelles qui jaillissent entre a et b, et entre e et f; on voit de plus que, si la durée de ces étincelles n'est pas instantanée, leurs images dans le miroir tournant devront se trouver élargies. Or, l'expérience indique que ces trois étincelles, observées simultanément dans le miroir immobile, se présentent sous la forme de trois points brillants situés sur une même verticale, tandis qu'elles forment des lignes horizontales dans le miroir tournant; leur durée n'est donc pas instantanée comme celle de l'étincelle ordinaire; en outre, des trois lignes qui les représentent au miroir tournant, celle du milieu est sensiblement écartée de la verticale qui contient les deux autres; cet écart indique que l'étincelle cd est en retard d'un intervalle de temps appréciable, relativement aux deux étincelles ab et ef, lesquelles se manifestent au même instant. Cet intervalle de temps est, comme nous l'avons expliqué plus haut, celui que le fluide électrique met à parcourir un des fils métalliques bc, ed, dont la longueur est connue. M. Wheatstone a conclu d'expériences faites à l'aide de ce procédé, que l'électricité se transporte, sur un fil de cuivre de $1^{mm},7$ de diamètre, avec une vitesse d'environ $460,000,000^m$, ou de $115,000$ lieues par seconde, de telle sorte qu'elle ferait 10 fois le tour de la terre dans le même temps.

On ne saurait nier que ce ne soit là un résultat très-remarquable. Jusqu'au moment de la découverte de l'illustre physicien anglais, on croyait que la plus grande vitesse possible était celle de la lumière, qu'on avait trouvée égale à environ $70,000$ lieues par seconde. Nous savons actuellement que la vitesse de l'électricité est au moins double. Encore devons-nous faire remarquer que M. Wheatstone ne considère le chiffre auquel il est arrivé que comme un minimum, qui probablement est de beaucoup au-dessous de la vitesse réelle, car il est porté à croire que la vitesse de l'électricité est comprise entre $115,000$ et $191,350$ lieues par seconde.

Les expériences de M. Wheatstone ont encore conduit à un autre résultat inattendu. En établissant qu'une lumière ne doit briller que pendant un dix-millionième de seconde pour nous mettre à même de distinguer, avec une grande netteté, tous les détails de la forme des corps, elles nous ont donné une notion sur l'extrême sensibilité de notre œil et sur la rapidité avec laquelle s'exerce la perception des objets et se forme notre jugement sur leur nature. Cet exemple prouve que les recherches sur un sujet déterminé peuvent conduire quelquefois à la solution de questions d'un ordre tout différent, et que les investigations dans le domaine de la nature sont fécondes en conséquences du plus haut intérêt. (H. V.)

ÉLECTROPHORE.

Cet instrument, imaginé en 1762 par Wilke et perfectionné ensuite par Volta, repose à la fois sur les principes de l'électricité par influence et sur la théorie de l'électricité latente. On

Fig. 74.

l'emploie souvent pour se procurer une étincelle électrique. Il se compose d'un *gâteau* de résine *g* (figure 74), et d'un *plateau* P, auquel est adapté un manche isolant *m*. La résine est coulée dans un moule de métal ; il importe que sa surface supérieure soit sensiblement plane ; le plateau est de cuivre avec un rebord arrondi, ou simplement de bois revêtu d'étain ; son diamètre est moindre que celui du gâteau. Après avoir électrisé toute la surface de la résine en la battant avec une peau de chat, on pose sur elle le plateau par son manche isolant, et avec le doigt on en tire une étincelle : c'est son électricité négative qui s'écoule dans le sol. Ensuite, en relevant le plateau, on le trouve fortement chargé d'électricité positive. On peut répéter l'expérience plusieurs centaines de fois de suite, sans qu'il soit nécessaire de donner au gâteau une nouvelle charge avec la peau de chat. Ces phénomènes sont faciles à expliquer. Le plateau étant posé sur la résine, l'électricité négative de celle-ci décompose par influence le fluide neutre de celui-là, attire le fluide positif sur la face inférieure, tandis qu'elle repousse sur la face supérieure le fluide négatif. En touchant le plateau avec le doigt, c'est le fluide négatif qu'on soustrait ; le fluide positif est retenu à l'état latent. Si l'on enlève ensuite le plateau isolé, son électricité latente devient libre et peut être communiquée à un autre corps. La résine, à cause de sa mauvaise conductibilité, ne peut céder son électricité au plateau. C'est ce qui explique pourquoi, une fois électrisée, elle permet de charger un grand nombre de fois ce plateau, sans qu'on ait besoin de la frapper de nouveau avec la peau de chat. Placé dans un endroit sec, l'électrophore conserve son électricité pendant plusieurs semaines.

La tension de l'électricité que le frottement avec une peau de chat développe sur un gâteau de résine a une limite qui ne peut être dépassée, quel que soit le temps pendant lequel on continue cette opération. Cette limite a lieu quand la tension de l'électricité déjà accumulée sur le gâteau l'emporte sur la résistance que présente la non-conductibilité de la résine. A partir de cet instant, les deux électricités développées sur la résine et la peau de chat se recomposent, et la tension devient constante. Plaçons maintenant sur un plateau métallique communiquant avec le sol, un gâteau de résine chargé de toute la quantité d'électricité négative que le frottement avec la peau de chat est capable d'y développer. L'électricité négative de la résine décomposera le fluide neutre du plateau de métal, attirera le fluide positif et repoussera le fluide contraire dans le sol. Le fluide positif attiré agira, à son tour, sur l'électricité de la résine et en dissimulera une partie. Par conséquent, la résine n'aura plus sa charge limite d'électricité libre, et en la frappant de nouveau avec la peau de chat, on pourra y développer une nouvelle quantité de fluide. Ce qui précède explique l'utilité de l'enveloppe de métal dans laquelle on coule le gâteau de l'électrophore. Avec une enveloppe non-conductrice, l'appareil donnerait, en effet, des étincelles beaucoup plus faibles. Du reste, on peut prouver, par une expérience directe, que la résine se charge beaucoup plus fortement lorsqu'elle repose sur un plateau métallique que dans le cas où elle se trouve sur un support isolant. En effet, lorsqu'on place un gâteau de résine sur un plateau de métal, et, qu'après l'avoir électrisé, on l'éloigne de ce dernier, on peut en tirer des étincelles beaucoup plus intenses que si on l'avait électrisé après l'avoir mis sur un support isolant. Cette expérience prouve évidemment que la charge communiquée au gâteau de résine est plus grande dans le premier cas que dans le second.

Comme la colophane se charge d'une grande quantité d'électricité par le frottement avec une peau de chat, elle conviendrait très-bien pour la confection des gâteaux d'électrophores; mais elle a l'inconvénient d'être trop cassante. On corrige ce défaut en la fondant avec un quart de son poids de gomme laque : ce mélange a plus de corps et une vertu électrique égale à celle de la colophane employée seule. D'après M. Böttger, on obtient des gâteaux plus actifs encore et moins cassants, en faisant fondre ensemble 5 parties de gomme laque, 5 parties de résine mastic, 2 parties de térébenthine de Venise, et 1 partie de glu marine. On sait que cette dernière substance renferme de la gomme laque, du goudron de houille et du caoutchouc. (H. V.)

DE L'ÉLECTRICITÉ ATMOSPHÉRIQUE.

PREMIÈRE DÉCOUVERTE SUR L'ÉLECTRICITÉ ATMOSPHÉRIQUE.

Otto de Guericke et le docteur Wall qui, les premiers, aperçurent l'étincelle électrique, la comparèrent aussitôt à la lueur de l'éclair, en assimilant au bruit du tonnerre le craquement qu'elle fait entendre. L'analogie était frappante, il ne fallait que de l'imagination pour la saisir; mais pour en démontrer la vérité, pour trouver dans un phénomène si petit les causes et les lois du plus grand phénomène de la nature, il fallait une série de preuves que l'on ne pouvait attendre que d'un génie supérieur. Cependant plusieurs physiciens cherchaient ces preuves dans des rapprochements plus ou moins ingénieux : les uns remarquaient que l'étincelle est *crochue* comme l'éclair, d'autres pensaient que le tonnerre est entre les mains de la nature ce que l'électricité est entre les nôtres : « J'avoue que cette idée me plairait beaucoup, disait, en 1745, l'abbé Nollet, si elle était bien soutenue; et, pour la soutenir, combien de raisons spécieuses, etc. » Un peu plus tard, en 1746, le professeur Winkler, de Leipzig, appela l'attention sur la ressemblance qui existe entre les effets de l'électricité accumulée par la bouteille de Leyde et ceux de la foudre, et déduisit de cette ressemblance un argument en faveur de l'identité de leurs causes. Enfin, tout se passait en raisonnements qui ne pouvaient conduire à une conclusion, parce qu'en physique, c'est l'expérience seule qui doit servir de base aux conclusions. Pendant que l'on raisonnait ainsi en Europe et dans tout l'ancien monde savant sur cette grande question, Franklin, qui avait reconnu le pouvoir des pointes pour décharger à distance les corps électrisés, conçut la possibilité d'employer ce moyen pour faire descendre du ciel la foudre, et l'interroger elle-même sur son origine. Mais n'ayant pas en Amérique les moyens suffisants pour ces expériences, il engagea les physiciens d'Europe à les essayer. Le premier qui répondit à cet appel fut Dalibard, physicien français, qui fit construire dans un jardin, à Marly, près Paris, une cabane au-dessus de laquelle était fixée une barre de fer de quarante pieds de longueur, isolée dans sa partie inférieure. Un nuage orageux étant venu à passer vers le zénith de cette barre, elle donna des étincelles à l'approche du doigt, et présenta tous les autres effets qu'offrent les conducteurs électrisés par nos machines ordinaires. Cette expérience eut lieu le 10 mai 1752.

Les appareils se multiplièrent, mais ils avaient tous un défaut commun, qui consistait dans le manque d'isolement de leur base, laquelle se trouvait exposée à être mouillée par la pluie et à laisser dissiper ainsi l'électricité. Canton imagina de remédier à ce défaut en plaçant à l'extrémité inférieure de la barre métallique un chapeau en métal, qui recouvrait le support isolant et le mettait à l'abri de la pluie. Au moyen de cet appareil perfectionné, il trouva que certains nuages sont chargés d'électricité positive, d'autres d'électricité négative; en sorte que l'électricité de l'appareil changeait souvent cinq ou six fois en une demi-heure. La pluie et la neige en tombant l'électrisaient aussi, et ces phénomènes avaient lieu l'hiver comme l'été. Pour ne pas être obligé d'aller le visiter sans cesse, et souvent sans utilité, Canton imagina d'y adapter le petit appareil que nous avons décrit sous le nom de carillon électrique (voy. p. 95).

CERF-VOLANT ÉLECTRIQUE.

Cependant Franklin, en Amérique, avait continué de suivre ses idées qui devaient en effet lui offrir un grand attrait. A défaut d'édifices d'une grande hauteur, il imagina de faire descendre l'électricité des nuages sur la terre, le long de la corde d'un cerf-volant surmonté d'une pointe métallique; et depuis les belles expériences de Newton sur les couleurs développées par les bulles d'eau savonneuse, ce fut la seconde fois que des jeux d'enfants devinrent pour la physique les instruments des plus belles découvertes. Franklin prépara donc deux bâtons en croix, un mouchoir de soie, une corde d'une longueur convenable, et alla dans les champs tenter l'expérience. Une seule personne l'accompagnait : c'était son fils. Craignant le ridicule dont on ne manque pas de couvrir les essais infructueux, comme il le dit avec ingénuité, il n'avait voulu mettre personne dans sa confidence. Son cerf-volant était lancé, et il en tenait la corde à la main; mais elle ne donnait encore aucun signe d'électricité, quoique le cerf-volant fût voisin d'un nuage qui paraissait porteur de la foudre. Déjà Franklin craignait de s'être trompé dans ses conjectures, lorsque enfin une petite pluie étant venue mouiller la corde et augmenter sa faculté conductrice, Franklin réussit à en tirer quelques étincelles; et il faut l'entendre lui-même raconter la joie qu'il ressentit à l'aspect de ce phénomène qu'il avait prévu. Cependant, si la corde eût été plus mouillée ou d'une nature plus conductrice, il est probable que cet homme célèbre eût payé de sa vie sa témérité, et nous eussions été privés de tout ce qu'il a fait depuis de grand et d'utile pour les sciences, la philosophie et la liberté.

L'expérience de Franklin eut lieu en juin 1752; elle fut répétée dans tous les pays savants, et partout avec le même succès. Un magistrat français, de Romas, assesseur au présidial de Nérac, modifia l'appareil de Franklin d'une manière heureuse. Il imagina d'entrelacer un fil de fer très-fin avec la corde du cerf-volant; et pour que l'observateur ne fût pas exposé à des décharges imprévues, l'extrémité inférieure de la corde se terminait par un cordon de soie de huit ou dix pieds de longueur, au moyen duquel le cerf-volant et le fil étaient isolés. De plus, au lieu d'en tirer des étincelles avec le doigt, ce qui fait que l'observateur reçoit lui-même la décharge, Romas imagina de les tirer à l'aide d'un conducteur métallique communiquant au sol par une chaîne, et tenu à la main par l'intermédiaire d'un manche isolant; c'était proprement notre excitateur actuel. Ayant donné ainsi à cet appareil toute la perfection que suggérait une prudence éclairée, Romas n'hésita point à le lancer dans les nuages les plus orageux; et dans une de ses expériences, pendant un orage qui ne fut remarquable ni par les éclats de la foudre, ni par une pluie abondante, il en fit jaillir pendant des heures entières des jets de feu de plus de dix pieds de longueur. « Imaginez-vous, écrivait-il à Nollet, imaginez-vous de voir « des lames de feu de neuf ou dix pieds de longueur et d'un pouce de « grosseur qui faisaient autant et plus de bruit que des coups de pis- « tolet. En moins d'une heure j'eus certainement trente lames de « cette dimension, sans compter mille autres de sept pieds et au-des- « sous. »

Ces résultats démontrent d'une manière assez éclatante que la foudre n'est en effet qu'une étincelle électrique.

Nous ne pouvons abandonner ces expériences sans rappeler au lecteur qu'elles ne doivent être tentées qu'avec une prudence extrême. On conçoit qu'il ne faut pas tenir soi-même à la main la corde conductrice. C'est pourquoi, lorsqu'on lance le cerf-volant, ce qui exige ordinairement que l'on prenne et que l'on dirige cette corde, il ne faut jamais le faire quand l'orage est déjà déclaré. De plus, afin de n'être pas exposé à la toucher pour la développer, Charles, physicien français, a recommandé de l'enrouler sur un cylindre qu'on fait tourner par une manivelle composée de substances isolantes; ce cylindre lui-même est monté sur quatre piliers de verre qui l'isolent. Aussi longtemps que l'on file la corde, on établit une communication entre le sol et le cylindre par le moyen d'une chaîne qui va aboutir à de gros piquets de fer enfoncés dans la terre humide. Veut-on commencer les expériences, on détache cette chaîne du cylindre, et l'appareil se trouve isolé. Mais il faut alors s'en tenir plus éloigné que ne le sont les piquets de fer ou, en général, les corps conducteurs les plus voisins, afin que, s'il survenait une décharge, elle se portât de préférence sur eux. Celui qui négligerait toutes ces précautions, en serait infailliblement la victime, comme le fut Richmann, professeur de physique à Saint-Pétersbourg, qui, ayant introduit dans l'intérieur de sa chambre la partie inférieure d'une barre qu'il avait élevée pour observer l'électricité de l'atmosphère, fut frappé d'une explosion subite, et trouvé mort à côté de son appareil.

DÉCOUVERTE DE L'ÉTAT ÉLECTRIQUE HABITUEL DE L'ATMOSPHÈRE.

Le bruit des expériences de Dalibard, de Romas et de Franklin se répandit bientôt, et partout on s'empressa de les répéter et de les varier. Cavallo expérimenta en Angleterre ; Brisson, en France ; Beccaria, en Italie. En Allemagne, Winkler, Gehler, Achard, Lieberkühn, Green, Gilbert, Fischer, Erman, et une foule d'autres savants s'occupèrent des mêmes travaux. Grâce à l'activité des différents physiciens que nous venons de citer, on ne tarda pas à constater que ce n'est pas seulement pendant les temps d'orage que l'atmosphère possède de l'électricité, mais qu'elle contient toujours de l'électricité libre, tantôt positive, tantôt négative. Les savants allemands découvrirent même que pour explorer l'état électrique de l'atmosphère on pouvait se passer de ces appareils embarrassants employés jusqu'alors et atteindre le même but au moyen d'un électroscope sensible, d'un fil de métal de 5 pieds de longueur et d'un petit morceau d'amadou allumé. Voici, d'après Brandes, Erman et Seebek, de quelle manière il convient d'opérer. On visse sur la garniture d'un bon électromètre à feuilles d'or un fil de laiton d'un quart de ligne de diamètre et terminé en pointe très-aiguë. L'appareil ayant été placé en rase campagne et touché avec le doigt, pour le ramener, au besoin, à l'état naturel, on l'élève rapidement avec les mains autant qu'on peut, de manière que la pointe du fil de laiton arrive à une hauteur d'environ 4 pieds au-dessus de la tête de l'expérimentateur.

Durant cette ascension, les feuilles d'or divergent, en général, et si la tige de l'électromètre est bien isolée, l'appareil conserve son électricité assez longtemps pour qu'on en puisse déterminer la nature. Cependant s'il arrivait que les feuilles d'or ne divergeassent pas pendant qu'on élève l'électromètre, il n'en faudrait pas conclure que l'atmosphère se trouve à l'état naturel. Il faut alors, ou bien employer un fil de laiton plus long, afin d'atteindre des couches plus élevées de l'atmosphère, ou bien, ce qui est plus facile, fixer sur la pointe du fil qui surmonte l'électromètre un petit morceau d'amadou qu'on allume au moment de l'expérience. Lorsque la fumée, s'élevant dans un air calme, arrive à une hauteur de 6 ou 7 pieds au-dessus de la pointe, on observe constamment une divergence non douteuse des feuilles d'or [1].

Enfin, s'il s'agit de reconnaître l'électricité de couches plus élevées de l'atmosphère, on peut employer des ballons retenus captifs par des cordes métalliques qu'on fait communiquer avec la garniture de l'électromètre.

Le collodium que l'on obtient en pellicule de forme arrondie, en étendant sur la surface intérieure d'un ballon de verre une dissolution de coton-poudre dans l'éther sulfurique et en faisant évaporer cette dissolution, est très-propre à la construction des appareils dont il s'agit. Les ballons de collodium sont très-légers. Lorsqu'on les remplit d'hydrogène, ils acquièrent une force ascensionnelle considérable et peuvent s'élever très-haut dans l'air.

RÉSULTATS OBTENUS.

Au moyen des divers appareils qui viennent d'être décrits, on est parvenu aux résultats suivants.

Quand le ciel est pur et sans nuages, l'atmosphère est constamment chargée d'électricité positive; mais cette électricité varie en intensité avec la hauteur des lieux et avec les heures de la journée. C'est dans les lieux les plus élevés et les plus isolés qu'on observe le maximum d'intensité. Dans les maisons, dans les rues, sous les arbres, on ne remarque aucune trace d'électricité positive. Dans les villes, l'électricité positive n'est sensible que sur les grandes places, sur les quais des rivières et sur les ponts. Dans tous les cas, on n'observe d'électricité positive qu'à une certaine hauteur au-dessus du sol. En rase campagne, elle ne devient sensible qu'à $1^m,30$ de hauteur; au delà, elle augmente suivant une loi qui n'est pas connue et qui dépend de

---

[1] Dans cette expérience, l'amadou n'agit point par la fumée qu'il dégage, mais par les pointes très-fines, à peine visibles, dont toute sa surface est hérissée. Pendant la combustion, la surface de l'amadou se modifie sans cesse, et les pointes se détruisent et se renouvellent constamment.   (H. V.)

l'état hygrométrique de l'air. Enfin, l'électricité positive des temps sereins est beaucoup plus forte en hiver qu'en été.

Quand le ciel est couvert, c'est tantôt de l'électricité positive, tantôt de l'électricité négative qu'on observe dans l'atmosphère. Souvent il arrive même que l'électricité change de signe plusieurs fois dans une journée par le passage d'un nuage électrisé [1].

ORIGINE DE L'ÉLECTRICITÉ ATMOSPHÉRIQUE.

Bien que la question de l'origine de l'électricité atmosphérique ait été l'objet de nombreuses recherches, cependant elle est encore loin d'être résolue. Il paraît qu'on peut conclure des derniers travaux entrepris sur ce sujet que les causes principales de l'électricité atmosphérique sont les différences de température entre les diverses couches de l'atmosphère [2], la formation de la vapeur d'eau et le passage de cette vapeur à l'état liquide. M. Kaemtz paraît considérer cette dernière cause comme la plus importante, car, en parlant de l'orage, il dit que celui-ci n'est pas l'effet d'une électricité préexistante dans l'atmosphère, mais qu'inversement l'électricité est une suite de l'orage qui se forme, c'est-à-dire de la production rapide des nuages.

Il nous semble superflu de parler des phénomènes que chacun connaît. Nous ne décrirons ni l'éclair ni le tonnerre, dont la plus belle description du monde ne pourrait donner une meilleure idée que celle que l'on en a. Il n'en est pas de même de certains effets de la foudre et des moyens de se mettre à l'abri de ses atteintes. Ces questions doivent être étudiées dans un ouvrage de physique.

Concevons un nuage orageux dont l'élévation au-dessus du sol soit,

[1] M. Quetelet, dans son remarquable ouvrage sur le climat de la Belgique, dit que, pendant plus de quatre années, à l'heure ordinaire de ses observations, il n'a trouvé que vingt-trois fois de l'électricité négative dans l'atmosphère. M. Quetelet est encore arrivé à d'autres résultats extrêmement importants pour la théorie de l'électricité atmosphérique ; nous regrettons vivement que les limites de cet ouvrage ne nous permettent pas de les rapporter et de les discuter. (H. V.)

[2] M. Becquerel, se fondant sur les effets électriques produits dans les substances métalliques lorsque la chaleur s'y propage inégalement, émet l'hypothèse que l'électricité atmosphérique est due uniquement à ce que la température des couches d'air va en diminuant depuis la surface de la terre jusqu'aux limites de l'atmosphère, où elle est au moins de 60e au-dessous de zéro. Si des observations ultérieures confirment cette manière de voir, dit M. Becquerel, alors on pourrait peut-être comprendre comment les régions polaires, où les différences de température sont moins considérables, servent de lieux de réunion aux électricités dégagées sur le reste de la terre, et donnent naissance aux aurores boréales et australes. (H. V.)

comme à l'ordinaire, comprise entre 2,000 et 6,000 mètres. Sous l'influence de l'électricité du nuage, le sol se chargera d'électricité contraire, et lorsque l'effort que font les deux électricités pour se réunir l'emportera sur la résistance de l'air, ces électricités se recombineront, soit subitement, soit d'une manière lente. Dans le premier cas, l'étincelle éclatera, le tonnerre grondera et l'on dira que la *foudre* tombe. Dans le second cas, on n'observera rien de particulier, si ce n'est tout au plus le phénomène connu sous le nom de feux Saint-Elme[1].

[1] Bien que l'auteur n'ait pas jugé à propos de décrire l'éclair, cependant nous croyons qu'on ne lira pas sans intérêt les détails suivants sur ce météore.

L'*éclair* est une énorme étincelle électrique qui est due à la réunion des deux électricités contraires accumulées sur les parties voisines de deux nuages différents. La *foudre*, comme il est dit dans le texte, est l'éclair qui jaillit entre un nuage orageux et un corps placé à la surface de la terre.

Tantôt l'éclair affecte la forme d'un trait de lumière très-resserré, très-arrêté sur ses bords, qui ordinairement dessine dans l'espace les zigzags les plus prononcés; tantôt sa lumière, moins vive, au lieu d'être concentrée dans des traits sinueux presque sans largeur apparente, embrasse, au contraire, d'immenses surfaces. La foudre est toujours un éclair de la première espèce. Les éclairs de la seconde espèce sont de beaucoup les plus communs et n'occasionnent aucun dommage.

On aperçoit quelquefois, par un ciel parfaitement serein, des jets de lumière que l'on désigne sous le nom d'éclairs de chaleur. Il paraît que ce sont des éclairs d'orages lointains, réfléchis par l'atmosphère, comme les rayons de lumière qui forment le crépuscule et l'aurore.

On cite un assez grand nombre d'orages dans lesquels les effets de la foudre ont été produits par des globes de feu descendus de la nue et se mouvant avec une vitesse appréciable : c'est ce que l'on appelle vulgairement *l'éclair en boule*. Ces globes paraissent tomber comme des corps pondérables, rebondissent sur le sol, à la manière des balles élastiques, et souvent se divisent en globes plus petits; ils sont entourés quelquefois d'une fumée noire, et ont différentes couleurs; ils éclatent avec un bruit comparable à celui de plusieurs pièces d'artillerie partant à la fois; leur explosion produit sur les corps voisins tous les effets connus de la foudre. L'origine de ces éclairs n'est pas connue.

Les effets de la foudre sont de même nature que ceux des batteries électriques, mais leur intensité est infiniment plus grande. Le tonnerre a la même origine que le bruit de l'étincelle électrique ordinaire : c'est la vibration de l'air ébranlé avec plus ou moins d'intensité (voy. p. 127).

La lumière de l'éclair et le bruit du tonnerre se produisent au même instant. L'éclair est aperçu aussitôt qu'il s'est formé, parce que la lumière n'emploie qu'un temps inappréciable pour parcourir l'espace entre la nue et l'observateur. Mais le son se propage lentement; il ne parcourt qu'environ 337 mètres par seconde. C'est ce qui explique l'intervalle plus ou moins long qui existe entre l'apparition de l'éclair et l'instant où l'on commence à entendre le tonnerre. Autant il s'écoule de secondes entre l'apparition de l'éclair et la première impression du bruit, autant de fois il y a 337 mètres de distance entre l'observateur et le point de la trace de l'éclair qui se trouve le plus voisin de lui. Quand on a vu l'éclair, tout l'effet du tonnerre est produit; le reste n'est plus que du bruit.   (H. V.)

FEUX SAINT-ELME.

Si nous avons jugé inutile de décrire l'éclair et le tonnerre, nous ne saurions passer sous silence les feux Saint-Elme. En effet, ces feux, que les anciens désignaient sous les noms de Castor et Pollux et qui consistent en une assez vive lumière dont brillent quelquefois, dans les temps orageux, les portions saillantes des corps et principalement les parties métalliques ; ces feux, disons-nous, constituent un phénomène moins connu que l'éclair et le tonnerre, et on les observe plus rarement, ce qui paraît tenir à ce que, ne présentant en général rien de bien saillant, ils passent souvent inaperçus.

Les *Commentaires de César* renferment une des plus anciennes relations de ce phénomène qui nous aient été conservées. Dans le livre de la guerre d'Afrique, § 47, on lit : « Cette même nuit (une nuit orageuse pendant laquelle il tomba beaucoup de grêle), le fer des javelots de la cinquième légion parut en feu. »

Sénèque raconte qu'une étoile alla, près de Syracuse, se reposer sur le fer de la lance de Gylippe.

On lit dans Tite-Live que le javelot dont Lucius Atreus venait d'armer son fils, récemment enrôlé parmi les soldats, jeta des flammes pendant plus de deux heures sans en être consumé.

Pline, Plutarque et Procope parlent d'observations du même genre.

Voilà assez de faits, quant aux flammes qui se montrent à terre, sur la pointe des lances, des javelots, etc. Les mêmes auteurs nous fourniraient des citations beaucoup plus nombreuses encore, relativement à des apparitions analogues qui ont eu lieu en temps d'orage sur les mâts, les vergues ou les cordages des bâtiments. Dans l'antiquité, on regardait comme des présages ces apparitions de flammes dans les diverses parties des navires. Aussi étaient-elles observées avec un grand soin et recueillies scrupuleusement par les historiens. Une seule flamme (on lui donnait alors le nom d'Hélène) était considérée comme un signe menaçant. Deux flammes, Castor et Pollux, prédisaient, au contraire, du beau temps et un heureux voyage.

Si l'on est curieux de savoir sous quel point de vue les navigateurs contemporains de Colomb envisageaient ces mêmes phénomènes, nous emprunterons à l'*Historia del Almirante*, écrite par son fils, ce passage si fortement empreint des idées du xv siècle : « Dans la nuit du samedi (octobre 1493, pendant le second voyage de Colomb), il tonnait et pleuvait très-fortement. Saint-Elme se montra alors sur le mât de perroquet avec sept cierges allumés, c'est-à-dire qu'on aperçut ces feux que les matelots croient être le corps du saint. Aussitôt, on entendit chanter sur le bâtiment force litanies et oraisons, car les gens de mer tiennent pour certain que le danger de la tempête est passé dès que Saint-Elme paraît. »

En y regardant de bien près, peut-être apercevrait-on que le prestige dont les feux Saint-Elme étaient entourés dans l'antiquité s'est conservé beaucoup plus longtemps qu'on ne paraît disposé à le croire. Quant à l'assimilation singulière de ces feux à des cierges allumés, on n'en découvre plus aucune trace dans les relations des navigateurs du milieu ou de la fin du xviie siècle. Peut-être, cependant, faut-il la regarder comme la source de cette autre opinion, passablement étrange aussi, qui faisait des feux Saint-Elme des objets matériels dont on pouvait aller se saisir au sommet des mâts pour les descendre sur le pont. Un passage des *Mémoires de Forbin*, où il est question d'un orage qui éclata en 1696, présente encore ces idées dans toute leur naïveté.

Si nous arrêtions nos citations ici, on aurait peut-être raison de s'imaginer que la cause des feux Saint-Elme avait anciennement plus d'activité que dans les temps modernes. Rapportons donc encore quelques faits, et nous verrons des aigrettes lumineuses naître, comme jadis en temps d'orage, sur des corps de toute nature, même les moins élevés.

Dans l'*Itinerary* de Fynes Moryson, secrétaire de lord Montjoy, on lit qu'à la date du 23 décembre 1601, au siège de Kingsale, pendant que le ciel était sillonné par des éclairs (sans tonnerre), les cavaliers en sentinelle voyaient des lampes brûler à la pointe de leurs lances et de leurs épées.

Le 25 janvier 1822, pendant une forte averse de neige, M. de Thielaw, qui se rendait alors à Freyberg, remarqua sur la route que les extrémités des branches de tous les arbres étaient lumineuses. Des mineurs de Freyberg observèrent que les flocons de neige étaient lumineux quand ils arrivaient à terre.

Le 14 janvier 1824, à la suite d'un orage, M. Maxadorf ayant porté ses regards sur un chariot chargé de paille qui se trouvait au-dessous d'un gros nuage noir, au milieu d'un champ près de Côthen, observa que tous les brins de paille se redressaient et paraissaient en feu. Le fouet même du conducteur jetait une vive lumière. Ce phénomène disparut dès que le vent eut emporté le nuage noir; il avait duré dix minutes.

Le 8 mai 1851, après le coucher du soleil, des officiers d'artillerie et du génie se promenaient tête nue pendant un orage, sur la terrasse du fort Bab-Azoun, à Alger. Chacun, en regardant son voisin, remarqua avec étonnement, aux extrémités de ses cheveux tout hérissés, de petites aigrettes lumineuses. Quand ces officiers levaient les mains, des aigrettes se formaient aussi au bout de leurs doigts.

Le fait suivant est d'une date plus récente encore. Pendant l'orage du 8 janvier 1839, quand la foudre frappa la tour de l'église de Hasselt, des cultivateurs qui se trouvaient sur la digue entre Zwolle et Hasselt, aux environs de cette dernière ville, observèrent que peu de moments avant que le coup foudroyant éclatât, leurs vêtements étaient tout couverts de feu. En faisant de vains efforts pour l'en ôter, ils portèrent leurs regards sur les objets qui les environnaient, et virent avec effroi que les arbres et les mâts scintillaient de la même flamme; le coup retentit, et aussitôt les flammes disparurent.

N'y a-t-il pas quelque raison de s'étonner que des phénomènes qui se développent avec tant d'intensité près du sol et sur les parties saillantes des navires soient si rarement remarqués à la pointe des clochers ou sur les tiges des girouettes dont la plupart des maisons sont surmontées? La réponse est toute simple : on n'aperçoit pas les feux Saint-Elme au sommet des grands édifices, par la seule raison qu'on n'y prend pas garde. Là où il s'est trouvé des observateurs attentifs, les sommités de toute nature ont repris leurs droits, et les feux Saint-Elme ont été aperçus, comme toujours, tantôt sous la forme d'aigrettes, tantôt sous la forme d'une lumière concentrée en un petit globe, sans aucune trace de jets divergents.

Quant à la nature de ces feux, elle est identique à celle des aigrettes lumineuses que l'on observe dans l'obscurité lorsque l'électricité s'échappe par une pointe. En d'autres termes, les feux Saint-Elme sont en grand ce que les aigrettes des pointes produites au moyen de l'électricité de nos machines sont en petit [1].

GRANDS MÉTÉORES LUMINEUX D'ORIGINE ÉLECTRIQUE.

Bien que l'origine électrique de quelques-uns des phénomènes que nous allons décrire ne soit pas encore démontrée à toute évidence, cependant comme la transition de ces phénomènes aux feux Saint-

---

[1] Voy. la notice sur le tonnerre, dans les œuvres d'Arago, t. 4. Paris, 1854.

Elme se fait par degrés insensibles, on ne saurait guère leur assigner d'autre cause, ni les décrire ailleurs que dans le chapitre relatif à l'électricité atmosphérique.

Nous citerons d'abord un fait qui va nous fournir la preuve que les nuages orageux eux-mêmes peuvent devenir lumineux d'une manière continue, quand l'électricité dont ils sont chargés peut s'écouler d'une manière lente dans l'air. Pendant ses voyages pour la détermination des lignes d'intensité magnétique en Écosse, le major Sabine resta plusieurs jours à l'ancre à Lough-Scavig, dans l'île de Sky. Cette île est entourée de montagnes nues et élevées, parmi lesquelles on en remarque une qu'enveloppe presque toujours un nuage résultant de la précipitation des vapeurs que les vents à peu près constants de l'ouest y amènent de l'Atlantique. Ce nuage, la nuit, était lumineux par lui-même et d'une manière permanente. Plusieurs fois, M. Sabine en vit sortir, en outre, des jets semblables à ceux des aurores boréales.

La cause du phénomène que nous allons décrire maintenant est déjà plus obscure. Le 4 novembre 1749, par 42° 48′ de latitude nord, et 11° un tiers de longitude occidentale (comptée de Paris), quelques minutes avant midi et par un temps serein, un globe bleuâtre de feu, de la grandeur apparente d'une meule de moulin, s'avança rapidement vers le vaisseau anglais *le Montague*, en roulant à la surface de la mer. Le globe, après s'être élevé verticalement à peu de distance du navire, alla frapper les mâts avec une explosion comparable à celle de plusieurs centaines de canons. Le grand mât de hune était brisé en une multitude de pièces; une large fente régnait de haut en bas le long du grand mât; cinq matelots furent jetés sur le pont sans connaissance; un d'entre eux était grièvement brûlé.

La nature fulminante du phénomène paraît résulter de l'odeur sulfureuse qui se répandit dans les batteries, et plus particulièrement encore de cette circonstance, que de gros clous en fer, arrachés dans diverses parties du navire, furent projetés sur le pont avec une telle force qu'ils s'y enfoncèrent profondément. Il ne fallut rien moins que de puissantes tenailles pour les arracher.

Enfin l'explication des deux faits suivants est plus difficile encore. Dans la nuit du 4 au 5 septembre 1767, pendant un violent orage, le fermier d'un étang, près de Parthenai, en Poitou, le vit couvert dans toute son étendue d'une flamme si épaisse qu'elle lui dérobait la vue de l'eau. Le lendemain tous les poissons flottaient morts à la surface de l'étang.

Le second fait est relatif à un phénomène de lumière très-remarquable, observé sur les eaux sans aucune apparence d'orage, et dont Arago donne la description suivante : « Le major Sabine et le capitaine James Ross revenaient, en automne, de leur première expédition arctique; ils étaient encore dans les mers du Groënland pendant une des nuits si sombres de ces régions, quand ils furent appelés sur le pont par l'officier de quart qui venait d'apercevoir quelque chose de très-étrange. C'était, en avant du navire et précisément dans la direction qu'il suivait, une lumière stationnaire sur la mer et s'élevant à une grande hauteur, pendant que partout ailleurs le ciel et l'horizon paraissaient noirs comme de la poix. Il n'y avait dans ces parages

Fig. 75.

aucun danger connu; la route ne fut donc pas changée. Lorsque le navire pénétra dans la région lumineuse, tout l'équipage était silencieux, attentif, en proie à une vive préoccupation. Aussitôt on aperçut aisément les parties les plus élevées des mâts et des voiles et tous les cordages (fig. 75). Le météore pouvait avoir une étendue de 400 mètres. Lorsque la partie antérieure du navire en sortit, elle se trouva subitement dans l'obscurité; aucun affaiblissement graduel ne se fit remarquer. On s'était déjà fort éloigné de la région lumineuse qu'elle se voyait encore à l'arrière du navire. »

« La cause de ces phénomènes de lumière, dit Arago, en se servant de la belle expression de Pline, est encore cachée dans la majesté de la nature. »

Maffei, La Chappe d'Auteroche, etc., ont observé, en temps d'orage, des feux qui naissaient sur le sol, y demeuraient quelque temps stationnaires et ne le quittaient que pour éclater à une petite hauteur. S'il fallait en croire ces savants, ce serait sur la terre que s'élaborerait presque toujours la foudre; ce serait de terre que partiraient subitement, inopinément, les éclairs foudroyants. Au lieu de se précipiter des nuages, ces éclairs iraient, au contraire, les rejoindre par un mouvement dirigé de bas en haut.

Les partisans de cette opinion disent qu'ils ont vu distinctement la foudre s'élever à la manière des fusées. En admettant comme un fait la marche si rapide qui résulte des expériences de M. Wheatstone, on conçoit difficilement la possibilité de distinguer à l'œil si un éclair qui joint les nuages à la terre, a été montant ou descendant. Cependant, en présence des affirmations positives de tant d'observateurs exercés, Arago est d'avis que ce sujet appelle de nouvelles recherches. « Celui, dit-il, qui aura vu, nettement vu, un éclair attaché à la terre par l'une de ses extrémités, ne point atteindre par l'extrémité opposée la surface des nuages, aura fait faire à la question un pas décisif. »

Quoi qu'il en soit, la *foudre* étant la décharge électrique qui s'opère entre un nuage orageux et le sol, il est probable, qu'en général, l'éclair éclate en même temps du nuage et du sol. Dans le langage ordinaire on dit que la foudre *tombe*, ce qui suppose que l'éclair se meut de haut en bas. Mais cette opinion n'est pas plus démontrée que l'opinion contraire dont il s'est agi plus haut.

THÉORIE DU PARATONNERRE.

L'identité de la foudre et de l'électricité produite par les machines ayant été constatée, Franklin eut l'idée de préserver les édifices de tous les accidents de la foudre, en se servant de *paratonnerres*, appareils destinés à neutraliser l'électricité des nuages orageux, sans que l'édifice soit exposé au passage de ce fluide et par suite aux dangers qui accompagnent ce passage.

On distingue, dans un paratonnerre, deux parties : la tige et le conducteur. La *tige* est une barre de fer rectiligne, terminée en pointe, qu'on fixe verticalement au faite des édifices qu'il s'agit de préserver ; elle a de 6 à 9 mètres de hauteur, et sa section à la base est un carré de 5 à 6 centimètres de côté. Le *conducteur* est une barre de fer ou mieux un câble en fils de cuivre rouge d'un centimètre carré de section métallique, qui descend du pied de la tige jusqu'au sol dans lequel il pénètre profondément. Il convient de terminer la tige du paratonnerre par une pointe en cuivre rouge, à cause de la bonne conductibilité de ce métal. Avec les dimensions indiquées, le paratonnerre peut résister au passage d'une grande masse de fluide électrique, et la foudre, dût-elle le frapper, serait impuissante à le fondre [1].

Il est facile d'expliquer l'effet de cet appareil. Lorsqu'un nuage orageux passe au-dessus du paratonnerre, il en décompose le fluide neutre, attire le fluide de nom contraire au sien et repousse celui de

---

[1] Voir pour plus de détails sur la construction des paratonnerres les rapports faits à l'Académie des sciences de Paris par Gay-Lussac et par M. Pouillet. Ces rapports ont paru, le premier, en 1823, et le second, en 1854.

même nom. Celui-ci pourra se rendre librement dans le sol, si, comme nous le supposons, le pied du paratonnerre est en contact avec des couches conductrices humides ou mieux avec l'eau d'un puits. Quant à l'électricité attirée, au fur et à mesure qu'elle se développe, elle s'écoulera par la pointe de l'appareil, et ira neutraliser une quantité égale d'électricité du nuage. Cette neutralisation se fera peu à peu, silencieusement, sans étincelle visible au jour, et le nuage finira par être ramené à l'état naturel, sinon d'une manière complète, au moins d'une manière partielle et suffisante pour faire disparaître le danger. Mais, pour que l'appareil fonctionne comme nous venons de l'indiquer, il faut que sa conductibilité ne soit interrompue nulle part, et que l'électricité repoussée trouve une issue facile dans le sol. S'il n'en était pas ainsi, au lieu de prévenir le danger, le paratonnerre ne ferait que l'accroître. En effet, à cause de la conductibilité de sa substance, le nuage peut l'électriser par influence, avant d'avoir exercé la même action sur l'édifice dont les matériaux sont moins conducteurs, et aussitôt que son fluide neutre est décomposé, il attire le nuage, la foudre tombera sur sa tige, et le fluide repoussé, n'étant pas conduit dans le sol, se portera latéralement sur tous les corps conducteurs voisins, et pourra exercer sa destruction avec autant, avec plus de violence que si le paratonnerre n'existait pas.

L'expérience a appris qu'une tige de paratonnerre protège efficacement autour d'elle un espace d'un rayon double de sa hauteur. (H. V.)

CHOC EN RETOUR.

Il arrive quelquefois que l'explosion de la foudre frappe de mort des hommes et des animaux à des distances très-grandes de l'endroit où elle est tombée; c'est un résultat de l'influence des nuages orageux, auquel on a donné le nom de *choc en retour*. Lorsqu'un nuage électrisé passe au-dessus d'un lieu, il agit par influence sur l'électricité naturelle de tous les corps situés à la surface de la terre, attire l'électricité contraire à la sienne vers les extrémités supérieures de tous ces corps, et repousse l'autre fluide dans le sol. Ainsi tous les corps qui couvrent une étendue de pays proportionnelle à celle du nuage, et qui peuvent être très-éloignés les uns des autres, sont tous chargés d'électricité latente, de nom contraire à l'électricité libre du nuage. Si l'explosion a lieu sur un d'eux, soit à cause de sa plus grande élévation, soit parce que le nuage descend plus près de lui, soit à cause de sa plus grande conductibilité, l'électricité du nuage ayant disparu par cette décharge, l'électricité latente répandue sur les autres corps devient libre, et les traverse instantanément pour rentrer dans le sol. Or, ce passage de l'électricité à travers les corps peut produire des effets analogues à ceux de la foudre, mais toujours moins violents. En effet, on n'a pas d'exemple que le choc en retour ait produit quelque combustion.

L'expérience suivante permet de constater l'influence du choc en retour sur les êtres animés. Une grenouille vivante est suspendue au moyen d'un fil conducteur à un support métallique à une distance du conducteur d'une machine électrique telle, que l'étincelle ne puisse pas jaillir. Cette grenouille n'éprouve aucun effet lorsqu'on tourne la machine pour charger le conducteur; mais dès qu'on tire une étincelle de celui-ci, ses membres s'agitent comme si elle allait s'élancer par un mouvement volontaire. L'expérience réussit même avec une grenouille tuée récemment. (H. V.)

PRÉCEPTES À L'USAGE DES PERSONNES QUI CRAIGNENT LA FOUDRE.

Le danger d'être frappé de la foudre dans l'intérieur des grandes villes d'Europe est tellement faible, qu'Arago le considère comme moindre que celui de périr dans la rue par la chute d'un ouvrier couvreur, d'une cheminée ou d'un vase à fleurs. Or, il n'est personne qui, en sortant le matin, se préoccupe beaucoup de l'idée que, dans la journée, un couvreur, une cheminée ou un vase à fleurs lui tombera sur la tête. Par conséquent, si la peur raisonnait, on ne s'inquiéterait pas davantage pendant un orage de vingt-quatre heures. Il faut dire, toutefois, à la décharge de notre intelligence, que les vives et subites clartés qui annoncent la foudre, que ses retentissantes détonations produisent des effets nerveux involontaires auxquels les plus fortes organisations n'échappent pas toujours.

Bien que le nom d'Arago soit illustre dans la science, cependant il se peut que son autorité ne suffise pas pour rassurer tous nos lecteurs. C'est ce qui nous engage à exposer un résumé des préceptes que Franklin a donnés à l'usage des personnes qui, craignant la foudre, se trouveraient en temps d'orage dans des maisons non munies de paratonnerres.

Il veut qu'elles évitent le voisinage des cheminées. La foudre, en effet, entre souvent par les cheminées, à cause de la suie qui les tapisse intérieurement et de la propriété que cette suie partage avec les métaux, d'être un des corps sur lesquels le météore se dirige de préférence.

On doit aussi, pour la même raison, s'éloigner autant que possible des métaux, des glaces (à cause de leur tain) et des dorures.

Le mieux semble devoir être de se tenir au milieu d'un salon ; mais il faut excepter le cas où l'on aurait un lustre ou une lampe au-dessus de sa tête.

Moins on touche les murs et le sol, et moins on est exposé. Le plus sûr serait donc d'avoir un hamac, suspendu à des cordons de soie, au centre d'une vaste chambre.

A défaut de suspension, il est bon d'interposer entre soi et le sol quelques-uns de ces corps que la matière fulminante traverse le plus difficilement. Ainsi on peut poser sa chaise sur du verre, ou sur plusieurs matelas, ou sur des tapis épais.

Si l'on est surpris par l'orage, à la campagne, on doit redouter l'approche d'un arbre, et même l'approche d'un buisson ; car si la foudre éclate, c'est l'arbre ou le buisson qui sera frappé, et l'électricité repoussée choisissant, pour rentrer dans le sol, les meilleurs conducteurs, passera de l'arbre ou du buisson sur le corps et y déterminera les effets ordinaires du passage instantané de l'électricité. Il faut également éviter les grandes masses d'eau, à cause de la bonne conductibilité électrique de ce liquide. (H. V.)

Avant de poursuivre l'étude de l'électricité, nous croyons devoir exposer la partie de la théorie du magnétisme qui forme une doctrine isolée et indépendante des autres branches de la physique.

DU MAGNÉTISME.

CARACTÈRES DISTINCTIFS DU MAGNÉTISME.

Parmi les corps impondérables, le magnétisme est le plus mysté-
rieux. Tandis que l'électricité se révèle vivante et active à tous nos
sens, le magnétisme, toujours silencieux, se dérobe en quelque sorte
à nos investigations. On ne peut ni le voir, ni l'entendre, ni le sentir,
ni le goûter, ni le toucher, comme on peut voir, entendre, sentir,
goûter et toucher l'électricité. C'est ce qui explique pourquoi il a fallu
tant de siècles pour découvrir ses propriétés et ses connexions avec
les autres corps impondérables. Ce n'est, en effet, que depuis une
vingtaine d'années que nous le connaissons d'une manière assez complète pour pouvoir émettre une hypothèse plus ou moins probable
sur sa nature. *

AIMANTS NATURELS.

On donne les noms d'*aimant naturel* ou de *pierre d'aimant* à une
combinaison formée d'un équivalent de protoxyde et d'un équivalent
de sesqui-oxyde de fer, qui a la propriété d'attirer le fer ou sa
limaille.

On trouve l'aimant naturel dans différents pays, notamment en
Suède, dans l'île d'Elbe, dans l'Asie Mineure et dans les Indes. Chez
les Grecs, il était déjà connu du temps de Thalès, 600 ans avant
notre ère, et chez les Chinois, longtemps même avant cette époque.
Les anciens le nommaient μαγνης, de la ville de Magnésie, en Lydie,
où on le trouvait en abondance; de là est venu le nom de magnétisme
pour la partie de la physique qui traite des phénomènes dont il est
l'origine, et le nom de magnétiques pour désigner ces phénomènes
eux-mêmes.

On peut constater la force attractive qui s'exerce entre le fer et l'aimant au moyen des expériences suivantes : 1° Si l'on roule un

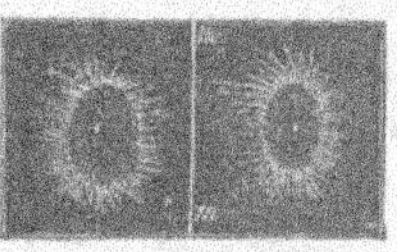

aimant dans de la limaille de fer, on voit les parcelles du métal s'attacher à sa surface (fig. 76) ; 2° si l'on présente à l'aimant, suivant son degré de force, des morceaux de fer plus ou moins volumineux, ils sont entraînés et se précipitent sur sa surface pour y rester suspendus, malgré leur poids ; il faut ensuite un effort plus ou moins considérable pour les en arracher ; 3° si l'on suspend une petite balle de fer à un fil flexible, et qu'on en approche peu à peu un aimant, on voit ce petit pendule magnétique se dévier sensiblement de sa direction verticale. On peut même reconnaître de cette manière quelques caractères essentiels de cette force attractive, et constater : 1° qu'elle s'exerce à distance ; 2° qu'elle s'exerce indifféremment à travers les substances qui conduisent ou ne conduisent pas l'électricité ; l'eau, le verre, le papier, la flamme n'interceptent pas son action ; l'isolement ne lui est pas non plus nécessaire, et l'aimant ne perd rien pour être touché ; 3° qu'elle diminue à mesure que la distance augmente.

MAGNÉTISME DURABLE DE L'ACIER.

Quand le fer a été transformé en acier, c'est-à-dire quand on l'a combiné à une certaine proportion de carbone, il peut éprouver encore l'action magnétique. L'acier conserve même des traces durables de magnétisme, s'il est convenablement trempé, ce qui le distingue essentiellement du fer pur. En effet, un morceau de fer doux, en contact avec un aimant, dont l'attraction peut le retenir malgré son poids, attire lui-même des particules de limaille ; mais il perd cette propriété dès que l'aimant est éloigné, c'est-à-dire qu'il ne conserve alors aucune trace de magnétisme ; tandis qu'un morceau d'acier trempé attire la limaille, ou la retient contre l'action de la pesanteur, non-seulement lorsqu'il est sous l'influence de l'aimant, mais encore lorsque cette influence a été éloignée. Il est donc possible de se procurer des *aimants artificiels*, puisqu'on peut communiquer à des morceaux d'acier une vertu magnétique durable.

Observons toutefois que le simple contact avec un aimant ne communique à l'acier trempé qu'une force magnétique de peu d'intensité. Mais on peut aimanter cet acier plus énergiquement, en le frottant dans toute sa longueur, et toujours dans le même sens, contre certains points de la surface de l'aimant.

On comprend sans peine que l'emploi d'un aimant naturel n'est pas indispensable pour obtenir un aimant artificiel : l'acier trempé s'aimante tout aussi bien et même plus fortement au moyen d'aimants artificiels, parce que ceux-ci sont, en général, plus énergiques que les aimants naturels.

CORPS MAGNÉTIQUES ET CORPS DIAMAGNÉTIQUES.

Tous les corps sont sensibles à l'action magnétique. Sous le rapport de la manière dont ils se comportent lorsqu'on les soumet à l'influence des aimants, ils peuvent se diviser en *magnétiques* et en *diamagnétiques* : les premiers sont attirés, et les autres repoussés par les aimants. Pour constater ces effets d'attraction et de répulsion, il faut employer des aimants d'une énergie plus ou moins grande, suivant la nature des corps et même suivant la température à laquelle ils se trouvent. Le fer, le nickel, le cobalt et quelques-unes de leurs combinaisons, sont assez magnétiques à la température ordinaire pour être fortement attirés, même par des aimants très-faibles ; mais vers 400° C., le nickel perd sa vertu magnétique, le fer ne subit cette altération que près du rouge-cerise, et le cobalt plus haut, à la température rouge-blanc du feu de forge. Tous les autres corps magnétiques, même à la température ordinaire, sont attirés avec une énergie infiniment moindre que ceux que nous venons de citer, et, pour constater cette attraction, on doit faire usage d'aimants d'une grande force. Une observation analogue est applicable aux corps diamagnétiques : la répulsion qu'ils éprouvent de la part des aimants est, en général, si faible qu'elle ne se manifeste que sous l'influence des aimants les plus énergiques que l'on puisse se procurer. Le bismuth, l'antimoine et le phosphore sont, parmi les corps diamagnétiques, les plus fortement influencés.

C'est principalement aux travaux de M. Faraday, illustre physicien anglais, que nous devons la découverte de l'action du magnétisme sur tous les corps de la nature. Nous apprendrons plus tard à connaître les moyens à l'aide desquels on peut mettre cette action en évidence. Les travaux de M. Faraday dont il s'agit sont assez récents : ils ne datent que de 1846.

Dans ce qui va suivre, nous n'étudierons que les propriétés magnétiques du fer et de l'acier ; nous reviendrons, dans un article spécial, sur celles des autres corps magnétiques, ainsi que sur celles des corps diamagnétiques. (H. V.)

PÔLES DES AIMANTS.

Quand on approche un aimant naturel de la limaille de fer, on remarque certains centres d'action vers lesquels les grains de limaille se dirigent de préférence ; ces points portent le nom de *pôles*. Chaque aimant en possède au moins deux, comme l'aimant naturel représenté par la fig. 76, mais en manifeste souvent un plus grand nombre. De même un morceau d'acier qui a acquis la vertu magnétique par le frottement contre un aimant ou de toute autre manière, ne retient pas la limaille en aussi grande quantité sur tous ses points, et possède des pôles,

Fig. 77.

le plus souvent au nombre de deux seulement. Quand le morceau d'acier a la forme d'un prisme ou d'un cylindre, les deux pôles sont situés à ses extrémités *ee'*, fig. 77.

Si maintenant on examine l'énergie avec laquelle les autres points de la surface d'un aimant attirent la limaille de fer, on remarque sans peine que cette énergie va en diminuant à partir de deux pôles consécutifs jusqu'aux points de la section transversale qui passe par le milieu de la distance qui les sépare, points où elle est nulle : la ligne qui joint tous ces points s'appelle *ligne neutre* ou *ligne moyenne*; elle partage la portion de l'aimant comprise entre deux pôles consécutifs en deux parties, que l'on désigne également sous le nom de *pôles*. Il sera toujours facile de distinguer celle de ces deux acceptions dans laquelle nous entendrons que le mot *pôle* soit employé. La droite *m m'* indique la position des lignes moyennes des deux aimants représentés dans les figures 76 et 77. (H. V.)

ACTIONS MUTUELLES DES PÔLES.

Les deux pôles d'un aimant paraissent identiques quand on les présente à de la limaille de fer ; mais cette identité n'est qu'apparente, comme on peut le démontrer au moyen de *l'aiguille aimantée*.

On donne ce nom à une petite barre d'aimant naturel, ou mieux d'acier aimanté, n'ayant que deux pôles situés à ses extrémités. Lorsqu'on suspend une pareille aiguille sur un pivot vertical, après l'avoir garnie à son milieu d'une petite chape en cuivre ou en agate, afin qu'elle soit mobile sur ce pivot, elle s'oriente toujours de façon que l'un de ses pôles se dirige à peu près vers le nord, et l'autre vers le sud. Cette direction est tellement constante que, lors même qu'on déplace l'aimant, il y revient toujours après un nombre plus ou moins grand d'oscillations, avec une précision parfaite. Il y a plus : c'est toujours la même extrémité de l'aimant qui est tournée vers le nord et la même qui est tournée vers le sud. Quelquefois, pour reconnaître immédiatement les extrémités de l'aiguille, on marque sur celle qui se dirige vers le nord la lettre N, et sur celle qui se dirige vers le sud, la lettre S ; mais le plus souvent on bleuit l'aiguille au feu, et, après l'avoir aimantée, on blanchit, avec de l'eau aiguisée de quelques gouttes d'acide, celle de ses deux moitiés qui se tourne au sud.

Fig. 78.

La figure 78 représente une aiguille aimantée ordinaire ayant la forme d'un losange allongé ; c désigne la chape par laquelle l'aiguille repose sur son pivot.

Pour des lieux très-peu distants sur la surface de la terre, deux aiguilles aimantées suspendues sur des pivots verticaux, et suffisamment éloignées l'une de l'autre, se placent de manière à être sensiblement parallèles. Mais si on les rapproche de telle façon que celles de leurs extrémités qui se dirigeaient vers les mêmes points de l'horizon soient très-voisines, on reconnaît que ces extrémités se repoussent. Si les extrémités qu'on rapproche ainsi se dirigeaient, au contraire, vers des points opposés de l'horizon, on observe entre elles une attraction. Ainsi *les extrémités ou les pôles semblables des deux aiguilles se repoussent et les pôles contraires s'attirent.*

DÉCLINAISON ET INCLINAISON DE L'AIGUILLE AIMANTÉE.

Nous avons vu que l'aiguille aimantée ne se dirige pas exactement du sud au nord ; il importe par conséquent de pouvoir définir sa direction, c'est-à-dire de pouvoir la rapporter à des lignes connues et invariables. Voici à cet égard quelques définitions géométriques qu'il importe de bien saisir.

Le *méridien magnétique* est le plan vertical qui passe par le centre de la terre et par la direction de l'aiguille horizontale, ou simplement la *trace* que ferait ce plan sur la surface de la terre. On sait que le *méridien terrestre* ou le méridien astronomique d'un lieu est le plan vertical qui passe par ce lieu et par les deux pôles de la terre, et que la *ligne méridienne*, ou simplement la méridienne, est la trace de ce plan sur la surface terrestre.

La *déclinaison* de l'aiguille aimantée est dans chaque lieu l'angle que fait le méridien magnétique avec le méridien astronomique, ou, ce qui revient au même, l'angle que la direction de l'aiguille horizontale fait avec la méridienne. Elle est constante dans un même lieu, à une époque donnée ; mais elle varie d'un lieu à l'autre, et elle est sujette à divers changements que nous étudierons plus tard. On l'appelait autrefois la *variation*.

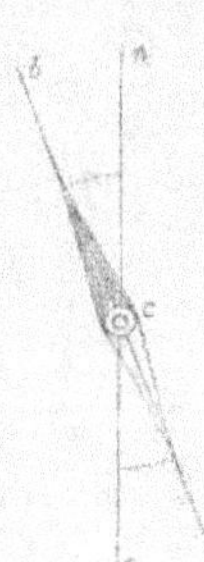

Fig. 79.

La déclinaison est dite *occidentale* ou *orientale*, suivant que la moitié de l'aiguille qui est tournée vers le nord est à l'ouest ou à l'est du méridien terrestre. Dans la figure 79, *ns* représente le méridien terrestre ; *n* le nord, *s* le sud, *ab* la direction de l'aiguille aimantée horizontale : l'angle *bcn* mesure, par conséquent, la déclinaison du lieu où les méridiens terrestre et magnétique ont la position relative supposée par la figure ; la déclinaison est occidentale.

En France, en Belgique et dans la plupart des autres pays de l'Europe, la déclinaison est actuellement occidentale. A Paris, par exemple, elle se trouve à présent d'environ 20° à l'ouest. En 1856, elle était à Bruxelles, d'après une détermination de M. E. Quetelet, de 19° 47′ 48″, également ment à l'ouest.

On nomme *boussole de déclinaison* tout appareil propre à observer et à mesurer la déclinaison, ou réciproquement à déterminer la direction du nord au sud, c'est-à-dire la ligne méridienne, la déclinaison magnétique du lieu étant donnée. On trouvera plus loin la description de cet instrument.

Dans nos climats et presque par toute la terre, l'aiguille de déclinaison se rapprochant plus des points cardinaux du nord et du sud que de ceux de l'est et de l'ouest, on dit communément qu'elle se dirige vers le nord. On pourrait dire tout aussi bien qu'elle se dirige vers le sud, car une ligne droite montre nécessairement vers deux points opposés de l'horizon. Les Chinois se servent de l'aiguille aimantée, depuis des temps immémoriaux, pour se diriger vers le sud, et c'est pour ce motif qu'ils lui ont donné le nom de *Tschinantschin*, qui signifie aiguille qui montre le sud.

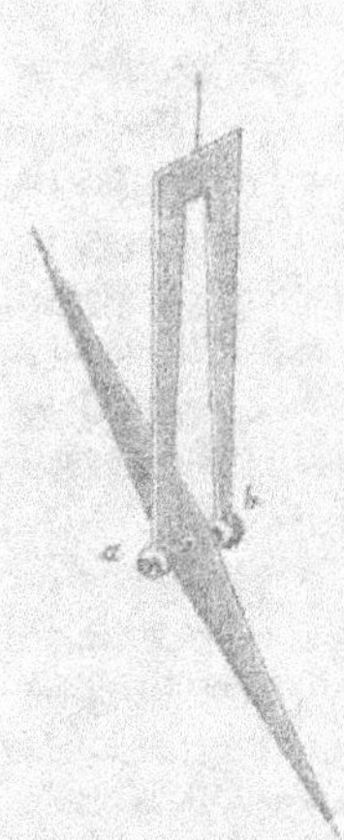

Fig. 80.

Si on suspend à un fil de soie sans torsion une aiguille d'acier non aimantée, mobile autour d'un axe horizontal ab (fig. 80), qui la traverse à son centre de gravité, elle reste en équilibre dans toutes les positions possibles. Si on l'aimante ensuite, on trouve qu'elle ne peut plus rester horizontale, quoiqu'elle soit suspendue de la même manière. Elle commence par prendre la direction ordinaire du sud-est au nord-ouest, puis on voit son extrémité dirigée au nord s'incliner comme si elle était devenue plus pesante que celle qui est du côté du sud. On peut cependant s'assurer directement que l'aimantation n'a en aucune façon modifié le poids de l'aiguille ni celui d'aucune de ses parties. L'effet qui se manifeste est le résultat de la même action qui détermine la direction constante de l'aiguille de déclinaison; on le nomme l'*inclinaison* de l'aiguille; il se mesure par le plus petit des deux angles que fait avec l'horizon une aiguille qui peut se mouvoir librement autour de son centre de gravité dans le plan du méridien magnétique. Les appareils propres à observer l'inclinaison s'appellent *boussoles d'inclinaison*.

Le 29 mars 1856, l'inclinaison était, à Bruxelles, de 67° 59'. Elle varie comme la déclinaison, non-seulement avec les époques, mais encore avec les lieux des observations. Plus on approche du nord, plus elle augmente. Ainsi il existe un lieu, découvert par le capitaine Ross, où l'inclinaison est de 90° : ce lieu se trouve situé sur la côte occidentale de Boothia, vaste île des Terres arctiques américaines, par 70° 5' de latitude nord et par 263° 14' de longitude est, comptée à partir de l'observatoire de Greenwich. Par contre, si on s'approche de l'équateur, l'inclinaison diminue; il y a même sur notre globe une série de points où elle est absolument nulle, et qui forment autour de la terre une courbe qu'on appelle l'*équateur magnétique*. Cet équateur, situé partie au nord et partie au sud de l'équateur terrestre, rencontre ce dernier équateur en deux points qui portent le nom de *nœuds*. Au delà de l'équateur magnétique l'inclinaison recommence et augmente à mesure qu'on s'approche du pôle austral; mais c'est alors l'extrémité dirigée vers le sud, et non le pôle opposé de l'aiguille qui s'incline au-dessous de l'horizon.

D'après M. Quetelet, l'inclinaison était, à Bruxelles, en 1827, de 68° 36′; en 1837, de 68° 28′; en 1847, de 68° 1′; en 1856, de 67° 39′.

La force qui détermine la direction de l'aiguille aimantée n'est ni attractive, ni répulsive; mais seulement une force directrice incapable d'imprimer aux aimants un mouvement quelconque de translation ou de transport. C'est ce qu'on peut prouver à l'aide d'une aiguille aimantée qui flotte sur l'eau au moyen d'un morceau de liége auquel on l'a fixée : cette aiguille n'éprouve aucun glissement à la surface du liquide; elle prend simplement la direction du méridien magnétique comme les aiguilles qui, reposant sur un pivot, sont retenues à leur centre. Lorsqu'on suspend un fil à plomb à côté de l'aiguille d'inclinaison représentée par la figure 80, on peut s'assurer que le fil de suspension de cette aiguille est exactement vertical. Ce fait prouve, comme l'expérience précédente, que l'aiguille aimantée n'est sollicitée par aucune force capable de la déplacer dans le plan horizontal; car si une pareille force existait, elle ferait nécessairement dévier de la verticale le fil de suspension de l'aiguille d'inclinaison. La force qui dirige l'aiguille aimantée n'agit pas davantage suivant une direction verticale, puisque l'aimantation, ainsi que nous l'avons déjà dit, n'augmente ni ne diminue le poids de l'acier.

D'après ce qui précède, on voit qu'on ne peut considérer l'aiguille d'inclinaison comme sollicitée par une force unique, car celle-ci tendrait évidemment à lui imprimer un mouvement de transport dans le sens suivant lequel elle agirait. Ce n'est qu'en la supposant sollicitée par un système de deux forces égales, parallèles et de direction contraire, appliquées à ses deux extrémités, qu'on peut se rendre compte de sa propriété directrice. Il faut admettre, en outre, que dans toutes ses positions, les deux forces sont dirigées parallèlement au plan du méridien magnétique et agissent suivant des droites qui font avec l'horizon un angle égal à celui qui mesure l'inclinaison magnétique au lieu des observations. Lorsque l'aiguille d'inclinaison occupe, dans le plan du méridien magnétique, la position qu'elle prend naturellement, les deux forces agissent suivant son axe, celle qui est appliquée à l'extrémité nord, obliquement de haut en bas, du moins dans nos climats, et celle qui est appliquée à l'extrémité sud, obliquement de bas en haut, suivant la même direction, de telle sorte qu'elles se détruisent mutuellement et que l'aiguille reste en équilibre. Mais lorsqu'on écarte celle-ci de cette position, sans toutefois la faire sortir du plan du méridien magnétique, les deux forces appliquées à ses extrémités se transportant parallèlement à elles-mêmes, elles cessent de se détruire, parce qu'elles n'agissent plus suivant l'axe de l'aiguille : elles font alors tourner celle-ci autour de son axe de suspension jusqu'à ce qu'elle ait repris sa position d'équilibre. Un système de deux forces parallèles, pareil à celui qui sollicite l'aiguille aimantée, s'appelle un *couple*.

De ce qui précède, il suit encore que, si l'on suspend une aiguille d'acier non aimantée sur un pivot vertical, de façon qu'elle devienne parfaitement horizontale, on doit trouver, qu'après avoir été aimantée, elle ne garde pas son horizontalité, quoiqu'elle soit suspendue de la même manière. C'est ce qui a lieu en effet : cette aiguille commence par prendre la direction ordinaire du sud-est au nord-ouest, puis on voit son pôle nord s'incliner comme si la moitié qui est du côté nord était devenue plus pesante que celle qui est du côté sud. Pour rendre l'aiguille de nouveau horizontale, il faut ou bien diminuer, par un coup de lime, le poids de la première moitié, ou, comme le font les marins, augmenter le poids de la seconde à l'aide d'un petit morceau de cire qu'on y applique. De cette manière on détruit la tendance de l'aiguille à suivre la direction de l'aiguille d'inclinaison, et elle se trouve alors sollicitée par un couple dont les deux forces sont horizontales et constamment parallèles au plan du méridien magnétique. C'est ce couple qui ramène l'aiguille de déclinaison dans ce plan lorsqu'on l'en a écartée. (H. V.)

DÉCOUVERTE DE LA FORCE DIRECTRICE DE L'AIMANT.

La propriété directrice de l'aimant est une des plus belles découvertes que l'homme ait jamais faites ; elle a donné aux navigateurs un moyen sûr de reconnaître la direction de leur route à travers l'immensité des mers, au milieu des nuits les plus obscures, et lorsque les brumes ou les tempêtes leur dérobent entièrement la vue des cieux. Une aiguille aimantée, suspendue en équilibre sur un pivot, leur montre le nord et le sud aussi bien que l'observation des astres. On ignore l'auteur de cette invention si simple et si utile. On sait seulement que les navigateurs européens n'ont commencé à en tirer parti que vers le xii° siècle. Jusqu'alors ils ne pouvaient se hasarder à s'éloigner des côtes. L'emploi de la *boussole* leur a donné le moyen de s'élancer dans la haute mer, et d'aller chercher des terres nouvelles, ignorées des plus puissantes nations de l'antiquité.

La boussole a été en usage chez les Chinois longtemps avant d'avoir été connue en Europe. On peut conclure de plusieurs documents authentiques, rapportés dans la description de l'empire de la Chine par Duhalde, que, plus de mille ans avant Jésus-Christ, les Chinois se servaient de la boussole pour se diriger sur les continents, et en particulier à travers les immenses plaines désertes de la Tartarie. En outre, un dictionnaire chinois terminé dans l'an 121 de l'ère chrétienne, et un autre dictionnaire complété sous le règne de Kang-hi, mentionnent, d'une manière expresse, que, sous la dynastie de Tsin (419 ans avant J. C.), les vaisseaux se dirigeaient vers le sud au moyen de l'aimant.

La découverte de la déclinaison paraît remonter jusqu'à Christophe Colomb ; le premier il aperçut en 1492, lorsqu'il traversait l'Océan pour découvrir le nouveau monde, que l'aiguille ne se tournait pas exactement au nord dans tous les lieux de la terre, comme on l'avait cru jusqu'alors. Quant au changement de déclinaison dans le même lieu, il fut découvert en 1622 par Gunter, professeur au collège de Gresham ; l'inclinaison fut découverte en 1576, par Normann.

D'OÙ ÉMANE LA FORCE QUI DIRIGE L'AIMANT ?

La force qui dirige l'aiguille aimantée, dans toutes les contrées de la terre, sur tous les continents et sur toutes les mers, au sommet des plus hautes montagnes comme dans les mines les plus profondes, a le caractère essentiel de la force qui émane d'un aimant et non pas de celle qui émane d'une masse de fer ; car si l'on renverse les pôles de l'aiguille en la retournant *bout à bout*, elle n'est plus en équilibre dans cette nouvelle position, elle fait une pirouette, et décrit d'un côté ou de l'autre toute la demi-circonférence qui l'écarte de sa direction primitive. Donc la force directrice distingue les pôles, et semblable aux aimants, elle agit par attraction sur l'un et par répulsion sur l'autre, tandis que le fer attire l'un ou l'autre sans distinction et avec la même énergie.

Où se trouve le centre de cette action magnétique, si universellement répandue sur tous les points de la terre ? C'est une question qui paraît difficile à résoudre et qui fut autrefois un grand sujet de discussion parmi les physiciens. Les uns avaient placé le siége de cette force dans une petite étoile qui forme la queue de la grande Ourse, les autres la plaçaient au delà encore. Gilbert, le premier, à la fin du xvi° siècle, montra, dans un ouvrage très-remarquable, intitulé *Nouvelle Physiologie de l'aimant*, qu'il fallait la chercher dans le globe terrestre, résultat qui découlait évidemment des observations faites en divers lieux de la surface de la terre. Nous verrons plus tard, en effet, qu'au moyen de ces observations nombreuses et variées, il devient facile de déterminer les directions des forces qui sollicitent l'aiguille, et que ces directions sont telles, que c'est évidemment de la terre elle-même qu'émanent ces forces. On s'est même assuré que l'intensité du magnétisme terrestre varie, comme la déclinaison et l'inclinaison, avec le temps et avec les lieux, et qu'elle augmente de l'équateur aux pôles. Tous ces résultats seraient inexplicables dans les hypothèses qui placeraient hors de la terre le centre de la force magnétique qui dirige l'aiguille aimantée. Aussi a-t-on abandonné ces hypothèses, qui n'offrent plus qu'un intérêt purement historique.

HYPOTHÈSE DE L'AIMANT TERRESTRE.

On peut se rendre compte d'une manière générale des phénomènes de déclinaison et d'inclinaison de l'aiguille aimantée, en admettant que la terre agit comme s'il existait, à une certaine profondeur, un grand aimant dont l'axe serait situé dans le plan du méridien magnétique du lieu où se trouve l'aiguille, et, par conséquent, dirigé à peu près du nord au sud.

Pour faire comprendre la manière dont cette hypothèse permet d'expliquer les phénomènes de déclinaison et d'inclinaison, considérons un aimant naturel très-puissant, n'ayant que deux pôles, ou mieux un fort barreau d'acier aimanté qui, suspendu librement sur un pivot vertical, se dirigerait comme l'aiguille de déclinaison. Une petite aiguille aimantée, dont on place le pivot au milieu de ce barreau, se fixe dans une position d'équilibre, parallèle à l'axe du barreau aimanté, ou à la ligne qui joint les pôles; car en vertu des attractions ou répulsions signalées dans un des articles précédents, cette aiguille est sollicitée par des forces dirigées dans le plan vertical passant par l'axe du barreau, et doit conséquemment rester dans ce plan.

De plus, l'extrémité de l'aiguille qui, sans l'influence puissante du barreau, se serait dirigé vers le nord terrestre, se tourne actuellement vers l'extrémité sud du barreau. Ainsi, dans la position d'équilibre de l'aiguille, les pôles de celle-ci se dirigent respectivement vers les pôles contraires de l'aimant. Si l'on place forcément l'aiguille de telle manière que ses pôles soient dirigés vers les pôles semblables du barreau, et qu'ensuite on l'abandonne à elle-même, elle quittera à l'instant cette position d'équilibre instable, pour reprendre la première position, inverse de celle du barreau.

En examinant de même les actions que le barreau doit exercer sur l'aiguille lorsque, au lieu de la placer au milieu de ce barreau, on la rapproche de l'une ou de l'autre des extrémités de celui-ci, on verrait facilement que l'aiguille doit tendre à s'incliner vers le pôle dont on l'approche, et c'est ce qui a lieu effectivement : le pôle de l'aiguille contraire à celui vers lequel on a opéré le déplacement, tend à s'abaisser vers ce dernier pôle, et l'aiguille reste toujours dans le plan vertical qui passe par l'axe du barreau.

On voit facilement l'analogie qui existe entre ces phénomènes et ceux de l'aiguille d'inclinaison. Ainsi, dans l'action directrice de la terre, tout se passe comme s'il existait, dans son intérieur, un aimant agissant sur l'aiguille aimantée de la même manière que les pôles du gros barreau de l'expérience précédente.

En admettant cette analogie comme une identité, il faut regarder la partie de l'aiguille aimantée qui tend vers le nord, comme possédant des propriétés de même nature que la moitié de l'aimant terrestre située dans l'hémisphère austral, et, inversement, la partie de l'aiguille qui tend vers le sud doit être regardée comme possédant la même propriété que la moitié de l'aimant du globe située dans l'hémisphère boréal. D'après cela, on doit appeler *pôle austral de l'aiguille aimantée*, celle de ses extrémités qui se dirige vers le nord, et *pôle boréal*, l'autre extrémité, c'est-à-dire celle qui se dirige vers le sud. Nous devons cependant faire observer que beaucoup d'auteurs, préférant une dénomination fondée sur un fait à celle qui s'appuie sur une théorie plus ou moins contestable, appellent pôle *nord* de l'aiguille celui qui se dirige au nord, et pôle *sud* celui qui se dirige au sud. (H. V.)

EXPLICATION DU COUPLE TERRESTRE.

Nous avons dit que la propriété directrice de l'aiguille aimantée résulte de ce que cette aiguille est sollicitée par un couple de deux forces. Voici comment, dans l'hypothèse que nous venons de développer, on explique la production de ce couple : le pôle boréal du globe agissant par attraction sur le pôle austral de l'aiguille, et par répulsion sur le pôle boréal, il en résulte que les deux pôles de l'aiguille sont sollicités par deux forces contraires, égales et parallèles, car le pôle terrestre est assez éloigné et l'aiguille assez petite pour qu'on puisse admettre comme rigoureusement parallèles les deux droites qui, dans une position quelconque de l'aiguille, joignent ses deux pôles au pôle nord du globe ; donc ce pôle produit l'effet d'un couple. Or, le pôle austral terrestre agissant absolument de la même manière sur les pôles de l'aiguille, il en résulte un second couple, et c'est le couple résultant des deux premiers qui sollicite enfin l'aiguille à prendre une direction déterminée.

On voit, par cet article et par le précédent, que, dans leur ensemble, les phénomènes de l'aiguille s'expliquent assez bien dans l'hypothèse d'un aimant terrestre à deux pôles. Mais cet accord entre la théorie et les résultats de l'expérience cesse quand on descend dans les détails. Cependant nous continuerons à adopter provisoirement cette hypothèse, sauf à la discuter plus tard dans les articles que nous consacrerons au magnétisme du globe. (H. V.)

AIMANTATION PAR INFLUENCE.

Sous l'influence de l'aimant, le fer et l'acier deviennent eux-mêmes des aimants. Cette propriété se démontre très-facilement pour le fer. A cet

effet, on suspend à un aimant un petit morceau de fer, à l'extrémité inférieure duquel on présente ensuite de la limaille de même métal (fig. 81) : on verra celle-ci s'y attacher et rester suspendue aussi longtemps que le morceau de fer demeure lui-même suspendu à l'aimant ; mais si on l'en détache, à l'instant toute la limaille tombe, et l'on n'observe plus aucune force attractive. Ce n'est pas la force de l'aimant qui agit à distance sur la limaille et la maintient suspendue ; car si le morceau de métal employé n'était pas de fer, mais de cuivre, par exemple, le phénomène ne se produi-

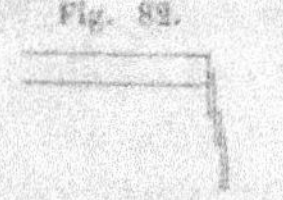

rait pas. On peut varier l'expérience précédente en présentant au morceau de fer suspendu, au lieu de limaille, un autre petit morceau de même métal (fig. 82). Celui-ci s'y attachera et, par l'influence du premier, il deviendra lui-même capable d'en soutenir un troisième à son extrémité ; ce troisième, aussi aimanté par influence, pourra en soutenir un quatrième, et ainsi de suite; mais l'action s'affaiblit à mesure qu'on s'éloigne du barreau, et un des morceaux de la suite ne peut plus en soutenir un du même poids. Si le barreau est séparé et éloigné du premier morceau de fer, toutes les adhérences magnétiques de la chaîne cessent en même temps.

Pour montrer que sous l'influence d'un aimant, le fer doux devient lui-même un aimant avec deux pôles et une ligne moyenne, il faut prendre un morceau un peu long de ce métal, cylindrique ou prismatique, et le placer, à une certaine distance, dans le prolongement d'un barreau aimanté. En présentant alors successivement aux différents points de sa longueur l'un des pôles d'une petite aiguille aimantée, l'on reconnaîtra qu'il a acquis une ligne neutre à peu près vers son milieu, et deux pôles de part et d'autre de cette ligne, un pôle contraire au pôle le plus voisin du barreau sur son extrémité dirigée vers celui-ci, et un pôle semblable sur l'extrémité opposée. Nous verrons plus loin pourquoi on ne peut pas constater la formation des pôles lorsque le fer doux est en contact avec l'une des extrémités d'un barreau aimanté.

L'acier non trempé, soumis à l'influence des aimants, se comporte à peu près comme le fer. Mais quand il a été trempé, il s'en distingue par deux caractères essentiels : 1° il exige, pour acquérir la polarité magnétique, un contact plus ou moins prolongé avec l'aimant, suivant le degré de la trempe; 2° après avoir été aimanté, il conserve la vertu magnétique quand on le soustrait à l'action de l'aimant qui la lui a communiquée. Du premier de ces caractères distinctifs de l'acier, c'est-à-dire de la lenteur avec laquelle il cède à l'action des aimants, on conclut qu'il y a dans sa substance une force, ou plutôt une sorte de résistance qui s'oppose au développement de la vertu magnétique, et cette force on l'appelle *force coercitive*. Du second caractère qu'il présente, c'està-dire de la faculté en vertu de laquelle il conserve le magnétisme qu'il a pu recevoir, on conclut qu'il y a aussi dans sa substance une force ou une résistance qui s'oppose à la disparition de la vertu magnétique, et cette résistance s'appelle encore *force coercitive*. On n'est pas sûr toutefois que la force coercitive qui s'oppose à l'aimantation soit identique à la force coercitive qui s'oppose à la disparition du magnétisme. Quoi qu'il en soit, le fer doux, dans son état naturel, ne possède pas de force coercitive. Cependant, comme nous le verrons plus loin, diverses opérations permettent de lui en donner; mais on ne parvient jamais à lui en faire acquérir autant qu'en possède l'acier convenablement trempé. (H. V.)

LE MAGNÉTISME N'EST PAS TRANSMISSIBLE.

Avec un aimant on peut aimanter des morceaux de fer et d'acier aussi longtemps et aussi souvent que l'on veut, sans qu'il perde lui-même rien de sa propriété attractive. Par conséquent, cette opération n'enlève pas à l'aimant son magnétisme pour le donner au fer ou à l'acier, puisque à la longue il finirait par s'épuiser. Ainsi le magnétisme n'est pas transmissible, c'est-à-dire qu'il ne passe pas d'un corps à un autre.

Il y a plus : l'expérience nous oblige à admettre que le magnétisme ne se transmet pas même dans l'intérieur d'un corps, de molécule à molécule. En effet, lorsqu'on brise en plusieurs morceaux un mince barreau aimanté, qui ne présentait que deux pôles, on reconnaît que chacun des morceaux, si petit qu'il soit, manifeste à son tour deux pôles. Ainsi, à chaque fracture, il se forme deux centres d'action nouveaux, de natures contraires, qui n'existaient pas auparavant. Par conséquent, si on pouvait pousser la division jusqu'à atteindre les molécules de l'aimant, on les trouverait douées chacune de deux pôles contraires, dirigés dans le même sens que les pôles de même nom du barreau entier. On voit donc que dans celui-ci les molécules d'un même côté de la ligne moyenne possèdent en réalité les deux espèces de magnétisme, tandis que si le magnétisme était transmissible dans l'intérieur d'un corps, elles n'en devraient contenir qu'une seule, de même qu'on ne trouve qu'une seule espèce d'électricité dans chaque moitié d'un cylindre de cuivre électrisé par influence. (H. V.)

ANCIENNE THÉORIE DU MAGNÉTISME.

Jusqu'ici on a proposé trois hypothèses principales pour expliquer les phénomènes du magnétisme, que nous appellerons respectivement l'ancienne théorie, l'ancienne théorie modifiée et la théorie d'Ampère.

Cette dernière paraît devoir être préférée, car elle a sur les deux autres l'avantage de rattacher la théorie du magnétisme à celle de l'électricité. Cependant comme elle a un grand nombre de points communs avec elles, il faut, pour la comprendre, connaître ces dernières. C'est ce qui nous engage à les exposer maintenant. Nous nous occuperons plus tard de la théorie d'Ampère, lorsque nous aurons étudié les phénomènes qui lui servent de base.

Dans l'ancienne hypothèse, qui est analogue à celle qu'on adopte pour les phénomènes électriques, on suppose que les corps sensibles au magnétisme contiennent deux fluides qui s'attirent mutuellement, et repoussent leurs propres molécules; ils sont appelés l'un *fluide austral*, l'autre *fluide boréal*, du nom des pôles où leurs actions deviennent respectivement prépondérantes. Quand la vertu magnétique se manifeste, on dit que ces deux fluides sont séparés. Mais pour que l'explication de tous les faits puisse être complétée, il faut admettre que les fluides magnétiques ne peuvent se transporter, ni d'un corps dans un autre, ni même entre deux parties du même corps.

Il faut regarder chaque particule d'un corps susceptible d'aimantation comme ne pouvant être abandonnée par les fluides magnétiques qu'elle contient, lesquels sont combinés ou distribués également, lorsque le corps est à l'état naturel, et qui se séparent pour occuper des parties opposées de cette particule, lorsque le corps est soumis à l'influence d'un aimant. L'acier s'aimantant plus difficilement que le fer doux, et conservant les propriétés magnétiques acquises, il faut encore admettre une force coercitive qui s'oppose en partie au transport des deux fluides dans l'intérieur même des particules, et qui, gênant ainsi leur mouvement, empêche leur recomposition autant que leur séparation. — Telle est l'ancienne théorie du magnétisme. (H. V.)

ANCIENNE THÉORIE DU MAGNÉTISME MODIFIÉE.

Plusieurs faits semblent indiquer que la théorie précédente doit être modifiée en quelques points. Au lieu d'admettre que dans un corps magnétique non aimanté les deux magnétismes sont combinés, il faut supposer que ces magnétismes sont libres en deux points opposés de chaque molécule. Si ces magnétismes ne manifestent pas leur présence au dehors, c'est que les molécules, étant dirigées sans ordre, exercent au dehors des actions égales et opposées qui se détruisent. L'aimantation consisterait à orienter les molécules de manière qu'elles aient toutes leurs pôles de même nom tournés du même côté. La force coercitive ne serait, dans cette manière d'envisager le magnétisme, que la résistance plus ou moins grande des particules à une modification dans leur arrangement mutuel, tel qu'il constitue la structure naturelle du corps. On peut mentionner comme preuve importante à l'appui de cette théorie que toute action capable de déranger les molécules des corps magnétiques de leur position d'équilibre favo-

rise leur aimantation. C'est ce qui sera démontré dans l'article relatif
à l'aimantation par l'influence du globe. Pour le moment nous nous
bornerons à citer le fait suivant, découvert par de Haldat : des fils de
fer non recuits, d'un décimètre de longueur et d'un millimètre de
diamètre, avaient été placés horizontalement entre deux barreaux
dont les pôles contraires étaient tournés vers les bouts des fils, mais à
une distance trop grande pour pouvoir les aimanter par leur influence.
Toutefois, dès qu'on les frottait dans la direction des pôles avec des
corps durs, ils acquéraient une polarité magnétique prononcée sous
cette même influence. (H. V.)

THÉORIE DES AIMANTS.

Les pôles nouveaux qui se forment lorsqu'on brise un aimant démontrent que toutes les particules qui le composent présentent chacune
deux pôles dirigés respectivement dans le même sens que les pôles du
barreau. Il importe d'expliquer comment il peut se faire néanmoins
que chaque moitié du barreau se comporte comme si elle ne contenait qu'un seul fluide magnétique libre. Nous adopterons l'ancienne
théorie du magnétisme, mais nos raisonnements seraient facilement
applicables à cette théorie modifiée.

Fig. 85.

Considérons une particule d'acier m (fig. 85),
dont une influence magnétique ait séparé les
fluides, en attirant le fluide austral en a, et le
fluide boréal en b. Lorsque l'influence aura été
écartée, il y aura recomposition partielle, qui
sera limitée par la force coercitive.

Supposons maintenant que deux particules d'acier, aimantées, M
et M' (fig. 85), soient placées à la suite l'une de l'autre, leurs pôles de
même nom étant dirigés dans le même sens. Si la distance qui sépare
ces deux molécules est assez grande pour qu'on puisse négliger leurs
dimensions par rapport à elle, les molécules M et M' seront sans influence l'une sur l'autre; car l'action du pôle a' de M' sur la molécule M,
par exemple, sera détruite par celle du pôle b'. Mais il n'en sera plus
de même lorsque les dimensions des particules ne seront plus négli-
geables par rapport à la distance qui les sépare. Alors, l'influence du
pôle a' de M' concourt avec la force coercitive à maintenir la séparation
des fluides magnétiques de la particule M, et cette influence ne sera
plus détruite par celle contraire du pôle b', qui agit à une distance plus

grande. Une nouvelle décomposition de fluide neutre aura donc lieu dans la molécule M, et celle-ci se trouvera définitivement aimantée à un plus haut degré que lorsqu'elle était isolée. La même chose aura lieu pour la particule M, par l'influence de la particule M ; mais l'accroissement des quantités de magnétisme libre dans chacune des deux molécules diminuera à mesure que la distance entre les particules deviendra plus considérable.

Considérons enfin un nombre quelconque de particules d'acier, par exemple, cinq, que nous supposerons d'abord toutes également aimantées, placées sur la même ligne à des distances égales, et ayant leurs pôles de même nom dirigés du même côté. La particule extrême M sera influencée par toutes les autres ; ces influences concourent toutes avec la force coercitive, pour s'opposer à la recomposition des fluides séparés a et b, mais avec des intensités décroissantes, puisqu'elles auront lieu à des distances croissantes. La seconde particule M′ sera pareillement influencée par toutes les autres, mais plus fortement en somme que la première. En effet, les molécules M′, M″ et M‴ agissent sur la molécule M dans les mêmes conditions que les molécules M″, M‴ et M^{iv} agissent sur M′ ; mais la molécule M′ est en outre influencée par M, et celle-ci l'est par M^{iv} ; or, l'influence de M sur M′ étant plus forte que celle de M^{iv} sur M, puisqu'elle a lieu à une distance beaucoup plus petite, on voit que la particule M′ doit, comme nous l'avons dit, se trouver plus fortement influencée que la particule M. On voit de même que la troisième particule M″ sera plus fortement influencée que M′, car l'influence de M^{iv} sur M′ est moindre que celle de M sur M″.

Il résulte de là que M′ conservera une plus grande quantité de fluides séparés que M ; M″ plus que M′. S'il y a cinq particules, comme nous l'avons supposé, M^{iv} et M resteront également aimantées ; mais elles le seront moins que M′ et M‴, et ces dernières moins encore que M″. Les masses de fluides séparées dans chaque particule devant être regardées comme égales en valeur absolue, on aura $a' > b$, $a'' > b'$ et $b'' > a'''$, $b''' > a^{\mathrm{iv}}$ [1]. Ainsi, en considérant l'intervalle qui sépare deux particules consécutives, où deux masses de fluides contraires tendent l'une vers l'autre, le fluide austral, accumulé d'un côté de cet intervalle, sera en plus grande quantité que le fluide boréal, accumulé de l'autre côté, si cet intervalle est pris dans la moitié de la ligne terminée par un pôle austral ; et en plus petite

____

[1] Le signe $>$ signifie plus grand que.

quantité, au contraire, si l'intervalle dont il s'agit appartient à l'autre moitié, qui se termine par un pôle boréal.

L'action de la ligne des particules sur un corps extérieur sera donc telle, que les actions provenant du fluide austral seront prépondérantes de la part des particules situées dans la première moitié, et que la seconde agira plus fortement par son fluide boréal. Ou bien, la première moitié semblera ne contenir que du fluide austral, le fluide boréal étant latent ou déguisé; tandis que la seconde ne manifestera que du fluide boréal libre, son fluide austral étant, au contraire, latent. Ce que nous venons de dire d'une seule ligne de particules sera évidemment vrai pour un assemblage de plusieurs lignes semblables juxtaposées, ou pour un barreau aimanté. (H. V.)

NEUTRALISATION DU MAGNÉTISME.

La théorie qui précède suppose que deux quantités égales de fluides magnétiques contraires neutralisent mutuellement leurs effets. L'expérience suivante peut être citée pour démontrer cette proposition : on fait porter à un barreau aimanté A (fig. 84), un objet de fer, un cylindre f, par exemple; puis, on approche en haut un second aimant R, sensiblement de même force, en ayant soin de mettre en regard les pôles contraires. Le cylindre continue à être porté tant que les deux pôles sont éloignés; mais aussitôt qu'ils sont suffisamment rapprochés, il tombe comme si le barreau qui le soutenait avait perdu tout à coup sa propriété magnétique; mais il n'en est rien, car celui-ci peut le porter de nouveau aussitôt qu'on a retiré le second barreau. (H. V.)

PARADOXE MAGNÉTIQUE.

Lorsqu'on explore avec une petite aiguille aimantée un barreau de fer doux en contact avec l'un des pôles d'un aimant, on trouve que dans toute sa longueur ce barreau manifeste la présence de magnétisme libre de même nom que celui du pôle sous l'influence duquel il s'est aimanté. Au lieu de l'attraction qui s'observe entre l'aimant et le fer doux, il devrait, semble-t-il, se produire plutôt une répulsion.

Pour expliquer cette attraction paradoxale et en apparence contraire à la théorie, M. Van Rees fait remarquer que les particules du barreau de fer doux doivent se trouver d'autant plus fortement aimantées par l'influence puissante du pôle de l'aimant, qu'elles en sont plus rapprochées. Si le pôle influençant est, par exemple, un pôle boréal, le magnétisme boréal, devenu libre dans une particule du barreau de fer doux, devra l'emporter en quantité sur le magnétisme austral développé par le même pôle dans la particule suivante, de sorte que, sur toute sa longueur, le barreau ne pourra présenter que du fluide boréal libre, excepté à son extrémité qui est en contact avec l'aimant, car le magnétisme austral des particules de cette extrémité reste libre. Or, c'est ce magnétisme libre, qui produit l'attraction entre le fer doux et l'aimant, qu'il s'agissait d'expliquer.

Lorsque le barreau de fer doux est placé à une certaine distance de l'aimant, la distribution de son magnétisme libre se rapproche de celle que nous observons dans les aimants, parce qu'alors les actions des particules les unes sur les autres ne peuvent plus être négligées comme au contact du fer avec l'aimant. Ainsi le barreau de fer doux présentera une ligne neutre et deux pôles, mais la ligne neutre n'est pas en son milieu : elle s'en éloigne d'autant plus que la distance de l'aimant est moindre; elle coïncide, au contraire, avec ce milieu, lorsque le pôle influençant est placé à une distance très-grande. (H. V.)

AIMANTATION PAR L'INFLUENCE DU GLOBE.

L'action du globe terrestre pouvant être représentée par celle de deux pôles magnétiques, elle doit exercer sur une barre de fer ou d'acier la même influence qu'un aimant. Cette influence doit être surtout sensible, si l'on donne à la barre la direction même des actions magnétiques du globe, c'est-à-dire la position de l'aiguille d'inclinaison. En effet, lorsqu'on amène dans cette direction une barre de fer doux, elle s'aimante : une petite aiguille, présentée aux extrémités de cette barre, est successivement attirée et repoussée, de manière à indiquer l'existence d'un pôle boréal à l'extrémité supérieure de la barre, et un pôle austral à l'autre. Et, ce qui prouve que ce n'est pas une propriété permanente de la barre qui produit ces effets, c'est qu'ils restent les mêmes, pour les mêmes positions, lorsque la barre est retournée de manière que ses extrémités prennent la place l'une de l'autre.

Une barre de fer doux offre toujours deux pôles à ses extrémités,

dans toutes positions, pourvu qu'elle ne soit pas perpendiculaire au
méridien magnétique ; cette aimantation est encore due aux actions
des pôles magnétiques de la terre, lesquelles donnent toujours des
composantes efficaces, dirigées suivant l'axe de la barre. C'est à cette
aimantation par l'influence du globe qu'est due très-probablement la
formation des aimants naturels. (H. V.)

AIMANTATION DURABLE DU FER DOUX.

Lorsqu'une barre de fer doux est soumise à l'action magnétique de
la terre, il suffit de la frapper de quelques coups de marteau assez
forts pour produire un commencement d'écrasement, ou de la soumettre à une torsion puissante, ou de la laisser exposée à l'air jusqu'à
ce que sa surface se soit couverte de rouille, pour donner à cette barre
une force coercitive qui lui permet de conserver des propriétés magnétiques durables.

L'influence des actions mécaniques et chimiques, jointe à celle de la
terre qui agit comme un aimant, explique pourquoi tous les outils en
fer, dans les arts ou dans les ménages, les pelles, les pincettes, les
ciseaux, sont de véritables aimants. Pour reconnaître l'existence des
pôles dans ces ustensiles, et en général, dans les corps faiblement
aimantés, il faut se garder d'employer une aiguille aimantée trop forte,
qui pourrait développer par influence des propriétés magnétiques
capables de masquer celles qu'on se propose de constater. Il faut, pour
le même motif, n'approcher l'aiguille que graduellement du corps à
explorer, et s'arrêter aussitôt que l'on remarque qu'elle est attirée ou
repoussée. On peut être sûr alors qu'elle n'a été influencée que par le
magnétisme libre du corps.

Avant de passer à un autre sujet, nous devons encore signaler un
fait intéressant : c'est qu'on peut, par l'aimantation opérée au moyen
du globe terrestre, se procurer de forts aimants en prenant un certain
nombre de fils de fer, de 30 à 40 centimètres de longueur, et en les
tordant fortement pendant qu'on les tient dans une position verticale,
ou encore mieux dans la direction de l'aiguille d'inclinaison. Cette
opération, en dérangeant les molécules du fer de leur position d'équilibre, et en rendant les fils plus roides, favorise dans ceux-ci le développement et la conservation d'un fort magnétisme. Dès qu'ils sont
aimantés, on les réunit pour en former un faisceau, en ayant soin de
les disposer de manière que leurs pôles semblables arrivent tous à la
même extrémité du faisceau. (H. V.)

FORMES DES AIMANTS ARTIFICIELS.

Sous le rapport de leurs formes, on peut diviser les aimants artificiels en *aiguilles* et en *barreaux*. Nous nous sommes déjà occupés de l'aiguille aimantée. Quant aux barreaux, ils sont ordinairement prismatiques ; ils ont aussi quelquefois la forme d'un fer à cheval, et, pour les renforcer, on en superpose plusieurs les uns sur les autres, de manière à obtenir ce que l'on appelle des *faisceaux magnétiques*. Les lettres N et S, gravées sur les extrémités des barreaux, indiquent respectivement les pôles austral et boréal.

Fig. 85.

La figure 85 représente un faisceau magnétique formé de douze barreaux disposés en 3 couches de 4 barreaux chacune. Les barreaux, qui ont leurs pôles de même nom dirigés dans le même sens, ont environ 2 1/2 centimètres de largeur et une épaisseur de 3 à 5 millimètres ; mais ils n'ont pas la même longueur, les barreaux des couches inférieure et supérieure étant plus courts de 2 à 5 centimètres que les barreaux de la couche moyenne : on a trouvé que cette disposition avait pour effet de renforcer le faisceau. *f, f* sont les armures en fer doux du faisceau. Ces armures, dont nous expliquerons plus loin l'utilité, sont maintenues en position par les liens ou colliers de fer, *cc, cc*, et elles sont terminées par des talons qui deviennent les pôles du faisceau.

Les faisceaux magnétiques droits, comme celui que nous venons de décrire, rendent d'excellents services pour l'aimantation.

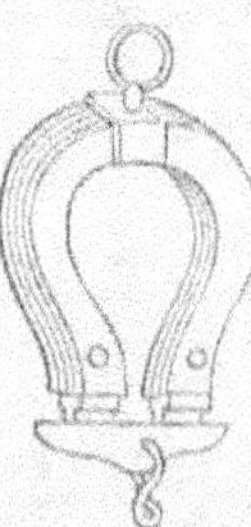

Fig. 86.

La figure 86 représente un faisceau magnétique formé de 5 lames d'acier en fer à cheval superposées, et réunies, à leurs extrémités, par deux vis et, au milieu de leur longueur, par un collier en laiton, qui porte un anneau ou un crochet pour suspendre le faisceau. Comme dans les faisceaux droits, les lames des diverses couches sont successivement en retraite à partir des lames de la couche moyenne qui sont les plus longues.

Fig. 87.

On préfère actuellement donner aux branches des aimants en fer à cheval la forme droite. La figure 87 représente un faisceau composé de lames de cette forme. Du reste, quelle que soit la forme qu'on adopte, l'aimant est muni d'une armure en fer doux. C'est une lame $snmb$ (fig. 87), qui a le tiers ou le quart de l'épaisseur de l'aimant ; sa longueur se règle d'après l'intervalle des deux pôles qu'elle doit réunir ; quant à sa surface de contact avec les pôles de l'aimant, elle ne doit avoir qu'une largeur de 1 à 3 millimètres, sans quoi l'aimant ne porte pas des poids aussi considérables, avant que l'armure ne se détache. Pour pouvoir facilement suspendre ces poids, l'armure porte un crochet fixé au point b, qui doit se trouver sur la droite ab passant par le milieu de l'intervalle des deux pôles et parallèle aux branches de l'aimant. La faible largeur que doit présenter la surface de contact de l'armure paraît devoir être attribuée à ce qu'une surface plane plus large ne s'applique pas aussi exactement contre les pôles qu'une surface plus étroite.

La forme en fer à cheval est avantageuse pour faire porter un poids à l'aimant, car les deux pôles sont utilisés en même temps.

PROCÉDÉS D'AIMANTATION.

Les principaux moyens que l'on emploie pour aimanter les barreaux et les aiguilles d'acier, sont : 1° le procédé de la simple touche ; 2° celui de la double touche séparée ; 3° celui de la double touche, et 4° celui de la touche circulaire.

PROCÉDÉ DE LA SIMPLE TOUCHE.

Le procédé de la simple touche consiste à faire glisser l'un des pôles d'un fort aimant NS (figure 88, ci-après), d'un bout à l'autre du barreau AB qu'on veut aimanter, et à répéter plusieurs fois les fric-

Fig. 88.

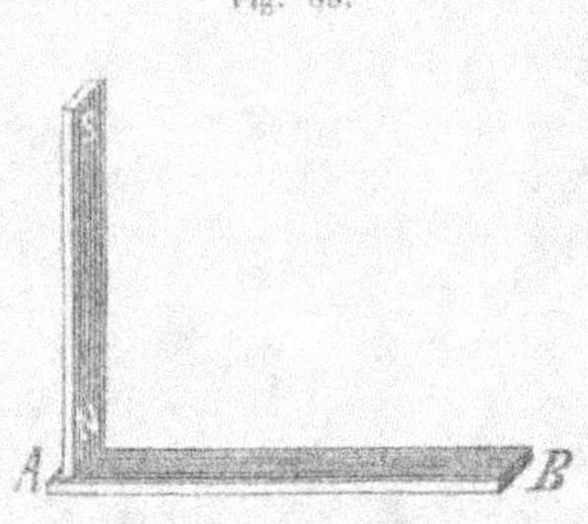

tions, toujours dans le même sens. La dernière extrémité du barreau que touche l'aimant mobile présente un pôle contraire à celui avec lequel on fait les frictions. Après 6 à 8 frictions sur les deux faces du barreau, celui-ci se trouve aimanté.

Ces frictions paraissent agir en déterminant dans l'acier un mouvement vibratoire, qui facilite la nouvelle orientation nécessaire au développement du magnétisme.

PROCÉDÉ DE LA DOUBLE TOUCHE SÉPARÉE.

Fig. 89.

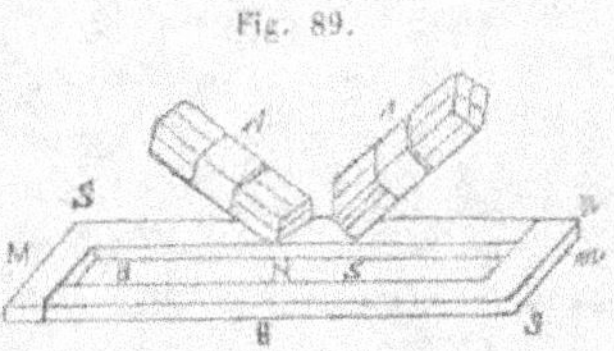

Ce procédé, adopté par Knight, en Angleterre, en 1745, consiste à placer les deux pôles contraires N et S de deux barreaux ou mieux de deux faisceaux magnétiques, A, A, d'égale force (fig. 89), au milieu du barreau à aimanter, et à les faire glisser simultanément chacun vers un des bouts du barreau, en les tenant inclinés, en sens contraire, sous un angle de 25 à 30° sur l'axe de celui-ci ; plusieurs frictions semblables sur les deux faces du barreau suffisent ordinairement. L'opération est abrégée et le développement du magnétisme favorisé, quand le barreau repose sur les pôles contraires de deux aimants artificiels fixes. On peut aussi, comme l'indique la figure 89, disposer parallèlement deux barreaux à aimanter et appliquer à leurs extrémités deux prismes de fer doux MS et ms, de manière à former un rectangle. Dans ce dernier cas, lorsque l'un des barreaux est aimanté, on procède à l'aimantation du second, en ayant soin seulement de changer de place les faisceaux, c'est-à-dire, de faire glisser vers la gauche celui de ces faisceaux qui, sur le premier barreau, était mû vers la droite, et réciproquement.

Le procédé de la double touche séparée est celui qui donne l'aimantation la plus régulière.

PROCÉDÉ DE LA DOUBLE TOUCHE.

Fig. 90.

Dans la méthode de la double touche, les deux aimants ou mieux les deux faisceaux qui servent à opérer les frictions sont placés verticalement au milieu du barreau à aimanter (fig. 90), leurs pôles contraires N, S, en regard ; mais au lieu de glisser en sens contraire vers ses extrémités, ils sont maintenus à un intervalle fixe au moyen de deux petites pièces de bois placées entre eux, et glissent ensemble du milieu à une extrémité, puis de celle-ci à l'autre, et ainsi de suite, de manière que chaque moitié du barreau reçoive le même nombre de frictions.

Fig. 91.

La figure 91 montre, sur une plus grande échelle, la disposition des deux faisceaux. Lorsqu'on veut employer ces faisceaux, on détache les deux armures en fer doux qui réunissent leurs pôles opposés.

Une chose digne de remarque, c'est que l'on ne peut juger du pouvoir aimantant d'un pareil système d'après le poids qu'il est capable de porter. Tel système de deux faisceaux aimantera plus fortement que tel autre qu'on croirait supérieur en puissance. C'est ce que les anciens physiciens français exprimaient, en disant que les aimants les plus vigoureux ne sont pas toujours les plus généreux.

Le procédé de la double touche donne souvent naissance à des pôles intermédiaires ou *points conséquents*, surtout quand les lames ou les barreaux à aimanter ont une grande longueur. Il vaut donc mieux employer la double touche séparée, quand il s'agit d'aiguilles de boussole ou d'aimants destinés à des appareils de précision.

PROCÉDÉ DE LA DOUBLE TOUCHE CIRCULAIRE.

Ce procédé, qui est le plus énergique de tous ceux que l'on connaisse, n'est qu'une modification du procédé de la double touche qui vient d'être décrit.

Fig. 92.

S'il s'agit, par exemple, d'aimanter deux barreaux NS, SN (fig. 92), on les dispose parallèlement sur une table, et on réunit leurs extrémités correspondantes par des prismes en fer doux ab, cd, de manière à former un rectangle. Ces prismes doivent avoir même épaisseur et même largeur que les barreaux. On place ensuite au milieu de l'un des barreaux les deux aimants qui servent à faire les frictions, exactement comme s'il s'agissait d'employer le procédé de la double touche (voy. fig. 90). Puis on fait glisser ces deux aimants successivement sur tous les points du rectangle, en tournant constamment dans le même sens et en ayant soin que l'aimant qui se trouve d'abord en avant dans le sens du mouvement conserve toujours la même position. On continue ainsi jusqu'à ce que l'on suppose que les deux barreaux se trouvent aussi fortement aimantés que le permet le procédé.

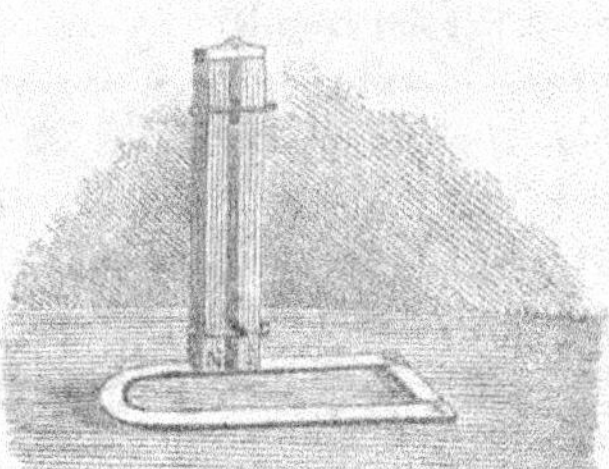

Fig. 93.

La figure 93 montre comment on doit opérer pour aimanter par ce procédé un fer à cheval. On voit que les deux extrémités de celui-ci sont réunies au moyen d'une armure de fer doux. Le développement du magnétisme est favorisé lorsqu'on place les extrémités du fer à cheval sur les pôles contraires de deux forts aimants droits dont on réunit les deux extrémités libres au moyen d'un petit barreau de fer doux. Lorsque, en outre, on a soin de faire reposer le fer à cheval à aimanter sur un système de pareils petits barreaux de fer doux placés à côté les uns des autres, parallèlement à la droite qui réunit les deux extrémités du fer à cheval, on obtient les effets les plus énergiques qu'il soit possible de réaliser à l'aide des aimants.

S'il s'agit d'aimanter deux fers à cheval de mêmes dimensions, on les dispose comme le montre la figure 94.

Fig. 94.

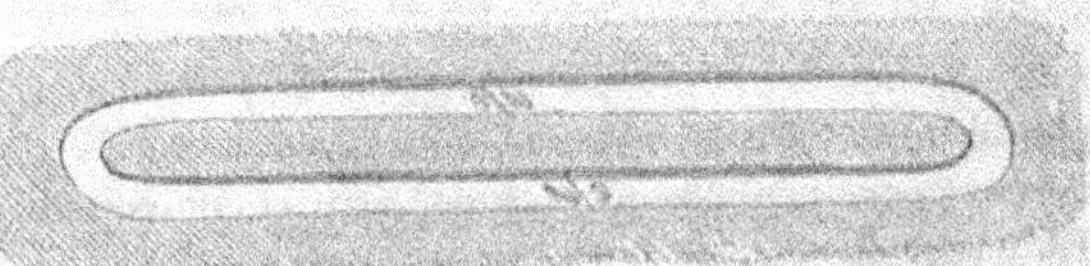

Lorsque nous nous occuperons de l'électro-magnétisme, nous ferons connaître des procédés d'aimantation beaucoup plus énergiques que ceux que nous venons d'étudier.

DU POINT DE SATURATION DE L'ACIER.

Il est difficile de déterminer le degré d'aimantation qu'un morceau d'un acier donné est susceptible de prendre. Néanmoins on admet qu'il est toujours possible d'y développer plus de magnétisme qu'il n'en peut conserver.

Lorsqu'on aimante un fer à cheval, après avoir appliqué une armature en fer doux à ses deux extrémités, et qu'ensuite on attache à cette armature des poids qu'on augmente graduellement jusqu'à ce qu'elle se détache: si on réapplique alors l'armature, on trouvera qu'il faut des poids moindres pour la détacher de nouveau. En l'appliquant une troisième fois, on trouvera probablement qu'elle se détachera plus facilement encore, et ainsi de suite, jusqu'à ce qu'il arrive un moment où le poids capable de l'arracher ne variera plus. La quantité de magnétisme du fer à cheval reste alors constante, et l'on dit qu'il est *aimanté à saturation* ou *au point de saturation*. Mais le point de saturation n'est pas une limite aussi fixe qu'on le suppose : en effet, en réaimantant le fer à cheval à l'aide de faisceaux plus puissants ou plus *généreux*, selon l'expression des anciens physiciens français, on réussit quelquefois à augmenter d'une manière durable son intensité magnétique.

Une chose digne de remarque, c'est que les aimants de petites dimensions ont une puissance relative beaucoup plus grande que les autres. C'est ainsi qu'il est très-facile d'aimanter, par les procédés ordinaires, un petit fer à cheval du poids de 60 grammes (4 loths, poids prussien), au point de lui faire porter une masse de 1,460 grammes (3 livres 4 loths), c'est-à-dire un poids égal à environ 24 fois le sien, tandis que les mêmes procédés ne permettent pas de faire acquérir à un aimant en fer à cheval du poids de 467 grammes (1 livre de Prusse) une force supérieure à 5,860 grammes (12 livres 17 loths). Cependant si la puissance des aimants était simplement proportionnelle à leur masse, ce dernier barreau devrait facilement porter 24×467 ou 11,208 grammes, c'est-à-dire, un poids près de deux fois plus grand que celui qu'il porte en réalité. Un aimant du poids de 46 kilogrammes ne porte même qu'un poids égal au triple du sien, etc.

Newton possédait un très-petit aimant qu'il portait dans une bague,

et qui, nonobstant son exiguïté, était capable de soulever un poids
égal à 260 fois le sien. Ce fait vient à l'appui de ce que nous venons
de dire sur la force des aimants de petites dimensions.

DE LA PROFONDEUR A LAQUELLE PÉNÈTRE LE MAGNÉTISME
DANS LES AIMANTS.

L'intensité relativement plus grande du magnétisme que prennent
les petits barreaux paraît tenir à ce que le rapport de la surface au
volume, dans ces barreaux, est plus considérable que dans les grands.
Il résulte, en effet, des recherches de Nobili et d'autres physiciens que
l'intérieur des aimants se compose de couches concentriques dont le
magnétisme diminue rapidement du dehors au dedans, ou en d'autres
termes, que dans l'acier trempé la couche superficielle est seule
capable de conserver le magnétisme. D'après cela, on comprend que
toute augmentation de cette surface doit, toutes choses égales d'ailleurs, être favorable au développement et à la conservation du magnétisme. Voici une expérience de Nobili, tout à fait à l'appui de
cette proposition. Ce physicien fit construire avec le même acier deux
cylindres de même longueur et de même diamètre ; l'un massif, qui
pesait 28 grammes, l'autre creux, qui pesait 16 grammes. Ces
deux cylindres furent trempés de la même manière et aimantés l'un
et l'autre à saturation. Placés à la même distance d'une aiguille
aimantée mobile autour d'un pivot vertical, le cylindre massif donna
une déviation de 9° 1/2, et le cylindre creux de 49°. La différence
très-grande en faveur du cylindre creux, quoiqu'il eût une masse
presque moitié moindre que le cylindre massif, tient à ce qu'étant
trempé en dehors et en dedans, il se trouvait recouvert des deux côtés
d'une couche capable de conserver le magnétisme, tandis que le
cylindre massif ne possédait une pareille couche que sur sa surface
extérieure.

L'épaisseur de la couche active des aimants est inconnue. On pourrait peut-être la déterminer en usant la surface d'un aimant sur une
meule qu'on arroserait d'eau froide de manière à empêcher toute élévation de température de l'aimant. (H. V.)

TREMPE DE L'ACIER.

Pour que l'acier devienne capable de conserver le magnétisme qu'on
lui communique, il faut qu'il soit convenablement trempé. La trempe

consiste à chauffer l'acier et à le refroidir ensuite brusquement. La
température qu'il faut choisir pour la trempe varie suivant la nature
de l'acier : telle espèce d'acier doit être chauffée au rouge sombre,
telle autre au rouge-cerise, une troisième au cerise clair, une quatrième même au rouge-blanc, etc. En général, la trempe exige une
température d'autant moins élevée que les aciers sont de meilleure
qualité. Les bons couteliers ont seuls assez d'expérience pour apprécier le degré de chaleur que réclame chaque acier.

Le prompt refroidissement fait la trempe. On peut tremper l'acier
dans l'eau, dans les acides, dans les corps gras, etc. Tous les acides
durcissent plus que ne le fait l'eau froide. Les corps gras, tels que
l'huile, le suif, le savon et la cire, trempent moins fortement que l'eau.
Ils ont l'avantage d'obvier aux gerçures qui se forment souvent aux
arêtes par les autres corps réfrigérants que nous venons d'indiquer.
Le suif, en particulier, est très-propre à la trempe de l'acier qu'on se
propose d'aimanter. (H. V.)

RECUIT DE L'ACIER.

Rarement l'acier prend à la trempe le degré de dureté qui convient
à l'usage qu'on veut en faire ; presque toujours on lui donne une
trempe trop forte ; mais on le ramène au degré de dureté voulu par
une opération qui s'appelle *recuit*, laquelle consiste à le chauffer à
certains degrés et à le plonger ensuite dans l'eau froide. Plus on le
chauffe, plus il perd de sa dureté. Si, avant le recuit, l'acier a été bien
décapé et, mieux encore, s'il a été blanchi à la meule, on remarque
facilement qu'il prend successivement différentes couleurs, à mesure
que la température augmente. Ce sont ces couleurs qui guident pour
lui donner le degré de dureté dont on a besoin, et c'est pour ce motif
qu'on les appelle *couleurs de recuit*. Produites par la mince pellicule
d'oxyde dont se couvre la surface de l'acier quand on le chauffe à l'air,
leur nuance varie avec l'épaisseur de cette pellicule, exactement
comme cela a lieu pour les couleurs des bulles de savon. Voici dans
quel ordre ces couleurs se succèdent :

À 122° C., la couleur de l'acier est jaune-paille.
À 234°　　　　　　　　　　　　jaune d'or.
À 250°　　　　　　　　　　　　violet pourpre.
À 300°　　　　　　　　　　　　bleue.
À 391° C., toute coloration disparaît.

Mais lorsqu'on chauffe un peu plus, les mêmes nuances se renouvellent, quoique plus faiblement, et disparaissent ensuite. Enfin, quelques instants avant la chaleur rouge, l'acier devient bleu.

Ces couleurs sont quelquefois extrêmement riches, surtout la couleur violette et la couleur bleue de la première série. On emploie cette couleur bleue pour les ressorts et comme ornement, parce que les objets qui la possèdent sont préservés de l'oxydation. Pour le recuit de l'acier qu'on veut aimanter, il ne faut jamais la dépasser, sans quoi l'acier deviendrait trop mou et ne conserverait plus le magnétisme.

On peut se dispenser de blanchir la surface de l'acier, et alors on reconnaît le degré de recuit au moyen d'un enduit de suif. Quand le suif commence à fumer, on a le recuit correspondant à la couleur paille; une fumée plus abondante et un peu colorée indique le recuit au brun; une fumée noire correspond au violet; enfin, lorsque le suif commence à s'enflammer par l'approche d'un corps embrasé, mais cesse de brûler quand on éloigne celui-ci, on a le recuit correspondant à la couleur bleue.

Ajoutons que pour l'opération du recuit, on doit chauffer l'acier au milieu de charbons de bois incandescents, et non dans un feu de houille. (H. V.)

FORCE COERCITIVE DE L'ACIER.

Le degré de recuit à donner à l'acier dépend uniquement du but qu'on se propose. Veut-on que l'acier soit susceptible de s'aimanter fortement, il faut le recuire au violet et même au bleu, car il prend alors plus de magnétisme, mais aussi il le conserve moins bien que l'acier dur, et l'on est forcé de le réaimanter fréquemment.

Veut-on, au contraire, que l'acier conserve son magnétisme, il faut le tremper aussi dur que possible; dans ce cas, il faut renoncer à obtenir des aimants très-énergiques. En effet, l'acier dur s'aimante plus difficilement que l'acier recuit, mais en revanche il conserve mieux la vertu magnétique que ce dernier. L'acier ramolli par le recuit possède une force coercitive d'autant moindre que le recuit a eu lieu à une température plus élevée. La force coercitive de l'acier trempé très-dur est telle, qu'elle donne à cet acier le pouvoir de conserver le magnétisme, pour ainsi dire sans la moindre perte, pendant plus d'un demi-siècle et peut-être plus longtemps encore. A l'appui de ce que nous avançons, nous pouvons citer l'aiguille aimantée avec laquelle M. de Humboldt a exploré, il y a plus de soixante ans, l'état magnétique d'une grande partie du globe, et qui se trouve encore actuellement à Berlin : cette aiguille fournissant les mêmes indications qu'autrefois, on ne saurait douter qu'elle n'ait conservé sa puissance primitive.

D'après cela, on voit que l'on ne devrait pas recuire les aiguilles à aimanter, ou qu'on devrait tout au plus les recuire au violet et non au bleu, comme on a l'habitude de le faire pour marquer le pôle austral.

Le recuit est moins nuisible lorsqu'il s'agit de barreaux ou d'aimants en fer à cheval. Cependant, lorsqu'on emploie un corps gras pour la trempe, le recuit est inutile, l'acier ne conservant dans ce cas ni trop de dureté, ni trop de force coercitive capable de s'opposer à son aimantation; mais le recuit est nécessaire pour l'acier qui a été trempé dans l'eau, parce que ce liquide donne une trempe plus dure que les corps gras. Voilà pourquoi ceux-ci nous paraissent devoir être préférés pour l'acier qu'on se propose d'aimanter.

DES ARMATURES DES AIMANTS.

Pour conserver aux barreaux leur magnétisme, on a soin de les munir d'armures ou armatures. Ce sont des pièces de fer doux que l'on met en contact avec les pôles des aimants, pour maintenir leur activité au moyen des pôles contraires que développe dans ces pièces le magnétisme des aimants eux-mêmes.

Nous avons déjà indiqué la disposition de l'armure des aimants en fer à cheval. Lorsqu'il s'agit de barreaux, on en met ordinairement deux dans une même boîte, en les plaçant parallèlement entre eux et

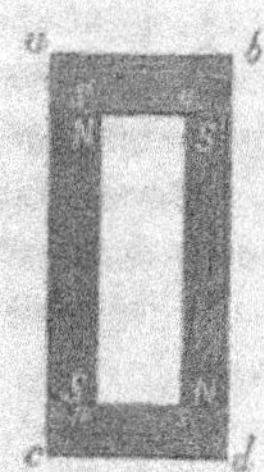

à une petite distance l'un de l'autre et en ayant soin de mettre en regard leurs pôles contraires; enfin, aux deux extrémités on dispose en travers deux petits prismes en fer doux, ab, cd (fig. 93). Ces pièces de fer deviennent des aimants; elles réagissent sur les barreaux et y maintiennent la séparation des magnétismes qui, sans cette précaution, finiraient peu à peu par se combiner en grande proportion et par recomposer ainsi le fluide neutre. Dans les aiguilles de boussole le magnétisme terrestre fait l'office d'armature, en maintenant la séparation des deux magnétismes.

Dans les aimants en fer à cheval, les armatures portent, en général, un bassin dans lequel on place des poids, en ayant soin de ne jamais

dépasser la limite de ceux que peut porter l'armature sans se détacher. Ces poids, qu'on peut augmenter graduellement, entretiennent
la force de l'aimant, et même tendent à l'accroître, pourvu que l'excès
de poids ne devienne jamais tel que l'armure se détache; dans ce cas,
l'aimant perd subitement une grande partie de sa puissance, et il ne
peut la recouvrer que par un nouvel accroissement lent et graduel du
poids que son armure peut porter.

Lorsqu'on veut déterminer d'une manière exacte la force d'un
aimant au moyen des poids qu'il est capable de porter, on peut adopter
le procédé suivant : On commence par suspendre l'aimant de manière
que ses deux pôles, tournés en bas, se trouvent et restent pendant
l'expérience dans un même plan horizontal. Pour atteindre ce but
par un moyen très-
simple, on place
l'aimant sur un bâ-
ton ou sur un cy-
lindre horizontal de
bois de longueur et
de grosseur con-
venables, dont les
deux bouts repo-
sent sur deux sup-
ports A et B (figu-
re 96). L'aimant
étant suspendu de
cette manière et les
surfaces de contact

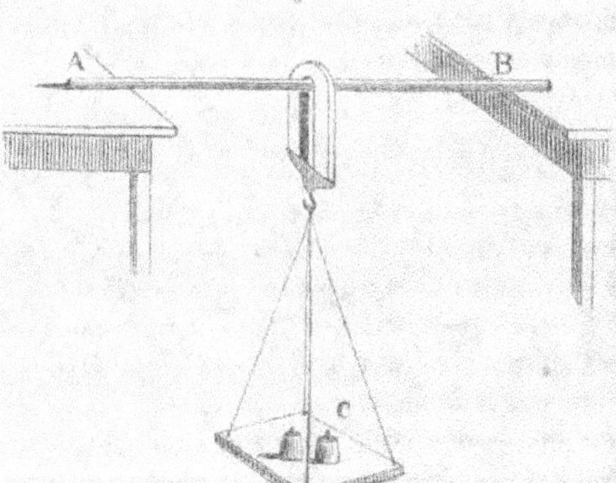

de l'armure et des pôles ayant été nettoyées avec un morceau de
papier à émeri très-fin, on commence à charger le plateau C. Ce char-
gement doit s'opérer, surtout vers la fin, sans la moindre secousse
verticale ou horizontale, et l'on n'ajoute un nouveau poids qu'après
que les petites oscillations du plateau, produites lors de l'addition du
poids précédent, aient complétement cessé. En procédant de cette
manière, il arrive un moment où l'armature se détache, et le poids
dont le bassin est alors chargé mesure la force de l'aimant.

Lorsqu'on a besoin de détacher l'armure d'un aimant en fer à cheval,
il ne faut pas l'arracher en la tirant perpendiculairement à la ligne
des pôles, mais la séparer en la faisant glisser dans le sens de cette
ligne, de manière que toute la surface de contact de l'armure passe
sur le pôle qui se trouve du côté vers lequel on opère le déplace-

ment. Si l'on arrachait l'armure, on affaiblirait l'aimant. Quelquefois on détache l'armure en la faisant glisser sur l'une des faces de l'aimant, des pôles vers la courbure. Cette opération est extrêmement préjudiciable à la force de l'aimant, et il faut l'éviter avec le plus grand soin. (H. V.)

MOYEN D'AUGMENTER LES EFFETS DES AIMANTS NATURELS.

Les aimants naturels produiraient des effets assez bornés, si on ne les armait pas de masses de fer. Voici de quelle manière il convient de disposer ces armures. On détermine la position des pôles de l'aimant naturel par l'inspection de la limaille de fer qui reste suspendue à sa surface, lorsqu'on l'a plongé dans un amas de cette substance.

Fig. 97.

Cette donnée étant obtenue, il faut tailler dans l'aimant deux faces planes, perpendiculaires à la ligne qui joint les deux centres d'action. On applique sur ces faces deux lames minces de fer doux, lp (fig. 97), terminées chacune par un talon p, et que l'on maintient par des collets en laiton. Ces talons deviennent des pôles magnétiques par l'influence de ceux de l'aimant. On y suspend une pièce de fer doux qu'on appelle le *contact* ou le *portant*. Celui-ci s'aimante à son tour, et réagit sur le magnétisme de l'aimant qui peut ainsi acquérir plus de force. Le contact porte un crochet auquel on peut suspendre des poids. Sa surface supérieure est polie et légèrement arrondie, de telle sorte qu'elle ne touche les talons que par une seule ligne. Il paraît qu'il a existé des aimants naturels qui étaient capables de porter un poids de 50 kilogrammes attaché au contact. Quoi qu'il en soit, il est positif que le professeur Hermbstaedt a eu un aimant naturel qui portait environ 25 kilogrammes.

INFLUENCE DE LA CHALEUR SUR LE MAGNÉTISME.

La perte du magnétisme dans un aimant dépourvu de toute armure provient de diverses causes. L'action par influence du globe terrestre peut opérer la recomposition d'une partie des fluides, quand l'aimant se trouve fortuitement et durant un temps assez long dans une direction plus ou moins contraire à celle qu'il prendrait s'il était librement suspendu. Plusieurs aimants, reposant sans ordre dans le voisinage les uns des autres, peuvent s'influencer de manière à détruire une portion de leur magnétisme. Mais la cause la plus puissante de déperdition du magnétisme, dans un aimant artificiel, réside dans les variations de température qu'il subit. Un barreau aimanté ou un aimant naturel, chauffé au rouge et refroidi lentement dans une direction perpendiculaire au méridien magnétique (afin qu'il ne puisse pas se réaimanter sans l'influence de la terre), perd toute sa puissance. On peut par une nouvelle trempe rendre à l'acier sa force coercitive perdue par l'influence de la chaleur, mais jusqu'ici il a été impossible de produire le même effet dans les aimants naturels.

La chaleur n'a pas seulement pour effet de produire la recomposition des fluides magnétiques dans les corps aimantés, mais, si elle est portée à un degré variable d'un corps à un autre, elle rend ces corps incapables d'éprouver l'influence attractive d'autres aimants. Le fer chauffé au rouge naissant a perdu toute force coercitive, et au rouge-cerise il n'est plus attirable à l'aimant; le nickel cesse d'être magnétique à la température de l'huile bouillante. Quant au cobalt, sa force magnétique cesse tout d'un coup à une température extrêmement élevée, et elle reparaît tout aussi rapidement quand on fait descendre le métal de ces hautes températures.

Æpinus a trouvé qu'on peut aimanter fortement une aiguille ou un barreau d'acier en le chauffant au rouge naissant et le refroidissant brusquement après l'avoir disposé entre les pôles contraires de deux forts barreaux aimantés. Voici comment ce fait s'explique : de ce que les corps aimantés perdent leur magnétisme lorsqu'on les porte à une température suffisamment élevée, il s'ensuit que la chaleur détruit la force coercitive. Par conséquent, si l'on soumet un barreau d'acier chauffé au rouge naissant à l'action des pôles contraires de deux aimants, la faible intensité de la force coercitive qu'il possède à cette température lui permet, sous cette influence, d'acquérir une grande quantité de magnétisme. Or, ce magnétisme doit se conserver lorsque, par un refroidissement subit, la force coercitive redevient plus considérable. (H. V.)

POINTS CONSÉQUENTS.

On obtient souvent des aimants artificiels qui, outre les deux pôles dont on reconnaît la présence à leurs extrémités, manifestent encore

d'autres centres d'action. Ces pôles secondaires, qui se produisent surtout quand l'acier n'est pas homogène, sont toujours alternativement
de natures contraires. On les désigne sous le nom de *points conséquents*, et l'on appelle *points d'indifférence*, les milieux des intervalles
qui séparent deux pôles conséctifs, parce que ces points ne font pas
dévier l'aiguille aimantée qu'on leur présente, et semblent indifférents
au magnétisme.

Pour reconnaître la position et le nombre des points conséquents,
on promène verticalement la lame d'acier devant une petite aiguille
aimantée suspendue sur un pivot, et l'on note les points vers lesquels
se dirigent successivement les deux pôles mobiles. (H. V.)

FIGURES OU FANTÔMES MAGNÉTIQUES.

Pour étudier le nombre et la distribution des pôles d'un barreau
aimanté, on peut encore le coucher horizontalement et, après l'avoir
recouvert d'une feuille de papier, projeter sur celle-ci de la limaille de
fer. Si l'on frappe légèrement cette feuille, les parcelles de limaille,
suspendues un instant, retombent dans des positions particulières déterminées par les forces qui les sollicitent, et elles forment des courbes
dont l'inspection permet de reconnaître les différents pôles de l'aimant
soumis à l'expérience. Ce sont ces courbes qu'on appelle *figures* ou
fantômes magnétiques.

Fig. 98.

Si le barreau n'a
que deux pôles, les
petites aiguilles de li-
maille situées sur une
perpendiculaire au
milieu de l'axe de
l'aimant (figure 98),
sont disposées paral-
lèlement à cet axe; à
droite et à gauche
elles s'inclinent vers
des points très-rap-
prochés des extrémi-
tés ou des pôles du
barreau, de manière

à former comme des ellipses ayant pour axe celui du barreau, et pour sommets ces divers points très-rapprochés des pôles de l'aimant. Enfin, plus loin encore de la perpendiculaire au milieu de l'axe du barreau, c'est-à-dire autour de chaque pôle, les parcelles métalliques sont disposées en courbes qui rayonnent dans toutes les directions. On s'explique facilement tous ces résultats, si l'on fait attention que chaque parcelle de fer s'aimante et doit, par conséquent, se diriger, par rapport à l'aimant, comme le ferait une petite aiguille aimantée occupant la même position. (Voy. p. 163 et 164.)

Fig. 99.

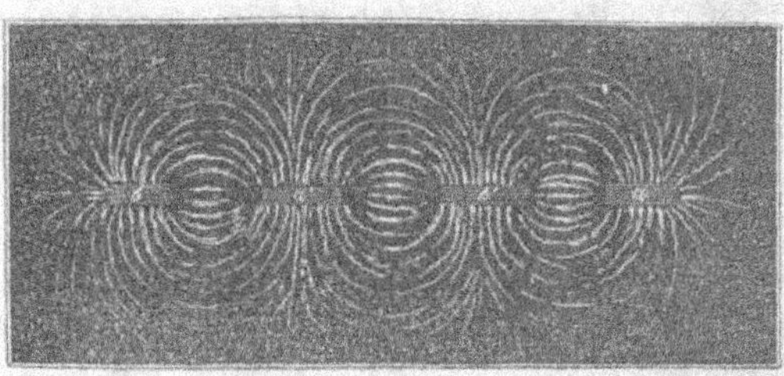

Si le barreau aimanté *b a* (fig. 99), présente des points conséquents, *a'*, *b'*, les courbes formées par la limaille de fer en indiqueront la position, ainsi que celle des points d'indifférence, pour lesquels les éléments de ces courbes sont parallèles à l'axe du barreau.

Le même genre d'expériences permet de s'assurer d'une manière très-simple que l'action magnétique s'exerce dans toutes les directions autour de chaque pôle. A cet effet, il suffit de placer verticalement un

Fig. 100.

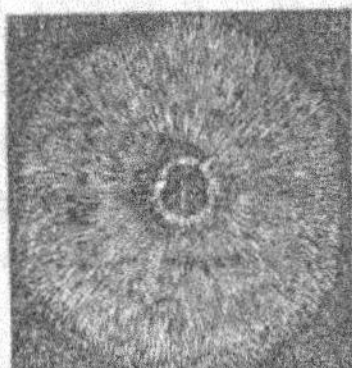

barreau ou mieux un cylindre d'acier aimanté au-dessous d'une feuille de carton et de projeter sur celle-ci, sous forme de pluie, de la limaille de fer; on verra la limaille se disposer autour du pôle en rayons convergents, uniformément distribués (fig. 100). Comme dans les expériences précédentes, on facilite l'arrangement de la limaille en imprimant de petites secousses au carton.

L'action des pôles magnétiques s'exerce dans toutes les directions, mais l'intensité de cette action s'affaiblit à mesure que l'on s'éloigne du centre d'où elle émane. On a trouvé que *les attractions et les répulsions magnétiques sont en raison inverse du carré de la distance.* (H. V.)

BOUSSOLE DE DÉCLINAISON.

Fig. 101.

Lorsqu'on n'a pas besoin d'une très-grande exactitude, on peut se servir de la boussole de déclinaison représentée par la figure 101.

Cet appareil se compose d'une boîte carrée en bois ou en cuivre, recouverte d'un verre; dans cette boîte se trouvent un cercle horizontal, divisé avec soin, et une aiguille aimantée délicatement suspendue, au moyen d'une chape en agate ou en acier, sur un pivot fixé au centre du cercle divisé. Le zéro de la division de celui-ci correspond à un diamètre parallèle au plan vertical dans lequel peut se mouvoir une lunette fixée sur un des côtés de la boîte. Celle-ci est placée horizontalement et elle est mobile autour d'un axe vertical qui passe par le centre du cercle gradué.

L'aiguille aimantée tendant à rester constamment dans le plan du méridien magnétique, il s'ensuit que, si l'on fait tourner la boussole autour de son axe de rotation, les extrémités de l'aiguille passeront successivement sur tous les points de division du cercle. Par conséquent, si l'on dispose l'appareil de manière que l'extrémité australe de l'aiguille corresponde au zéro de la graduation, ce qui aura lieu quand l'axe de la lunette sera dans le plan du méridien magnétique, et qu'ensuite on fasse tourner la boussole jusqu'à ce que cet axe soit arrivé exactement dans le plan du méridien terrestre, l'arc de cercle parcouru en apparence par le pôle austral qui se trouvait d'abord au zéro de la division, mesurera l'angle que le méridien magnétique fait avec le méridien terrestre, c'est-à-dire la déclinaison du lieu où se trouve l'observateur.

Quand on connaît la déclinaison et qu'on veut trouver la position du méridien terrestre, on fait tourner la boîte jusqu'à ce que l'angle que fait l'axe de la lunette avec la direction de l'aiguille soit égal à la déclinaison, et alors l'axe de la lunette indique la position du méridien. (H. V.)

MÉTHODE DU RETOURNEMENT.

Pour que la *ligne des pointes*, qui indique l'axe de figure de l'aiguille aimantée, donne la direction du méridien magnétique, il faut qu'elle coïncide avec la ligne des pôles, qui est l'axe magnétique dont la position d'équilibre se trouve réellement dans le méridien magnétique : mais il est rare que l'aimantation des aiguilles soit assez régulière pour que cette coïncidence ait lieu. On se met à l'abri des erreurs qui résulteraient de cette imperfection des aiguilles aimantées par la *méthode du retournement*. Cette méthode consiste à déterminer, dans une première position de l'aiguille, l'angle que fait son axe de figure avec le méridien terrestre, puis à retourner les faces sans retourner les pôles, et à déterminer, dans cette nouvelle position, l'angle de l'axe de figure avec le méridien. La moyenne entre ces deux angles donne la valeur exacte de la déclinaison. (H. V.)

EMPLOI DE LA BOUSSOLE DANS LE LEVÉ DES PLANS.

La boussole de déclinaison que nous venons de décrire permet également de mesurer les angles, rapportés à l'horizon, que divers objets ou divers jalons font entre eux. Lorsqu'on a pointé sur un objet, on note la division correspondante de l'aiguille, on tourne la boîte pour pointer sur un autre objet, et l'on note la nouvelle division correspondante de l'aiguille : la différence de ces deux divisions est l'angle que font entre elles les deux droites qui passent par l'œil de l'observateur et par les deux objets. On peut de même trouver l'angle que font entre eux une série de jalons marquant les sinuosités d'une route, d'une rivière, ou d'une galerie souterraine ; car lorsqu'on transporte la boussole du premier jalon au deuxième, au troisième, etc., la direction de l'aiguille reste parallèle à elle-même. Tel est le principe sur lequel repose l'emploi de la boussole dans le levé des plans. (H. V.)

BOUSSOLE MARINE OU COMPAS DE VARIATION.

La *boussole marine* ou *compas de variation* n'est autre chose qu'une boussole de déclinaison destinée à diriger la marche des navires, et suspendue de manière à se maintenir, au milieu de l'agi-

Fig. 102.

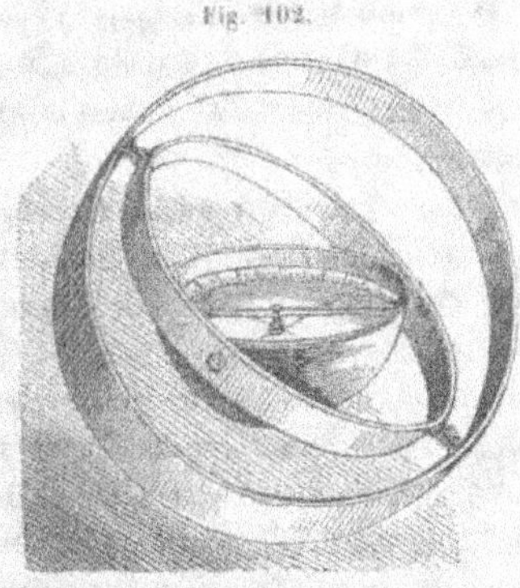

tation de la mer, dans une situation sensiblement horizontale. La figure 102 représente une vue de cet instrument. La boîte, fortement lestée de plomb à sa partie inférieure, a une forme arrondie, à peu près hémisphérique. Elle est portée par un cercle au moyen d'un axe autour duquel elle peut librement tourner. Ce cercle lui-même est porté par un second cercle fixe et peut tourner autour d'un axe qui est perpendiculaire à celui de la boîte de la boussole. C'est par ces deux mouvements rectangulaires que cette boîte conserve son horizontalité, dans toutes les positions du bâtiment; ils constituent ce qu'on appelle la *suspension de Cardan*. Tout l'appareil est renfermé dans une boîte rectangulaire, qui se place elle-même dans une boîte plus grande appelée *habitacle* et fixée sur le pont, à l'arrière du vaisseau.

L'aiguille aimantée, suspendue sur un pivot au centre de la boîte, ne se meut pas sur un cercle divisé, comme dans la boussole ordinaire, mais elle porte, collée à sa surface, un cercle très-mince de carton ou de talc qui tourne avec elle, et forme ce qu'on appelle la *rose des vents*. Sur la surface supérieure de ce cercle (fig. 103) se trouvent tracés une circonférence, divisée en degrés, et trente-deux rayons qui indiquent les directions des principaux points de l'horizon. Les marins appellent ces directions

Fig. 103.

rumbs ou *aires de vent*, et donnent à chacune d'elles un nom particulier. Voici la série de ces noms, tels qu'on les voit sur la figure 103 :

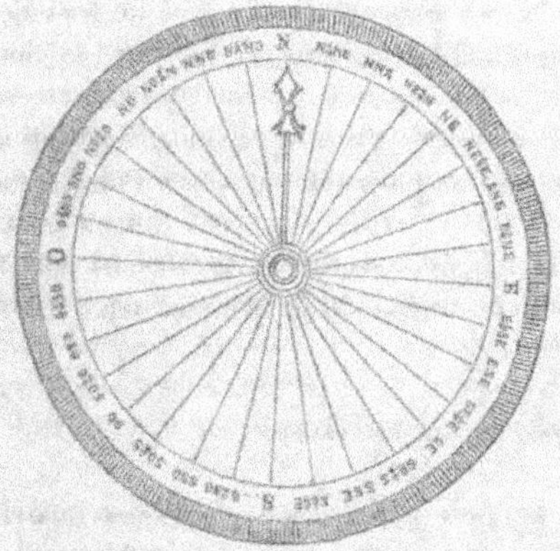

1° On marque les quatre points cardinaux, N., E., S., O., qui signifient nord, est, sud et ouest;

2° On divise par moitié chacun de ces quadrants, et le nom de ces quatre divisions se forme de la réunion des deux noms entre lesquels chacune se trouve ; le milieu entre N. et E. s'appelle N. E., ou nord-est, entre S. et O., S. O., ou sud-ouest, etc. ;

3° On coupe ces 8 arcs par moitié, et les noms se forment encore en accolant les deux noms voisins ; le milieu entre N. et N. E., est le N. N. E., ou nord-nord-est ; entre S. O. et S., est S. S. O., ou sud-sud-ouest, etc. ;

4° Enfin, on partage encore par moitié chacun de ces 16 arcs, ce qui complète le système des 32 rumbs. Pour dénommer ces derniers, on accole les deux noms voisins, en les séparant par le mot *quart*, et en énonçant d'abord celle des 8 premières divisions qui est la plus proche. Entre N. et N. O. il y a deux de ces subdivisions, l'une d'un côté du N. N. O., l'autre du côté opposé. Celle-ci est appelée N. 1/4 N. O., parce qu'elle est plus voisine du nord ; l'autre N. O. 1/4 N., comme étant plus voisine du nord-ouest. Le premier énoncé signifie N. déviant d'une division vers le nord-ouest ; le deuxième N. O., déviant du côté du nord. Par abréviation, on sous-entend une partie de cette locution, qu'on réduit aux termes essentiels. S. E. 1/4 S. signifie le sud-est, mais en déviant au sud.

Le pôle austral de l'aiguille correspond au point cardinal N., et le pôle boréal, au point cardinal S.

Lorsqu'il s'agit de diriger un navire avec la boussole, l'officier détermine d'abord l'angle que la quille du vaisseau, c'est-à-dire l'axe longitudinal de celui-ci, qui est indiqué par deux points marqués sur les bords de la boîte de la boussole, doit faire avec la ligne N. S. de la rose, pour que le bâtiment coure la route voulue. Alors, l'œil fixé sur la boussole, le timonier tourne la barre du gouvernail jusqu'à ce que le rumb qui fait cet angle avec la ligne N. S. vienne coïncider avec la quille du navire, et celui-ci se trouve dirigé pour se rendre à sa destination.

MAGNÉTOMÈTRE DE DÉCLINAISON.

L'aiguille de déclinaison éprouve tous les jours quelques mouvements à l'*est* ou à l'*ouest* du méridien magnétique : tantôt ces mouvements sont brusques et accidentels, tantôt ils sont réguliers et périodiques : dans le premier cas, on les nomme *perturbations* ; dans le second cas, ils se composent de ce qu'on appelle les *variations diurnes*.

Les variations diurnes sont trop faibles pour qu'on puisse les observer convenablement au moyen de la boussole ordinaire. En effet, avec
cet instrument, l'aiguille aimantée eût-elle une longueur de 2 à 3 décimètres, il serait difficile d'observer des douzièmes de degré, c'est-à-dire
des angles de 5 minutes. D'ailleurs le frottement dû à la suspension de
l'aiguille sur un pivot nuit trop à la sensibilité de la boussole ordinaire
pour qu'elle soit propre à l'observation des variations diurnes. Enfin,
la lecture des angles exigeant qu'on approche de l'instrument, on
imprime nécessairement à celui-ci des secousses qui font osciller l'aiguille et troublent les mouvements qu'il s'agit d'observer.

Le magnétomètre de déclinaison ou déclinomètre de Gauss ne présente pas ces inconvénients. Il se compose essentiellement d'un long
barreau aimanté mm (fig. 104 et 105), suspendu par une chape

Fig. 104.

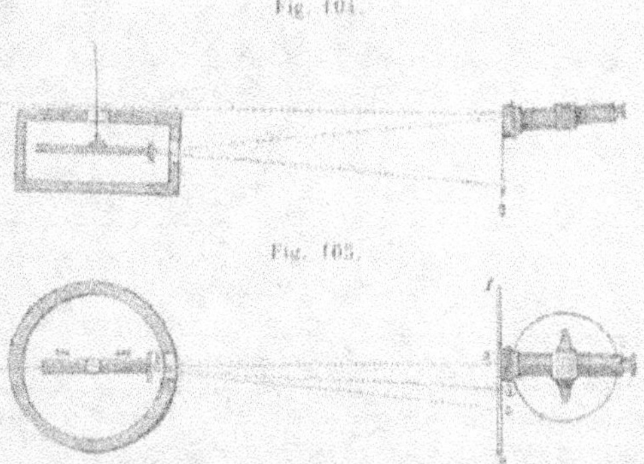

Fig. 105.

en laiton à un faisceau de fils de cocon sans torsion, attaché au milieu
du plafond de la salle d'observation. Le poids du barreau se règle
d'après la grandeur de l'emplacement disponible : il doit être au
moins de 2 kilogrammes ; Gauss employait même des barreaux qui
pesaient près de 12 kilogrammes (25 livres de Prusse). Du reste,
quel que soit le poids du barreau, celui-ci se trouve dans l'intérieur
d'une caisse circulaire ou octogonale qui le soustrait à l'influence des
courants d'air. Enfin, le barreau porte, à son extrémité nord, par
exemple, un petit miroir plan b, fixé perpendiculairement à la ligne
des pôles. La caisse est percée d'une ouverture à travers laquelle on
regarde dans ce miroir, au moyen de la lunette d'un théodolite établi à
quelques mètres de distance de l'aimant, l'image d'une échelle ou
règle ss, divisée en millimètres. Comme le montrent les figures 104

et 105, on place la lunette un peu au-dessus du plan horizontal où se
trouve l'aimant, et on dirige l'axe optique sur le centre du miroir.
L'échelle *s s*, fixée au support de la lunette, est disposée perpendiculairement au plan du méridien magnétique et à une hauteur telle, que
l'on puisse apercevoir l'image d'une partie de sa longueur dans le miroir.

On voit facilement les avantages de toutes les dispositions que nous
venons d'indiquer. Le mode de suspension adopté fait disparaître le
frottement ; l'observation à distance au moyen d'une lunette fait éviter
les secousses qu'on imprimerait à l'aimant si on devait en approcher
pour déterminer ses mouvements ; enfin, l'emploi du miroir donne le
moyen d'apprécier les plus petits déplacements de l'aimant.

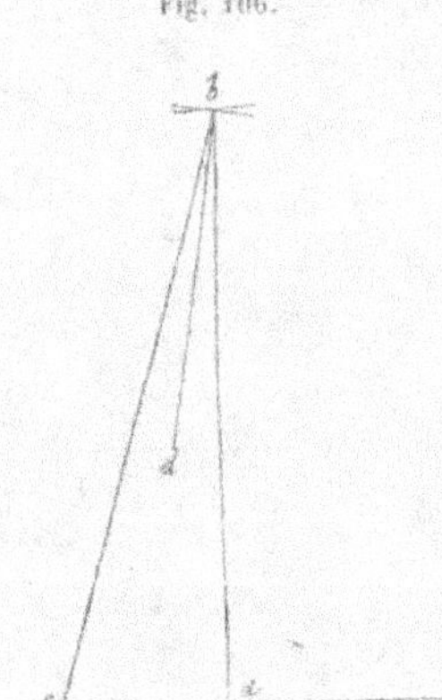

Fig. 106.

Pour faire comprendre ce dernier
point, considérons un miroir plan vertical *b*, mobile autour d'un axe également vertical (fig. 106). Devant ce
miroir, par exemple, à 5 mètres de
distance de l'axe de rotation, plaçons
deux points lumineux *a, c,* séparés par
un intervalle de 1 centimètre et situés
dans le même plan horizontal. Si nous
joignons les deux points *a* et *c* au point *b*
où ce plan coupe l'axe de rotation du
miroir, nous aurons deux droites *b a*,
c b, qui feront entre elles un angle de
6,84'. En effet, l'arc *a c* [1] (1 centimètre) est à la demi-circonférence décrite
avec un rayon *ab* de 5 mètres ou 500 centimètres (3,14 . 500),
comme 6,84' est à 180° ou 10800'. La droite *b a* étant actuellement
normale au miroir, l'image du point *a* se trouvera sur cette droite.
Regardons cette image à travers une lunette dont l'axe optique soit
contenu dans le plan vertical passant par *b a* : l'image de *a* coïncidera
avec le fil vertical du réticule qui marque l'axe optique de la lunette.
Si maintenant on fait tourner le miroir de droite à gauche, d'un angle
égal à la moitié de l'angle *a b c*, c'est-à-dire à 3,42', les images de *a* et
de *c* décriront chacune un angle double [2] ; la première sortira de l'axe

[1] On peut considérer la droite *a c*, à cause de sa faible longueur, comme coïncidant
avec l'arc qui mesurerait l'angle *a b c* sur une circonférence de cercle décrite du point *b*
comme centre, avec un rayon égal à 5 mètres.

[2] Voy. l'article sur la *Durée de l'étincelle électrique*, où il a déjà été question des
phénomènes des miroirs tournants.

de la lunette resté immobile et sera remplacée par celle de *c*. Nous pourrons donc, au moyen de l'observation des images dont il s'agit, mesurer des angles de rotation du miroir de 3,42′. Il est facile de voir qu'on peut même évaluer des angles beaucoup plus petits, car au moyen de la lunette on distingue sans peine des dixièmes de millimètre, et par conséquent, on peut mesurer des angles égaux à la centième partie de 3,42′, c'est-à-dire à 2,05″. Tel est le principe sur lequel repose la grande sensibilité de magnétomètre de déclinaison de Gauss. (H. V.)

MOUVEMENTS RÉGULIERS DE L'AIGUILLE AIMANTÉE.

Lorsqu'on observe, comme nous venons de l'expliquer, le barreau aimanté du magnétomètre de déclinaison, on constate qu'il n'est presque jamais en repos. Nous allons essayer de donner une idée des phénomènes qu'il présente dans un espace de temps de vingt-quatre heures.

Commençons nos observations à quatre heures du matin et, l'échelle ayant son zéro du côté de l'*est*, supposons que l'image de la 500ᵉ division se trouve, à cet instant, dans l'axe optique de la lunette. Bientôt après, cette image sera remplacée par celle de la 503ᵉ division, puis l'aimant, après s'être arrêté un moment, comme indécis s'il doit avancer ou reculer, revient d'abord lentement vers 502, un peu plus vite vers 504, plus vite encore vers 500; ensuite, il amène un peu plus lentement, dans l'axe de la lunette, la 499ᵉ division, puis la 498ᵉ; lorsqu'il passe de la 498ᵉ à la 497ᵉ, son mouvement se ralentit encore davantage, et s'éteint quand l'image de cette dernière division coïncide avec le fil du réticule de la lunette; le barreau s'arrête de nouveau un instant, puis il se remet en mouvement et va passer par toutes les positions qu'il a successivement occupées. Après quelques oscillations pareilles à celles que nous venons de décrire, on observera que le barreau dépasse déjà 503 et qu'à son retour il n'atteint plus 497. Cependant le soleil s'est levé; bientôt l'aimant s'avance jusqu'à 504, mais dans son mouvement rétrograde, il n'arrive plus qu'à 498; une heure plus tard, il oscille entre 505 et 499; une heure plus tard encore, entre 506 et 500, et vers deux heures de l'après-midi, ses oscillations s'effectuent entre 512 et 506. Par conséquent, depuis quatre heures du matin jusqu'à deux heures de l'après-midi, les mouvements de l'aimant ont amené dans la lunette des divisions de plus en plus élevées, et comme l'échelle est dirigée de l'*est* à l'*ouest*, cette circonstance indique que l'aimant est entraîné vers l'*ouest*.

En continuant nos observations, nous verrons d'abord que l'aimant, après avoir oscillé pendant une couple d'heures entre les limites indiquées en dernier lieu, n'atteint plus 512; bientôt il n'atteint plus 510, puis 508, et enfin, un peu avant le coucher du soleil, il oscille de nouveau entre 503 et 497.

Arrivés à cette heure de la journée, nous constatons des phénomènes opposés aux précédents. L'aiguille commence d'abord par ne plus atteindre 503, puis ses oscillations s'effectuent entre 502 et 496, une heure plus tard entre 501 et 495, et enfin, vers minuit, entre 500 et 494. Les choses restent dans cet état pendant quelque temps, puis l'aimant commence son mouvement rétrograde, à deux heures il atteint 501, à trois heures 502, et à quatre heures il oscille de nouveau entre 503 et 497.

VARIATIONS DIURNES DE L'AIGUILLE AIMANTÉE.

Les observations de vingt-quatre heures suffisent déjà pour établir que, dans les jours qui ne sont pas marqués par quelques perturbations, l'aiguille aimantée présente les phénomènes suivants : au lever du soleil, le pôle austral (ou l'extrémité *nord*) marche à l'*ouest*; vers midi, ou plus généralement de midi à trois heures, il atteint son *maximum* de déviation occidentale; ensuite, par un mouvement contraire, il s'avance vers l'*est* jusqu'à 9, 10 ou 11 heures du soir; puis, il revient graduellement au point où il se trouvait au lever du soleil.

Si, au lieu de se borner à observer les mouvements de l'aiguille aimantée pendant une seule journée, on les observe régulièrement à des intervalles de temps suffisamment rapprochés, comme on le fait dans les observatoires magnétiques, on acquiert la certitude que les mêmes phénomènes généraux se reproduisent constamment et qu'il existe entre les variations diurnes de l'aiguille de déclinaison et les variations de la température de l'air une corrélation manifeste : en effet, on observe constamment que l'aiguille dévie vers l'*ouest* à mesure que, dans le courant de la journée, la température de l'air augmente, et que, l'après-midi, quand la température s'abaisse, elle retourne vers l'*est*; on observe pareillement qu'en été la déviation occidentale s'accroît à mesure que le soleil se rapproche du solstice et détermine une élévation plus considérable de la température de l'atmosphère. Nous verrons plus tard de quelle manière la chaleur peut influencer l'aiguille aimantée. Pour le moment bornons-nous à constater le fait.

On a trouvé que la variation diurne moyenne est comprise, à Paris, entre 5 et 17 minutes. A Gœttingue, elle est de 5 minutes en décembre, et de 13 minutes pendant le mois d'août.

En terminant, nous croyons devoir rappeler que, dans tout ce qui précède, nous avons fait abstraction des perturbations accidentelles, pour ne considérer que les variations régulières et périodiques.

PERTURBATIONS DE L'AIGUILLE AIMANTÉE.

Plusieurs causes naturelles agissent sur l'aiguille aimantée, soit pour la déranger brusquement de sa position, soit pour troubler au moins la régularité de ses variations diurnes. Entre toutes ces causes, l'aurore boréale parait la plus efficace et la plus infaillible : quand ce météore se lève dans les régions du Nord, l'aiguille aimantée éprouve une agitation continuelle et une déviation considérable. Ce n'est pas seulement dans les lieux où l'aurore boréale est visible que la boussole est agitée : elle l'est aussi à de grandes distances, alors même qu'on n'aperçoit dans le ciel aucune trace de lumière. Mais, en général, l'agitation est d'autant plus grande, que le phénomène est plus voisin et se montre avec plus d'intensité : ainsi, dans les observatoires, la boussole éprouve souvent, dans le jour ou dans la nuit, une déviation subite qui s'élève parfois à plus de 1° sans qu'on en puisse découvrir la cause apparente ; et l'on apprend ensuite qu'aux mêmes instants, en d'autres lieux, les boussoles ont éprouvé des mouvements analogues, et que, dans les contrées du Nord, on a observé quelque brillante aurore boréale. Un observateur est donc averti dans son cabinet par la boussole de ce qui se passe dans les régions polaires.

Les tremblements de terre et les éruptions de volcans paraissent agir aussi sur l'aiguille aimantée, et quelquefois ces phénomènes la dérangent d'une manière permanente.

VARIATIONS LENTES OU SÉCULAIRES.

Pour connaître toutes les variations que la déclinaison éprouve dans chaque lieu, on ne peut pas se borner à des observations de

quelques jours ou même d'une année, d'autant plus qu'on entend dire
et qu'on lit dans les ouvrages de physique, qu'à Berlin, par exemple,
la déclinaison était en 1810 de 21° à l'ouest; en 1800, seulement
de 20°; en 1750, de 15°; en 1700, de 5°, et en 1600, de 0°, comme
dans une grande partie de l'Europe, c'est-à-dire qu'alors l'aiguille mar-
quait exactement le nord; en 1550, la déclinaison était même orientale, et, par conséquent, l'extrémité nord de l'aiguille, au lieu de se diriger au nord, ou au nord-ouest, se dirigeait, au contraire, au nord-est.

On doit conclure de là que l'aiguille aimantée accomplit une oscillation, et des observations continuées pendant trente ans ont déjà
établi que si en été elle s'avance vers l'occident, en hiver elle revient
vers l'orient, de telle sorte que la déclinaison éprouve annuellement
une diminution moyenne de 6′ ou de 1/10 de degré. Effectivement
il résulte d'anciennes observations que vers 1450 la déclinaison était
orientale et qu'elle pourrait bien avoir été de 20°.

Pendant les deux derniers siècles, l'aiguille était en train d'accom-
plir son excursion vers l'ouest; au commencement du siècle actuel,
elle s'est arrêtée, et maintenant elle est occupée à se rapprocher du
nord qu'elle atteindra en l'année 2000; jusqu'en l'année 2250, la déclinaison, devenue orientale, augmentera de plus en plus; puis l'aiguille
rebroussera chemin pour continuer ses oscillations dont chacune exige
un espace de temps de quatre ou cinq siècles; enfin, dans neuf siècles,
c'est-à-dire après une oscillation double, la déclinaison sera de nouveau, à Berlin, de 21° à l'ouest.

Dans les autres pays de l'Europe, l'aiguille aimantée a présenté des
phénomènes analogues à ceux que nous venons d'indiquer. A Paris,
par exemple, la déclinaison était de 11° 30′ à l'*est* en 1580, nulle ou
de 0° en 1663, de 8° 10′ à l'*ouest* en 1700, de 22° en 1785, de 22° 34′
en 1814, et dès lors elle a commencé à diminuer; elle était en 1849
de 20° 34′.

D'après M. Quetelet, la déclinaison occidentale était, à Bruxelles,
en 1827, de 22° 28′; en 1837, de 22° 4′; en 1847, de 20° 56′; en
1856, de 19° 47′ 48″.

Les changements séculaires procèdent de causes qui agissent avec
une conformité et une régularité surprenantes pendant une longue
succession d'années. Pour en citer un exemple, nous savons, par
suite d'observations extrêmement dignes de confiance, que la déclinaison *ouest* à Sainte-Hélène a augmenté pendant les deux derniers
siècles dans la proportion parfaitement uniforme de 8 minutes par
année; il y a plus, cet accroissement annuel s'est fait *par parties*

aliquotes égales, pour chacun des douze mois de l'année. Dans l'impuissance où nous sommes de rattacher ces changements à aucun des phénomènes terrestres ou cosmiques que nous connaissons, nous restons jusqu'ici sans fils conducteurs qui puissent nous guider vers la découverte de causes à la fois si générales et si systématiques. Leur découverte prendrait rang sans aucun doute parmi les plus grandes découvertes qu'ont amenées les progrès des sciences naturelles.

BOUSSOLE D'INCLINAISON.

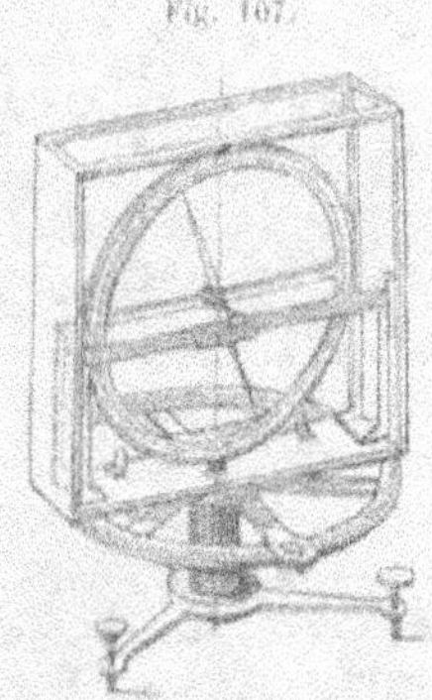

Fig. 107.

Une boussole d'inclinaison (fig. 107) se compose d'une aiguille de 2 ou 3 décimètres de longueur, traversée à son centre de gravité par un axe cylindrique en acier poli qui repose par ses deux extrémités sur deux couteaux d'agate bien tranchants. Ces deux couteaux sont portés par deux traverses horizontales en métal, parallèles l'une à l'autre, et qui sont les diamètres d'un cercle vertical sur lequel est tracée une division circulaire. On a soin de placer l'aiguille sur les couteaux de façon que son axe de rotation passe exactement par le centre du cercle divisé et soit perpendiculaire à son plan. Le plus souvent, au lieu de se servir de couteaux d'agate, on introduit les tourillons d'acier dans des trous cylindriques percés dans les deux traverses horizontales et situés sur la ligne perpendiculaire au plan du cercle et passant par son centre; mais le frottement, qui est beaucoup plus considérable dans ce mode de suspension que dans l'autre, risque de nuire à la liberté des mouvements de l'aiguille. C'est pourquoi, dans les appareils très-perfectionnés, on emploie de préférence le premier. Le cercle, ou limbe vertical, repose sur un pied mobile autour d'un axe vertical dont la direction prolongée passe par son centre et par conséquent par l'axe de suspension de l'aiguille. Un cercle azimutal ou horizontal permet de déterminer à chaque instant les angles décrits par le limbe vertical, et par conséquent de placer celui-ci dans tous les azimuts et particulièrement dans la direction du méridien magnétique. L'aiguille aimantée se dirige alors d'elle-même suivant la ligne d'inclinaison. On mesure l'angle au moyen de la division du limbe vertical.

Toutefois, il y a ici deux causes d'erreur dont il importe de tenir compte : 1° l'axe magnétique de l'aiguille peut ne pas coïncider avec son axe de figure ; de là résulte une erreur qu'on corrige par la méthode du retournement, de même que pour la boussole de déclinaison (p. 190) ; 2° le centre de gravité de l'aiguille peut ne pas coïncider avec l'axe de suspension, et alors l'inclinaison trouvée est trop petite ou trop grande, selon que le centre de gravité est au-dessus ou au-dessous du centre de suspension ; car, dans le premier cas, l'action de la pesanteur est contraire à celle du magnétisme terrestre pour faire incliner l'aiguille, tandis que, dans le second, elle est de même sens. On corrige cette erreur en aimantant l'aiguille dans le sens contraire, de façon que l'extrémité qui se dirigeait au sud se trouve dirigée au nord, et que celle qui se dirigeait au nord se dirige au sud. La direction de l'aiguille changeant alors de sens, si son centre de gravité était au-dessus du point de suspension, il est actuellement au-dessous, et l'angle d'inclinaison, qui était trop petit, devient trop grand. On aura donc sa vraie valeur en prenant la moyenne entre les résultats obtenus dans les opérations qui viennent d'être indiquées.

L'aiguille d'inclinaison se place verticalement lorsque son axe de rotation tombe dans le plan du méridien magnétique. Il s'ensuit que pour amener le limbe vertical de la boussole d'inclinaison dans le plan du méridien magnétique, il suffit de le tourner jusqu'à ce que l'aiguille devienne verticale, puis de lui faire décrire, à partir de cette position, un angle de 90° sur le cercle azimutal. (H. V.)

AIGUILLE ET SYSTÈME ASTATIQUES.

On nomme *aiguille astatique* celle qui est disposée de façon à n'être plus dirigée par l'action magnétique de la terre. Telle serait une aiguille mobile autour d'un axe situé dans le plan du méridien magnétique et parallèle à la direction de l'aiguille d'inclinaison ; car l'action magnétique terrestre tendant alors à disposer l'aiguille suivant cet axe, elle ne peut lui imprimer aucune direction déterminée.

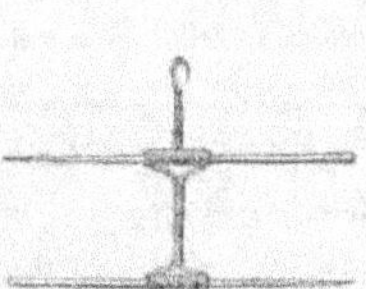

Fig. 108.

Un système astatique est la réunion de deux aiguilles de même force, assemblées parallèlement, les pôles contraires en regard, comme le montre la figure 108. Si les deux aiguilles sont rigoureusement de même force, les actions contraires du globe sur les pôles en regard se détruisent, et le système est complétement astatique. Dans les cas où l'on emploie ce système, une destruction aussi complète de l'action de la terre serait inutile et même nuisible; il faut, au contraire, que le système conserve une faible force directrice, ce que l'on obtient en aimantant l'une des aiguilles un peu plus fortement que l'autre. On juge du degré d'astaticité du système par les oscillations qu'il exécute lorsqu'on le dérange de sa position d'équilibre : plus ces oscillations sont lentes, plus la force directrice est faible. (H. V.)

OBSERVATIONS MAGNÉTIQUES EN DIFFÉRENTS POINTS DU GLOBE, ET TRACÉ DES LIGNES MAGNÉTIQUES SUR LES CARTES GÉOGRAPHIQUES.

COURBES MAGNÉTIQUES.

Les voyageurs qui ont parcouru les diverses parties du globe depuis près de deux siècles ont recueilli un grand nombre d'observations relatives à la déclinaison et à l'inclinaison de l'aiguille aimantée, et l'on a construit des cartes qui représentent, les unes, les lignes reliant entre eux les différents points d'égale déclinaison ou *lignes isogoniques*, et les autres, les lignes d'égale inclinaison ou lignes *isocliniques*. Ces cartes sont d'une grande utilité pour la navigation. Enfin, on a déterminé l'intensité de la force magnétique du globe en divers points de sa surface, et l'on a de même exécuté des cartes dans lesquelles sont tracées les lignes d'égale intensité ou *lignes isodynamiques*. A l'aide de ces trois systèmes de lignes, on voit immédiatement quelle est pour chaque point de la surface du globe la direction de la force magnétique, soit dans le plan horizontal, soit dans le plan vertical, et l'intensité de la force par laquelle l'aiguille est maintenue dans cette direction; on peut donc comparer les variations, soit en direction, soit en intensité, et raisonner sur elles. La déclinaison, l'inclinaison et l'intensité de la force magnétique ont reçu le nom d'*éléments du magnétisme terrestre*.

Afin de donner une idée des trois ordres de phénomènes magnétiques du globe dont il vient d'être question, nous avons joint à cet ouvrage trois cartes représentant, la première, les lignes isogoniques principales; la seconde, les principales lignes isocliniques, et la troisième, les lignes isodynamiques.

CARTE DES LIGNES D'ÉGALE DÉCLINAISON OU LIGNES ISOGONIQUES.

Les cartes de déclinaison nous mettent à même d'apprécier la valeur des différentes hypothèses qui ont été successivement émises pour expliquer l'action magnétique de la terre.

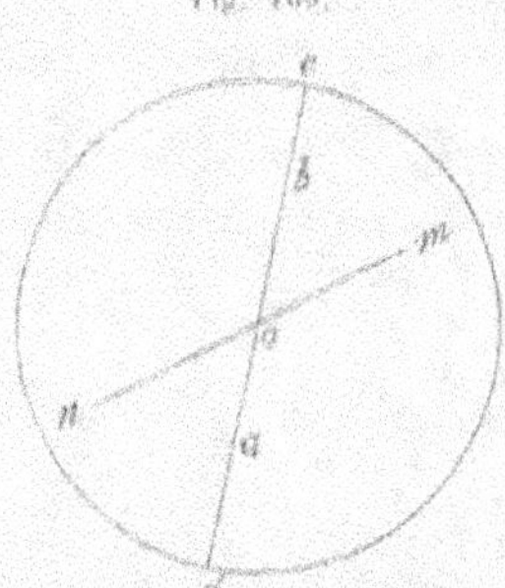

Fig. 109.

On a supposé d'abord que la terre agissait sur l'aiguille aimantée comme si elle possédait deux pôles ou centres d'attraction ba (figure 109), situés à égale distance de son centre o, sur une droite coïncidant avec son axe de rotation cod. Dans cette hypothèse, l'inclinaison devrait être nulle sur tous les points du globe. Or, un simple coup d'œil jeté sur notre carte de déclinaison démontre qu'il n'en est nullement ainsi, car on y observe des lignes dont les déclinaisons varient entre 0 et 30°, pour les unes à l'*est* et pour les autres à l'*ouest*. L'axe magnétique du globe ne peut donc coïncider avec son axe de rotation.

On a admis ensuite l'hypothèse de deux pôles ou centres d'action m, n (figure 109), et d'un axe magnétique mon, incliné sur l'axe de la terre. Les déclinaisons observées sur différents points du globe ne sont pas plus conciliables avec cette seconde hypothèse qu'avec la première. En effet, si la terre possédait un axe magnétique incliné sur l'axe de rotation, la ligne sans déclinaison, dont il sera question plus loin, devrait être un méridien terrestre passant par ces deux axes. Or, à l'inspection de notre carte des lignes isogoniques, on voit immédiatement que cette conséquence n'est pas non plus confirmée par le cours que les observations assignent à la ligne sans déclinaison dont il s'agit. Nous verrons bientôt que les résultats inscrits sur les cartes d'inclinaison et de force magnétique prouvent également l'inconciliabilité des faits avec l'hypothèse d'un axe magnétique incliné sur l'axe de la terre.

Une troisième hypothèse a été émise par Halley. On la trouvera indiquée dans l'article suivant. (H. V.)

CARTES MAGNÉTIQUES DE HALLEY ET DE HANSTEEN.

La première carte des lignes de déclinaison fut publiée, en 1701, par Edmond Halley, célèbre astronome anglais, à son retour d'un voyage fait dans le but spécial des observations magnétiques sur un vaisseau mis à sa disposition par le roi Guillaume III, sur lequel il visita les côtes *est* et *ouest* de l'océan Atlantique et plusieurs îles de l'un et l'autre hémisphère, aussi loin que les glaces lui permirent de s'avancer. Halley fut conduit par la configuration de ces lignes à admettre que la terre possède quatre pôles magnétiques ou centres d'attraction, deux près de chacun des pôles de l'équateur géographique. Il leur assignait, à l'époque à laquelle il écrivait, les positions suivantes : dans l'hémisphère nord, deux pôles attirant l'extrémité nord de l'aiguille ; et dans l'hémisphère sud, deux pôles attirant l'extrémité sud de l'aiguille. Des deux pôles nord, l'un était plus puissant que l'autre et il l'appelait le pôle américain ; ce pôle était situé sur le méridien passant par 246° *est* de Greenwich, à la longitude, à peu près, du milieu de la Californie ; le second pôle, moins puissant, était, à très-peu près, dans le méridien des Iles-Britanniques. La latitude de tous les deux était comprise dans le cercle arctique. Des deux pôles sud, l'un, plus puissant aussi que l'autre, était situé au sud de la Nouvelle-Hollande, et le second, le plus faible, à 20° à peu près *ouest* du détroit de Magellan, ou à 265° *est* à peu près du méridien de Greenwich ; la latitude des deux pôles *sud* restant renfermée dans le cercle antarctique.

Plus tard, en 1819, M. Hansteen réunit sous un seul coup d'œil toutes les observations des temps antérieurs, et traça les cartes des lignes de déclinaison pour les années 1600, 1700, 1710, 1720, 1744, 1756, 1787 et 1800 ; et de l'inclinaison pour les années 1600, 1700 et 1780.

Les trois cartes que nous donnons dans cet ouvrage représentent l'état magnétique du globe tel qu'il était de 1826 à 1836. (H. V.)

LIGNE SANS DÉCLINAISON.

Ce qui frappe à la première inspection de notre carte de déclinaison, ce sont deux grosses lignes bleues, qui relient entre eux les points sans déclinaison de la surface terrestre. Sur cette carte, ces lignes paraissent distinctes, mais, comme on pourrait s'en assurer en les traçant sur un globe, elles se continuent en réalité l'une dans l'autre, de manière à ne former qu'une seule courbe, qui, embrassant toute la terre, passe probablement à la fois par les deux pôles géographiques et par les deux points où l'inclinaison est de 90 degrés (les pôles géographiques ne sont pas représentés sur la carte). Comme les centres d'attraction ou points des maxima de force, ces deux points ont été également désignés sous le nom de *pôles magnétiques de la terre*. Pour éviter la confusion qui pourrait résulter de la même dénomination donnée à des choses réellement distinctes, nous appellerons les deux points dont il vient d'être question *points d'inclinaison maximum ou égale à 90 degrés*, et nous réserverons le nom de *pôles* aux *points des maxima de force*.

Voici maintenant le cours de la ligne sans déclinaison. A partir du point nord d'inclinaison égale à 90 degrés, point qui est situé, comme nous l'avons déjà dit, sur la côte occidentale de l'île de Boothia, elle s'avance, dans la direction sud-est, à travers les lacs de l'Amérique du Nord, traverse les Antilles et le cap Saint-Roch, jusqu'à ce qu'elle atteigne l'océan Atlantique, où elle continue à s'avancer dans la direction sud-est, vers la mer Glaciale du sud.

Son cours dans la mer Glaciale du sud n'a pu être complétement poursuivi, parce qu'il a été impossible de s'avancer, à cause des glaces, au delà du 75ᵉ degré de latitude sud. On ne sait donc pas si la ligne sans déclinaison atteint le pôle antarctique. Si elle l'atteint réellement, elle doit y rebrousser chemin, parce qu'elle doit se trouver tout entière sur le même hémisphère.

Quoi qu'il en soit, on ressaisit la ligne sans déclinaison un peu au delà de son passage à travers le point de l'hémisphère sud où l'inclinaison est de 90 degrés, et dans cette partie de son cours elle a été explorée, soit par le capitaine James Clark Ross, qui a approché de très-près du point dont il s'agit, soit par d'autres navigateurs. Voici la marche qu'elle suit : à partir du point d'inclinaison maximum, elle s'élève, dans la direction nord-ouest, vers l'équateur, en passant à travers la partie occidentale de la Nouvelle-Hollande ; ensuite, se dirigeant un peu plus vers le nord, elle atteint le golfe Persique, s'avance, à travers la Perse et les parties centrales de la Russie d'Europe, vers la pointe orientale de la presqu'île de Kola à l'entrée de la mer Blanche, et de là se rend, presque en ligne droite, en passant par le pôle arctique, au point nord d'inclinaison de 90 degrés.

S'il est impossible d'affirmer que la ligne sans déclinaison atteint le pôle antarctique, on ne saurait guère élever de doute sur son passage par le pôle arctique. En effet, entre le 60ᵉ et le 75ᵉ degré de latitude nord, cette ligne se dirige si exactement vers ce pôle et le point d'inclinaison maximum, qu'il n'y a pas la moindre raison d'admettre qu'elle présente des inflexions dans le voisinage du même pôle ;

les observations faites entre l'ile *Melville* et le point d'inclinaison maximum, d'une part, et celles qu'on a faites entre Archangel et le pôle arctique, d'autre part, concourent toutes à prouver la marche rectiligne de la ligne sans déclinaison, depuis la mer Blanche jusqu'au pôle arctique, et de celui-ci au point nord d'inclinaison maximum.

Comme on vient de le voir, la marche générale de la ligne sans déclinaison est déjà fort irrégulière ; cependant celle des lignes d'égale déclinaison, que nous allons considérer actuellement, l'est davantage encore, ou au moins leur direction générale s'éloigne beaucoup plus que celle de la première de la direction du nord au sud.

LIGNES A DÉCLINAISON ORIENTALE OU OCCIDENTALE.

Les lignes pleines, qui représentent les lignes d'égale déclinaison occidentale, justifient déjà ce que nous venons de dire ; mais les lignes ponctuées, passant par les points d'égale déclinaison orientale, le confirment mieux encore.

La ligne dont la déclinaison est de 10° ouest, par exemple, s'infléchit bien plus fortement que la ligne sans déclinaison ; la ligne de 20° ouest [1] descend obliquement de l'Amérique du Nord vers le golfe de Guinée, traverse la partie la plus occidentale de la côte d'Afrique et prend, en bas, une direction presque parallèle à la côte de la partie méridionale du même continent. La ligne de 22° de déclinaison occidentale se bifurque même en Afrique, et les lignes de 25 à 30° de déclinaison ouest s'infléchissent de plus en plus, de manière à former des portions de courbes elliptiques.

La configuration des lignes à déclinaison orientale est plus singulière encore. La ligne de 10°, au-dessous de l'extrémité sud de la Californie, s'infléchit brusquement et presque à angle droit, par rapport à sa direction primitive, s'avance dans l'océan Pacifique, en y décrivant une grande ellipse qui s'étend jusqu'au méridien de la Nouvelle-Zélande, revient vers l'Amérique qu'elle traverse en laissant au sud le Chili et la Patagonie, et se rend ensuite à travers la mer Glaciale du sud dans la région du pôle antarctique.

---

[1] Cette ligne est tracée sur notre carte des lignes isogoniques ; mais elle y a été, par erreur, indiquée comme ligne de 25° de déclinaison ouest.

LIGNES DE DÉCLINAISON FORMANT DES SYSTÈMES CONCENTRIQUES.

Entre la ligne de 10° de déclinaison *est* et la ligne sans déclinaison, mais plus près de la première que de la seconde, il s'en trouve une qui passe par les points dont la déclinaison orientale est de 8° 1/2. Cette dernière ligne s'éloigne de la ligne sans déclinaison aussi bien dans l'Amérique du Nord que dans l'Amérique du Sud, et, quittant les continents, elle forme, non loin de l'équateur, une courbe dont les deux branches se coupent. Cette courbe, avec la ligne de 10° de déclinaison orientale, représente un système concentrique, dans l'intérieur duquel la déclinaison à l'*est* va en diminuant jusqu'à 5°, de même qu'à l'extérieur elle va en augmentant.

A. Erman et Hansteen ont découvert un système analogue, situé, en partie, dans la Sibérie orientale et, en partie, dans le nord de la Chine. Ce système, dans lequel la déclinaison est égale à zéro, comprend une ellipse presque régulière, sans point de contact avec la ligne sans déclinaison décrite précédemment. Dans l'intérieur de cette ellipse la déclinaison est occidentale, et à l'extérieur orientale. La ligne de 10 degrés de déclinaison *est* enveloppe de toutes parts l'ellipse sans déclinaison, et forme une courbe fermée dont les deux branches, après s'être coupées au sud de cette ellipse, s'avancent, l'une vers le sud en traversant la partie orientale de la Nouvelle-Hollande, et l'autre vers le nord. Celle-ci, après avoir traversé Bornéo et contourné les Indes orientales, se dirige à travers la Perse presque parallèlement à la ligne sans déclinaison.

Au nord de l'ellipse sans déclinaison et en dehors de la ligne de 10° de déclinaison orientale, on observe encore plusieurs autres lignes sur lesquelles l'aiguille se dirige à l'est du méridien ; mais toutes ces lignes n'enveloppent que la moitié de l'ellipse sans déclinaison et, après avoir formé de grandes courbes dont la concavité est dirigée vers celle-ci, elles remontent d'un côté vers le nord et de l'autre descendent vers le sud. La branche boréale de la ligne de 15° remonte presque parallèlement à la ligne sans déclinaison.

La cause de ces systèmes concentriques paraît devoir être cherchée dans l'existence de quatre pôles magnétiques de la terre, car ils seraient inexplicables dans l'hypothèse de deux pôles. On ne saurait non plus les attribuer à des influences locales, comme celles que pourraient exercer, par exemple, des montagnes magnétiques. L'expérience démontre, en effet, que là où il existe des montagnes magnétiques, celles-ci n'exercent qu'une très-faible influence sur la déclinaison.

MONTAGNE MAGNÉTIQUE DANS L'ÎLE DE SAINT-DOMINGUE.

Il existe dans l'île de Saint-Domingue (Haïti), sur les rives du fleuve Yuna, une petite montagne magnétique. Bien que cette montagne ait une hauteur de 60 pieds, qu'elle se compose d'octaèdres plus ou moins volumineux d'oxyde magnétique et qu'elle renferme dans son sein des blocs de même oxyde d'un poids de plusieurs milliers de livres, cependant, dans les prairies qui l'entourent, l'aiguille aimantée ne se trouve nullement déviée par son influence, car on observe que tout autour de la montagne dont il s'agit, la déclinaison reste la même, ce qui serait impossible si cette montagne exerçait une influence quelconque sur l'aiguille. Mais ce qu'il y a surtout de remarquable, c'est la manière dont l'aiguille se comporte au sommet de la montagne : en effet, en un certain point de ce sommet, son extrémité nord se dirige directement vers le midi, à quelques pas de là cette même extrémité se dirige vers l'est ou vers l'ouest et quand on transporte l'aiguille d'un point à un autre, elle exécute impétueusement un grand nombre de révolutions autour de son pivot, avant de s'arrêter dans la position qui correspond à l'endroit où l'on vient de la placer. Tous ces phénomènes s'affaiblissent rapidement à mesure qu'on élève l'aiguille au-dessus de la montagne, et à une hauteur de 4 à 5 pieds, qui correspond au niveau des yeux de l'observateur, ils disparaissent si complétement que l'aiguille indique de nouveau, à quelques minutes près, le vrai nord, comme elle doit le faire sous la seule influence du globe, puisque la ligne sans déclinaison passe non loin de l'île de Saint-Domingue. Ce dernier résultat a lieu d'étonner, si l'on songe à l'étendue de la montagne et aux énormes blocs d'aimant naturel qui s'y trouvent.

MONTAGNES MAGNÉTIQUES DANS L'ÎLE D'ELBE.

L'île d'Elbe, dans la Méditerranée, est plus connue par l'exil qu'y a subi l'empereur Napoléon Iᵉʳ, que par ses vastes montagnes riches en mines de fer magnétique, qu'on exploite à ciel ouvert et d'où l'on tirait autrefois presque tous les échantillons d'aimant naturel pour les collections. Cependant ces montagnes magnétiques, qui sembleraient devoir faire dévier l'aiguille aimantée, n'ont jamais fait échouer de bâtiment naviguant le long des côtes de l'île. Par conséquent, si les grands systèmes elliptiques sont sous la dépendance d'influences locales

permanentes, il est hors de doute que ces influences n'émanent pas
de montagnes magnétiques.

Après avoir étudié les lignes isogoniques, occupons-nous des lignes
isocliniques, représentées sur la seconde de nos cartes magnétiques.

CARTES DE MERCATOR.

Pour acquérir facilement une idée des différents phénomènes que
nos trois cartes magnétiques sont destinées à représenter, il faut supposer ces cartes enveloppées sur un cylindre d'un diamètre convenable,
car alors les extrémités des lignes transversales se rejoignent et l'on
voit immédiatement la marche des courbes magnétiques.

En effet, nos cartes sont dressées d'après la méthode de Mercator,
qui est aussi celle que l'on emploie ordinairement pour les cartes
marines. Dans les cartes faites d'après cette méthode, les méridiens
sont des verticales équidistantes ; les parallèles à l'équateur, des horizontales espacées de distances croissantes avec la latitude d'après une
certaine loi.

Voici l'avantage qu'offrent ces cartes pour la navigation. Pour se
rendre, sur la surface de la terre, d'un point à un autre par le chemin
le plus court, il faudrait suivre le plus petit des deux arcs de grand
cercle qui passent par ces deux points. Mais en suivant cette route,
on devrait changer sans cesse de direction par rapport aux points
cardinaux, parce que l'arc parcouru fait des angles inégaux avec les
méridiens successifs menés par ses différents points. Afin d'éviter ces
changements continuels de direction qu'il faudrait imprimer aux navires, les marins ne suivent pas cette route la plus courte, mais une
autre qui coupe sous un même angle tous les méridiens entre le point
de partance et celui d'arrivée. Cette dernière route est une portion d'une
courbe en forme de spirale qu'on appelle *loxodromie*. Or, les cartes de
Mercator sont construites de telle façon que, lorsqu'on veut se rendre
d'un lieu dans un autre, pour déterminer l'angle constant que doit
faire la direction du navire avec tous les méridiens qu'il rencontre
successivement, il suffit de mener une ligne droite par ces deux lieux ;
cette droite coupe les méridiens sous l'angle demandé, qu'on peut
immédiatement mesurer sur la carte.

On voit que les cartes de Mercator constituent une de ces inventions
for pratic man, comme disent les Anglais, c'est-à-dire pour les praticiens, classe nombreuse qui, sans être versée dans les calculs, a

cependant besoin de tirer parti des résultats auxquels ils conduisent.

Pour le but que nous avons en vue, nous aurions pu faire usage de cartes construites d'après la méthode de projection habituellement adoptée. Nous avons préféré recourir à celles de Mercator parce que c'est sur ces cartes que les navigateurs inscrivent les résultats de leurs observations, et qu'il eût fallu beaucoup de temps pour transporter sur des cartes ordinaires les courbes qui représentent ces résultats.

CARTE DES LIGNES ISOCLINIQUES.

Lorsqu'on enveloppe nos cartes sur un cylindre d'un diamètre tel, que leurs extrémités latérales se rejoignent, on obtient une image fidèle du cours des lignes magnétiques qu'elles représentent.

La seconde de ces cartes indique les lignes isocliniques ou d'égale inclinaison. Vers son milieu, on remarque deux lignes bleues parallèles qui représentent l'équateur magnétique tel qu'il était au commencement de ce siècle; cet équateur coupe l'équateur terrestre en deux points. La ligne ponctuée voisine représente la position actuelle de l'équateur magnétique. On voit que la direction actuelle diffère assez notablement de celle d'autrefois. Toutes les lignes magnétiques éprouvent en effet des changements avec le temps. Nous n'avons indiqué ces changements que pour l'équateur magnétique; quant aux autres lignes tracées sur nos cartes, elles représentent, comme nous l'avons déjà dit, l'état magnétique du globe tel qu'il était de 1826 à 1836.

Au-dessous et au-dessus de l'équateur magnétique nous avons tracé les deux lignes de 30° d'inclinaison; sur celle qui est au sud, c'est l'extrémité sud de l'aiguille qui s'abaisse au-dessous de l'horizon et sur celle qui est au nord, c'est l'inverse qui a lieu. A partir de l'équateur magnétique jusqu'aux lignes dont il s'agit, l'inclinaison augmente d'une manière continue et devient égale à 30° lorsqu'on les atteint. Nous n'avons représenté que les lignes isocliniques de 30 en 30°. Cela suffit pour l'objet que nous avons en vue, qui est seulement de donner une idée générale du magnétisme terrestre.

GRANDS ESPACES NON EXPLORÉS.

On ne connaît, d'une manière exacte, des lignes isocliniques comprises entre celles de 30° et de 60°, et de ces deux dernières lignes elles-mêmes, que les parties situées dans les mers. Parmi ces lignes, celles qui se trouvent au nord de l'équateur magnétique traversent la Chine, la Perse, le nord de l'Afrique et une partie de l'Amérique; celles qui se trouvent au sud du même équateur traversent l'Australie et les parties méridionales de l'Afrique et de l'Amérique. Pour le Mexique et la Colombie, on ne possède que les observations de M. de Humboldt. La majeure partie du nord de l'Afrique, la Perse, la Tartarie chinoise n'ont été explorées que d'une manière très-incomplète.

La zone qui s'étend au nord de l'équateur magnétique entre les lignes de 60° et de 80° d'inclinaison est la mieux connue, parce qu'elle comprend l'Europe, la Russie d'Asie et les États-Unis d'Amérique, c'est-à-dire les pays au sein desquels les sciences physiques sont tenues en haute estime et cultivées avec plus de zèle que partout ailleurs.

COURS REMARQUABLE DE QUELQUES LIGNES ISOCLINIQUES.

Notre carte montre très-clairement que, dans la direction de l'ouest, le grand espace situé, sur l'hémisphère nord, entre les lignes de 60° et de 80° d'inclinaison, se rapproche de l'équateur terrestre et se resserre en même temps. Dans l'Europe orientale cet espace occupe une largeur de 50 degrés du méridien, et dans l'Amérique à peine une largeur de 20°. En Europe, il ne descend que jusqu'au 46° degré, tandis qu'en Amérique, il s'avance jusqu'au-dessous du 50° degré de latitude nord.

Ce phénomène s'explique par la position des deux points où l'aiguille d'inclinaison se tient verticale. Ces points ne sont pas diamétralement opposés, l'un étant situé, comme nous le verrons plus loin, dans l'Amérique du Nord, et l'autre, dans la Terre Victoria. Il suit de là que les lignes d'égale inclinaison doivent, en général, être plus rapprochées les unes des autres sur le continent américain qu'en Europe et en Asie, et que l'équateur magnétique doit se composer de deux parties, situées, l'une au sud, l'autre au nord de l'équateur terrestre. C'est effectivement ce qui a lieu, ainsi qu'on peut le voir sur notre petite carte magnétique.

POINTS OÙ L'AIGUILLE D'INCLINAISON EST VERTICALE.

Pour compléter ce que nous avons à dire sur l'inclinaison, nous ajouterons qu'il existe sur chaque hémisphère un point où l'aiguille

aimantée se tient verticale, c'est-à-dire, où l'inclinaison est égale à
90 degrés. Beaucoup d'auteurs ne donnent le nom de pôles magnétiques qu'à ces points, et c'est ce qui explique pourquoi ces auteurs
peuvent dire que la terre ne présente que deux pôles magnétiques.

Le point de l'hémisphère nord où l'inclinaison est de 90 degrés a
été découvert, en 1830, par le capitaine Ross. Il avait alors pour
latitude 70° 5′ nord, pour longitude 263° 14′ à l'*est* de Greenwich,
et se trouvait, par conséquent, sur la côte occidentale de l'île de
Boothia. Ce point ne coïncide donc avec aucun des deux pôles ou
points de plus grande attraction situés dans le même hémisphère, mais
il est placé dans l'intervalle qui les sépare. Les observations que le
capitaine Ross a faites à des longitudes très-différentes et presque tout
autour du point d'inclinaison maximum, ne peuvent laisser aucun
doute sur l'exactitude de cette détermination ; il a constaté à la fois
les deux caractères qui servent à reconnaître ce point, la verticalité
de l'aiguille d'inclinaison dans tous les azimuts, et l'affolement de l'aiguille de déclinaison, qui n'a plus alors aucune force directrice.

Le point correspondant de l'hémisphère sud a été découvert, le
28 janvier 1841, dans son expédition sur l'*Erebus* et le *Terror*, par
le capitaine sir James Ross, fils du célèbre navigateur cité plus haut.
Ce point est situé, au sud de la Nouvelle-Hollande, entre deux volcans
l'Erebus et le Terror, que sir James Ross a découverts dans la Terre
Victoria, et qu'il a ainsi appelés d'après les noms des vaisseaux qu'il
commandait. L'Erebus, le volcan le plus méridional du monde, s'élève
à 3,781 mètres au-dessus du niveau de la mer.

Les deux points d'inclinaison maximum dont il vient d'être question
ne sont pas diamétralement opposés, car la corde qui les réunirait ne
sous-tendrait qu'un angle de 160° sur le grand cercle passant par ces
points : si ceux-ci étaient diamétralement opposés, cette corde devrait
sous-tendre un angle de 180°, c'est-à-dire qu'elle devrait être un diamètre terrestre.

Les deux points d'inclinaison maximum sont marqués sur notre carte
isoclinique ; mais, pour nous conformer à l'usage, nous les avons
désignés sous le nom de pôles magnétiques. (H. V.)

DÉTERMINATION DE L'INTENSITÉ DU MAGNÉTISME TERRESTRE.

Considérons une aiguille aimantée, en acier trempé très-dur, suspendue à un fil sans torsion et libre de se mouvoir dans un plan

horizontal. Cette aiguille se fixe, comme on l'a dit, après un certain nombre d'oscillations, dans le plan du méridien magnétique. Vient-on à la déranger de sa position d'équilibre d'un petit nombre de degrés, elle y revient en effectuant des oscillations toutes de même durée ou *isochrones*. Cette durée dépend de l'état magnétique de l'aiguille et de l'intensité de l'action du globe. Supposons que l'aiguille dont il s'agit fasse aujourd'hui 200 oscillations isochrones en 10 minutes de temps. En répétant cette expérience plusieurs jours de suite, si l'on trouve que, dans le même temps, l'aiguille fait toujours 200 oscillations, on peut admettre que son magnétisme s'est conservé constant. Cela posé, si l'on fait osciller la même aiguille successivement en divers points du globe où les intensités de la force magnétique soient différentes, on démontre que ces intensités sont entre elles comme les carrés des nombres d'oscillations faites, dans des temps égaux, par l'aiguille. Si l'aiguille qui, dans une première station, exécutait, en 10 minutes, 200 oscillations, en exécute, dans le même temps, 400 sur un autre point, les intensités de la force magnétique aux deux stations seront entre elles comme 40,000 (carré de 200) est à 160,000 (carré de 400), ou comme 1 est à 4. On voit que par ce moyen on obtient une mesure relative de l'intensité horizontale de la force magnétique en différents points de la terre. Cette donnée, jointe à la connaissance de l'inclinaison, permet de déterminer par le calcul l'intensité totale relative de la force magnétique en chacun de ces points. En faisant osciller l'aiguille d'inclinaison, on obtient immédiatement et sans calcul cette intensité totale relative. (H. V.)

UNITÉ MAGNÉTIQUE DE HUMBOLDT.

On rapporte les forces magnétiques à une certaine unité arbitraire, choisie d'abord par M. de Humboldt, le promoteur, disons mieux, le créateur heureux des généralisations dans plusieurs branches de la physique terrestre, elle est proposée par lui comme moyen de comparaison entre les mesures de la force, prises dans diverses contrées par différents observateurs. Cette unité est la mesure de la force pour une certaine station de l'Amérique du Sud, dans laquelle M. de Humboldt avait fait osciller une aiguille aimantée mise primitivement en expérience à Paris. Partant de la loi bien connue que les forces en deux stations sont en raison directe des carrés des nombres d'oscillations faites dans des temps égaux, M. de Humboldt avait conclu que si l'on prenait pour unité la force dans la station américaine, la force à Paris serait de 1,348. La loi que nous venons de rappeler suppose toutefois que le magnétisme de l'aiguille qui oscille tour à tour dans les deux stations est resté invariable : pour être assuré que cette condition est remplie, il faut que l'aiguille soit rapportée à la première station, et que l'on constate par expérience la constance de son magnétisme. En donnant pour mesure à la force à Paris 1,348, on a trouvé, par des observations faites en 1827, que la force à Londres était 1,572, suivant la même échelle arbitraire de Humboldt. Ces valeurs ont été employées depuis dans la réduction et la coordination des observations qui ont eu pour base ou stations de départ les stations de Londres et de Paris.

Les avantages résultant de l'adoption d'une unité arbitraire, pour le rapprochement et la comparaison entre les déterminations faites par différents observateurs ont été grands sans doute; ils étaient cependant compensés par un défaut essentiel, qui consiste à supposer que la force magnétique du lieu de départ reste constante; d'où il résulte qu'on n'a aucun moyen de comparer les observations faites au même lieu à diverses époques. Et cependant nous avons toutes raisons de croire que la force magnétique, aussi bien que l'inclinaison et la déclinaison, sont assujetties sur tous les points du globe à des changements séculaires. Poisson a indiqué le premier un mode de mesure à l'aide duquel on surmonte cette difficulté; mais c'est à l'ouvrage *Intensitas vix magnetica terrestris ad mensuram absolutam revocata*, publié par Gauss à Gœttingue, en 1833, que l'on doit l'exposé et la mise en pratique d'une méthode de détermination de la force magnétique absolue de la terre au lieu où l'on observe, complétement indépendante de l'énergie de l'aimant mis en expérience, et exprimée en unités de poids, de mesure linéaire ou de temps admises par tout le monde. En répétant les expériences à des époques ultérieures, on arrivera à connaître la valeur du changement séculaire qui a pu survenir dans l'intervalle; et en multipliant les observations dans des stations bien choisies et très-distantes, on arrivera à éclairer d'un jour nouveau cette grande question : la force magnétique de la terre, considérée comme un tout, reste-t-elle en elle-même constante; les changements séculaires observés en divers points ne sont-ils que des modes de distribution variable à la surface de la terre de cette force constante; ou bien le magnétisme de la terre est-il lui-même variable, sujet à des accroissements ou à des décroissements?

De semblables déterminations, toutefois, exigent un degré d'exactitude qu'on ne pourrait obtenir qu'autant qu'on en ferait l'objet principal ou unique d'une entreprise à part. Comme les valeurs absolues pour les différents points du globe ont entre elles les mêmes relations que les valeurs relatives, il suffit qu'on ait déterminé en une station quelconque le rapport entre les unités des deux échelles, pour que toutes les valeurs exprimées en unités de l'échelle arbitraire puissent être converties immédiatement en valeurs de l'unité absolue. (H. V.)

POSITIONS ACTUELLES DES QUATRE PÔLES MAGNÉTIQUES DE LA TERRE.

Les positions actuelles des quatre pôles magnétiques ont été l'objet d'expéditions spéciales faites l'une aux frais du gouvernement norwégien, les trois autres aux frais du gouvernement anglais. La position du plus faible des deux pôles de l'hémisphère nord a été déterminée très-approximativement dans la première de ces quatre expéditions par MM. Hansteen, Erman et Due, qui visitèrent la Sibérie en 1828 et 1829; ils ont placé ce pôle sur le méridien passant par 120 degrés de longitude *est* (comptée de Greenwich), et ils ont trouvé que l'intensité en ce point était égale à peu près à 1,76 dans l'échelle arbitraire. La position, à une époque peu éloignée, du pôle le plus fort de l'hémisphère nord, résulte des observations faites par le lieutenant-colonel Lefroy, en 1843 et 1844, dans les possessions anglaises de l'Amérique septentrionale. La latitude de ce pôle était 52 degrés 19' nord, sa longitude 268 degrés *est*; l'intensité de la force correspondante était 1, 88 dans l'échelle arbitraire. Le rapport des intensités aux deux centres d'attraction est donc de 1, 88 à 1, 76, ou à très-peu près de 1, 07 à 1, et ce rapport peut être considéré comme une mesure approchée de leur influence relative et du rapport entre les diamètres de leurs sphères d'action. Le déplacement en longitude du pôle le plus fort, que Halley plaçait très-près du méridien du milieu de la Californie, semble avoir été très-petit; mais le pôle le plus faible, situé actuellement dans la Sibérie, avait été placé par Halley tout près du méridien des Iles Britanniques; il s'est donc beaucoup déplacé. La disposition actuelle des lignes de déclinaison s'accorde très-bien avec ce déplacement. La déclinaison *est*, observée en Angleterre vers le milieu du xviie siècle, et qui conduisait Halley a conclure à la présence dans le voisinage d'un centre d'attraction, situé à l'est du méridien de Greenwich, se rencontre maintenant en Sibérie vers 80 degrés de longitude *est*, et ce fait prouve que le point attirant est actuellement à l'*est* de ce méridien. Si nous consultons les cartes des époques intermédiaires données par Hansteen, nous

constaterons un déplacement progressif, et toujours dans le même
sens, du centre d'attraction dont il s'agit. L'inclinaison qui, à la même
époque, vers 1670, était à Londres, de 75 à 76 degrés, n'a pas cessé
de diminuer constamment jusqu'à atteindre sa valeur actuelle, 68°, 30',
et cette diminution suppose encore que le point attirant s'est de plus
en plus éloigné du méridien de Londres.

Les expéditions antarctiques de sir James-Clark Ross et des capi-
taines Moore et Clerk nous ont donné la disposition, pour l'époque
actuelle, des lignes des trois éléments magnétiques dans l'hémisphère
sud, avec une exactitude qui laisse peu à désirer, au moins pour les
régions accessibles à la navigation. Les données que nous avons ainsi
acquises accusent nettement et certainement l'existence d'un double
centre d'attraction. En comparant la distribution géographique actuelle
des forces magnétiques dans l'hémisphère sud avec ce qu'elle était au
temps de Halley, nous remarquons que le pôle le plus fort se trouve
dans le méridien de 134 degrés de longitude à l'est de Greenwich,
toujours au sud de la Nouvelle-Hollande, et qu'il n'a pas beaucoup
dévié, par conséquent, de la position assignée par Halley. Au contraire, le pôle le plus faible, que Halley plaçait à 20 degrés à l'ouest
du détroit de Magellan, 250 degrés environ à l'est de Greenwich, est
maintenant à 30 ou 40 degrés à l'ouest de ce même détroit. Or, dans
ce cas, aussi, les cartes de la déclinaison pour les époques intermédiaires, données par Hansteen, montrent, par les changements successsi-
fs de position des lignes d'égale déclinaison dans le voisinage du pôle
le plus faible (là où son influence prédomine), que le déplacement
vers l'ouest a été progressif ou continu. Dans l'hémisphère sud, comme
dans l'hémisphère nord, le pôle d'intensité maximum s'est trouvé dis-
tinct du point de 90 degrés d'inclinaison, et à une distance du pôle
de la terre beaucoup plus grande qu'on n'aurait pu l'imaginer avant
qu'on se fût assuré qu'il en était de même pour l'hémisphère nord.
Les observations de l'*Erebus* et du *Terror*, en 1841, assignent à ce
point une latitude un peu au nord du cercle antarctique. L'intensité
de la force au point maximum principal semble être un peu plus
grande dans l'hémisphère sud que dans l'hémisphère nord ; ce qu'il
faut probablement attribuer au rapprochement plus grand des deux
pôles sud ; la plus courte distance en longitude des deux pôles sud est
au-dessous de 90 degrés, tandis que la plus petite distance des deux
pôles nord est très-près de 150 degrés. La valeur approximative de la
force au point maximum principal de l'hémisphère sud n'est pas inférieure à 2, 0 de l'échelle arbitraire. (H. V.)

CARTES DES LIGNES ISODYNAMIQUES.

Notre troisième carte renferme les résultats auxquels on est arrivé par l'exploration de la terre au moyen de la méthode des oscillations que nous venons d'indiquer. Nous y observons d'abord deux régions où la force magnétique acquiert sa plus grande valeur : ces régions sont situées, l'une, au nord, en haut et à gauche ; l'autre, au sud, en bas et à droite.

On voit également que l'intensité magnétique diminue en général à mesure qu'on se rapproche de l'équateur. Si l'on part de la région polaire et qu'on descende, par exemple, le long du méridien des îles Britanniques vers l'équateur, on trouve que l'intensité diminue jusqu'à environ 700, c'est-à-dire jusqu'aux 7/10 de l'unité de l'échelle arbitraire. Si aux deux extrémités de la carte, nous suivons la même route, nous constatons une anomalie remarquable ; les intensités décroissent à mesure qu'on approche de l'équateur, non pas jusqu'à 800, mais seulement jusqu'à 900. Sur les deux méridiens éloignés de 90° de celui de Greenwich, l'un à l'*est*, l'autre à l'*ouest*, nous voyons, au contraire, que la plus faible intensité observée est 1,100 et que, par conséquent, elle excède de 1/10 l'unité de Humboldt.

A l'inspection de notre carte, on observe encore deux systèmes séparés de lignes d'égale intensité. Ces deux systèmes se composent de lignes de forme elliptique et se trouvent à peu près vers les points où l'équateur magnétique coupe l'équateur géographique. L'intensité de la force magnétique se trouve fortement affaiblie dans chacun des deux systèmes, car dans l'un, celui qui occupe le milieu de notre carte, elle descend jusqu'à 706, et dans l'autre jusqu'à 920.

NOUVELLES PREUVES EN FAVEUR DE L'HYPOTHÈSE DE QUATRE PÔLES MAGNÉTIQUES.

Nous avons déjà fait remarquer que l'observation de la déclinaison permet de démontrer l'impossibilité réelle de concilier les phénomènes avec l'hypothèse de deux pôles magnétiques. Les cartes de l'inclinaison et de la force magnétique confirment pleinement cette conclusion. En effet, dans l'hypothèse des deux pôles et d'un axe magnétique unique incliné sur l'axe de rotation de la terre, les deux pôles magnétiques devraient être des points d'inclinaison égale à 90 degrés, et, en même

temps, des points de maximum de force; le grand cercle, à égale
distance de ces deux pôles, devrait être à la fois et une ligne d'inclinaison partout égale à zéro, et une ligne isodynamique en chaque
point de laquelle l'intensité de la force, comme on le démontre en
partant de cette hypothèse, serait la moitié de l'intensité de la force
maximum des pôles; de plus, l'inclinaison et l'intensité devraient croî-
tre ensemble et d'une manière continue à mesure qu'on s'éloignerait
de l'un ou de l'autre côté de cette ligne, que l'on devrait appeler à
juste titre l'équateur magnétique. Voilà bien les conséquences nécessaires de l'hypothèse des deux pôles; or, pour nous assurer une fois
pour toutes qu'elles ne sont nullement d'accord avec les faits, il suffit
de suivre la marche des phénomènes pour l'un quelconque des parallèles de la latitude géographique sur la carte isodynamique et sur la
carte isoclinique. Prenons pour exemple le parallèle de 50 degrés de
latitude nord, et comparons ses conditions magnétiques actuelles avec
ce qu'elles devraient être dans l'hypothèse des deux pôles. Si cette
hypothèse était vraie, nous devrions rencontrer un maximum d'inclinaison et d'intensité à l'intersection de ce parallèle avec un certain
méridien, et un minimum d'inclinaison et d'intensité à l'intersection
du même parallèle, avec le méridien à 180 degrés du premier; dans
les positions intermédiaires, ces deux éléments, l'inclinaison et la
force, devraient aller sans cesse en diminuant à mesure qu'on s'avan-
cerait sur le parallèle du maximum ou minimum. Or, si l'on consulte
la carte isodynamique de 1840 publiée par le général Sabine, on
trouve, sur le parallèle de 50 degrés de latitude nord, un maximum
de force égal environ à 1, 86, près du 274° degré de longitude à
l'est de Greenwich; en marchant vers l'ouest, on trouve sur ce même
parallèle près du 168° degré de longitude est, un minimum égal à
peu près à 1, 38; marchant toujours vers l'ouest, on atteindra un
second maximum 1, 60 vers 110 degrés de longitude, et un second
minimum 1, 31 vers 25 degrés. Ce sont là évidemment les dispositions
caractéristiques d'un système qui divise le parallèle non en deux, mais
en quatre parties, nous disons *quatre*, ni plus ni moins. La carte
isoclinique pour 1840 publiée par le même savant, montre d'une
manière tout à fait correspondante le parallèle géographique de 50
degrés divisé en quatre segments magnétiques, par des maxima d'inclinaison situés vers 120 et 285 degrés et des minima vers 50 et 168
degrés de longitude *est*. La terre possède donc quatre centres d'action,
ou *quatre* pôles magnétiques, et non deux, comme on l'a admis pendant longtemps. (H. V.)

CONCLUSION GÉNÉRALE.

L'ensemble des phénomènes des aiguilles de déclinaison et d'inclinaison que nous venons d'exposer, ne peut guère laisser de doute que ce ne soit dans l'espace compris entre la surface et le centre de la terre que nous devions chercher les causes de ces phénomènes. En soumettant ces mêmes phénomènes au calcul, Gauss, un des plus illustres géomètre de notre siècle, est arrivé à une conclusion identique. Il considère, en effet, comme démontrées la fausseté de l'hypothèse qui voudrait placer les causes du magnétisme terrestre dans l'espace extérieur de la terre; et la vérité de ce fait que les causes actives de la plus grande partie au moins de la force magnétique de la terre sont exclusivement situées dans l'intérieur de notre globe. Toutefois, Gauss excepte formellement de cette conclusion les influences magnétiques comparativement plus petites qui produisent les oscillations autour d'une valeur moyenne, valeur à laquelle les phénomènes reviennent après des périodes de durée variable. Des observations nombreuses ont démontré l'influence magnétique directe du soleil et de la lune dans ces oscillations.

Gauss a également trouvé, par le calcul, qu'il y a dans l'hémisphère nord deux points où la force totale est un maximum. Ce sont précisément les points que nous avons appelés *pôles de plus grande attraction* ou simplement *pôles*. L'un de ces points est situé dans l'Amérique du Nord et l'autre en Sibérie. Le calcul donne, en outre, la position de ces points avec une approximation très-remarquable. Il donne, en effet, au plus fort des pôles, pour latitude 54° 32′ nord, pour longitude, 261° 27′ est de Greenwich; au plus faible, pour latitude, 71° 20′ nord, pour longitude, 119° 57′ est [1]. (H. V.)

---

[1] M. l'abbé Moigno a publié, en 1856, dans le neuvième volume du Cosmos, une analyse du *Précis historique et dogmatique du magnétisme terrestre*, par M. le général Sabine. C'est à cette analyse que j'ai emprunté plusieurs des données qui précèdent et notamment la théorie des quatre pôles magnétiques de la terre. (H. V.)

DU GALVANISME.

SA DÉCOUVERTE.

Dans l'histoire des sciences comme dans celle des nations, on a vu bien souvent que de très-petites causes ont amené de très-grands résultats. Le galvanisme dont nous allons maintenant nous occuper et qui constitue l'une des branches les plus importantes de la physique, non-seulement par les merveilleuses applications auxquelles il a donné lieu, mais encore par l'influence puissante qu'il a exercée sur les progrès des autres sciences naturelles, va nous en fournir un exemple remarquable. On peut prouver, en effet, que l'immortelle découverte de la pile, qui est devenue la source d'une révolution dans la science et dans l'industrie, se rattache, de la manière la plus directe, à un léger rhume dont une dame bolonaise, madame Galvani, fut attaquée en 1790, et au bouillon aux grenouilles que le médecin prescrivit comme remède.

On avait posé par hasard, sur une table où se trouvait une machine électrique, et à une certaine distance du conducteur, quelques-uns de ces animaux, déjà dépouillés par la cuisinière de madame Galvani; Galvani s'occupait à faire des expériences, de concert avec quelques-uns de ses amis. L'un de ceux-ci approcha, sans y songer, la pointe d'un scalpel (on était dans le laboratoire de Galvani) des nerfs cruraux internes de l'une des grenouilles, tandis qu'au même moment une autre personne tirait des étincelles du conducteur. Or, à chaque étincelle, tous les muscles des membres de la grenouille parurent agités de fortes convulsions. L'épouse de Galvani, femme aussi distinguée par les qualités du cœur que par celles de l'esprit, était présente. Ce fut elle qui remarqua ces mouvements et leur coïncidence avec les étincelles du conducteur. Transportée de joie, elle courut en avertir son mari, qui résolut aussitôt de vérifier un fait aussi extraordinaire.

Galvani ayant en conséquence approché une seconde fois la pointe du scalpel des nerfs cruraux de la grenouille, pendant qu'on tirait une étincelle de la machine électrique, les contractions recommencèrent. Ces contractions néanmoins pouvaient être attribuées au simple contact du scalpel qui devait exciter les nerfs, plutôt qu'au dégagement de l'étincelle. Pour éclaircir ce doute, Galvani toucha les mêmes nerfs sur d'autres grenouilles, tandis que la machine était en repos, et alors les contractions n'eurent pas lieu. L'expérience souvent répétée fut constamment suivie d'un résultat analogue.

Ce phénomène parut inexplicable à Galvani, non en ce qui concerne les contractions excitées par l'électricité dans les muscles de grenouilles récemment tuées, car le fait de pareilles contractions déterminées par l'électricité lui était parfaitement connu, mais quant à la manière dont l'électricité pouvait agir sur la grenouille, puisque de la façon dont l'expérience était conduite, il n'existait aucune communication entre la machine et les muscles qu'elle faisait contracter. Cette circonstance n'eût pas embarrassé un physicien habile, familiarisé avec les propriétés du fluide électrique; car les mouvements musculaires observés par Galvani n'étaient qu'un effet de choc en retour (p. 150), et la théorie de ce phénomène se trouvait déjà exposée avec détail dans les *Principles of Electricity*, ouvrage remarquable de lord Mahon, publié en 1779, à Londres, c'est-à-dire une dizaine d'années avant la découverte de madame Galvani. Après avoir trouvé l'explication du fait, le physicien se serait probablement occupé d'autre chose. Heureusement, et par une bien rare exception, le défaut de lumières devint profitable. Galvani, très-savant en anatomie (il enseignait cette branche à l'université de Bologne), était peu au fait de l'électricité. Afin de trouver l'explication d'un phénomène qui lui paraissait si digne d'attention, il s'attacha à varier ses expériences de mille manières.

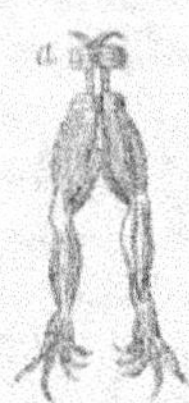

Fig. 110.

Un jour, il voulut examiner si l'électricité atmosphérique agirait comme l'électricité des machines. A cet effet, il avait tué et écorché quelques grenouilles, et mis à nu les nerfs lombaires, comme le représente la figure 110. En outre, pour pouvoir manier facilement la préparation, il avait passé dans la portion restante de la colonne dorsale, un fil de cuivre recourbé en crochet. Les grenouilles ainsi disposées, il les avait suspendues par ces crochets de cuivre aux barreaux de fer d'une balustrade qui environnaient une terrasse située sur sa maison; aussitôt leurs pieds et leurs jambes, qui posaient aussi en partie sur

ce fer, entrèrent en convulsion spontanée ; et le phénomène se répéta
autant de fois qu'on réitéra le contact. C'est ainsi que Galvani découvrit un fait vraiment étrange, ce fait, que les membres d'une grenouille,
décapitée même depuis fort longtemps, éprouvent des contractions
très-intenses sans l'intervention d'aucune électricité étrangère, quand
on interpose deux lames de métaux dissemblables entre un muscle et
le nerf qui s'y distribue. Plus tard, Galvani reconnut même que les
convulsions s'excitaient encore quand on réunissait le muscle et le
nerf au moyen d'un seul métal, mais qu'elles étaient alors beaucoup
plus rares et plus faibles. En présence de ces deux faits, qui étaient
véritablement nouveaux, l'étonnement du professeur de Bologne fut
parfaitement légitime, et l'Europe entière s'y associa.

Pour répéter l'expérience de Galvani, on peut opérer sur une grenouille préparée à la manière de ce savant : on coupe la grenouille
transversalement un peu au-dessous de ses extrémités antérieures, on
la dépouille rapidement, et, passant la pointe des ciseaux sous les deux
nerfs lombaires qui paraissent comme des filets blancs de chaque côté
de la colonne vertébrale, on enlève, en deux coups, les deux ou trois
vertèbres inférieures ; ainsi les nerfs lombaires sont mis à nu, et forment la seule attache qui lie encore aux vertèbres supérieures les

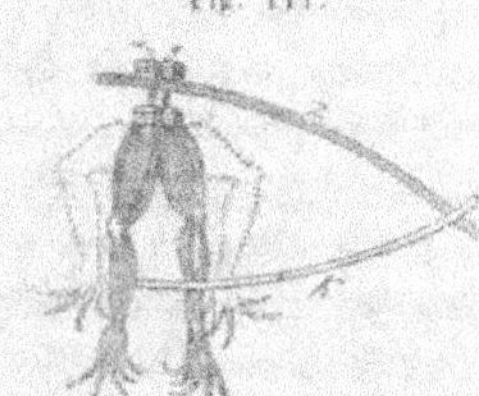

Fig. 111.

membres inférieurs dans lesquels ces nerfs
se distribuent. L'arc métallique peut être
disposé comme l'indique la figure 111 : il
est formé d'une lame ou simplement d'un
fil de cuivre k, et d'une lame ou d'un fil
de zinc z. Il importe que les métaux soient
bien nettoyés et débarrassés, au besoin,
de la mince couche d'oxyde qui pourrait
s'être formée à leur surface. Pour faire une expérience, il suffit, après
avoir disposé la grenouille sur une lame de verre, et appliqué les deux
lames métalliques, l'une sur les muscles des jambes de la grenouille
et l'autre sur les nerfs lombaires, de rapprocher presque au contact les
extrémités libres des deux métaux : à l'instant du contact, les muscles
des jambes et de la cuisse se contractent et reprennent pour un instant
leurs fonctions comme si la grenouille était revenue à la vie. Quand
on sépare les métaux pour les ramener ensuite de nouveau en contact,
les convulsions recommencent. Ces effets peuvent se reproduire encore
au bout de quelques heures ; mais le plus souvent les contractions
s'affaiblissent assez promptement, et, après 20 ou 30 minutes, on
n'observe plus que de légères palpitations dans la fibre des muscles.

On n'obtient jamais de contractions quand on établit la communication entre les muscles et les nerfs au moyen de corps mauvais conducteurs de l'électricité.

Une expérience dans laquelle des jambes, des cuisses, des troncs d'animaux tués depuis plus d'une demi-heure, éprouvent les plus fortes convulsions, s'élancent au loin, paraissent enfin revenir à la vie, ne pouvait pas rester longtemps isolée et sans qu'on essayât d'en donner quelque explication. En l'analysant dans tous ses détails, Galvani crut y trouver les effets d'une bouteille de Leyde. Suivant lui, les animaux étaient comme des réservoirs de fluide électrique. L'électricité positive avait son siége dans les nerfs, l'électricité négative dans les muscles ; une substance, isolante comme le verre, empêchait ces deux électricités de se recombiner, mais cette recombinaison avait lieu à l'instant où l'on réunissait les nerfs et les muscles par un arc métallique servant de conducteur : alors les muscles se contractaient comme si on avait conduit au travers de leurs fibres la décharge d'une bouteille de Leyde.

Ces vues séduisirent le public ; les physiologistes s'en emparèrent, et l'électricité détrôna le fluide nerveux, qui alors occupait tant de place dans l'explication des phénomènes de la vie. On se flatta, en un mot, d'avoir saisi l'agent physique qui transmet à notre âme les impressions extérieures ; qui place chez les animaux la plupart des organes aux ordres de leur intelligence ; qui engendre les mouvements des bras, des jambes, de la tête, dès que la volonté a prononcé. Hélas ! ces illusions ne furent pas de longue durée ; la plus grande partie de ce beau roman disparut devant les expériences directes et décisives d'un professeur de Pavie, dont le puissant génie alluma un flambeau qui luira à travers les profondeurs des siècles les plus reculés. Ce professeur fut Alexandre Volta. (H. V.)

ÉLECTRICITÉ DÉVELOPPÉE PAR LE CONTACT.

En répétant les expériences de Galvani, Volta fut particulièrement frappé de l'excessive faiblesse des contractions excitées par un arc métallique formé d'un seul métal, tandis que les convulsions sont si énergiques quand l'arc conducteur est composé de deux métaux. Cette circonstance lui paraissant inexplicable dans la théorie de Galvani, il en proposa une nouvelle plus en rapport avec les faits, et dont voici les principes fondamentaux : L'électricité qui agite les muscles ne

préexiste ni dans leur propre substance ni dans leurs nerfs, mais elle
se développe dans l'arc conducteur aux points de contact des deux
métaux ; l'un de ces métaux s'électrise positivement, l'autre négativement, et les électricités, devenues libres, se recombinant en traversant
les nerfs et les muscles, produisent la contraction que l'on observe ;
enfin, si l'expérience réussit quand l'arc n'est formé que d'un seul
métal, c'est qu'aux points de contact entre le métal et les muscles ou
les nerfs, il existe l'hétérogénéité requise pour que le fluide neutre
soit décomposé.

Pour faire adopter cette théorie, qui était contraire à tout ce que
l'on connaissait alors sur les propriétés électriques, il fallait des preuves
directes et décisives. Volta ne tarda pas à les apporter, et sa théorie
finit par prévaloir. Cependant nous verrons plus tard que Volta,
comme la plupart des inventeurs, donna trop d'extension à ses idées,
et que l'électricité animale admise par Galvani a une existence très-
réelle[1]. Mais pour le moment, ne nous occupons que des travaux de
Volta qui ont été si féconds en résultats importants, et examinons, en
premier lieu, les expériences à l'aide desquelles cet illustre physicien
a démontré le dégagement d'électricité qui a lieu au contact de certains
corps hétérogènes.

Ces expériences ont été faites au moyen de l'électroscope à condensateur que Volta venait d'inventer. Voici l'une d'elles que nous décrirons avec détail, non-seulement parce qu'elle nous permettra de faire
comprendre les difficultés que Volta eut à vaincre pour démontrer le
dégagement des deux électricités, mais encore parce qu'elle nous
fournit une nouvelle preuve de la nécessité d'avoir égard aux plus
petites circonstances lorsqu'il s'agit d'arriver à des résultats précis.
Volta prit deux disques, l'un de zinc, l'autre de cuivre, munis de
deux manches isolants. Il les mettait l'un sur l'autre, les séparait
ensuite, mettait l'un d'eux, et toujours le même, en contact avec le
plateau inférieur du condensateur, tandis que le plateau supérieur
communiquait avec le sol. Il répétait cette opération un grand nombre
de fois, et parvenait à observer des signes d'électricité sur le plateau
collecteur, lorsqu'il enlevait le plateau supérieur. Mais, soit qu'il eût
opéré avec le disque de cuivre, soit qu'il eût touché le condensateur
avec le disque de zinc, l'électroscope donnait toujours de l'électricité
négative.

---

[1] Voy., pour les détails de la mémorable lutte scientifique entre ces deux grands
génies, Volta et Galvani, l'éloge historique de ce dernier, par Alibert, Paris, 1806.

Ce résultat paraissait en opposition complète avec le principe qu'il s'agissait d'établir; en effet, si les deux métaux s'électrisent par leur simple contact, il faut de toute nécessité que l'un d'eux se charge de fluide positif et l'autre de fluide négatif. Comment dès lors comprendre que le cuivre et le zinc fassent tous les deux diverger les feuilles de l'électroscope avec de l'électricité négative?

Volta avait cherché vainement pendant des mois la solution de cette énigme, lorsque le hasard lui vint en aide pour la lui faire découvrir. Voici, d'après une lettre qu'il écrivit au professeur Erman, comment cela eut lieu :

Sans cesse préoccupé de l'apparition de cette même électricité, il cherchait à s'en rendre compte, même quand, en apparence, son esprit était livré à d'autres travaux. C'est ainsi qu'un matin, ayant pris un journal de Rome, il parcourait des yeux les nouvelles relatives à l'élection du pape, tandis que son esprit cherchait la cause de la non-manifestation de l'électricité positive. Or, pendant qu'il restait pensif devant son pupitre, la tête appuyée dans une de ses mains, il détacha, par distraction, avec l'autre un petit coin du journal, porta le petit morceau de papier entre ses lèvres et le mouilla avec la langue.

A cet instant, Volta sortit de la rêverie dans laquelle il était plongé pendant la lecture de l'intéressant journal, et conçut l'idée d'employer le petit morceau de papier humide comme conducteur de l'électricité dans l'expérience qu'il avait constamment présente à l'esprit. A cet effet, il appliqua ce papier sur le plateau inférieur du condensateur, mit les deux disques cuivre et zinc en contact, les sépara, toucha le papier avec le disque de cuivre et, ayant répété ces opérations un certain nombre de fois, il enleva le plateau supérieur de l'électroscope. « Encore une fois de l'électricité négative! » s'écria-t-il en colère, après avoir constaté la nature de l'électricité recueillie.

Il répéta l'expérience avec le disque de zinc, et voilà qu'il obtint de l'électricité *positive*.

Ce phénomène fut pour lui un trait de lumière : le mot de l'énigme était trouvé! En effet, si le disque de cuivre peut communiquer à l'électroscope l'électricité dont il se charge au contact avec le zinc, il n'en saurait être de même de ce dernier, car lorsqu'on touche l'électroscope avec le disque de zinc, on met de nouveau en contact deux métaux différents, dont l'un doit prendre l'électricité négative; or ce métal est précisément celui du condensateur, le laiton dont il est formé (un alliage de 16 p. de cuivre avec 2 ou 3 p. de zinc), se comportant à peu près comme le cuivre pur. Le résultat qui déconcerta si fortement le grand physicien était, par conséquent, très-naturel ; de la manière dont les premières expériences avaient été conduites, elles ne pouvaient donner que de l'électricité négative. Aujourd'hui on le comprend sans peine, mais le voile qui enveloppait la cause du phénomène n'était pas encore déchiré du temps de Volta et il fallait son génie pour la découvrir : le petit morceau de papier, le conducteur humide, c'était de nouveau l'œuf de Colomb.

Volta ne se borna pas aux expériences précédentes avec le cuivre et le zinc. Il soumit à des épreuves analogues d'autres métaux, le plomb, l'étain, le fer, etc., et il constata que tous se chargeaient d'électricité, les uns de fluide positif, les autres de fluide négatif. La théorie de Volta se trouva ainsi établie sur des bases solides, au moins en ce qui concerne les contractions excitées par l'emploi d'un arc conducteur composé de deux métaux différents ; mais il restait à déterminer la cause des électricités qui se développent dans un pareil arc. Ces électricités sont-elles dues au simple contact des deux métaux, ou résultent-elles de quelque frottement, ou de quelque pression, qui aurait lieu au moment où l'on établit le contact entre les deux métaux ?

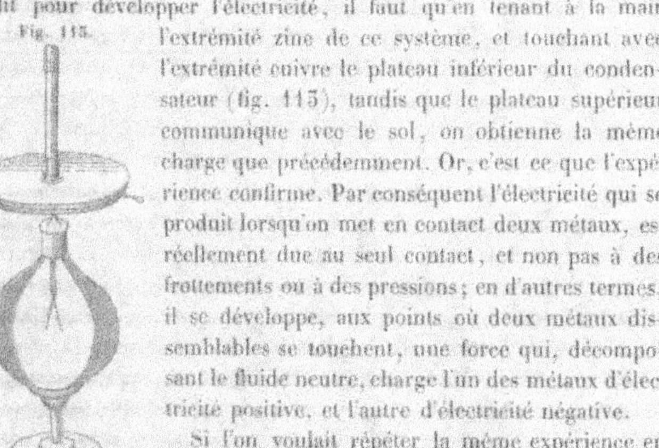

Fig. 112.

Fig. 113.

Pour résoudre cette question, Volta eut l'idée ingénieuse de construire un système de deux plaques soudées en ss' (fig. 112), l'une de zinc, l'autre de cuivre. Si le seul contact suffit pour développer l'électricité, il faut qu'en tenant à la main l'extrémité zinc de ce système, et touchant avec l'extrémité cuivre le plateau inférieur du condensateur (fig. 113), tandis que le plateau supérieur communique avec le sol, on obtienne la même charge que précédemment. Or, c'est ce que l'expérience confirme. Par conséquent l'électricité qui se produit lorsqu'on met en contact deux métaux, est réellement due au seul contact, et non pas à des frottements ou à des pressions ; en d'autres termes, il se développe, aux points où deux métaux dissemblables se touchent, une force qui, décomposant le fluide neutre, charge l'un des métaux d'électricité positive, et l'autre d'électricité négative.

Si l'on voulait répéter la même expérience en tenant à la main l'extrémité cuivre du système, il faudrait interposer entre le zinc et le plateau du condensateur un petit morceau de papier mouillé servant de conducteur, car sans cela, le

zinc se trouvant entre deux cuivres, son fluide neutre, sollicité en sens
contraires par des forces égales, ne saurait être décomposé.

FORCE ÉLECTRO-MOTRICE.

La force qui se développe au contact de deux métaux dissemblables
a reçu le nom de *force électro-motrice*. Les métaux ne sont pas les
seuls corps qui puissent la développer; certains autres corps possèdent la même propriété. Ces corps, ainsi que les métaux, s'appellent
des *électro-moteurs*. On a appelé *couple*, *élément galvanique* ou simplement *élément* un système de deux électro-moteurs mis en contact
ou soudés entre eux.

Essayons maintenant de déterminer plus complétement la nature
de la force électro-motrice.

A cet effet, considérons l'état du couple zinc-cuivre (fig. 142),
quand ce couple est isolé. La force électro-motrice qui se développe
aux points de contact entre les deux lames, décompose une certaine
quantité d'électricité neutre, dont le fluide positif $+$ E se rend sur le
zinc, et le fluide négatif $-$ E sur le cuivre. Mais comme la force
électro-motrice agit incessamment, on devrait s'attendre à ce que la
quantité de fluide neutre décomposé fût bientôt suffisante pour communiquer une charge considérable d'électricité positive au zinc et
d'électricité négative au cuivre. Cependant l'expérience indique qu'il
n'en est point ainsi. En effet, le zinc et le cuivre se chargent si faiblement que, pour mettre en évidence leurs fluides libres, on est obligé,
comme nous l'avons vu, de se servir du condensateur : un électroscope
ordinaire ne serait influencé ni par le cuivre, ni par le zinc.

Pour concilier ce fait avec l'action incessante de la force électro-
motrice, nous ferons remarquer que cette force, non-seulement décompose le fluide neutre, mais encore empêche l'électricité $+$ E dont
elle charge le zinc de se recombiner avec l'électricité $-$ E du cuivre.
La force électro-motrice qui se développe aux points de contact entre
le zinc et le cuivre agit, par conséquent, de la même manière que la
lame isolante de verre ou de résine dans les condensateurs, dans la
bouteille de Leyde, par exemple. Or, dans un condensateur, on
ne peut maintenir sur les deux garnitures qu'une certaine quantité
d'électricités contraires; si l'on dépasse une certaine limite, variable
avec l'épaisseur et la nature de la lame isolante, les électricités traversent cette lame et se recombinent. L'action de la force électro-
motrice est analogue : cette force ne peut maintenir sur le zinc et le

cuivre qu'une certaine quantité de chacun des deux fluides électriques ; quand elle a développé sur chaque lame du couple cette quantité d'électricité, elle continue bien à décomposer de nouvelles portions de fluide neutre, mais les électricités positive et négative provenant de cette décomposition se réunissent à l'instant même, la force électro-motrice n'étant plus capable de s'opposer à leur recombinaison. Représentons respectivement par $+$ E et par $-$ E les quantités d'électricité positive et d'électricité négative que la force électro-motrice peut développer et maintenir séparées sur le zinc et le cuivre du couple isolé dont il s'agit.

Examinons maintenant comment se distribuent les électricités $+$ E et $-$ E sur les deux lames du couple. Cette distribution est analogue à celle que l'on observe dans le condensateur. Dans cet appareil, la plus grande partie de chacune des deux électricités contraires qui constituent la charge, réside, à l'état latent, sur la lame isolante elle-même, et la plus petite partie reste libre sur les garnitures métalliques. Il en est de même dans un couple galvanique : les électricités développées par la force électro-motrice s'accumulent autour des points de contact entre les deux métaux du couple, sauf une quantité, comparativement très-faible, qui reste libre à la surface des lames.

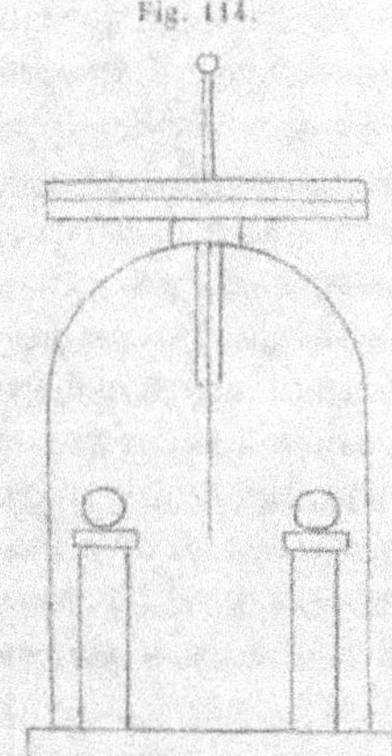

Fig. 114.

Volta se représentait les choses autrement : selon lui, la force électro-motrice éloigne des points de contact les deux électricités, en chassant l'une sur le zinc et l'autre sur le cuivre. Pour démontrer que les choses se passent comme nous l'avons indiqué, et non comme le croyait Volta, M. Fechner se sert d'un disque de cuivre d'environ 8 centimètres de diamètre, qu'il visse sur un électroscope de Bohnenberger. Cet instrument (fig. 114), que nous décrirons plus tard avec détail, se compose essentiellement d'une tige métallique isolée, portant, à son extrémité inférieure, une feuille d'or, très-légère, qui vient se placer exactement à égale distance de deux boules métalliques, dont l'une est constamment chargée d'électricité positive et l'autre d'une quantité égale de fluide négatif. Il suit de là que la feuille d'or devra venir toucher l'une ou l'autre de ces boules, aussitôt qu'on lui communiquera, soit de l'électricité négative, soit de l'électricité positive. Cet électroscope est extrêmement sensible : il accuse de très-faibles quantités d'électricité. Cela posé, l'on place sur le disque de cuivre dont il s'est agi plus haut, un disque de zinc de mêmes dimensions, fixé à un manche isolant (il est essentiel que les surfaces de contact entre les deux disques soient bien planes et bien décapées). Par leur contact, le zinc et le cuivre s'électrisent, mais la majeure partie des fluides électriques dont ils se chargent passant à l'état latent, la feuille d'or de l'électroscope ne se déplace pas ou se déplace à peine. Si alors on retire le disque de zinc, en le soulevant bien verticalement, on met en liberté l'électricité qui était restée jusque-là latente sur le disque de cuivre, et la feuille d'or va toucher la boule chargée d'électricité positive.

Il résulte de ce qui précède qu'un couple galvanique peut être considéré comme une bouteille de Leyde dont les deux garnitures seraient chargées de quantités égales de fluides contraires. Or dans une bouteille chargée de cette manière, les deux électricités ne se neutraliseraient pas complétement, puisque ce n'est qu'au contact immédiat que cette neutralisation entre des quantités égales de fluides contraires est possible : sur chaque garniture il resterait, par conséquent, une certaine quantité d'électricité libre. Il doit en être de même dans un couple galvanique. Si nous représentons par $+ e$ l'électricité positive qui reste libre sur le zinc, tant que le couple sera isolé, une quantité égale $- e$ de fluide négatif devra se trouver sur le cuivre. Mais vient-on à mettre l'un des deux métaux en communication avec le sol, on lui enlèvera son électricité libre, et en même temps une quantité égale de fluide contraire deviendra libre sur le second métal, dont la charge en électricité libre se trouvera doublée. On voit donc que pour rendre aussi grande que possible la charge d'électricité libre de l'un des deux métaux d'un couple galvanique, il faut mettre l'autre en communication avec le sol, afin qu'il soit ramené à l'état naturel, ou, pour parler plus exactement, afin qu'il ne conserve plus que de l'électricité entièrement dissimulée. C'est ce qui explique l'avantage qu'il y a dans la seconde expérience de Volta, décrite page 225, à tenir à la main celui des métaux du couple qui ne doit pas toucher le plateau du condensateur. (H. V.)

SÉRIE ÉLECTRO-MOTRICE.

L'intensité de la force électro-motrice varie suivant la nature des corps que l'on met en contact. Les métaux sont d'excellents électro-moteurs, mais il s'en faut qu'ils le soient tous au même degré. C'est ainsi que le zinc, par exemple, prend une charge d'électricité positive bien plus forte par son contact avec le platine qu'avec le cuivre, et que ce dernier métal, négatif avec le zinc, est, au contraire, positif avec le platine. Voici les noms d'un certain nombre de corps énumérés dans un ordre tel, que chacun d'eux est électro-positif par rapport à ceux qui le suivent et électro-négatif par rapport à ceux qui le précèdent; de plus, la force électro-motrice entre deux quelconques de ces corps est d'autant plus grande, qu'ils sont plus éloignés dans la série : zinc, plomb, cadmium, étain, fer, bismuth, cobalt, arsenic, cuivre, antimoine, argent, or, platine, carbone, sulfure de fer, pyrite cuivreuse, galène, pyrite arsénicale, peroxyde de manganèse cristallisé, suroxyde de plomb.

Chaque métal occupe une certaine position dans la série électro-motrice; le charbon se comporte, sous ce rapport, comme un métal ; il est plus électro-négatif que le platine. On connaît également plusieurs corps composés qui occupent une place déterminée dans la même série; tels sont entre autres, comme on vient de le voir, le peroxyde de manganèse, le bisulfure de fer, le sulfure de plomb, etc. ; mais d'autres corps composés, notamment les liquides, font exception sous ce rapport.

L'eau, par exemple, est dans ce cas. Ce liquide, mis en contact avec le zinc, charge celui-ci d'électricité négative. Par conséquent, si l'eau faisait partie de la série électro-motrice, elle devrait, dans cette série, précéder le zinc, et, par suite, rendre le platine plus électro-négatif que ne le fait le zinc. Or, l'expérience indique qu'il n'en est point ainsi : à la vérité, l'eau charge le platine d'électricité négative, mais la charge est moindre que celle que le zinc peut développer sur le même métal. L'eau ne peut donc pas se classer dans la série électro-motrice. Il en est de même de l'acide sulfurique dilué qui électrise le zinc et le cuivre négativement, mais le zinc plus fortement que ce dernier métal. Le même acide charge l'or et le platine positivement. L'acide nitrique dilué donne lieu à des phénomènes analogues.

L'acide nitrique concentré développe, au contraire, de l'électricité positive, non-seulement sur le platine et l'or, mais encore sur le cuivre et le fer. Quant au zinc, le même acide le charge négativement, mais, bien qu'il l'attaque fortement, il ne lui communique qu'une charge à peine appréciable.

Tous ces faits se constatent avec la plus grande facilité, soit au moyen de l'électroscope de Bohnenberger, soit même à l'aide de l'électroscope à feuilles d'or. A cet effet, il suffit de plonger la lame métallique soumise à l'expérience par l'une de ses extrémités dans le liquide, et de faire communiquer l'autre avec le plateau inférieur du condensateur qu'on a eu soin d'adapter à l'électroscope. Plusieurs de ces expériences n'exigent même pas l'emploi du condensateur. (H. V.)

CONSTRUCTION DE LA PILE DE VOLTA.

Si Volta n'eût fait d'autre découverte que celle du développement d'électricité qui a lieu par le simple contact de métaux dissemblables, son nom brillerait déjà d'un éclat immortel parmi les noms glorieux de ce petit nombre d'hommes privilégiés qui ont ouvert des voies nouvelles à la science. Mais le génie de Volta ne s'arrêta pas à cette découverte. Celle-ci accomplie, on pouvait encore émettre un vœu : c'était qu'on découvrit des moyens faciles de se procurer de plus grandes quantités d'électricité de contact. Ces moyens, Volta les créa au commencement de l'année 1800, en inventant la *pile*, qui est, comme Arago le dit avec beaucoup de raison, quant à la singularité des effets, le plus merveilleux instrument que les hommes aient jamais imaginé, sans en excepter le télescope et la machine à vapeur.

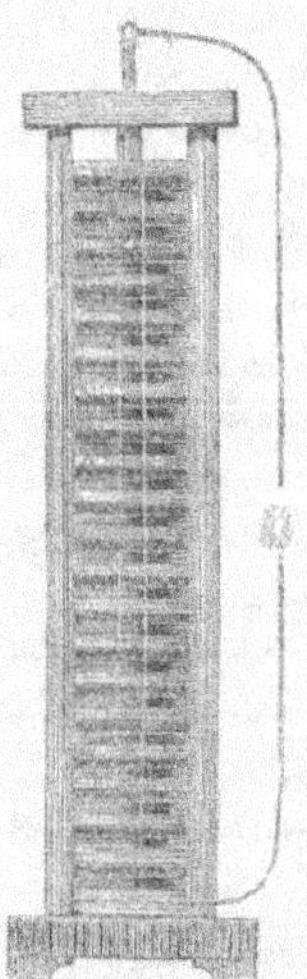

Fig. 115.

La pile de Volta, que l'on appelle aussi pile à colonne, se compose toujours de trois corps : deux sont métalliques, et le troisième est un corps conducteur n'appartenant pas à la série électro-motrice.

Les métaux qu'on emploie le plus communément sont le cuivre et le zinc. La disposition la plus simple consiste à donner aux plaques métalliques la forme de disques.

Le corps conducteur est une rondelle de drap humecté avec de l'eau dans laquelle on a fait dissoudre un sel, ou que l'on a aiguisée avec un peu d'acide sulfurique.

On monte ordinairement la pile entre trois tiges de verre (fig. 115), fixées à deux disques de bois parallèles.

Actuellement, pour construire la pile, on place un disque de cuivre sur le plateau inférieur du support. Sur ce premier disque en cuivre, on pose un disque de zinc, ou mieux on soude les deux disques ensemble, ayant trouvé qu'ils étaient ainsi plus efficaces : on a de cette manière un couple ou élément galvanique. Au-dessus on place, comme on le voit plus distinctement sur la figure 116, une rondelle de drap humide; puis un autre couple, en ayant toujours soin que le cuivre soit tourné en bas, et ainsi de suite. Si l'on a commencé par le cuivre, il faut que le dernier métal soit le zinc. On peut également monter la pile en sens inverse, c'est-à-dire commencer par le zinc et finir par le cuivre.

Fig. 116.

THÉORIE DE LA PILE VOLTAÏQUE.

Supposons que l'on ait monté la pile en commençant par le cuivre, et voyons ce qui va se passer dans cet appareil quand on met le premier cuivre en communication avec le sol, soit au moyen du doigt préalablement mouillé par l'immersion dans un liquide bon conducteur de l'électricité, tel qu'une dissolution de sel marin dans l'eau, soit par tout autre moyen équivalent. Pour fixer les idées, considérons une pile composée de trois couples. Si l'on désigne respectivement par les lettres C, Z et D les disques de cuivre, de zinc et de drap, la construction de la pile pourra être représentée par la formule :

$$C\ Z\ D\ C\ Z\ D\ C\ Z.$$

Faisons de plus abstraction de la force électro-motrice du liquide, pour ne considérer que celle qui s'exerce entre le cuivre et le zinc. Cela posé, en vertu de la force électro-motrice qui se développe dans le premier couple, le zinc de ce couple se charge d'une certaine quantité $+ e$ d'électricité positive libre, et le cuivre du même couple, communiquant avec le sol, reste à l'état naturel. Mais le zinc étant en communication, par l'intermédiaire du disque de drap mouillé, avec les deux autres couples de la pile, ceux-ci ne pourront rester en équilibre électrique avec lui que lorsqu'ils seront aussi chargés de $+ e$ d'électricité positive. La force électro-motrice du premier couple doit donc rester en action jusqu'à ce que tous les disques qui se trouvent au-dessus du premier zinc se soient chargés chacun de $+ e$ d'électricité positive. Dès que cet effet est produit, la force électro-motrice cessera d'agir, et l'état électrique de la pile sera :

C	Z	D	C	Z	D	C	Z
0	$+e$		$+e$	$+e$		$+e$	$+e$.

Si nous considérions actuellement la force électro-motrice qui se développe dans le deuxième couple, nous démontrerions, comme ci-dessus, qu'elle aura pour résultat de charger le zinc de ce deuxième couple et les deux disques du troisième de $+e$ d'électricité positive ; l'électricité négative mise en liberté se rend dans le sol. Par conséquent, s'il n'y avait d'active dans la pile d'autre force électro-motrice que celle du deuxième couple, la distribution définitive de l'électricité que cette force développerait serait exprimée par la formule :

C	Z	D	C	Z	D	C	Z
				$+e$		$+e$	$+e$.

On verrait de même que la distribution de l'électricité que pourrait développer dans la pile la force électro-motrice du troisième couple, si elle existait seule, serait représentée par la formule :

C	Z	D	C	Z	D	C	Z
							$+e$.

Tels seraient donc les états électriques de la pile si l'on supposait en activité successivement chacun des couples qui la composent. Pour trouver l'état électrique réel, celui qui correspond à l'action simultanée de tous les couples, il faut ajouter ensemble les quantités d'électricité produites sur chaque disque par les différents couples ; car, en supposant, comme nous l'avons fait précédemment, que la force électro-motrice maintient la séparation des électricités qu'elle développe par une action analogue à celle d'une lame isolante, on voit facilement que cette force ne peut être modifiée par de l'électricité étrangère qu'on communique aux deux lames entre lesquelles elle s'exerce. En opérant ainsi, on trouve pour l'état électrique définitif de la pile le résultat suivant :

C	Z	D	C	Z	D	C	Z
	$+e$		$+e$	$+2e$		$+2e$	$+3e$.

Il est facile de généraliser la théorie qui précède. On arrive ainsi à cette conclusion que si n est le nombre des couples d'une pile non-isolée, et $+e$ la force électro-motrice, le premier cuivre qui communique avec le sol sera à l'état naturel, et le dernier zinc se trouvera

chargé d'une quantité $+\, n\varepsilon$ d'électricité positive, en sorte que la tension
à cette seconde extrémité sera proportionnelle au nombre des éléments.
On voit également que dans une pile les forces électro-motrices des
divers couples impriment des mouvements opposés aux deux éléments
du fluide neutre qu'elles décomposent : le fluide positif se propage vers
l'une des extrémités de l'appareil et le fluide négatif vers l'autre. C'est
pour ce motif que l'on appelle la première le *pôle positif*, et la seconde,
le *pôle négatif* de la pile. Dans la disposition que nous avons considérée précédemment, le pôle positif est le dernier zinc, et il forme
l'extrémité supérieure de la pile ; le pôle négatif est le premier cuivre,
et il se trouve en bas : celui-ci est à l'état naturel, et, d'après notre
théorie, celui-là est chargé de $+\, 60\,e$ d'électricité positive, si la pile
se compose de 60 couples, par exemple. Si l'on avait monté la pile
en sens inverse, c'est le pôle positif qui aurait été à l'état naturel et le
pôle négatif aurait été chargé de $-\, 60\,e$ d'électricité négative.

On constate facilement que la pile construite comme nous venons
de le dire, se charge de fluide positif à son extrémité zinc quand c'est
l'extrémité cuivre qui touche au sol, et de fluide négatif à son extrémité cuivre quand c'est, au contraire, l'extrémité zinc qui se trouve
en contact avec le globe. A cet effet, il suffit de mettre en communication avec l'un des plateaux du condensateur d'un électroscope à
feuilles d'or, l'extrémité de la pile dont on veut étudier l'état électrique. On peut s'assurer de la même manière que la charge augmente
avec le nombre des couples de la pile. Cette augmentation suit sensiblement la loi indiquée par la théorie. (H. V.)

PILE ISOLÉE.

Dans une pile isolée, les deux pôles se chargent d'électricités contraires, et ces charges sont égales à la moitié de celles que chacun
d'eux prendrait si l'autre communiquait avec le sol. Le milieu de la
pile est à l'état neutre, tandis que ses deux moitiés contiennent, l'une
de l'électricité positive et l'autre de l'électricité négative libres. En
effet, si on monte deux piles égales en sens contraire, communiquant
par leurs bases inférieures avec le sol, les disques inférieurs de nature différente étant à l'état naturel, rien ne sera changé si l'on suppose les piles réunies par leurs parties inférieures au moyen d'une
rondelle de drap mouillé. Alors on aura une pile isolée, dans chaque
moitié de laquelle l'électricité sera répartie comme dans une pile en
contact avec le sol. Mais la tension des pôles sera évidemment deux

fois plus petite que dans une pile d'un même nombre d'éléments communiquant par une extrémité avec le sol. On peut vérifier cette distribution de l'électricité dans la pile isolée, au moyen de l'électroscope à condensateur.

Si l'on fait communiquer l'un des pôles d'une pile isolée de 60 à 100 couples avec la garniture intérieure d'une bouteille de Leyde à minces parois, et le pôle opposé avec la garniture extérieure, la bouteille se charge instantanément et d'autant plus fortement que la pile se compose d'un plus grand nombre de couples. Cette expérience vient encore à l'appui de la théorie qui précède ; elle prouve, en outre, comme les expériences au moyen de l'électroscope à condensateur, l'identité de l'électricité voltaïque et de l'électricité de frottement. (H. V.)

PRODUCTION DES COURANTS ÉLECTRIQUES.

Considérons de nouveau une pile isolée. Faisons partir de chacun de ses pôles un corps conducteur, un fil métallique, par exemple, et replions ces fils, comme le montre la figure 113, de manière à pouvoir rapprocher graduellement leurs extrémités libres jusqu'à ce qu'elles se touchent. Par leur contact avec les pôles, ces fils s'électriseront l'un positivement et l'autre négativement. Par conséquent si on les rapproche suffisamment, mais sans les mettre en contact, on devra obtenir une étincelle, ou plutôt une suite d'étincelles se succédant avec une grande rapidité, car aussitôt que les électricités contraires des fils se seront neutralisées par une première étincelle, la force électro-motrice agira de nouveau jusqu'à ce que les fils soient chargés au même degré qu'auparavant, une seconde étincelle éclatera, et ainsi de suite. Or, c'est ce qui a lieu ; mais pour le constater il faut se servir d'une pile composée d'un grand nombre de couples, sans quoi les tensions et par suite les étincelles sont trop faibles.

Les étincelles que l'on observe quand on met en présence deux corps conducteurs communiquant avec les pôles d'une pile isolée, prouvent que l'équilibre électrique est troublé sans cesse. La même chose aura évidemment lieu si les extrémités libres des deux conducteurs viennent en contact ; en effet, d'une part, les forces électro-motrices tendent toujours à accumuler vers les extrémités de la pile des fluides contraires ; et, de l'autre part, les conducteurs interpolaires réunissent incessamment les électricités accumulées. Les deux fluides sont donc toujours en mouvement dans la pile fermée par un conducteur qui réunit ses pôles : le fluide positif tourne sans cesse, en marchant de l'extrémité cuivre à l'extrémité zinc, dans l'appareil, et de la seconde à la première dans le conducteur; le fluide négatif tourne aussi, mais en sens inverse. Quand un corps est ainsi parcouru en sens opposés par des quantités égales de fluides contraires, on dit qu'il est traversé par un *courant électrique*; mais on voit qu'il serait plus exact de dire qu'il est traversé par deux courants électriques. On est également convenu d'entendre par *sens* ou *direction* de ce courant, la direction suivant laquelle circule l'électricité positive; ainsi, le courant voltaïque va du pôle négatif au pôle positif dans la pile même, et inversement du pôle positif au pôle négatif dans le conducteur interpolaire.

Dans ce qui va suivre, nous désignerons souvent le courant par les formes du conducteur qu'il traverse; quand il passe par un conducteur rectiligne, nous l'appellerons *courant rectiligne*; par un fil courbe, *courant curviligne*; par un cercle, *courant circulaire*; par un conducteur indéfini dans sa longueur, *courant indéfini*, etc.

Le passage des courants électriques à travers les corps donne lieu à des phénomènes extrêmement variés et que l'on peut diviser en phénomènes chimiques, phénomènes physiques et phénomènes électro-physiologiques. Nous les étudierons dans l'ordre que nous venons d'indiquer. Mais auparavant nous allons faire connaître les principales modifications que l'on a fait subir à la pile de Volta. (H. V.)

FORMES DIVERSES DONNÉES A LA PILE VOLTAIQUE.

PILES A UN SEUL LIQUIDE.

1. PILE A AUGES OU DE CRUIKSHANK.

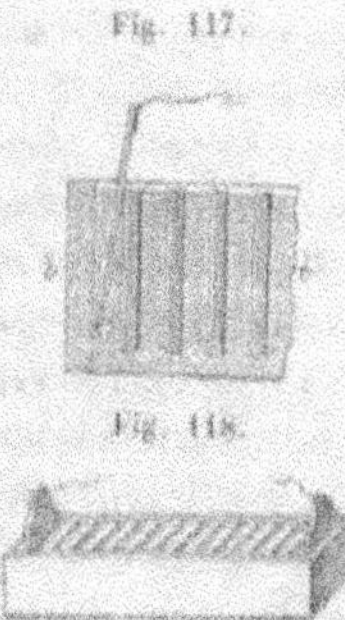

Fig. 117.

Fig. 118.

La forme de la pile à colonne était trop incommode pour qu'elle pût subsister longtemps; un des principaux inconvénients provenait de ce que la pression occasionnée par le poids des disques exprimait le liquide des rondelles humides et diminuait peu à peu l'action de la pile. On a remédié à cet inconvénient au moyen de la pile à auges (fig. 117 et 118). Cet appareil consiste dans une caisse en bois *bb'*, divisée en compartiments ou cases, par des cloisons composées chacune d'un couple de deux plaques cuivre et zinc soudées ensemble, qui s'engage dans une rainure pratiquée sur les parois de la caisse, contre lesquelles il est ensuite mastiqué. Les doubles plaques sont placées de manière que la face zinc de l'une regarde la face cuivre de l'autre. Les cases sont remplies d'une dissolution saline, ou d'un liquide acidulé. Deux fils métalliques plongés dans les cases extrêmes se chargent à leurs bouts libres d'électricités contraires, que l'action de l'appareil accumule aux extrémités de la caisse. Ce sont ces bouts que l'on désigne sous les noms de pôles de la pile ou de rhéophores, et qui, étant facilement transportables, rendent la pile à auges d'un usage fort commode. Pour mettre en activité cet appareil, ou pour suspendre son action, il suffit d'y verser le liquide conducteur, ou de l'en rejeter ; opérations qui sont faciles et promptes.

PILE DE WOLLASTON.

La pile de Wollaston est une autre modification de la pile de Volta. Les plaques sont montées sur une traverse en bois, et peuvent être plongées immédiatement dans une série de vases en verre séparés, correspondant chacun à un couple de plaques, et qui contiennent le liquide acide. Le couple de plaques qui plonge dans un même vase se compose du cuivre d'un des éléments, et du zinc de l'élément suivant. Dans chaque couple la plaque de cuivre est recourbée autour de la plaque de zinc, et pour empêcher que les deux métaux ne se touchent, ils sont tenus à distance à l'aide de morceaux de bois. Au moyen de cette disposition, on peut faire commencer ou cesser l'action de la pile, en baissant ou soulevant la traverse en bois, et expérimenter au moment même où l'action commence ; ce qui est très-important dans

Fig. 119.

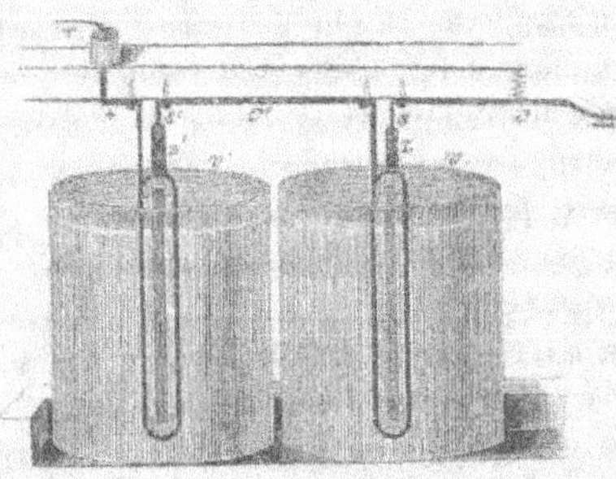

toutes les piles à un seul liquide, car c'est alors que ces appareils agissent avec le plus d'énergie.

La figure 119 représente en section deux éléments d'une pile de Wollaston : cs est le premier cuivre, et sZ le premier zinc, vu par son épaisseur ; ils sont soudés en s ; c's' est le deuxième cui-

vre, et $s'Z'$ le deuxième zinc; v et v' sont des vases remplis d'eau
acidulée : l'électricité positive passe du premier zinc au deuxième
cuivre par la couche d'eau qui les sépare; elle passe de même du
deuxième zinc au troisième cuivre, et ainsi de suite, de telle sorte
qu'elle vient finalement s'accumuler sur le dernier cuivre, qui devient le pôle positif de la pile; l'électricité négative suit une route
inverse : elle s'accumule sur le premier cuivre cs, qui, par conséquent, devient le pôle négatif [1].

M. Faraday a donné à la pile de Wollaston une disposition plus
simple, en faisant plonger tous les couples dans une même auge en
bois, mastiquée à l'intérieur. Lorsque la pile doit se composer d'un
grand nombre de couples, par exemple de 20, au lieu de fixer ces
couples à une traverse, on les assujettit dans un cadre en bois, muni
à ses deux extrémités de poignées pour pouvoir soulever ou abaisser
facilement la pile.

Dans la pile de Faraday l'effet est un peu affaibli parce qu'une
partie des électricités se recompose à travers le liquide qui baigne
également tous les couples; mais cette recomposition est très-faible
par rapport à celle qui se fait à travers le conducteur qui réunit les
deux pôles de la pile, pourvu que le liquide excitant ne soit pas une
dissolution trop acide et par conséquent trop conductrice. Du reste,
l'emploi de cette pile est fort commode, vu que rien n'est plus facile
que d'immerger et d'émerger promptement les couples métalliques.

PILE CYLINDRIQUE.

Dans cette modification de la pile de Volta, le zinc et le cuivre ont une forme cylindrique, le cuivre k enveloppant le zinc z
(fig. 120, ci-après). Les deux métaux, maintenus à distance à l'aide
de morceaux de bois, sont plongés dans un vase rempli d'eau acidulée. Si l'on veut construire une pile de plusieurs éléments, on
réunit le cuivre du premier au zinc du second, le cuivre du second
au zinc du troisième, et ainsi de suite; enfin, pour fermer le cir-

---

[1] Beaucoup de physiciens, plaçant le siège de la force électro-motrice uniquement
à la surface de contact du liquide acide et du zinc, considèrent le *couple voltaïque*
comme constitué par une lame de zinc et une lame de cuivre séparées par une couche
de liquide. Dans cette théorie, les deux plaques zinc et cuivre qui plongent dans
le vase v, par exemple, appartiennent au même couple, et non à des couples différents; l'acide devient positif, le zinc négatif et le cuivre un simple conducteur.

Fig. 120.

cuit, on soude au premier zinc et au dernier cuivre des fils conducteurs ou rhéophores qu'on fait communiquer par leurs extrémités libres, ou bien qu'on met en contact avec le corps à travers lequel on veut diriger le courant.

Oersted a imaginé de se servir du cuivre même qui enveloppe le zinc sans le toucher, comme d'une cellule ou d'un vase destiné à renfermer le liquide. La figure 121 représente un élément disposé de cette façon. Le cylindre de zinc Z, ainsi que celui de cuivre C, portent des godets en bois b, b', dans lesquels on verse un peu de mercure.

Fig. 121.

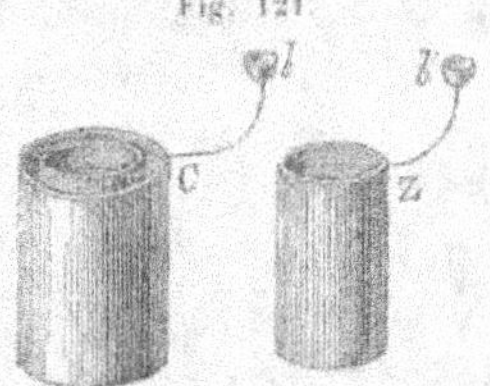

Lorsqu'on fait plonger dans ces godets les extrémités d'un fil conducteur, le circuit est fermé. Ces godets ne sont plus en usage; pour fermer le circuit, on préfère fixer, par pression, au moyen d'une pince à vis, les rhéophores contre les deux fils de cuivre soudés, l'un au zinc Z, et l'autre au cuivre C.

PILE EN HÉLICE OU DÉFLAGATEUR DE HARE.

Fig. 122.

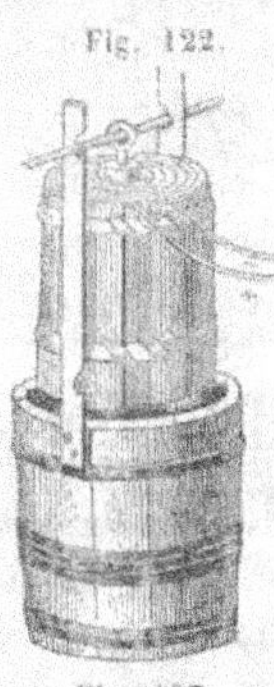

La pile en hélice est surtout destinée à produire de grandes quantités d'électricité sans donner de grandes tensions. Les figures 122 et 123 représentent un élément de cette forme. Sur un cylindre en bois b (fig. 123), d'environ 1 décimètre de diamètre, et de 3 ou 4 décimètres de longueur, on enroule deux lames, l'une de zinc et l'autre de cuivre, qui sont séparées par des bouts de lisière de drap l. On peut former ainsi des couples dont le zinc et le cuivre ont chacun 5 à 6 mètres carrés de surface. Un seul de ces couples (fig. 122) est capable de produire des effets physiques très-énergiques, et, lorsqu'on réunit seulement 20 couples pareils, on a une pile d'une puissance extraordinaire pour chauffer et liquéfier instantanément, non pas des fils, mais de véritables tiges de métal.

Fig. 123.

PILES EN CHAINES.

Nous indiquerons encore la forme de pile adoptée par M. Pulvermacher, et qui peut être fort commode pour obtenir des effets de
tension considérables. Cette pile, qui a beaucoup de rapport avec la
pile à colonne (p. 250), est représentée dans la figure 124, au moment où on en reçoit la commotion. La figure 125 en représente les
détails.

Fig. 124.   Fig. 125.

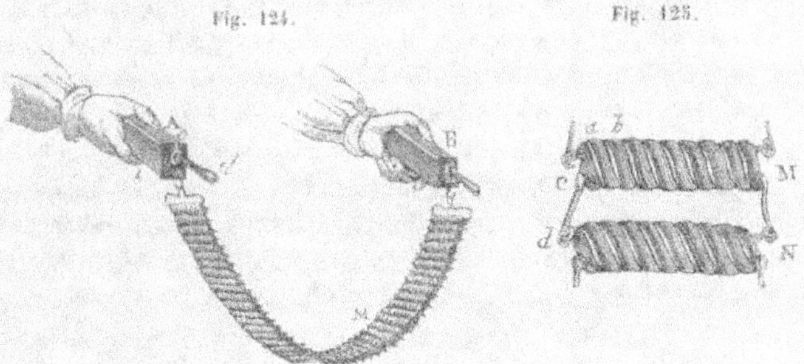

Elle se compose d'une suite de petits cylindres de bois M et N,
sur lesquels s'enroulent, l'un à côté de l'autre, sans se toucher, un fil
de zinc et un fil de cuivre. A chacun de ses bouts, le fil de zinc ab
du cylindre M s'articule au fil de cuivre du cylindre N, au moyen de
deux petits anneaux de cuivre implantés dans le bois; puis le zinc du
cylindre N se relie de même au cuivre du troisième cylindre, et ainsi
de suite, de manière que constamment le zinc d'un cylindre forme,
avec le cuivre du suivant, un couple tout à fait comparable à ceux de
la pile à colonne. Le tout formant ainsi une espèce de chaine qu'on
tient par les deux bouts, on plonge cette chaine dans un verre contenant
du vinaigre plus ou moins étendu d'eau. Les petits cylindres de bois,
qui sont poreux, s'imbibant alors du liquide, font l'office des rondelles
acidulées de la pile à colonne. Comme dans cette dernière pile, la
tension croit avec le nombre des couples. Une chaine de 120 couples
est déjà assez puissante pour donner de très-fortes secousses, au moment où l'on vient à toucher les deux extrémités avec les mains.

Ainsi que nous le verrons plus loin, les piles ne donnent des commotions qu'à l'instant où le courant commence et à l'instant où il finit.
Par conséquent, pour recevoir des secousses au moyen de la chaine
que nous venons de décrire, il faut, tandis que l'on tient l'une des

extrémités dans une main, toucher un instant la seconde extrémité avec l'autre main, retirer cette main, la réappliquer de nouveau, et ainsi de suite. A chaque contact, comme à chaque séparation, on éprouve une secousse. Pour éviter ces mouvements de la main, M. Pulvermacher fait usage de deux armatures en métal A et B (figure 124) auxquelles sont fixés les deux pôles ou extrémités de la pile M. L'armature B ne sert qu'à mieux établir le contact avec la main, mais l'armature A, qui a le même usage, sert, en outre, à l'interruption du courant, c'est-à-dire à faire en sorte que l'extrémité correspondante de la chaîne ne communique plus avec la main qui tient l'armature A. Pour cela, cette armature contient un petit mouvement d'horlogerie qui fait osciller une pièce de manière que tantôt le pôle de la pile communique intérieurement avec la paroi i de l'armature, et que tantôt il n'y communique pas. La rapidité des oscillations et par suite le nombre des secousses peuvent varier dans de certaines limites, à l'aide d'un petit régulateur o qu'on fait marcher à la main. Enfin, le mouvement d'horlogerie se monte en tournant une clef d qui sert de poignée à l'armature [1].

CHAÎNES SOI-DISANT GALVANIQUES.

Dans ces derniers temps, on a proposé, pour les applications de l'électricité à la médecine, une foule d'appareils qui n'ont d'électrique que le nom. Parmi ces appareils nous citerons les bagues galvaniques et surtout les chaînes galvaniques d'un certain M. Goldberger, qui ont eu et qui ont encore actuellement une vogue dont on se ferait difficilement une idée.

Pour détromper la crédulité publique sur le prétendu courant électrique de ces chaînes, nous allons en décrire la construction, et montrer qu'elles sont disposées au rebours des principes qui servent de base à la pile de Volta. Les chaînes de M. Goldberger se composent tout simplement d'anneaux alternativement en cuivre et en zinc, attachés les uns aux autres sans aucun corps intermédiaire. Les deux bouts de chaque chaîne sont réunis au moyen d'un petit tube de verre rempli de sel marin réduit en poudre. Suivant leurs dimensions, ces chaînes, qui ne coûtent que quelques centimes, se vendent de 5 à

---

[1] Voy. A. Ganot, *Traité élémentaire de Physique*, auquel nous avons emprunté les figures relatives à la pile en chaîne.

15 francs. Ce ne serait pas trop si, comme l'ont proclamé des milliers d'annonces faites dans les journaux de tous les pays, elles guérissaient la jaunisse, les rhumatismes, la goutte, l'hydropisie, la phthisie laryngée, la migraine, la surdité, l'amaurose, etc., etc. Mais c'est trop lorsqu'on peut démontrer qu'elles constituent des appareils tout à fait inertes, même quand elles sont, par un contact prolongé avec le corps, imprégnées de l'humidité provenant de la transpiration.

En effet, les chaînes de M. Goldberger, composées d'une suite d'anneaux alternativement en cuivre et en zinc, ne constituent pas des piles voltaïques; il leur manque pour cela le conducteur liquide, l'analogue des rondelles de drap mouillé de la pile à colonne. Mais, disent les partisans de ces chaînes, c'est la transpiration du corps qui remplace ce liquide. C'est là une grande erreur, car, pour remplacer ce liquide, la transpiration ne devrait s'interposer qu'alternativement entre un anneau de cuivre et un anneau de zinc, et former là, non pas une mince couche liquide insuffisante pour empêcher le contact métallique, mais un dépôt solide et résistant capable de s'opposer à ce contact. Or, on conviendra que la transpiration ne remplit ni l'une ni l'autre de ces conditions : elle s'attache à tous les anneaux indistinctement et ne les empêche nullement de se toucher les uns les autres. Avant comme après le dépôt de la transpiration à leur surface, les chaînes de M. Goldberger se composent donc d'anneaux de zinc séparés les uns des autres par des anneaux de cuivre, et, par conséquent, incapables de développer de l'électricité à la manière de la pile voltaïque (voy. p. 225). Nous devons cependant excepter le premier zinc et le dernier cuivre, car ceux-ci, par leur contact avec le sel marin humide, pourraient donner un courant électrique, quoique très-faible, à cause des nombreuses solutions de continuité de la chaîne.

Mais c'est ici que se trouve la partie curieuse de l'histoire et que l'on peut apprécier les connaissances physiques de l'inventeur. Lorsqu'on veut produire un courant électrique au moyen d'un seul élément (voy. la note, p. 257), il est indispensable que les deux métaux soient réunis d'un côté par un corps conducteur liquide et de l'autre par des fils métalliques communiquant eux-mêmes avec le corps à travers lequel on veut diriger le courant. Mais tout courant cesse naturellement lorsqu'on remplace le liquide lui-même par un fil métallique.

Or, c'est cette suppression du courant que M. Goldberger est parvenu à obtenir. En effet, que fait-il? Il donne au premier zinc et au dernier cuivre de la chaîne la forme de couvercles cylindriques et les

Fig. 126.

adapte aux extrémités d'un petit tube de verre (fig. 126); c'est dans ce tube que se trouve l'arcane ou la panacée, qui est du sel marin réduit en poudre. Mais pour empêcher que les couvercles ne puissent se détacher, il les réunit au moyen d'un fil de cuivre qui se trouve dans l'intérieur du tube, où il est caché par le sel marin. Les extrémités de ce fil dépassent de chaque côté le tube et sont recourbées en crochet pour recevoir les deux bouts de la chaîne. Il résulte de cet arrangement que le seul courant possible dans l'appareil, celui qui pourrait se former par le contact avec le sel marin du premier zinc et du dernier cuivre, se trouve également anéanti[1].

Si l'on veut examiner les bagues dites galvaniques, on trouvera que leur construction n'est guère plus conforme aux principes de la science, et qu'à l'instar des chaînes de M. Goldberger, elles ne constituent qu'une spéculation sur la bourse des gens crédules.

PILES SANS CONDUCTEUR LIQUIDE.

PILES SÈCHES.

Les piles sèches sont des piles dans lesquelles le liquide conducteur est remplacé par une substance sèche, quoique hygrométrique. Ce genre de pile est remarquable par la durée de son action et par la lenteur du mouvement de l'électricité dans son intérieur. Ordinairement on les construit au moyen de disques de papier ordinaire, portant sur l'une de leurs faces une mince feuille d'étain collée avec de l'empois, et sur l'autre, une mince couche de peroxyde de manganèse; on réunit plusieurs milliers de disques semblables, que l'on superpose en les plaçant toujours dans le même sens; le tout est placé entre deux disques de cuivre et introduit dans un tube de verre de même diamètre à peu près que la pile et recouvert intérieurement d'une épaisse couche de vernis à la gomme laque. Le tube est fermé haut et bas par un couvercle de métal en contact avec la lame métallique qui se trouve à l'extrémité correspondante de la pile : de cette manière on recueille l'élec-

---

[1] Dans les chaînes de M. Goldberger que j'ai eu l'occasion d'examiner, le tube de verre, rempli de poudre de sel marin, était fermé à ses deux extrémités, et mastiqué d'un côté dans un cylindre de cuivre et de l'autre dans un cylindre de zinc; il n'existait pas de fil de cuivre pour relier ces deux cylindres, dont l'un formait le premier cuivre et l'autre le dernier zinc de la chaîne. Il est évident qu'un appareil construit de cette façon ne saurait donner de courant appréciable, et que, dans tous les cas, la présence du sel marin dans le tube de verre est sans aucune utilité.   (H. V.)

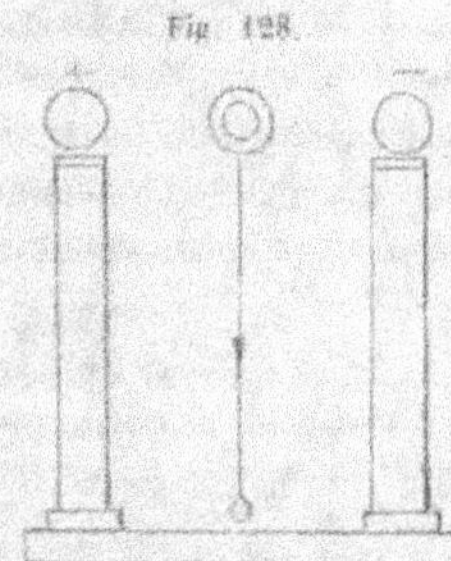

Fig. 127. tricité dégagée sur ces couvercles, qu'on n'a plus qu'à faire communiquer avec les corps auxquels on veut transmettre cette électricité. La figure 127 montre la disposition que nous venons de décrire. Souvent cette pile est divisée en deux parties que l'on place verticalement, en sens inverse l'une de l'autre, sur une même plaque métallique, afin d'avoir les deux pôles à la même hauteur.

Avec une pile sèche, il faut plusieurs minutes pour charger le condensateur; par conséquent, le mouvement de l'électricité est très-lent dans cet appareil; mais, par contre, la tension de l'électricité qui se réunit aux pôles peut devenir très-forte, pourvu qu'on emploie un très-grand nombre d'éléments. Quand la pile sèche est construite avec soin, elle agit pendant plusieurs années. Mais à la longue elle ne marche plus, parce que le papier finit par perdre, en partie, sa faculté hygrométrique, et surtout parce que l'étain s'oxyde.

La pile sèche ne peut, en général, développer aucun courant électrique quand on réunit ses pôles par un corps conducteur; elle ne peut produire qu'une série de petites étincelles provenant de la réunion des deux électricités qui s'accumulent lentement à chacune de ses extrémités. Cependant en donnant une grande surface aux disques et en n'en mettant qu'un nombre limité, M. Delezenne, de Lille, a obtenu, avec ces piles, quelques effets de courant, tels que la décomposition de l'eau (voy. *Effets chimiques des courants*), etc.; il employait une pile de 500 couples de 270 centimètres carrés de surface chacun. (H. V.)

MOUVEMENT PERPÉTUEL ÉLECTRIQUE.

Fig. 128. On a imaginé de placer, entre les deux moitiés d'une pile sèche, un pendule très-léger, mobile autour d'un axe horizontal qui le traverse vers son milieu, et portant à son extrémité supérieure un anneau formé par un simple fil de cuivre fixé à un fil de verre qui fait partie de la tige du pendule (fig. 128). On surmonte chacun des deux pôles d'une boule métallique; ces pièces se chargent l'une d'électricité positive, l'autre de fluide négatif.

L'anneau de cuivre du pendule doit se trouver à la hauteur des boules (un peu plus haut que ne l'indique notre figure). Lorsque cet anneau est plus rapproché de la boule positive que de la boule négative, par exemple, il est attiré par la première, puis, après l'avoir touchée et s'être électrisé positivement, il est repoussé par la même boule, et attiré par la seconde. Quand il aura touché celle-ci, il sera de nouveau attiré par la boule positive, et oscillera ainsi indéfiniment, tant que la pile fournira de l'électricité en quantité suffisante. On a cru trouver dans ce système le mouvement perpétuel; mais au bout de quelques années la pile cesse d'agir. Il arrive souvent que le pendule s'arrête lorsque l'air environnant est très-humide, ce qui tient à ce que la pile se décharge en partie par l'air, et que la tension conservée n'est plus suffisante pour vaincre l'inertie et les résistances qui s'opposent au mouvement du pendule; lorsque l'air devient plus sec, le mouvement recommence.

J'ai fait construire, pour le cabinet de physique de l'université de Gand, un appareil de ce genre dont la pile contient 3,600 disques de la grandeur d'une pièce de 5 francs. Il fonctionne régulièrement depuis 1855, et rien n'indique que son action soit sur le point de s'affaiblir. (H. V.)

ÉLECTROSCOPE A PILE SÈCHE.

Bohnenberger a utilisé les piles sèches dans la construction d'un électroscope condensateur d'une grande sensibilité. Dans cet instrument (fig. 114, page 227), la double feuille d'or des électromètres condensateurs ordinaires est remplacée par une simple feuille d'or, suspendue à égale distance de deux boules métalliques communiquant avec les deux pôles d'une pile sèche, et qui sont alors constamment l'une à l'état positif, l'autre à l'état négatif. Lorsqu'on fait usage de cet électroscope, et que la feuille d'or se trouve chargée à son extrémité inférieure d'électricité libre, elle est attirée par un pôle, repoussée par l'autre, et vient toucher le premier; on peut facilement conclure, du pôle touché, la nature de l'électricité libre que cette feuille d'or possédait.

L'instrument est si sensible, qu'il est affecté à la distance de plus d'un mètre par l'électricité d'un bâton de verre ou d'un bâton de résine; il risque même quelquefois, si l'on n'y prend pas garde, de donner de fausses indications par l'excès même de sa sensibilité. En effet, si les deux pôles sont à une trop faible distance l'un de l'autre, et que la feuille d'or ne soit pas suspendue exactement au milieu de l'intervalle qui les sépare, il suffit du plus léger mouvement qui la porte vers la boule la plus rapprochée, pour qu'elle soit attirée par cette boule, lors même qu'elle ne serait pas électrisée. Si l'on ne prenait les plus grandes précautions, on pourrait donc facilement être induit en erreur et croire à la présence d'une électricité qui n'existe pas. (H. V.)

PILES A COURANT CONSTANT.

Toutes les piles à un seul liquide que nous venons de décrire et dont on s'est longtemps exclusivement servi, présentent un inconvénient grave : elles perdent au bout de peu d'instants leur puissance, et en général leur force est très-variable pendant la durée d'une même expérience, lors même que cette durée ne dépasse pas dix ou quinze minutes. Cette diminution graduelle et souvent rapide tient à plusieurs causes, dont la principale est que le liquide placé entre les couples se décompose quand les pôles de la pile sont réunis par un conducteur, de la même manière que se décompose le liquide qu'on interpose entre les pôles eux-mêmes (voy. plus loin les *Effets chimiques des courants*) ; il en résulte que le cuivre de chaque couple se couvre d'hydrogène et même d'oxyde de zinc provenant, le premier, de la décomposition de l'eau, et le second, de celle du sulfate de zinc qui se forme par l'action de l'acide sulfurique sur le zinc. Ce dépôt, en altérant la surface du cuivre et en la rendant presque semblable à celle du zinc, détruit en grande partie l'une des conditions essentielles de la construction d'une pile, l'hétérogénéité des deux métaux, et en affaiblit par conséquent notablement la puissance. Aussi, chaque fois qu'on s'était servi d'une pile, était-on obligé de nettoyer les plaques, avant de pouvoir la mettre de nouveau en activité.

Les piles que nous allons décrire maintenant n'offrent pas cet inconvénient. Elles portent le nom de *piles à force constante*. Dans ces piles chacun des deux électro-moteurs est plongé dans un liquide différent, qui varie d'après la nature de l'électro-moteur. Nous expliquerons plus tard la théorie de ces appareils. Pour le moment, nous nous bornerons à décrire celles de ces piles qui sont les plus employées, savoir : la pile de Daniell, la pile de Grove, la pile de Bunsen et la pile de Sturgeon. (H. V.)

PILE DE DANIELL.

La première pile à courant constant est celle qui fut imaginée, en 1836, par Daniell, chimiste anglais. Les deux électro-moteurs des couples de cette pile sont le cuivre et le zinc : celui-ci plonge dans une solution étendue d'eau et d'acide sulfurique, ou dans une solution de sel marin ; celui-là dans une dissolution de sulfate de cuivre. La difficulté était de séparer les deux liquides par une substance qui, tout en empêchant leur mélange, n'altérât pas la conductibilité du conducteur liquide hétérogène interposé entre les plaques des couples. On ne pouvait songer à un diaphragme métallique, car on aurait violé une des conditions fondamentales de la construction de la pile, qui exige qu'il y ait un conducteur totalement liquide entre les couples. Daniell eut recours, soit à des diaphragmes faits avec une membrane de vessie, soit à des diaphragmes en terre poreuse non vernissée.

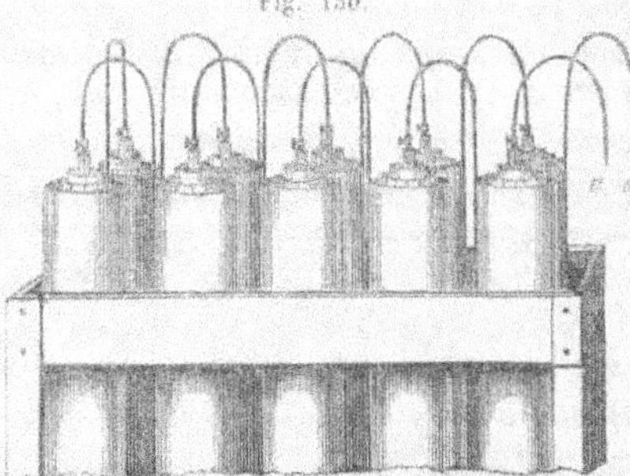

Fig. 129.

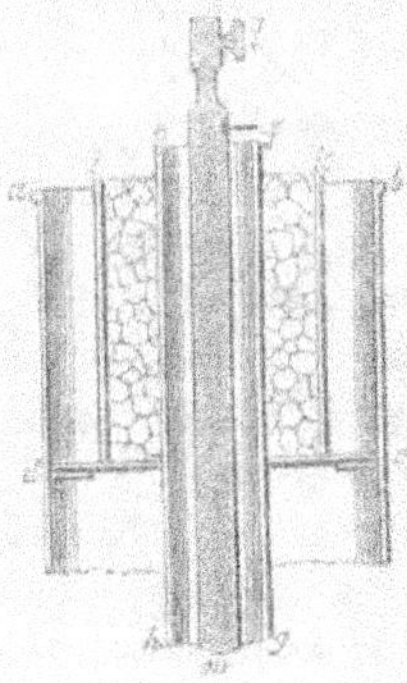

La figure 129 représente une section de la partie supérieure d'un élément de Daniell : m cylindre de zinc ; $e\,f\,g\,h$, cylindre creux en terre poreuse (terre de pipe) ; $a\,b\,c\,d$, vase cylindrique en cuivre ; $i\,k$, petite grille mobile. Pour mettre ce couple en activité, on remplit le vase poreux d'eau acidulée ; le vase de cuivre, d'une dissolution de sulfate de cuivre ; et la grille mobile, de fragments solides de cette dernière substance ; puis l'on fait communiquer le zinc et le cuivre au moyen des corps à travers lesquels on veut faire passer le courant.

Fig. 130.

La figure 130 représente une pile formée par la réunion de 10 couples pareils à celui que nous venons de décrire. On voit que le zinc du premier élément à droite communique, par un fil de cuivre, avec le cuivre du second, le zinc de celui-ci avec le cuivre du troisième, et ainsi de suite ; de telle sorte que le cuivre du premier élément et le zinc du dernier restent libres et forment les pôles de la pile, le cuivre le pôle positif et le zinc le pôle négatif.

La pile de Daniell se conserve constante pendant plusieurs heures ;

mais, au bout de ce temps, il arrive que les dissolutions finissent par se mélanger plus ou moins, suivant la nature du diaphragme ; alors il faut, non-seulement les changer totalement, mais laver avec soin les diaphragmes et nettoyer les surfaces des métaux. Il est préférable de ne pas attendre, pour démonter la pile et renouveler les liquides, que

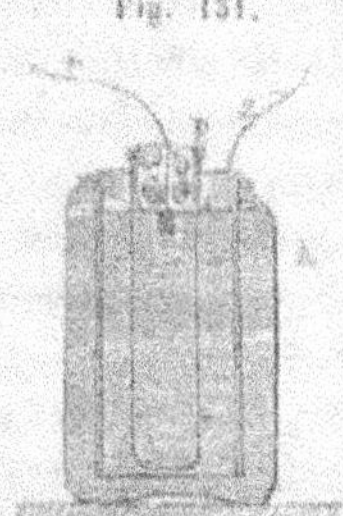

Fig. 151.

ce mélange ait eu lieu. Nous citerons encore la disposition suivante utilisée aujourd'hui dans les horloges électriques et la télégraphie : c'est un couple à sulfate de cuivre, dont le zinc extérieur Z (fig. 151), est placé dans un vase en verre ou en faïence A. Le vase en terre poreuse P porte une petite plaque en gutta-percha à la partie supérieure, plaque percée de trous afin de laisser passer le liquide du diaphragme au-dessus d'elle. On met de l'eau et quelques gouttes d'acide sulfurique pour commencer l'action dans la case zinc à l'extérieur du diaphragme ; dans l'intérieur on met également de l'eau et quelques cristaux de sulfate de cuivre au-dessus de la plaque de gutta-percha. Le conducteur positif est un simple fil de cuivre plongeant sur une étendue de quelques millimètres dans l'eau contenant un peu de sulfate de cuivre. Une pile formée avec ces couples donne peu d'électricité, mais elle peut marcher pendant sept ou huit jours ; au bout de ce temps, on remet un ou deux cristaux de sulfate de cuivre au-dessus de la gutta-percha, et on peut ainsi, sans toucher au zinc ni changer les liquides, la faire fonctionner pendant plusieurs mois. Au fur et à mesure qu'elle fonctionne, le sulfate de cuivre est décomposé (voy. les *Effets chimiques de l'électricité*), et le cuivre métallique provenant de cette décomposition se dépose au bout du fil ; le dépôt s'allonge, et forme un cylindre de cuivre métallique que l'on enlève après plusieurs mois ; on plonge alors de nouveau le fil dans l'eau du vase poreux, et l'action continue comme auparavant.

PROPRIÉTÉS DU ZINC AMALGAMÉ.

Une grande amélioration introduite dans la pile de Daniell, comme aussi dans celles dont nous parlerons plus loin, consiste à amalgamer le zinc, c'est-à-dire à le recouvrir d'une couche de mercure, ce qui est facile à faire, en versant sur le zinc à la fois du mercure et de l'acide sulfurique étendu de vingt fois environ son volume d'eau, afin que la surface du zinc soit bien désoxydée et suffisamment nette, pour que le

mercure y adhère. L'avantage de cette opération, imaginée par un
physicien anglais, M. Kemp, consiste en ce que, sans rien changer à
l'effet du zinc dans la production de l'électricité par la pile, on évite
qu'il soit attaqué et que par conséquent il se dissolve en pure perte
dans l'eau acidulée, quand la pile n'est pas en activité, c'est-à-dire
quand ses pôles ne sont pas réunis par un conducteur. Mais dès que
cette réunion a lieu, le zinc est attaqué malgré le mercure dont il est
recouvert; seulement l'oxyde qui se forme ne reste point adhérent à
la surface qui demeure toujours brillante et métallique; circonstance
encore éminemment avantageuse, car la couche d'oxyde, qui recouvre
les plaques de zinc quand elles ne sont pas amalgamées, contribue
notablement à l'affaiblissement de la pile.

PILE DE GROVE.

Une seconde pile à effet constant, et dans laquelle on emploie également deux liquides différents, est celle de Grove. Dans cette pile,
le zinc est amalgamé comme dans la précédente, et plonge dans de
l'acide sulfurique étendu de 10 à 20 fois son volume d'eau. L'autre
métal est du platine et non du cuivre, et il plonge dans de l'acide
nitrique, soit pur à 40°, soit étendu de la moitié de son volume d'eau
ou mélangé avec un quart d'acide sulfurique concentré. Le diaphragme
qui sépare les deux liquides n'est pas dans ce cas de nature organique,
car il serait immédiatement détruit par l'action de l'acide nitrique; il
est d'argile poreuse non vernissée.

Fig. 132.

Au commencement, on don-
nait aux couples de la pile de
Grove la forme cylindrique; on
préfère actuellement la forme
parallélipipédique comme plus
commode. La figure 132 représente une coupe et une élévation
d'un élément de Grove disposé
de cette manière : o est le vase
poreux; P une lame de platine
intérieure; Z le zinc extérieur
plongeant dans le vase M M, qui
est de verre ou de faïence. L'expérience a montré qu'on augmen-
tait beaucoup la puissance de

l'élément, en donnant à la lame de zinc une très-grande surface par rapport à la lame de platine. Dans ce but, on la courbe de façon à ce qu'elle forme deux surfaces parallèles verticales, réunies par une surface horizontale inférieure beaucoup plus petite ; c'est dans l'intervalle que laissent entre elles les deux surfaces parallèles, qu'on place l'auge en terre poreuse. On verse de l'acide nitrique dans le vase poreux où se trouve le platine et de l'eau acidulée dans l'autre. Le zinc, par son contact avec l'acide sulfurique, prend l'électricité négative ; la lame de platine prend l'électricité positive dont se charge l'eau acidulée.

Les couples construits de cette manière sont très-énergiques ; mais, comme nous le verrons plus loin, ils consomment de l'acide nitrique et dégagent des vapeurs nitreuses incommodant les personnes qui s'en servent continuellement ; ils exigent, en outre, des lames de platine ; il est vrai que c'est une première mise de fonds, car ce métal ne se détériore pas.

Un seul élément de Grove peut donner un courant d'une intensité suffisante dans beaucoup d'expériences. Si l'on veut combiner ensemble deux ou plusieurs couples pareils, pour former une pile, on les dispose à la suite les uns des autres, en mettant en contact, par exemple, le zinc du premier avec le platine du second, le zinc de celui-ci avec le platine du troisième, et ainsi de suite ; ce contact entre les lames de zinc et de platine s'établit au moyen de pinces de métal, et afin que les feuilles de platine ne puissent pas être entamées par les pinces, on interpose entre celles-ci et ces feuilles une bande de cuivre. La pile

Fig. 133.

étant ainsi disposée, le platine du premier couple devient le pôle positif, et le zinc du dernier couple, le pôle négatif. Ce platine et ce zinc portent chacun une vis de pression destinée à fixer les fils conducteurs que l'on met en contact avec les corps à travers lesquels on veut transmettre le courant de la pile. La figure 133 représente une pile de Grove formée de 4 couples réunis comme nous venons de le dire ; la figure 134, ci-après, fait voir la manière dont on établit le contact entre le zinc et le platine : A, lame de platine suspendue dans

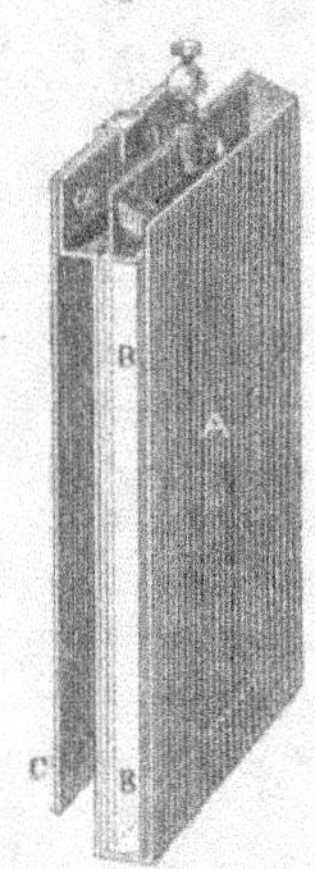

Fig. 134.

le vase poreux B ; *a* lame de zinc en contact avec la lame de platine C ; les vases des 4 couples de la pile sont placés dans une auge de bois ou de faïence.

Quand la pile de Grove est en activité, c'est-à-dire que ses pôles sont réunis, l'eau acidulée dans laquelle plongent les métaux des couples est, comme nous le verrons bientôt, décomposée. L'hydrogène provenant de cette décomposition change l'acide nitrique en acide nitreux ; et celui-ci colore la liqueur d'abord en rouge-brun, puis en vert ; en même temps elle s'échauffe, et finit par prendre une température si élevée, qu'elle entre en ébullition ; il faut, dans ce cas, arrêter immédiatement l'action de la pile. On peut atténuer cet inconvénient en mêlant un peu d'acide sulfurique concentré (la moitié ou le tiers) avec l'acide nitrique, ou même, en prenant, au lieu d'acide nitrique d'un poids spécifique de 1,40, de l'acide nitrique mélangé avec moitié d'eau. Mais le courant perd en intensité ce qu'il gagne en constance, surtout si on emploie le second moyen, car avec le premier, qui est bien préférable, la force n'est pas sensiblement diminuée.

On peut également faire usage, comme l'a indiqué Callan, d'un mélange de 4 parties en poids d'acide sulfurique concentré, de 2 parties d'acide nitrique et de 2 parties d'une dissolution concentrée de salpêtre.

La pile de Grove est de toutes la plus propre à la production des effets du courant électrique, à cause de sa grande puissance, jointe à une constance qui, quoique moindre que dans la pile de Daniell, est suffisante pour la plupart des expériences.

PILE DE BUNSEN.

La *pile de Bunsen*, connue aussi sous le nom de *pile à charbon*, n'est autre chose que celle de Grove, dont la feuille de platine est remplacée par un cylindre ou un prisme de coke bon conducteur. Cette substitution a eu pour cause principale le prix élevé du platine. Parmi les variétés de coke qui conduisent le mieux l'électricité, on peut ranger celui qui se dépose sur les parois des cornues dans lesquelles on distille la houille pour la fabrication du gaz à éclairage. On sait qu'une huile empyreumatique retombe du tuyau ascendant de ces cornues échauffées, et que les gouttes, se carbonisant en tombant les unes sur les autres, forment des masses de charbon dur, gris, compacte, ayant l'aspect brillant d'un métal, et présentant les apparences d'une végétation. Ce coke est excellent pour la construction des piles de Bunsen. Il n'exige d'autre préparation que celle qui consiste à le façonner en cylindre ou en prisme, au moyen de la scie et de la meule.

Fig. 155.

La figure 155 représente les différentes pièces dont se compose un élément de Bunsen. Ces pièces sont : 1° un bocal cylindrique F, de faïence ou de verre, rempli d'eau acidulée par l'acide sulfurique au 1/10 ou seulement au 1/12 ; 2° un cylindre creux Z, en zine amalgamé, auquel on a soudé une lame mince et étroite de cuivre, lorsque le cylindre Z est destiné à être mis en communication avec le cylindre de coke d'un second élément, l'extrémité libre de sa lame de cuivre présente un cône tronqué de même métal, au moyen duquel on établit cette communication ; 3° un vase poreux V, en terre de pipe peu cuite, dans lequel on met de l'acide nitrique ordinaire ; 4° un cylindre de coke de cornue, présentant à son extrémité supérieure une cavité dans laquelle on engage, soit le cône tronqué du zinc d'un autre élément, soit, si l'on ne veut faire usage que d'un seul élément, un cône tronqué pareil soudé à une lame de cuivre de mêmes dimensions que celle du cylindre de zinc ; il faut avoir soin que le cylindre de coke soit assez haut pour que la partie qui porte le cône tronqué de cuivre sorte du vase poreux, et ne se trouve par conséquent pas en contact avec l'acide nitrique. Cependant, le charbon étant assez poreux, la capillarité fait que l'acide finit par atteindre le haut du cylindre et par altérer extérieurement le cône de cuivre. Il faut donc, chaque fois qu'on a fait usage de l'élément, enlever les conducteurs de cuivre, les laver et les essuyer avec soin. Pour préserver autant que possible le conducteur contre l'action de l'acide, il faut, avant de placer le charbon dans celui-ci, plonger dans la cire fondue la partie supérieure de ce charbon qui est destinée à venir en contact avec le conducteur : la cire empêche l'acide de pénétrer en aussi grande quantité dans le charbon. Quand on veut faire fonctionner l'appareil, on place le cylindre de zinc dans le vase de faïence, puis dans ce cylindre le vase poreux et le charbon.

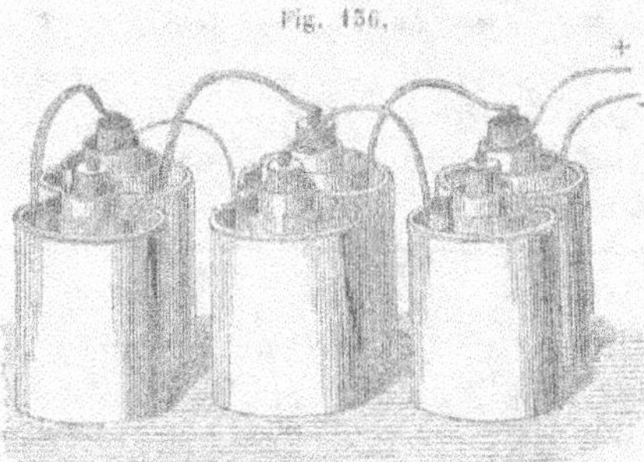

Fig. 136.

La manière de réunir différents éléments en pile se trouve indiquée par la figure 136 : le charbon de chaque couple communique avec le zinc du couple suivant, et les cylindres zinc et charbon du premier et du dernier couple deviennent respectivement les pôles négatif et positif que l'on réunit au moyen de corps conducteurs lorsqu'on veut établir le courant.

La pile de Bunsen reste plus longtemps constante que celle de Grove, mais elle est moins énergique dans ses effets. Elle est très-usitée, surtout en Allemagne, et elle se trouve, avec celle de Daniell, aussi bien dans l'atelier de l'industriel que dans le cabinet du savant et du professeur.

PILE DE STURGEON.

Dans l'élément de Sturgeon, dont la disposition générale est exactement la même que celle de l'élément de Bunsen, les deux électromoteurs sont le zinc amalgamé et le fer de fonte : le premier plonge dans de l'eau acidulée, et le second dans un vase poreux rempli d'un mélange de 4 parties en poids d'acide sulfurique concentré, de 2 par-

Fig. 137.

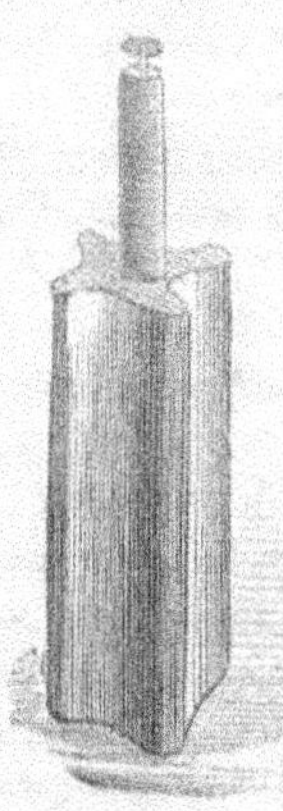

ties d'acide nitrique également concentré et de 2 parties d'une dissolution saturée de salpêtre dans l'eau. C'est, comme on voit, le même mélange que celui que nous avons indiqué comme pouvant être employé dans la pile de Grove à la place de l'acide nitrique pur. La figure 137 représente la forme qu'on peut donner au fer de fonte; cette forme est celle d'un cylindre présentant quatre nervures arrondies; le cylindre porte à son extrémité supérieure un prolongement percé d'un trou, pour pouvoir y fixer un fil conducteur, au moyen d'une vis de pression.

Pour comprendre l'action de cette pile, il faut savoir que le fer, par son contact avec l'acide nitrique concentré, ou simplement par son contact avec l'acide nitrique étendu et le zinc, comme dans cette pile, acquiert la propriété de se comporter à la manière du platine : non-seulement il n'est plus oxydé par l'acide nitrique et il ne précipite plus le cuivre de ses dissolutions, mais il devient, par rapport au zinc, presque aussi fortement électro-négatif que le platine. Le fer dans cet état particulier s'appelle *fer passif*, par opposition à son état habituel, dans lequel il précipite le cuivre, et se trouve à *l'état actif*. Il paraît que le fer est rendu passif par une très-mince couche d'oxyde qui se forme à sa surface.

Telles sont les principales espèces de piles dont on se sert le plus ordinairement. Nous compléterons plus tard la théorie de ces appareils.

RÈGLES PRATIQUES.

La puissance des différentes piles à deux liquides que nous venons de décrire dépend du bon choix des matériaux qui entrent dans leur composition. C'est pourquoi nous allons indiquer les principaux résultats obtenus dans les expériences entreprises pour trouver quelle est l'influence des différentes parties de ces piles sur le dégagement de l'électricité. Nous nous occuperons successivement :

1° Des diaphragmes ;

2° Des liquides dans lesquels plongent les électro-moteurs ;

3° De la grandeur des couples ; et

4° Du nombre des couples composant la pile.

Nous examinerons dans cet article les deux premières questions ; quant aux deux autres, il en sera question dans les trois articles suivants.

Des diaphragmes. — La baudruche et la vessie sont les diaphragmes qui, en raison de leur peu d'épaisseur, opposent le moins de résistance à la transmission du courant ; mais leur usage est assez restreint, parce que les solutions acides concentrées, aussi bien que les solutions alcalines, les détruisent promptement.

La toile à voile est un des meilleurs diaphragmes, car le courant n'est pas sensiblement arrêté ; on peut leur donner la grandeur que l'on veut ; la couture doit être faite avec un fil enduit de poix.

Les diaphragmes poreux les plus employés actuellement se font avec de la terre de pipe ou de la terre à porcelaine, c'est-à-dire avec les argiles les plus pures que l'on connaisse. L'argile qu'on emploie pour les poteries communes n'est guère propre à la confection des diaphragmes : elle offre trop de résistance au mouvement de l'électricité.

L'argile cuite, ou seulement desséchée, happe fortement à la langue ; cette propriété physique tient à ce que la matière est traversée par une foule de petits canaux capillaires qui absorbent vivement l'eau dont la langue est mouillée, de sorte que celle-ci se colle fortement contre l'argile. C'est par suite de cette porosité que les vases d'argile cuite laissent passer l'eau à travers leurs parois, et qu'ils peuvent servir comme diaphragmes dans les piles galvaniques. Pour qu'ils conservent le degré de porosité requis à cet effet, il faut se borner à *dégourdir* l'argile, c'est-à-dire la soumettre à une cuisson qui la dessèche complétement et lui fait prendre une certaine consistance. Une cuisson plus forte, le *grand feu* des potiers, rendrait l'argile trop compacte.

Quand on fait usage de diaphragmes en terre, il faut avoir soin de les laver chaque fois qu'on s'en est servi, afin d'enlever les sels qui, en cristallisant dans l'intérieur, finiraient par faire éclater les parois.

Le papier ou carton goudronné perméable au liquide est un bon diaphragme, facile à préparer ; le goudron n'est employé que pour empêcher le carton de se délayer dans l'eau.

En un mot, toute substance perméable aux liquides, qui n'est pas attaquée ou délayée par eux et qui ne renferme pas de matières conductrices de l'électricité, peut servir à établir des cloisons poreuses.

Nature du liquide dans lequel plongent les électro-moteurs. — Le zinc plonge assez généralement dans de l'eau acidulée par l'acide sulfurique ; on pourrait utiliser également l'acide hydrochlorique. L'eau acidulée avec 1/10 d'acide sulfurique conduit bien l'électricité, mais lorsqu'on l'emploie il faut avoir soin que le zinc soit parfaitement amalgamé, sans quoi ce métal serait trop vivement attaqué. Lorsque le zinc a déjà servi depuis l'amalgamation, l'eau acidulée ne doit contenir que 1/20 et même moins d'acide sulfurique : le courant devient à la vérité plus faible à mesure que l'acidité de l'eau diminue, mais le zinc est mieux préservé.

Quant aux liquides dans lesquels on fait plonger les électro-moteurs négatifs, nous en avons parlé précédemment. (H. V.)

LOI D'OHM.

Si l'on joint les deux pôles d'une pile par un corps conducteur quelconque, les deux électricités contraires que les forces électro-motrices développent sur ces pôles se recombinent ; mais aussitôt les mêmes forces électro-motrices décomposent une nouvelle quantité de fluide neutre, dont les éléments se rendent à leur tour sur le conducteur interpolaire pour s'y neutraliser, et ces phénomènes se répètent aussi longtemps que l'appareil reste dans les mêmes conditions. C'est ainsi que se forment les courants électriques, aussi bien dans le conducteur interpolaire, que dans la pile elle-même.

Lorsqu'un corps conducteur contient de l'électricité libre, celle-ci se rend à sa surface. On prévoit qu'il n'en doit plus être de même lorsque ce corps se trouve traversé par un courant électrique, c'est-à-dire par des quantités égales de fluide positif et de fluide négatif se propageant en sens contraire l'un de l'autre. En effet, dans ce cas, les fluides électriques doivent se répartir entre tous les filets matériels du corps, tous ces filets leur permettant de se mouvoir dans le sens des forces qui les sollicitent. En d'autres termes, si l'on conçoit, dans un corps qui est traversé par un courant électrique, une section perpendiculaire à la direction de celui-ci, c'est-à-dire au chemin que les deux électricités du courant doivent suivre pour se rejoindre, chaque point de cette section livrera passage à une certaine quantité d'électricité, que ce point soit situé à l'intérieur de la section ou sur la périphérie. On verra bientôt la preuve de l'exactitude de la proposition que nous venons de développer.

L'électricité en mouvement se répartissant entre tous les filets matériels des corps qu'elle parcourt, on doit prendre pour mesure de l'intensité du courant dans un corps la quantité d'électricité qui traverse, dans l'unité de temps, une section quelconque de ce corps faite perpendiculairement à la direction du courant; de même qu'on évalue la puissance d'un cours d'eau par la quantité de liquide qui passe, dans l'unité de temps, à travers une section également normale au courant.

Si la pile et le conducteur interpolaire étaient formés de corps complètement incapables de résister au mouvement de l'électricité, c'est-à-dire bons conducteurs dans le sens absolu du mot, comme les forces électro-motrices décomposent instantanément le fluide neutre, la quantité d'électricité qui, dans l'unité de temps, traverserait chaque section du conducteur serait infiniment grande, et il en serait de même de l'intensité du courant produit. Mais les corps ne possèdent jamais une conductibilité parfaite pour l'électricité. Il en résulte que, dans un appareil voltaïque donné, la quantité d'électricité qui peut traverser le conducteur dans l'unité de temps a une limite, variable à la fois avec les résistances que les fluides doivent vaincre dans leur mouvement et avec l'intensité des forces électro-motrices qui détermine la tension et le mouvement. Cette limite s'établit instantanément. Dès qu'elle est atteinte, l'intensité du courant reste constante et uniforme, dans toute l'étendue du circuit, aussi longtemps que la nature des corps du circuit et l'intensité des forces électro-motrices ne varient pas; car la circulation de l'électricité étant continue, il est impossible qu'à un instant quelconque il passe plus d'électricité par une section que par une autre. Ohm, physicien allemand, a déterminé pour ce cas la relation exacte entre l'intensité du courant, la résistance du circuit et l'intensité des forces électro-motrices. Voici cette relation, qui est remarquable par sa simplicité : *l'intensité du courant électrique dans un circuit voltaïque est proportionnelle à la somme des forces électro-motrices développées dans chaque couple de la pile, et en raison inverse de la somme de toutes les résistances du circuit.* (H. V.)

<h3 style="text-align:center">CHOIX DES ÉLECTRO-MOTEURS.</h3>

La loi d'Ohm, que nous venons d'énoncer, nous permet d'établir les règles d'après lesquelles on détermine l'appareil galvanique à employer dans chaque expérience.

Veut-on, par exemple, transmettre un courant à travers un fil métallique très-court et n'offrant, par conséquent, qu'une faible résistance au mouvement de l'électricité, on doit faire usage d'un seul couple galvanique à grande surface. En effet, prenons pour unité l'intensité du courant qui traverse le fil métallique lorsqu'il ferme le circuit d'un seul couple galvanique. Disposons ensuite ce même fil entre les pôles d'une pile formée par la réunion de couples pareils, de six, par exemple, et cherchons l'intensité du nouveau courant. Dans une pile de six éléments placés à la suite les uns des autres, la force électro-motrice est six fois plus grande que dans un seul couple, et, par suite, on devrait s'attendre à trouver le second courant six fois plus fort que le premier; mais il faut considérer que si la force électro-motrice est devenue six fois plus grande, il en est de même de la résistance du circuit; par conséquent, de ce chef on perd exactement ce que l'on a gagné du côté de la force électro-motrice, et le courant que la pile de six éléments envoie dans le fil métallique dont il s'agit n'est pas plus intense que celui que produit un seul couple.

Cependant il existe un moyen de disposer six couples de façon qu'ils donnent lieu à un courant six fois plus fort que celui qui provient d'un seul. Il consiste à réunir ensemble, d'un côté tous les zincs, de l'autre tous les cuivres (nous supposons des éléments de Bunsen), et à joindre les deux systèmes de lames par le fil métallique. Au moyen de cette disposition qui est représentée par la figure 138, la force électro-motrice reste la même que dans chaque couple individuel; mais cette force trouve six fois plus de filets matériels pour y envoyer de l'électricité, de sorte que le fil sera traversé par un courant six fois plus fort que celui que nous avons pris pour unité. On comprend maintenant l'avantage de la combinaison que nous venons d'indiquer, ainsi que celui des couples à grande surface, tels que ceux du déflagrateur de Hare (p. 238).

Fig. 138.

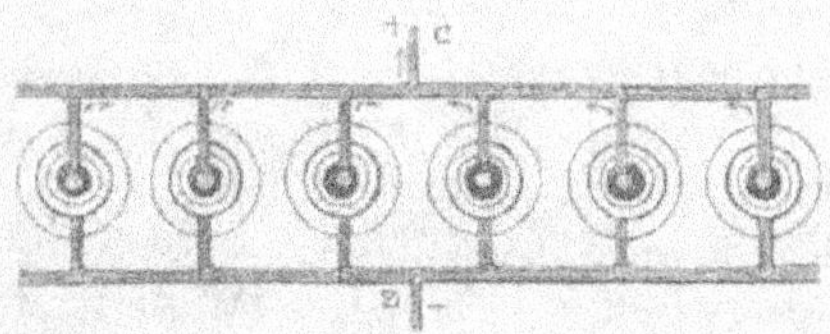

Par des raisonnements analogues, on verrait que lorsque le corps interpolaire offre une grande résistance au mouvement de l'électricité, il faut, pour obtenir des courants énergiques, faire usage d'un grand nombre d'éléments disposés en pile ordinaire, de manière que les forces électro-motrices des différents éléments s'ajoutent. Ce cas se présente dans la décomposition des corps liquides, qui sont, en général, de très-mauvais conducteurs de l'électricité à faible tension produite dans les appareils galvaniques. Il se présente aussi dans les fils télégraphiques qui relient des stations très-éloignées. Enfin, il se présente pareillement lorsqu'il s'agit de transmettre le courant électrique à travers le corps humain, qui est, comme nous le savons déjà, assez mauvais conducteur, même pour l'électricité à haute tension des machines ordinaires (voy. p. 91).

Ohm fit connaître sa loi en 1827, dans une brochure intitulée : *Die galvanische Kette*. Dans l'origine, cette loi remarquable fut appréciée de diverses manières. Henry, de New-Jersey, savant physicien américain, rendit, un peu contrairement aux habitudes de ses compatriotes, pleine et entière justice au mérite de la publication dont il s'agit : « Lorsque, » dit-il, « je lus pour la première fois la théorie d'Ohm, je crus voir un éclair illuminant tout à coup une chambre plongée dans les ténèbres. » Les journaux scientifiques de Berlin traitèrent le livre d'Ohm comme un tissu de rêveries, indigne de fixer l'attention des physiciens. Les Anglais, au contraire, surent honorer le génie de l'illustre physicien allemand, en décernant à son ouvrage la médaille de Copley, c'est-à-dire la plus grande récompense dont la Société royale de Londres dispose pour les découvertes dans le domaine de la physique. Les Français qui, en général, marchent au premier rang, tant dans les sciences que dans la littérature, demeurèrent cette fois en arrière, car il y a à peine une dizaine d'années que la loi d'Ohm a acquis droit de bourgeoisie dans leur pays. (H. V.)

MOYEN D'AUGMENTER LA CONDUCTIBILITÉ DES CORPS.

Avant qu'Ohm eût découvert la loi qui porte son nom, on expérimentait au hasard avec les piles voltaïques : on n'avait aucun moyen de déterminer l'appareil à employer selon l'expérience que l'on se proposait de faire. L'un voulait soumettre les métaux à l'influence du courant électrique, et il se servait à cet effet d'une pile composée d'éléments nombreux, mais à petite surface; un autre, se proposant d'étudier les phénomènes physiologiques des courants, avait recours à des couples de très-grandes dimensions; un troisième multipliait la surface et le nombre des couples, et aucun ne réussissait, tandis qu'en suivant la bonne voie, chacun pouvait atteindre le but qu'il avait en vue. On échouait dans les expériences, parce qu'on ne tenait aucun compte de la résistance que la pile oppose au mouvement de l'électricité, et qui est de beaucoup supérieure à celle que les métaux opposent à la propagation du même fluide. La conductibilité de l'eau, par exemple, est 6,400 millions de fois moindre que celle du cuivre; mais l'acide hydrochlorique conduit 400 fois mieux que l'eau.

Il existe cependant un moyen de transformer les plus mauvais conducteurs en bons conducteurs : ce moyen consiste à augmenter leur section perpendiculairement au sens suivant lequel les fluides électriques les traversent. Soit un fil de cuivre cylindrique, d'un millimètre de diamètre, et, pour fixer les idées, représentons sa conductibilité par 1. Un filet cylindrique d'eau de mêmes dimensions opposera au passage de l'électricité une résistance 6,400 millions de fois plus grande. Mais, si nous donnons au filet d'eau un diamètre dix fois plus grand, c'est-à-dire de 10 millimètres, sa section se trouvera accrue dans le rapport de 1 à 100, et la résistance de ce filet ne sera plus que 64 millions de fois moindre que celle du fil de cuivre. Allons plus loin et donnons au filet d'eau un diamètre de 1,000 millimètres, et par conséquent, une sec-

tion égale à 1,000,000 de fois sa section primitive ; le filet, transformé
maintenant en ruisseau, n'opposera plus qu'une résistance égale à
6,400. On voit qu'on a déjà notablement diminué la résistance de
l'eau et que, sans augmenter à l'infini la section du filet, on peut arriver à le rendre aussi bon conducteur que le fil de cuivre auquel nous
le comparons. C'est ce qui a lieu quand son diamètre est de 80,000
millimètres, car alors sa section est égale à 6,400,000,000 de fois
celle du fil de cuivre, et l'accroissement de section compense exactement le défaut de conductibilité de l'eau. Si l'on ajoute à l'eau une
certaine quantité d'un acide concentré, on augmente considérablement
sa conductibilité, et on peut réduire dans une proportion notable la
section de la veine liquide, sans qu'elle cesse de conduire aussi bien
que le fil de cuivre [1].

ANALOGIES ENTRE LE MAGNÉTISME ET L'ÉLECTRICITÉ.

Dans un grand nombre de recherches, on a besoin de constater
l'existence et d'apprécier la force d'un courant électrique. Le galvanomètre ou multiplicateur est l'appareil le plus sensible et le plus commode qu'on puisse employer pour parvenir à ces résultats. C'est ce qui
nous engage à le décrire dès à présent, et à exposer le principe sur
lequel il repose. Nous ferons précéder cet exposé de quelques détails
historiques sur la découverte de la connexion entre le magnétisme et
l'électricité.

Depuis longtemps les physiciens étaient frappés de l'analogie qui
semblait exister entre les phénomènes électriques et les phénomènes
magnétiques. Deux magnétismes comme deux électricités ; des attractions et des répulsions exercées entre les magnétismes contraires
et les magnétismes de même nom, comme entre les électricités et
suivant des lois semblables : voilà bien des points de ressemblance
entre les deux classes de phénomènes. Ce n'est pas tout : on avait
recueilli plusieurs exemples de paratonnerres aimantés à la suite de
coups de foudre qui les avaient frappés. On avait trouvé dans des
cimetières des croix de fer aimantées par la foudre, et l'on avait remarqué que toujours les branches horizontales de ces croix étaient plus
fortement aimantées que les parties verticales. Toutefois, on avait

[1] Nous verrons plus loin, dans l'article : *Vues théoriques sur la conductibilité de la
terre*, que la loi d'Ohm cesse d'être applicable lorsque la section des conducteurs
devient très-grande par rapport à leur longueur.   (H. V.)

essayé en vain de produire des effets analogues, au moyen de l'électricité ordinaire.

Divers autres phénomènes produits par la foudre étaient venus fortifier l'opinion des physiciens sur l'existence d'un rapport intime entre l'électricité et le magnétisme. Comme ces phénomènes sont curieux et qu'ils intéressent au plus haut degré la navigation, nous allons en rapporter quelques-uns.

Vers l'année 1675, deux bâtiments anglais marchaient de conserve dans un voyage de Londres à la Barbade. A la hauteur des Bermudes, la foudre brisa le mât d'un d'entre eux et en déchira les voiles; l'autre ne reçut aucun dommage. Le capitaine de ce second bâtiment ayant remarqué que le premier virait de bord et paraissait vouloir retourner en Angleterre, demanda la cause de cette détermination subite, et n'apprit pas sans étonnement que son compagnon croyait suivre encore la première route. Un examen attentif des boussoles du bâtiment foudroyé montra alors que les fleurs de lis des roses des vents, qui d'abord, comme c'est l'habitude, se dirigeaient au nord, marquaient au contraire le sud, en sorte que les pôles avaient été totalement renversés par la foudre. Cet état se maintint pendant tout le temps du voyage.

Quelques années plus tard, dans le mois de juillet 1681, d'après ce que rapporte Boyle, le navire *l'Albemarl*, qui se trouvait alors à une centaine de lieues du cap Cod, fut frappé de la foudre. Il en résulta d'assez graves dégâts dans les mâts, dans les voiles, etc. Quand la nuit arriva, chacun reconnut, de plus, d'après les étoiles, que des trois boussoles qui existaient sur le bâtiment, deux, au lieu de marquer le nord, comme précédemment, indiquaient le sud, et que l'ancien point nord de la troisième était dirigé à l'ouest.

La foudre éclata sur le navire anglais *le Dover*, capitaine Waddel, le 9 janvier 1748, par 47° 30′ de latitude nord et 22° 15′ de longitude ouest de Greenwich. Le principal mât, le pont, les chambres et quelques parties des bordages souffrirent plus ou moins. Les pôles des aiguilles dans les quatre boussoles que portait le bâtiment furent renversés : le nord était passé au sud et réciproquement.

En 1827, la foudre tomba sur deux bâtiments anglais, le brick *Méduse* et le paquebot *le New-York*; mais, au lieu de renverser les pôles des aiguilles des boussoles dont ces bâtiments étaient pourvus, elle en neutralisa si complétement le magnétisme, qu'elles se comportaient comme de l'acier non aimanté et qu'elles ne pouvaient plus être d'aucune utilité pour diriger les navires.

Dans sa remarquable notice sur le tonnerre, Arago émet l'opinion que les renversements de pôles des aiguilles de boussoles par l'influence de la foudre sont probablement plus fréquents que les physiciens ne l'imaginent. En effet, dans le court intervalle de 1808 à 1809, il a été presque témoin de deux événements de cette nature. Le premier arriva sur la corvette de guerre française *la Baleine*, qu'il vit entrer assez endommagée dans la rade de Palma; le second, sur un bâtiment génois, qui vint se briser sur la côte, à quelque distance d'Alger, au moment où, trompé par la position anomale qu'un coup de tonnerre avait donnée aux boussoles, le capitaine croyait faire route vers le nord.

Dans le fait relatif à *l'Albemarl*, il est question d'une boussole qui, après un coup de foudre, pointait à l'ouest. Les journaux nautiques citent des cas dans lesquels, par l'influence du même météore, des aiguilles s'étaient tournées d'une manière permanente au nord-nord-ouest, ou au nord-ouest, ou au sud-ouest, etc. Pour dire la même chose en d'autres termes, la foudre n'aurait pas seulement la propriété de renverser les pôles, nord pour sud et réciproquement; l'altération ne serait pas non plus limitée à un angle droit : elle pourrait avoir toutes les valeurs comprises entre 0 et 180°.

Suivant Arago, c'est sans raison que ces faits ont été considérés comme impossibles. Les aiguilles des boussoles sont ordinairement des losanges en acier très-allongés. Les pôles y occupent les deux extrémités de la grande diagonale; mais avec un peu de soin, et en manœuvrant convenablement les aimants qui servent à aimanter ces aiguilles, on pourrait amener ces mêmes pôles aux extrémités de la petite diagonale, et dès lors, ce serait celle-ci qui se placerait à peu près dans le méridien, la grande marquerait l'est et l'ouest.

Ce que feraient les aimants, l'éclair, suivant la direction dans laquelle il sillonne l'air, doit quelquefois l'opérer. Un coup de ce météore peut transporter les pôles de l'aiguille, des angles aigus aux angles obtus du losange, ou dans tout autre point intermédiaire entre ces deux positions extrêmes. Après le changement, la fleur de lis de la rose des vents que l'artiste avait soigneusement adaptée au pôle nord, correspondant à un autre point, faut-il s'étonner que, suivant la quantité du déplacement, elle se dirige au nord-ouest, au nord-est, à l'ouest, à l'est, etc.?

Un agent qui peut, comme la foudre, modifier l'état de corps préalablement aimantés, doit également être capable d'aimanter l'acier, car la désaimantation et l'aimantation reposent, au fond, sur le même principe. En effet, pour désaimanter un corps, il suffit de le soumettre à une opération qui, s'il n'était pas aimanté, lui communiquerait des pôles situés en sens inverse de ceux qu'il possède et de même force que ces derniers; une aimantation plus forte aurait pour résultat le renversement des pôles de l'aimant soumis à l'expérience; un aimantation plus faible diminuerait seulement la puissance de ce dernier, mais ne produirait pas le renversement des pôles.

On peut citer une foule d'exemples d'aimantation de morceaux d'acier produite par la foudre. En voici quelques-uns.

En juin 1731, un marchand avait placé dans l'angle de sa chambre, à Wakefield (petite ville du comté d'York, en Angleterre, devenue célèbre par le beau roman de Goldsmith, *le Vicaire de Wakefield*), une grande caisse de couteaux, de fourchettes, et plusieurs autres objets en fer et en acier, qui devaient être envoyés aux colonies. La foudre entra dans la maison précisément par cet angle; elle brisa la boîte et dispersa tout ce qu'elle renfermait. Les fourchettes, les couteaux, soit qu'ils offrissent des traces de fusion, soit qu'ils parussent parfaitement intacts, étaient tous devenus fortement magnétiques.

Le capitaine Waddel observa un fait analogue. A la suite d'un coup de foudre qui, en janvier 1748, frappa le bâtiment *le Dover*, qu'il commandait, il reconnut qu'un grand nombre de pièces en fer et en acier, situées près de l'habitacle, avaient été fortement aimantées.

Le professeur Erman avait l'habitude de raconter dans ses leçons, mais sans en indiquer la source, une vieille anecdote également relative à l'aimantation par la foudre. Arago la rapporte également dans sa notice sur le tonnerre. « J'ai lu quelque part, dit l'illustre savant, que
« la foudre qui tomba dans la boutique d'un cordonnier, en Souabe, y
« aimanta tellement tous les outils, que ce pauvre artisan ne pouvait
« plus s'en servir. Il était sans cesse occupé à débarrasser son mar-
« teau, ses tenailles et son tranchet, des clous, des aiguilles, des alènes
« dont ils s'étaient saisis sur l'établi. »

Les faits que nous venons de rapporter remontent à des époques plus ou moins reculées. Comme, à raison de cette circonstance, on pourrait concevoir quelques doutes sur leur exactitude, nous allons en citer un d'une date plus récente, et néanmoins du même genre.

En mai 1827, le paquebot *le New-York*, dont il a déjà été question plus haut, arriva à Liverpool, après avoir été deux fois frappé de la foudre. Le célèbre navigateur Scoresby ayant examiné les parties endommagées de ce bâtiment, reconnut que les clous des cloisons et des panneaux brisés, que les ferrures des mâts tombées sur le pont, que les couteaux et les fourchettes qui, au moment de la décharge, étaient dans la soute au biscuit, enfin, que les pointes d'acier des instruments de mathématiques, avaient acquis un magnétisme très-prononcé.

Les phénomènes qui précèdent sont loin d'être sans importance ; ils méritent, au contraire, d'être pris en sérieuse considération. En effet, les altérations que la foudre fait éprouver aux aiguilles aimantées des boussoles nautiques, ont eu souvent de très-graves conséquences. Nous l'avons déjà dit, à la suite d'un coup de foudre, des marins, trompés par les fausses indications de leurs instruments, se sont jetés sur des écueils dont ils croyaient s'éloigner à toutes voiles. L'aimantation instantanée de la multitude des masses d'acier répandues sur un navire, peut créer des centres d'attraction puissants. De là, sans que les boussoles aient été dérangées elles-mêmes, résultent des déviations locales d'autant plus nuisibles, qu'en pleine mer le navigateur a peu de moyens d'en constater l'existence et surtout d'en déterminer la valeur. Ces deux genres de perturbations ne sont pas les seuls contre lesquels le pilote ait à se prémunir. Quand un coup de foudre aimante les diverses pièces en acier qui entrent dans la composition d'un chronomètre, et particulièrement le balancier, une nouvelle force, le magnétisme terrestre, s'ajoute à celle des ressorts qui, primitivement, réglaient la marche de ces admirables mais très-délicates machines. Cette nouvelle force donne lieu quelquefois à des accélérations ou à des retards sensibles. Aussi, après un certain nombre de jours de navigation, en résulte-t-il, sur la longitude géographique, des erreurs très-dangereuses. Les chronomètres du paquebot *le New-York*, par exemple, à leur arrivée à Liverpool, étaient de 33ᵐ 58ˢ en avance de ce qu'ils auraient marqué si la foudre n'avait pas frappé le bâtiment.

Le danger que la foudre peut faire courir aux navigateurs, en altérant la marche de leurs chronomètres, n'a été remarqué que depuis peu d'années.

Les phénomènes d'aimantation et de désaimantation produits par la foudre et observés depuis longtemps avaient démontré qu'il existe entre le magnétisme et l'électricité plus que de simples ressemblances, mais une connexion intime. Cependant, comme nous l'avons dit, c'est en vain que l'on avait cherché à établir dans quelles circonstances l'électricité se transforme en magnétisme, ou au moins agit comme ce dernier. Ce n'est qu'en 1820 qu'un physicien danois, Oersted, parvint à trouver le mot de l'énigme, c'est-à-dire le rapport si longtemps cherché entre le magnétisme et l'électricité ; mais il ne le découvrit point là où on avait cru qu'il existait. L'électricité agit sur un aimant, et un aimant

agit à son tour sur l'électricité, mais seulement lorsque l'électricité est
en mouvement, c'est-à-dire à l'état *dynamique* ; il n'y a aucune action
quand l'électricité est à l'état de repos ou état *statique*.

DÉCOUVERTE D'OERSTED.

La découverte d'Oersted peut se résumer dans la proposition suivante : *le courant agit sur l'aiguille aimantée ; il tend à la tourner en
croix avec lui.*

Pour constater ces phénomènes, on se sert d'un fil métallique très-
long, et d'un diamètre assez fort pour que le courant électrique, qui
doit le traverser, ne puisse produire sur lui qu'un échauffement peu
sensible ; on met les extrémités de ce fil en communication, soit avec
les pôles d'une pile voltaïque, soit simplement avec les deux électro-
moteurs d'un élément de Grove ou de Bunsen ; on le contourne à la
main, pour le disposer en ligne droite sur une assez grande longueur,
et c'est cette partie rectiligne du courant que l'on approche d'une aiguille
de déclinaison, comme le montre la figure 139, dans laquelle O repré-

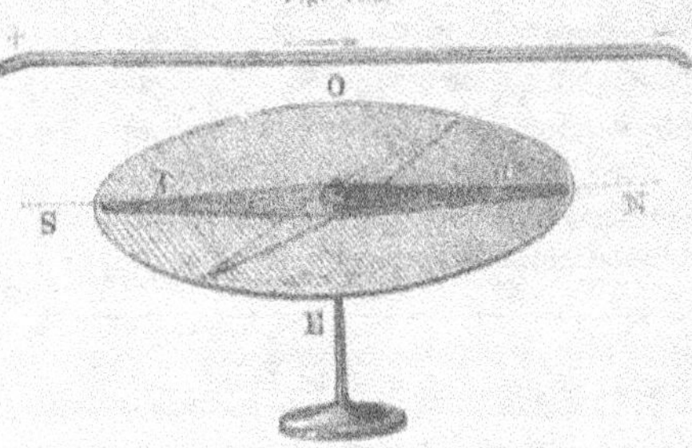

Fig. 139.

sente le courant rectiligne et *ab* l'aiguille de déclinaison, suspendue sur
le pivot E. Aussitôt qu'on place le conducteur O au-dessus de cette
aiguille et dans le plan du méridien magnétique S N, par exemple, on
remarque qu'elle éprouve une déviation d'autant plus considérable, que
le courant est plus rapproché et plus intense ; enfin, que pour un courant très-puissant, l'aiguille se place à très-peu près perpendiculairement
au conducteur. C'est l'action de la terre qui la rappelle dans le méridien magnétique, et qui l'empêche de se placer exactement en croix
avec le courant. En effet, si au lieu d'opérer sur une aiguille de déclinaison, on emploie une aiguille faisant partie d'un système astatique,
comme celui représenté par la figure 108, on voit cette aiguille se

placer perpendiculairement au courant, quelque faible qu'il soit.

Si l'aiguille tend à se placer en croix avec le courant qui agit sur elle, cependant ses pôles ne se tournent pas indifféremment d'un côté ou de l'autre. Cette circonstance essentielle paraît avoir échappé à Oersted. C'est, en effet, Ampère, illustre physicien français, qui, le premier, a réussi, au moyen d'une fiction des plus ingénieuses, à indiquer, dans chaque position du courant par rapport à l'aiguille, le sens suivant lequel chacun des pôles de celle-ci était dévié. Cette fiction consiste à personnifier le courant et à lui donner une droite et une gauche. A cet effet, Ampère suppose une petite figure étendue dans une portion du fil ou du conducteur en général, de telle sorte que le courant positif lui entre par les pieds et lui sorte par la tête; il suppose de plus qu'elle

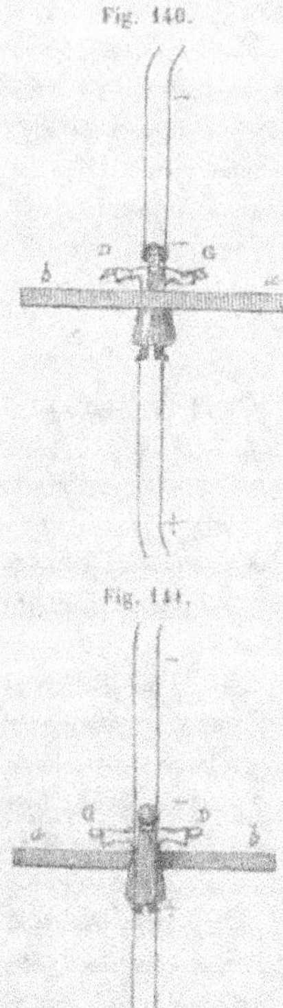

Fig. 140.

Fig. 141.

ait toujours la face tournée du côté de l'aimant sur lequel agit le courant; alors la droite et la gauche de cette figure représentent la *droite* et la *gauche* du courant. Or, Ampère a observé que le pôle austral était toujours dévié vers la gauche et le pôle boréal vers la droite du courant, la gauche et la droite du courant étant définies comme nous venons de l'indiquer. Ainsi, le courant étant vertical et ascendant, la petite figure sera vue de face, si l'aiguille est située en avant du fil (fig. 140); et elle tournera le dos (fig. 141), si l'aiguille est située de l'autre côté du fil. L'aiguille étant sollicitée à se mettre en croix avec le courant et à se tourner, le *pôle austral à gauche*, se présentera donc dans des positions inverses. Si son pôle austral *a* est à l'orient lorsqu'elle est en avant du fil, il se trouvera à l'occident lorsqu'elle est en arrière.

Ampère fit encore une autre découverte. Il remarqua que, dans le circuit voltaïque, la pile elle-même agit sur l'aiguille aimantée, de la même manière que le conducteur interpolaire; mais les déviations ont alors lieu en sens inverse, parce que si le courant positif va dans le conducteur du pôle positif au pôle négatif, il marche au contraire dans la pile du pôle négatif au pôle positif. (H. V.)

GALVANOMÈTRE OU MULTIPLICATEUR.

Schweigger, physicien allemand, a appliqué l'action directrice des courants sur l'aiguille aimantée, à la construction d'un instrument qui sert à constater l'existence d'un courant, même très-faible, dans un fil métallique. Cet instrument porte le nom de *galvanomètre* ou de *multiplicateur*.

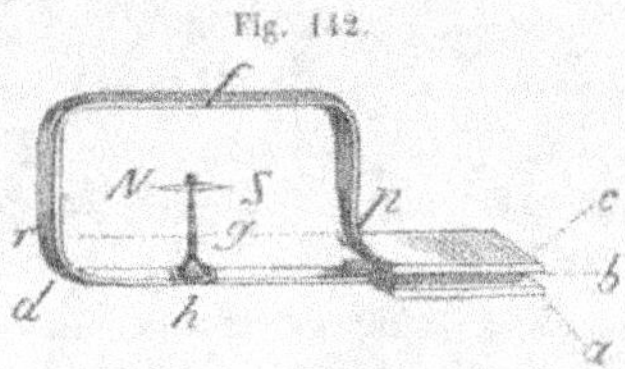

Fig. 142.

Pour en faire comprendre le principe, considérons une aiguille aimantée NS (fig. 142), suspendue sur le pivot g, au milieu d'un circuit rectangulaire $pfrdh$, formé par un ruban de cuivre, dont les deux extrémités communiquent, l'une avec une lame de même métal c et l'autre avec une lame de zinc a. Le rectangle étant disposé verticalement dans le plan du méridien magnétique, si l'on vient à réunir les lames a et c au moyen d'un morceau de drap b, imbibé d'eau acidulée avec quelques gouttes d'acide sulfurique, il se forme à l'instant un courant électrique qui, partant du zinc a, se rend au cuivre c, à travers le conducteur humide b, et de là dans le circuit rectangulaire $pfrdh$ qu'il parcourt, pour rejoindre ensuite la lame a d'où il est parti. Or, il est facile de voir que l'aiguille NS est sollicitée dans le même sens par les quatre parties du courant qui traverse le rectangle. En effet, puisque le courant est ascendant dans le côté p, sa gauche est en avant du plan de la figure; il en est de même sur le côté f, puisque l'observateur d'Ampère, qui sert à trouver la gauche du courant, a ses pieds du côté de p, sa tête du côté de r, et la face en bas; il en est de même encore sur le côté r, et de même enfin sur le côté dh, car l'observateur a les pieds en d et la face en haut; donc les quatre côtés du rectangle exercent des actions conspirantes pour tourner le pôle austral N de l'aiguille en avant du plan de la figure, et par conséquent le pôle boréal S en arrière. Ce que nous disons ici d'un rectangle s'applique à un nombre quelconque de rectangles pareils entourant la même aiguille et traversés par des courants tous dirigés dans le même sens. Par conséquent, si l'on prend un long fil de cuivre, recouvert de soie ou de coton enduit de vernis à la gomme laque, et qu'on fasse faire à ce fil un grand nombre de révolutions rectangulaires autour de l'aiguille, comme le montre

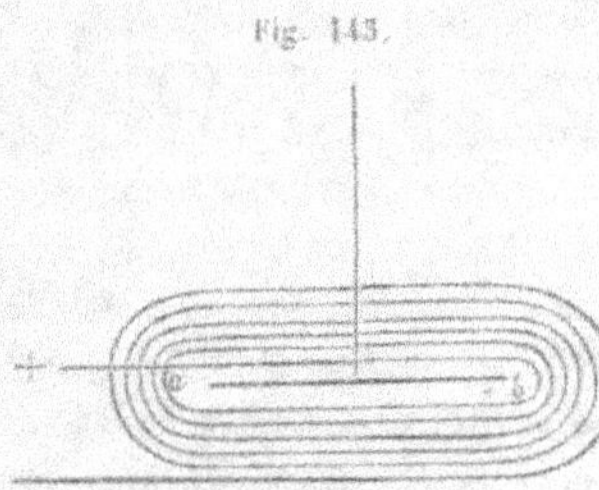

Fig. 143.

la figure 143 : si l'on fait communiquer les extrémités de ce fil avec un couple ou une pile voltaïques, le courant sera obligé de traverser tout le circuit, puisque les plis du fil sont isolés les uns des autres, et son action se trouvera *multipliée* par le nombre de tours, en tant du moins que chaque tour produise le même effet; de là, le nom de *multiplicateurs* donné aux appareils construits d'après ce principe. (H. V.)

CONSTRUCTION DU GALVANOMÈTRE.

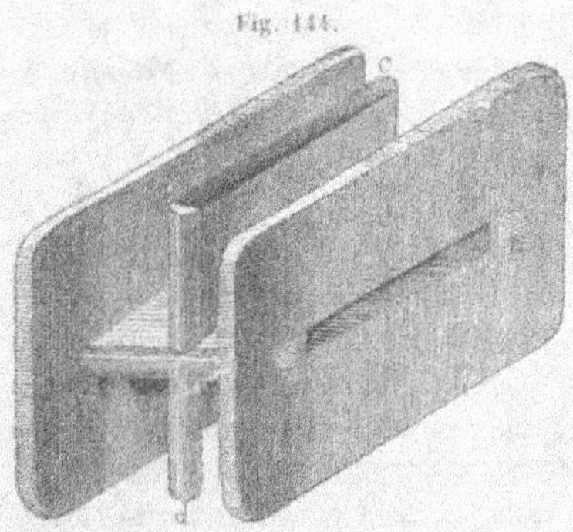

Fig. 144.

Pour construire un galvanomètre on commence par se procurer un petit cadre en bois, disposé comme l'indique la figure 144. Ce cadre est formé de deux planchettes verticales, parallèles entre elles et réunies au moyen de deux petites tiges de bois *a, b*. C'est sur ces tiges qu'on enroule le fil de cuivre, soigneusement recouvert de soie ou de coton et verni à la gomme laque; on voit que de cette manière il reste entre les deux planchettes un espace libre où peut se mouvoir l'aiguille aimantée, suspendue délicatement à un fil de soie tel qu'il sort du cocon. Afin de ménager un petit intervalle pour le passage de ce fil, chacune des tiges *a, b*, est traversée, au milieu de sa longueur, par une tige verticale également en bois. Ces tiges verticales sont désignées par les lettres *c* et *d*.

Il résulte de cette disposition que lorsqu'on a enroulé le fil autour du cadre, l'aiguille aimantée n'est plus visible qu'à travers les ouvertures des planchettes parallèles de ce cadre. Cependant comme il s'agit de constater et de mesurer les plus petits déplacements qu'elle éprouve, on attache à son fil de suspension, un peu au-dessus du cadre, un index qui répète et marque sur un cercle divisé tous les mouvements de l'aiguille. Lorsqu'on veut se servir de l'appareil, on n'a plus qu'à placer le cadre dans le plan du méridien magnétique, ce qui a lieu lorsque l'index, qui est parallèle à l'aiguille aimantée, se trouve dirigé dans le sens des longs côtés horizontaux du cadre ; ensuite on fait communiquer les deux extrémités libres du fil galvanométrique avec les électro-moteurs qui développent le courant : dès que cette communication est établie, l'aiguille est déviée, et le sens de la déviation permet d'apprécier la direction du courant, comme la grandeur de cette même déviation permet de reconnaître le plus ou moins d'intensité de celui-ci. Cependant nous devons faire observer que l'intensité du courant n'est pas, en général, proportionnelle à la grandeur de la déviation. On ne peut donc apprécier, avec le galvanomètre, que le plus ou moins d'intensité d'un courant, et nullement le rapport exact entre les intensités de deux courants que l'on voudrait comparer. Pour obtenir ce rapport, on doit avoir recours, soit à la méthode chimique (p. 277), soit à des instruments spéciaux, que l'espace dont nous disposons, nous empêche cependant de décrire.

GALVANOMÈTRE DE NOBILI.

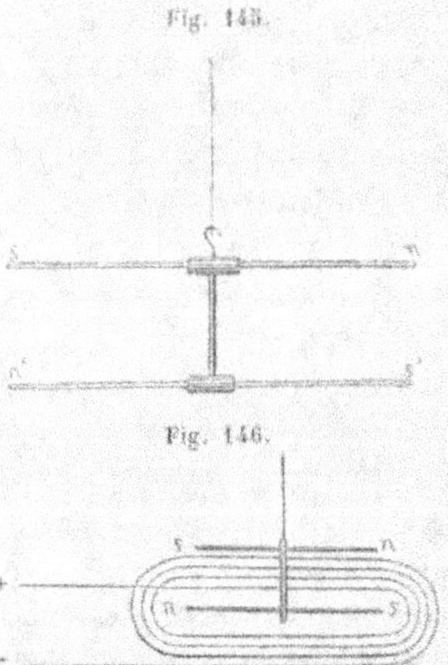

Fig. 145.

Fig. 146.

On emploie ordinairement, dans le galvanomètre, un système astatique de deux aiguilles aimantées, comme celui que représente la figure 145. L'une de ces aiguilles occupe encore le milieu des rectangles (fig. 146) ; l'autre est au-dessus du cadre, et éprouve des actions inverses, de la part des courants supérieurs et de ceux inférieurs ; mais l'action des premiers l'emporte sur celle des seconds qui sont plus éloignés, et il est facile de comprendre que leur différence tend à faire tourner le système mobile, dans le même sens que les actions exercées sur l'aiguille qui occupe le milieu du cadre. Ainsi l'influence du courant se trouve augmentée par cette disposition. Mais ce qui tend surtout à rendre les déviations plus sensibles, c'est la grande diminution de l'influence du globe ; car les deux aiguilles étant à peu près aimantées au même degré, étant parallèles et ayant leurs pôles dirigés

en sens contraires, il n'y a que la faible différence des forces directrices
que le globe exerce sur elles, qui tende à les ramener dans le méridien magnétique.

Fig. 147.

Dans ce nouveau genre de galvanomètre, inventé par Nobili, l'aiguille
supérieure marque les déviations sur
un limbe gradué que parcourent ses
extrémités. Le sens de cette déviation
indique, en outre, celui du courant.
Tout l'appareil se trouve placé sous
une cloche, pour l'abriter contre les
courants d'air. La figure 147 en montre la disposition : D, cadre en bois ou
en cuivre rouge, autour duquel s'enroule le fil du galvanomètre ; A et ab,
aiguilles aimantées formant un système
astatique suspendu au moyen d'un support et d'un fil de cocon extrêmement
fin ; K et H, tiges recourbées communiquant, au-dessous de l'appareil, avec
les deux bouts du circuit, et destinées
à recevoir les conducteurs qui transmettent le courant qu'on veut observer ; C, vis calantes servant à placer
l'appareil bien verticalement ; E, bouton transmettant le mouvement
au cadre D et au cadran, qui sont mobiles autour d'un axe vertical,
de manière que l'on puisse amener les fils du circuit dans la direction
du méridien magnétique, sans déplacer l'appareil. (H. V.)

CHOIX DU GALVANOMÈTRE.

Les dimensions du fil à employer dans la construction du galvanomètre dépendent du genre de circuit dans lequel il doit être introduit.
Si c'est un circuit d'une conductibilité imparfaite, renfermant des
liquides, par exemple, il est avantageux d'avoir un fil long et fin, pour
que les circonvolutions en soient aussi nombreuses et aussi rapprochées
que possible des aiguilles ; en effet, l'introduction dans le circuit d'un
fil pareil n'en modifie pas sensiblement la conductibilité. Mais si le
circuit est bon conducteur, tout métallique, par exemple, le courant

serait trop affaibli par l'addition d'un fil long et fin, et on perdrait plus par cette cause d'affaiblissement qu'on ne gagnerait par l'augmentation de sensibilité de l'appareil, résultant d'un nombre plus considérable de circonvolutions. Il vaut mieux dans ce cas employer un fil plus court et d'un diamètre plus considérable. Si l'on n'a pas d'avance un but bien déterminé, il est bon d'avoir toujours deux instruments à sa disposition, l'un à fil court, l'autre à fil long.

On construit des galvanomètres dont le fil très-fin fait de mille à deux mille tours, comme aussi il en existe dont le fil, plus gros, ne fait que quelques tours. Un fil de 2/3 de millimètre de diamètre faisant trente tours est le type des galvanomètres à fil court. M. Dubois-Reymond a construit un galvanomètre dont le fil fait 27,000 tours et a une longueur de près de 6,000 mètres; le diamètre du fil est de 0,15 de millimètre. C'est de cet appareil, éminemment sensible, que ce savant s'est servi pour mettre en évidence les courants électriques qui existent dans les nerfs et dans les muscles des animaux.

Nous avons dit, dans l'article relatif à la loi d'Ohm (p. 255), que lorsqu'un corps est traversé par un courant électrique, les deux fluides ne se meuvent pas à sa surface, mais se répartissent entre tous les filets matériels dont il se compose. Le galvanomètre nous permet de démontrer l'exactitude de cette proposition. A cet effet, faisons communiquer cet appareil avec les pôles d'un élément voltaïque, et interposons dans le circuit un fil de cuivre d'un millimètre carré de section et d'un mètre de longueur, par exemple. L'aiguille du galvanomètre sera déviée d'un angle que nous supposerons de 10°, pour fixer les idées. Cela posé, remplaçons ce fil par un autre, de même métal, de même section et de même longueur, mais d'une épaisseur dix fois moindre et, par conséquent, d'une largeur dix fois plus grande. Si le premier fil est à section carrée, sa surface latérale sera égale à 4000 millimètres carrés, tandis que celle du second, qui aura la forme d'un ruban, sera, comme il est facile de s'en assurer, de 20200 millimètres carrés. Par conséquent, si l'électricité qui constitue les courants se mouvait à la surface des corps, le second fil étant placé dans le circuit, l'aiguille du galvanomètre devrait être déviée de plus de 10°, puisque, l'électricité trouvant plus de surface à parcourir, les forces électro-motrices pourraient développer un courant plus intense que lors de l'introduction du premier fil dans le circuit. Or, l'expérience n'indique aucune différence dans la déviation de l'aiguille, soit que l'on ferme le circuit par le premier fil, soit qu'on le ferme par le second. L'électricité galvanique ne se meut donc pas à la surface des corps. (H. V.)

EFFETS CHIMIQUES DE L'ÉLECTRICITÉ EN MOUVEMENT.

ÉLECTRODES.

Le courant électrique possède la propriété de réduire en leurs éléments la plupart des corps composés. La première décomposition opérée au moyen de la pile fut celle de l'eau par deux physiciens anglais, Nicholson et Carlisle, peu de temps après que Volta eut construit son appareil. Bientôt après on soumit d'autres corps à l'action de la pile, et l'on en trouva un grand nombre qui étaient également décomposables. Humphry Davy est incontestablement un des savants dont les travaux ont le plus contribué à étendre nos connaissances dans ce domaine. C'est lui qui, le premier, décomposa un grand nombre d'alcalis et de terres, considérés jusque-là comme des corps simples, tels que la potasse, la soude, la chaux, etc.; c'est à lui que la chimie doit la connaissance de métaux, tels que le potassium, qui se pétrissent sous les doigts comme de la cire, qui, plus légers que l'eau, flottent à sa surface, et s'y enflamment spontanément en répandant la plus vive lumière.

A l'époque où il fit ses belles découvertes sur l'action chimique de la pile, Humphry Davy donnait des conférences populaires de physique à l'Institut de Londres. Parmi ses auditeurs assidus se trouva un jeune homme qui, ayant embrassé une autre carrière que celle de la science, ne suivait plus les leçons qu'en amateur. Frappé par les observations ingénieuses que lui faisait ce jeune homme, Davy chercha à le connaître plus particulièrement, et, ayant découvert en lui une rare vocation pour l'étude des sciences naturelles, il l'engagea à s'y consacrer. Selon l'ancienne coutume des artisans, Davy le prit en apprentissage, et bientôt la gloire de l'élève surpassa celle de l'illustre maître. C'est ainsi que Davy fit tourner au profit de la science le génie de Faraday [1], le plus grand génie peut-être de notre époque.

Le nom de Faraday se rattache à presque toutes les parties de la physique moderne, mais c'est surtout la partie de l'électricité dont nous allons nous occuper qui doit d'importantes découvertes à ce savant. Comme il a jugé utile de faire usage d'une nomenclature nouvelle, nous devons commencer par expliquer le sens de quelques-unes des dénominations qu'il a introduites.

[1] Les Anglais disent en plaisantant que la plus belle découverte de Humphry Davy fut celle de Faraday.

Pour observer les actions chimiques des courants, on met en contact avec le corps composé, soumis à l'expérience, deux conducteurs communiquant, l'un, avec le pôle positif, et l'autre, avec le pôle négatif de la pile. M. Faraday appelle ces conducteurs les *électrodes* : il désigne celui qui communique avec le pôle positif sous le nom d'électrode positif, et le second, qui communique avec le pôle négatif, sous celui d'électrode négatif. Ces électrodes sont ordinairement des fils ou des lames de platine, parce que ce métal n'est presque jamais attaqué, ni par les corps composés qu'on soumet à l'action du courant électrique, ni par les produits qui résultent de la décomposition de ces corps.

M. Faraday a constaté que la plupart des corps composés, conducteurs de l'électricité, peuvent être réduits en leurs éléments par le passage du courant quand ils sont à l'état liquide, qu'ils aient été amenés à cet état, soit par dissolution dans l'eau, soit par fusion ignée. Nous nommerons *électrolyse* ou *électrolysation* la décomposition chimique opérée par l'électricité, pour la distinguer de l'*analyse*, qui est la décomposition opérée par les moyens purement chimiques, et dont elle diffère par des caractères très-prononcés. Enfin, nous appelerons *électrolytes* les corps susceptibles d'être décomposés par voie électro-chimique.

Le choix de l'électro-moteur à employer pour l'électrolyse des différents composés dépend du degré de leur conductibilité électrique : plus la résistance qu'ils opposent au mouvement de l'électricité est grande, plus la pile devra renfermer de couples. L'eau distillée est un très-mauvais conducteur; son électrolysation exige 10, 15, 20, 50 couples, pour s'effectuer avec une certaine énergie; l'eau acidulée conduit mieux l'électricité : elle peut être décomposée au moyen de 2 ou 3 éléments de Bunsen. L'iodure de potassium est de tous les corps le plus facile à décomposer : aussi un seul élément suffit pour obtenir ce résultat. Les alcalis exigent des piles à éléments nombreux : ils sont mauvais conducteurs. Ce que nous venons de dire sur le choix des électro-moteurs pour l'électrolyse des divers composés n'est, comme on le voit, qu'une conséquence de la loi d'Ohm.

Dans ce qui va suivre, nous examinerons successivement les phénomènes électrolytiques que présentent les principales classes de composés qu'on distingue en chimie inorganique. L'électrolyse des corps organiques ayant été jusqu'ici peu étudiée, nous n'en dirons que quelques mots. C'est un vaste champ qui reste à explorer.

ÉLECTROLYSE DE L'EAU.

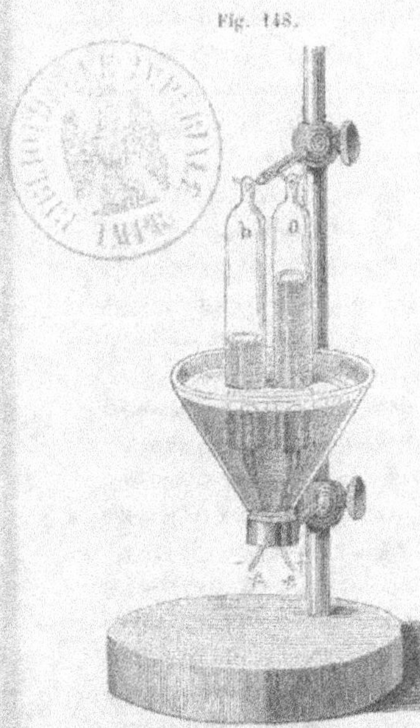

Fig. 148.

La figure 148 représente l'appareil qui sert ordinairement pour la décomposition de l'eau, au moyen du courant électrique. Cet appareil se compose de deux petits tubes o et h, fermés par en haut et d'un vase de verre en forme d'entonnoir. Ce vase est fermé par en bas à l'aide d'un liége mastiqué à travers lequel passent deux lames ou deux fils de platine f, f', qui servent d'électrodes et ne doivent, par conséquent, pas se toucher. On remplit les deux tubes o et h d'eau rendue conductrice en l'acidulant par l'acide sulfurique, et, après les avoir bouchés avec le doigt, on les retourne verticalement pour en plonger l'extrémité ouverte dans le verre qu'on a eu soin de remplir de même liquide; ensuite on ôte le doigt et on suspend les tubes, comme le montre la figure, de manière qu'ils couvrent, l'un,

le fil f et l'autre le fil f'. Aussitôt qu'on établit le courant, en faisant communiquer ces fils avec les pôles d'une pile suffisamment forte, on voit surgir en abondance des bulles de gaz sur chacun des deux électrodes; ces bulles, après s'être accrues jusqu'à une certaine limite, se détachent, et montent dans la cloche qui couvre l'électrode sur lequel elles se sont développées; d'autres bulles de gaz succèdent aux premières, et ainsi de suite. Les gaz se dégagent *en totalité* autour des électrodes : on n'en observe pas de trace dans l'intervalle qui les sépare. Quand on a recueilli dans chacun des tubes o et h une quantité suffisante de gaz, on peut déterminer la nature de celui-ci, et reconnaître, par exemple, que le gaz qui monte dans la cloche o qui couvre l'électrode positif, est de l'oxygène, et que celui qui monte, en volume double, dans le tube qui couvre l'électrode négatif, est de l'hydrogène. En effet, le gaz qu'on recueille dans la cloche h s'enflamme au contact d'une bougie allumée, et celui qui monte dans la cloche o rallume vivement une allumette qui ne présente plus qu'un point rouge ou en ignition. Or, l'on sait que ce sont là les caractéres des gaz hydrogène et oxygène. On sait de plus, par les procédés de la chimie, que l'eau résulte de la combinaison de deux volumes d'hydrogène avec un volume d'oxygène. L'expérience qui précède donne, par conséquent, à la fois l'analyse qualitative et l'analyse quantitative de l'eau.

L'eau est d'autant plus facile à décomposer par la pile, qu'elle est plus conductrice. Lorsqu'on y a versé quelques gouttes d'acide sulfurique, elle conduit assez bien l'électricité, et 3 ou 4 couples de Bunsen suffisent pour la décomposer avec rapidité. Le maximum de conductibilité de l'eau acidulée avec l'acide sulfurique a lieu quand le liquide a un poids spécifique de 1,252. Si l'on soumettait l'eau distillée et parfaitement pure à l'action de la même pile, ce liquide étant mauvais conducteur, la décomposition serait faible et ne commencerait à être appréciable que lorsqu'on ferait usage d'une pile composée d'un nombre d'éléments beaucoup plus considérable. On voit que tout ce qui favorise le passage du courant facilite la décomposition ; par conséquent, celle-ci est un phénomène d'électricité en mouvement ou d'électricité dynamique, et non un phénomène d'électricité statique.

Lorsque, au lieu d'électrodes inoxydables (platine, or, charbon ou plombagine), on emploie des électrodes d'un métal facilement oxydable, par exemple de cuivre, de zinc, etc., on remarque que l'électrode qui communique avec le pôle positif ne donne point de gaz, tandis que celui qui communique avec le pôle négatif dégage de l'hydrogène : cette absence de gaz à l'électrode positif provient de ce que l'oxygène qui devient libre se combine avec le métal de cet électrode ; si l'on opère sur de l'eau acidulée avec de l'acide sulfurique, l'oxyde formé se combine avec cet acide, et le courant peut consécutivement décomposer le sel produit.

L'eau est composée de 2 volumes d'hydrogène unis à 1 volume d'oxygène. Chaque particule de ce liquide, si petite qu'on la suppose, renferme ces deux éléments combinés dans la proportion indiquée : il n'est par conséquent pas possible d'extraire de l'eau la moindre quantité d'hydrogène sans mettre en liberté une quantité correspondante d'oxygène, et réciproquement. Dans la décomposition de l'eau par la pile, l'hydrogène qui se dégage à l'électrode négatif provient évidemment de la décomposition de molécules d'eau qui étaient en contact avec cet électrode, car autrement ce gaz aurait dû se former au sein même du liquide et se rendre ensuite à l'électrode, ce qui n'a pas lieu. Une observation analogue s'applique à l'oxygène qui se développe sur l'électrode positif; ce gaz résulte de la décomposition des molécules d'eau qui touchent cet électrode. On devrait, par conséquent, s'attendre à voir se dégager à chaque électrode non pas un seul des deux éléments dont se compose l'eau, mais ces deux éléments à la fois. Que deviennent donc l'hydrogène et l'oxygène mis en liberté, le premier à l'électrode positif et le second à l'électrode négatif? Ou, en d'autres termes, comment se fait-il que dans l'électrolyse de l'eau les deux éléments apparaissent séparés, l'un à l'électrode positif, l'autre à l'électrode négatif? Nous verrons plus loin comment on se rend compte de ce phénomène, qui s'observe dans toutes les décompositions opérées par le courant électrique et qui paraît au premier abord inexplicable (voy. *Théorie de l'électrolyse*). (H. V.)

CANON ÉLECTRIQUE.

On a cherché à tirer parti de l'électrolyse de l'eau pour la construction d'un canon électrique. Jusqu'ici cet appareil n'est qu'un simple objet de curiosité, mais on se tromperait peut-être en lui prédisant le sort du canon à vapeur de Perkins.

La figure 149 représente une caisse montée sur un chariot à trois

Fig. 149.

roues et munie d'une porte que nous voyons ouverte. Dans cette caisse se trouve une forte pile, composée d'un grand nombre de couples ; il s'y trouve également un réservoir en bronze, à parois très-résistantes, contenant de l'eau acidulée et deux lames de platine que l'on met en communication avec les pôles de la pile, afin de déterminer la décomposition du liquide. Le réservoir étant fermé de toutes parts, le gaz détonant qui résulte de l'électrolyse de l'eau acquiert une tension de plus en plus considérable. Quand on veut décharger le canon électrique (sur notre figure nous n'avons représenté qu'un simple canon de fusil), on fait partir une détente disposée à peu près comme celle du fusil à vent : à l'instant la soupape qui ferme le réservoir à gaz s'ouvre ; le gaz, en se détendant, pénètre dans le canon, prend feu et lance au loin le projectile.

La force expansive de la vapeur d'eau qui résulte de la combinaison des gaz hydrogène et oxygène est énorme. Si on parvenait à la diriger convenablement, elle pourrait peut-être remplacer la poudre et opérer une révolution complète dans l'art militaire.

VOLTAMÈTRE.

On donne le nom de voltamètre à tout appareil qui permet de faire l'électrolyse de l'eau et de recueillir les gaz provenant de la décomposition de ce liquide.

D'après cette définition, l'appareil que nous avons décrit page 275, et qui sert ordinairement pour la décomposition de l'eau, est un véritable voltamètre.

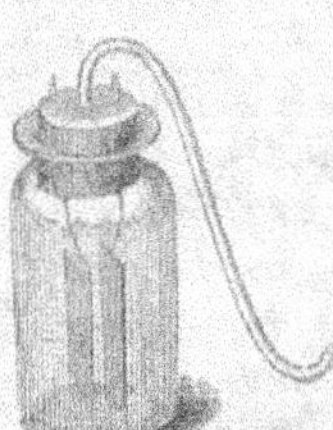

Fig. 150.

La figure 150 représente un voltamètre qui fournit à l'état de mélange les deux gaz provenant de l'électrolyse de l'eau. Cet appareil se compose d'un flacon de verre fermé hermétiquement au moyen d'un bouchon de liége à travers lequel passent un tube de dégagement et deux fils de platine terminés, dans l'intérieur du flacon, par deux lames de même métal servant d'électrodes. Lorsqu'on fait communiquer les pôles d'une pile avec les extrémités libres des fils de platine, le voltamètre étant rempli d'eau aiguisée avec un peu d'acide sulfurique, cette eau est décomposée, et l'on recueille les gaz qui se forment dans une éprouvette de verre graduée et ren-

versée sur une cuve à eau (fig. 151), ou mieux sur une cuve à mercure, attendu que l'oxygène et l'hydrogène sont insolubles dans ce métal, tandis qu'ils se dissolvent, quoique en faible quantité, dans l'eau ordinaire.

Pour comparer exactement entre eux les volumes de gaz produits dans différentes expériences, il faut les réduire, à l'aide du calcul, à ce qu'ils auraient été à la température de $0°$ et sous la pression de $0^m,76$ de mercure. Dans les expériences qui n'exigent pas une grande précision, on peut négliger la correction dont il s'agit. (H. V.)

POUVOIR CHIMIQUE DES COURANTS.

Le *pouvoir chimique* d'un courant se mesure par la quantité d'eau que ce courant peut décomposer dans un temps donné, ou, ce qui revient au même, par le volume de gaz détonant qu'il développe dans le même temps.

Lorsqu'on introduit dans le même circuit voltaïque, à la suite les uns des autres, plusieurs voltamètres dont les électrodes ont diverses dimensions, et qui contiennent de l'eau acidulée à différents degrés, le courant unique qui parcourt tous ces voltamètres décompose dans tous la même quantité de liquide et y développe la même quantité de gaz. Si trois de ces appareils sont disposés dans le circuit, de telle manière que le courant total, après avoir parcouru l'un d'eux, se partage, comme un cours d'eau, entre les deux autres, et se reforme au delà, il arrive toujours que la somme des quantités d'eau décomposée par les deux courants partiels, est égale à la quantité d'eau décomposée dans le premier voltamètre. Si, de plus, les deux derniers voltamètres sont parfaitement semblables entre eux, ils développeront des volumes égaux de gaz et le courant partiel qui parcourt chacun d'eux aura évidemment une intensité égale à la moitié de celle du courant total. Par conséquent, un courant deux fois plus faible qu'un autre décompose deux fois moins d'eau que ce dernier. On a trouvé par des expériences analogues que, lorsque l'intensité d'un courant est réduite au tiers, il en est de même de sa faculté de décomposer l'eau, ou, d'une manière plus générale, que le pouvoir chimique d'un courant est toujours proportionnel à la quantité d'électricité en mouvement, ou à l'intensité du courant, et que cette dernière elle-même est constante dans toute l'étendue du circuit.

D'après cela, si l'on convient de prendre pour unité de courant celui qui développe, par minute, un centimètre cube de gaz détonant, à la température de 0° et sous la pression de $0^m,76$ de mercure, l'intensité d'un courant qui, dans le même temps, développe, par exemple, 60 centimètres cubes du même gaz, pourra être représentée par 60. De cette manière les intensités des courants s'expriment par des chiffres et deviennent comparables entre elles.

L'emploi des voltamètres à lames ou à fils de platine peut donner lieu à des erreurs que nous devons indiquer, ainsi que les précautions à prendre pour les éviter. Ces erreurs proviennent : 1° de ce qu'une faible quantité des deux gaz oxygène et hydrogène se dissout dans l'eau acidulée du voltamètre ; 2° de ce que l'électrode négatif détermine la recombinaison d'une certaine quantité d'hydrogène et d'oxygène, comme le démontre, d'après M. De La Rive, l'altération superficielle que cet électrode éprouve à la longue et qui consiste dans la production à sa surface d'une poudre noire de platine très-divisé ; 3° de ce qu'une partie de l'oxygène qui se dégage sur l'électrode positif s'unit à la température ordinaire à l'eau, pour former de l'eau oxygénée, comme le prouve la propriété qu'acquiert l'eau acidulée de décomposer l'iodure de potassium et que possède également l'eau oxygénée ; enfin 4° de ce que chaque électrode condense à sa surface et l'empêche de se dégager, une quantité de gaz proportionnelle à cette surface.

Il résulte de là que, pour obtenir des résultats exacts avec le voltamètre, il faut mesurer l'hydrogène provenant de l'électrolyse et non l'oxygène ou le mélange gazeux ; qu'il faut se servir, surtout pour dégager l'hydrogène, d'électrodes à petites surfaces ; qu'il faut avoir soin de changer l'eau acidulée du voltamètre après chaque expérience, ou du moins de la chauffer pour la débarrasser de toute l'eau oxygénée qu'elle peut renfermer et qui absorberait une partie de l'hydrogène dégagé dans les expériences subséquentes. Ces préceptes ont été indiqués par M. Meidinger, à la suite d'un beau travail sur les circonstances qui favorisent la formation de l'eau oxygénée dans l'électrolysation de l'eau acidulée. Avec ces précautions, le procédé voltamétrique du dosage par volume est suffisamment exact. Toutefois, pour recueillir la plus grande partie des gaz provenant de la décomposition de l'eau, il suffit de prendre des fils pour électrodes et d'opérer en élevant un peu la température, afin de s'opposer à la formation de l'eau oxygénée. En effet, M. Despretz ayant rempli d'eau acidulée à 1/10, à 1/20 et à 1/100 d'acide sulfurique, trois voltamètres dont les électrodes étaient des fils de platine placés à une distance de 12 millimètres, et les ayant fait traverser, pendant 18 minutes, par le même courant d'une pile de 12 couples de Bunsen, il obtint dans chacun 18ᶜᶜ de gaz. Ce résultat uniforme démontre clairement que l'on a recueilli la presque totalité des gaz formés, car on ne peut admettre que chaque voltamètre en ait retenu exactement la même proportion. (H. V.)

ÉLECTROLYSE DES CORPS OXYGÉNÉS BINAIRES.

Jusqu'ici nous n'avons parlé que de la décomposition de l'eau ; mais ce liquide n'est pas le seul composé binaire dont le passage de l'électricité puisse séparer les principes constituants. En effet, Davy démontra que les acides et les oxydes sont aussi décomposés, et il parvint ainsi à établir que la potasse, la soude et les différentes terres ne sont que des oxydes dont il réussit à obtenir le métal.

Veut-on, par exemple, décomposer la potasse ? On prend un morceau de cette substance qu'on laisse quelques instants exposé à l'air, afin qu'il devienne conducteur à sa surface à cause de l'humidité qu'il attire ; puis, après l'avoir placé sur une lame isolée de platine mise en communication avec le pôle positif d'une forte pile, on le touche à sa surface supérieure avec un gros fil de platine communiquant au pôle négatif ; dès que le courant est établi, on voit autour de ce fil une multitude de petits globules métalliques qui disparaissent bientôt en brûlant avec éclat : c'est du potassium ; l'oxygène devient libre sur la lame de platine et se dégage. Pour éviter l'oxydation du potassium et en même temps pour faciliter l'électrolyse de la potasse, on met en contact avec l'électrode négatif un peu de mercure ; le potassium forme avec ce métal un amalgame assez stable. L'expérience peut se faire de la manière suivante et n'exige qu'une pile de 6 à 10 éléments de Bunsen,

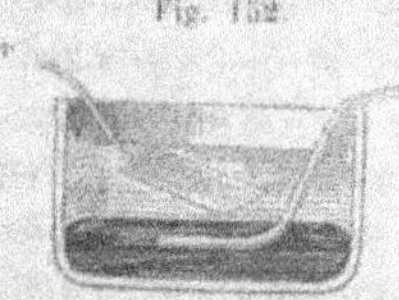

Fig. 152.

tandis que, sans mercure, il faut une pile beaucoup plus énergique : on verse dans un verre (fig. 152), une petite quantité de mercure et l'on plonge dans ce métal un fil de platine qui communique avec le pôle négatif de la pile ; la surface de ce fil doit être recouverte de cire à cacheter, excepté à sa partie horizontale qui est

en contact avec le mercure. Sur celui-ci on verse ensuite une dissolution très-concentrée de potasse dans l'eau ; dans cette dissolution
on plonge une lame de platine qu'on fait communiquer avec le pôle
positif de la pile. La décomposition s'opère promptement, et le potassium s'unit au mercure en produisant un grand dégagement de chaleur. L'amalgame se solidifie par le refroidissement. Pour recueillir
le potassium, on introduit rapidement le métal pâteux dans une petite
cornue de verre contenant un peu d'huile de naphte, et l'on chauffe
la cornue avec une lampe à alcool. L'huile de naphte se volatilise
d'abord et chasse l'air qui pourrait oxyder le potassium ; le mercure
se volatilise ensuite, et il reste dans la cornue un globule de potassium. On ne peut obtenir, par ce procédé, que de très-petites quantités
de potassium.

Les autres alcalis et les oxydes terreux s'électrolysent de la même
manière. Quant aux oxydes métalliques, il faut ou les dissoudre dans un
véhicule approprié (les deux oxydes de cuivre, par exemple, dans
l'ammoniaque), ou bien les mettre en fusion ignée, et alors ils se
décomposent comme les oxydes précités.

Les oxacides se comportent avec l'électricité voltaïque comme les
oxydes métalliques. (H. V.)

ÉLECTROLYSE DES SELS.

Fig. 133.

Pour étudier la manière dont les sels se comportent
sous l'influence du courant électrique, on peut opérer
comme suit : on remplit un tube en forme de U (fig. 133)
de la dissolution saline qu'on a préalablement colorée
par quelques gouttes de teintures de chou rouge ou de
fleurs d'iris qui sont bleuâtres dans les conditions nor-
males ; puis, on plonge dans cette dissolution deux fils
de platine dont les extrémités inférieures doivent rester
à une distance de 2 ou 3 centimètres l'une de l'autre ; en faisant communiquer ensuite les deux extrémités libres de ces fils avec les pôles
d'une pile, la décomposition commence immédiatement. Si le sel dissous est le sulfate de potasse, par exemple, l'on aperçoit une belle
couleur rouge de vin dans la branche positive du tube, et une couleur
verte dans la branche négative. Ces changements de coloration proviennent de ce que de l'acide sulfurique s'est développé à l'électrode
positif et de la potasse à l'électrode négatif, car les acides colorent en

rouge et les alcalis en vert les couleurs végétales bleues, telles que les sues de feuilles de chou rouge ou de fleurs d'iris. L'expérience réussit également très-bien au moyen de tout autre sel alcalin, par exemple, au moyen du sulfate de soude. En même temps que la dissolution éprouve les changements de couleur que nous venons d'indiquer, l'on observe qu'il se dégage de l'hydrogène à l'électrode négatif et de l'oxygène à l'électrode positif. Si l'appareil est disposé de façon que l'on puisse recueillir ces gaz, on trouve que leurs volumes sont entre eux dans le rapport nécessaire pour former de l'eau; si l'on détermine, en outre, les quantités d'acide et de base (soude, potasse) devenues libres, on constate que, pour chaque équivalent de sel décomposé, il se décompose pareillement un équivalent d'eau [1].

Pour interpréter ces résultats, on peut admettre : 1° que le sel se décompose en acide et en base, et que cette électrolyse est accompagnée de celle de l'eau; et 2° que le sel se décompose en métal et en un corps formé d'un atome d'oxygène et de l'acide; ce corps, se dégageant à l'électrode positif, s'y décomposerait spontanément en oxygène et en acide, tandis que le métal décomposerait l'eau à l'électrode négatif, se combinerait avec l'oxygène de cette eau pour former une base et mettrait l'hydrogène en liberté. Cette seconde explication, bien que plus compliquée que la première, est cependant la véritable, comme

[1] Les corps simples ne se combinent entre eux que dans de certaines proportions, et les nombres qui expriment ces proportions s'appellent les *équivalents chimiques* ou simplement les *équivalents* de ces corps. Ainsi l'on trouve que 100 unités de poids d'oxygène se combinent avec 12,50 unités de poids d'hydrogène, pour former de l'eau : l'équivalent de l'hydrogène est, par conséquent, 12,50, celui de l'oxygène étant 100. L'équivalent de l'étain est 755,29, et celui du chlore 443,28, d'où résulte que 755,29 d'étain se combinent avec 443,28 de chlore pour former 1178,57 de chlorure d'étain. De même, 100 d'oxygène se combinent avec 755,29 d'étain pour faire 855,29 d'oxyde d'étain, et 443,28 de chlore font, avec 12,50 d'hydrogène, 455,78 d'acide hydrochlorique. L'acide sulfurique est formé de 3 équivalents d'oxygène (300) et de 1 équivalent de soufre (200,75); la potasse, de 1 équivalent d'oxygène (100) et de 1 équivalent de potassium (448,85).

En additionnant respectivement les équivalents des corps simples qui, par leur union, forment divers composés, on obtient les équivalents de ceux-ci, c'est-à-dire les proportions suivant lesquelles ces composés s'unissent entre eux, si toutefois ils ont la propriété de se combiner ensemble. Ainsi, l'équivalent de l'eau est 100 + 12,50 ou 112,50; celui de l'acide sulfurique 300 + 200,75 ou 500,75; celui de la potasse 100 + 448,85 ou 548,85. Par conséquent, 500,75 d'acide sulfurique se combinent avec 548,85 de potasse : cette combinaison est le sulfate de potasse dont il s'agit dans le texte, et son équivalent est 1049,60. Enfin, quand nous disons plus haut qu'à chaque équivalent de sulfate de potasse décomposé, correspond un équivalent d'eau pareillement décomposé, cela exprime que les poids de ces corps décomposés sont constamment entre eux comme 1049,60 (équivalent du sulfate de potasse) est à 112,50 (équivalent de l'eau).

nous le démontrerons un peu plus loin. Elle s'applique également aux sels métalliques neutres. Seulement, comme les métaux proprement dits, cuivre, plomb, etc., ne décomposent pas l'eau à la température ordinaire, ils se déposent à l'état élémentaire sur l'électrode négatif. L'acétate de plomb, le sulfate de cuivre, les nitrates de plomb et

Fig. 154.

d'argent, etc., se prêtent très-bien à l'observation de ces phénomènes. Si l'on met dans un vase A B (fig. 154), par exemple, une dissolution saturée de sulfate de cuivre, et qu'on y fasse passer un courant électrique à l'aide de deux lames de platine l, l', on a un dépôt de cuivre métallique sur la lame négative, et on aperçoit des bulles de gaz oxygène qui se dégagent à l'autre électrode.

Lorsque les sels sont en fusion ignée, ils se décomposent assez généralement alors qu'ils ne sont pas décomposés à l'état solide, car la chaleur augmente leur pouvoir conducteur; dans ce cas, la décomposition se fait aussi bien et même mieux qu'à l'aide des dissolutions aqueuses; on peut citer comme exemple le nitrate d'argent, etc. (H. V.)

EMPLOI DES LIQUIDES COMME ÉLECTRODES.

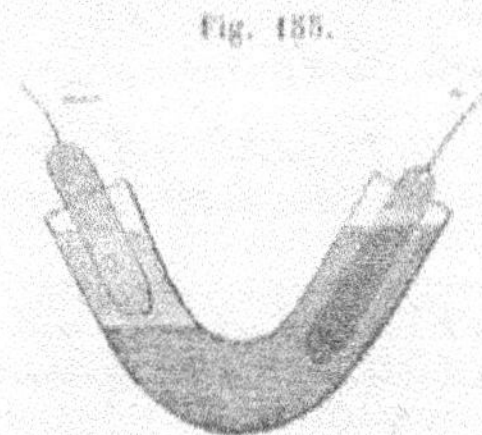

Fig. 155.

Non-seulement les métaux et le charbon peuvent servir d'électrodes, mais encore les dissolutions elles-mêmes. L'expérience suivante, due à M. Faraday, montre dans quelles conditions on observe ces effets : on prend un tube en U (figure 155), dans l'une des branches duquel on verse d'abord une solution de sulfate de magnésie, et dans l'autre de l'eau seulement; on plonge dans chacune des branches une lame de platine que l'on met en communication avec l'un des pôles de la pile; la décomposition commence aussitôt; elle est d'abord très-faible, à cause de la mauvaise conductibilité de l'eau; peu à peu la magnésie apparaît, non pas sur l'électrode négatif de platine, qui plonge dans l'eau, mais sur la surface de contact de ce liquide et de la solution de sulfate de magnésie; l'acide sulfurique se dégage sur l'électrode positif, comme à l'ordinaire. Cette expérience montre que la décomposition s'opère aussi bien sur la surface de l'eau qui est conductrice, mais qui ne dissout pas la magnésie, qu'à la surface des lames métalliques.

Voici une autre expérience qui prouve qu'un liquide peut être décomposé sans qu'aucun de ses points soit en contact avec un électrode métallique. On prend trois capsules de porcelaine communiquant ensemble au moyen de tubes de verre remplis d'argile humide ou simplement au moyen de mèches de coton ou d'amiante mouillées d'eau. Plaçons dans les deux vases extrêmes de l'eau, et dans celui du milieu une dissolution de chlorure de sodium (sel marin); en faisant communiquer les deux premiers avec l'un des pôles d'une forte pile, le chlore se montre aussitôt à l'électrode positif, et la soude à l'électrode négatif. La décomposition a donc eu lieu, bien que les lames décomposantes n'aient pas été en contact immédiat avec la dissolution saline. Les surfaces de contact des liquides ont donc remplacé les lames métalliques, et les éléments devenus libres se sont mélangés peu à peu avec les liquides environnants jusqu'aux lames de platine.

Enfin, voici une dernière expérience dont les résultats sont faciles à expliquer d'après ce qui précède. Séparons (fig. 156) un vase de

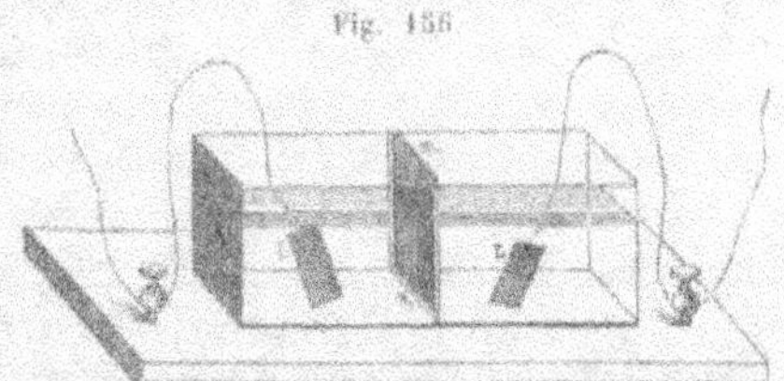

Fig. 156.

verre A en deux cellules distinctes, au moyen d'une mince cloison poreuse *m*; versons dans la cellule à droite une dissolution de sulfate de cuivre, et dans la cellule à gauche une dissolution de nitrate de plomb; puis faisons communiquer l'un des électrodes de platine L avec le pôle positif, et l'autre avec le pôle négatif d'une pile. Au bout d'un certain temps, il y aura de l'acide sulfurique et de l'acide nitrique libres autour de l'électrode positif; il y aura, de plus, un dépôt de plomb et de cuivre sur l'électrode négatif. (H. V.)

PRODUITS SECONDAIRES.

Lorsqu'on décompose l'eau, l'oxygène se dégage à l'électrode positif, et l'hydrogène à l'électrode négatif; ces deux gaz étant à l'état naissant, si l'eau renferme en dissolution des substances oxydables ou réductibles, l'oxygène ou l'hydrogène sont absorbés, et alors on ne trouve plus deux volumes d'hydrogène pour un volume d'oxygène. En général, l'action des éléments déposés aux électrodes, alors qu'ils sont à l'état naissant, sur les substances en dissolution, donne naissance à des produits secondaires très-variés, dont nous allons citer quelques exemples fort curieux.

L'acide hydrochlorique est composé d'hydrogène et de chlore. Lorsqu'on décompose une dissolution de cet acide à laquelle on a ajouté quelques gouttes d'acide sulfurique, pour la rendre plus conductrice, il se forme un mélange d'acide chlorique et d'acide hyperchlorique, en même temps qu'il se dégage du chlore à l'électrode positif et de l'hydrogène à l'électrode négatif. Par conséquent, l'acide et l'eau ont été décomposés simultanément; mais l'oxygène, au lieu de se dégager, s'est combiné, à l'état naissant, avec une partie du chlore pour former les acides chlorique et perchlorique qu'on trouve dans la liqueur.

Lorsqu'on décompose une dissolution d'un sel de plomb, par exemple d'acétate de ce métal, il se forme sur l'électrode positif un dépôt de peroxyde de plomb. Ce composé est encore un produit secondaire de l'électrolyse. En effet, l'eau est décomposée, et son oxygène, au lieu de se dégager à l'électrode positif, se combine avec l'oxyde de plomb du sel et le convertit en peroxyde insoluble. Nous verrons plus loin une belle application du phénomène que nous venons d'indiquer. M. Kolbe a mis à profit les puissantes affinités dont l'oxygène est doué à l'état naissant, pour former plusieurs combinaisons organiques qu'on n'a pas encore obtenues par les procédés ordinaires de la chimie. (H. V.)

ÉLECTROLYSE DES CHLORURES, DES IODURES, ETC.

Si l'on fait passer un courant électrique à travers un chlorure métallique mis en fusion dans un tube en U au moyen d'une lampe à esprit-de-vin, le chlore se dégage à l'électrode positif et le métal à l'électrode négatif. Les iodures métalliques, à l'état de fusion ignée, donnent lieu à des phénomènes analogues. L'iodure et le chlorure de plomb se prêtent très-bien à ce genre d'expériences. La décomposition qu'ils éprouvent démontre que c'est à tort que l'on a cru longtemps que la présence de l'eau était nécessaire pour qu'un corps liquide pût être réduit en ses éléments par le courant électrique.

Les dissolutions concentrées des chlorures métalliques donnent, en général, lieu aux mêmes phénomènes que les chlorures fondus. C'est ce dont on peut s'assurer, en opérant, par exemple, sur une dissolution concentrée de chlorure de zinc dans l'eau. Si l'on agit, au contraire, sur des dissolutions étendues, on observe en même temps la décomposition du dissolvant.

Plusieurs chlorures liquides à la température ordinaire, tels que le perchlorure d'antimoine, d'étain, etc., n'étant pas conducteurs, ne sont pas décomposables par le courant électrique.

Les composés iodurés sont ceux qui cèdent le plus facilement à l'action des forces électriques ; on se sert habituellement de bandes de papier ioduré et amidonné pour le démontrer ; un seul élément de pile suffit pour décomposer l'iodure de potassium et mettre à nu l'iode, dont la présence est rendue manifeste par sa combinaison avec l'amidon, donnant lieu à une coloration bleue.

M. Faraday avait cru que les seuls composés directement décomposables par le courant étaient ceux qui sont formés de la combinaison d'un équivalent d'un élément avec un seul équivalent d'un autre. Cependant, M. Matteucci et M. Becquerel ont trouvé, chacun, des composés formés d'un ou de deux équivalents d'un corps unis à deux ou plusieurs équivalents d'un autre qui se laissent décomposer directement : tels sont le protochlorure de cuivre, qui contient 2 équivalents de cuivre pour 1 équivalent de chlore, le perchlorure d'antimoine formé de 2 équivalents d'antimoine et de 5 équivalents de chlore, le bichlorure d'étain, le perchlorure de fer, etc. Pour décomposer ces corps on les dissout dans un liquide approprié, et l'on transmet ensuite le courant à travers la solution, concentrée autant que possible.

Observons, en terminant, que dans l'électrolyse des iodures et des chlorures, on parvient rarement à recueillir la totalité de l'iode ou du chlore mis en liberté. En effet, ces corps, à cause des puissantes affinités dont ils sont doués, surtout à l'état naissant, attaquent presque toujours l'électrode sur lequel ils se dégagent. C'est ainsi qu'un électrode positif de platine est attaqué dans l'acide hydrochlorique par le chlore transporté, alors que le chlore, dans les conditions ordinaires, est sans action sur ce métal : il se forme du chlorure de platine qui reste en dissolution. (H. V.)

THÉORIE DE L'ÉLECTROLYSE.

Pour expliquer les décompositions que produit le courant électrique, on suppose que dans toute combinaison chimique de deux corps les atomes de ces corps se trouvent chargés de quantités égales de fluides électriques de noms contraires, ceux de l'un contenant du fluide positif et ceux de l'autre du fluide négatif. On admet de plus que ces électricités libres se développent par l'effet du contact des atomes hétérogènes, et, comme elles sont en quantités égales, les actions qu'elles exercent au dehors doivent se neutraliser et le composé paraître à l'état naturel. On appelle *électro-positif* celui des deux corps dont les atomes prennent l'électricité positive, et électro-négatif celui qui se charge d'électricité négative. L'oxygène, les métalloïdes, les acides, jouent le rôle d'éléments électro-négatifs; tandis que l'hydrogène, les métaux, les bases, remplissent celui de corps électro-positifs. D'après cela, on admet, par exemple, que dans l'eau les deux atomes d'hydrogène sont électrisés positivement et l'atome d'oxygène négativement.

Cela posé, il nous sera facile d'expliquer les phénomènes de l'électrolysation des corps. Pour fixer les idées, nous supposons qu'il s'agisse de la décomposition de l'eau. Concevons une série de molécules de ce liquide, 1, 2, 3, 4, etc. (fig. 157), formant une espèce de chaine

Fig. 157.

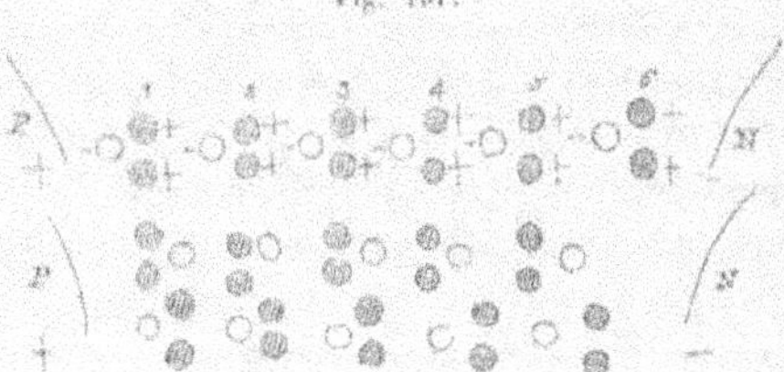

droite ou courbe qui joint l'électrode positif P à l'électrode négatif N [1] : l'électricité positive de P agira sur la molécule 1 et la tournera pour attirer l'oxygène qui est électro-négatif, et pour repousser l'hydrogène qui est électro-positif; elle agira de même sur la molécule 2, et ainsi de suite; à l'autre extrémité de la chaine, la même disposition se produira, et dès que la tension électrique à l'électrode positif sera assez forte, l'oxygène de la molécule 1, entrainé par l'attraction, se dégagera à la surface de cet électrode, tandis que l'hydrogène repoussé se portera sur l'oxygène de la molécule 2 pour se combiner avec lui, donnant la liberté à l'hydrogène de cette molécule, qui s'en ira à son tour prendre l'oxygène de la molécule 3, et ainsi de suite. A l'autre élec-

[1] Dans chaque molécule d'eau, les deux atomes d'hydrogène sont ombrés, et l'atome d'oxygène est clair.

trode se produisent des phénomènes inverses, et il y a ainsi au même instant une foule de décompositions et de recompositions successives. et dégagement de l'hydrogène de la dernière molécule d'eau sur cet électrode. La seconde série des particules de la figure 156 représente les particules d'eau nouvellement formées. Le courant continuant de passer, ces particules doivent faire une demi-révolution pour que les atomes d'oxygène soient tournés du côté du pôle positif et les atomes d'hydrogène du côté du pôle négatif, comme le représente la troisième série des particules de la figure 157 ; puis la décomposition a lieu, ainsi que l'échange des parties constituantes entre chacune de ces particules, avec dégagement de gaz aux particules extrêmes, et ainsi de suite tant que le courant est transmis. On voit donc, puisqu'il n'y a que de l'oxygène au pôle positif et que de l'hydrogène au pôle négatif, qu'on n'est plus embarrassé pour expliquer ce que devient l'hydrogène de la particule en contact avec l'électrode positif, et l'oxygène de celle qui est en contact avec l'électrode négatif. Cette séparation des éléments constitue le caractère distinctif entre les décompositions opérées par le courant électrique et les décompositions ordinaires : dans celles-ci les éléments se désunissent, mais ne s'éloignent pas les uns des autres.

L'explication que nous venons de donner, en prenant l'eau pour exemple, s'applique également bien à la décomposition de tout corps composé. Elle est due à Grotthus. (H. V.)

LOI DES ÉQUIVALENTS ÉLECTRO-CHIMIQUES.

Disposons à la suite l'un de l'autre, dans le même circuit, un voltamètre et un tube rempli de protochlorure d'étain placé dans un tube de verre où pénètrent deux fils de platine et tenu à l'état de fusion par une lampe à esprit-de-vin. Faisons communiquer avec le pôle négatif d'une pile l'un des fils de platine plongés dans le protochlorure, et l'autre avec un des électrodes du voltamètre dont le second électrode aboutit au pôle positif. Par suite de cette disposition, le voltamètre et le tube à protochlorure d'étain seront évidemment traversés par des quantités égales d'électricité, puisque c'est le même courant qui passe de l'un de ces appareils à l'autre. Par conséquent, en ouvrant le circuit après un certain temps et déterminant les poids d'eau et de protochlorure décomposés, ces poids exprimeront les quantités de ces deux corps qu'une même quantité d'électricité est capable de décomposer. Dans une expérience de ce genre, M. Faraday trouva que le poids du fil de platine sur lequel l'étain s'était déposé avait éprouvé une augmentation de poids de 5 gr. 1/2 ; le poids de l'eau décomposée, conclu du volume gazeux mesuré avec soin dans le voltamètre, se trouva être de 0 gr., 49 environ. Or, ces deux nombres sont entre eux comme 735 est à 112, c'est-à-dire sensiblement comme l'équivalent de l'étain est à celui de l'eau [1]. Ainsi, la même quantité d'électricité qui décompose un équivalent d'eau met en liberté un équivalent d'étain et décompose, par conséquent, un équivalent de protochlorure d'étain, car chaque équivalent de celui-ci renferme un équivalent d'étain. C'est par des expériences de ce genre que M. Faraday a établi que lorsqu'un même courant traverse pendant le même temps deux ou plusieurs composés, il décompose de ces différents corps des quantités qui sont entre elles comme les équivalents chimiques de ces mêmes corps. Cette belle loi est connue sous le nom de loi des équivalents électro-chimiques.

Au lieu de deux électrolytes, on peut en placer plusieurs à la suite les uns des autres sur le trajet du même courant ; par exemple, l'eau acidulée dans le voltamètre, le protochlorure d'étain, le chlorure de plomb, le chlorure d'argent, etc. ; l'on trouvera constamment des quantités d'oxygène et d'hydrogène, d'étain, de plomb, d'argent, etc., qui sont entre elles comme les équivalents chimiques de l'eau, de l'étain, du plomb, de l'argent, etc.

Les dissolutions des sels métalliques donnent des résultats analogues. C'est ainsi que si l'on transmet le même courant au travers de plusieurs dissolutions de cette espèce, par exemple, de nitrate de cuivre, de nitrate d'argent, de nitrate de plomb, etc., l'on trouve aux électrodes négatifs des quantités des différents métaux proportionnelles aux équivalents chimiques de ceux-ci ; ainsi, pour 395,60 de cuivre précipité à l'électrode négatif, dans le premier appareil, on a 1549,01 d'argent dans le deuxième, et 1294,50 de plomb dans le troisième appareil décomposant, ces trois nombres étant les équivalents chimiques de ces métaux.

La loi des équivalents électro-chimiques, telle qu'elle a été formulée par M. Faraday, ne s'applique qu'aux combinaisons formées de deux équivalents. Elle doit être modifiée dans le cas où il entre dans le composé plus d'un équivalent de l'un de ses principes constituants. M. Becquerel a trouvé qu'alors il se dégage toujours un équivalent de

<hr>

[1] Dans une note placée au bas de la page 281, nous avons expliqué ce qu'il faut entendre par l'équivalent chimique d'un corps. Nous rappellerons que l'équivalent de l'eau est 112,50 et celui de l'étain 735,29.

l'élément électro-négatif à l'électrode positif, et une quantité correspondante de l'élément électro-positif à l'électrode négatif. Dans le cas des sels, l'élément électro-négatif se compose d'un équivalent d'oxygène et d'un équivalent d'acide; le métal constitue l'élément électro-positif. Cependant, comme le fait observer M. De La Rive, la détermination du mode exact d'action de l'électricité sur les combinaisons dans la formation desquelles entrent plus de deux équivalents, exige encore de nouvelles recherches. (H. V.)

THÉORIE DE L'ÉLECTROLYSE DES SELS.

Nous avons vu (page 281) que dans l'électrolyse des sels alcalins ou terreux neutres, on obtient à la fois de l'oxygène et de l'acide à l'électrode positif, de l'hydrogène et de l'alcali à l'électrode négatif, d'où il semble résulter que le courant décompose à la fois l'eau et le sel. M. Daniell, qui a fait de nombreuses expériences sur ce sujet, s'est d'abord assuré que la décomposition d'un équivalent d'eau est accompagnée de celle d'un équivalent exact du sel dissous. Pour arriver à ce résultat, il avait partagé un voltamètre, au moyen d'une cloison poreuse, en deux compartiments égaux, dont l'un renfermait l'électrode positif et l'autre l'électrode négatif, et qui tous deux étaient remplis d'une dissolution de sulfate de soude qui recouvrait les électrodes. Les gaz hydrogène et oxygène provenant de l'électrolysation étaient recueillis séparément et mesurés avec soin; puis, après avoir fait durer l'expérience assez longtemps, on déterminait exactement la quantité d'acide libre qui se trouvait dans le compartiment positif et celle d'alcali qui était dans le compartiment négatif, et on trouvait ainsi qu'il y avait un équivalent d'acide et d'alcali en même temps qu'il y avait un équivalent d'eau décomposée. On s'était assuré préalablement que la cloison poreuse, tout en laissant passer le courant, ne permettait pas aux liquides de se mélanger. La même expérience fut répétée en mettant dans le circuit un voltamètre ordinaire chargé avec une solution d'acide sulfurique; les électrodes de ce voltamètre étaient de mêmes dimensions que ceux du voltamètre à deux compartiments rempli de sulfate de soude. Or, les quantités de gaz dégagées dans les deux voltamètres furent sensiblement égales, et on trouva en outre, dans celui où était le sulfate de soude, la même quantité d'acide et d'alcali libres. Ainsi, si l'on admet que le courant décompose à la fois l'eau et le sulfate de soude, on arrive à cette conclusion, que le même courant, qui sépare seulement un équivalent d'oxygène d'un équivalent d'hydrogène dans l'un des voltamètres, peut décomposer dans l'autre, non-seulement un équivalent d'eau, mais en outre un équivalent de sulfate de soude. Cette conclusion étant évidemment inadmissible, on voit que la seule manière d'expliquer les faits observés par M. Daniell consiste à admettre que lorsque le courant électrique traverse une dissolution de sulfate de soude dans l'eau, ce sel seul est décomposé, et non l'eau ; que l'oxygène de l'oxyde de sodium se rend avec l'acide sulfurique à l'électrode positif où il se dégage, tandis que le sodium, porté à l'électrode négatif, y décompose l'eau, et se transforme en oxyde sodique en dégageant un équivalent d'hydrogène, qui, comme la soude, n'est plus qu'un produit secondaire et non un produit direct de l'électrolyse. Ce qui vient encore à l'appui de cette explication, c'est que, dans l'expérience de M. Daniell, dans le compartiment du voltamètre où se dégage la soude, la température s'élève considérablement, et très-peu dans celui où l'acide et l'oxygène sont mis en liberté. On sait en effet que l'oxydation du sodium dans l'eau est accompagnée d'un grand dégagement de chaleur.

Ainsi, dans l'électrolysation d'une dissolution neutre d'un sel alcalin, celui-ci est seul électrolysé, et l'hydrogène qui se dégage est un produit secondaire résultant de l'action du métal mis à nu. Il n'en est plus de même lorsqu'on opère sur des dissolutions acides ou alcalines : le courant se partage alors entre l'eau et le sel, et, pour une même quantité de sel décomposé, il se dégage plus d'hydrogène que dans le cas des dissolutions neutres. C'est ce que démontre l'expérience suivante de M. d'Almeida : on verse des quantités égales d'une dissolution de nitrate de potasse (salpêtre) dans les deux branches d'un tube en U, rétréci dans sa partie inférieure pour empêcher le passage du liquide de l'une des branches dans l'autre ; puis, après avoir rendu acide la dissolution de l'une des branches, on électrolyse le liquide en ayant soin de plonger l'électrode positif dans la dissolution acide et l'électrode négatif dans la dissolution restée neutre, et l'on trouve qu'après la décomposition il n'y a qu'une très-faible partie de la dissolution acide qui ait été décomposée, le courant ayant passé de préférence à travers l'eau acidulée ; c'est, au contraire, dans la branche négative que la décomposition est la plus faible, si l'on rend fortement alcaline la dissolution de cette branche.

Les sels métalliques neutres se décomposent de la même manière que les sels alcalins. Seulement, comme les métaux, tels que le plomb, le cuivre, etc., sont incapables de décomposer l'eau aux températures ordinaires, ils se déposent à l'état élémentaire sur l'électrode négatif : ce dépôt est un effet direct de l'électrolyse, et il n'est point dû, comme on l'a prétendu longtemps, à la réduction de l'oxyde par l'hydrogène provenant de l'électrolysation de l'eau qui aurait lieu en même temps que celle du composé salin. Les phénomènes ne sont plus aussi simples lorsqu'on opère sur des dissolutions métalliques, soit acides, soit basiques : dans ce cas aussi, le sel et l'eau sont tous deux électrolysés, et la décomposition du sel doit être rapportée en partie à l'action *directe* du courant, et en partie à l'action *secondaire* de l'hydrogène mis à nu. C'est ce que M. d'Almeida a également démontré en opérant sur des dissolutions de nitrate d'argent, de nitrate de cuivre, de sulfate de cuivre, d'argent et de zinc; il y a seulement une très-grande difficulté à maintenir une dissolution neutre pendant toute la durée de l'électrolyse. La dissolution soumise à l'expérience, par exemple, une dissolution neutre de nitrate d'argent, est placée dans un tube en forme de U, dont la partie inférieure, plus étroite, ne permet pas aux liquides qui remplissent les deux branches parallèles de se mêler facilement. Dans l'une de ces branches plonge une lame de platine servant d'électrode négatif, dans l'autre une lame d'argent qui est l'électrode positif. Le courant passe pendant vingt-huit heures; au bout de ce temps, on trouve 140 millig. d'argent déposés à l'électrode négatif, et l'analyse montre que 73 de ces 140 proviennent de la dissolution qui environne cet électrode et 67 de l'autre vase; dans ce cas, la dissolution est aussi neutre que possible, et elle est entretenue à cet état par l'électrode positif en argent qui se combine avec l'acide nitrique à mesure que celui-ci s'y dégage. Si la dissolution est légèrement acide, on trouve que les 140 millig. déposés à l'électrode négatif ont été en entier enlevés à la dissolution placée dans la branche où plongeait cet électrode. Il est évident que, dans le premier cas, la décomposition du nitrate d'argent s'est opérée presque uniquement par voie d'électrolyse, puisque, comme cela doit avoir lieu dans ce mode, d'après la théorie de Grotthus, les éléments déposés aux deux électrodes ont été fournis également par les parties de la dissolution en contact avec chacun d'eux. Dans le second cas, au contraire, l'eau acidulée qui est dans la dissolution étant plus conductrice que le nitrate, c'est elle qui est décomposée, et son hydrogène naissant produit la réduction du sel à l'électrode négatif, ce qui fait que le métal réduit est fourni uniquement par le liquide en contact avec cet électrode. M. d'Almeida s'est assuré en effet directement que l'eau acidulée, telle qu'elle se trouve dans la dissolution du nitrate, conduit mieux le courant électrique que cette dissolution à l'état de neutralité, et, par conséquent, le courant devait traverser cette eau et non le nitrate. A l'appui de cette explication on peut citer des expériences directes de MM. Matteucci et Becquerel. En effet, ces savants ont trouvé que lorsque le courant électrique traverse une dissolution aqueuse contenant deux sels, il se propage en majeure partie à travers celui qui est le meilleur conducteur et le décompose, tandis que l'autre n'est pas décomposé ou ne l'est qu'en proportion moindre.

Au reste, cette double origine du métal déposé à l'électrode négatif dans l'électrolyse des sels se reconnaît à l'apparence même du dépôt, qui est très-différente, suivant que le métal provient de l'électrolyse ou de la réduction par l'hydrogène. C'est ce qu'il est facile de constater en se servant de dissolutions plus ou moins acides et plus ou moins épuisées de sulfate de cuivre et de nitrate d'argent. Ainsi, M. Smée a vu, en décomposant du sulfate de cuivre au moyen d'un courant de 2 couples, le premier dépôt de cuivre être brillant, uni et ductile, c'était celui qui provenait exclusivement de l'électrolysation; le second était un peu cassant, c'est qu'il y avait déjà mélange du cuivre provenant de l'électrolyse et de celui réduit par l'hydrogène; enfin le troisième était comme du sable, puis spongieux, il n'y avait à peu près plus que le cuivre réduit par l'hydrogène; et enfin l'hydrogène gazeux lui-même finissait par paraître; la liqueur évidemment ne renfermait presque plus de sulfate, et était devenue trop acide; et cependant l'électrode positif était de cuivre. (H. V.)

EFFETS CHIMIQUES DE L'ÉLECTRICITÉ ORDINAIRE.

L'électricité ordinaire peut décomposer les corps de deux manières différentes, soit en séparant les éléments, mais sans les éloigner l'un de l'autre, soit en les dégageant à distance, comme le fait l'électricité galvanique. Le premier mode de décomposition se produit au moyen de l'étincelle électrique; il est dû, comme M. Grove l'a démontré, à l'effet calorifique de cette étincelle sur les molécules du composé en contact avec les extrémités des conducteurs métalliques entre lesquels on la fait éclater : nous le nommerons le *mode calorifique*. Le second mode s'observe lors de la transmission régulière et continue de l'électricité ordinaire à travers un corps conducteur composé : nous l'appellerons le *mode électrolytique*. Les deux modes peuvent se présenter simultanément et dans des proportions qui dépendent des circonstances de l'expérience plus favorables à l'un qu'à l'autre ; le premier s'observe surtout avec les liquides mauvais conducteurs, et le second avec les dissolutions salines ou acides conductrices. L'étincelle voltaïque agit, du reste, comme l'étincelle électrique ordinaire, mais avec moins d'énergie, à raison de sa plus faible tension.

Pour observer la décomposition calorifique de l'eau, par exemple, on peut employer le procédé suivant indiqué par Wollaston : on in-

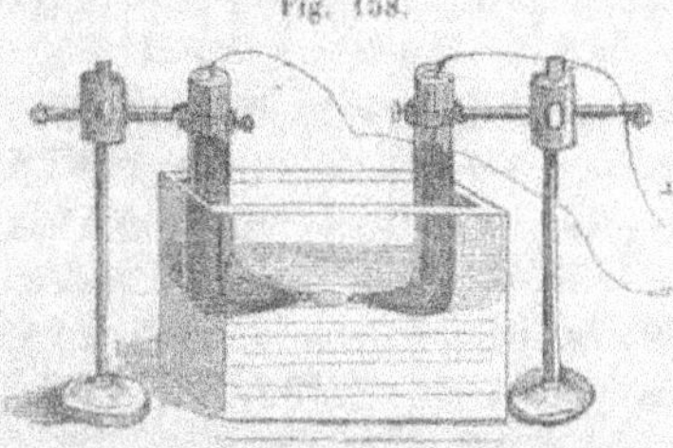

Fig. 158.

troduit un fil très-fin de platine ou d'or dans un tube de verre terminé d'un côté en pointe capillaire (fig. 158); puis, après avoir chauffé l'extrémité capillaire du tube au point de la faire adhérer à l'extrémité correspondante du fil de platine et de couvrir celle-ci de toutes parts, on use graduellement le bout effilé du tube jusqu'à ce qu'on puisse, avec une loupe, découvrir l'extrémité du fil de platine mise à nu; ce petit appareil s'appelle une *baguette de Wollaston*; si on plonge dans l'eau, comme le montre la figure 158, deux pareilles baguettes dont l'une communique avec le conducteur positif et l'autre avec le conducteur négatif d'une machine électrique ou simplement avec le sol; si les pointes des baguettes sont assez rapprochées l'une de l'autre, il se dégage à chacune d'elles des bulles de gaz détonant provenant de la décomposition de l'eau.

Pour démontrer le pouvoir électrolysant de l'électricité ordinaire, M. Faraday prend une plaque de verre sur laquelle il applique deux feuilles d'étain (fig. 159), qu'il met en communication au moyen de

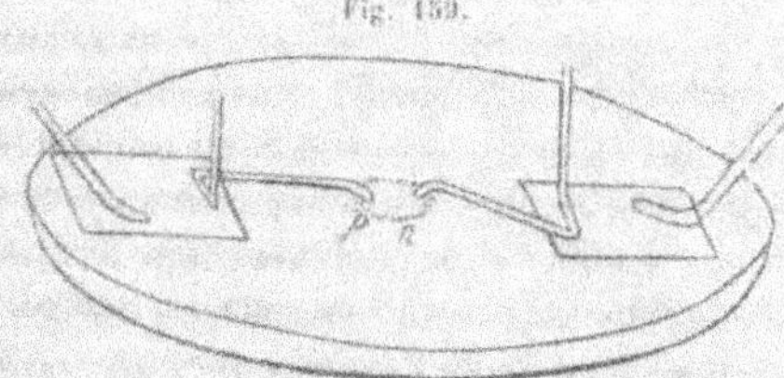

Fig. 159.

fils isolés, l'une avec le conducteur positif d'une machine électrique, et l'autre avec le conducteur négatif ou avec le sol; de chacune de ces lames part un fil fin de platine bien en contact avec elles et aboutissant l'un, en *p*, l'autre, en *n*, et formant ainsi un pôle positif et un pôle négatif. Une goutte de sulfate de cuivre dissous étant placée sur la lame de verre de manière que les pointes p et n puissent y plonger, il se précipite, au bout de quelques tours de la machine, du cuivre métallique sur le fil de platine n; il ne passe pas d'étincelles. De l'iodure de potassium mélangé avec de l'amidon donne bien vite de l'iode libre en p, ce que l'on reconnaît à la couleur bleue qu'il communique à l'amidon. Comme nous l'avons déjà dit plus haut, l'iodure de potassium est le réactif électro-chimique le plus sensible qu'il soit possible de trouver.

L'étincelle électrique décompose non-seulement les liquides, mais encore les gaz composés, tels que le gaz ammoniac, l'hydrogène sulfuré, les carbures d'hydrogène, l'acide carbonique, etc. Une chose remarquable, c'est que cette même étincelle détermine de la même manière la combinaison des gaz élémentaires : nous en avons vu un exemple dans l'expérience du pistolet de Volta (p. 109). (H. V.)

DE L'OZONE.

Lorsqu'on met en action une machine électrique, et surtout lorsqu'on favorise l'écoulement de l'électricité par une pointe métallique dont on surmonte le conducteur ou qu'on en approche à une distance convenable, il se produit dans l'air une odeur moitié sulfureuse, moitié phosphorique. Cette même odeur se développe en temps d'orage, principalement dans le voisinage des lieux où la foudre éclate. Elle se développe pareillement sur l'électrode positif quand on décompose de l'eau au moyen d'un fort courant électrique et que cet électrode est formé d'un métal non oxydable, tel que le platine; le gaz oxygène qui se dégage en reste lui-même imprégné.

On a donné au principe qui produit cette odeur le nom d'ozone. La nature de ce principe est longtemps restée un mystère : c'est de l'oxygène auquel l'électricité a communiqué des propriétés nouvelles, entre autres celle d'exhaler l'odeur caractéristique que nous venons d'indiquer. Parmi ces propriétés, dont nous devons la connaissance aux belles recherches de M. Schœnbein, nous citerons les suivantes : 1° il s'unit avec une facilité extraordinaire aux corps oxydables; 2° il agit sur les couleurs végétales comme le chlore, c'est-à-dire qu'il les détruit et blanchit les papiers colorés qu'on met en contact avec lui; et 3° il décompose l'iodure de potassium, en mettant l'iode en liberté. Cette dernière réaction offre le moyen le plus simple et le plus sensible de reconnaître la présence de l'ozone. En effet, lorsqu'on met un papier humecté avec une dissolution d'iodure de potassium à laquelle on a ajouté un peu de colle d'amidon en contact avec un gaz ou avec un liquide contenant de l'ozone, ce papier bleuit à l'instant, parce que l'iode devient libre et se combine avec l'amidon en le colorant en bleu.

L'oxygène ozoné peut conserver aussi longtemps qu'on le veut ses propriétés caractéristiques, pourvu qu'on le renferme dans des flacons bien bouchés ; mais il les perd, si l'on jette dans le flacon où il se trouve un corps avide d'oxygène, de la limaille de fer, de zinc, etc. ; la simple élévation de température produit le même effet.

L'électrolyse de l'eau ne permet pas de recueillir beaucoup d'ozone, la majeure partie de celui qui se forme étant employée à produire de l'eau oxygénée qui reste à l'état de dissolution dans le liquide électrolytique. D'après MM. Frémy et E. Becquerel, le meilleur moyen d'étudier la formation de l'ozone au moyen de l'électricité consiste à soumettre du gaz oxygène pur à l'action des étincelles de la machine ordinaire. A cet effet, on introduit ce gaz dans un tube fermé à son sommet et ouvert à son autre extrémité ; ce tube doit être percé, dans la portion voisine du sommet, de deux petits trous par lesquels on introduit deux fils de platine, qui y sont hermétiquement scellés ; les extrémités intérieures des deux fils sont vis-à-vis l'une de l'autre, laissant entre elles un intervalle de 10 à 15 millimètres ; c'est entre ces extrémités qu'on fait jaillir les étincelles, en faisant communiquer l'un des fils avec le sol et l'autre avec le conducteur d'une machine électrique. On remplit le tube d'une dissolution d'iodure de potassium, puis, après l'avoir renversé dans un vase contenant une certaine quantité de cette même dissolution et y avoir fait passer le gaz oxygène, on transmet à travers celui-ci les étincelles qu'on tire de la machine. A mesure que les étincelles passent et que l'ozone se forme, on voit la dissolution d'iodure de potassium monter dans le tube, ce qui provient de ce que cette dissolution absorbe l'ozone qui se forme et détermine ainsi un espace vide dans lequel elle s'élève par l'effet de la pression atmosphérique. Dans une des expériences de MM. Frémy et E. Becquerel, après trois heures d'électrisation, le liquide était monté de 2 centimètres dans l'intérieur du tube ; en prolongeant l'expérience pendant un temps suffisant, on pouvait faire absorber l'oxygène complétement par l'iodure de potassium, et, par conséquent, ce gaz est susceptible d'une transformation intégrale en ozone.

L'ozone se forme également lorsqu'on laisse séjourner pendant un certain temps, dans un flacon rempli d'air, un bâton de phosphore en partie recouvert par l'eau et dont une petite portion est en contact avec l'air. De tous les moyens de se procurer de l'air ozoné, le plus simple, selon M. Schœnbein, consiste dans l'emploi du phosphore.

C'est principalement aux travaux de MM. Marignac et De La Rive, de MM. Frémy et E. Becquerel et de M. Andrews que nous devons la découverte de la nature de l'ozone.

L'air atmosphérique contient toujours des proportions variables d'ozone. Pour s'en assurer il n'y a qu'à suspendre en plein air de petites bandes de papier à filtrer humectées du mélange d'iodure et d'amidon, et le plus souvent au bout de quelques minutes on les voit bleuir, tandis qu'elles ne se colorent point dans des vases fermés hermétiquement et remplis d'air. On trouve également de l'ozone dans l'eau d'orage, car cette eau se conduit exactement comme de l'eau distillée dans laquelle on a dissous de l'ozone. Pour dégager l'ozone dissous, il faut verser un peu d'acide sulfurique dans le liquide où il se trouve; aussitôt celui-ci colore en bleu le papier ioduré. On peut communiquer exactement toutes les propriétés de l'eau d'orage à de l'eau distillée placée dans une tasse et mise en communication avec le sol, pendant qu'on l'expose à l'action d'une aigrette électrique intense et répandant une forte odeur. Il faut que cette exposition dure au moins une demi-heure pour que l'eau soit suffisamment ozonée.

La quantité d'ozone contenue dans l'air atmosphérique varie avec les saisons et même avec les heures de la journée. On a cru remarquer une relation entre la proportion d'ozone de l'air et l'apparition de certaines maladies épidémiques.

C'est ainsi, par exemple, que, d'après M. Schœnbein, on aurait observé, en 1853, une quantité considérable d'ozone dans l'atmosphère de Berlin, pendant une épidémie de grippe; l'inverse aurait eu lieu pendant le choléra. De nouvelles recherches nous apprendront ce qu'il y a de réel dans l'influence que l'on attribue à l'ozone sur le développement de certaines maladies. Quoi qu'il en soit, comme les propriétés de l'ozone diffèrent notablement de celles de l'oxygène ordinaire, et que les phénomènes d'oxydation s'accomplissent d'une manière beaucoup plus énergique avec cet état nouveau de l'oxygène, sa présence au sein de l'atmosphère ne saurait être sans influence sur les actions chimiques qui se passent dans l'air, sur les phénomènes de la vie des plantes et de celle des animaux. Comment douter, par exemple, que le blanchiment des toiles par l'action de l'air et de la rosée ne soit dû à l'ozone atmosphérique? que la pureté et la salubrité de l'air de la campagne ne s'expliquent par la prédominance de l'ozone dans cet air? etc.

Quant à l'existence de l'ozone dans l'air, elle n'a rien qui doive nous étonner. L'ozone est, avons-nous dit, le résultat de l'action répétée des étincelles électriques sur l'oxygène gazeux. Or, l'électricité qui se trouve constamment dans l'air et qui se décharge à certains intervalles, peut avoir pour effet de transformer en ozone l'oxygène atmosphérique. (H. V.)

POLARISATION ÉLECTRIQUE.

Lorsqu'on met en communication, pendant quelques instants, les deux électrodes d'un voltamètre chargé d'eau acidulée, avec les pôles d'une pile, et qu'ensuite, après avoir interrompu cette communication, on attache les électrodes, toujours immergés, aux deux extrémités du fil d'un galvanomètre, l'aiguille de celui-ci est déviée et elle accuse la présence d'un courant dirigé en sens contraire de celui de la pile. L'intensité de ce courant secondaire, dont la durée est toujours assez courte, augmente avec la puissance du courant primaire qui l'a développé. L'on appelle *polarisation électrique* la propriété en vertu de laquelle les électrodes de platine qui ont servi à transmettre un courant, peuvent en développer un autre dirigé en sens contraire.

La cause de la polarisation qu'acquièrent les électrodes du voltamètre par le passage du courant de la pile, est due à une mince couche de gaz qui s'attache à leur surface. L'électrode négatif se recouvre d'une mince couche de gaz hydrogène, qui a pour effet de le rendre électro-positif par rapport à l'électrode positif, dont la surface s'enveloppe d'une couche de gaz oxygène.

Des expériences directes de M. **Schœnbein** démontrent l'exactitude de cette explication. En voici quelques-unes. On introduit dans un petit godet a (fig. 160), rempli de mercure, d'une part, l'une des extrémités du fil d'un galvanomètre ordinaire et de l'autre un fil de platine soudé à une lame de même métal p, qui plonge dans un vase contenant de l'eau acidulée. Un second godet b reçoit l'autre extrémité du galvanomètre et un fil de platine pareillement soudé à une lame p' de même métal (cette seconde lame n'est pas représentée sur la figure). La lame p' plonge dans l'eau acidulée, à côté de la lame p, mais sans la toucher nulle part. Si les deux lames ont été convenablement nettoyées, c'est-à-dire dépouillées de toute trace de corps étrangers adhérents [1], de manière qu'elles soient physiquement identiques, elles ne produisent pas de courant et l'aiguille du galvanomètre reste au zéro de la graduation. Mais si, avant d'introduire dans le circuit la lame p', par exemple, on l'a laissée séjourner pendant quelque temps dans un vase rempli de gaz hydrogène, il se produit un courant dont le sens indique que la lame p' est devenue électro-positive par rapport à la lame p; car le courant marche, dans le liquide, de p' vers p. Dans une atmosphère de chlore, la lame p' acquiert, au contraire, la propriété de se comporter comme électro-moteur négatif. Si cette même lame a fait fonction d'électrode négatif dans un appareil à décomposer l'eau, elle se conduit exactement comme si on l'avait exposée à une atmosphère d'hydrogène.

Un autre fait que l'on peut citer à l'appui de la cause que nous assignons à la polarisation électrique, c'est que ce phénomène ne se manifeste jamais avec des électrodes de cuivre plongeant dans une dissolution de sulfate de même métal. La raison en est simple. Le courant décompose le sel en cuivre métallique, en acide sulfurique et en oxygène; le premier se dépose sur l'électrode négatif, et les deux autres sur l'électrode positif; mais comme le cuivre est un métal facilement oxydable, il s'unit à l'oxygène, et l'oxyde formé se combine immédiatement avec l'acide sulfurique pour donner du sulfate de cuivre. On voit donc qu'il ne se produit de dépôt gazeux sur aucun des deux électrodes, et c'est ce qui explique l'absence de polarisation sur les lames de cuivre. (H. V.)

THÉORIE DES PILES A COURANT CONSTANT.

La polarisation électrique est la cause de l'affaiblissement rapide qu'éprouve le courant dans les piles ordinaires à un seul liquide. En

[1] Pour nettoyer parfaitement les lames de platine ou, comme on dit, pour les dépolariser, M. Faraday les fait rougir et les frotte avec un morceau de potasse pendant qu'elles sont incandescentes, puis il les plonge dans de l'acide sulfurique bouillant, et il les lave enfin dans de l'eau distillée constamment renouvelée. On peut également se borner à faire rougir les lames de platine, puis à les mettre dans de l'acide nitrique bouillant, et enfin à les laver dans de l'eau distillée.

effet, dans une pile quelconque, chaque lame de l'électro-moteur positif livrant passage à l'électricité positive, peut être considérée comme jouant le rôle d'électrode positif par rapport au liquide acidulé avec lequel elle est en contact; elle doit, par conséquent, tendre à devenir électro-négative par suite de l'oxygène qui résulte de la décomposition de l'eau et qui se dépose à sa surface. Cependant, comme l'électro-moteur positif est toujours un métal très-oxydable, cet effet ne se produit pas, car ce métal s'unit immédiatement à l'oxygène et la cause de la polarisation disparaît. Mais les choses ne se passent pas de la même manière du côté de l'électro-moteur négatif. L'hydrogène qui se dégage à la surface des lames de cet électro-moteur ne disparaissant pas, ces lames doivent se polariser, acquérir des propriétés électro-positives et donner lieu à un courant dirigé en sens contraire de celui de la pile. Ce courant, dû à la polarisation des lames électro-négatives, d'abord faible, augmente ensuite jusqu'à une certaine limite à mesure que le courant de la pile se prolonge. Celui-ci doit donc s'affaiblir de plus en plus, jusqu'à ce qu'enfin son intensité reste sensiblement constante. C'est effectivement ce qui a lieu.

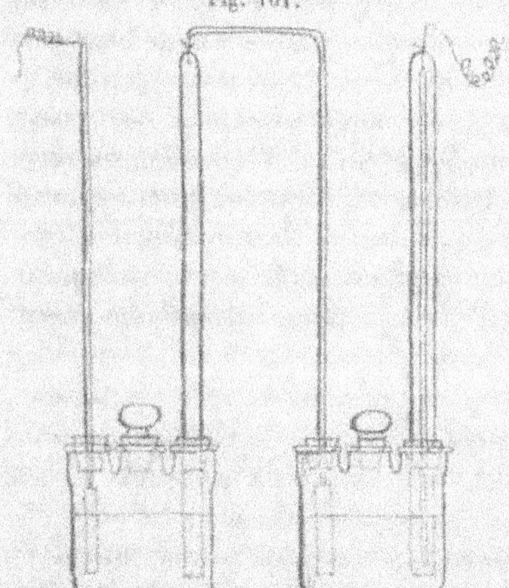

On peut prouver que, dans une pile, chaque couple décompose l'eau. A cet effet, on doit faire usage d'une disposition qui permette de recueillir les gaz. La fig. 161 représente celle imaginée par M. Faraday. Chaque couple se trouve dans un flacon de verre rempli d'une dissolution d'acide sulfurique bien pure; ce flacon est percé de trois ouvertures : l'une au centre, par laquelle on introduit le liquide, est fermée par un bouchon en verre; les deux autres, placées de chaque côté de l'ouverture centrale, servent, l'une, à introduire le zinc amalgamé, l'autre reçoit, à frottement juste, un tube gradué ouvert par le bas et fermé par le haut, qu'on remplit de liquide, et dans lequel on place un fil ou une lame de platine, dont l'extrémité supérieure ressort à travers le haut du tube, en se terminant par une pince ou par un petit godet métallique rempli de mercure. On dispose plusieurs couples semblables à la suite les uns des autres, en ayant soin que les fils métalliques soudés aux zincs aboutissent respectivement au platine de chaque couple consécutif; puis on ferme le circuit avec un conducteur quelconque, par exemple, avec un voltamètre; et quand l'action a duré quelque temps, on trouve une certaine quantité d'hydrogène dans chacun des tubes où se trouvent les fils ou les lames de platine. L'eau a donc été décomposée dans chaque couple. Si l'on mesure les volumes d'hydrogène dégagés dans les différents couples, on les trouve égaux entre eux et au volume de même gaz développé dans le voltamètre. Ce résultat était à prévoir, puisque c'est le même courant qui a traversé les différents couples et le voltamètre. L'oxygène dégagé dans les couples se combine au zinc et l'oxyde formé entre immédiatement en combinaison avec l'acide sulfurique. Si, après l'expérience, on pèse les zincs, on trouve qu'ils ont tous perdu une partie de leur poids qui correspond à la quantité d'oxygène de l'eau décomposée et qu'on peut déterminer au moyen des volumes d'hydrogène recueillis.

Avant de connaître la cause de l'affaiblissement rapide qu'éprouvent les piles à un seul liquide quand leur circuit est fermé, on avait remarqué qu'on peut atténuer cet inconvénient, soit en prenant pour liquide excitant une dissolution d'acide sulfurique dans laquelle on mélange un peu d'acide nitrique, soit, comme l'avait indiqué Wollaston, en donnant aux lames négatives une surface beaucoup plus grande qu'aux positives. On s'explique facilement l'utilité de ces deux modifications, en remarquant que la présence de l'acide nitrique dans le liquide excitant facilite la dissolution partielle du dépôt sur la plaque négative, et que l'étendue donnée à cette plaque diminue sur chaque partie de sa surface la quantité de ce dépôt.

Il nous est facile maintenant de rendre compte de la constance du courant dans les piles à deux liquides. En effet, on choisit toujours ces liquides de manière qu'ils préviennent le dépôt d'une couche de gaz sur les électro-moteurs. C'est ainsi que dans les piles de Grove, de Bunsen et de Sturgeon, l'hydrogène est absorbé par l'acide nitrique où plonge l'électro-moteur négatif, tandis que l'oxygène oxyde le zinc et disparaît. L'hydrogène, en se portant sur l'acide nitrique, enlève à celui-ci de l'oxygène et le convertit en acide nitreux. Une partie de ce dernier se dégage et forme ces vapeurs rouges si désagréables qui se produisent dans les piles précitées et sur lesquelles nous avons déjà appelé l'attention du lecteur en parlant de la pile de Grove (voy. p. 249). Dans la pile de Daniell, le cuivre est en contact avec une dissolution de sulfate de même métal. Ce sel se décompose en cuivre, qui se précipite sur la lame de cuivre du couple, et en acide sulfurique et oxygène; l'acide pénètre, au moins en partie, dans le vase poreux, et va s'unir à l'oxyde de zinc qui se forme aux dépens de l'oxygène de l'eau décomposée dans le vase poreux. L'hydrogène de cette eau se dégage aux points de contact entre la dissolution de sulfate de cuivre et l'eau acidulée, ou plutôt ce gaz, à l'état naissant, s'unit à l'oxygène qui résulte de la décomposition de ce sulfate, et qui devient libre aux mêmes points.

Il est vrai que lorsque la solution de sulfate étant un peu épuisée est devenue passablement acide, c'est alors l'eau acidulée qui est décomposée et non plus le sulfate, d'où il résulte que de l'hydrogène se dégage sur la surface du cuivre; mais pour peu qu'il reste du sulfate dans la dissolution, ce sulfate est réduit par l'hydrogène naissant, et c'est encore un dépôt de cuivre qu'on obtient; seulement il est granuleux, au lieu d'être uni, brillant et ductile, ce qui diminue déjà un peu la force du courant; puis quand la dissolution est tout à fait épuisée, l'hydrogène se dépose sur le cuivre même, et alors le courant perd sa constance. C'est pourquoi il est très-important de maintenir autant que possible la dissolution de sulfate de cuivre à l'état de saturation, au moyen de cristaux de ce sel qu'on y plonge. M. Buff a apporté à la pile de Daniell une modification qui lui donne une constance remarquable et bien précieuse pour les recherches qui, sans exiger une grande force de courant, requièrent que cette force reste aussi constante que possible pendant un temps passablement long. Cette modification consiste à renouveler constamment le sulfate de cuivre, et en même temps à faire que le zinc amalgamé ne s'enfonce dans son liquide qu'à mesure qu'il s'use, ce qu'on obtient au moyen d'un contre-poids. (H. V.)

APPLICATIONS DIVERSES DES PROPRIÉTÉS CHIMIQUES
DES COURANTS ÉLECTRIQUES.

> Après avoir fait travailler l'air, l'eau et le feu, le génie de l'homme a su prendre pour collaborateur le fluide même de la foudre, et, chose étonnante, ce redoutable agent physique s'est montré le plus docile et le plus apprivoisé de tous ceux que l'intelligence avait conquis sur la nature matérielle
>
> BABINET, *sur les progrès récents de la galvanoplastie.*
> (Rev. des Deux Mondes, t. 2, 1850)

Quoique l'on n'ait commencé à appliquer les propriétés chimiques des courants électriques que dans ces derniers temps, cependant ces applications sont déjà très-étendues et exploitées, la plupart, sur une vaste échelle. Elles comprennent la *galvanoplastie*, la *formation de dépôts métalliques adhérents sur la surface des corps et principalement sur celle des métaux*, *l'extraction de certains métaux de leurs minerais*, *les anneaux colorés de Nobili*, *la galvanisation des métaux* et *la production artificielle de certaines substances minérales*. Nous commencerons l'étude de ces diverses applications par celle des dépôts métalliques.

DÉPÔTS DES MÉTAUX EN COUCHES MINCES ET GALVANOPLASTIE.

Dans bien des circonstances il est nécessaire de recouvrir les métaux d'une couche mince d'un autre métal, soit pour leur donner une autre teinte, soit pour les préserver de toute altération. Les métaux que l'on dépose de préférence sont l'or, l'argent, le cuivre, l'étain, quelquefois le platine et le zinc. Actuellement, dans plusieurs industries, les dépôts s'opèrent au moyen de l'action décomposante de l'électricité. Du reste, dans ces différentes circonstances, les principes invoqués et les appareils employés sont les mêmes; les dissolutions seules changent.

La galvanoplastie est l'art de déposer dans un moule creux ou en relief, formant l'électrode négatif d'un appareil composé d'un ou de plusieurs couples voltaïques, un métal dont les parties s'agrègent ensemble et prennent l'empreinte de la surface du moule; ou, plus simplement, c'est l'art de modeler les métaux en les précipitant de leurs dissolutions salines par l'action lente d'un courant électrique.

La galvanoplastie et l'art d'appliquer un métal sur un autre métal à l'aide des forces électriques ne datent encore que de peu d'années, et cependant ils sont déjà parvenus à un grand degré de perfection. Nous allons rappeler les principaux travaux exécutés successivement pour les faire arriver au point où ils sont parvenus. (H. V.)

NOTIONS HISTORIQUES SUR LA GALVANOPLASTIE ET SUR LA DORURE GALVANIQUE.

C'est aux travaux des alchimistes que nous devons la connaissance de quelques-uns des faits qui ont préparé la découverte de la galvanoplastie. La recherche de l'art de changer diverses substances en métaux précieux et de faire de l'or, a occupé les savants pendant plusieurs siècles et leur a suggéré les conceptions les plus singulières. Au milieu de leurs travaux, qu'ils poursuivaient avec une ardeur et une confiance dont on se fait difficilement une idée aujourd'hui, quelques-uns des prétendus adeptes du grand œuvre firent plusieurs découvertes importantes : Bœttcher découvrit la porcelaine, Kunkel, le phosphore et le pourpre d'or pour colorer le verre en rouge, Beireis, le carmin minéral, la teinture en rouge écarlate, etc. D'autres possesseurs de la pierre philosophale, que Molière appelle

Cette benoîte pierre
Qui peut seule enrichir tous les rois de la terre,

tirèrent parti de leurs connaissances chimiques, soit pour se vanter d'un savoir qu'ils n'avaient pas, soit même pour commettre les plus viles fourberies. Sous la régence d'Anne d'Autriche, une mystification de ce genre faillit coûter la vie à l'alchimiste qui se l'était permise, et sans doute la catastrophe sera arrivée plus d'une fois entre la tyrannie avide et le charlatanisme impudent. En vérité on ose à peine plaindre des victimes si peu intéressantes.

Cependant s'il conduisit à la faim et à la misère, dans de noirs cachots, la plupart de ses adeptes, le prétendu art de faire de l'or valut à quelques autres, plus habiles, des richesses et des honneurs. Parmi ces derniers, Aurelius Theophrastus Paracelsus Bombastus ab Hohenheim fut un des plus favorisés : il donna aux Médicis plusieurs preuves de sa science. Il existe encore actuellement dans la collection d'antiquités qui se trouve au palais de Ferrare, une coupe et un clou en fer, sur lesquels s'est exercée, en présence de Cosme Iᵉʳ de Médicis, la main magique de Paracelse. Paracelse convertit ces objets en or, mais seulement sur une de leurs moitiés, afin qu'on ne pût le soupçonner de fraude.

Chacun peut facilement en faire autant que le célèbre alchimiste. On dissout une certaine quantité d'or pur dans l'eau régale, on étend la dissolution d'eau distillée, puis on y plonge une chaîne ou tout autre objet en fer ; au bout de quelque temps, on trouvera le fer recouvert d'un dépôt d'or.

Mais ce n'est pas là une transmutation du fer en or ; c'est tout simplement une précipitation de ce dernier métal, dont le fer a pris la place dans la dissolution. On peut, à moins de frais, faire une expérience analogue avec le cuivre : on plonge une lame de couteau en acier bien poli dans une dissolution de sulfate de cuivre, à laquelle on a soin d'ajouter quelques gouttes d'acide sulfurique ; après quelques secondes,

on trouvera la lame recouverte d'une très-mince pellicule rouge de cuivre; cette pellicule augmente avec le temps, et si, à mesure que le
cuivre se précipite, on a soin d'ajouter des cristaux de sulfate de même
métal à la liqueur, le fer finira par se dissoudre complétement. L'expérience que nous venons de décrire est connue depuis fort longtemps
en Hongrie, où on la répète, non comme un objet de curiosité, mais
pour l'extraction du cuivre des sources naturelles de sulfate de ce
métal qui existent dans ce pays.

Ces premiers faits, relatifs à la précipitation des métaux de leurs
dissolutions salines au moyen d'autres métaux doués d'affinités plus
fortes, ne donnèrent lieu, pendant bien longtemps, qu'à des illusions
que l'ignorance ou le charlatanisme fit accepter pour des réalités. Jügel,
le père de l'inventeur de la gravure à la manière noire (aqua-tinta), fut
le jouet d'une pareille illusion : dans un de ses ouvrages sur l'art de
faire de l'or et sur quelques autres secrets de chimie, il expose, avec
de longs détails, le moyen de changer le fer en cuivre. Il fait remarquer qu'il ne recommande pas son procédé pour faire du cuivre, parce
que le métal ainsi obtenu coûterait plus cher que celui fabriqué par
les méthodes ordinaires, mais uniquement pour montrer combien on
aurait tort de nier la possibilité de la transmutation des métaux; à la
fin de son travail il soulève cependant la question s'il ne serait pas
possible que le procédé, inapplicable en petit, fût avantageux en grand.

Il est des cas où la question ainsi posée doit être résolue affir-
mativement. C'est ce qui a lieu dans certaines localités où la nature
s'occupe en grand de la fabrication du sulfate de cuivre, et où les eaux
pluviales, dissolvant le sel formé, l'amènent au jour dans des ruisseaux intarissables. On jette dans ces ruisseaux de grandes masses de
ferraille que l'on trouve, après quelques semaines, remplacées par
du cuivre. C'est ainsi qu'on opère en Suède et en Hongrie. Partout
ailleurs où il faudrait acheter le sulfate de cuivre, fût-ce même dans
l'île de Chypre qui en fournit de très-pur, l'extraction du cuivre au
moyen du fer ne pourrait être effectuée avec avantage sous le rapport
pécuniaire.

Bien que l'on connût depuis longtemps la propriété du fer de produire un dépôt de cuivre dans le sulfate de ce métal, bien qu'on eût
utilisé cette propriété en grand pour l'extraction du cuivre, on ne
chercha pas l'origine de ce cuivre que le fer précipitait. Plus tard on
apprit à produire de même la précipitation du cuivre au moyen de la
pile, mais le phénomène ne fixa pas l'attention des savants d'une manière
spéciale et l'on n'en tira aucun parti. Pourtant on côtoya plus d'une

fois, si je puis m'exprimer ainsi, l'art de la galvanoplastie. Déjà en
1821, Kastner annonça, dans son *Traité de physique expérimentale*,
qu'une pièce d'argent, plongée dans une dissolution de sulfate de
cuivre et mise ensuite en contact avec un morceau de zinc immergé
dans la même dissolution, se recouvre partout d'un dépôt de cuivre;
mais il ne laissa pas acquérir au dépôt métallique une épaisseur suffisante, et il ne le détacha pas non plus de la pièce d'argent, sans quoi
il serait indubitablement devenu l'inventeur de la galvanoplastie, car
son expérience résume tous les principes du cuivrage électro-chimique,
dont la galvanoplastie n'est, au fond, qu'une modification. Mais, chose
plus étonnante, il paraîtrait, d'après des travaux récents, que les
Égyptiens auraient déjà connu l'art de cuivrer au moyen du procédé
galvanique. En effet, on a trouvé, dans les tombeaux de Thèbes et de
Memphis nouvellement ouverts, des urnes et des vases de diverses
dimensions, enveloppés d'une mince couche de cuivre intimement
unie à leur surface. Examinée au microscope, cette couche métallique
a offert la même texture que le cuivre précipité à l'aide de la pile. On
a trouvé, en outre, des pièces creuses en métal représentant divers
objets en grandeur naturelle, mais si légères qu'il eût été impossible
de les obtenir par voie de fusion; elles ne sont pas davantage en métal
façonné au marteau, car nulle part on n'a découvert à leur surface
d'empreinte de cet outil. Pour ces motifs, on suppose que les pièces
dont il s'agit ont été obtenues par un procédé analogue à celui que nous
employons aujourd'hui pour cuivrer à l'aide de la pile : on aurait fait
un modèle en cire ou en toute autre substance plastique et fusible; et,
après l'avoir rendu conducteur au moyen d'un mince enduit de graphite, par exemple, on aurait déposé à sa surface le précipité galvanique; celui-ci ayant acquis une épaisseur convenable, on aurait fait
fondre la substance du modèle pour la retirer. Ce procédé est tellement
simple, qu'il n'est pas impossible qu'il ait été connu depuis plusieurs
milliers d'années, car son application ne suppose que la possession du
vitriol de Chypre, dont la connaissance est plus ancienne que Memphis et Thèbes, et un morceau d'un métal électro-positif, tel que le
zinc. Or, les Égyptiens paraissent avoir connu le zinc, puisque dans
leurs tombeaux on trouve une foule d'objets en laiton (alliage de cuivre et de zinc), indépendamment des objets en bronze (cuivre et étain).

Les faits qui précèdent n'ont pas conduit à l'invention de la galvanoplastie, mais, inversement, celle-ci a engagé les compilateurs à les
rassembler. C'est, du reste, un spectacle qui se reproduit presque à
chaque découverte un peu importante. A côté de l'inventeur, on ren-

contre toujours des individus qui, incapables de rien découvrir eux-mêmes, cherchent si par hasard il n'existe pas dans les auteurs quelque passage dont ils puissent se servir pour démontrer que l'invention n'est pas nouvelle, et quand ils ont exhumé le passage qui leur paraît répondre au but qu'ils se proposent, ils disent à l'inventeur : Vous n'avez pas inventé la machine à vapeur, car il y a plus de 1,400 ans qu'un vieux jurisconsulte de Byzance l'a déjà employée pour faire sauter en l'air ses voisins; vous n'avez pas inventé la boussole : elle était depuis 3,000 ans en usage chez les Chinois; vous n'avez pas inventé la poudre de guerre : les croisés l'ont connue sous le nom de *feu gré-geois*; et, au milieu de leurs tentatives ingrates, ces petits esprits envieux perdent de vue qu'eux non plus n'ont pas inventé la poudre.

L'expérience de Kastner décrite plus haut tomba dans l'oubli : il n'en avait pas saisi la portée. D'après une notice qui se trouve dans le *Journal de physique* de Schweigger, ce n'est que dix ans plus tard que Wach réussit, au moyen d'un seul couple galvanique, à précipiter du cuivre métallique d'une dissolution de cette substance. Ce fait resta également sans application.

De son côté, dans les recherches qui l'ont conduit à l'invention de sa pile à courant constant, Daniell observa accidentellement un fait semblable. Il constata, en effet, que le cuivre d'une dissolution de sulfate de ce métal se dépose, à l'état élémentaire, sur l'électro-moteur négatif de la pile dont il s'agit; mais absorbé par l'objet principal de ses recherches, la construction d'une pile à courant constant, il n'accorda qu'une attention fugitive au phénomène de la précipitation du cuivre.

Ajoutons encore qu'en 1837, M. De La Rive annonça que le cuivre peut se précipiter de ses dissolutions, de manière à reproduire les formes les plus délicates des corps sur lesquels il se dépose; mais on ne fit pas non plus attention à cette publication jusqu'à ce qu'enfin M. Jacobi, professeur à Dorpat, réussit à obtenir des copies exactes de médailles et indiqua la précipitation galvanique du cuivre comme moyen de reproduire des œuvres d'art. Il donna à son procédé le nom de *galvanoplastie*.

A peu près vers la même époque, M. Spencer, en Angleterre, arriva à des résultats analogues, sans avoir eu connaissance des travaux de M. Jacobi. M. Jacobi et M. Spencer doivent, par conséquent, être tous les deux considérés comme les inventeurs de la galvanoplastie.

La dorure galvanique est plus ancienne que la galvanoplastie.

Brugnatelli, élève de Volta, paraît être le premier, en 1803, qui

ait observé qu'on pouvait dorer avec une pile et une dissolution alcaline d'or; mais c'est M. De La Rive qui, le premier, appliqua réellement
la pile à la dorure. Les procédés de dorure et d'argenture furent ensuite perfectionnés par MM. Elkington, Ruolz et autres physiciens.

Avant la découverte de la dorure par la pile, on dorait au moyen
du mercure. A cet effet, on amalgamait ce métal avec l'or, puis on
appliquait l'amalgame sur la pièce à dorer. En portant ensuite les
objets ainsi recouverts, dans un four, pour en élever la température,
le mercure se volatilisait et l'or seul restait sous forme d'une couche
très-mince sur les objets dorés. Le même procédé était appliqué à
l'argenture; mais ce procédé était coûteux et, de plus, insalubre, à
cause des vapeurs mercurielles que les ouvriers inspiraient et qui les
vouaient à une mort prématurée.

DORURE GALVANIQUE.

L'opération de la dorure galvanique peut se diviser comme il suit :
1° recuit et décapage ou préparation de la surface métallique; 2° préparation de la dissolution; 3° disposition des appareils.

1. *Recuit et décapage.* — Le recuit consiste à chauffer les pièces
pour leur enlever les matières grasses dont elles ont pu être imprégnées dans les travaux auxquels elles ont été soumises antérieurement.

Les pièces à dorer étant ordinairement en cuivre, leur surface,
pendant le recuit, s'est recouverte d'une couche de protoxyde et de
bioxyde de cuivre que le décapage a pour but d'enlever. Pour cela, on
plonge les pièces encore chaudes dans un bain d'acide azotique très-
étendu d'eau; puis on les lave à l'eau et on les porte dans un second
bain, formé, en poids égaux, d'acide azotique et d'acide sulfurique.
Au sortir de ce bain, on plonge les pièces dans un troisième bain,
composé d'acide azotique dans lequel on a mis un peu de chlorure de
sodium; et, enfin, on lave dans l'eau distillée.

L'argent, après le recuit, doit être plongé dans l'eau acidulée par
l'acide sulfurique, et décapé, soit à sec avec de la ponce, soit avec une
lessive de potasse, mais non pas avec des acides. Les bijoux en filigrane
d'argent se dorent parfaitement dans les appareils simples, en les faisant séjourner préalablement pendant quelques instants dans de l'acide
sulfurique chauffé à 50°.

2. *Dissolutions.* — La dissolution employée a une grande influence
sur l'aspect du métal précipité. Les dissolutions qui donnent la plus
belle nuance jaune sont jusqu'ici les doubles cyanures. On emploie

habituellement une dissolution formée par 1 partie de chlorure d'or
dans un liquide contenant 2 parties de cyanure simple de potassium
et 100 parties d'eau. Il ne faut pas que le cyanure soit en trop grande
quantité, car l'or se dissoudrait à mesure que la précipitation aurait
lieu.

Avec cette dissolution, on peut opérer à froid et à chaud. La chaleur active beaucoup l'opération, soit en rendant le liquide meilleur
conducteur, soit en favorisant l'adhérence du métal précipité. Quand on
emploie les cyanures pour la bijouterie, etc., on opère à 60 ou 80°;
mais alors on est obligé de recharger les bains de temps en temps en
ajoutant du cyanure de potassium, car il y a perte de cyanogène par
l'action électro-chimique. Quand on opère à froid comme dans la
dorure du bronze des pendules, cette précaution n'est pas nécessaire.
Dans tous les cas, lorsqu'on essaye une dissolution d'or, et qu'on
n'obtient d'abord qu'un dépôt d'or peu adhérent à la température
ordinaire, il faut, comme l'a indiqué M. Becquerel, élever successivement la température, pour savoir s'il n'existe pas un degré où l'adhérence est suffisante pour atteindre le but qu'on se propose.

3. *Appareils simples.* — Les appareils pour dorer peuvent être
simples ou composés.

Les appareils simples, dont la forme et la disposition peuvent varier
à l'infini, se composent d'un seul couple voltaïque, dans lequel la
pièce à recouvrir, qui est l'élément négatif, plonge dans la dissolution
d'or, tandis que l'élément électro-positif, qui est une lame de zinc
amalgamé, plonge dans l'eau salée ou acidulée par l'acide sulfurique;
les deux dissolutions sont séparées l'une de l'autre par un diaphragme
opposant le moins de résistance possible à la transmission de l'électricité, et dont la nature dépend de celle de la dissolution.

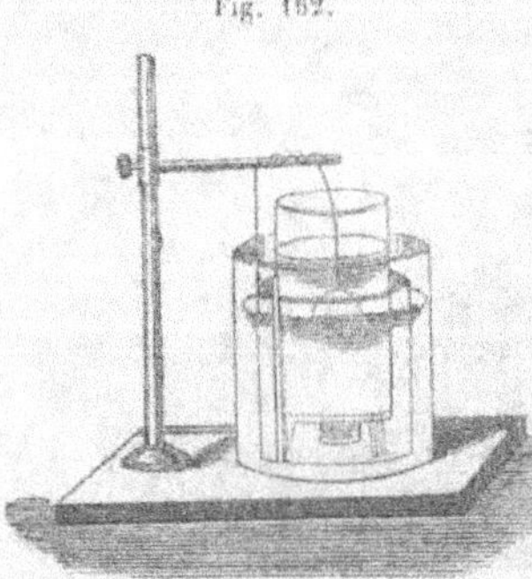
Fig. 162.

La figure 162 représente l'une
des dispositions qu'on peut adopter.
On prend une cloche en verre ayant
à sa partie inférieure une large
tubulure que l'on remplit d'une
couche de quelques centimètres d'é-
paisseur de kaolin ou d'argile ordinaire, privé de calcaire, et retenu
par une coiffe de linge fixée autour
de la paroi extérieure de la tubulure
à l'aide de fil; pour que le linge
ne puisse tomber, il est nécessaire

qu'il y ait une gorge à la tubulure. On place la tubulure de la cloche dans une ouverture pratiquée au milieu d'une planche, et on l'assujettit au moyen de coins en bois; la planche est supportée par trois pieds. La cloche est remplie avec la dissolution d'or, et on met le trépied ainsi que la cloche dans un seau de faïence ou autre, contenant une solution plus ou moins saturée de sel marin, avec la condition que les deux solutions soient à la même hauteur, afin d'éviter qu'une différence de pression ne tende à faire passer un liquide d'un vase dans un autre. On place dans le vase extérieur une lame de zinc, dans la cloche le corps à dorer, et on établit entre eux la communication avec un fil de cuivre. Si l'on veut s'aider de l'action de la chaleur, on met le tout dans un vase rempli d'eau, que l'on place sur un fourneau, afin de chauffer au bain-marie. On peut encore prendre pour diaphragmes des vases cylindriques en porcelaine dégourdie.

L'objection la plus sérieuse qu'on puisse faire contre l'appareil simple est qu'on n'a pas toujours au même degré de saturation la solution métallique sur laquelle on opère. Cet inconvénient, souvent très-grave, n'existe pas dans les appareils composés.

4. *Appareils composés.* — On appelle ainsi les appareils formés par la réunion d'une pile composée d'un ou de plusieurs couples à courant constant, et du vase où se trouve la dissolution d'or dans laquelle plongent, d'une part, la pièce à dorer qui communique avec le pôle négatif; de l'autre, un morceau ou une lame d'or en relation avec le pôle positif. Cette lame fournit à la dissolution la même quantité d'or qui lui est enlevée par la pièce, puisqu'il se reforme la même quantité de cyanure d'or que celle qui est décomposée, pourvu toutefois que l'intensité du courant ne soit pas suffisante pour séparer les éléments du cyanogène, surtout quand on opère à chaud : quand cela a lieu, on ajoute du cyanure au bout d'un certain temps.

On peut employer pour la dorure la disposition suivante : le vase AB (fig. 165), contenant la dissolution d'or, est placé sur un

Fig. 163.

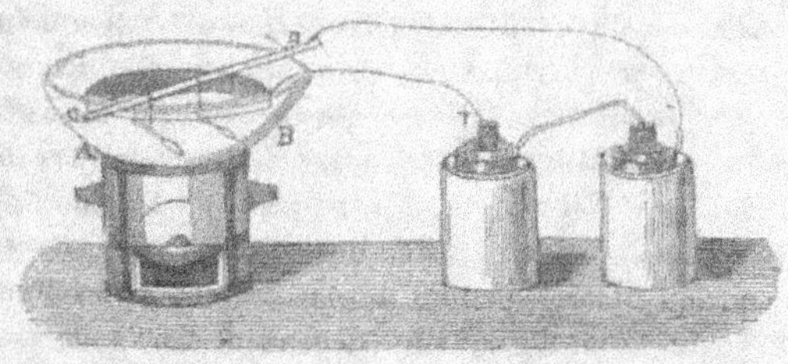

fourneau, afin de pouvoir élever la température, si l'on veut opérer à chaud. Une tige en cuivre ou en laiton CD repose sur le bord du vase, et est destinée à soutenir avec des crochets les objets à dorer. Une lame d'or servant d'électrode positif soluble entoure le vase en touchant aux parois intérieures. La pile, composée de 1, 2, ou d'un plus grand nombre d'éléments, suivant la grandeur des pièces à dorer et leur nombre, est placée à une certaine distance. Le fil positif communique à un fil d'or attaché à la lame d'or; quant au fil négatif, il est simplement mis en relation avec la tige CD de cuivre; la communication métallique entre cette tige et les pièces à dorer se fait par l'intermédiaire des crochets. Si l'on n'a pas besoin d'une grande force, les couples de Daniell doivent être employés.

L'emploi des appareils composés offre de grands avantages : 1° on peut augmenter à volonté l'intensité du courant pour faire adhérer plus ou moins tel ou tel métal sur un métal quelconque; 2° on peut augmenter à volonté l'épaisseur de la dorure, et même estimer à chaque instant, par une simple pesée de l'électrode positif d'or, la quantité d'or qui s'est déposée sur les pièces; 3° on peut facilement, comme aussi dans les appareils simples, garantir certaines parties des pièces à dorer, en se servant d'un vernis quelconque, et ne déposer de l'or que sur les parties découvertes.

La quantité d'or qu'il faut déposer à la surface d'un métal pour obtenir une bonne dorure est extrêmement faible. En effet, M. De La Rive a trouvé que 10 cuillers à café en argent, par exemple, sont parfaitement dorées avec moins de 8 décigrammes d'or dissous, en sorte que chaque cuiller prend moins de 80 milligrammes; par conséquent, en portant l'or à 4 francs le gramme, chaque cuiller n'en exige que pour 32 centimes. La dorure sur laiton est moins coûteuse encore.

(H. V.)

APPLICATIONS CURIEUSES DE LA DORURE GALVANIQUE.

Avant de passer à un autre sujet, nous devons encore mentionner quelques applications curieuses de la dorure à la pile. On a réussi, au moyen de ce procédé, à déposer l'or et l'argent sur la soie, sur les étoffes qui servent à la confection des robes, et sur d'autres objets de la toilette des dames. On a eu à lutter contre de grandes difficultés pour trouver une substance capable de soustraire les tissus à l'action de l'acide nitrique dans lequel on dissout l'argent, et à celle de l'eau régale dans laquelle on dissout l'or. Cependant, après de nombreux essais, on a vaincu ces difficultés, et l'on voit aujourd'hui, dans les bals et dans les salons du grand monde, les toilettes les plus délicates, ornées des plus belles broderies métalliques qu'il soit possible d'imaginer. On ne comprend pas d'abord comment des tissus si fins, qu'ils ressemblent à des nuages légers flottant dans l'air, ne se soient pas déchirés sous la main de la brodeuse, ou ne se déchirent pas sous le poids des broderies dont ils paraissent surchargés. On examine ce merveilleux travail de plus près et l'on constate, avec surprise, que la broderie est aussi délicate que le tissu qui la porte, et qu'elle est formée de fils recouverts d'une couche d'or tellement mince que la robe de bal la plus resplendissante contient à peine pour quelques francs de ce métal précieux.

On a également commencé, dans ces derniers temps, à dorer la porcelaine, le verre, des fruits et une foule de petits objets que l'on emploie comme ornements dans les salons. Voici quelques détails sur cette opération.

On sait qu'il suffit d'ajouter quelques gouttes d'une huile essentielle, par exemple d'huile d'œillette, à une dissolution de nitrate d'argent, pour que ce métal se dépose sur des objets à surface vitreuse : en France et en Belgique on tire actuellement parti de cette propriété des huiles essentielles pour la fabrication de glaces superbes qui, au lieu de la nuance bleuâtre du tain ordinaire, présentent le ton chaud de l'argent.

On commence par recouvrir le verre ou la porcelaine à dorer d'un voile léger d'argent précipité à l'aide d'une huile essentielle; puis on cuivre l'objet à l'aide du procédé que nous décrirons plus loin, et c'est sur ce dépôt de cuivre qu'on précipite finalement l'or.

S'il s'agit de dorer des fruits, des feuilles de végétaux, etc., on frotte tous ces objets avec de la plombagine, et on enfonce vers la queue une petite épingle, qui sert à établir la communication avec le pôle négatif d'un appareil disposé pour le cuivrage. Lorsque l'objet a été recouvert d'une couche assez épaisse de cuivre, on le retire et on le dore au moyen du procédé galvanique. On suit la même marche pour argenter les objets dont il s'agit. Lorsque ces objets sont dorés ou argentés, on ôte la petite épingle et on laisse l'eau du fruit ou de la feuille s'évaporer lentement : bientôt il ne reste que quelques débris végétaux dans l'intérieur de l'enveloppe de cuivre doré. Celle-ci prend si exactement la forme de l'objet sur lequel elle se dépose, qu'elle reproduit jusqu'aux petits poils qui se trouvent à la surface des feuilles ou des fruits.

A Berlin, on fabrique, par ce procédé, des corbeilles dorées ou argentées que l'on remplit de fleurs et de fruits pareillement recouverts d'une mince couche d'or ou d'argent. Ces corbeilles, fort gracieuses, se vendent à des prix qui les mettent à la portée des fortunes les plus modestes.

ARGENTURE A LA PILE.

Les développements dans lesquels nous sommes entrés relativement à la dorure s'appliquent au dépôt électro-chimique avec adhérence d'un métal quelconque sur un autre métal ; les règles qui régissent ces dépôts sont absolument les mêmes, et l'on peut opérer avec les appareils simples ou avec les appareils composés ; nous n'avons donc rien à ajouter à cet égard. Ce qu'il faut connaître, ce sont les dissolutions qui, comme pour la dorure, doivent être alcalines.

Pour argenter au moyen de la pile, il faut opérer avec le double cyanure d'argent et de potassium préparé avec le nitrate d'argent et le cyanure de potassium, comme on le fait pour avoir le double cyanure d'or. Le bain se compose de 1 gramme de cyanure d'argent sec, dissous dans 100 grammes d'eau contenant 2 grammes de cyanure de potassium. On opère en général à froid.

D'après M. Smée, en ajoutant à la dissolution quelques gouttes de sulfure de carbone, on augmente notablement la blancheur et l'éclat de l'argent déposé.

L'argenture électro-chimique a besoin d'une préparation en sortant du bain, pour ne pas s'altérer sous l'influence de la lumière. M. Mourey a montré que l'on parvenait à enlever le sous-cyanure d'argent qui se déposait sur les objets en même temps que l'argent, et leur donnait une teinte jaune au bout de peu de jours, en les plongeant à plusieurs reprises dans une solution de borax et les chauffant suffisamment pour décomposer le sous-cyanure. Après avoir été lavés et séchés, ces objets sont parfaitement blancs, et conservent leur éclat tant qu'on ne les expose pas à des émanations sulfureuses. (H. V.)

PLATINAGE.

Pour déposer le platine par voie galvanique, M. Ruolz a employé le double chlorure de potassium et de platine dissous dans la potasse caustique.

DÉPÔT DE COUCHES MINCES ET COLORÉES DE PEROXYDE DE PLOMB
SUR LES MÉTAUX.

Le précipité de peroxyde de plomb qui se dépose sur l'électrode positif lorsqu'on électrolyse une dissolution d'un sel de ce métal (voy. p. 284), offre souvent les plus riches couleurs, quand la couche est suffisamment mince. Nobili a tiré parti de ce fait pour produire des anneaux colorés sur des lames métalliques. Depuis, on a perfectionné son procédé, et l'on emploie maintenant ces dépôts comme ornements sur certains objets en métal.

M. Becquerel a indiqué la préparation d'une dissolution de plomb qui donne des effets de toute beauté. On dissout dans un ballon de verre 200 grammes de potasse caustique dans deux litres d'eau, et on ajoute à la liqueur 150 grammes de litharge. On fait bouillir pendant une demi-heure, puis on laisse refroidir la dissolution, qui est alors prête à être employée. Voici maintenant de quelle manière on s'en sert pour recouvrir les surfaces métalliques d'un dépôt de peroxyde de plomb, qui présente des teintes aussi riches que celles des bulles

Fig. 164.

de savon ou du plumage de certains oiseaux. On attache l'objet ou la surface à colorer ab (fig. 164), au pôle positif d'une pile de 2 ou 5 éléments à acide nitrique, et on la plonge dans le vase A B contenant la dissolution d'oxyde de plomb dans la potasse; puis on prend à la main un fil de platine C communiquant avec le pôle négatif, et on le promène dans le liquide à une certaine distance de la lame. Aussitôt le dépôt commence et présente des couleurs qui varient avec son épaisseur.

Quand on a dépassé le point nécessaire, ou que la surface n'est pas convenable, on lave la lame dans une dissolution étendue d'acide acétique qui fait disparaître le dépôt de peroxyde de plomb, et la surface est aussi nette qu'avant l'opération, et prête à recevoir une nouvelle couche d'oxyde.

Si la lame horizontale ab est assez large, et que le fil négatif soit très-près de sa partie centrale, il se forme sur sa surface une série d'anneaux colorés de nuances très-vives, due à ce que le dépôt a une épaisseur variable du centre à la circonférence; mais en tenant le fil négatif un peu loin de la lame, la surface de celle-ci se colore d'une manière uniforme, le dépôt ayant lieu à peu près de la même manière.

Les objets en cuivre doré se prêtent très-bien à la coloration par le dépôt de peroxyde de plomb. Soient, par exemple, de petites boules en cuivre doré, munies d'une tige mince pour y adapter le fil conducteur positif; on commence d'abord par les frotter sur la peau de chamois, avec du rouge d'Angleterre, pour leur donner le plus beau brillant possible; après quoi on les plonge dans un bain bouillant de potasse caustique pour enlever les corps étrangers que la préparation mécanique a déposés sur leur surface; en un mot, les surfaces doivent être décapées de la même manière que pour la dorure. Cela fait, on procède au dépôt des couches de peroxyde; on voit apparaître d'abord le rouge, altéré par la couleur de l'or, puis successivement les autres couleurs de l'arc-en-ciel. Il faut avoir soin, après l'opération, de laver à grande eau, pour enlever la potasse qui, sans cela, réagirait sur le peroxyde et le décomposerait.

On conçoit parfaitement que ce mode de coloration ne peut servir que pour de petits objets, si l'on veut que la teinte soit uniforme; aussi doit-on agir sur des pièces isolées, que l'on monte ensuite pour former des objets d'ornement ou de parure. Les teintes que l'on peut obtenir sont des teintes rouges, violettes, jaunes et vertes excessivement vives. Ces couleurs peuvent être utilisées dans la bijouterie, dans l'ornementation, car elles résistent au frottement; mais elles s'altèrent quand on les touche avec les mains humides ou qu'on les laisse longtemps exposées à l'air; mais sous verre, ou hors du contact des doigts, on les conserve indéfiniment. On peut également couvrir les pièces colorées d'un vernis aussi incolore que possible, et les préserver ainsi de toute altération; ce vernis doit être saturé d'oxyde de plomb ou être sans action sur ce corps, afin qu'au moment de son application il n'altère pas les couleurs. (H. V.)

GALVANOPLASTIE.

Lorsqu'on veut, au moyen de la galvanoplastie, reproduire en métal un objet quelconque, on procède, en général, de la manière suivante : on commence par en relever l'empreinte, et, suivant la nature de cette empreinte, on la métallise si elle n'est pas conductrice, et on la *voile* si elle est métallique. La métallisation des moules non-conducteurs est indispensable au succès de l'opération, parce que le dépôt métallique produit par le courant voltaïque ne peut être reçu que sur une substance conductrice de l'électricité. Le plus souvent on métallise au moyen de la plombagine bien lavée qu'on étend avec un pin-

eeau ; quelquefois on se sert aussi de poudre d'argent ou de cuivre,
obtenue par précipitation des dissolutions de leurs sels respectifs par
le zinc ou le fer, et broyée avec soin. On est obligé de voiler la surface des moules conducteurs pour s'opposer à l'adhérence trop forte
que le métal précipité pourrait contracter avec eux. On peut voiler
une surface conductrice en la passant un instant au-dessus de la
flamme d'une mèche imbibée d'huile de térébenthine : par là elle se
couvre d'un dépôt léger et presque imperceptible de matière grasse
qui empêche l'adhérence trop complète, sans empêcher le dépôt galvanoplastique de se faire avec une parfaite exactitude. On peut atteindre le même but d'une manière plus parfaite encore en exposant le
moule à la vapeur d'iode jusqu'à ce que sa surface soit devenue jaunâtre. Quand on a un peu d'habitude dans les manipulations, l'adhérence est parfaitement évitée par cette couche infiniment mince d'iode
qui s'attache à la surface du moule et celui-ci se reproduit avec une
perfection étonnante.

L'empreinte en creux étant ainsi préparée, il faut y déposer la
couche métallique qui doit reproduire en relief l'objet soumis à l'expérience. Si l'on veut, par exemple, une reproduction en cuivre, il
suffit évidemment de plonger le moule dans une dissolution de sel de
ce métal, sulfate, azotate, etc. (on préfère en général le sulfate), et
de faire qu'il devienne l'électrode négatif d'une pile, dont l'électrode
positif plonge dans la dissolution. Aussitôt que le courant est établi, le
cuivre va se déposer sur cet électrode négatif en couche infiniment
mince d'abord, puis progressivement croissante, et quand elle aura
acquis l'épaisseur voulue, il suffira de faire cesser l'opération, de retirer le moule, et de détacher le cuivre déposé.

Si l'objet à reproduire est en métal et de nature à être exposé lui-
même dans la dissolution, on peut se dispenser d'en relever l'empreinte. Supposons, par exemple, que l'on veuille reproduire chacune
des faces d'une médaille métallique. Il suffit pour cela de voiler celle
des deux faces dont on veut prendre le creux, et de couvrir de cire
l'autre face, afin qu'elle ne puisse pas recevoir le dépôt. La médaille
ainsi préparée, on procédera comme nous l'avons dit plus haut, et
l'on aura bientôt un excellent creux de la médaille, qui servira à son
tour de moule pour reproduire le relief. On s'y prendra de la même
manière pour obtenir le relief de l'autre face; puis l'on réunira, par
voie de soudure, les versos des deux reliefs.

Le cuivre est le métal par excellence de la galvanoplastie; l'or et
l'argent peuvent également servir, mais à cause de leur prix élevé, on

les emploie moins souvent; les autres métaux sont plus difficiles à traiter, et il y en a même que l'on n'est pas encore parvenu à obtenir en masses cohérentes et malléables d'une épaisseur régulière : le fer est de ce nombre.

Après ces indications générales, nous devons entrer dans les détails des diverses opérations dont se compose la galvanoplastie. Nous examinerons successivement : 1° la préparation du moule; 2° la disposition des appareils, et 3° la dissolution à employer. Nous ne nous occuperons que du dépôt galvanoplastique du cuivre.

1. *Préparation du moule.* — Si l'objet à reproduire est en métal, le procédé le plus simple pour former le moule est de faire usage de l'alliage fusible de d'Arcet, composé de 5 parties de plomb, 8 de bismuth et 3 d'étain. On verse cet alliage fondu dans une soucoupe peu profonde, et au moment où il va commencer à se solidifier, on y applique l'objet avec pression. Quand l'alliage est refroidi, il suffit de lui donner un léger choc pour que l'objet s'en détache. On entoure alors le moule d'un fil de cuivre destiné à le mettre en communication avec le pôle négatif de la pile, puis on recouvre son contour et sa face postérieure d'une faible couche de cire fondue, afin que le dépôt métallique ne se précipite que sur l'empreinte même, que l'on a soin de voiler avant de la plonger dans le bain.

Si l'objet à reproduire est en plâtre, on ne peut en faire le moule en alliage de d'Arcet. Alors on le plonge dans un bain de stéarine fondue, à 70 degrés; retirant aussitôt l'objet, il se dessèche presque instantanément, ce qui provient de ce que la stéarine pénètre dans les pores du plâtre. Ce dernier une fois refroidi, on l'enduit de plombagine en le frottant avec une brosse douce, imprégnée de cette substance, puis on l'entoure d'une bande de carton, et on coule dessus de la stéarine tiède; celle-ci, en se solidifiant, reproduit fidèlement, en creux, la surface de l'objet. Le moule ainsi formé n'étant point adhérent au plâtre, à cause de la couche de plombagine déposée dessus, on l'enlève, puis on l'enduit à son tour de plombagine, afin de le rendre conducteur. C'est ensuite ce moule ainsi métallisé qu'on suspend, par un fil de cuivre, au pôle négatif de la pile.

On fait aussi de très-bons moules avec la gutta-percha. Pour cela, on commence par recouvrir de plombagine l'objet dont on veut prendre l'empreinte, afin qu'il n'adhère pas à la gutta-percha. Puis, ayant chauffé, dans l'eau chaude, une certaine quantité de cette substance jusqu'au ramollissement, on applique dessus la pièce à reproduire, en ayant soin de la soumettre à une pression un peu forte. Laissant ensuite refroidir, on détache la gutta-percha qui est peu adhérente, et on a alors, avec cette substance, une empreinte, en creux, très-fidèle de l'objet. Il reste à enduire cette empreinte de plombagine pour la rendre conductrice, et à l'entourer d'un fil de cuivre que l'on a soin de mettre en contact avec la surface métallisée du moule.

Enfin, on peut faire des moules en plâtre; mais avant de les employer, il faut les rendre imperméables à la dissolution galvanoplastique. On peut prendre pour cela les dispositions suivantes : Après avoir bien nettoyé les surfaces, on les brosse avec un peu d'huile siccative de lin ou de noix, qu'on a fait chauffer jusqu'à l'ébullition, afin de sécher promptement, en ayant l'attention toutefois de ne les saturer que tout juste, car l'huile superflue, en se desséchant à la surface, remplirait les petites cavités qui pourraient s'y trouver. On peut employer, dans le même but, les vernis, tels que le vernis blanc, celui fait avec le copal, le mastic et le vernis des carrossiers, etc., ou simplement de la stéarine fondue dans laquelle on plonge le moule jusqu'à ce qu'elle ait pénétré dans ses pores.

Quand le moule a été rendu imperméable par l'un des procédés que nous venons d'indiquer, on le métallise et on le munit d'un fil conducteur pour pouvoir le mettre en relation avec le pôle négatif de la pile.

2. *Disposition des appareils.* — On peut à volonté faire usage des appareils simples ou des appareils composés : dans le premier cas, l'appareil employé fait fonction de couple; dans le second, on a besoin d'un ou de plusieurs couples additionnels pour obtenir un dépôt. Quand il s'agit de médailles et de médaillons, on peut employer à volonté les deux modes d'opération; mais pour des objets un peu volumineux on ne fait usage que du second.

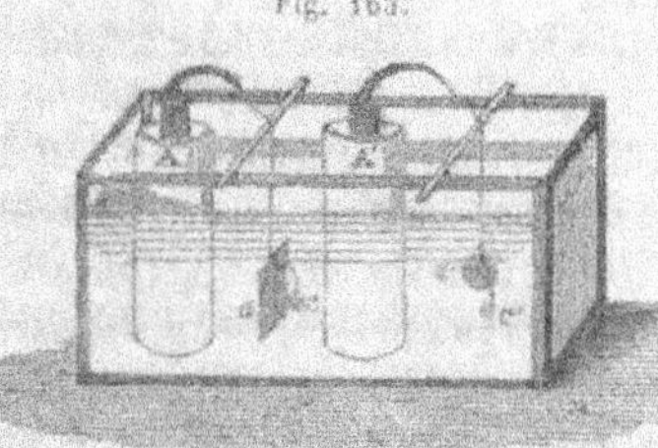

Fig. 165.

Les appareils simples peuvent être disposés de diverses manières; la figure 165 en représente un d'une construction peu compliquée : c'est tout bonnement une auge en bois doublée de plomb et remplie d'une dissolution de sulfate de cuivre. Dans cette dissolution on plonge des diaphragmes poreux A, A', de façon que la dissolution de sulfate soit de 1 à 2 centimètres au-dessous du niveau supérieur de ces vases. Dans l'intérieur de ceux-ci on met de l'eau acidulée, puis un cylindre de zinc muni d'une tige de cuivre; les médailles ou objets à recouvrir a, a', conducteurs de l'électricité sur une seule face (ils sont recouverts de cire sur l'autre), sont plongés dans la dissolution de sulfate de cuivre, et sont réunis au fil qui touche au cylindre de zinc; on les maintient fixes, soit avec une baguette posant sur les bords de l'auge, soit par tout autre moyen. Il est nécessaire, surtout quand les moules sont en gutta-percha ou en stéarine, de mettre des contre-poids c, c', en cuivre, recouverts de cire, afin qu'ils plongent au milieu de la dissolution. Lorsque les surfaces conductrices ont des parties saillantes et d'autres creuses, on peut provoquer le dépôt métallique au fond de ces dernières, en prenant de petits fils de cuivre faisant ressort, les attachant au conducteur en cuivre, et s'arrangeant pour que leur extrémité vienne toucher le moule dans les cavités où, sans cela, le cuivre ne se transporterait pas. Des cristaux de sulfate de cuivre, suspendus dans des sacs en toile, au sein de la dissolution métallique, maintiennent celle-ci au même degré de concentration. Les conducteurs métalliques, ainsi que le verso du moule, doivent être recouverts de cire, afin de les préserver d'un dépôt de cuivre. On comprend aisément que l'appareil simple fonctionne comme un couple à courant constant, et qu'il suffit de renouveler l'eau acidulée, pour que l'action soit régulière. Il faut proportionner la surface du zinc à celle du cuivre à déposer, et, s'il est possible, lui donner les mêmes dimensions.

Il ne faut pas opérer très-rapidement, sans quoi le cuivre serait cassant; plus l'opération est lente, plus le cuivre a un grain fin et dur. En prenant de l'eau faiblement acidulée pour mettre dans le vase poreux, on diminue la quantité du dépôt dans un temps donné. D'après M. Jacobi, on ne doit pas déposer plus de 30 à 40 grammes de cuivre par jour et par décimètre carré de surface. Quand l'opération marche bien, si on soulève le moule sur lequel le dépôt s'opère, la surface doit être rosée; si elle est rouge-brique, l'opération n'est pas bien conduite.

Fig. 166.

Quand on juge que le dépôt a acquis assez d'épaisseur, on lave les pièces à grande eau, et on sèche avec du papier buvard. Quelquefois la pièce adhère au moule, alors en les faisant chauffer, on opère facilement leur séparation.

L'appareil composé, représenté par la figure 166, est formé du vase dans lequel la précipitation

du cuivre a lieu et d'un ou plusieurs couples placés au dehors. Quand
on opère sur une médaille ou sur un médaillon, un seul couple extérieur suffit. On emploie généralement le couple de Daniell. La dissolution de sulfate de cuivre est placée dans un vase A B, et l'on plonge
dans le liquide la pièce à recouvrir D, convenablement préservée au
verso par de la cire, et à laquelle on met un contre-poids suffisant pour
la tenir immergée; cette pièce communique avec le pôle négatif du couple. On met, parallèlement à la pièce à recouvrir, une lame de cuivre L,
communiquant avec le pôle positif, laquelle fait fonction d'électrode
soluble. A mesure que le cuivre se dépose sur D, il se dissout une
quantité correspondante de métal au pôle positif, et la dissolution
reste à peu près au même degré de concentration; nous disons à peu
près, car, à cause de l'acidité presque inévitable du bain, il se dissout toujours plus de cuivre au pôle positif qu'il ne s'en dépose au
pôle négatif.

Les courants de liquides qui se forment inévitablement à la surface
du moule par suite des changements de densité que le dépôt du cuivre détermine dans la dissolution, ces courants, disons-nous, produisent, au verso du dépôt de cuivre, des stries indiquant un défaut
d'homogénéité du métal précipité. On doit éviter ces stries, surtout
dans la reproduction des planches gravées; aussi, dans ce cas, on
place les pièces à recouvrir horizontalement au fond des bains de
sulfate de cuivre, et l'on met l'électrode soluble au-dessus dans une
position également horizontale. Des baguettes en bois ou en verre,
qui reposent sur les bords de la cuve, permettent de maintenir l'électrode positif ainsi suspendu. Il faut constamment veiller à ce que les
surfaces des deux électrodes soient sensiblement égales, sans quoi le
cuivre déposé cesserait d'être homogène et dur. Il faut également empêcher que la précipitation soit trop active, car dans ce cas le dépôt
serait cassant.

5. *Préparation des dissolutions.* — A raison de son prix peu élevé,
c'est avec la dissolution du sulfate de cuivre qu'on opère habituellement. On prend du sulfate du commerce, et on se sert de la dissolution saturée à froid. Il faut employer le sulfate aussi pur que possible,
et exempt de sulfate de fer; quand il est en beaux cristaux, on peut
opérer en toute sûreté.

Suivant M. Smée, une dissolution qui renferme 500 grammes de
sulfate de cuivre cristallisé, 2 kilogrammes d'eau et de un tiers à la
moitié de son volume d'acide sulfurique étendu (l'acide étendu étant
formé d'une partie d'acide sulfurique et de 8 d'eau), est d'un bon

usage, surtout quand on opère sur des substances non-conductrices, recouvertes d'une couche de plombagine.

On a conseillé de ne pas ajouter d'acide sulfurique à la dissolution du sulfate quand la matière du moule est plus oxydable que le cuivre.

(H. V.)

APPLICATIONS DIVERSES DE LA GALVANOPLASTIE.

La galvanoplastie est appliquée aujourd'hui à plusieurs arts qui en tirent un parti avantageux. On reproduit, par les procédés que nous avons décrits, des monnaies, des médailles; on copie les cachets, les sceaux, les empreintes en plâtre; on obtient des creux copiés sur des surfaces en relief; on a appliqué la galvanoplastie à l'art du fondeur, à la reproduction des caractères d'imprimerie, à celle des planches en cuivre unies ou gravées, à la reproduction des planches gravées sur bois, à celle des images daguerriennes, à la gravure sur cuivre; enfin ses applications sont fort nombreuses, puisque c'est, pour ainsi dire, un métal que l'on coule à froid, et qui prend avec une fidélité merveilleuse les empreintes des différents corps sur lesquels on le dépose. A cause de leur importance, nous allons exposer sommairement quelques-unes des applications dont il s'agit.

REPRODUCTION DE BAS-RELIEFS, DE BUSTES ET DE STATUES.

Une des plus belles applications de la galvanoplastie est, sans aucun doute, celle qui est relative à l'art du fondeur.

Quand l'objet est un bas-relief peu étendu, on commence par en prendre le creux en plâtre ou en gutta-percha, et ce creux sert à la reproduction de l'objet. S'il s'agit d'une statuette en ronde bosse de petite dimension, et qu'il soit possible d'en avoir la reproduction d'une seule pièce, après avoir pris le creux de chaque moitié et les avoir préparés à la plombagine, on les rapproche, on établit les communications avec l'appareil voltaïque, et l'on procède au dépôt métallique.

Si l'original a des dimensions telles qu'il faille employer des vases d'une très-grande capacité, on procède de la manière suivante : les diverses parties du moule en creux, après avoir été revêtues intérieurement de plombagine, sont réunies ensemble avec de la cire ou du plâtre rendu imperméable, de manière à former une capacité propre à

recevoir la dissolution. On se sert d'une forte batterie et d'une dissolution un peu étendue; on en agit ainsi, parce que le volume de la
batterie n'est pas proportionné à l'étendue de la surface de l'original.
Le morceau de cuivre qui forme l'électrode positif doit avoir la plus
grande étendue possible, et être placé très-près du moule en plâtre,
afin de diminuer la résistance à la conductibilité du liquide. L'épaisseur à donner au cuivre dépend de la grandeur du sujet; elle varie
depuis un jusqu'à plusieurs millimètres.

On ne peut avoir, en général, une ronde bosse d'une seule pièce;
il faut agir sur des parties séparées que l'on soude, soit par les procédés ordinaires, soit à l'aide d'un dépôt électro-chimique. On peut
souder à l'argent ou à l'étain, et recouvrir ensuite électro-chimiquement la surface des soudures d'une couche de métal semblable à celui
qui constitue la ronde bosse. Pour atteindre ce but, on avive la surface
de la soudure, on la circonscrit au moyen du mastic de vitrier, en
formant une espèce d'auge que l'on remplit de la dissolution métallique
où plonge un fil de même métal en relation avec le pôle positif de la
pile voltaïque; bientôt la soudure est recouverte du dépôt métallique.
Dans le cas où il se produit des protubérances, on les fait disparaître
avec une lime douce.

ÉLECTROTYPIE.

Les moules destinés aux copies stéréotypées, et qui ne sont autres
que les empreintes en creux des pages composées, prises directement
soit avec un métal, soit avec du plâtre, servent également pour l'électrotypie. Ainsi tout ce qui a été dit précédemment relativement à la
préparation des moules et à leur usage, trouve ici une application, de
sorte que nous n'avons rien à y ajouter. Il faut seulement que le dépôt
soit lent, afin qu'il ait toute la dureté désirable. On peut aussi produire
directement un creux de stéréotype, en plongeant celui-ci dans le bain
galvanoplastique. On se sert ensuite de ce creux pour obtenir le relief
qui sera la reproduction du stéréotype.

On prépare des planches galvaniques de cuivre pur qui servent à la
gravure et présentent une surface aussi unie que celle de l'original.
En les martelant et les frottant avec du charbon, on leur donne de
l'élasticité. Ces planches s'obtiennent au moyen d'une plaque polie, à
la face postérieure de laquelle est soudée une lame de métal qui est
mise en relation avec le pôle négatif de l'appareil voltaïque.

Le procédé pour reproduire des planches de cuivre gravées avec la plus grande exactitude, est absolument le même que pour avoir des planches de cuivre unies. Le dessin gravé étant en creux, il faut commencer par obtenir une copie en relief, en suivant la même marche que pour avoir une plaque unie. A cet effet, il faut, pour obtenir les meilleurs résultats, déposer sur la plaque de cuivre elle-même du cuivre par la méthode galvanique, afin d'avoir un relief qui, copié une seconde fois, donne la reproduction du type.

Les planches en acier ne pouvant être placées dans la dissolution de sulfate de cuivre, on en prend, avec du plomb, de la cire ou du plâtre, une empreinte sur laquelle on fait déposer le cuivre, après les préparations préalables.

Pour reproduire les planches gravées sur bois, on commence par prendre une copie en creux, en recouvrant la surface supérieure de l'original d'une couche de plombagine, et la surface postérieure et les bords avec de la cire, pour empêcher l'absorption. L'opération se continue ensuite comme ci-dessus.

M. Spencer a indiqué le procédé suivant pour graver en relief : on recouvre d'une couche de cire, à l'aide de la chaleur, une des faces d'une planche de cuivre préparée pour la gravure ordinaire ; on dessine ensuite sur cette planche avec une pointe fine ; on enlève la cire avec un burin, en ayant l'attention de ne pas laisser de cire dans les tailles, afin que le cuivre soit à nu. Cette opération faite, on plonge la planche dans l'acide nitrique étendu, trois parties d'eau pour une d'acide, et on l'y laisse jusqu'à ce que les tailles soient légèrement corrodées ; on la retire et on la met dans la dissolution de sulfate de cuivre en faisant fonctionner l'appareil voltaïque pour obtenir la copie en relief. Si la surface du cuivre n'était pas parfaitement nette dans les tailles, le cuivre déposé n'adhérerait pas avec une force suffisante, et se détacherait aisément en enlevant la cire. Ces planches gravées en relief permettent le tirage des épreuves, non pas à la manière des gravures en taille-douce, mais bien d'après les procédés typographiques ordinaires.

M. Smée, dans les procédés ordinaires de gravure, au lieu de faire mordre directement par l'acide nitrique étendu le cuivre mis à nu avec une pointe fine sur la planche recouverte d'une couche de vernis, emploie pour cela l'action de l'électricité. Cette planche est plongée dans la dissolution de sulfate de cuivre et mise en communication avec le pôle positif d'un appareil composé de 1 ou 2 couples à courants constants, avec lesquels on complète le circuit comme à l'ordinaire. Le cuivre de la planche ne tarde pas à se dissoudre dans les points où les traits ont été dessinés. La plaque négative ne doit pas avoir une surface plus grande que celle de la planche sur laquelle on exécute la gravure, dans la crainte que quelques traits soient plus profondément creusés que d'autres. En raison de la facilité qu'on éprouve à produire des creux plus ou moins profonds, rien n'est plus simple que d'obtenir des gradations du clair à l'obscur, quand on a du goût et de l'adresse [1].

CUIVRAGE.

Nous signalerons encore comme se rapportant aux procédés galvanoplastiques le dépôt de cuivre en couche mince et adhérente à la surface des corps.

Le cuivre peut être appliqué non-seulement sur le fer, la fonte et d'autres métaux, mais encore sur des substances non-conductrices (telles que le plâtre, le verre, le bois, la faïence, etc.), en les recouvrant préalablement, soit d'une mince couche de plombagine, soit, comme nous l'avons déjà indiqué (p. 311), d'un voile d'argent métallique. Après le cuivrage, on frotte souvent la surface des objets avec un mélange d'une dissolution étendue de sulfhydrate d'ammoniaque, de peroxyde de fer et de plombagine. On donne ainsi aux pièces un ton foncé de bronze. Ce procédé s'applique principalement aux plâtres, aux statuettes, etc.

Enfin, voici une dernière application importante du cuivrage.

Dans les édifices modernes, les constructeurs adoptent de préférence, comme on sait, les toitures plates. Ce genre de toiture commande en quelque sorte l'emploi de couvertures en métal. Or, le zinc est oxydable, et, en cas d'incendie, il est exposé à prendre feu ; le plomb est trop lourd ; le cuivre est d'un prix trop élevé. Tous les métaux présentant des inconvénients, on a cherché à cuivrer la toile, et l'on a réussi. On imbibe la toile du vernis le moins coûteux de tous, de goudron de houille ; on étend ensuite sur l'une de ses faces de la plombagine réduite en poudre impalpable, et on expose la toile ainsi préparée à l'action d'un bain galvanoplastique de sulfate de cuivre. C'est la toile cuivrée par ce procédé qu'on emploie comme couverture des édifices. Ce genre de couverture est extrêmement précieux : car, indépendamment d'une légèreté excessive, qui permet de réaliser une grande économie dans la construction des combles, il offre l'avantage de ne pas coûter beaucoup plus qu'une couverture en tuile ordinaire.

---

[1] Pour les autres applications de la galvanoplastie, voy. le *Traité d'électricité* de MM. Becquerel, auquel j'ai emprunté la plupart des données qui précèdent. (H. V.)

EXTRACTION DES MÉTAUX AU MOYEN DE L'ÉLECTRICITÉ.

On a fait une autre application importante de l'action chimique de l'électricité, en l'utilisant pour l'extraction de certains métaux, tels que l'argent, le plomb et le cuivre. Le principe du traitement électro-chimique des minerais de ces métaux consiste à transformer ceux-ci en composés solubles que l'on dissout et que l'on décompose ensuite par le courant électrique, de manière que le métal se précipite, en lames compactes, sur l'électrode négatif de l'appareil voltaïque. On transforme l'argent en chlorure, le plomb et le cuivre en sulfates; et l'on dissout le chlorure d'argent et le sulfate de plomb dans une solution saturée de sel marin, et le sulfate de cuivre dans l'eau. Le métal étant dissous, il ne reste plus qu'à le précipiter, ce qui se fait au moyen d'appareils analogues à ceux qu'on emploie en galvanoplastie.

La question scientifique du traitement électro-chimique des minerais d'argent, de plomb et de cuivre a été complétement résolue par les beaux travaux de M. Becquerel père, mais jusqu'ici ses procédés n'ont pas passé dans la pratique. Cependant ils méritent au plus haut degré de fixer l'attention des industriels, attendu que les progrès de la civilisation amèneront le défrichement des forêts et l'épuisement des houillères; il arrivera une époque où le combustible sera assez rare, pour qu'on ne puisse se procurer tous les métaux dont on a besoin. Alors force sera d'extraire ceux-ci par voie humide de leurs minerais. L'électricité, à cette époque encore très-reculée, sera l'un des plus grands véhicules de l'industrie. A la vérité, l'extraction des métaux au moyen de cet agent exigera encore une certaine quantité de combustible, soit pour la préparation des minerais, soit pour la fabrication du métal électro-positif (zinc, fer, etc.), qui sert à développer le courant réducteur; mais la consommation de combustible sera de beaucoup inférieure à celle que nécessitent les procédés métallurgiques actuellement en usage. (H. V.)

PRODUCTION ARTIFICIELLE DE SUBSTANCES MINÉRALES, SOUS L'INFLUENCE DE COURANTS ÉLECTRIQUES TRÈS-FAIBLES.

M. Becquerel a réussi à reproduire un certain nombre de composés insolubles cristallisés, semblables à ceux que nous offre la nature. Pour donner une idée des recherches de M. Becquerel, qui jettent un jour nouveau sur une foule de questions concernant la physique du globe, nous décrirons les deux appareils dont il fait le plus habituellement usage.

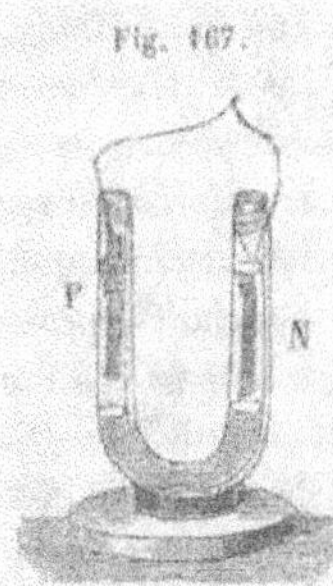

Fig. 167.

L'un de ces appareils est représenté par la figure 167. Il se compose d'un tube en U, variable de grandeur, au fond duquel se trouve de l'argile exempte de calcaire; cette matière argileuse est introduite dans le tube à l'état de pâte humectée par un liquide conducteur, et l'on place à la partie supérieure des extrémités de cette cloison conductrice de petits tampons de coton, également humides, qui empêchent le mélange de l'argile avec les liquides placés au-dessus. Dans l'une des branches, on verse une dissolution saturée d'un sel; dans l'autre, une solution d'une substance différente sur laquelle on veut faire réagir une lame de métal oxydable P qu'on y plonge, et qui est mise en communication avec une lame N d'un métal électro-négatif plongeant dans la première dissolution. Le système formé par l'ensemble des deux lames, des deux liquides et de l'argile fonctionnant comme cloison séparatrice, constitue un couple à courant constant, qui peut fonctionner pendant longtemps.

L'autre appareil de M. Becquerel est fondé sur le principe suivant : lorsqu'on met dans un verre une dissolution saline et qu'on verse dessus avec la plus grande précaution de l'eau distillée, de l'eau acidulée, ou une solution saline différente de la première, de telle sorte que les liqueurs restent séparées; si ensuite on plonge lentement dans l'éprouvette une lame de métal dont les deux extrémités soient inégalement attaquées par les deux liquides, on obtient un courant qui va du liquide le plus actif à l'autre et de celui-ci à la lame métallique, de manière que l'extrémité de la lame qui plonge dans le liquide inactif

Fig. 168.

devient l'électrode négatif et l'extrémité opposée de cette lame l'électrode positif du couple simple formé par le métal et le liquide actif. Souvent M. Becquerel emploie des liquides sans action sur la lame métallique; mais alors ces liquides sont choisis de manière à développer, par leur contact, un courant qui traverse la lame et transforme l'une des extrémités de celle-ci en électrode positif et l'autre en électrode négatif. La figure 168 représente l'appareil dont nous venons d'indiquer le principe : A B éprouvette en verre; ab liquide inférieur; Cd lame métallique plongée de façon qu'elle soit en contact avec les deux liquides. Quelquefois au lieu de deux liquides on n'en emploie qu'un seul; dans ce cas, on prend pour

second électro-moteur un autre métal qu'on met en contact avec la lame
Cd; celle-ci étant en zinc, par exemple, on l'entoure d'un fil de cuivre.

Citons maintenant quelques-unes des expériences que M. Becquerel
a faites au moyen des appareils que nous venons de décrire.

On introduit dans l'éprouvette AB (fig. 168), de l'oxyde de cuivre
formant une couche ab; on verse ensuite sur celle-ci une certaine quantité d'une dissolution de nitrate de cuivre, puis on plonge dans l'éprouvette une lame de cuivre Cd, de façon qu'elle pénètre dans l'oxyde et
qu'elle baigne dans le liquide. On ferme ensuite l'éprouvette hermétiquement. Voici ce qui se passe : Lorsqu'une solution de nitrate de cuivre est en contact avec le deutoxyde de cuivre, celui-ci se change en
sous-nitrate, et la solution de nitrate en contact avec l'oxyde devient de
moins en moins saturée. Il résulte de là que la partie de la solution située au-dessus du deutoxyde de cuivre est toujours plus saturée que celle
qui humecte le deutoxyde; or la première, en réagissant sur l'autre,
dégage de l'électricité positive et la seconde de l'électricité négative. Ces
fluides se recombinent à travers la lame de cuivre, et développent un
courant qui donne lieu, au bout de huit jours, quelquefois moins,
cela dépend de la petitesse du diamètre de l'éprouvette, à un dépôt
de cuivre et de protoxyde de ce métal à la partie supérieure de la
lame; quant à la partie inférieure de celle-ci, elle est attaquée, étant
le pôle positif du couple formé par les deux parties inégalement satu-
rées de la dissolution saline. Le protoxyde se présente sous la forme
de petits cristaux octaèdres, d'un rouge de rubis. Ces cristaux augmentent peu à peu de dimensions, et finissent, après un temps plus ou
moins long, par avoir 1 ou 2 millimètres de côté. Le cuivre se dépose
également en jolis cristaux d'un grand éclat métallique.

Si, dans l'expérience précédente, on remplace la dissolution de nitrate de cuivre, l'oxyde de cuivre et la lame de cuivre, respectivement
par une solution peu étendue de sous-acétate de plomb, par de la
litharge en poudre et par une lame de plomb, celle-ci se recouvre peu
à peu de petites aiguilles d'hydrate de protoxyde de plomb, et même
de plomb métallique; enfin quelquefois il se dépose également sur la
même lame des cristaux limpides de protoxyde de plomb anhydre.

On peut encore obtenir le protoxyde de plomb cristallisé à l'aide de
la méthode suivante : on place un couple plomb-cuivre dans une
solution potassique de silice marquant 25° à l'aréomètre de Baumé.
Le plomb s'oxyde peu à peu; le protoxyde de plomb formé se dissout,
et, après la saturation, il se dépose lentement sur la surface de la lame
de plomb en cristaux anhydres.

Terminons cette série d'exemples de composés insolubles obtenus à l'état cristallisé au moyen d'influences électro-chimiques faibles, par l'indication du procédé imaginé par M. Becquerel pour obtenir le phosphate de fer qui se forme journellement dans les tourbières. A cet effet, on se sert du tube en U (fig. 167), rempli inférieurement d'argile humide ; dans une des branches on verse une dissolution de phosphate de soude, et dans l'autre une solution de sulfate de cuivre ; on met dans celle-ci une lame de cuivre, et dans l'autre une lame de fer, et l'on fait communiquer les deux lames par la partie supérieure. Le courant, qui résulte du contact du fer avec le cuivre, décompose le sulfate de cuivre et le cuivre se dépose sur la lame de même métal, tandis que l'oxygène et l'acide sulfurique se transportent dans l'autre branche de l'appareil. L'oxygène oxyde le fer ; l'acide sulfurique, en se combinant avec la soude, chasse l'acide phosphorique ; il en résulte du sulfate de soude qui reste dissous, et du protophosphate de fer qui se dépose sur la lame de fer, sous la forme de petits tubercules cristallins blanchâtres, lesquels deviennent d'un beau bleu par l'action prolongée du couple, ou bien en les exposant à l'air. (H. V.)

GALVANISATION DES MÉTAUX.

Lorsqu'on met en contact deux métaux inégalement oxydables, on forme un couple voltaïque dont le métal le plus oxydable est l'élément positif et le métal le moins oxydable l'élément négatif. Si les deux métaux de ce couple sont recouverts l'un et l'autre d'une couche d'humidité, il se produit un courant qui se rend du métal le plus oxydable dans le liquide et de celui-ci dans le métal le moins oxydable, et en vertu de ce courant le premier métal est plus attaqué que s'il n'était pas en contact avec le second. Un courant du même genre se produit lorsqu'un métal oxydable se trouve simplement en contact avec son oxyde, ou avec tout autre corps conducteur capable de jouer par rapport à lui le rôle d'élément électro-négatif d'un couple. Tel est le principe sur lequel on doit s'appuyer pour interpréter les changements plus ou moins rapides qu'éprouvent les métaux exposés à l'influence des agents atmosphériques ou autres. En général, un métal pur est moins altérable qu'un métal allié à d'autres qui ont une plus faible affinité pour l'oxygène, et un métal d'une constitution physique parfaitement homogène l'est moins que s'il était dépourvu d'homogénéité.

Lorsqu'on laisse un morceau de cuivre poli dans de l'eau de mer, le métal ne tarde pas à s'altérer, sous l'influence de l'eau, de l'oxygène

et des substances salines qu'elle renferme. Le cuivre étant moins oxydable que le zinc, il s'ensuit qu'en mettant ces deux métaux en contact,
ce dernier préservera l'autre.

Davy, en partant de ce principe, a fait une série d'expériences dans
le but d'arriver à préserver le doublage en cuivre des vaisseaux ; à cet
effet, il a soudé çà et là, sur la surface, de petites plaques de zinc.
Des feuilles de cuivre ainsi en contact sur une partie de leur surface
avec du zinc, ayant été exposées pendant plusieurs semaines au mouvement de la marée, et leur poids déterminé avant et après l'expérience, on trouva que, lorsque le protecteur métallique avait une
surface de 1/10 à 1/150 des feuilles de cuivre, il n'y avait ni corrosion
ni diminution dans ce métal ; mais, quand le métal préservateur n'était
que dans la proportion de 1/200 à 1/400, le cuivre éprouvait une
perte de poids d'autant plus forte que le protecteur était plus petit. On
ne tarda pas toutefois à remarquer qu'il se déposait des substances
alcalines et terreuses sur le cuivre qui était l'élément négatif du couple.

Des expériences furent faites ensuite sur plusieurs vaisseaux destinés
à faire un voyage de long cours. Les feuilles de cuivre préservées furent
recouvertes de carbonate de chaux et de carbonate de magnésie ; des
plantes et des coquilles ne tardèrent pas à s'y fixer, et le poids de
toutes ces substances fut tel, que la marche des navires en fut retardée.
Cet inconvénient était tel, qu'on dût renoncer à ce moyen de préserva-
tion du doublage en cuivre des vaisseaux.

Le zinc exposé à l'air se recouvre promptement d'une mince couche
de sous-oxyde qui, adhérant très-fortement à la surface du métal, le
préserve de toute oxydation ultérieure. D'un autre côté le zinc joue le
rôle d'électro-moteur positif par rapport au fer. M. Sorel a mis à profit
cette double propriété du zinc pour préserver le fer des actions com-
binées de l'eau et de l'air. Il applique sur la surface de ce métal une
couche de zinc, comme on le recouvre d'une couche d'étain pour
fabriquer le fer-blanc. Voici comment on opère : on commence par
décaper le fer dans des acides qui ont servi à purifier des huiles ;
l'oxyde seul est enlevé ; on sèche dans une étuve, puis on plonge dans
un bain de zinc en fusion. Si une parcelle de zinc est enlevée, le fer ne
s'attaque plus à l'humidité ; mais si le zinc était enlevé sur une grande
étendue, le fer s'altérerait. Le fer recouvert de zinc s'appelle *fer galvanisé*. (H. V.)

UTILITÉ PRATIQUE DU GALVANISME.

On demande souvent aux physiciens à quoi servent leurs nombreuses

et pénibles recherches, et quelle en est l'utilité pratique. De pareilles
questions sont toujours un signe fâcheux, car elles prouvent que celui
qui les fait ne s'est nullement tenu au courant des progrès que la
science moderne a réalisés dans les arts et dans l'industrie. Celui qui
aura lu les articles que nous avons consacrés aux applications du galvanisme, ne les fera certainement pas.

En effet, la dorure et l'argenture galvaniques, la galvanoplastie,
sont des arts qui ont pris naissance dans le laboratoire des physiciens.
La dorure galvanique est tellement simple et parfaite, qu'à moins
d'avoir pour tout ce qui est ancien une prédilection et un attachement
poussés jusqu'au ridicule, aucun doreur n'hésitera à l'adopter de préférence à l'ancien procédé, qui est long, pénible, coûteux, et, par-
dessus tout, extrêmement préjudiciable à la santé. A l'aide de la pile,
on ne cuivre, on n'argente et on ne dore pas seulement des bustes et
des statues, mais encore divers autres objets d'une utilité plus directe
pour les besoins de la vie, tels que des vases, des assiettes, des sucriers,
des cafetières, des ornements de toute sorte, des fleurs, des corbeilles
remplies de fruits, etc. Ces divers produits sont d'un prix tellement
modique qu'il ne faut pas être très-riche aujourd'hui pour avoir sur
sa table des candélabres argentés, un bol à punch et une machine à
thé argentés, etc.

Sans la galvanoplastie, un atlas de 80 grandes cartes ne reviendrait
guère à moins de 300 francs; il n'en coûte actuellement que 30. La
gravure d'une carte de grandes dimensions se paye 1,800 francs, et elle
ne permet de tirer qu'environ 2,000 bons exemplaires; ceux que l'on
tire au delà de ce nombre sont de plus en plus défectueux. La galvanoplastie reproduit la planche autant de fois qu'on le désire. A cet effet,
on en prend d'abord une copie en creux et l'on se sert de celle-ci pour
obtenir la planche galvanoplastique qui est la reproduction exacte de
la planche gravée par l'artiste. Les planches ainsi reproduites donnent
des épreuves qu'il est impossible de distinguer de celles que fournit la
planche gravée, et comme ces planches ne coûtent presque rien, on
voit qu'elles mettent l'éditeur à même d'obtenir un nombre illimité
d'exemplaires de la carte, tandis que sans le secours de la galvanoplastie, il n'aurait pu en tirer que 2,000, à moins de dépenser encore
une fois 1,800 francs pour la gravure d'une nouvelle planche. Ce que
nous disons d'une seule carte s'applique à toutes celles dont se compose
l'atlas. Autrefois celui-ci, à cause de son prix élevé, ne pouvait être
acheté que par les bibliothèques royales ou par les gens riches; aujourd'hui il est à la portée de toutes les fortunes; chaque professeur,

chaque élève, chaque employé peut se le procurer, et l'éditeur, par
suite du grand nombre d'exemplaires qu'il écoule, réalise cent fois
plus de bénéfice qu'anciennement.

SONDE ET THERMOMÈTRE ÉLECTRIQUES.

Fig. 169.

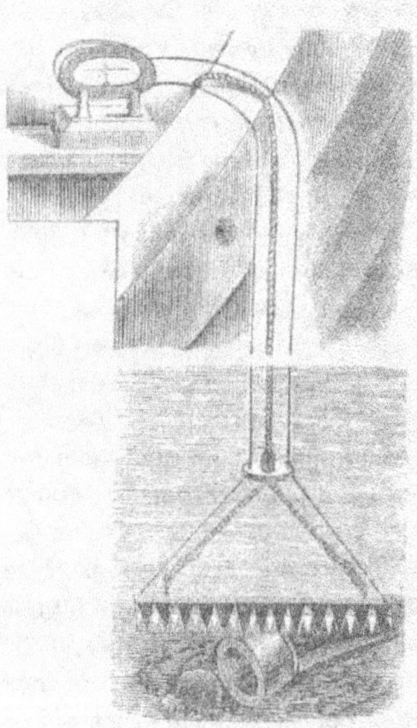

L'électricité de contact a également
ment reçu une application importante dans un appareil qu'on peut
appeler sonde ou baguette divinatoire galvanique, parce qu'il
permet d'explorer le fond de la
mer et d'y découvrir des objets
métalliques, tels que des ancres,
des canons, des chaînes, etc.,
qui y sont tombés. Cet appareil
(fig. 169) se compose de deux
lames rectangulaires, l'une de zinc
et l'autre de cuivre, dentées sur
un de leurs longs côtés, à peu près
comme un râteau (voy. à la partie inférieure de la figure). Plus
ces lames sont longues, plus on
a de facilité pour découvrir les
métaux au fond de la mer, car
c'est au moyen de ces râteaux que
l'on procède à cette recherche :
on doit leur donner une longueur d'au moins 15 à 20 centimètres.

On fixe les deux râteaux, parallèlement l'un à l'autre, les dents
tournées en bas, aux deux côtés d'une planchette de bois, attachée à
une corde au moyen de laquelle on laisse descendre l'appareil jusqu'au
fond de la mer. Deux fils de cuivre, partant l'un de la lame de zinc et
l'autre de la lame de cuivre, aboutissent à un galvanomètre placé sur
le pont du bâtiment où se trouve l'opérateur. L'appareil qui porte les
deux râteaux métalliques étant plongé dans la mer, dès que les fils de
cuivre qui partent de ceux-ci communiquent avec le multiplicateur, le
circuit du couple zinc et cuivre des râteaux est fermé, et l'aiguille
aimantée éprouve une forte déviation, à moins que le zinc et le cuivre
du couple ne touchent au fond de la mer un métal établissant entre
eux une communication, car dans ce cas tout courant dans les fils
conducteurs doit disparaître et l'aiguille aimantée revenir dans le mé-

ridien magnétique. D'après ce qui précède, on voit que pour explorer le fond de la mer au moyen de la baguette divinatoire galvanique, il faut laisser descendre les râteaux aux différents points où l'on soupçonne l'existence des métaux que l'on cherche : si l'aiguille du galvanomètre dévie de sa position ordinaire, c'est un signe que la sonde a touché la terre ou des rochers; si l'aiguille revient dans le méridien magnétique, la sonde se trouve sur le métal cherché.

Le thermomètre électrique, qui permet de déterminer les températures des différentes couches et même du fond de la mer sans quitter le pont du vaisseau sur lequel on se trouve, nous offrira à son tour un exemple d'une application utile et ingénieuse de l'électricité : l'expérience n'exige qu'un verre à boire ordinaire dans lequel plonge l'une des extrémités du thermomètre, l'autre l'extrémité de celui-ci se trouvant en contact avec la couche d'eau dont on veut déterminer la température.

La théorie du thermomètre électrique repose sur un phénomène qui a été découvert en 1821 par le docteur Seebeck, de Berlin, et que nous devons d'abord faire connaître. Ce phénomène consiste en ce que si l'on a soudé deux fils ou deux barreaux métalliques, de manière à composer un circuit fermé de forme quelconque, il s'établit dans ce circuit un courant plus ou moins énergique, toutes les fois que les deux soudures sont à des températures différentes, et le courant se prolonge aussi longtemps que la différence de température est maintenue.

Fig. 170.

Pour constater dans un cas particulier le phénomène dont il s'agit, on peut se servir de l'appareil représenté par la figure 170 : $s s'$ est un barreau de bismuth; $s c s'$ un barreau de cuivre recourbé et soudé aux extrémités s, s', du barreau de bismuth; $a b$ une aiguille aimantée, libre sur son pivot. Les soudures s' et s étant à la température ambiante, on dirige le plan vertical de l'appareil dans le méridien magnétique; alors, si l'on échauffe la soudure s, par exemple, l'aiguille déviera plus ou moins dans un sens, et, si l'on refroidit la même soudure s au-dessous de la température ambiante, l'aiguille éprouvera une déviation en sens contraire.

Ces mouvements de l'aiguille, tantôt dans un sens et tantôt dans l'autre, accusent bien évidemment la présence d'un courant électrique qui se propage dans un sens lorsque la soudure s est plus chaude que la soudure s', et dans le sens opposé quand, au contraire, c'est la soudure s' qui est plus chaude que la soudure s. Cette conséquence se confirme encore lorsqu'on opère sur la soudure s', au lieu d'agir sur la soudure s. Dans tous les cas, ce n'est pas de la valeur absolue de l'échauffement des soudures que dépend la déviation de l'aiguille aimantée, mais de la différence de température qu'on établit entre elles : quelles que soient les températures des deux soudures s et s', pourvu qu'elles soient égales, l'aiguille n'est pas déplacée; la déviation ne commence que lorsque cette égalité est troublée, et son intensité augmente avec la *différence* de température qu'on établit, soit en chauffant, soit en refroidissant l'une des soudures.

Des circuits disposés comme le précédent ou d'une manière analogue, et construits avec d'autres métaux donnent des résultats identiques, à l'intensité près. De pareils circuits, formés de deux métaux différents, soudés ensemble en deux points, ou mis en contact métallique de toute autre manière, constituent ce qu'on appelle des *éléments thermo-électriques*.

Fig. 171.

L'élément thermo-électrique cuivre-bismuth représenté dans la figure est un élément fermé. La figure 171 représente un élément composé des mêmes métaux, mais ouvert : ab barreau de bismuth soudé par ses deux extrémités à des fils de cuivre c, d.

Fig. 172.

Tant que le circuit reste ouvert, on ne peut établir de courant, même en chauffant l'une ou l'autre des deux soudures ; mais le courant se forme aussitôt que l'on fait communiquer les deux fils de cuivre c, d, avec un galvanomètre convenable (à gros fil) et que l'on chauffe l'une des deux soudures a ou b, même très-faiblement.

Le thermomètre électrique, représenté dans la figure 172, n'est, au fond, qu'un élément thermo-électrique fer et argentane, disposé d'une manière un peu différente de celle qui est indiquée pour l'élément de la figure précédente. Deux fils

métalliques fc et bd, le premier d'argentane, le second de fer, sont attachés à la corde gh d'un fil à plomb a, et maintenus séparés par de
petits bâtons de bois, ou, ce qui vaut mieux, entourés de coton, de telle
manière que, vinssent-ils même à se toucher, il ne s'établirait pas de
communication métallique entre eux. En Angleterre on construit des
câbles plats, très-résistants, quoique très-minces, qui donnent une
grande facilité pour la fixation des fils : on n'a, en effet, qu'à les appliquer l'un sur l'une des faces du câble et le second sur l'autre face pour
qu'ils restent isolés, même quand on ne les a pas recouverts de coton.
Du reste, que l'on fasse usage d'une corde ordinaire ou d'un câble plat
pour maintenir les fils, ceux-ci sont soudés, d'une part en b, près de la
masse a du fil à plomb, et d'autre part en k ; cette seconde soudure
se trouve sur le pont du bâtiment, près de l'expérimentateur, et on la
plonge dans un grand verre à boire contenant une certaine quantité
d'eau. La partie du fil d'argentane fc qui se trouve sur le pont est interrompue entre m et o, afin que l'on puisse insérer un galvanomètre à
gros fil dans le circuit : cette même partie de fc, comme la partie correspondante du fil de fer bd, est enveloppée de coton qui l'isole.

Lorsqu'on veut procéder aux expériences, on laisse descendre le
plomb a dans la mer. Aussitôt que la soudure b pénètre dans une
couche dont la température diffère de celle de l'eau au milieu de
laquelle plonge la soudure k, l'aiguille du galvanomètre est déviée, et,
en observant les mouvements qui ont lieu, l'on peut reconnaître les
variations de température que présentent les diverses couches liquides
dans lesquelles la soudure b pénètre successivement ; suivant que la
température s'abaisse ou s'élève, l'aiguille se meut dans un sens ou
dans l'autre.

Cela posé, lorsqu'on veut déterminer la température de la mer à
une certaine distance au-dessous de son niveau, on arrête le fil à plomb
dès qu'il a parcouru cette distance, puis, après avoir placé dans le
verre où se trouve la soudure k un thermomètre ordinaire très-sensible, on verse dans ce verre, selon le cas, soit de l'eau refroidie, soit de
l'eau chauffée, jusqu'à ce que l'aiguille du galvanomètre soit revenue
dans le plan du méridien magnétique ; à cet instant, les soudures k et b
ont la même température, et pour connaître celle de b, qu'il s'agit de
déterminer, on n'a qu'à observer celle de k, au moyen du thermomètre
ordinaire qui plonge dans le même liquide que cette dernière soudure
et qui se trouve, par conséquent, à la même température qu'elle.

L'appareil que nous venons de décrire permet, comme on voit, de
déterminer la température de la mer, à toutes les profondeurs, sans

qu'on soit obligé de quitter le pont, ni même de se déranger d'une manière quelconque.

EFFETS PHYSIQUES DE L'ÉLECTRICITÉ EN MOUVEMENT.

On peut diviser les effets physiques de l'électricité en mouvement en phénomènes *électro-magnétiques*, phénomènes *électro-dynamiques*, phénomènes d'*induction*, phénomènes *mécaniques*, phénomènes *calorifiques* et phénomènes *lumineux*. Nous étudierons ces divers effets dans l'ordre qui vient d'être indiqué.

I. ÉLECTRO-MAGNÉTISME.

AIMANTATION DE L'ACIER PAR L'ÉLECTRICITÉ DYNAMIQUE.

L'*électro-magnétisme* est la partie de la physique qui s'occupe des phénomènes de l'action mutuelle du magnétisme et des courants électriques.

En parlant de la découverte d'Oersted, nous nous sommes déjà occupés de l'action des courants électriques sur les aimants; nous pouvons, par conséquent, passer immédiatement à l'examen de l'action des courants sur les corps susceptibles d'être aimantés, mais non encore aimantés.

De ce qu'un courant électrique, en repoussant le magnétisme austral vers la gauche et le magnétisme boréal vers la droite de l'observateur d'Ampère, tend à faire prendre à l'aiguille aimantée une position perpendiculaire à la direction qu'il suit, on devait conclure qu'il exercerait probablement la même action sur les éléments du fluide magnétique neutre d'un corps magnétique, placé en croix avec lui, et que par là il aimanterait ce corps, car l'aimantation se produit toutes les fois que dans un corps magnétique les deux fluides sont sollicités à se porter, l'un dans un sens, et l'autre dans un sens opposé. L'expérience a confirmé cette prévision. En effet, peu de temps après la découverte d'Oersted, Davy remarqua qu'on peut aimanter des aiguilles d'acier en les plaçant perpendiculairement à la direction d'un courant voltaïque, et Arago observa que le fil conducteur d'un courant électrique attire la limaille de fer et la retient autour de lui comme un aimant, aussi longtemps que sa communication avec la pile n'est pas interrompue. Pour que l'expérience d'Arago réussisse bien, il faut qu'on fasse usage d'une pile de Bunsen de 10 à 20 éléments et que le fil de cuivre, dont on approche la limaille de fer, n'ait pas un trop gros diamètre.

Lorsqu'on emploie un courant rectiligne pour aimanter un corps, celui-ci ne se trouve fortement influencé que par les portions les plus rapprochées du courant, et il ne peut, par conséquent, acquérir, par ce procédé, qu'une aimantation peu énergique. Mais Arago et Ampère ont imaginé un moyen qui permet de faire agir avec la même efficacité toutes les parties d'un courant qui circule à travers un fil métallique. Ce moyen consiste à entourer le fil de soie ou de tout autre corps mauvais conducteur, et à le contourner en hélice ou en spirale, comme le filet des vis, soit autour d'un tube de verre, soit autour d'une bobine en bois, en carton, ou en toute autre matière non-conductrice. Une aiguille d'acier étant introduite dans ce tube ou dans cette bobine, elle sera influencée également par toutes les spires, qui peuvent former une ou plusieurs couches suivant la longueur du fil employé ; elle s'aimantera lorsqu'on fera passer le courant à travers le fil : le pôle austral qu'elle acquerra se trouvera à la gauche et le pôle boréal à la droite de l'observateur d'Ampère couché sur une des spires du fil, de manière que, regardant l'aiguille d'acier, le courant lui entre par les pieds et lui sorte par la tête. Ainsi, dans une hélice *dextrorsum*, c'est-à-dire dans laquelle le fil s'enroule par la droite, le pôle boréal de l'aiguille d'acier est toujours à l'extrémité par où entre le courant

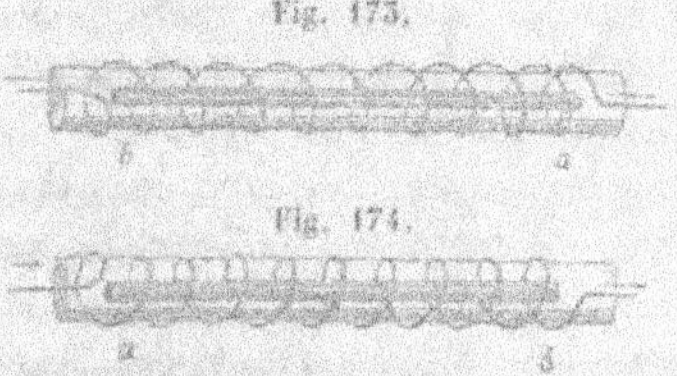

Fig. 175.

Fig. 174.

positif (fig. 175) ; tandis que dans une hélice *sinistrorsum*, c'est-à-dire dans laquelle le fil s'enroule vers la gauche, c'est le pôle austral qui est à l'extrémité par où pénètre l'électricité positive (fig. 174). Il suffit d'un seul instant pour aimanter une aiguille, par ce procédé, aussi fortement que possible.

Voici une expérience qui vient à l'appui de ce qui précède : On contourne un fil métallique sur lui-même de manière à former une série d'hélices alternativement *sinistrorsum* et *dextrorsum*, et, après avoir placé une longue aiguille d'acier trempé dans l'axe commun de ces hélices, on fait passer à travers celles-ci un courant électrique ; puis, au bout d'un temps très-court, on interrompt ce courant, et l'on trouve que chaque hélice a aimanté la portion correspondante de l'aiguille, comme si elle avait agi seule ; en sorte que l'aiguille est composée d'une série d'aimants partiels, placés bout à bout, qui se regardent par leurs pôles de même nom. Ces pôles sont des *points conséquents* (p. 177), et l'expérience que nous venons de décrire offre le moyen le plus facile et le plus sûr de les développer.

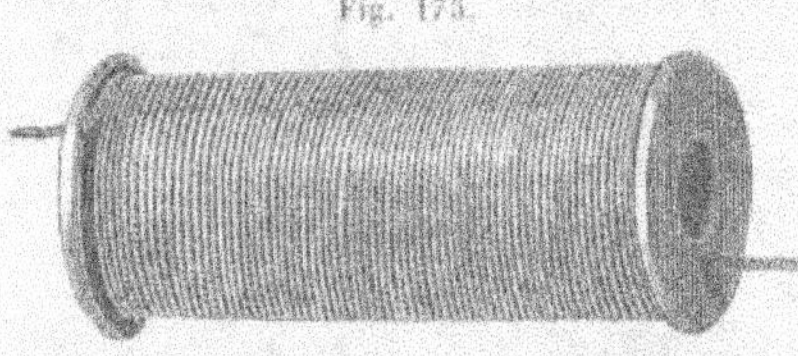

Fig. 175.

La figure 175 représente une bobine en bois entourée d'un grand nombre de circonvolutions d'un fil recouvert de soie à travers lequel on transmet le courant. A l'aide de cet appareil on peut étudier la plupart des faits relatifs à l'aimantation opérée par les courants électriques. Pour donner des effets très-énergiques, la bobine doit contenir 800 à 1,000 tours d'un fil de cuivre de 1 à 3 millimètres de diamètre.

Arago observa qu'on réussit également à aimanter une aiguille d'acier par la décharge d'une machine électrique et encore mieux par celle d'une bouteille de Leyde. Plus tard, en 1827, Savary soumit ces phénomènes à une nouvelle étude, en s'attachant surtout à déterminer l'influence d'enveloppes diverses placées entre les aiguilles d'acier et les courants produits par les décharges électriques. Les enveloppes de bois, de verre, ou de toute autre substance *isolante*, n'exercent aucune action sur l'aimantation communiquée ; il n'en est pas de même des enveloppes *conductrices*. Un cylindre de cuivre assez épais, placé entre l'aiguille et l'hélice, peut arrêter complétement l'action de la décharge d'électricité statique ; il suffit de diminuer l'épaisseur du cylindre pour que l'aimantation devienne sensible, et, pour une épaisseur peu considérable de l'enveloppe conductrice, l'aiguille peut être aimantée plus fortement que si l'enveloppe n'y était pas. Le fer, l'argent, l'étain et le mercure, exercent des influences analogues. Les enveloppes formées avec des couches épaisses de limaille fine de cuivre, ou de fer, n'exercent aucune influence sur l'aimantation communiquée. Comme nous le verrons plus tard dans un des articles consacrés à l'induction électro-dynamique, tous ces faits trouvent leur explication naturelle dans l'action inductrice que la décharge électrique exerce, au moment de son passage, sur les diverses enveloppes employées.

(H. V.)

AIMANTATION DU FER DOUX PAR LES COURANTS.

Le fer doux ne possédant aucune force coercitive qui s'oppose à la séparation des magnétismes, s'aimante bien plus fortement sous l'influence des courants que l'acier trempé; mais, comme on pouvait le prévoir, il perd presque en totalité son magnétisme aussitôt qu'on fait cesser les courants qui l'ont développé. Les aimants temporaires que l'on obtient en soumettant le fer doux à l'action d'un courant électrique, s'appellent des *electro-aimants*, pour les distinguer des aimants permanents d'acier trempé.

Pour aimanter au moyen du courant électrique un barreau de fer doux, il suffit, après l'avoir introduit dans une bobine comme celle de la figure 175, de mettre les extrémités du fil de cette bobine en communication avec les pôles d'une pile. On obtient ainsi un électro-aimant rectiligne très-puissant, qui présente des pôles contraires à ses extrémités. Lorsqu'on change le sens du courant, ces pôles changent immédiatement de place.

Fig. 176.

La figure 176 représente un cylindre de fer doux, courbé en fer à cheval, et disposé également pour pouvoir être transformé en électro-aimant. A cet effet, on a introduit chacune de ses branches dans une bobine en carton de 10 à 20 centimètres de longueur, terminée par deux anneaux en bois. Sur chacune de ces bobines A, B, on a enroulé bien régulièrement, et toujours dans le même sens, un long fil de cuivre recouvert de soie ou de coton, avec l'attention, quand on a passé à la seconde bobine après avoir terminé la première, d'enrouler le fil en sens inverse, afin que les hélices n'en fassent qu'une toute dextrorsum ou toute sinistrorsum et que l'on ait deux pôles contraires aux extrémités du barreau de fer doux. Ces extrémités doivent être planes et se trouver dans un même plan, perpendiculaire aux deux branches du fer à cheval. On y applique une armure en fer doux, dont la surface de contact doit également être plane ; cette armure porte inférieurement un crochet pour y suspendre un bassin dans lequel on met des poids. L'électro-aimant lui-même est suspendu à un support en bois dont la figure montre suffisamment la disposition. Quand on fait arriver le courant dans le fil de cuivre des bobines, le cylindre de fer doux s'aimante à l'instant et devient capable de retenir avec une force énorme son armure appliquée sur ses pôles. Souvent on remplace l'armure plane par un cylindre de fer doux, également courbé en fer à cheval dont on approche les bases de ces mêmes pôles. Si ce second cylindre est pareillement entouré d'un fil et qu'on l'aimante par un courant en sens inverse de celui de l'électro-aimant A B, il peut porter des poids de plusieurs milliers de kilogrammes, bien entendu quand les cylindres de fer doux et les fils ayant des dimensions suffisantes, on fait usage de courants d'une intensité convenable.

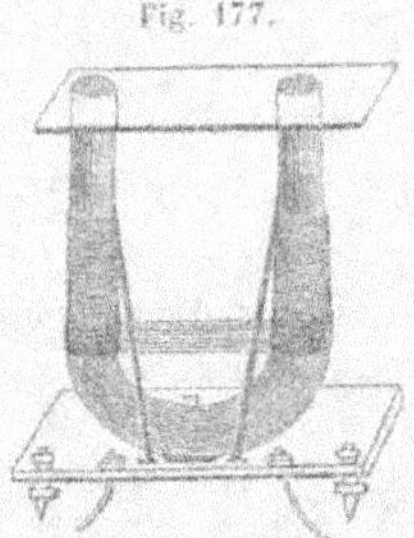

Fig. 177.

Lorsqu'un électro-aimant en fer à cheval ne doit pas servir à porter des poids, mais qu'on se propose de l'employer pour d'autres expériences, on le place verticalement, les deux pôles en haut, comme le montre la figure 177. L'électro-aimant ainsi disposé est très-propre à la production des fantômes magnétiques. A cet effet, après l'avoir mis en action au moyen d'un courant en rapport avec les dimensions du fil qui l'entoure, on place sur les pôles une lame de verre sur laquelle on projette de la limaille de fer. Celle-ci dessine alors des figures infiniment plus nettes et plus étendues que celles qu'on obtient au moyen des aimants ordinaires.

On peut aimanter, au moyen des courants électriques, des tiges de fer de toute grosseur, depuis 1 centimètre de diamètre jusqu'à 10 à 11 centimètres. La force que l'on peut développer ainsi est énorme; mais elle ne se produit presque qu'au contact, et diminue très-rapidement à mesure que la distance augmente.

On a fait un grand nombre d'expériences pour déterminer les conditions les plus favorables au développement d'un fort magnétisme dans les électro-aimants. Si l'électro-aimant doit porter des poids, on doit lui donner une grande épaisseur; s'il doit, au contraire, exercer des actions attractives à distance, il y a avantage à diminuer son diamètre. Un autre élément qui influe également beaucoup sur la force des électro-aimants, c'est la qualité du fer. Il faut que celui-ci soit aussi doux que possible : cette qualité tient encore plus à la manière dont il est préparé qu'à son origine; il faut en général le recuire plusieurs fois de suite, dans un feu de charbon de bois, en ayant soin de le laisser refroidir très-lentement.

La rapidité avec laquelle le fer perd son aimantation, dès que le courant cesse, dépend essentiellement de sa nature; cependant elle dépend aussi des dimensions du barreau. Les fers à cheval dont les branches sont longues perdent beaucoup moins facilement et moins vite leur magnétisme que ceux dont les branches sont courtes, de 10 centimètres, par exemple. La présence de l'armature aux extrémités des branches d'un électro-aimant contribue à lui conserver son magnétisme. M. Watkins a observé qu'un électro-aimant qui pouvait porter 120 livres pendant que le courant électrique l'aimantait, continua, après la cessation du courant, à pouvoir en supporter encore 50, tant qu'on n'eut pas dérangé l'armature. Mais si l'on arrache violemment cette armature, tout le magnétisme disparaît.

Les électro-aimants ont reçu d'importantes applications dans les télégraphes électriques, dans les moteurs électro-magnétiques, dans les horloges électriques et dans l'étude des phénomènes diamagnétiques.

(H. V.)

PROPRIÉTÉ ATTRACTIVE DES HÉLICES ÉLECTRIQUES.

Fig. 178.

Si l'on place verticalement l'axe d'une bobine électrique semblable à celles que l'on emploie pour constater l'aimantation opérée par les courants, et qu'après avoir fait communiquer les extrémités m et n du fil avec les pôles d'un appareil voltaïque (fig. 178), on présente à l'ouverture supérieure de la bobine une tige de fer doux ab et même une tige d'acier, on sent qu'elle est attirée, et elle se précipite dans la bobine jusqu'à ce qu'elle se soit placée de façon que son milieu coïncide avec celui de l'hélice enveloppante; résultat qu'on obtient également, que la tige soit plus courte ou plus longue que l'axe de la bobine ou qu'elle soit de la même longueur que cet axe. Arrivée dans cette position, la tige reste suspendue librement dans l'air, sans soutien visible, comme le tombeau de Mahomet, selon la croyance des musulmans. Cette suspension exige toutefois que le poids de la tige ne dépasse pas une certaine limite, variable avec la force du courant et les dimensions du fil de la bobine. Une bobine ordinaire soutient facilement une tige de fer de 3 à 4 kilogrammes; on prétend même qu'un physicien améri-

cain, M. Page, a construit des bobines qui maintenaient suspendues
des masses de fer de plus de 100 livres. Ce physicien a tiré parti de
cette propriété des bobines électriques pour la construction d'un moteur électro-magnétique.

On peut varier les expériences précédentes en rendant l'axe de la
bobine horizontal et en présentant à l'une des ouvertures des balles
de fer doux : on verra ces balles se précipiter également dans l'intérieur de la bobine et s'arrêter au milieu; il en est encore de même
pour des disques et des anneaux de fer doux; seulement, lors même
qu'on les présente à l'ouverture de la bobine de manière que leur plan
soit perpendiculaire à l'axe de l'hélice, ils se tournent immédiatement
et se placent au milieu, de façon que leur plan ou leur diamètre soit
parallèle à l'axe. Ce fait, et un grand nombre d'autres semblables,
montrent de la manière la plus évidente la disposition que possèdent
les corps magnétiques à s'aimanter toujours dans le sens de leur plus
grande longueur, de manière que les pôles opposés soient aussi éloignés que possible l'un de l'autre. (H. V.)

EMPLOI DES BOBINES ÉLECTRIQUES ET DES ÉLECTRO-AIMANTS POUR
L'AIMANTATION DE L'ACIER.

Il existe différents procédés d'aimantation au moyen de l'électricité
dynamique.

S'il s'agit d'un barreau d'acier droit, on le place dans l'intérieur
d'une bobine électrique de la même longueur que lui, et on met
ensuite le fil de la bobine en communication avec les pôles d'un appareil voltaïque.

M. Abria a observé qu'il suffit de soumettre l'acier trempé pendant
très-peu de temps à l'action d'un courant pareil pour lui communiquer tout le magnétisme qu'il est susceptible d'acquérir.

Lorsqu'on veut aimanter un barreau d'acier plié en fer à cheval, on
a besoin de deux bobines pour les branches respectives. Ces bobines
doivent avoir un diamètre intérieur égal au diamètre du barreau, et
il en faut par conséquent autant de paires qu'on se propose d'aimanter
de fers à cheval de diamètres différents. Cette circonstance restreint
l'emploi de la méthode dont il s'agit.

Pour aimanter l'acier au moyen du courant électrique, M. Elias, mécanicien hollandais, fait usage de la spirale représentée par la fig. 179.
Cette spirale se compose d'un fil recouvert de soie, d'environ 25

Fig. 179.

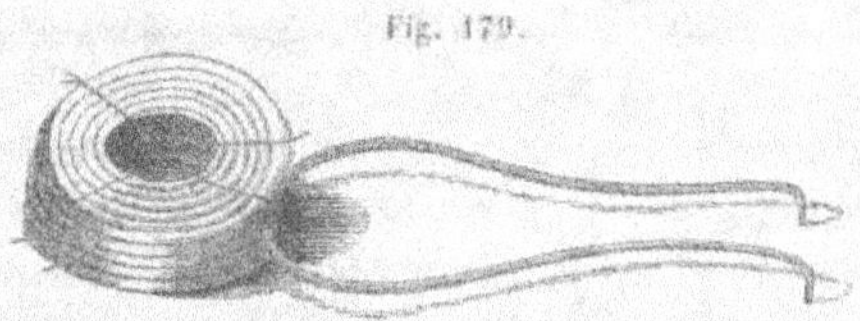

pieds de longueur et de 1/8 de pouce de diamètre; ce fil est enroulé
en cinq couches superposées, de manière que la spirale ait 1 1/2 pouce
de diamètre intérieur et 1 pouce de hauteur. S'il s'agit d'aimanter un
barreau droit, on place la spirale verticalement devant soi, et, après
l'avoir mise en communication avec une pile à grande surface, on y
fait passer cinq ou six fois le barreau tout entier dans la direction de
sa longueur; puis, quand le milieu de celui-ci se trouve de nouveau
dans la spirale, on interrompt le courant; alors l'acier se trouve fortement aimanté. Le même procédé est applicable aux barreaux en
fer à cheval. On favorise l'aimantation des barreaux de cette forme
en les munissant d'une armure en fer doux après le premier passage
à travers la spirale.

M. Bœttcher, de Francfort-sur-le-Mein, a imaginé, pour l'aimantation
des barreaux d'acier en fer à cheval, un procédé qui n'est qu'une modification de celui de M. Elias. Il se sert

Fig. 180.

de deux spirales formées par l'enrou-
lement d'un ruban de cuivre recouvert de soie ou de coton (fig. 180).
Ces spirales, a et b, sont enroulées
en sens inverse et la seconde extrémité libre de l'une est soudée au
commencement de la première; en
d'autres termes, le ruban est enroulé
de la même manière que le fil des deux bobines des électro-aimants
en fer à cheval. Pour aimanter au moyen de cette double spirale, on
en fait communiquer les deux extrémités avec un élément voltaïque à
grande surface, on introduit les branches respectives du fer à cheval
dans les spirales, puis on fait alternativement avancer jusqu'à sa courbure et reculer le fer à cheval, de manière à le soumettre, dans toute
sa longueur, à l'influence du courant. Six à huit passages des branches
du fer à cheval à travers les spirales suffisent pour l'aimantation. Après
le premier passage des branches, on les munit d'une armure de fer
doux, comme le montre la figure.

Les électro-aimants étant très-puissants, ils sont éminemment propres à l'aimantation de l'acier. Il existe différents procédés pour les faire servir à cet usage.

Fig. 181.

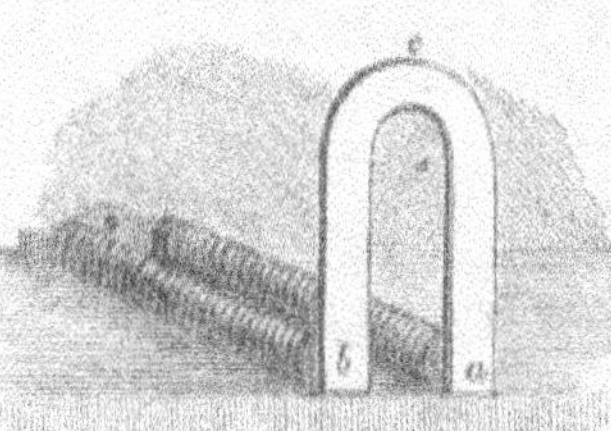

En voici d'abord un qui est analogue à celui que nous avons décrit précédemment sous le nom de *Méthode de la double touche séparée* (p. 176). On se procure deux électro-aimants rectilignes (fig. 181), qui, étant réunis au moyen d'une armure en fer doux, font fonction d'électro-aimant en fer à cheval; on fixe ces deux électro-aimants horizontalement sur une table, à une distance l'un de l'autre égale à l'intervalle des deux branches du fer à cheval qu'il s'agit d'aimanter, et de manière que leurs extrémités libres dépassent un peu le bord de la table; le barreau d'acier *bca* ayant été placé verticalement, sa courbure en haut, on applique celle-ci contre les pôles de l'électro-aimant horizontal, activé au moyen d'une pile à grande surface (2 ou 3 éléments de Bunsen). Les choses étant ainsi disposées, on fait glisser le fer à cheval *bca*, de bas en haut jusqu'à ce que ses deux extrémités *a* et *b* soient arrivées en contact avec les pôles de l'électro-aimant, comme l'indique la figure; on l'éloigne ensuite de l'électro-aimant, pour le ramener, par un détour, dans sa première position; on répète cette opération 5 ou 6 fois, puis on procède à l'aimantation de l'autre face du fer à cheval; à cet effet, celui-ci occupant sa première position, on lui fait décrire une demi-circonférence de cercle, de manière à amener sa courbure *c* en bas et la nouvelle face à aimanter en contact avec les pôles de l'électro-aimant; ensuite on le fait glisser de haut en bas jusqu'à ce que ses extrémités aient dépassé les pôles de l'électro-aimant horizontal; puis, de nouveau par un détour, on le ramène vers l'électro-aimant, pour le faire glisser encore une fois de haut en bas, et ainsi de suite 5 ou 6 fois; alors le fer à cheval se trouve aimanté, et pour lui conserver son magnétisme, on n'a plus qu'à le munir d'une armure en fer doux.

On peut encore opérer d'une autre manière. On tient le fer à cheval à aimanter horizontalement et l'on en applique les extrémités contre les pôles de l'électro-aimant; puis on réunit ces pôles au moyen d'une armure en fer doux, que l'on fait glisser, en la transportant toujours parallèlement à elle-même, sur toute la surface supérieure du fer à cheval, depuis les extrémités jusqu'à la courbure; on retire alors l'armure, pour la reporter dans sa première position et lui faire parcourir

de nouveau toute la surface supérieure du fer à cheval ; on répète cette
opération 5 ou 6 fois sur la face supérieure, et un même nombre de
fois sur la face inférieure. Comme l'électro-aimant retient l'armure
avec beaucoup de force quand elle en touche les pôles, et comme, pour
cette raison, l'on éprouve quelque difficulté à commencer les frictions,
on fait bien d'interposer entre l'armure et les pôles de l'électro-aimant
une feuille de carton de 1/12 de pouce d'épaisseur, qui empêche la trop
grande adhérence de cette armure : on prend une feuille de carton
que l'on perce de deux ouvertures assez grandes pour laisser passer les
branches du fer à cheval, on y introduit ces branches et lorsque leurs
extrémités sont en contact avec les pôles de l'électro-aimant, on amène
la feuille de carton en contact avec ces mêmes pôles ; l'armure étant
ensuite appliquée transversalement au-dessus du fer à cheval, contre
le carton, les pôles de l'électro-aimant ne l'attirent plus avec une force
suffisante pour qu'on ait de la peine à lui imprimer les mouvements
nécessaires à l'aimantation de l'acier.

D'après M. Vom Kolke, le procédé le plus expéditif pour aimanter,
à saturation, des barreaux, des aiguilles ou des fers à cheval d'acier,
consiste à se servir d'un électro-aimant énergique, ayant ses pôles
tournés en haut. On met sur ces pôles deux armures de fer doux dont
chacune a l'une de ses extrémités en contact avec l'électro-aimant, et
l'autre libre ; on rapproche ou l'on éloigne ces extrémités libres jusqu'à
ce qu'elles soient à une distance égale à la longueur du morceau d'acier
à aimanter ; on les réunit ensuite au moyen de celui-ci. Sous l'influence de l'électro-aimant, les armures s'aimantent et leurs extrémités
libres acquièrent des pôles de noms contraires qui, en agissant sur le
barreau d'acier, l'aimantent à son tour. Mais pour que cette aimantation devienne aussi forte que possible, il faut appliquer quelques coups
de marteau à l'une des extrémités du barreau, afin d'imprimer un
léger mouvement vibratoire à ses molécules. Quelques instants suffisent pour aimanter de cette manière de gros barreaux d'acier. Avant
de détacher l'aimant formé, il faut interrompre le courant qui active
l'électro-aimant.

Enfin, M. De La Rive indique le procédé suivant qui est applicable
aux barreaux droits : on introduit le barreau sur lequel on veut opérer
dans une bobine dont la longueur soit moindre que la sienne ; puis,
après avoir fait communiquer la bobine avec les pôles d'une pile et
avoir posé les deux extrémités du barreau sur les pôles contraires de
deux aimants énergiques, on promène la spirale du milieu du barreau
à une de ses extrémités, puis de celle-ci à l'autre, et ainsi de suite,

de manière que la spirale passe un même nombre de fois sur chaque
moitié du barreau. Après trois ou quatre passages de la spirale, on
ouvre le circuit, et l'on trouve le barreau fortement aimanté.

SONS PRODUITS PAR L'AIMANTATION.

L'ancienne théorie modifiée du magnétisme suppose, comme nous
l'avons vu précédemment (page 168), que les particules des corps
magnétiques sont originairement aimantées et que l'aimantation ne
consiste qu'à les disposer de façon que leurs magnétismes, qui dans
l'état naturel se dissimulent mutuellement, deviennent sensibles. Dans
cette manière de voir, on ne peut donc aimanter un corps sans déranger ses molécules de leur position d'équilibre. L'expérience confirme cette conclusion. En effet, lorsqu'on aimante un barreau de fer,
les molécules de ce barreau s'éloignent dans le sens de son axe magnétique, et quand l'aimantation cesse, elles reprennent leur position
primitive.

Pour prouver ce mouvement moléculaire, on dispose un barreau
de fer horizontalement au-dessus d'une table, on le fixe par son milieu b, comme le montre la figure 182, et on introduit ses extrémités

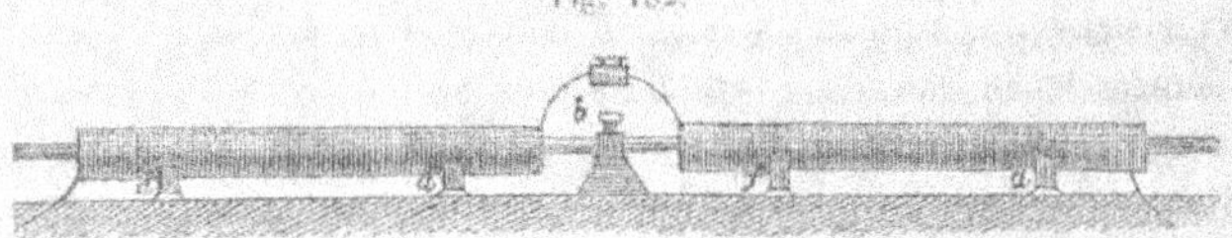

Fig. 182.

respectives exactement dans l'axe d'une bobine électrique. Les fils des
deux bobines, qui reposent sur des supports d, sont enroulés dans le
même sens ; on réunit ces fils par leurs extrémités en regard de b, et
on fait communiquer leurs deux autres extrémités avec les pôles d'une
pile de 3 ou 4 éléments de Bunsen. A l'instant où le courant passe,
le barreau de fer s'allonge et il conserve cet allongement pendant toute
la durée du courant, ou, ce qui revient au même, aussi longtemps
qu'il reste aimanté. A l'aide d'un appareil très-ingénieux, M. Joule,
physicien anglais, est parvenu à mesurer cet allongement, qu'il a
trouvé, pour un certain degré d'aimantation, égal à environ 1/720,000
de la longueur totale du barreau. Comme on le voit, l'allongement est
trop petit pour qu'on puisse l'apprécier directement à la vue. Mais on
peut le manifester d'une autre manière. Si l'on ouvre et ferme alter-

nativement le circuit, dans un temps très-court, ou en d'autres termes, si, au lieu de laisser *continu*, on rend *discontinu*, le courant qui traverse les bobines, il est évident que le fer s'aimantera autant de fois que le courant passera, et se désaimantera autant de fois que ce même courant sera intercepté par l'ouverture du circuit. Or, à chaque désaimantation les molécules du barreau, éloignées de leur position d'équilibre, y reviennent; et à chaque aimantation elles la quittent de nouveau, pour aller occuper celle qui correspond à cet état. Il suit de là que si les interruptions et les fermetures du circuit se succèdent assez rapidement, les molécules devront exécuter des mouvements très-rapides de va-et-vient autour de leur position d'équilibre, c'est-à-dire de véritables mouvements vibratoires, et rendre le même son que celui que l'on tire du barreau lorsque, après l'avoir fixé en son milieu, on le frotte dans le sens de sa longueur à l'une de ses extrémités. C'est effectivement ce qui a lieu. Lorsqu'on soumet le barreau de fer doux de l'appareil représenté par la figure 182 à l'action d'un courant discontinu (nous verrons à l'instant comment on obtient les interruptions), ce barreau rend un son de même hauteur que le son longitudinal qu'il produit par le frottement. Ce son est une preuve péremptoire du déplacement moléculaire qui accompagne l'aimantation, et il peut être cité à l'appui de l'ancienne théorie modifiée du magnétisme. Un barreau de fer de quatre pieds de longueur sonne avec assez d'intensité pour pouvoir être entendu par un nombreux auditoire. La hauteur du son ne dépend nullement de la rapidité avec laquelle se succèdent les interruptions du courant.

Pour interrompre et rétablir plusieurs fois, dans un temps très court, le circuit dont font partie les fils des deux bobines de l'appareil de la figure 182, on peut se servir d'un de ces nombreux appareils nommés *rhéotomes* ou *coupe-courants*, et qui sont destinés, quand on les introduit dans le circuit, à rendre le courant discontinu. L'un des plus commodes est celui qui est connu sous le nom de *roue à interruptions* de Neef (les Allemands l'appellent *Blitzrad*), et dont la figure 183 montre la disposition. Cet appareil consiste dans un disque horizontal en cuivre dont la circonférence porte incrustés de petits morceaux d'ivoire, séparés les uns

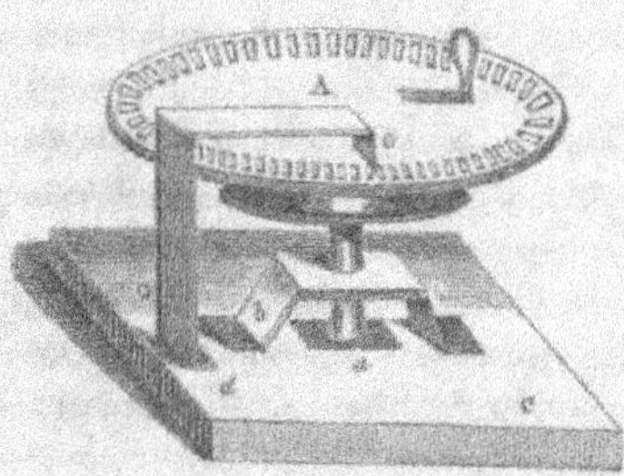

Fig. 183.

des autres par des intervalles égaux. L'axe de cette roue est également de cuivre; deux lames verticales de laiton b, b, fixées sur la planchette C sont réunies en haut par une lame horizontale de même métal; l'axe traverse celle-ci, et son extrémité inférieure repose dans une cavité a que présente la planchette C et que l'on remplit de mercure. Enfin, sur cette planchette s'élève une lame métallique O A e, dont l'extrémité élastique e s'appuie fortement sur la circonférence de la roue. Cela posé, que l'on fasse communiquer l'un des pôles de la pile avec l'extrémité libre du fil de l'une des bobines de l'appareil de la figure 182, et l'autre pôle avec le mercure que l'on a versé dans la cavité a (fig. 183); puis, qu'on mette en communication avec la lame O A e l'extrémité libre du fil de la seconde bobine (fig. 182); il est évident que pour produire le courant discontinu dont on a besoin, il suffira d'imprimer à la roue de l'interrupteur un mouvement de rotation au moyen de la manivelle dont elle est munie; car chaque fois que l'extrémité e de la lame O A e touchera le cuivre, le circuit sera fermé et le courant pourra circuler; chaque fois que e se trouvera, au contraire, sur l'ivoire, le courant sera interrompu; dans un temps donné, l'on obtiendra, par conséquent, un nombre d'interruptions d'autant plus grand que la vitesse de rotation imprimée à la roue de l'appareil sera plus considérable. La rotation de l'interrupteur est accompagnée d'un bruit qui peut empêcher la perception du son que l'on se propose d'observer. Pour éviter cet inconvénient, il faut placer le rhéotome dans une chambre adjacente.

MOTEURS ÉLECTRO-MAGNÉTIQUES.

Aussitôt que l'on connut l'énorme puissance d'attraction produite par les électro-aimants, on songea à l'utiliser dans l'industrie pour construire des moteurs. Mais, si l'on est parvenu à obtenir des machines très-curieuses et qui fonctionnent bien, on ne doit les considérer encore que comme des machines d'essai.

Il serait trop long de signaler toutes les formes d'appareils proposées, car, pour ainsi dire, chaque personne qui s'est occupée de la question a adopté un modèle ou une disposition particulière; mais on peut les ranger en machines rotatives directes et en machines oscillantes, le mouvement de va-et-vient de ces dernières pouvant ensuite être transformé en mouvement circulaire continu. Nous nous bornerons à l'examen des machines du premier système.

MACHINES ROTATIVES DIRECTES.

M. Jacobi, physicien russe, professeur à Dorpat, le même qui s'est rendu célèbre par la découverte de la galvanoplastie, paraît être le premier qui ait construit, en 1834, un moteur électro-magnétique de quelque puissance, et vers 1838 il put, en l'adaptant à une chaloupe contenant douze personnes, faire remonter à cette chaloupe la Néva. Cette machine, de la force de trois quarts de cheval et à rotation directe, était assez compliquée. C'est pour ce motif que nous ne la décrirons pas; nous nous contenterons d'en faire connaître le principe, et pour faciliter au lecteur l'intelligence de nos explications, nous décrirons d'abord un petit appareil, imaginé par Ritchie, qui montre, de la manière la plus simple, comment on peut faire servir les électro-aimants à la production d'un mouvement de rotation.

Fig. 184.

L'appareil de Ritchie se compose d'un aimant vertical NS (fig. 184), ayant ses pôles tournés en haut et fixé solidement sur un support. Au milieu de l'intervalle entre les deux branches de l'aimant N S, se trouve un axe vertical en fer, très-mobile, portant un électro-aimant horizontal A B, auquel on peut imprimer un mouvement de rotation autour de cet axe et qui, dans ce mouvement, présente ses pôles à une petite distance au-dessus de ceux de l'aimant fixe. Entre son tourillon supérieur et l'électro-aimant A B, l'axe de fer porte un petit cylindre de bois ou d'ivoire, dans lequel sont incrustées deux portions h et i d'un anneau de laiton, qui toutefois ne se rejoignent pas pour former un anneau complet, mais restent séparées par deux parties diamétralement opposées de la surface du cylindre. Les deux extrémités du fil de l'électro-aimant A B sont soudées, l'une o, à l'arc métallique h, l'autre à l'arc i. Deux lames de métal f et g, faisant ressort, pressent constamment contre les extrémités d'un des diamètres horizontaux du cylindre de bois, à la hauteur où se trouvent les arcs métalliques h et i; les deux lames f et g communiquent, l'une avec le pôle positif et l'autre avec le pôle négatif d'un élément de Bunsen ou de Grove. Le cylindre de bois est ajusté sur son axe de façon que lorsque les pôles de l'électro-aimant A B se trouvent au-dessus de ceux de l'aimant fixe NS, les lames f et g soient en contact avec le bois et non avec les arcs h et i.

Il nous sera facile maintenant de nous rendre compte du jeu de l'appareil. Supposons que, la lame g communiquant avec le pôle positif du couple galvanique, l'électro-aimant A B se trouve dans la position représentée par la figure. Alors le courant passera de g sur l'arc h, et de celui-ci dans le fil de l'électro-aimant; après avoir parcouru ce fil, il se portera successivement sur l'arc i et sur la lame f, pour aller rejoindre le pôle négatif du couple. Dans ces circonstances, le fer doux prendra un pôle austral en A, par exemple, et un pôle boréal en B. Si le pôle N de l'aimant fixe est un pôle boréal, il attirera le pôle A, en même temps que le pôle S attirera le second pôle B de l'électro-aimant; celui-ci tournera par conséquent dans le sens indiqué par la flèche. A l'instant où A et B se trouveront respectivement au-dessus de N et de S, les deux ressorts f et g venant en contact avec le bois ou l'ivoire du cylindre, le courant sera interrompu, et si l'électro-aimant n'avait pas de vitesse acquise, il s'arrêterait dans cette position. Mais en vertu de cette vitesse, il dépasse la position dont il s'agit, l'arc h vient en contact avec la lame f, et l'arc i avec la lame g; par conséquent, le courant se rétablit, mais en parcourant en sens inverse le fil de l'électro-aimant mobile; le pôle A de celui-ci sera donc instantanément remplacé par un pôle boréal, et le pôle B par un pôle austral; le premier étant repoussé par le pôle N de l'aimant fixe, comme le second l'est par le pôle S, l'électro-aimant continuera sa rotation dans le sens indiqué par la flèche. Mais aussitôt que les extrémités polaires de cet électro-aimant passeront de nouveau au-dessus des pôles de l'aimant fixe NS, le sens du courant sera renversé, et le mouvement de rotation continuera. Il est évident qu'au lieu de l'aimant fixe NS, on peut faire usage d'un électro-aimant dont les pôles conservent une position invariable.

Nous pouvons actuellement donner une idée de la machine électromagnétique de M. Jacobi. Cette machine se compose d'électro-aimants fixes, disposés autour d'un bâti en bois, et d'électro-aimants mobiles autour d'un axe horizontal, de sorte que les pôles de ces appareils puissent venir exactement en face les uns des autres. Le même courant aimante ces électro-aimants, et agit de telle sorte que les pôles en regard soient tantôt de nom contraire, tantôt de même nom; aussitôt qu'ils sont inverses, il y a attraction et rotation jusqu'à ce que les pôles soient exactement en regard; mais si à ce moment on change la polarité des aimants mobiles, par exemple, il y a alors répulsion entre eux, et le mouvement de rotation continue dans le même sens. On comprend que si à chaque 1/4 de la circonférence, ou à chaque 1/6, suivant le nombre d'électro-aimants, ces effets se reproduisent, le mouvement de rotation continue à avoir lieu. Le mécanisme qui effectue le renversement des pôles reçoit le mouvement de l'appareil lui-même.

Dans l'expérience publique que M. Jacobi a faite, sur la Néva, il a employé deux machines semblables, activées au moyen de 128 couples zinc et platine, qui offraient une superficie totale de 32 pieds carrés. La puissance du courant était telle, qu'un fil de platine long de 2 mètres, et de la grosseur d'une corde de piano, fut immédiatement rougi sur toute son étendue par le courant voltaïque. La chaloupe, qui était munie de roues à palettes et montée, comme nous l'avons dit, par douze personnes, put naviguer pendant plusieurs heures sur les eaux de la Néva, contre le courant et malgré un vent violent. Cependant la puissance du moteur électro-magnétique, estimée approximativement, ne représenta que les trois quarts de la force d'un cheval-vapeur. Un si faible effet mécanique, déterminé par un courant électrique d'une activité si considérable, démontra à l'auteur et aux spectateurs de cette expérience, qu'il serait impossible d'appliquer cette machine à un travail industriel. Les détails qui précèdent nous paraissent avoir leur importance, car dans les grandes entreprises scientifiques, l'insuccès du passé sert à l'instruction de l'avenir.

M. Froment, habile constructeur à Paris, a imaginé une machine électro-magnétique qu'il emploie dans ses ateliers pour mettre en mouvement des tours, etc., et qui paraît donner de bons résultats. La figure 185 représente la disposition qu'il a adoptée : M N est un bâti

Fig. 185.

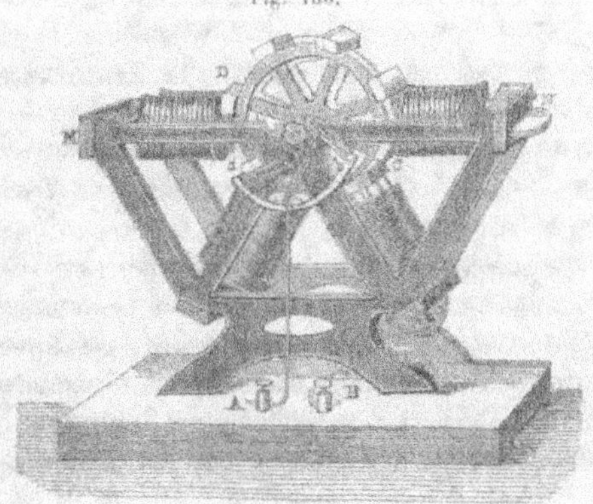

en fonte supporté sur un socle; il renferme quatre électro-aimants dans lesquels un courant électrique, arrivant au moyen des conducteurs A et B, peut circuler successivement. Ces électro-aimants sont destinés à agir sur huit armatures en fer doux situées sur la circonférence d'une roue en fonte C D, mobile autour de l'axe de l'appareil; les armatures, bien entendu, passent à distance des fers des électro-aimants, quoique très-près de leur surface, afin qu'il n'y ait jamais contact. L'appareil est disposé de manière que chaque électro-aimant agisse successivement sur une des armatures quand elle est voisine de ses pôles, et cesse son action au moment où elle est arrivée en face d'eux; alors, un autre électro-aimant exerçant aussitôt son action, il en résulte une suite d'impulsions capables de donner un mouvement de rotation continu à la roue C D.

Pour que ce mouvement puisse s'établir, la machine porte un distributeur qui établit le courant et l'interrompt à un moment donné, et qui le fait passer d'un électro-aimant à l'autre; mais on ne change pas le sens du courant dans les électro-aimants, contrairement à ce qui a lieu dans l'appareil de Ritchie ou dans la machine de M. Jacobi. Le distributeur se compose de trois petits communicateurs à roulette, semblables à celui que nous allons représenter plus en grand plus loin, et qui sont fixés au cercle métallique ab, attaché au bâti en fonte. Une petite roue à cames, portée sur l'axe de la roue des armatures, se meut en même temps que celle-ci, et, en soulevant les roulettes, produit les communications nécessaires au jeu de la machine. Pour cela, un des communicateurs est en rapport avec les deux électro-aimants inférieurs, et chacun des deux autres avec les électro-aimants extrêmes; l'on fixe, une fois pour toutes, le cercle ab sur le bâti en fonte, afin que les attractions n'aient lieu qu'avant le passage des armatures devant la partie centrale de chaque électro-aimant.

Comme la force attractive des aimants ne s'exerce qu'à une très-faible distance, il n'est utile de faire passer le courant que lorsque chaque armature arrive à proximité d'un électro-aimant; de là l'utilité de l'emploi de plusieurs électro-aimants, et de la division du courant pendant chaque révolution de la roue.

Chaque communicateur à roulette est formé comme l'indique la figure 186 : une lame d'ivoire F empêche la communication métallique entre les branches AB, CD, qui, à l'aide des boutons A et C, communiquent, la première à l'un des pôles de la pile (celui qui aboutit en A, fig. 185), et la seconde à l'une des extrémités du fil de l'électro-aimant auquel le communicateur est destiné à envoyer le

Fig. 186.

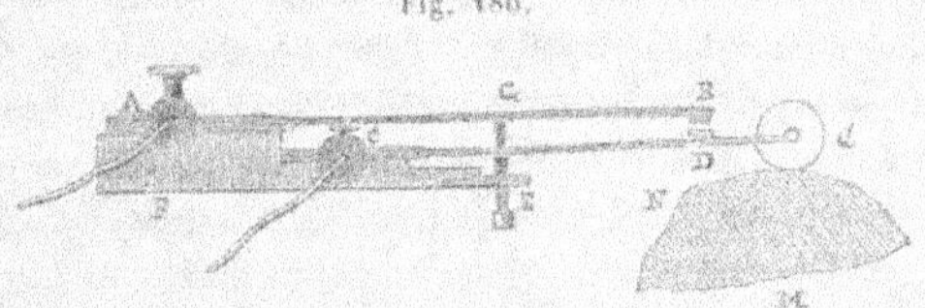

courant ; l'autre extrémité de ce même fil est en communication avec
le fil qui rejoint le second pôle B de la pile (fig. 185). La lame métallique CD, servant de conducteur, porte une petite roulette en
ivoire a, qui roule sur la roue M, et ce n'est que lorsque chaque
came N passe devant la roulette en ivoire, que la roulette a, étant
soulevée, établit une communication électrique entre les deux petites
plaques de cuivre B et D, munies de lames de platine. On voit facilement que tant que cette communication entre B et D subsiste, le
courant peut passer de A en C, de là dans le fil de l'électro-aimant et
de ce fil au second pôle de l'appareil galvanique. Une vis en cuivre EG, qui passe dans un écrou E fixé à la lame d'ivoire F, traverse
la lame de cuivre CD, faisant ressort, au milieu d'une ouverture pratiquée dans cette lame, et ne communique pas avec elle ; elle vient
s'appuyer en G sur la lame AB, faisant également ressort, et permet
de régler la durée du contact des pièces B et D.

M. Froment a dans ses ateliers une machine électro-magnétique
disposée comme nous venons de l'indiquer et possédant la force d'un
cheval-vapeur. (H. V.)

INCONVÉNIENTS DES MOTEURS ÉLECTRO-MAGNÉTIQUES ACTUELS.

Après avoir décrit quelques modèles de moteurs électro-magnétiques, il nous reste à faire connaître les causes qui se sont opposées
jusqu'ici à ce qu'on ait pu utiliser ces appareils comme moteurs puissants pouvant présenter de l'économie dans leur emploi. Voici les
principales de ces causes.

Les attractions et les répulsions des électro-aimants ne sont guère
que des forces de contact : leur intensité diminue, en effet, par la
distance, avec une rapidité déplorable. Bien que cette loi n'ait jamais
été positivement vérifiée, on admet que les actions magnétiques diminuent selon le carré des distances ; un morceau de fer, attiré par un
électro-aimant avec une certaine force à la distance d'un millimètre,

par exemple, ne serait plus attiré qu'avec une intensité neuf fois plus faible si on le portait à la distance de 3 millimètres. Le mouvement de va-et-vient qui résulte de l'attraction magnétique n'est donc jamais que d'une amplitude ou d'une course extrêmement limitée, ce qui oblige de faire usage, pour l'accroître, de leviers diversement disposés, qui absorbent nécessairement une partie du travail effectué par la machine.

Le poids énorme qu'il faut donner aux machines pour développer une grande quantité de magnétisme, empêcherait d'appliquer les appareils électro-magnétiques à la locomotion sur les voies ferrées et sur les navires. La machine qui est établie dans les ateliers de M. Froment est d'un poids qui excède 800 kilogrammes, et produit à peine la force d'un cheval-vapeur. En outre, M. Froment a reconnu qu'elle nécessite une dépense de 2 francs par heure et par force de cheval; dépense infiniment élevée si on la compare à celle de la machine à vapeur dans les mêmes conditions. Or, ce que nous disons, sous le rapport de la dépense de la machine de M. Froment, pouvant s'appliquer aux autres appareils électro-magnétiques proposés jusqu'à ce jour, on voit que l'impossibilité où l'on se trouve encore de produire de l'électricité à bas prix est un obstacle des plus sérieux à l'emploi des appareils dont il s'agit.

Aux inconvénients que nous venons de signaler, il faut ajouter les deux suivants. Au moment où le courant cesse de passer, ou bien au moment où il s'établit, il se manifeste une étincelle qui détruit peu à peu les surfaces en contact, ou les couvre de poussière ou d'oxyde qui diminue la facilité du passage de l'électricité. On a trouvé moyen d'atténuer cet inconvénient, mais on n'a pas réussi à le supprimer complétement. En second lieu, lorsque la machine est en mouvement, les électro-aimants n'ont plus la même force que dans l'état de repos de l'appareil, et ils s'affaiblissent d'autant plus, que la vitesse devient plus considérable. Ce phénomène est dû, dans la machine de M. Froment, par exemple, à ce que les armures de fer doux s'aimantent successivement, et développent alors, par le seul fait de leur mouvement, dans le fil de l'électro-aimant qui les attire, un courant opposé à celui qui parcourt ce fil (voy. plus loin l'article relatif aux courants magnéto-électriques); ce nouveau courant doit donc détruire une partie du magnétisme de l'électro-aimant, et c'est ce qui a lieu effectivement. M. Jacobi a le premier constaté l'affaiblissement du courant de la pile qui se produit par le fait du mouvement des machines électro-magnétiques. L'expérience en est très-simple, et consiste tout bonnement à interposer un multiplicateur dans le circuit des bobines et de la pile : aussitôt que la machine se met en mouvement, on voit diminuer la déviation de l'aiguille produite par le courant, et cette déviation reste stationnaire quand le mouvement devient uniforme. On voit, par ce qui précède, combien on se tromperait si l'on jugeait des résistances qu'une machine électro-magnétique peut vaincre quand elle est en mouvement, d'après les poids que peuvent porter, quand elle est en repos, les électro-aimants qui la composent.

Faisons toutefois remarquer que, même dans les conditions présentes, et tels que nous les voyons aujourd'hui, les appareils électro-magnétiques sont déjà en mesure de fournir à l'industrie des ressources qu'il ne serait pas permis de dédaigner. Si l'électricité ne peut entrer en lutte avec la vapeur pour la production des grandes forces, elle l'égale, on pourrait même dire qu'elle la surpasse, pour la production des forces minimes. Quand on n'a besoin que d'une action motrice d'une faible intensité, et qui ne doit s'exercer que par intervalles, par exemple dans l'horlogerie et dans les ateliers des petits métiers, là où il importe moins de développer un grand effort mécanique que de produire cette puissance à volonté, instantanément, et en la modérant avec précision, suivant les besoins du travail, dans ce cas, le moteur électro-magnétique offre incontestablement plus d'avantages que la vapeur. En voici un exemple.

Dans les ateliers de M. Froment, c'est un moteur électro-magnétique qui sert à mettre en action les machines à diviser. Ces machines sont placées dans une petite salle retirée, silencieuse, et où personne ne pénètre jamais. Leur délicatesse est telle que, pendant le jour, le mouvement des voitures dérangerait leur action ; on ne les fait donc, le plus souvent, travailler que de nuit. Mais cette obligation d'attendre pour le travail l'heure paisible de minuit, serait assez désagréable pour l'artiste ; que fait M. Froment ? Sur le chiffre de son horloge électrique, il accroche un petit levier qui communique avec le fil conducteur de la pile destinée à mettre en action les machines ; après quoi il va se coucher. A minuit, l'aiguille du cadran vient rencontrer ce levier, le décroche, et la communication avec la pile voltaïque se trouvant ainsi établie, les machines à diviser se mettent en train. Le travail marche ainsi toute la nuit. Quand la dernière division a été tracée, la machine elle-même arrête le moteur électro-magnétique qui la mettait en mouvement, et tout retombe dans le repos. — Nous ne signalons ici qu'une des mille merveilles que peuvent réaliser les appareils électro-magnétiques appliqués à un travail de précision. (H. V.)

TÉLÉGRAPHIE ÉLECTRIQUE.

Les *télégraphes électriques* sont des appareils à l'aide desquels on peut transmettre des signaux à de grandes distances par l'emploi de courants électriques qui se propagent dans de longs fils métalliques.

Les principaux télégraphes actuellement en usage peuvent se diviser en *télégraphes à signaux conventionnels*, *télégraphes à cadran* et *télégraphes écrivants*. Le télégraphe à deux aiguilles de M. Wheatstone appartient à la première classe, le télégraphe à cadran ordinaire à la seconde, et le télégraphe écrivant de M. Morse à la troisième.

Le cadre de cet ouvrage ne nous permettant pas de décrire tous les télégraphes électriques proposés jusqu'à ce jour, nous ne nous occuperons que des trois appareils que nous venons d'indiquer, d'autant plus qu'on peut les considérer comme les types des classes de télégraphes électriques auxquelles ils appartiennent.

Comme tous les télégraphes électriques, ces trois appareils reposent sur l'énorme vitesse de propagation de l'électricité. D'après MM. Fizeau et Gounelle, cette vitesse, dans un fil de cuivre de 2,5 millimètres de diamètre, est d'environ 45,000 lieues par seconde. Par conséquent, étant donné un fil pareil allant de Gand à Bruxelles, par exemple, et revenant ensuite à Gand, c'est-à-dire un fil d'une longueur d'environ 20 lieues ; lorsque, à Gand, on fera communiquer les extrémités de ce fil avec les pôles d'un appareil voltaïque, 1/4500 de seconde après la fermeture du circuit, les deux électricités parties des deux pôles de la pile se seront rejointes à Bruxelles, et sur toute son étendue le fil pourra manifester les propriétés qui dénotent le passage du courant électrique au travers de sa substance. Lorsqu'on ouvre le circuit, il ne faut non plus qu'un instant pour que le courant cesse dans toute l'étendue du fil, et que celui-ci perde les propriétés nouvelles que l'électricité lui avait communiquées. Il suit de là que, si l'on veut transmettre des signaux de Gand à Bruxelles, il suffit de produire, dans cette dernière ville, un effet mécanique ou physique assez considérable pour rendre sensible la présence de l'électricité partie de Gand. Or, c'est ce que l'on réalise d'une manière très-simple, dans le télégraphe de M. Wheatstone, au moyen d'une aiguille aimantée que l'on approche du fil conducteur : aussitôt que le courant passe dans ce fil, l'aiguille est déviée brusquement, soit d'un côté, soit de l'autre, suivant le sens du courant, et dès que celui-ci cesse, elle revient à sa position primitive. Dans les télégraphes à cadran ordinaire et de Morse,

on rend sensible le passage du courant par l'aimantation temporaire
du fer doux, comme nous allons le voir. En effet, supposons de nouveau qu'il s'agisse d'établir une communication électrique entre Gand
et Bruxelles. La pile étant placée à Gand, si, à Bruxelles, on enroule
le fil conducteur de la pile autour d'un morceau de fer doux plié en
fer à cheval, et qu'on place au devant des extrémités de celui-ci une
armure de fer mobile, aussitôt qu'on fermera le circuit à Gand, le fer
à cheval s'aimantera à Bruxelles, l'armure sera attirée et viendra se
coller contre l'électro-aimant. Maintenant, que l'on interrompe le courant électrique, en supprimant la communication du fil conducteur
avec la pile : à l'instant le fer à cheval reviendra à son état habituel,
il cessera d'être aimanté et il n'attirera plus son armure. Si donc nous
admettons que, pour se porter vers l'électro-aimant, l'armure ait eu à
vaincre la résistance d'un petit ressort, dès que le courant sera interrompu, le petit ressort ramènera l'armure mobile à sa position primitive, puisque la puissance de l'électro-aimant ne contre-balancera plus
la tension du ressort. Ainsi, chaque fois que l'on établira et que l'on
interrompra le courant, l'armure sera portée en avant, puis repoussée
en arrière; par la seule action de la pile, on pourra donc exercer de
Gand à Bruxelles une action mécanique qui donnera un mouvement
de va-et-vient. C'est sur ce mouvement que repose le jeu des télégraphes à cadran ordinaire et de Morse. (H. V.)

TÉLÉGRAPHE A DEUX AIGUILLES DE M. WHEATSTONE.

Fig. 187.

Ce télégraphe fait quatre signaux
élémentaires, qu'il faut combiner
entre eux pour obtenir autant de
signaux composés que la correspon-
dance l'exige; ce sont deux aiguilles
aimantées verticales G, G' (fig. 187),
qui les fournissent, en oscillant à
droite et à gauche, la première entre
les deux points d'arrêt a, a', très-
rapprochés, et la seconde, entre les
arrêts b, b'. La plaque antérieure de
la petite caisse qui contient l'appareil
porte l'alphabet adopté. A la partie
supérieure de cette même caisse se
trouve une sonnerie d'alarme. Au
moyen de la clef que l'on voit sur la

face latérale gauche de la boîte, on peut, à volonté, établir ou interrompre la communication de la sonnerie avec le circuit de la ligne. Nous expliquerons à la fin de cet article le mécanisme de la sonnerie d'appel.

Les oscillations des aiguilles G, G', s'obtiennent à l'aide des clefs ou manipulateurs F, F'. Lorsqu'on tourne la première un peu à gauche ou un peu à droite, l'aiguille G oscille à gauche ou à droite; lorsqu'on ramène F dans la position verticale, l'aiguille G reprend également sa position primitive. La clef F' fait marcher de la même manière l'aiguille G'. Si l'on tourne à la fois les deux clefs, les deux aiguilles se déplacent simultanément.

Un appareil en tout semblable est établi dans la station avec laquelle on veut communiquer, et les aiguilles de ce second appareil exécutent, au même instant, les mêmes mouvements que les aiguilles du premier. L'un et l'autre appareil établis dans les deux stations peuvent, par conséquent, recevoir les dépêches et les transmettre. La figure 188 ci-après nous aidera à faire comprendre le mécanisme ingénieux au moyen duquel on obtient ces résultats. Mais avant de décrire ce mécanisme, nous allons exposer comment on a combiné les quatre signaux élémentaires pour former les lettres et les chiffres.

Voici d'abord les combinaisons que l'on emploie actuellement en Angleterre.

A. — Deux oscillations vers la gauche de l'aiguille de gauche.

B. — Trois oscillations vers la gauche de l'aiguille de gauche.

C et le chiffre 1. —Deux oscillations de l'aiguille de gauche, la première à droite et la seconde à gauche.

D et le chiffre 2. — Deux oscillations de l'aiguille de gauche, la première à gauche, la seconde à droite.

E et 3. — Un seul mouvement de l'aiguille de gauche vers la droite.

F. — Deux oscillations à droite de l'aiguille de gauche.

G. — Trois oscillations de l'aiguille de gauche vers la droite.

H et 4. — Une oscillation vers la gauche de l'aiguille de droite.

I. — Deux mouvements vers la gauche de l'aiguille de droite.

J. — Est omis, on le remplace par la lettre G.

K. — Trois oscillations vers la gauche de l'aiguille de droite.

L et 5. — Deux oscillations de l'aiguille de droite, la première à droite, la seconde à gauche.

M et 6. — Deux oscillations de l'aiguille de droite, la première à gauche, la seconde à droite.

N et 7. — Un seul mouvement vers la droite de l'aiguille de droite.

O. — Deux oscillations vers la droite de l'aiguille de droite.

P. — Trois oscillations vers la droite de l'aiguille de droite.

Q. — Est omis, on lui substitue la lettre K.

R et 8. — Mouvement parallèle vers la gauche des deux aiguilles.

S. — Deux mouvements parallèles vers la droite des deux aiguilles.

T. — Trois mouvements parallèles vers la gauche des deux aiguilles.

U et 9. — Deux mouvements parallèles des deux aiguilles, le premier à droite, le second à gauche.

V et 0. — Deux mouvements parallèles des deux aiguilles, le premier à gauche, le second à droite.

W. — Un mouvement parallèle des deux aiguilles vers la droite.

X. — Deux mouvements parallèles des deux aiguilles vers la droite.

Y. — Trois mouvements parallèles des deux aiguilles vers la droite.

Z. — Est omis, on lui substitue la lettre S.

Le signe +, appelé *stop*, est le point final à l'aide duquel celui qui
transmet la dépêche indique que le mot est fini. Il s'indique par une
seule oscillation de l'aiguille de gauche vers la gauche. Ce signe sert
également à celui qui reçoit la dépêche pour dire qu'il ne comprend
pas. Quand il a compris, il montre la lettre E. La lettre E transmise
deux fois signifie *oui*.

En Belgique on a adopté, pour les télégraphes à deux aiguilles, un
alphabet qui diffère en quelques points de celui que nous venons d'expliquer. Le tableau ci-dessous fera connaître les conventions établies.
La déviation vers la gauche de chacune des deux aiguilles est représentée par la lettre *l*, et la déviation vers la droite par la lettre *r*. Ces
lettres répétées plusieurs fois expriment qu'il faut répéter un même
nombre de fois, dans le sens qu'elles indiquent, l'oscillation de l'aiguille à laquelle elles se rapportent. C'est ainsi, par exemple, que lorsqu'il s'agit de l'aiguille de gauche, la lettre *l* répétée trois fois, c'est-à-
dire le signe *lll*, exprime qu'il faut faire exécuter à cette aiguille trois
oscillations vers la gauche.

ALPHABET ADOPTÉ EN BELGIQUE POUR LES TÉLÉGRAPHES A DEUX AIGUILLES.

Aiguille de droite.	Aiguille de gauche.	Mouvements parallèles et simultanés des deux aiguilles.
+ = *l*	h = *l*	r = *l*
a = *ll*	i = *ll*	s = *ll*
b = *lll*	q = *lll*	t = *lll*
c = *rl*	k = *llll*	u = *rl*
d = *lr*	l = *rl*	v = *lr*
e = *r*	m = *lr*	w = *rrrr*
f = *rr*	n = *r*	x = *rr*
g = *rrr*	o = *rr*	y = *rrr*
	p = *rrr*	z = *r*

SIGNAUX POUR LES CHIFFRES.

1 = c		6 = m
2 = d		7 = n
3 = e		8 = r
4 = h		9 = u
5 = l		0 = v

La lettre *j* est omise et remplacée par la lettre *i*. Les chiffres sont représentés par les mêmes mouvements que les lettres ; ainsi, le chiffre 1 est représenté par les mêmes signaux que la lettre *c*; 2, par les signaux de la lettre *d*, etc. Le passage des lettres aux chiffres s'indique par les signes *h* et +, qui sont répétés par le stationnaire qui reçoit la dépêche, afin de faire savoir qu'il a compris. Lorsque le télégraphiste veut repasser des chiffres aux lettres, il donne les signaux *m* et +, qui sont de même répétés par le stationnaire auquel la dépêche est transmise. Celui-ci transmet, en outre, la lettre *e*, après chaque mot reçu, et le signe +, s'il n'a pas compris. Dans ce cas, le mot est répété par le stationnaire qui parle. Au moyen des lettres *r* et *w*, on indique les phrases « *attendez* » et « *allez plus loin.* »

Expliquons maintenant le mécanisme du télégraphe à deux aiguilles de M. Wheatstone. Sur la planchette qui forme le fond de la caisse de l'appareil s'élèvent huit petites tiges de cuivre, *a, b, c, d, e, f,*

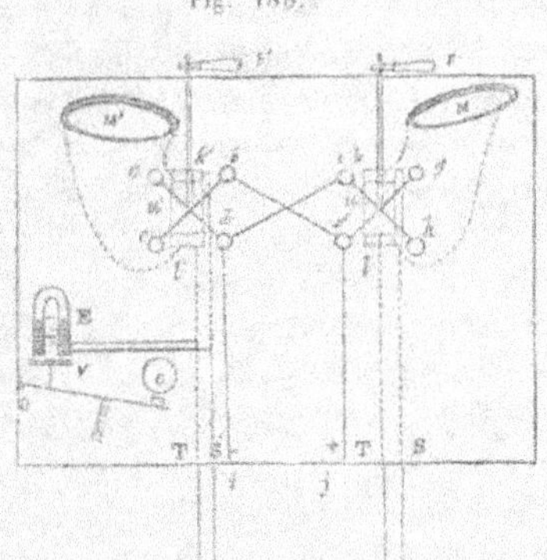

Fig. 188.

g, h (fig. 188). Des fils de cuivre font communiquer ensemble f et g, h et e, f et b, e et d, b et c, d et a. Ces divers fils de communication sont représentés par des lignes droites : ils sont recouverts de soie aux endroits où ils se croisent respectivement. Les deux tiges d et f communiquent, en outre, avec deux fils de cuivre dont les bouts libres i, j, apparaissent sur la face postérieure de la boîte et sont destinés à être mis en contact avec les pôles d'une pile. Admettons que le pôle positif communique avec j et le pôle négatif avec i. Entre les tiges e, g, f, h, se trouve un petit cylindre d'ivoire u, terminé par deux anneaux en cuivre k, l, et fixé, par l'intermédiaire d'une tige de bois, à un axe dont l'extrémité libre porte la clef F, que l'on voit également sur la figure 187. Au moyen de cette clef, on peut incliner le cylindre d'ivoire, soit à gauche, soit à droite, de manière à mettre ses anneaux de cuivre en contact, tantôt avec h et g, tantôt avec e et f. Un cylindre pareil k' u' l' est établi entre les tiges a, b, c, d, et mis en mouvement au moyen de la clef F' (fig. 187 et 188).

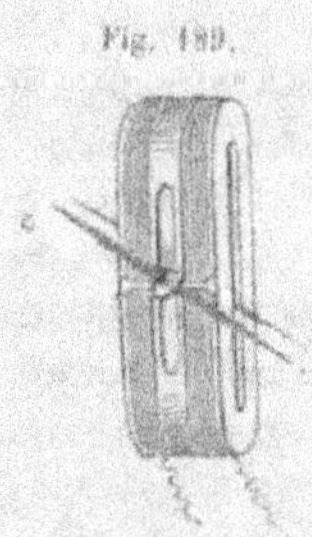

Fig. 189.

Les deux anneaux k, l, du cylindre u communiquent avec les extrémités d'un fil galvanométrique M enroulé autour d'un cadre fixé à la paroi antérieure de la boîte de l'appareil. Dans l'intérieur de ce cadre (fig. 189), se trouve une aiguille aimantée mobile autour d'un axe horizontal, qui traverse la paroi antérieure de la boîte et reçoit l'aiguille G (voy. aussi fig. 187), disposée parallèlement à la première aiguille, mais de manière que ses pôles soient dirigés en sens inverse de ceux de cette dernière. Ce sont les mouvements de l'aiguille G, la seule qui soit apparente, que l'on observe.

Aux mêmes anneaux k et l, viennent s'attacher deux autres fils dont les bouts libres apparaissent en T et S (fig. 188). Ces fils, comme celui du multiplicateur, sont très-fins et très-flexibles, de sorte qu'ils peuvent suivre avec facilité tous les mouvements du cylindre d'ivoire

auquel ils aboutissent. Enfin, du point S part un fil de cuivre ou de
fer galvanisé (voy. p. 328), qui se rend à la seconde station, où il est
attaché au point S de l'appareil qui se trouve dans cette station et qui
est en tout semblable à celui que nous décrivons. Du point T part
un second fil conducteur qui se rend pareillement à la seconde station, pour y être mis en rapport avec le point T de l'autre appareil.

Les anneaux k' et l' du cylindre u' reçoivent de même, d'une part,
les extrémités d'un fil galvanométrique M', disposé comme celui de
l'aiguille G, et de l'autre, deux fils de cuivre T', S', qui communiquent, par deux fils de même métal ou de fer galvanisé, avec ceux
de l'appareil de la seconde station.

Cela posé, admettons qu'à l'aide de la clef F, on amène les anneaux
du cylindre u en contact avec les tiges h et g. Le courant positif passera de j en f et en g; puis, après avoir traversé le multiplicateur, il
arrivera en h, et ira rejoindre le pôle négatif de la pile, en passant
par les points e et d. L'aiguille G sera donc instantanément déviée
dans un sens ou dans l'autre, selon la direction du courant. Mais une
autre portion du courant passera de k en S, parcourra le trajet de la
première station à la seconde, le fil du multiplicateur de l'aiguille G
du second appareil, puis reviendra, par le fil de retour, en T, et de
là, successivement, par h, e et d, au pôle négatif de la pile. Ainsi, au
même moment où l'aiguille G s'est inclinée à droite ou à gauche par le
mouvement de la clef F, l'aiguille analogue de la station qui doit recevoir la dépêche a exécuté le même mouvement. L'on verrait d'une
manière analogue que si l'on incline la clef F en sens contraire, les
aiguilles G des deux télégraphes exécuteront un mouvement opposé
au premier. Enfin, on voit que lorsque le cylindre u ne touche ni
les tiges g, h, ni celles e, f, le circuit est ouvert, et le courant cesse de
circuler.

Tout ce que nous venons de dire des mouvements de l'aiguille G
s'applique à ceux de l'aiguille G', et pour faire dévier cette dernière
aiguille, soit à droite, soit à gauche, il suffit de tourner à droite ou à
gauche le manipulateur F'.

Dans ce qui précède, nous avons supposé qu'on avait établi quatre
fils de communication entre les deux stations : mais deux suffisent.
En effet, on a reconnu que l'on peut remplacer le fil de retour par la
terre. Pour cela il suffit de mettre les points T des deux appareils en
communication avec de grandes plaques métalliques enfoncées dans
le sol humide. Nous dirons plus loin quelles sont les opinions qui ont
été émises pour expliquer la propriété que possède la terre de pouvoir

compléter le circuit voltaïque. Cette propriété a été découverte par un habile physicien allemand, M. Steinheil, de Munich. Elle a une importance extrême en télégraphie électrique, parce qu'elle réduit d'environ de moitié les frais d'établissement des appareils.

Pour terminer la description du télégraphe de M. Wheatstone, il nous reste à parler de la *cloche d'appel*, qui sert à avertir le stationnaire auquel on veut transmettre la dépêche.

Cette cloche, contenue dans la partie supérieure de la caisse de l'appareil, consiste en un timbre C, sur lequel frappe un marteau mû par l'électro-aimant E, dont le fil communique, d'une part, avec T', et d'autre part, avec S'. Ce marteau est fixé à un levier mobile autour du point O; quand le courant commence à passer, l'électro-aimant E attire son armure V, celle-ci entraîne le levier auquel elle est attachée, et le marteau frappe sur le timbre C; si ensuite on interrompt le courant, un ressort tire le levier en arrière; par conséquent, pour faire sonner la cloche d'appel, il suffit que le stationnaire qui expédie la dépêche ouvre et ferme alternativement, un certain nombre de fois, le circuit. Lorsque le second stationnaire a été averti, il répond qu'il est prêt à écouter, en faisant à son tour sonner la cloche d'appel; puis on fait sortir les deux cloches du circuit, ce qui se fait à l'aide de la clef que l'on voit sur la face latérale gauche de la caisse de l'appareil (fig. 187), et la transmission de la dépêche commence[1].

Le télégraphe à aiguilles n'est plus employé en Belgique que pour le service entre Bruxelles et Anvers. On y a également renoncé sur plusieurs lignes en Angleterre, pour le remplacer par le télégraphe écrivant de Morse. Ce dernier télégraphe présente, en effet, entre autres avantages, celui de n'exiger qu'un seul fil, tandis qu'avec le télégraphe de M. Wheatstone il en faut deux; en second lieu, ses indications ne sont pas fugitives comme celles de ce dernier appareil.

(H. V.)

TÉLÉGRAPHE A CADRAN ORDINAIRE.

Il existe plusieurs sortes de télégraphes à cadran. Celui que nous décrirons est destiné à la démonstration, mais son principe est le même que celui des télégraphes établis le long des voies ferrées. Comme

---

[1] La sonnerie décrite dans le texte n'est pas celle qui a été adoptée par M. Wheatstone. Toutefois, elle repose sur les mêmes principes, et si nous l'avons décrite de préférence à celle de M. Wheatstone, c'est que sa construction est un peu plus simple.

eux, il se compose d'un interrupteur ou manipulateur I (fig. 190),

Fig. 190.

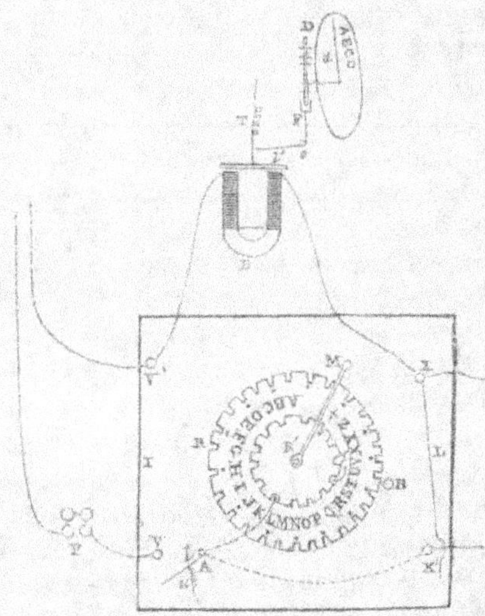

d'une cloche d'appel disposée comme celle représentée sur la figure 188,
et d'un électro-aimant E, destiné à mouvoir une aiguille *a*, sur un
cadran vertical qui porte, tracés sur une circonférence de cercle
divisée en 28 parties égales, les 25 lettres de l'alphabet, les mots
chiffres et alphabet, ainsi qu'un signe $+$ ou final; sur les dix premières divisions d'une seconde circonférence, concentrique à la première et divisée également en 28 parties égales, se trouvent marqués
les chiffres 1, 2, 3, 4, 5, 6, 7, 8, 9, 0. L'un des pôles de la pile P
communique avec le bouton V, l'autre avec un fil de cuivre ou de fer
galvanisé, qui se rend au bouton correspondant de l'appareil de la
seconde station. On a soin de placer la roue R de l'interrupteur de ce
second appareil de façon que le levier *l*, dont il va être question, touche
le bouton V, et que le courant puisse circuler entre les deux stations
aussitôt qu'on met également en contact le levier *l* et le bouton V du
premier appareil. De leur côté, les deux boutons V' sont pareillement
mis en communication, soit par un fil de retour, soit par la terre
(voy. p. 360). Des deux extrémités du fil de l'électro-aimant E, l'une
communique à V', et l'autre, au bouton X. Ce dernier reçoit également
ment l'une des extrémités du fil de l'électro-aimant qui fait fonctionner la cloche d'appel, tandis que le bouton X' reçoit l'autre extrémité

de ce même fil (la sonnerie n'est pas représentée sur la figure). X' communique, en outre, par un fil conducteur, avec un levier métallique l, qui tourne autour du point A, et dont l'une des branches peut venir toucher V, et l'autre, les dents de la roue R' de l'interrupteur I. Enfin, on peut faire communiquer X avec X', à l'aide de la lame de cuivre L, qui est mobile autour de X, comme axe.

L'interrupteur I se compose essentiellement de deux roues horizontales, montées sur le même axe, l'une supérieure R, sur laquelle sont marqués les mêmes caractères que sur le cadran, mais de droite à gauche; l'autre R', placée en dessous de la planchette qui porte l'interrupteur, est munie de 14 dents, tandis que la roue R en a 28. Au moyen de la manivelle M, mobile autour de l'axe commun des roues R, R', on peut imprimer à celles-ci un mouvement de rotation : il suffit pour cela d'engager la saillie que porte la face inférieure de la manivelle dans l'intervalle de deux dents successives de la roue R, de faire marcher la manivelle vers l'arrêt B, de la relever de nouveau, de l'engager entre deux nouvelles dents, et ainsi de suite. Un ressort y qui touche le pourtour de la roue R' fait l'office du cliquet de la roue à rochet, et empêche qu'on ne tourne à rebours. Dans cette rotation, le levier l ne touche la roue R' que par une saillie terminale et à l'instant où une dent passe; il ne la touche pas quand cette saillie se trouve vis-à-vis le vide qui sépare deux dents consécutives. Dans ce dernier cas, un ressort u maintient le levier séparé de V ; dans l'autre, au contraire, ce levier est en contact avec V, et le circuit est fermé. Par conséquent, quand on tourne avec la main la roue R, on détermine une fermeture et une rupture du circuit pour chaque couple de dents qui passe. Les points de la roue R qui doivent être amenés en regard de l'arrêt B pour qu'il y ait fermeture du circuit, sont marqués en noir.

Voyons maintenant ce qui arrive lorsqu'on produit ainsi alternativement une rupture et une fermeture du circuit. L'aiguille a qui doit s'arrêter pendant un certain temps sur la lettre qu'on veut signaler, est montée sur l'axe d'un disque circulaire D, qui porte 14 chevilles d'acier distribuées sur une circonférence de cercle et qui, traversant le disque perpendiculairement à son plan, font saillie sur ses deux faces. Ce disque est disposé entre les deux branches d'une fourchette F, qui reçoit un mouvement de va-et-vient, de droite à gauche et de gauche à droite, quand l'armature de l'électro-aimant est alternativement abaissée et soulevée. La figure montre suffisamment comment ce mouvement alternatif de la fourchette peut être obtenu.

Les deux faces de la fourchette F qui sont en contact avec le

disque D sont taillées en plans inclinés disposés symétriquement par
rapport au plan du disque, ainsi qu'on le voit sur
la figure 191. De plus les deux branches de la
fourchette sont placées de manière que, l'une d'elles
se trouvant entre deux chevilles successives, l'autre
repose par son milieu sur une cheville de la face opposée du disque.
Supposons que, lorsque l'armature de l'électro-aimant est soulevée,
la branche droite de la fourchette F repose sur une cheville; alors,
quand l'armature est attirée et que la fourchette va à gauche, la
branche droite de celle-ci, par la pression qu'elle exerce sur la cheville qu'elle touche, fait avancer la roue D d'une demi-dent, tandis
que la branche gauche de la fourchette, se dégageant, appuie à son
tour sur une cheville. Quand ensuite la fourchette retourne de gauche
à droite, elle fait encore avancer la roue d'une demi-dent et dans le
même sens. C'est ainsi que le mouvement alternatif de la fourchette
imprime à la roue D et à l'aiguille *a* que celle-ci porte, un mouvement
de rotation continu; chaque demi-dent qui passe emporte l'aiguille
d'une lettre à la suivante, et pour que la révolution complète de l'aiguille s'accomplisse, il suffit que la fourchette exécute quatorze mouvements vers la droite et quatorze mouvements vers la gauche. Or, ces
mouvements lui seront imprimés quand la roue de l'interrupteur fera
elle-même un tour entier. En effet, le circuit sera alors quatorze fois
fermé et quatorze fois rompu; l'électro-aimant, aimanté quatorze fois,
abaissera quatorze fois son armature, et le ressort T la détachera
un même nombre de fois, ce qui, par l'intermédiaire du levier *l'* qui
porte la fourchette et qui tourne autour du point *o*, suffit pour produire
les quatorze mouvements de va-et-vient de la fourchette. Supposons
maintenant que l'interrupteur et l'aiguille *a* du cadran soient d'accord,
c'est-à-dire que l'aiguille se trouve sur le même signe que celui qui
sur l'interrupteur est en face de l'arrêt B; par exemple, sur le signe ⊣
qu'on appelle le *final*. Si alors on tourne la roue de l'interrupteur,
pour amener successivement les lettres A, B, C, etc., devant l'arrêt,
l'aiguille passera en même temps devant les lettres A, B, C, etc.,
du cadran, et elle se retrouvera sur le final quand la roue de l'interrupteur aura fait une révolution.

Cela posé, veut-on, par exemple, écrire le mot *Belgique*, il est
convenu que l'on part toujours du final (le levier *l* et le bouton V
sont alors en contact, car le final correspond à un point de la roue R
marqué en noir); le stationnaire qui parle prend donc la manivelle
M, il l'engage entre les deux dents de l'interrupteur à l'intervalle des-

quelles correspond la lettre B, et d'un mouvement uniforme, non sac-
cadé, il conduit cette lettre devant l'arrêt B, où il fait une petite pause
de 1/4 de seconde; il passe à E, et arrivé à l'arrêt, il fait la même
pause, et ainsi de suite, pour les autres lettres du mot, en faisant toujours une pause égale; puis il termine le mot en revenant au final,
pour passer ensuite au mot suivant; pendant ce temps les aiguilles
des cadrans des deux stations se mettent en mouvement, par l'effet
des électro-aimants E, et s'arrêtent en même temps devant les lettres
que l'on amène successivement devant l'arrêt B. Le stationnaire qui
reçoit la dépêche n'a donc qu'à suivre des yeux l'aiguille de son cadran
pour voir devant quelles lettres elle s'arrête successivement. Lorsque
à son tour il doit prendre la parole, il fait entrer sa pile dans le circuit
(car celle-ci doit rester en dehors aussi longtemps qu'on n'a pas de
dépêche à transmettre), et il fait faire d'un mouvement uniforme une
révolution complète à son interrupteur. Par là il met en mouvement
le marteau de la cloche d'appel de la station à laquelle il veut parler.
Cela fait, le correspondant répond, et tous les deux ôtent leurs cloches d'appel du circuit en poussant la lame L de manière à mettre les
boutons X et X' en communication. Le stationnaire qui transmet la
dépêche peut ensuite commencer à parler [1]. (H. V.)

TÉLÉGRAPHE ÉCRIVANT DE MORSE.

Parmi les télégraphes écrivants, celui de M. Morse est incontestablement le plus parfait. Inventé en 1837, il fonctionne maintenant sur
les lignes télégraphiques d'Autriche, d'Angleterre, de Belgique, de
Suisse et de l'Amérique du Nord. Il est probable que dans les autres
pays, on finira également par l'adopter, à cause des grands avantages
qu'il présente.

La figure 192 représente, au quart de grandeur d'exécution, l'appareil qui reçoit les dépêches et les écrit; le moteur qui le fait fonctionner est encore, comme dans le télégraphe à cadran déjà décrit,
un électro-aimant vertical bb, monté sur la plaque de fer doux a, et en
communication, par des fils conducteurs, avec la station de départ.

---

[1] Sur presque toutes les lignes télégraphiques de Belgique, on fait usage, surtout
pour le service entre des stations peu éloignées, d'un télégraphe à cadran imaginé
par M. P. Lippens, mécanicien constructeur des télégraphes de l'État, à Bruxelles.
Le cadre de cet ouvrage ne nous permet pas de décrire l'appareil ingénieux de
M. Lippens, ni les perfectionnements importants que M. le professeur Gloesener, de
Liége, a apportés à la construction des télégraphes à aiguilles et de ceux à cadran.

Fig. 192.

Un peu au-dessus des pôles de cet électro-aimant se trouve suspendu, au moyen du levier en laiton *d*, une armature cylindrique en fer doux *c*. Quand le courant passe dans le fil de l'électro-aimant, celui-ci attire l'armature *c* et le bras droit du levier *d* s'abaisse ; mais aussitôt que le courant ne passe plus, l'action de l'électro-aimant est détruite, et un ressort à boudin *f*, attaché à une branche latérale du levier *d*, ramène celui-ci dans sa position primitive.

Le bras droit du levier *d* est disposé de manière à butter contre une vis d'arrêt, avant que l'armature *c* puisse venir en contact avec les pôles de l'électro-aimant ; de cette façon on empêche l'armature d'être retenue après la cessation du courant, comme cela aurait lieu si elle venait en contact avec les pôles ; car dans ce cas, l'électro-aimant ne pouvant plus perdre son magnétisme à l'instant même de la rupture du circuit (p. 339), l'armature ne se détacherait pas tout de suite, et la marche de l'appareil en deviendrait plus difficile et moins sûre.

L'extrémité libre du bras gauche du levier *d* porte un poinçon en acier qui, chaque fois que l'armature *c* est attirée, appuie sur une bande de papier, qu'un mouvement d'horlogerie entraine avec une vitesse uniforme.

Le moteur de ce mouvement d'horlogerie est un poids attaché à une corde qui s'enroule sur l'axe de la roue dentée *g*. Le mouvement qu'il communique à cette roue se transmet, par des rouages intermédiaires, au cylindre *h*, qui tourne avec une vitesse plus grande et qui entraine, par friction, un cylindre *i*, de même diamètre. Les deux cylindres dont il vient d'être question tournant en sens contraires, font l'office de laminoir. L'on engage entre eux une longue bande de papier, enroulée sur une bobine de bois mobile autour d'un axe horizontal, et fixée, soit au plafond du bureau télégraphique, soit à l'appareil écrivant lui-même. Aussitôt que le mouvement d'horlogerie est en action, la bande de papier est entraînée avec une vitesse d'environ un pouce anglais par seconde.

Cela posé, le cylindre *i* présente au milieu de sa longueur une rainure circulaire (une partie de cette rainure est visible sur la figure). Toutes les fois que l'électro-aimant fonctionne, le poinçon en acier, qui remplit la fonction de crayon pour écrire les signaux, s'engageant dans la rainure dont il s'agit, vient frapper le papier, et, sans le trouer, y produit une empreinte dont la forme varie suivant le temps que le poinçon est resté en contact avec le papier. Si le courant ne circule qu'un instant, le poinçon ne fait que frapper instantanément, et ne produit qu'un trait court, c'est-à-dire un point (·); mais, la bande de papier étant sans cesse entraînée par les cylindres *h* et *i*, si le courant a une certaine durée, le poinçon produira un trait plus ou moins allongé (—).

On peut donc, en faisant, à la station de départ, passer le courant pendant un intervalle plus ou moins long, produire à volonté, à la station d'arrivée, un point ou un trait, et, par conséquent, des combinaisons de points et de traits. Il restait à donner à ces combinaisons une signification déterminée. C'est ce qu'on a fait en représentant chaque lettre de l'alphabet par une combinaison particulière de points et de traits : un point et une ligne (. —), par exemple, donnent la lettre A ; un trait et trois points (— . . .), la lettre B, etc. Au moyen de ces combinaisons, qui représentent les diverses lettres, on peut ensuite écrire les mots et les phrases. On a soin de laisser, entre chaque lettre, un intervalle blanc.

En Suisse, on emploie les combinaisons suivantes pour représenter les diverses lettres de l'alphabet.

A . —	K — . —	T —
B — . . .	L . — . .	U . . —
C — . — .	M — —	V . . . —
D — . .	N — .	W . — —
E .	O . . .	X — . . —
F . . — .	P . — — .	Y — . — —
G — — .	Q — — . —	Z . — — . .
H	R . — .	
I . .	S . . .	

Voici, en outre, le tableau des signaux adoptés en Autriche, en Allemagne et en Belgique :

I. — *Lettres.*

a ·—	j ·———	s ···
ä ·—·—	k —·—	t —
b —···	l ·—··	u ··—
c —·—·	m ——	ü ··——
d —··	n —·	v ···—
e ·	o ———	w ·——
f ··—·	ö ———·	x —··—
g ——·	p ·——·	y —·——
h ····	q ——·—	z ——··
i ··	r ·—·	ch ————

II. — *Chiffres.*

1 ·————	6 —····
2 ··———	7 ——···
3 ···——	8 ———··
4 ····—	9 ————·
5 ·····	0 —————

III. — *Ponctuation.*

. ······	' (apostrophe) ·————·	
; —·—·—·	— (barre des fractions) —··—·	
, ·—·—·—	parenthèse —·——·—	
: ———···	alinéa ·—·—··	
? ··——··	télégraphe ···—···	
! ——··——	guillemets ·—··—·	
= (trait d'union) —····—		

Espacement et longueur des signaux.

1. Une barre est égale à trois points.
2. L'espace entre les signaux d'une même lettre est égal à un point.
3. L'espace entre deux lettres est égal à trois points.
4. L'espace entre deux mots est égal à quatre points.

La figure 193, ci-après, représente, au quart de grandeur d'exécution, l'appareil qui sert à interrompre et à rétablir le courant. On lui donne le nom de *clef* : *f*, levier en laiton, terminé par une poignée en bois *h*, et mobile autour d'un axe horizontal en acier ; les supports de cet axe sont soudés à une lame de laiton fixée sur une planchette en bois ; *g*, ressort d'acier qui repousse le levier *f*, de manière à faire appuyer la pointe, qui le termine du côté opposé à la poignée, sur un petit disque de laiton isolé et en communication avec le bouton de cuivre S, par l'intermédiaire d'un fil conducteur caché sous la planchette en bois ;

Fig. 193.

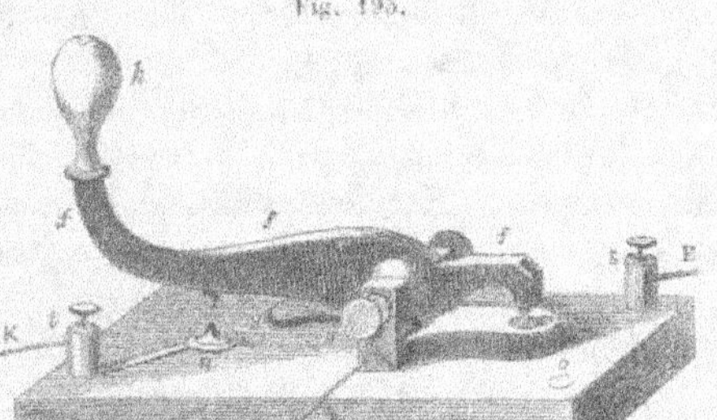

des lignes ponctuées indiquent le trajet de ce fil conducteur. Lorsque, au moyen de la poignée *h*, on abaisse le levier, on le met en contact avec le sommet du cône de laiton *n*, tandis qu'on interrompt sa communication avec le bouton S.

Le cône *n* communique avec le bouton de cuivre *t*, au moyen d'une lame de laiton.

Un seul fil conducteur L relie les deux stations ; il vient aboutir à l'une des lames de laiton qui supportent l'axe du levier *f*, ou plus exactement, il aboutit à un bouton *o* qui communique métalliquement avec l'une de ces lames. Ce bouton n'a pu être représenté sur la figure, parce qu'il aurait caché la partie antérieure du levier *f* et la partie correspondante de la lame horizontale à laquelle sont soudés les supports de son axe.

Des pôles de la pile partent deux conducteurs, dont l'un, celui par exemple qui vient du pôle positif, se termine en K, au bouton *t*, et dont l'autre, après s'être bifurqué, envoie une branche au bouton S, et une autre à l'électro-aimant. On met cette dernière branche en communication avec l'un des bouts du fil qui entoure l'électro-aimant. L'autre extrémité du fil de celui-ci est attachée à une plaque de cuivre enfoncée dans le sol humide.

La figure 194 représente la disposition générale des appareils

Fig. 194.

dans deux stations reliées ensemble : b et b', piles galvaniques; s et s', clefs; m et m', électro-aimants.

Si les deux clefs sont horizontales, il ne se produit pas de courant, parce que, comme l'indique la figure 194, dans laquelle la clef de gauche occupe cette position, le circuit est interrompu entre le levier f et le cône n. (Voy. aussi fig. 195.) Lorsqu'on abaisse la clef de l'une des stations, par exemple, de celle qui est à droite sur la figure 194, le courant peut circuler : il passera, dans la direction des flèches, successivement de b à travers la clef S, le fil conducteur qui relie les deux stations, la clef S', le fil de l'électro-aimant m', et la terre, pour venir enfin rejoindre le pôle négatif de la pile, après avoir parcouru le fil de l'électro-aimant m. La clef de la station de gauche étant restée horizontale, la pile qui y est établie ne peut pas fonctionner ; il en aurait été de même de la pile b, si la clef avec laquelle elle communique n'avait pas été abaissée.

Lorsqu'on veut envoyer une dépêche de la station de droite, par exemple, on commence par abaisser, à diverses reprises et à de courts intervalles, la clef de l'appareil de cette station, et l'on produit ainsi un mouvement oscillatoire des armures des deux électro-aimants. Le bruit qui en résulte avertit le stationnaire qui doit recevoir la dépêche. Après avoir répondu par le même procédé, ce dernier stationnaire fait partir, au moyen du petit levier a (fig. 192), la détente du mouvement d'horlogerie de son appareil, et il laisse glisser le ruban de papier. De son côté, le stationnaire qui envoie la dépêche abaisse, à des intervalles déterminés et pendant le temps voulu, la clef de son télégraphe, pour produire les points et les traits qui doivent être tracés sur le ruban de papier du premier. Pour indiquer que la dépêche est finie, il trace une vingtaine de points à des distances égales. Le stationnaire qui a reçu la dépêche répond ensuite : compris, ou bien si une partie de la dépêche n'a pu être déchiffrée, il en demande la répétition.

L'appareil écrivant de Morse exigeant, pour fonctionner, un courant assez fort, et, par suite, des piles d'un grand nombre d'éléments, serait d'un usage très-dispendieux sur de longues lignes télégraphiques. Heureusement M. Morse a imaginé un appareil qu'il nomme le *relais* et qui permet d'atteindre le but avec des piles de force moyenne. Nous allons donner une idée de cette partie du télégraphe qui nous occupe.

Chaque station a deux piles. L'une, la *pile* ou *batterie principale*, se compose, pour une distance de 10 lieues anglaises, de six éléments zinc et charbon, dont le zinc plonge dans de l'acide sulfurique étendu

de 20 p. d'eau, et le charbon, non pas dans l'acide nitrique, mais dans
de l'eau contenant 1/10 d'acide sulfurique [1]. C'est cette pile qui envoie
son courant dans la station la plus rapprochée et fait mouvoir l'armure
très-mobile du relais.

La figure 195 représente le relais vu de face : et la figure 196

Fig. 195.   Fig. 196.

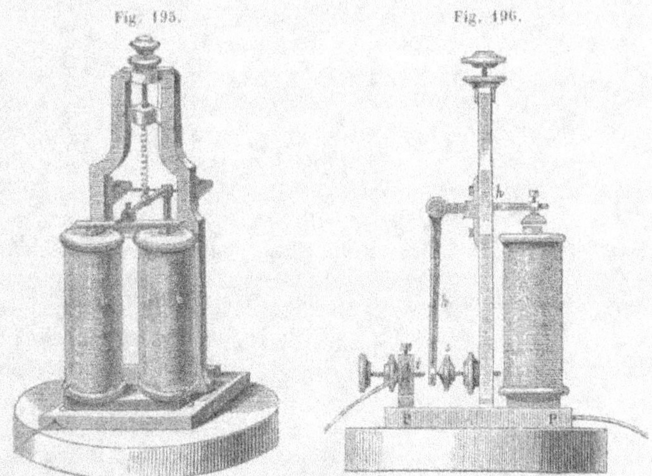

le représente vu de côté. L'électro-aimant b est disposé à peu près
comme celui de l'appareil écrivant, sauf que son fil est plus fin et plus
long. L'armature, plane en dessous, est assez rapprochée des pôles ;
elle est attachée à un levier h, dont l'axe de rotation est soutenu par
un support en laiton. Un ressort que l'on voit sur la figure 195, tire
l'un des bras de ce levier en haut, et par là appuie l'autre contre la
pointe qui surmonte la tête de la vis S. Aussitôt que le courant est
établi, l'armature descend et l'extrémité inférieure du levier appuie
contre la vis t, et cela avant que l'armature soit venue en contact avec
les pôles de l'électro-aimant. L'espace que le levier peut parcourir est
extrêmement limité ; et comme ce levier est d'ailleurs très-mobile, que
l'armature de fer est très-près des pôles de l'électro-aimant, un courant très-faible suffit pour le mettre en mouvement.

La seconde pile que l'on a dans chaque station et qui s'appelle la

---

[1] Sur les lignes télégraphiques belges, on emploie des piles de Bunsen dont les
zincs plongent dans de l'eau de pluie très-pure, et les charbons, dans de l'eau contenant 1/15 d'acide sulfurique. D'après M. l'ingénieur Vinchent, l'entretien d'un élément
alimenté de cette manière ne coûte que 1 fr. 25 c. par an.

pile locale se compose de 3 à 4 éléments zinc charbon, activés comme
ceux de la pile principale. C'est dans le circuit de cette pile locale que
l'on insère l'appareil écrivant, et les mouvements du levier *h* n'ont
d'autre but que d'ouvrir et de fermer ce circuit.

A cet effet, on fait communiquer l'un des pôles de la pile locale,
le pôle positif, par exemple, au moyen d'un fil de cuivre avec la
plaque P, qui est elle-même en communication métallique avec le
levier *h*. La petite colonne de laiton *n*, qui porte la vis *t*, est isolée au
moyen d'un disque d'ivoire ou de bois, et reliée, par un fil conducteur,
à l'une des extrémités du fil de l'électro-aimant de l'appareil écrivant;
l'autre extrémité du fil de cet électro-aimant communique avec le pôle
négatif de la pile locale. On voit par là que le circuit de cette dernière
pile reste ouvert aussi longtemps qu'il ne passe pas de courant à travers le fil de l'électro-aimant du relais, car la partie inférieure du
levier *h* buttera contre la vis S, et non contre la vis *t*. Mais le circuit se
ferme aussitôt qu'un courant parcourt le fil de l'électro-aimant du

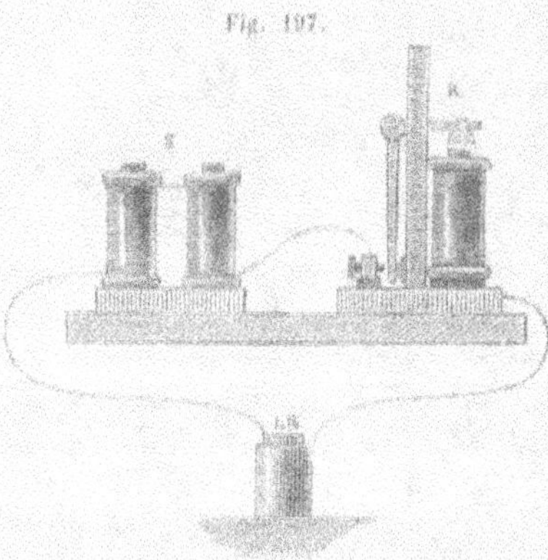

Fig. 197.

relais, et à l'instant même le
courant de la pile locale passe
dans le fil de l'électro-aimant de l'appareil écrivant;
ce courant est nécessairement très-puissant, parce
qu'indépendamment du fil
de l'électro-aimant, il n'a à
traverser que des fils conducteurs très-courts. — La
figure 197 montre la ma-
nière dont on relie ensemble
la pile locale, l'appareil écrivant et le relais.

On voit maintenant en quoi il faut modifier la signification des
lettres *m* et *m'* de la figure 194 : ces lettres ne doivent pas représenter
les électro-aimants des appareils écrivants, mais ceux des relais. Aussitôt que le télégraphiste de l'une des stations abaisse la clef de son
interrupteur, le courant de la batterie principale traverse les fils des
électro-aimants des deux relais; par là les piles locales entrent en
action, et les armures des appareils écrivants des deux stations sont
attirées. (H. V.)

VUES THÉORIQUES SUR LA CONDUCTIBILITÉ DE LA TERRE.

Les physiciens ont émis deux opinions différentes pour expliquer la conductibilité de la terre. D'après l'une, on regarde la terre comme le réservoir universel de l'électricité et l'on admet qu'il n'y a pas de courant proprement dit lorsque les deux électrodes, en communication avec les pôles de la pile, plongent dans le sol, mais que les deux électricités, rendues libres par l'action voltaïque, peuvent toujours s'écouler et se répandre dans cet immense conducteur, à la manière de l'électricité de la machine électrique ou des nuages orageux. Dans l'autre théorie, on se contente d'appliquer la loi d'Ohm de la résistance en raison inverse de la section du conducteur au cas de la propagation du courant dans la terre, ou en d'autres termes, on considère le sol comme faisant fonction de simple conducteur.

De ces deux théories la première est seule exacte, comme le démontre l'expérience suivante de M. Wheatstone : Ayant pris un câble composé de 6 fils de cuivre isolés réunis de façon à représenter un fil unique long de 1062 kilomètres ou de 266 lieues, il en a mis l'une des extrémités en communication avec le sol et l'autre avec l'un des pôles d'une très-forte pile, dont le second pôle communiquait pareillement avec la terre. Il avait disposé trois galvanomètres sur le trajet de ce long fil conducteur : le premier près de la pile, le second au milieu du fil et le troisième à l'extrémité opposée de ce dernier, près de sa communication avec la terre ; enfin, les deux terminaisons du circuit dans le sol n'étaient séparées que par un petit nombre de mètres. Cela posé, si la portion de terre comprise entre ces terminaisons avait agi seulement comme corps conducteur, les aiguilles des deux galvanomètres aux extrémités du fil auraient dû être déviées simultanément, comme elles l'auraient été si l'on avait uni par un fil court les deux extrémités du circuit en communication avec la terre. Or, il n'en a pas été ainsi : chaque fois que l'on fermait le circuit, les aiguilles des trois galvanomètres étaient déviées successivement, dans l'ordre de leur distance à la pile. Par conséquent, la terre n'agit pas comme un simple conducteur interpolaire, ainsi qu'on l'admet dans la seconde théorie indiquée plus haut, mais comme un réservoir universel dans lequel s'écoulent librement les électricités développées par l'action voltaïque. (H. V.)

HORLOGES ÉLECTRIQUES.

Aussitôt que l'on eut imaginé de faire usage de l'électricité comme moyen télégraphique, on pensa à se servir du même agent pour donner l'indication de l'heure simultanément dans des endroits différents. Les appareils imaginés à cet effet ne sont autres que des espèces de télégraphes fonctionnant à des intervalles déterminés, et indiquant les heures d'après des horloges-types. Parmi les systèmes proposés, nous décrirons d'abord celui de M. Paul Garnier, adopté depuis sept ans à la gare du chemin de fer de Lille, où dix-huit cadrans de toutes sortes de dimensions sont mis en mouvement par un appareil-type [1].

Le système chronométrique de M. Paul Garnier se compose de trois parties distinctes :

1° D'une *horloge-type* ; 2° d'appareils ou *indicateurs horaires* ; 3° d'une *batterie voltaïque*.

L'horloge-type ou primitive est l'horloge destinée à envoyer l'heure aux appareils horaires par l'intermédiaire de l'électricité. Elle est disposée de façon à permettre et à interrompre le passage de l'électricité (à des intervalles égaux) dans les électro-aimants qui font mouvoir les aiguilles des indicateurs horaires. Elle se compose de deux rouages : l'un destiné, comme dans les horloges ordinaires, à entretenir les oscillations du balancier et à mesurer le temps ; l'autre, soumis à la marche du premier, a pour but de produire la rupture et le passage du courant dans le circuit ; cette rupture se fait au moyen de deux pièces A et A', dont l'une A' (fig. 198), appuie constamment sur un moulinet D qui a quatre dents excentriques et qui est porté par le dernier mobile du rouage auxiliaire ; ce moulinet suit le mouvement de la roue d'échappement. Les deux pièces A et A' étant placées dans le circuit, il est facile de comprendre que dans la position indiquée par la figure, ces deux

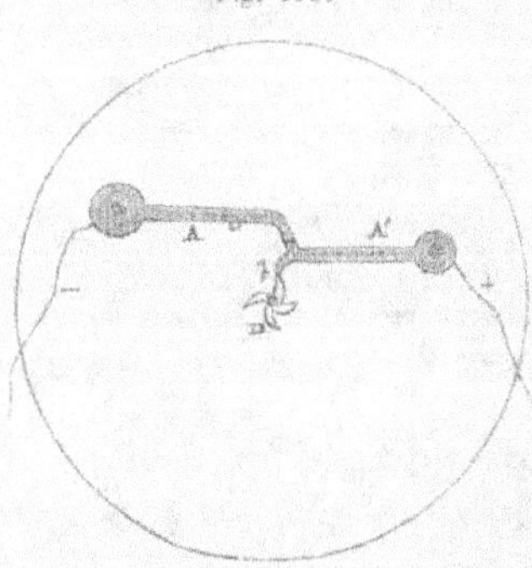

Fig. 198.

[1] Nous avons emprunté cette description au *Traité d'électricité* de MM. Becquerel, tome III. Paris, 1856.   (H. V.)

pièces se touchant et le circuit étant par conséquent complet, l'électricité pourra circuler et affecter les électro-aimants des appareils horaires ; mais, le moulinet D continuant son mouvement, la pièce A' quittera la dent *b* avec laquelle elle est en contact ; elle cessera également de toucher la pièce A ; le circuit étant rompu, l'électricité ne passera plus dans les bobines des électro-aimants jusqu'à ce qu'une autre dent, rencontrant la pièce A' et la soulevant, vienne la mettre en contact avec la pièce A, et ainsi de suite. Les pièces en contact qui servent à interrompre ou rétablir le courant sont deux sphères d'or ou d'un alliage d'or et de platine ; le passage de l'électricité peut se faire ainsi pendant longtemps sans altération.

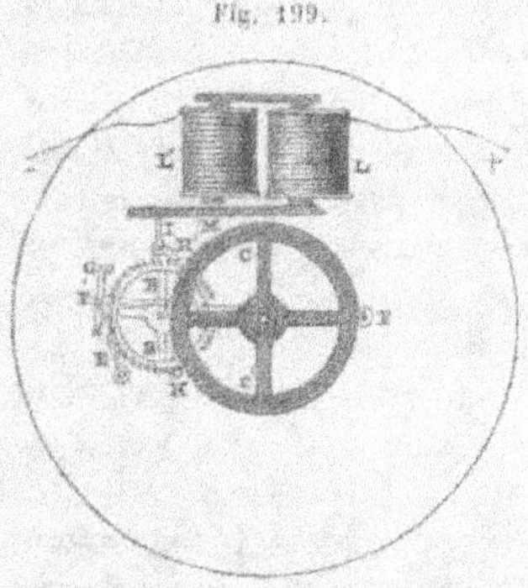

Fig. 199.

La figure 199 représente l'appareil horaire prêt à fonctionner. L'horloge-type faisant passer actuellement le courant électrique dans l'aimant temporaire L L', la platine en fer doux M est attirée, et avec elle le levier F F', auquel elle est liée par la tringle I ; celui-ci est affecté d'un mouvement de bas en haut équivalent à l'intervalle d'une dent du rochet B. La tête du valet G, porté par le levier F F', est engagée dans l'une des dents de ce rochet ; il entraîne la dent avec lui ; et le sautoir E se place devant la dent suivante pour empêcher le recul qui aurait lieu quand le levier F F' vient, en se détachant, à remettre le valet G en prise.

Dès que le circuit est ouvert, la platine en fer doux quitte l'aimant, et le levier F F', sollicité par son poids, vient reprendre sa première position, ainsi que le valet G, qui cède en passant par-dessus la dent du rochet qu'il doit entraîner à l'action suivante : les butoirs H et H' fixés sur le levier F F' empêchent le passage de plusieurs dents à la fois en pénétrant dans une des dents du rochet B, l'un H quand l'appareil est mis en jeu, l'autre H' quand l'appareil est au repos, et que des coups de vent sur de grandes aiguilles pourraient faire passer des dents.

Comme on le voit, cet appareil produit ses fonctions par l'action directe de l'électricité sur le levier F, lequel met en mouvement le rochet B, dont le pignon J fait marcher la roue CC', qui, à son tour, communique le mouvement aux aiguilles.

L'horloge ainsi disposée peut envoyer l'heure non-seulement à l'appareil horaire indiqué dans la figure, mais encore à une infinité de cadrans de toutes dimensions et à toutes distances; il suffit d'augmenter le nombre des éléments de la pile au fur et à mesure que l'on ajoute des appareils.

Les couples en usage, disposés comme celui qui a été décrit page 247, peuvent fonctionner pendant plusieurs mois en plaçant seulement tous les huit jours un petit fragment de sulfate de cuivre dans la case cuivre.

Voici maintenant de quelle manière l'électricité arrive aux différents appareils horaires; le même courant électrique ne passe pas successivement dans ces appareils, de sorte que l'un d'eux peut se déranger, cesser de marcher, sans que pour cela les autres cessent d'indiquer

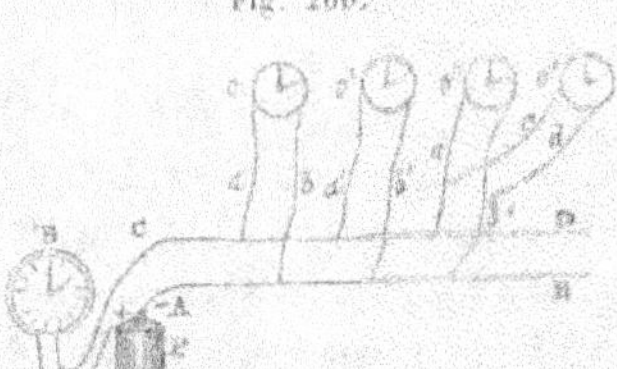

Fig. 200.

l'heure. Pour obtenir ce résultat, deux gros fils de cuivre A B, C D (figure 200), que M. Garnier nomme artères électriques, partent de la pile P et se dirigent parallèlement le long de la ligne où doivent se placer les appareils horaires; l'horloge-type E est mise dans le circuit qui n'est pas fermé, car les deux fils A B, C D sont bien isolés l'un de l'autre et leurs extrémités D et B ne communiquent pas ensemble. Les appareils horaires o, o', o'', etc., ont leurs fils ab, $a'b'$, $a''b''$, en communication avec A B et C D, de sorte que le circuit voltaïque se trouve complété par ces différents fils métalliques. On a soin de les prendre d'un beaucoup plus petit diamètre que celui des deux gros fils, et alors la résistance de ces deux derniers peut être négligée devant celle des fils ab, $a'b'$, $a''b''$, etc.; il en résulte qu'ils se partagent le courant électrique comme s'ils étaient attachés aux mêmes points, c'est-à-dire que le courant se divise entre eux proportionnellement à leur pouvoir conducteur. On conçoit aisément que pourvu que la pile fonctionne et que l'horloge-type ne se dérange pas, un des appareils horaires peut être supprimé sans que les autres cessent d'indiquer l'heure. On peut même embrancher, d'après le même principe, les fils cd d'un appareil horaire o''' sur les fils $a''b''$ d'un autre instrument semblable.

On a supposé que les deux gros fils de cuivre A B, C D étaient isolés; mais d'après ce que l'on a dit du pouvoir conducteur du sol (p. 360), on peut en remplacer un par la terre, et se borner à un gros fil C D bien isolé : alors chacun des fils a, a', a''… des appareils horaires est soudé au gros fil CD, tandis que chaque fil b, b', b''… est attaché à une plaque métallique plongée dans le sol. (H. V.)

LANTERNE-HORLOGE DE M. CH. NOLET, DE GAND.

A cause de leur importance et de l'avenir qui leur paraît réservé, nous décrirons encore les appareils horaires que M. Ch. Nolet, ingénieur-mécanicien, a établis, en 1854, dans la ville de Gand, et qui

Fig. 201.

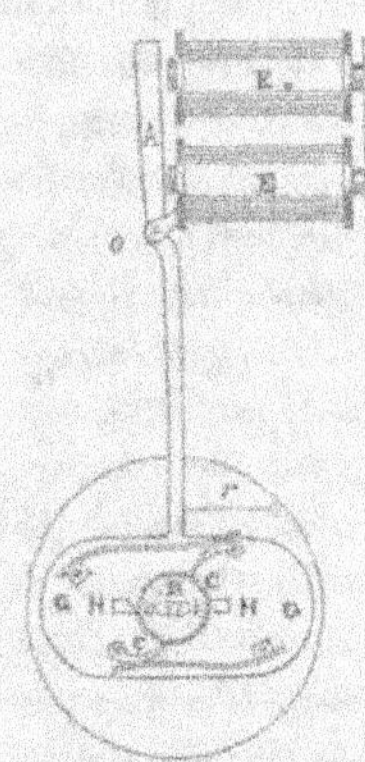

n'ont cessé, depuis cette époque, de marcher avec la plus grande régularité. Ces appareils, placés dans les lanternes qui servent à l'éclairage des rues, ne fonctionnent que toutes les minutes. Ils se composent d'un électro-aimant EE (fig. 201), réagissant sur une roue à rochet B, dont l'axe porte l'aiguille des minutes. Pour pouvoir loger l'électro-aimant à la partie supérieure de la lanterne, et augmenter la course des cliquets d'impulsion C, C, l'armature en fer doux A est articulée en O et prolongée jusqu'au centre du cadran, où elle se termine par une palette GG. Cette palette se trouve entre la platine du compteur et le rochet B, dont la circonférence porte 120 dents; elle est percée d'un trou ovale tt, qui lui permet d'osciller librement sous les actions successives de l'électro-aimant et du ressort antagoniste r. Deux cliquets d'impulsion C, C, font avancer le rochet et deux butoirs d'arrêt H, H, fixés sur la palette GG, assurent l'échappement. L'horloge-type établit le courant chaque minute, pendant un temps très-court : l'armure A est attirée par l'électro-aimant, puis, un instant après, ramenée à sa position primitive par le ressort r; dans ce double mouvement, elle fait avancer la roue à rochet B de deux dents, et, par suite, d'une division l'aiguille des minutes. L'aiguille des heures est également commandée par le rochet B.

Le nombre d'horloges publiques qui fonctionnent à Gand, d'après le système de M. Nolet, est de 125; il en marche, en outre, chez divers particuliers, un nombre d'environ 70 : total 195. Toutes ces horloges sont mises en activité au moyen d'une batterie unique et d'une seule horloge-type; la longueur du fil qui distribue l'électricité est de 60,000 mètres.

M. Nolet a établi récemment à Marseille 100 lanternes-horloges pareilles à celles qui fonctionnent à Gand. La ville de Bruxelles vient également de contracter avec lui, et il est probable que, sous peu, la plupart des grandes villes seront en possession d'horloges électriques du système de notre ingénieux compatriote. (H. V.)

CHRONOGRAPHE ÉLECTRIQUE.

Cet appareil, inventé par l'américain Locke, est d'une grande utilité dans les observations astronomiques. Il se compose d'une pile dont une bonne pendule astronomique ferme le circuit à chaque battement de seconde, et qui est en communication avec un appareil écrivant de Morse. Celui-ci marque sur un ruban de papier des points séparés par des intervalles qui correspondent aux interruptions du courant. A côté de l'électro-aimant de l'appareil écrivant, il s'en trouve un second, mais qui fait partie d'un autre circuit que l'observateur peut fermer en appuyant avec le doigt sur une touche. Chaque fois que cette touche est abaissée, un poinçon d'acier marque un point sur le même ruban de papier, à côté de ceux qui correspondent aux battements de la pendule. Il suit de là que si l'on veut connaître l'instant exact de la production d'un phénomène astronomique, par exemple d'une éclipse de lune, il suffit d'abaisser à cet instant la touche du second appareil écrivant, et de déterminer la position du point qui est alors tracé sur le papier, par rapport aux deux points qui ont été marqués par le premier appareil écrivant au commencement et à la fin de la seconde pendant laquelle le phénomène s'est produit. Si ce point se trouvait distant du premier, par exemple, d'une quantité égale à la dix-neuvième partie de la distance qui le sépare du second, le phénomène serait arrivé 1/20 de seconde après la seconde marquée par ce même premier point. L'on peut ainsi évaluer des temps à des centièmes de seconde près.

On conçoit que le même appareil puisse être mis en communication avec les fils d'un télégraphe électrique et servir ainsi à une foule d'usages. Supposons, par exemple, qu'une même pendule fasse marcher deux chronographes établis dans deux stations différentes et réunis par des fils télégraphiques : il est évident que si l'on détermine à l'une et à l'autre de ces stations l'instant précis du passage d'une étoile au méridien, on pourra déduire de ces observations la différence de longitude des deux lieux avec beaucoup plus d'exactitude que par

les méthodes ordinaires. C'est ainsi, par exemple, que MM. Airy et
Quetelet ont trouvé que l'on avait commis une erreur de 800 mètres
sur la différence de longitude entre les observatoires de Bruxelles et
de Greenwich. (H. V.)

CHRONOSCOPE ÉLECTRIQUE.

M. Wheatstone a eu le premier l'idée de se servir de la prodigieuse
vitesse de l'électricité pour mesurer des temps très-courts, et pour
arriver ainsi, entre autres, à la détermination de la vitesse des projec-
tiles lancés par une bouche à feu.

M. Gloesener, professeur de physique à l'université de Liége, a
imaginé dans ces derniers temps plusieurs perfectionnements très-ingénieux au chronoscope électrique. Nous regrettons vivement que le
cadre de cet ouvrage ne nous permette pas de les exposer.

L'espace nous manque également pour traiter la question importante des *métiers électriques*, inventés par M. Bonelli. Nous renvoyons
pour l'étude de ces appareils au *Traité d'électricité* de MM. Becquerel,
tome III, Paris, 1856. (H. V.)

COURANTS MOBILES.

De ce qu'un aimant mobile en présence d'un courant rectiligne,
tend à se placer en croix avec la direction de ce courant, on doit en
conclure que, si l'aimant était fixe et le conducteur mobile, ce dernier
se placerait perpendiculairement à l'axe de l'aimant; car dans cette
influence mutuelle la réaction doit être égale à l'action.

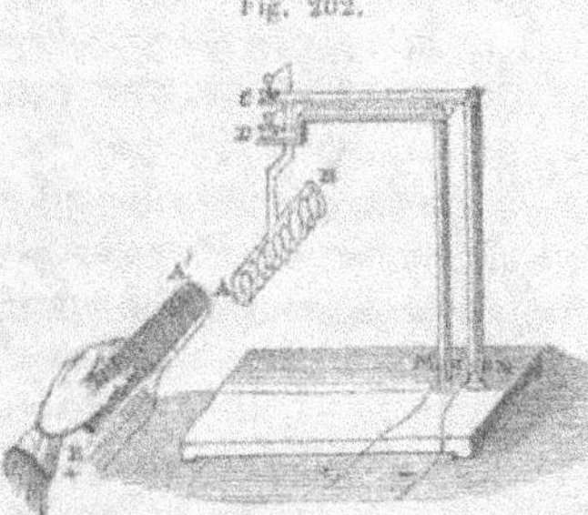

Pour obtenir des courants mobiles, c'est-à-dire des conducteurs
qui puissent se déplacer sans cesser d'être parcourus par le courant
qu'on y a introduit, Ampère a
imaginé l'appareil représenté par
la figure 202. Cet appareil se
compose d'une table en bois sur
laquelle s'élèvent deux colonnes
verticales en cuivre qui, se re-
courbant horizontalement à leur
extrémité supérieure, viennent se terminer par les deux coupes D, C.

dont les centres sont dans la même verticale et qu'on remplit de mercure quand on veut se servir de l'appareil ; les parties de ces colonnes qui semblent se toucher sont séparées l'une de l'autre par des substances isolantes. Les pieds des colonnes sont disposés de façon qu'on puisse y fixer, au moyen des vis M, N, les fils de métal qui communiquent avec les pôles d'une pile voltaïque. Le bois est suffisamment isolant pour l'électricité à faible tension qui se produit dans les appareils galvaniques, de telle sorte que l'on n'a pas à craindre que les électricités ne se recombinent à travers le bois de la table en passant d'une colonne à l'autre.

Le genre de support qui vient d'être décrit permet d'introduire dans le circuit voltaïque une partie mobile : il suffit, à cet effet, que

Fig. 203.

le conducteur qui la compose, quelle que soit du reste sa forme, se termine par deux pointes ou pivots e, f (fig. 203), placés sur la même verticale, et à une distance telle, que la pointe e étant posée sur le fond de la cuvette C du support (fig. 202), la pointe f plonge simplement dans le mercure de la cuvette D. Il faut aussi que le centre de gravité de ce conducteur mobile soit situé sur la ligne ef prolongée, condition que l'on peut toujours remplir, soit en rendant la forme du conducteur symétrique par rapport à cette ligne, soit en lui adaptant un contre-poids convenable. Toutes les parties différentes et voisines de ce fil conducteur doivent être séparées avec soin les unes des autres, par une substance isolante, telle que la soie.

De cette manière le conducteur sera mobile autour de la verticale passant par la pointe e, et il est facile de voir que si la pointe f est plongée dans le mercure de la cuvette D (fig. 202), le circuit est

Fig. 204.

fermé. En effet, si le courant s'élève dans la colonne N, par exemple, il pourra entrer par la pointe e dans le conducteur mobile, et, après en avoir parcouru toute la longueur, sortir par la pointe f, pour descendre par la colonne M, et aller rejoindre le pôle négatif de la pile.

Les figures 203 et 204 représentent, la première un courant circulaire, et la seconde un courant rectangulaire mobiles. (H. V.)

COMMUTATEUR DE M. RUHMKORFF.

Dans les expériences sur les courants mobiles et dans une foule
d'autres circonstances encore, on a besoin de pouvoir établir instantanément le courant, de l'interrompre ou de changer sa direction,
sans toucher à la pile, ni aux conducteurs qui communiquent avec les
pôles de celle-ci. A cet effet, on dispose dans le circuit voltaïque des
appareils particuliers qu'on appelle des *commutateurs*. On a imaginé
un grand nombre de ces appareils : nous nous bornerons à décrire
celui qui est en usage dans un grand nombre d'instruments construits

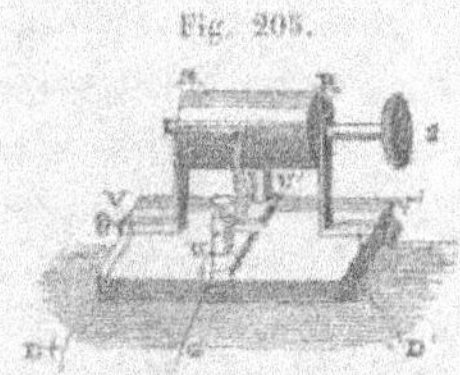

Fig. 205.

par M. Ruhmkorff, et qui est d'un emploi
facile. Il consiste en un cylindre d'ivoire
MR (fig. 205), dont la surface est composée de deux parties isolantes et de deux
parties conductrices en cuivre. Les pôles de
la pile communiquent aux boutons V, V',
qui touchent aux montants métalliques en-
tre lesquels le cylindre se meut. Les fils qui doivent recevoir le courant
sont attachés aux boutons U, U', en relation avec deux tiges qui frottent contre la surface du cylindre. Les parties métalliques qui sont à
la surface du cylindre étant en relation, l'une avec un des montants,
l'autre avec l'autre montant, on comprend aisément qu'à l'aide du
bouton S on pourra interrompre le circuit de la pile (quand les deux
lames toucheront l'ivoire), ou bien faire passer l'électricité dans un
sens ou dans l'autre dans le conducteur G dont les deux extrémités
aboutissent aux boutons U, U'. (H. V.)

ACTION DE LA TERRE SUR LES COURANTS.

De ce que les aimants agissent sur les courants, il s'ensuit que le
globe lui-même, qui possède les propriétés d'un aimant, doit exercer
une action analogue et régie par les mêmes lois. Par conséquent, si
l'on suspend au support d'Ampère (fig. 202), un courant mobile, circulaire, rectangulaire, carré, etc., ce courant devra se placer dans
une position d'équilibre telle, que son plan se trouve perpendiculaire
à l'aiguille de déclinaison et que, dans sa partie inférieure, le courant
soit dirigé de l'est à l'ouest; car ce n'est que dans le cas où le courant circule de cette manière, que la main gauche de l'observateur

d'Ampère (voy. p. 265), couché successivement sur les portions descendante ou ascendante du courant, sera constamment dirigée vers le pôle austral de la terre. Telle est, en effet, la position dans laquelle s'arrête, après quelques oscillations, le conducteur mobile, aussitôt que l'on y fait passer un courant. Les portions horizontales du conducteur étant traversées en sens contraire par le courant, elles ne peuvent évidemment prendre aucune part au mouvement de rotation du conducteur.

M. De La Rive père a imaginé une disposition d'appareils très-simple servant à étudier également l'action du globe terrestre sur des courants mobiles.

Fig. 206.

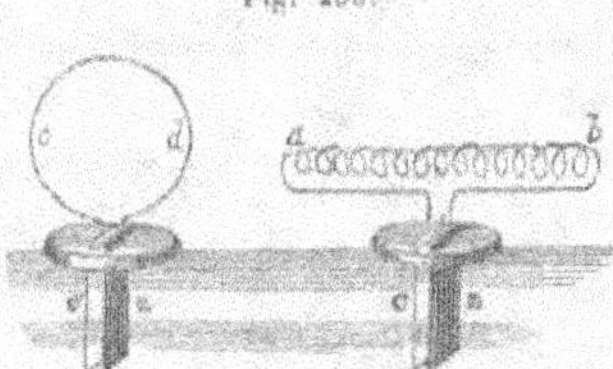

On place sur des liéges flottant sur l'eau un conducteur ployé en cercle cd (fig. 206), en rectangle, ou de toute autre manière ; les extrémités des fils communiquent, l'une à une plaque de cuivre C, l'autre à une lame de zinc Z, situées à la partie inférieure du liége et faisant lest. Le liége flotte sur l'eau acidulée, et le couple voltaïque formé par la réunion des lames de cuivre et de zinc est suffisant pour donner un courant électrique circulant dans le fil conducteur cd. Si celui-ci forme un cercle ou un rectangle, ou plus généralement une courbe plane, il se place sous l'action terrestre de façon que son plan soit perpendiculaire au méridien magnétique, et que dans sa partie inférieure le courant circule de l'*est* à l'*ouest*. (H. V.)

CONDUCTEURS ASTATIQUES.

Puisque la terre imprime aux courants mobiles une direction déterminée, il s'ensuit que si l'on veut étudier l'influence des aimants sur de pareils courants, il faut commencer par rendre ceux-ci indifférents à l'action du globe, c'est-à-dire *astatiques*. On obtient un courant vertical astatique en pliant un fil de cuivre de manière à former deux rectangles égaux, dont les côtés inférieurs soient traversés en sens contraires par le courant (fig. 207) ; car le globe tendant à donner à ces deux rectangles deux

Fig. 207.

positions opposées, l'effet total sera nul, le conducteur restera indifféremment dans toutes les positions qu'on lui donnera et chacun de ses côtés verticaux extérieurs sera dans le même état que si l'action du globe était supprimée.

Fig. 208.

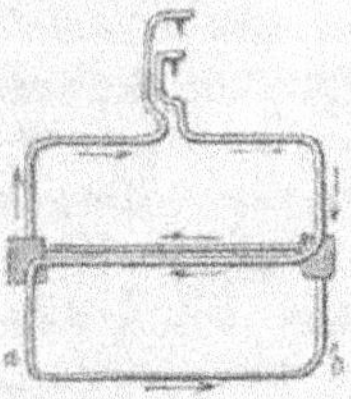

En pliant un fil conducteur comme l'indique la figure 208, on obtient, ainsi qu'il est facile de le démontrer, un courant horizontal inférieur soustrait à l'influence directrice de la terre.

Nous pouvons maintenant décrire l'expérience à l'aide de laquelle on constate l'action des aimants sur les courants. Cette expérience consiste à suspendre au support d'Ampère (fig. 202) le conducteur astatique représenté par la fig. 208, et à placer un aimant fixe parallèlement au-dessous de la portion horizontale inférieure de ce conducteur : lorsqu'on fait passer un courant dans le conducteur mobile (celui d'un seul couple de Bunsen suffit), le conducteur se met à osciller et finit par s'arrêter dans une position telle, que son plan soit perpendiculaire à l'axe de l'aimant et que le pôle austral de celui-ci se trouve à la gauche de l'observateur d'Ampère couché sur la portion horizontale inférieure du conducteur astatique, la face tournée vers l'aimant et les pieds dirigés vers le côté par où arrive le courant positif. (H. V.)

II. ÉLECTRO-DYNAMIQUE.

LOIS D'AMPÈRE.

C'est à Ampère, illustre physicien français, que l'on doit la découverte des lois qui régissent les actions des courants les uns sur les autres. On comprend que ces lois doivent dépendre de la forme et de la position relative des conducteurs qui s'influencent mutuellement; mais quelque compliquées qu'elles puissent être dans certains cas, Ampère a démontré qu'on pouvait les déduire, par le calcul, des trois lois suivantes, avec autant de rigueur que l'on démontre les divers théorèmes de géométrie, en s'appuyant sur un petit nombre d'axiomes. Nous commencerons par exposer ces trois lois fondamentales, et nous indiquerons ensuite quelques-unes de leurs conséquences.

Première loi. — Deux courants parallèles s'attirent quand ils marchent dans le même sens, et se repoussent quand ils marchent en sens inverse.

Fig. 209.

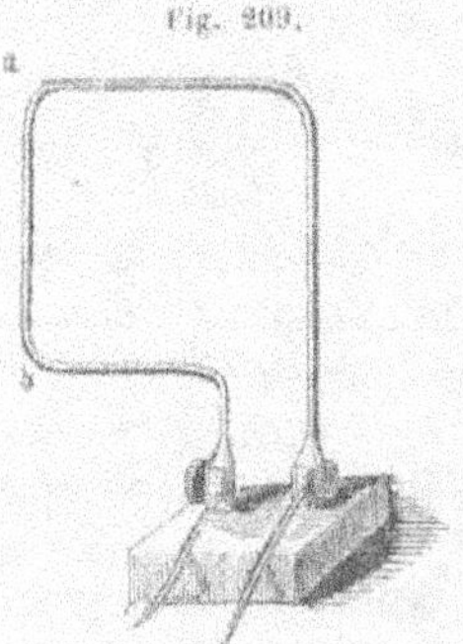

Pour démontrer cette loi on se sert d'un conducteur fixe, formé par un fil de métal plié en rectangle (fig. 209), et du conducteur astatique représenté par la fig. 207. On fait passer dans chacun des deux conducteurs le courant d'un élément de Bunsen; puis on approche à une petite distance le courant vertical ab (fig. 209) de l'un des courants qui parcourent les côtés verticaux libres du conducteur astatique. Lorsque le courant est ascendant ou descendant dans les deux conducteurs qu'on met en présence, le courant mobile est attiré; il est au contraire repoussé, lorsqu'il est ascendant, tandis que le courant ab est descendant, et réciproquement.

Deuxième loi. — *Quand deux courants rectilignes forment entre eux un certain angle, qu'ils soient ou non situés dans le même plan, ils s'attirent, s'ils vont tous deux en s'approchant, ou tous deux en s'éloignant du sommet de l'angle, ou plus généralement de la ligne qui mesure leur plus courte distance; ils se repoussent au contraire, si l'un va en s'approchant, et l'autre en s'éloignant du même sommet.*

Fig. 210.

Il suit de là que deux courants rectilignes angulaires ab, cd (figure 210), situés ou non dans le même plan, et qui se propagent tous les deux de part et d'autre du sommet de l'angle r, ou plus généralement de la ligne qui mesure leur plus courte distance, tendent à se placer parallèlement l'un à l'autre, et de manière à être dirigés dans le même sens. En effet, les deux portions rb et rd des courants ab et cd s'attirent, comme s'éloignant du sommet de l'angle r; les deux portions ar et cr s'attirent pareillement, comme s'approchant du sommet du même angle.

Pour vérifier cette conséquence, qui peut servir de démonstration à la loi dont elle découle, on se procure un conducteur fixe, formé d'un fil de cuivre plié en rectangle et dont on met les deux extrémités en communication avec un élément de Bunsen (fig. 211, ci-après). Au-dessus du courant $E'o'$ qui parcourt le côté supérieur du rectangle, on suspend au support des courants mobiles, un

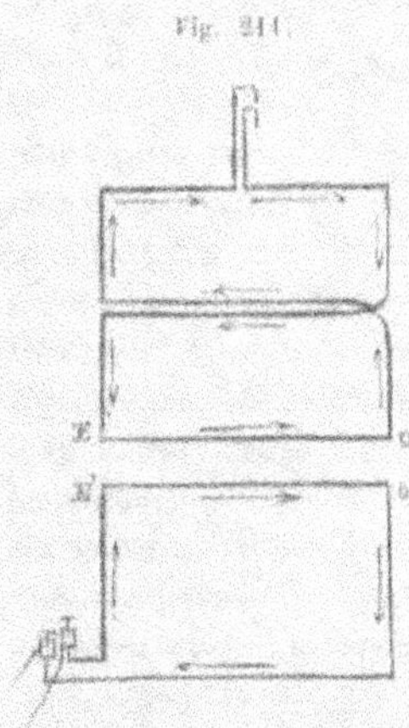

Fig. 211.

double rectangle astatique (de la forme de celui représenté par la figure 208), de telle manière que le côté horizontal E O soit à une petite distance du côté E'O', et fasse avec lui un angle quelconque ; l'ensemble est disposé de telle sorte que la verticale passant par les pointes du conducteur mobile se trouve contenue dans le plan du cadre fixe. Aussitôt que les courants sont établis, on remarque que le conducteur mobile tourne, et vient se placer dans le plan du cadre fixe, de telle façon que le courant E O soit parallèle au courant E'O', et dirigé dans le même sens. En renversant la direction du courant dans le conducteur fixe, ou dans le conducteur mobile, au moyen d'un commutateur, le double rectangle tourne pour se placer définitivement de manière à remplir la double condition qui vient d'être énoncée.

Troisième loi. — *L'action d'une petite portion d'un courant rectiligne peut être remplacée par celle d'un courant sinueux, polygonal ou courbe, dirigé dans le même sens, se terminant aux mêmes extrémités, et ne s'éloignant que très-peu, dans tous ses contours, de l'élément rectiligne.*

Fig. 212.

Pour le démontrer, on approche de l'un des courants verticaux du conducteur astatique représenté par la figure 207, un conducteur fixe, communiquant par ses deux extrémités avec les pôles d'un élément voltaïque, et composé d'un double fil, dont les deux parties, isolées et repliées l'une sur l'autre, suivent la même direction verticale (fig. 212), mais l'une en ligne droite, et l'autre en tournant autour de la première, de telle manière que le courant les parcourt dans deux sens différents. On trouve alors que ce double conducteur fixe, présenté au courant mobile, n'imprime aucun mouvement à celui-ci, et que conséquemment les deux actions exercées par le conducteur fixe, desquelles l'une est attractive et l'autre répulsive, sont égales en valeur absolue, puisqu'elles se détruisent. (H. V.)

ACTION D'UN COURANT HORIZONTAL INDÉFINI, FIXE, SUR UN COURANT RECTANGULAIRE MOBILE.

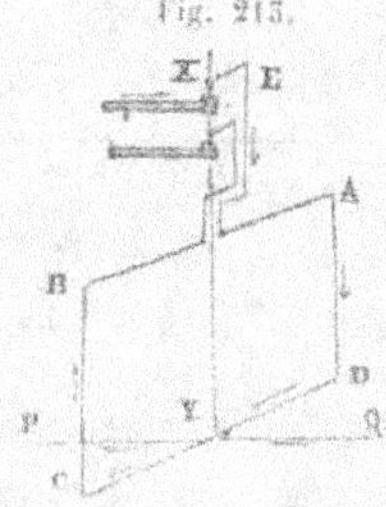

Fig. 213.

Soit ABCD (figure 213), un conducteur rectangulaire suspendu au support d'Ampère (fig. 202), et traversé par un courant électrique. Lorsque, en partant des lois d'Ampère, on détermine l'action que doit exercer sur ce courant mobile un courant QP, fixe, horizontal, indéfini, dirigé de Q vers P et situé ou non dans un plan vertical passant par l'axe de rotation du rectangle, on démontre que cette action est telle, que le plan du rectangle doit se placer parallèlement au courant horizontal influent, de manière que le courant soit descendant dans le côté AD, ascendant dans le côté CB, et, dans le côté DC, de même sens que le courant QP. Par conséquent, si ce dernier courant était dirigé de l'est à l'ouest, perpendiculairement au plan du méridien magnétique, le courant mobile se placerait de façon que son plan fût perpendiculaire à celui de ce méridien, et que les côtés AD et CB fussent tournés, le premier à l'*est*, et le second à l'*ouest*. Enfin, si l'on rendait le conducteur rectangulaire mobile autour d'un axe passant par son centre et parallèle au courant QP, mais situé dans un autre plan vertical que celui-ci, le côté CD étant attiré et BA repoussé par le courant QP (voy. p. 383), le rectangle tournerait autour de son axe de rotation jusqu'à ce que son plan prolongé vînt passer par QP.

Ces déductions de la théorie, qu'il est facile de vérifier expérimentalement, ont une grande importance. En effet, nous avons vu que lorsqu'on abandonne à lui-même un courant rectangulaire mobile autour d'un axe vertical passant par son centre, le conducteur se place perpendiculairement au plan du méridien magnétique, et de manière que dans sa portion horizontale inférieure le courant soit dirigé de l'est à l'ouest. Cette position d'équilibre peut s'expliquer par l'hypothèse de l'aimant terrestre (voy. p. 381); mais, comme nous venons de le voir, on peut aussi s'en rendre compte en admettant que la terre agit, soit comme un seul courant rectiligne indéfini, dirigé de l'est à l'ouest, perpendiculairement au plan du méridien magnétique, soit comme un ensemble de courants parallèles, dirigés dans le même sens, et dont le courant unique qui vient d'être indiqué, serait la résultante.

Pour définir plus complétement la position du courant électrique qui peut remplacer l'action du globe, il faut encore déterminer

Fig. 214.

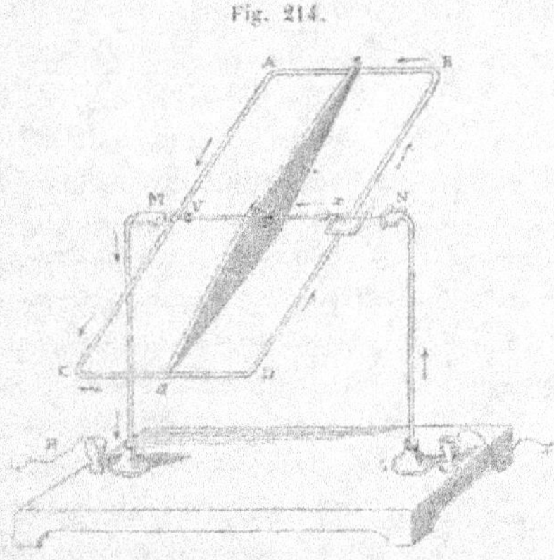

le plan qui le contient dans un lieu donné. A cet effet, on dispose un conducteur rectangulaire A B C D (figure 214), de telle manière qu'il soit mobile autour d'un axe horizontal M N, perpendiculaire au méridien magnétique; lorsqu'un semblable conducteur est traversé par un courant voltaïque, il tourne jusqu'à ce que son plan soit perpendiculaire à la direction de l'aiguille d'inclinaison; dans cette position d'équilibre le courant est dirigé de l'est à l'ouest, sur le côté inférieur du rectangle, et le plan prolongé de celui-ci passe par le courant indéfini dirigé de l'est à l'ouest qui peut remplacer l'action terrestre.

Nous verrons bientôt laquelle de ces deux manières d'expliquer l'action du globe est la plus probable.

Fig. 215.

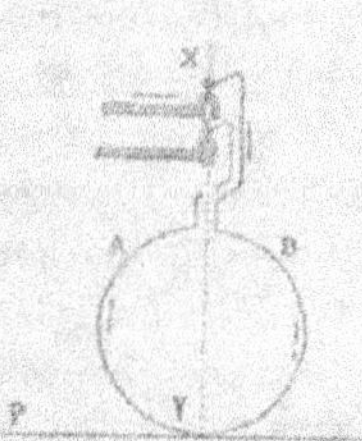

Nous avons vu qu'un conducteur circulaire traversé par un courant et mobile autour d'un axe vertical passant par son centre, se place également de manière que son plan soit perpendiculaire au méridien magnétique, et le courant dirigé de l'est à l'ouest dans sa moitié inférieure (fig. 215). Ce résultat est facile à expliquer. En effet, les éléments du courant circulaire peuvent se décomposer chacun en deux éléments (voy. p. 385), l'un vertical, l'autre horizontal; les actions du courant terrestre sur les éléments horizontaux se détruisent, tandis que les actions sur les éléments verticaux concourent à donner au plan du cercle la position indiquée. (H. V.)

GLOBE DE BARLOW.

M. Barlow a imaginé un appareil très-simple pour montrer que l'on peut expliquer tous les phénomènes de l'aiguille d'inclinaison au moyen de courants électriques circulant dans l'intérieur de la terre,

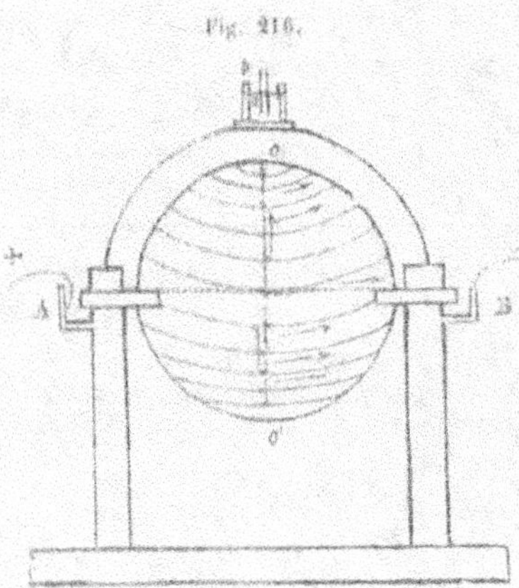

Fig. 216.

parallèlement les uns aux autres et perpendiculairement au méridien magnétique. Cet appareil, représenté par la figure 216, consiste tout simplement en un globe de bois de 2 ou 3 décimètres de diamètre, mobile autour d'un axe horizontal. Les extrémités de cet axe sont formées par deux petits cylindres de cuivre plongeant dans le mercure dont on a rempli les deux petits godets A et B. Un fil de cuivre part de l'un de ces cylindres, se dirige vers le centre de la sphère, se replie ensuite à angle droit pour sortir en *o'*, par exemple, et, après avoir formé un grand nombre de révolutions parallèles autour du globe, rentre dans celui-ci par le point *o* diamétralement opposé à *o'*, gagne le centre, et va communiquer finalement avec le second petit cylindre de l'axe de rotation du globe. Cela posé, si l'on fait passer un courant à travers le fil, et qu'après avoir placé au-dessus du globe une aiguille aimantée *a b*, mobile autour d'un axe horizontal, de manière que la ligne de ses pôles soit perpendiculaire aux courants circulaires du fil, on fasse tourner le globe, cette aiguille présentera tous les phénomènes de l'aiguille d'inclinaison. Il va sans dire que le milieu de l'aiguille doit se trouver sur la verticale qui passe par le centre du globe. (H. V.)

MOUVEMENTS ET ACTIONS DES SOLÉNOÏDES.

On prévoit facilement, d'après ce qui précède, les actions que la terre doit exercer sur un système de courants circulaires parallèles entre eux et dont les centres se trouvent sur une même ligne droite. Pour construire directement un pareil système, que l'on appelle un *solénoïde*, on prend un fil métallique, entouré sur toute sa longueur d'un cordon de soie, on le plie de manière à former des circonférences de cercle *a, b, c*, etc. (fig. 217, ci-après), toutes égales entre elles, et dont les plans soient perpendiculaires à la droite sur laquelle se trouvent leurs centres; les parties linéaires qui les réunis-

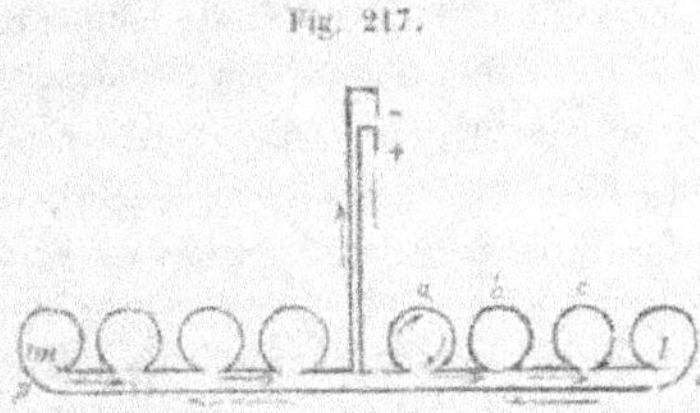

Fig. 217.

sent sont toutes sur une même droite parallèle à l'axe qui contient les centres; lorsque le nombre des cercles paraît suffisant, le fil est ramené suivant np, parallèlement à ml, et aussi près que possible de cette dernière droite. Par cette disposition, si l'on fait communiquer les deux extrémités du fil avec un électro-moteur, le courant qui parcourt le fil se compose exactement de courants circulaires, et de courants rectilignes opposés dont les actions se détruisent.

Un cylindre électro-dynamique (fig. 202), c'est-à-dire un fil conducteur couvert de soie et contourné en hélice, puis ramené suivant l'axe, pour que cette dernière portion rectiligne détruise les composantes du courant hélicoïdal dirigées parallèlement à cet axe, peut pareillement être assimilé à une série de courants circulaires parallèles aux bases du cylindre sur lequel on peut considérer le fil comme enroulé.

Si l'on suspend au support pour les courants mobiles un solénoïde ou un cylindre électro-dynamique, chacun des courants circulaires qui parcourent les conducteurs tendant à se placer perpendiculairement au méridien magnétique, l'axe de l'appareil doit se diriger comme le ferait une aiguille de déclinaison soumise uniquement à l'action du globe. L'expérience confirme cette prévision.

L'appareil de M. De La Rive, représenté par la figure 206, est également très-propre pour répéter l'expérience qui vient d'être indiquée.

Si l'on dispose, au contraire, un solénoïde de manière qu'il soit mobile autour d'un axe horizontal perpendiculaire au méridien magnétique, et que les courants circulaires marchent de l'est à l'ouest dans les portions du conducteur qui regardent la terre, l'axe du solénoïde se dirige comme le ferait l'aiguille d'inclinaison.

Au moyen d'un solénoïde ou d'un cylindre électro-dynamique, on peut donc reproduire tous les phénomènes de l'aiguille aimantée, soit de déclinaison, soit d'inclinaison. D'après cela, on nomme *pôle austral* l'extrémité de l'axe d'un solénoïde ou d'un cylindre électro-dynamique qui se dirige vers le pôle boréal de la terre, et *pôle boréal* l'autre extrémité qui se dirige vers le sud, lorsque l'appareil, suspendu au support d'Ampère, est traversé par un courant électrique.

Ampère a établi une formule qui exprime l'action mutuelle de deux éléments de courant. Lorsque, en partant de cette formule, on détermine l'action que deux solénoïdes ou deux cylindres électro-dynamiques doivent exercer l'un sur l'autre, on trouve que cette action obéit aux mêmes lois générales que celle que l'on observe entre deux aimants. Ainsi, les pôles semblables de deux solénoïdes se repoussent en raison inverse du carré de la distance, et les pôles de noms contraires s'attirent suivant la même loi. La figure 202 montre de quelle manière on peut mettre en évidence les attractions et les répulsions dont il s'agit. Il y a plus, l'expérience indique qu'un aimant se comporte, par rapport à un solénoïde, exactement comme un autre solénoïde. Cette identité d'action entre les solénoïdes et les aimants a conduit Ampère à une nouvelle théorie du magnétisme, qui n'attribue plus les phénomènes produits par cet agent à deux fluides particuliers, mais à des courants électriques circulant dans les corps magnétiques d'après certaines lois. C'est ici le lieu d'exposer les parties principales de cette théorie nouvelle, qui est aujourd'hui généralement adoptée par les savants de tous les pays. (H. V.)

NOUVELLE THÉORIE DU MAGNÉTISME.

Ampère, en ramenant le magnétisme à
l'électricité, simplifia la nature et rehaussa,
comme Newton, l'intelligence humaine en
agrandissant son domaine.

BABINET, de l'Institut.

L'hypothèse d'Ampère attribue le magnétisme à des courants électriques particulaires, c'est-à-dire circulant autour des molécules. Ces courants existeraient dans tous les corps sensibles au magnétisme. Dans les substances magnétiques à l'état neutre, les courants particulaires seraient dirigés ou orientés au hasard dans tous les azimuts et se neutraliseraient les uns les autres. L'effet de l'aimantation serait de ramener tous ces courants particulaires à marcher dans le même sens et dans des plans tendant au parallélisme. Dans un barreau aimanté, chaque série linéaire de molécules représenterait un petit solénoïde dont l'axe serait parallèle à l'axe du barreau ; le barreau tout entier serait un faisceau de solénoïdes parallèles. Mais, dans chaque section transversale du barreau, les courants particulaires agiraient comme un seul courant égal à leur résultante, et perpendiculaire à l'axe. L'ensemble de toutes ces *résultantes* constituerait une série de courants circulaires parallèles et de même sens ; le barreau aimanté serait

donc un véritable solénoïde. Pour déterminer la direction des courants
du solénoïde qu'on pourrait substituer au barreau aimanté, on n'aurait
qu'à se placer devant le pôle austral de celui-ci : le courant marcherait
alors en sens contraire du mouvement des aiguilles d'une horloge.

L'influence d'un courant voltaïque intense, perpendiculaire à une
aiguille d'acier, pourrait produire l'aimantation, par ses actions attractives et répulsives sur les courants électriques des particules, qui
tendraient à amener leurs plans parallèlement au courant extérieur
influent, ou perpendiculairement à l'axe de l'aiguille. Le pôle austral se
formerait à la gauche du courant, parce que les courants moléculaires,
dans leurs portions les plus rapprochées du courant extérieur, seraient
dirigés dans le même sens que ce dernier (voy. la fig. 218 où AB

Fig. 218.

représente le courant influent et cde un des courants moléculaires
après l'aimantation ; on remarquera que ce second courant appartient
à un solénoïde dont le pôle austral serait situé derrière le plan de la
figure, c'est-à-dire vers la gauche du courant AB). On conçoit que dans
l'aimantation, les actions mutuelles des courants moléculaires puissent
s'opposer à leur parallélisme complet ; en sorte que les résultantes de
leurs actions sur un élément de courant extérieur, aient pour points
d'application, des pôles non situés aux extrémités mêmes de l'aiguille
aimantée, comme cela a lieu, selon Savary, dans le cas d'un cylindre
électro-dynamique.

L'aiguille d'acier ainsi aimantée posséderait une force coercitive qui
s'opposerait à ce que les courants particuliers reprissent leurs anciennes directions, lorsque le courant influent serait écarté. Mais dans
le fer doux, cette force coercitive n'existant pas, les courants repren-
draient leurs directions variées, après la cessation des actions extérieures, et le corps rentrerait dans l'état naturel. L'influence des
aimants pour aimanter d'autres corps serait tout à fait la même que
celle des courants extérieurs.

Dans cette nouvelle manière d'envisager les phénomènes magnétiques, le globe serait le lieu de courants électriques, dirigés en chaque lieu perpendiculairement au plan du méridien magnétique, et
dont la résultante serait contenue dans un plan perpendiculaire à
l'aiguille d'inclinaison ; ce seraient ces courants terrestres qui diri-

geraient l'aiguille aimantée, et qui occasionneraient dans les minerais et les objets en fer tous les phénomènes de l'aimantation en apparence spontanée ; les variations de la déclinaison et de l'inclinaison proviendraient des changements périodiques de la température,
auxquels correspondraient des différences de direction et d'intensité dans les courants terrestres. Cette hypothèse n'est pas, comme
celle de l'aimant terrestre, en opposition avec les faits. Nous savons,
en effet, que la chaleur détruit le magnétisme libre, et, puisqu'une
foule de phénomènes (les eaux thermales et les laves incandescentes
des volcans, entre autres) prouvent que l'intérieur de notre globe est
encore en fusion ignée, on ne saurait y admettre l'existence d'un
aimant central comme celui que nous avons supposé précédemment
dans le seul but de coordonner les faits.

Nous venons d'exposer la nouvelle théorie du magnétisme, telle
qu'elle fut présentée par Ampère. Mais, plusieurs phénomènes démontrant que l'aimantation est toujours accompagnée d'un nouvel arrangement des particules du corps dans lequel elle a lieu (voy. p. 168
et 340), cette théorie doit subir une légère modification pour s'adapter
complétement à tous les faits. Au lieu d'admettre que les courants
électriques qui constituent le magnétisme peuvent se déplacer autour
de chaque particule, il faut supposer qu'ils ont dans chaque particule
une direction invariable, de sorte que dans l'aimantation leur parallélisme n'est pas le résultat de leur propre déplacement, mais celui d'une
nouvelle orientation des particules autour desquelles ils circulent.
Dans la théorie d'Ampère ainsi modifiée, la force coercitive des corps
est due à la résistance plus ou moins grande que leurs particules
opposent à toute modification dans leur arrangement actuel.

Nous terminerons cet article par une remarque fort juste de M. Babinet. « Beaucoup de personnes sensées, dit-il, en apprenant que le
« magnétisme a été expliqué par l'électricité, se figurent qu'on a pé-
« nétré le secret de ses attractions et répulsions. Rien de pareil.
« Seulement on a fait dépendre celles-ci des attractions et des répul-
« sions des courants électriques, qui restent d'ailleurs elles-mêmes
« complétement inconnues dans leur nature. Au lieu de deux agents
« hypothétiques, on n'en a plus qu'un seul. C'est beaucoup gagner
« en simplicité, mais enfin, ce n'est pas le dernier mot de l'énigme,
« que sans doute nous ne saurons jamais. » (H. V.)

HYPOTHÈSES SUR L'ORIGINE DES COURANTS TERRESTRES.

Nous venons de voir que dans l'hypothèse d'Ampère sur la cause des phénomènes magnétiques, le globe serait le lieu de courants électriques circulant à peu près de l'est à l'ouest, et que ce seraient ces courants terrestres qui dirigeraient l'aiguille aimantée. Ces courants existent-ils, et, dans l'affirmative, à quelle cause doit-on les attribuer? Il est bien difficile, dans l'état actuel de la science, de répondre à ces questions. En effet, comme nous allons le montrer, on manque d'expériences nettes et décisives pour résoudre la première, et, en ce qui concerne la seconde, on ne possède que des hypothèses dont la réalité est loin d'être établie sur des bases solides.

Parmi les physiciens qui ont traité avec le plus de succès de la question des courants terrestres, nous devons citer surtout M. Becquerel. Voici, d'après cet illustre savant, quelles sont les causes qui peuvent donner lieu à un dégagement d'électricité dans la terre, ainsi que les circonstances qui amènent la production de courants [1].

« Attachons-nous, dit-il, d'abord aux argiles, parce qu'il sera facile
« ensuite d'étendre à d'autres terrains perméables à l'eau ce que nous
« allons dire. Supposons une vaste étendue de terrain argileux,
« humide, dont une partie renferme du sulfate de chaux (gypse), et
« dont l'autre en soit privée ; il est bien évident que l'eau qui humectera
« la première se chargera de sulfate, tandis que l'autre en sera privée.
« Que résultera-t-il de là? L'eau chargée de sulfate de chaux réagira
« sur celle qui n'en renferme pas, de manière à lui céder une portion
« du composé qu'elle tient en dissolution ; cette réaction s'opérera,
« bien entendu, sur toute la surface de contact ; pendant cette réac-
« tion, il y aura un dégagement d'électricité tel, que l'eau saturée
« rendra libre de l'électricité positive, et l'eau, qui ne l'est pas, de
« l'électricité négative. Ces deux électricités se recombineront tumul-
« tueusement à la surface de contact, pour former de l'électricité
« naturelle, sans pour cela qu'il y ait courants électriques. Supposons
« maintenant que la végétation se soit développée à la partie supé-
« rieure de ces argiles ; des racines et des radicelles pénétreront dans
« l'intérieur à de très-grandes profondeurs, comme du reste on en a
« fréquemment des preuves en examinant ces terrains. Dès l'instant
« que la végétation aura cessé, les racines se décomposeront et se

[1] V. le *Traité d'électricité et de magnétisme*, par MM. Becquerel, t. II, p. 174, Paris, 1855.

« changeront en matières carbonacées et conductrices de l'électricité.
« Ces débris de racines seront autant de conducteurs qui détermine-
« ront la circulation de l'électricité [1]; mais, comme les racines et
« radicelles affectent mille directions diverses, il s'ensuit qu'on aura
« une infinité de courants dont la résultante (le courant unique qui
« pourrait les remplacer) changera de direction d'un point à un autre.
« Substituons, par la pensée, aux racines décomposées, des pyrites
« (sulfures de fer, etc.) qui se trouvent souvent dans les argiles ou
« d'autres substances minérales conductrices apportées par les eaux
« et déposées par elles, telles que du peroxyde de manganèse, etc. :
« tous ces corps rempliront les mêmes fonctions que les racines dé-
« composées, et donneront lieu également à une infinité de courants
« électriques se croisant dans tous les sens et capables de produire des
« effets électro-chimiques.

« Au lieu d'argile, nous aurions pu prendre toute autre substance,
« toute autre roche perméable à l'eau ; de même qu'au lieu de sulfate
« de chaux nous aurions pu admettre que l'eau renfermait une des
« substances dont elle se charge ordinairement en traversant les diffé-
« rents terrains. Maintenant, supposons qu'on substitue aux racines
« décomposées, aux pyrites ou autres substances conductrices, deux
« lames de platine parfaitement homogènes (voy. la note au bas de
« la page 298) et en relation avec un multiplicateur, et que l'une de
« ces lames soit introduite dans l'argile humectée d'une solution de
« sulfate de chaux ou d'une autre substance, et l'autre dans l'argile
« qui ne renferme que de l'eau pure : il est bien évident que la pre-
« mière s'emparera de l'électricité positive que dégage le liquide saturé
« dans sa réaction sur celui qui ne l'est pas, tandis que l'autre lame
« s'emparera de l'électricité négative. De là, courant électrique, qui
« manifestera son action sur l'aiguille aimantée, tant que les lames
« de platine ne seront pas polarisées (voy. p. 297). »

Des expériences directes de M. Becquerel ont pleinement démontré
l'exactitude des considérations qui précèdent. Dans les salines de
Dieuze, ce physicien a même obtenu un courant assez intense pour
opérer des décompositions électro-chimiques.

Voici comment il avait opéré : deux lames de platine avaient été

---

[1] Les racines, avant leur décomposition, ne pourraient-elles pas remplir le rôle de
conducteurs, et devenir le siège de courants ? Enfin, dans le cas où des courants se
formeraient dans leur intérieur, quelle influence ces courants exerceraient-ils sur la
végétation, et, par suite, sur la fertilité des terrains ? Voilà des questions bien dignes
d'intérêt, et qui mériteraient d'être étudiées par les personnes qui s'occupent des
progrès de l'agriculture.   (H. V.)

placées à une distance d'environ 80 mètres, dans une galerie taillée dans un banc de sel gemme, l'une dans le sol argileux de la galerie, l'autre appliquée avec pression sur l'une des parois latérales formée de sel gemme. A chacune de ces lames était fixé un fil de platine, auquel était attaché un fil de cuivre terminé par un autre fil de platine. Ces précautions avaient été prises pour que l'eau salée qui humectait la lame n'attaquât pas le fil de cuivre. Les deux extrémités libres des deux fils de platine furent placées sur une bande de papier préparée avec l'amidon, et humectée d'une solution d'iodure de potassium; la présence de l'iode ne tarda pas à se faire remarquer autour du fil formant le pôle positif. La tension de l'électricité était donc suffisante pour opérer une décomposition chimique.

En résumé, selon M. Becquerel, il n'existe réellement de courants que lorsque deux terrains en contact, d'une nature quelconque, sont humectés, et que l'eau de l'un tient en dissolution des composés qui ne se trouvent pas dans l'autre; il est probable qu'il en est encore de même quand les deux liquides n'ont pas la même température; il faut encore dans ces terrains la présence de substances conductrices, telles que matières carbonacées, pyrites, galène, etc. Si tous ces corps ne forment pas des conducteurs continus, il y aura autant de courants partiels, et par suite de centres d'action décomposante, qu'il y a de conducteurs séparés. Dans tous les cas, les courants, souvent très-énergiques, produits par le contact de liquides ou de corps hétérogènes, sont dirigés dans tous les sens, et ne peuvent, par conséquent, contribuer en rien à la production du magnétisme terrestre.

M. Becquerel n'a jamais pu reconnaître dans la terre d'autres courants que ceux dont il vient d'être question, et, selon lui, les autres physiciens n'ont pas été plus heureux dans leurs recherches. Par conséquent, dans l'opinion de M. Becquerel, l'existence des courants terrestres admis par Ampère n'est pas encore démontrée expérimentalement. Mais les résultats négatifs obtenus jusqu'ici ne doivent pas nous porter à rejeter l'ingénieuse hypothèse d'Ampère. En effet, cette hypothèse rend si complétement compte de tous les phénomènes magnétiques, qu'on ne saurait guère conserver de doute sur son exactitude, et il est probable que de nouvelles expériences, faites sur une grande échelle et sur différents points du globe, mettront en évidence les courants terrestres qui dirigent l'aiguille des boussoles.

Admettons donc l'existence de ces courants et voyons comment on a cherché à les expliquer. On a avancé, en premier lieu, qu'ils pouvaient avoir une origine calorifique. On sait, en effet, que la moindre différence de température entre les points de jonction de deux lames ou de deux barreaux de métal différent, formant un circuit fermé, suffit pour troubler l'équilibre des forces électriques et produire des courants thermo-électriques (voy. p. 331). On sait aussi que ces mêmes effets se montrent dans de simples barreaux de bismuth, d'antimoine ou de zinc, c'est-à-dire dans des barreaux de métal cristallisant par refroidissement. En général, la condition première, pour qu'il y ait production de semblables courants, est que les circuits soient continus et composés de substances conductrices, telles que les métaux, l'anthracite et quelques substances minérales; c'est ce qui a rarement lieu dans la terre, puisqu'elles sont souvent interrompues par des corps mauvais conducteurs. Les mêmes difficultés se présentent relativement à la production de courants dus à la différence de température existant entre le noyau central de la terre et la croûte solide qui le recouvre, et dont la température va successivement en s'affaiblissant jusqu'à une certaine distance de la surface. Ainsi, les conditions nécessaires à la production des courants thermo-électriques n'étant pas remplies, il est bien difficile d'attribuer une origine calorifique à l'existence des courants terrestres.

Une autre hypothèse a été mise en avant par M. Barlow, célèbre physicien anglais. Nous verrons bientôt que les courants électriques et les aimants ont la propriété de développer des courants électriques dans des corps conducteurs qu'on en approche ou qu'on en éloigne après un rapprochement préalable : les courants formés de cette manière sont appelés des courants d'induction (voy. les articles relatifs à l'induction). Or, puisque la croûte du globe est conductrice, M. Barlow pense qu'il est possible que des courants par induction s'établissent dans des directions déterminées, soit par l'action du soleil, soit par des causes qui ne nous sont pas encore connues.

Enfin, une troisième hypothèse pour expliquer la formation des courants terrestres vient d'être proposée par M. Babinet, de l'Institut. Pour donner une idée de cette hypothèse, nous ne pouvons mieux faire que de reproduire textuellement les paroles du savant physicien français.

«Toutes les fois, dit-il, que deux substances de nature différente sont en contact, elles s'électrisent mutuellement, c'est-à-dire que l'une prend un léger excès d'une sorte d'électricité, et que l'autre prend un même excès d'électricité contraire. Le seul contact suffit pour opérer cette électrisation; mais si de plus les deux corps en contact frottent l'un contre l'autre, alors l'électrisation est bien plus énergique qu'avec le simple contact.

« Or, c'est ce qui se produit probablement dans la terre, d'après la constitution géologique de ce globe, formé d'une enveloppe solide d'environ 60 kilomètres d'épaisseur, qui constitue les continents et le fond des mers, et d'un vaste noyau de matière fondue et encore fluide de chaleur, sur lequel flotte l'enveloppe solide ou la croûte solidifiée, qui, en se brisant de temps en temps et dans certaines localités, laisse arriver à ciel ouvert les matières fondues de l'intérieur sous forme de laves volcaniques.

« On doit considérer qu'à mesure que le noyau central de la terre diminue de volume par suite d'un refroidissement séculaire excessivement lent, les masses continentales qui reposent sur ce noyau se rapprochent du centre de la terre. Or, la mécanique nous apprend qu'en vertu de la conservation du mouvement, les continents, en se resserrant vers l'intérieur du globe, doivent tourner un peu plus vite que la masse centrale, jusqu'à ce que le mouvement se soit égalisé et réparti dans tout l'ensemble; mais la communication de mouvement entre une enveloppe solide et une masse centrale fluide est nécessairement fort lente. Il en résulte que l'enveloppe solide du globe doit tourner plus rapidement que le noyau central, et par suite tout tend à produire de l'un sur l'autre un frottement qui se traduit en production intense d'électricité. La surface solide et froide prenant l'électricité positive, et la masse centrale l'électricité négative, que vont devenir ces électricités produites, et comment feront-elles par leur transport un courant électrique?

« Les continents, nous l'avons dit, doivent tourner un peu plus vite que le noyau central, tout en prenant de l'électricité positive. Or, la terre tourne de l'ouest vers l'est en vertu de son mouvement diurne. Par conséquent, les corps à la surface de la terre sont dans le même état que si on déplaçait au-dessous d'eux, de l'est vers l'ouest, un corps électrisé négativement. Ce déplacement produirait (si nous avons bien saisi la pensée de M. Babinet) le même effet qu'un courant électrique dirigé de l'est à l'ouest, comme celui que suppose la théorie d'Ampère[1]. »

M. Babinet termine l'exposé de sa théorie par les paroles suivantes :

« L'atmosphère terrestre, qui repose sur les continents par sa partie inférieure, doit leur emprunter par contact de l'électricité positive, et quand elle n'est pas troublée, elle doit, dans son état normal, indiquer un état constant d'électricité positive. C'est ce qu'on observe en effet (voy. p. 141). En outre, si par la réaction d'une enveloppe

---

[1] Voy. *Revue des Deux Mondes*, 15 avril 1857.

froide sur un noyau bien plus chaud et par un frottement résultant d'une différence de vitesse rotatoire, les continents prennent à la masse centrale de l'électricité positive, cet effet doit être plus prononcé dans les régions équatoriales. Dans les régions polaires, qui comparativement sont en repos, les deux électricités, savoir, celle de l'air et celle de la terre intérieure, doivent s'accumuler et se rejoindre en produisant des jets de lumière qui constituent les aurores boréales et australes. Admettons sous toute réserve cette vue théorique. Il devra en résulter des courants électriques qui devront agir sur l'aiguille aimantée et trahiront l'existence de l'aurore polaire, même pour un observateur situé fort au delà de l'horizon où le météore électrique peut être aperçu. Les observations sont favorables à cette déduction de la théorie (voy. p. 197). »

Nous avons exposé la théorie de M. Babinet à cause de la nouveauté des principes qui lui servent de base. Toutefois, nous devons prévenir le lecteur qu'elle ne nous paraît pas exacte. En effet, il nous semble que si le déplacement d'un corps électrisé négativement peut produire l'action d'un courant, ce qui est loin d'être démontré, cette action devrait être celle d'un courant dirigé en sens contraire du déplacement, et non celle d'un courant dirigé dans le même sens, comme l'admet M. Babinet. Par conséquent, si la théorie de ce physicien était fondée, les courants terrestres devraient circuler de l'*ouest* à l'*est*, et non de l'*est* à l'*ouest*, ainsi que l'exigent les phénomènes de l'aiguille aimantée.

(H. V.)

AURORE POLAIRE.

On nomme *aurore polaire*, un phénomène lumineux extrêmement remarquable qui apparaît à certaines époques au-dessus de l'horizon, dans l'hémisphère nord ou dans l'hémisphère sud. Quand le phénomène se produit dans nos climats, on lui donne le nom d'*aurore boréale*, et celui d'*aurore australe* lorsqu'il apparaît dans l'hémisphère sud. Les aurores boréales paraissent plus nombreuses que les aurores australes ; mais c'est peut-être parce qu'on est mieux à même de les observer. Du reste, les unes et les autres sont d'autant moins brillantes, et plus rares, qu'on s'éloigne davantage des régions polaires.

L'apparition de l'aurore boréale est annoncée par des perturbations exercées sur l'aiguille aimantée et dont nous avons déjà parlé en traitant du magnétisme terrestre (voy. p. 197) ; ces perturbations établissent une liaison intime entre ce phénomène et le magnétisme de la terre, et nous laissent entrevoir qu'il a probablement une origine électrique. C'est même pour ce motif que nous avons jugé à propos de nous en occuper dans la partie de cet ouvrage consacrée à l'étude de l'électricité.

Nous donnerons d'abord une idée générale du phénomène, et nous emprunterons ensuite aux auteurs quelques descriptions d'aurores polaires remarquables, afin de mettre le lecteur à même de juger des nombreuses variétés de forme que le météore peut présenter.

D'après Argelander, d'Abo, l'apparition prochaine de l'aurore boréale est toujours annoncée par un aspect grisâtre particulier du ciel, que l'on observe au nord, près de l'horizon. Bientôt cette partie du ciel offre l'apparence d'un brouillard assez obscur, qui prend peu à peu la forme d'un segment de cercle [1], s'appuyant de chaque côté sur l'horizon, et ressemblant à une agglomération de nuages épais; la partie visible de la circonférence, c'est-à-dire la partie supérieure, est bientôt entourée d'une bordure plus ou moins large de lumière donnant naissance à un ou à plusieurs arcs lumineux; viennent ensuite des jets et des rayons de lumière diversement colorés, partant du segment obscur. Tels sont aussi les phénomènes de l'aurore australe, d'après les observations faites par le capitaine J. Ross, dans son voyage antarctique, et par d'autres navigateurs qui ont exploré les mêmes parages.

Quelquefois l'aurore boréale affecte une autre forme; ainsi Mairan rapporte, dans son *Traité des aurores boréales*, publié à Paris, en 1744, qu'il a observé, le 19 octobre 1726, à Breuille-Pont, en Normandie, une aurore composée d'un seul segment obscur percé symétriquement, autour de son bord, de créneaux à travers lesquels on croyait apercevoir un incendie.

Du reste, le segment obscur, quelle que soit sa forme, jouit toujours d'un certain degré de transparence, puisqu'on peut distinguer au travers de sa masse les étoiles de première grandeur. C'est ainsi qu'à travers le segment obscur de l'aurore boréale qui fut observée, en Allemagne, le 7 janvier 1831, M. Kries, de Gotha, et M. Gerling, de Marbourg, purent distinguer parfaitement l'étoile α de la constellation de la Lyre. Les anciens observateurs connaissaient déjà le fait de la transparence du segment obscur des aurores boréales.

La lumière dont s'entoure la partie visible de la circonférence du segment obscur offre, en général, une couleur jaune pâle, avec une

---

[1] On entend par segment de cercle la surface ou portion de cercle comprise entre un arc et la ligne droite qui joint ses deux extrémités.

légère teinte bleue. Cette lumière forme un arc dont la largeur varie entre 1 et 6 fois le diamètre apparent de la pleine lune. Quant à la grandeur de l'arc, elle varie entre des limites tout aussi étendues : en effet, suivant sa hauteur au-dessus de l'horizon, l'espace angulaire qu'il occupe est quelquefois de 180°, et d'autres fois seulement de 25 à 30°.

L'arc lumineux présente toujours une terminaison nette du côté du segment obscur ; quand il n'a qu'une faible largeur, son contour extérieur est également net. Mais à mesure que sa largeur augmente, ce dernier contour devient de plus en plus vague, et l'arc finit par répandre une lumière qui éclaire le ciel tout entier aussi vivement que la lune, une demi-heure après son lever.

Dans les aurores très-brillantes, il se forme, en général, plusieurs arcs lumineux concentriques.

L'arc lumineux persiste souvent plusieurs heures après son entier développement. Il est alors dans une agitation continuelle. Il s'élève et s'abaisse ; s'étend à l'est et à l'ouest ; et se déchire tantôt en un point, tantôt en un autre. Ces mouvements deviennent surtout intenses lorsque l'aurore s'étend et va lancer des jets de lumière. Alors l'éclat de l'arc augmente en un de ses points, et de ce point s'échappent des rayons qui pénètrent inférieurement dans le segment obscur. Ces jets lumineux ont ordinairement une largeur égale à environ la moitié du diamètre apparent de la lune. Ils s'élancent avec la rapidité de l'éclair et se divisent à leur extrémité supérieure ; tantôt ils s'allongent, tantôt ils se raccourcissent ; tantôt ils se dirigent vers l'est, tantôt vers l'ouest, formant une bande lumineuse qui se contourne en différents sens comme un drapeau agité par le vent. Lorsque au milieu de leurs changements incessants de forme, leur éclat devient très-vif, ils se colorent, tantôt en vert, tantôt en rouge foncé. Quand les jets sont courts, l'arc lumineux ressemble à une espèce de peigne.

Il arrive souvent que les jets de lumière qui viennent des différents points de l'horizon, de l'est, de l'ouest, du nord, s'élèvent jusqu'au-dessus de la tête de l'observateur, et forment alors, par leur ensemble, une *couronne* brillante dont le centre, du moins dans l'Europe septentrionale, se trouve à quelques degrés sud-est du zénith. Lorsque, par l'observation des étoiles ou au moyen d'instruments astronomiques, on détermine la position apparente de cette couronne, on constate que son centre se trouve dans le méridien magnétique, et précisément sur le prolongement de l'aiguille d'inclinaison.

Malheureusement on ne possède, que je sache, aucun dessin exact de ces magnifiques couronnes zénithales, qui ne se montrent, avec tout leur éclat, que dans les régions polaires. Il serait à désirer que quelque grand peintre voulût se charger de combler cette lacune, afin que ceux qui n'ont pas l'occasion d'observer eux-mêmes cet admirable phénomène, puissent au moins en prendre connaissance autrement que par des descriptions nécessairement incomplètes.

Les anciens observateurs croyaient que l'aurore boréale était un phénomène céleste, c'est-à-dire qu'elle se formait au delà des limites de notre atmosphère et qu'il n'existait entre elle et le globe aucune espèce de relation. C'était une opinion erronée. En effet, ce météore a une origine terrestre non douteuse, car, non-seulement il paraît toujours se développer au sein même de l'air atmosphérique, mais, en outre, il participe au mouvement diurne du globe, et on a constaté entre lui et le magnétisme terrestre la connexion la plus intime.

La hauteur de l'aurore au-dessus de la surface de la terre paraît varier entre des limites très-étendues. D'après Hansteen, la hauteur de l'aurore boréale du 7 janvier 1831 était d'environ 42 lieues; d'après Christie, la hauteur de cette même aurore, déduite de diverses observations faites en Angleterre, aurait été comprise entre deux points situés, l'un à 2 lieues, et l'autre à 10 lieues de la surface du sol.

Les observations modernes assignent aux aurores boréales des hauteurs beaucoup inférieures à celles admises anciennement. Mairan, par exemple, évaluait la hauteur moyenne des aurores boréales à 192 lieues, Cavendish (1790) à 96, et Dalton (1828) seulement à environ 29. Enfin Farquharson a cherché à démontrer l'exactitude d'une opinion déjà émise par différents observateurs, entre autres par de Wrangel, à savoir que souvent les aurores descendraient jusque dans la région des nuages. Farquharson cite à l'appui de sa manière de voir une aurore observée par lui et par d'autres personnes, dans la soirée du 20 décembre 1829, à Alford, dans l'Aberdeenshire. Les observations les plus récentes dans les régions polaires, notamment celles de Parry, Franklin, Hood et Richardson, ont complétement confirmé le fait dont il s'agit. Franklin, entre autres, a observé des aurores situées entre la terre et des nuages dont elles éclairaient la surface inférieure.

Quoi qu'il en soit, il est établi maintenant que le phénomène de l'aurore boréale peut se produire à différentes hauteurs, mais qui ne sont jamais supérieures à 32 lieues.

Une circonstance qui, si elle était bien établie, viendrait aussi à l'appui de l'opinion d'après laquelle les aurores se formeraient toujours au sein de l'atmosphère, c'est le bruit dont le météore serait accompagné. Les uns comparent ce bruit à celui d'une étoffe de soie froissée entre les doigts, les autres trouvent qu'il ressemble à celui de la flamme d'un vaste incendie agitée par le vent. Gmelin (l'ancien, le botaniste) dit, dans son *Voyage en Sibérie*, tome II, p. 51, traduit par Kéralio, « que les aurores boréales *pétillent*, mais ce n'est pas lui qui a entendu le bruit; il affirme cela seulement, d'après ce que lui avaient dit les habitants de Yénisseisk, en Sibérie. » Suivant ces habitants, « les chasseurs de renards assurent que les aurores boréales font un bruit semblable à celui d'un feu d'artifice si terrible, que leurs chiens, saisis d'effroi, tombaient par terre, et qu'il était impossible de les faire bouger avant que ce bruit fût fini. » Disons cependant que plusieurs observateurs contestent l'existence de ces bruits, ou au moins ils ne les attribuent pas à l'aurore elle-même, mais au vent ou au craquement que produit la glace en se brisant.

Comme nous l'avons déjà dit plusieurs fois, il existe une connexion intime entre l'aurore polaire et le magnétisme terrestre. Voici les faits qui la démontrent. En premier lieu, le sommet ou point culminant de l'arc lumineux de l'aurore est toujours situé dans le plan du méridien magnétique, et les deux points d'intersection apparents de cet arc avec l'horizon sont à des distances angulaires égales du même méridien. Nous rappellerons encore que le centre de la couronne coïncide avec le point où l'aiguille d'inclinaison prolongée irait couper la voûte du ciel. En second lieu, chaque fois qu'une aurore boréale apparaît, l'aiguille de déclinaison éprouve une agitation considérable. Ce fait fut observé pour la première fois, en 1740, par Celsius et Hiorter. Ces perturbations se font sentir lors même que les aurores sont invisibles dans le lieu de l'observation. D'après Hansteen, quand l'aurore est très-brillante et très-étendue, elles peuvent s'élever, dans l'espace de quelques minutes, à 3, 4 et même 5 degrés. Ajoutons que peu de temps avant l'apparition de l'aurore, l'intensité de la force magnétique du globe peut s'accroître considérablement; mais, aussitôt que le météore se montre, cette intensité diminue d'autant plus rapidement que l'éclat du météore devient plus vif, et au bout de 24 heures, elle a repris, en général, sa valeur habituelle. Ce dernier fait vient entièrement à l'appui de l'opinion qui ne voit dans les aurores boréales qu'une décharge des électricités de la terre. Enfin, nous rappellerons que les jets de lumière de l'aurore sont toujours lancés dans la direction de l'aiguille d'inclinaison, par conséquent sous une inclinaison à l'horizon de 70° dans nos contrées, et presque verticalement dans les régions polaires.

(H. V.)

DESCRIPTION DES AURORES BORÉALES OBSERVÉES A BOSSEKOP
(WEST-FINMARK).

M. Lottin, lieutenant de vaisseau, membre d'une commission scientifique qui, en 1838 et 1839, a exploré l'Islande, donne la description suivante des aurores boréales qu'il a observées dans cette expédition [1].

« Le soir, entre 4 et 8 heures, la brume légère qui règne presque habituellement au nord de Bossekop, à la hauteur de 4 à 6°, se colore à sa partie supérieure, ou plutôt se frange des lueurs de l'aurore, qui existe derrière. Cette bordure devient plus régulière et forme un arc vague, d'une couleur jaune pâle, dont les bords sont diffus et dont les extrémités s'appuient sur les terres. Cet arc monte plus ou moins lentement, son sommet restant dans le méridien magnétique ou à très-peu près.

« Bientôt des stries noirâtres séparent régulièrement la matière lumineuse de l'arc; les rayons sont formés; ils s'allongent, se raccourcissent lentement ou instantanément; ils dardent, augmentant et diminuant subitement d'éclat. La partie inférieure, les *pieds* des rayons, offrent toujours la lumière la plus vive, et forment un arc plus ou moins régulier. La longueur de ces rayons est souvent très-variée, mais tous convergent vers un même point du ciel, indiqué par la direction de la pointe sud de l'aiguille d'inclinaison; parfois ils se prolongent jusqu'à leur point de réunion, formant ainsi le fragment d'une immense coupole lumineuse.

L'arc continue de monter vers le zénith; il éprouve un mouvement ondulatoire dans sa lueur, c'est-à-dire que d'un instant à l'autre l'éclat de chaque rayon augmente successivement d'intensité. Cette espèce de courant lumineux se montre plusieurs fois de suite, et bien plus fréquemment de l'ouest à l'est que dans le sens opposé; quelquefois, mais rarement, un mouvement rétrograde a lieu immédiatement après le premier.

L'arc offre aussi un mouvement alternatif dans le sens horizontal, figurant les ondulations ou les plis d'un ruban ou d'un drapeau agité par le vent. Parfois un de ses pieds, et même tous deux, abandonnent

---

[1] L'observatoire météorologique où M. Lottin a passé huit mois (de septembre 1838 à avril 1839), était établi à Bossekop, sur la côte de West-Finmark, par 70° de latitude boréale; pendant ces 206 jours on a observé 143 aurores boréales; parmi lesquelles il s'en est trouvé 64 pendant la nuit de 70 *jours* qui règne dans ces parages, depuis le 17 novembre jusqu'au 25 janvier.

l'horizon ; alors les plis deviennent plus nombreux, mieux prononcés ; l'arc n'est plus qu'une longue bande de rayons qui se contourne, se sépare en plusieurs parties, formant des courbes gracieuses, qui se referment presque sur elles-mêmes, et offrent, n'importe dans quelle partie de la voûte céleste, ce que l'on a appelé jusqu'ici *couronne boréale*. Alors l'éclat des rayons varie subitement d'intensité et dépasse celui des étoiles de première grandeur : ces rayons dardent avec rapidité ; les courbes se forment et se déroulent, comme les plis et replis d'un serpent ; puis les rayons se colorent ; la base est rouge, le milieu vert, le reste conserve sa teinte lumineuse jaune clair. Ces couleurs restent toujours, sans exception, dans ces positions respectives ; elles sont d'une admirable transparence : le rouge approche de la teinte sang clair, le vert de celle d'une émeraude pâle. L'éclat diminue, les couleurs disparaissent, tout s'éteint subitement ou s'affaiblit peu à peu. Des fragments d'arc reparaissent ; l'arc se reforme lui-même, continue son mouvement ascensionnel et approche du zénith ; les rayons, par l'effet de la perspective, deviennent de plus en plus courts ; on peut juger de l'épaisseur de l'arc, qui offre alors parfois une large zone de rayons parallèles ; puis le sommet de l'arc atteint le zénith magnétique, point désigné par la pointe sud de l'aiguille d'inclinaison ; alors les rayons sont vus par leurs pieds ; s'ils se colorent dans ce moment, ils montrent une large bande rouge à travers laquelle on distingue les nuances vertes qui leur sont supérieures.

« Pendant que ces effets se produisent, de nouveaux arcs se présentent à l'horizon, commençant d'une manière diffuse, ou avec les rayons tout formés et très-vifs. On en a compté jusqu'à neuf, appuyés sur les terres, et rappelant, par leur disposition, ces toiles cintrées qui vont d'une coulisse à l'autre et figurent le ciel de nos scènes théâtrales.

« Si l'on pense que tous les rayons précédemment mentionnés dardent souvent avec vivacité, variant continuellement et subitement dans leur longueur et dans leur éclat, que de belles teintes rouges et vertes les colorent par intervalles, que des mouvements ondulatoires ont lieu comme ceux qui sont produits dans une étoffe légère, que les courants lumineux se succèdent, et enfin que la voûte céleste tout entière offre une immense et magnifique coupole étincelante, dominant un sol couvert de neige qui, lui-même, sert de cadre éblouissant à une mer calme et noire comme un lac d'asphalte, on n'aura encore qu'une idée très-imparfaite de l'admirable spectacle qui s'offre à l'observateur et qu'il faut renoncer à décrire.

« La couronne ne dure que quelques minutes, elle se forme quel-

quefois instantanément, sans aucun arc préalable. Rarement il y en a
plus de deux dans la même nuit, et bien des aurores en sont privées.

« La couronne s'affaiblit, tout le phénomène est au sud du zénith,
formant des arcs plus pâles et qui disparaissent généralement avant
d'avoir atteint l'horizon sud. L'aurore perd de son intensité ; des faisceaux de rayons, des bandes, des fragments d'arc paraissent et disparaissent par intervalle ; puis les rayons deviennent de plus en plus
diffus. Des effets secondaires plus ou moins remarquables se produisent dans cette période, tels que des plaques lumineuses, des lueurs
vagues, puis des mouvements irréguliers, appelés mouvements de pal-
pitation, qui se présentent à la fin de l'aurore. La lueur crépusculaire
arrive alors peu à peu, et le phénomène s'affaiblissant graduellement
cesse d'être visible. »

Telle est l'apparence de l'aurore boréale quand elle se montre dans
sa plus grande magnificence.

AURORE BORÉALE DU 18 OCTOBRE 1856.

L'année 1836 paraît avoir montré le phénomène des aurores boréales avec une très-grande fréquence et en même temps avec toutes
les variétés de formes, d'éclat, d'évolutions. Parmi toutes les aurores
constatées, celle du 18 octobre est celle qui a été le mieux vue dans
notre continent. M. Matteucci l'a observée à Forli (États-Romains) ;
voici ce que rapporte ce physicien :

« Il était neuf heures du soir, lorsqu'une lumière légèrement rougeâtre se montra dans la région du nord. Elle embrassait une étendue
de 70 à 80°, et s'élevait de 25 à 30° ; sa forme était circulaire, dans ses
parties les moins hautes ; sa distance à l'horizon pouvait être de 7 à 8°.
Vingt-trois minutes après sa première apparition, la lumière prit une
teinte pourpre vive. Une ligne centrale plus foncée qu'on y remar-
quait, marcha vers l'ouest. Le phénomène disparut par un affaiblissement graduel. »

M. Wartmann, célèbre physicien suisse, a observé la même aurore
à Genève, et il en donne la description suivante :

« A huit heures trente et une minutes du soir, instant où commença
le phénomène, le ciel était toujours serein, l'air parfaitement calme,
et la lune, dans le septième jour de sa phase, luisait vers le sud. Deux
nuages rougeâtres se montrèrent d'abord au nord-ouest, à environ
25 à 30° d'élévation au-dessus de l'horizon ; ils se rapprochèrent peu

à peu jusqu'au contact, et en quelques minutes, touchant le sol, ils offrirent l'image d'un vaste incendie lointain; bientôt après, ils prirent la forme d'un segment dont la corde s'appuyait sur l'horizon, et avait au moins 50° d'étendue; ce segment, remarquable par une teinte rouge obscur fortement prononcée, surtout vers le milieu, semblait formé de molécules ondulantes. Trois stries ou faisceaux lumineux très-distincts, de couleur blanche, partaient du centre de l'arc et rayonnaient dans une direction verticale; ils s'épanouissaient un peu vers le haut, et s'élevaient de plusieurs degrés au-dessus du segment, mais sans parvenir jusqu'au zénith. Il y avait encore d'autres jets lumineux, d'un blanc pâle, peu distincts, qu'on voyait confusément rayonner vers le limbe. A huit heures quarante-cinq minutes, l'aurore était très-brillante et se trouvait dans la direction du méridien magnétique; le segment avait alors à très-peu près 24 à 25° de hauteur : il atteignait et enveloppait les étoiles β, ε, ι, ζ, η de la Grande-Ourse, situées près du point culminant de sa bordure; l'étoile α de la même constellation était presque en dehors, tandis que γ, la plus basse des sept étoiles, plongeait assez avant.

« Le météore n'est point resté stationnaire dans cette position; d'abord, il s'est avancé lentement et tout d'une pièce, du nord-ouest au nord, et jusqu'à 5° au nord-est, en parcourant un arc horizontal d'environ 50° et en traversant, par son extrémité supérieure, toutes les étoiles de la Grande-Ourse; puis, à huit heures cinquante-six minutes, revenant en arrière et présentant une couleur pâle d'un pourpre orangé, le segment s'est transformé en une espèce de fuseau allongé, dont la partie inférieure touchait à l'horizon, tandis que le sommet atteignait les étoiles de la queue de la Petite-Ourse. Cette colonne verticale, haute de 47°, a continué de cheminer vers le nord-ouest, en répandant une lueur d'un rouge sombre, qui s'affaiblissait graduellement. A neuf heures, à peine était-elle encore visible, et à neuf heures cinq minutes, on n'apercevait plus dans l'atmosphère qu'une lueur confuse qui, peu d'instants après, s'est complétement dissipée. »

L'aurore boréale du 18 octobre paraît être périodique. Elle a été vue à Paris, à Genève et dans d'autres villes, en 1837 et en 1844. Il y a là, en effet, plus qu'une simple coïncidence [1]. (H. V.)

---

[1] Voy. les OEuvres complètes de Fr. Arago, tome VI, Paris, 1854.

AURORE BORÉALE DU 6 MAI 1843.

Une aurore boréale s'est montrée en France et en Belgique, dans la nuit du 6 au 7 mai 1843. Cette aurore a été observée à Bruxelles par M. Quetelet. Voici comment le savant astronome belge la décrit dans une lettre adressée à Arago :

« Pendant toute la journée du 6, le magnétomètre de l'observatoire de Bruxelles avait une marche très-régulière, et rien ne pouvait faire soupçonner le phénomène qui devait signaler la soirée. Après dix heures, M. Beaulieu, l'aide de garde, vint m'annoncer, avant de se retirer, que le barreau magnétique déviait sensiblement; il était, en effet, dans une agitation extraordinaire. Je voulus m'assurer aussitôt si ce dérangement ne coïncidait pas avec quelque phénomène météorologique, et je remarquai que l'horizon, vers le nord, était vivement éclairé; mais la lumière de la lune ne me permettait pas de me prononcer encore sur l'existence d'une aurore boréale.

« Pendant que je continuais mes observations au magnétomètre, dont la marche irrégulière se soutenait, on vint me dire que quelque chose d'extraordinaire se montrait dans le ciel et vers le sud (onze heures douze minutes, temps moyen). Au milieu d'un ciel parfaitement serein, on voyait une espèce de nuage blanchâtre, de forme elliptique, dans le méridien, et à la hauteur de 60 degrés environ. Le nuage variait à chaque instant d'éclat et de grandeur; ses variations brusques avaient quelque chose de fatigant pour l'œil, et passaient alternativement de la faible lueur de la voie lactée à l'éclat d'un nuage blanc qui effaçait, à peu près, la lumière des étoiles les plus brillantes placées dans sa direction, mais dont les formes n'étaient pas arrêtées. Je crus voir dans ce phénomène l'espèce de nuage lumineux qui accompagne généralement les aurores boréales très-intenses; et, effectivement, le nord était alors très-vivement éclairé, et des jets lumineux se projetaient à une hauteur assez grande dans le méridien magnétique.

« Comme j'étais seul pour observer la marche du phénomène, tout en suivant les indications des instruments magnétiques qui continuaient à dévier de plus en plus, il m'a été impossible d'en saisir toutes les circonstances. Vers onze heures vingt-quatre minutes, la lueur qui s'était montrée au sud et dans le méridien avait entièrement disparu; et, vers le nord, le ciel ne tarda pas à rentrer également dans son état ordinaire. » (H. V.)

HYPOTHÈSES SUR L'ORIGINE DE L'AURORE POLAIRE.

Bien des théories ont été mises en avant pour expliquer les aurores boréales.

Halley a supposé qu'elles étaient dues à des tourbillons magnétiques traversant la terre avec une excessive vitesse du sud au nord, et pouvant devenir lumineux par eux-mêmes ou par leur contact avec les substances terrestres qu'ils rencontrent.

Mairan émit l'opinion qu'il existe autour du soleil une espèce de matière lumineuse d'une ténuité extrême, et qu'une aurore boréale n'était qu'une portion de cette vapeur, ou plutôt une portion de l'atmosphère solaire que la terre rencontrait sur sa route et emportait avec elle dans l'espace.

Cette théorie, présentée avec talent, fut adoptée par les savants jusqu'en 1740, époque où Celsius et Hiorter découvrirent que les aiguilles aimantées éprouvaient une agitation extraordinaire lors de l'apparition des aurores. En rapprochant ce fait des effets lumineux de l'aurore boréale, qui sont semblables à ceux produits par l'électricité dans le vide, on supposa que l'électricité devait jouer un certain rôle dans la production du phénomène. Mais il ne suffisait pas de trouver une identité entre la lumière électrique et celle des aurores, il fallait encore démontrer l'existence d'une quantité suffisante d'électricité dans l'atmosphère; c'est ce qui fut fait plus tard par Franklin et d'autres physiciens.

Dalton supposa que, le phénomène se passant à environ 29 lieues d'élévation au-dessus de la surface de la terre, devait être dû à des effets électriques lumineux produits dans un air plus ou moins raréfié; il émit l'opinion que les rayons de l'aurore devaient avoir une origine ferrugineuse, à raison de l'action exercée sur eux par le magnétisme de la terre.

Selon M. De La Rive, l'aurore boréale serait due à des décharges électriques s'opérant dans les régions polaires, entre l'électricité positive de l'atmosphère et l'électricité négative du globe terrestre; électricités séparées elles-mêmes par l'action directe ou indirecte du soleil, principalement dans les régions équatoriales. Comme nous l'avons vu précédemment (voy. p. 396), M. Babinet vient d'émettre une opinion qui ne diffère de celle de M. De La Rive que par le mode de formation des deux électricités. Enfin M. Becquerel a, de son côté, proposé sur l'origine de ces électricités une théorie que nous avons indiquée dans une note placée au bas de la page 141.

Cependant de toutes ces théories, il n'en est aucune qui repose sur des bases solides. Ce sont des conceptions plus ou moins ingénieuses qui, il faut bien l'avouer, laissent à peu près entière la question si mystérieuse de l'origine du phénomène lumineux le plus magnifique, le plus imposant, le plus resplendissant de ceux qui puissent s'offrir à nos regards. (H. V.)

III. INDUCTION.

En 1832, M. Faraday découvrit qu'un courant électrique peut développer par influence dans un fil conducteur des courants électriques, de la même manière qu'un corps chargé d'électricité statique électrise par influence un conducteur isolé. Voici comment on obtient ce résultat remarquable.

Fig. 219.

Sur une bobine de bois (fig. 219), on enroule deux fils de cuivre couverts de soie; les différents tours de l'un de ces fils étant complétement isolés de ceux de l'autre, il s'ensuit que si l'on fait communiquer les extrémités a et b de l'un d'eux avec les pôles d'une pile, le courant restera dans ce fil et ne pourra pas passer dans le second. Or, si l'on met les extrémités c, d, de celui-ci en contact avec les deux extrémités du fil d'un galvanomètre, à l'instant où l'on établit la communication du premier fil avec la pile, on constate une déviation de l'aiguille du galvanomètre, qui indique dans le second fil la formation d'un courant inverse de celui qui parcourt le premier; puis l'aiguille revient au zéro et reste stationnaire; mais lorsqu'on rompt le circuit de la pile, elle se dévie de nouveau et accuse dans le second fil un courant marchant dans le même sens que celui de la pile.

Cette action, en vertu de laquelle un courant électrique développe des courants dans des conducteurs fermés voisins, a reçu le nom d'*induction*. Ces derniers courants sont dits *courants induits*, et le courant qui les développe *courant inducteur*. Ainsi, premièrement, *lorsqu'un courant voltaïque commence ou cesse dans un conducteur, son influence produit dans des conducteurs voisins des courants passagers inverses ou directs, c'est-à-dire de sens contraire au sien, ou de même sens.*

Si l'on substitue au multiplicateur destiné à accuser le courant induit, une petite hélice creuse dans l'intérieur de laquelle on introduit une aiguille en acier, celle-ci se trouve aimantée à l'instant où l'on établit le courant inducteur, pourvu toutefois qu'on la retire avant d'interrompre l'action de la pile; car le courant en sens contraire qui se produit alors, détruirait l'aimantation.

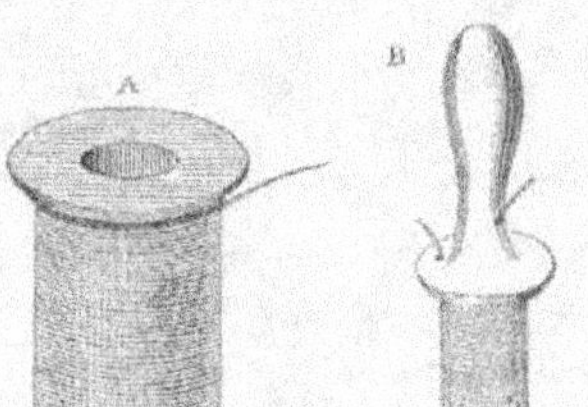

Fig. 220.

La formation des courants induits n'exige nullement que les deux fils soient enroulés sur une même bobine, comme nous l'avons indiqué; elle a lieu tout aussi bien quand ces fils sont enroulés séparément sur des bobines de diamètres différents, de manière que l'on puisse introduire l'une dans l'autre. La fig. 220 représente deux bobines disposées pour en faire l'expérience : B est la bobine du fil qui reçoit le courant inducteur; *c'est la bobine inductrice*. A est la bobine du fil dans lequel se forment les courants induits; ce dernier fil est ordinairement très-long et très-fin; le premier, au contraire, est plus court et plus gros. Pour produire les courants d'induction, on introduit la bobine inductrice B dans la bobine A, on met la première en communication avec la pile, et l'on ouvre et ferme alternativement le circuit. Mais les courants d'induction peuvent encore être produits d'une autre manière, sans interrompre le courant de la pile.

A cet effet, après avoir fait communiquer la bobine inductrice B avec la pile, on n'a besoin que de l'introduire subitement dans la bobine A, et de l'en retirer ensuite de même. Le fil de la bobine A étant mis en communication avec un galvanomètre, au moment de l'introduction de la bobine B, on remarque que l'aiguille du galvanomètre est déviée, et indique dans le fil influencé un courant d'induction dirigé en sens contraire du courant inducteur. Lorsqu'on laisse la bobine B en repos, l'aiguille retourne au zéro de déviation. Au moment où l'on retire cette même bobine, on obtient une nouvelle déviation de l'aiguille, inverse de la première, et indiquant dans le fil influencé un courant de même direction que celui de la pile. Ainsi, secondement, *lorsqu'un conducteur parcouru par un courant voltaïque, est approché ou éloigné d'un autre conducteur fermé, il fait naître dans ce dernier un courant inverse ou direct.*

Comme il est facile de le voir, ce second mode de formation des courants induits revient au même que celui que nous avons indiqué en premier lieu; dans celui-ci on a l'avantage de créer et de détruire instantanément le courant inducteur, en fermant et en ouvrant le circuit, tandis que dans le second on approche et l'on retire ce courant, opération qui ne peut pas s'exécuter avec autant de rapidité; il en résulte une différence dans les courants induits, ceux qui sont produits suivant le dernier mode ayant une durée quelque peu sensible, tandis que ceux qui sont produits suivant le premier mode sont tout à fait instantanés.

L'intensité des courants induits dépend de plusieurs circonstances : d'abord de la longueur et du diamètre des fils des bobines, ensuite de l'énergie du courant inducteur. On ne peut donner aucune règle précise sur ces divers points. En général, il y a de l'avantage à prendre des fils très-longs; mais alors il faut employer un courant inducteur provenant d'une pile d'un grand nombre de couples. Au reste, ces données varient avec la nature des effets, et par conséquent avec celle des conducteurs que sont appelés à traverser les courants induits, et même avec la longueur et le diamètre du fil du galvanomètre dont on fait usage pour percevoir ces courants.

Pour constater la formation des courants induits et déterminer le sens suivant lequel ils se propagent, nous n'avons jusqu'ici eu recours qu'à l'action qu'ils exercent sur l'aiguille du galvanomètre; mais ces courants produisent une foule d'autres effets propres à manifester leur existence : tels sont, entre autres, leurs effets physiologiques, qui sont remarquables par leur grande intensité. Pour observer les effets physiologiques dus au passage des courants induits à travers les muscles, il suffit de saisir dans les mains, préalablement mouillées avec un liquide conducteur, deux cylindres métalliques en communication avec les extrémités du fil dans lequel circulent les courants dont il s'agit : alors, toutes les fois qu'on ouvre ou qu'on ferme le circuit de la pile qui fournit le courant inducteur, on éprouve une commotion plus ou moins forte. — Ces effets physiologiques deviennent surtout sensibles si les ruptures et les fermetures du circuit de la pile se succèdent à des intervalles très-rapprochés, de manière que les muscles soient traversés, dans un temps donné, par un très-grand nombre de courants induits. Il existe différents moyens de produire, avec facilité, ces ruptures et ces fermetures du circuit de la pile. Nous allons en indiquer quelques-uns. (H. V.)

RHÉOTOMES OU COUPE-COURANTS.

La figure 221 montre l'une des dispositions dont on peut faire usage. Le fil dans lequel passent les courants induits communique, à

Fig. 221.

ses deux extrémités, avec des cylindres métalliques qu'on saisit dans les mains. L'une des extrémités du fil inducteur est en communication avec l'un des pôles de la pile, et l'autre, avec une lime d'acier, sur laquelle on fait glisser rapidement le bout libre d'un fil métallique attaché au second pôle de la pile. Dans ce frottement, le fil passe alternativement sur une rayure de la lime et sur un des intervalles entre deux rayures successives : dans le premier cas, le circuit est fermé, et dans le second, il est ouvert.

Le second moyen de fermer et d'interrompre, dans un temps donné, un grand nombre de fois le courant d'une pile, consiste dans l'emploi de la roue à interruptions, imaginée par Neef et que nous avons décrite précédemment (voy. p. 345).

Le troisième moyen que nous avons encore à indiquer, est le plus employé, parce qu'il n'exige pas l'intervention d'une aide pour fermer et ouvrir le circuit, ce travail étant effectué par le courant inducteur lui-même. Les figures 222 et 225 donneront une idée de la dispo-

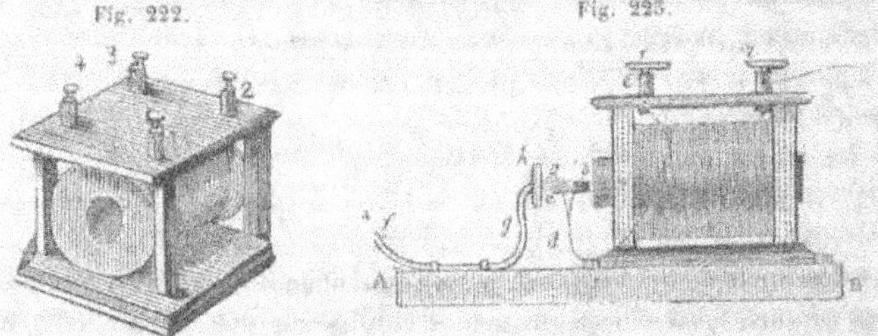

Fig. 222.

Fig. 225.

sition qu'on peut adopter. Le fil inducteur et le fil induit sont enroulés sur une même bobine, fixée entre deux planchettes en bois. Les extré-

mités du fil inducteur aboutissent aux boutons 1 et 2, et celles du fil
induit, aux boutons 3 et 4. Dans l'intérieur de la bobine se trouve
un cylindre de fer b (fig. 223), qui s'aimante chaque fois que le
circuit de la pile est fermé. Ce cylindre renforce considérablement
l'énergie des courants induits. Cet effet sera expliqué plus tard (voy. l'article relatif au renforcement des courants d'induction par le fer doux).

Voici maintenant comment s'opèrent la rupture et la fermeture du
courant inducteur : devant l'une des extrémités du cylindre de fer
doux b se trouve une armature de même métal, soudée à un petit
cylindre de laiton a, qui se termine en pointe mousse du côté opposé à
l'armature de fer. Le cylindre de laiton est porté lui-même par un fil de
cuivre cde, communiquant avec le bouton 1, et faisant ressort entre
c et d, de manière à appuyer le cylindre a contre le petit disque métallique h. Celui-ci communique au moyen du fil gf avec l'un des pôles
de la pile, tandis que l'autre pôle est mis en communication avec le
bouton 2. Le circuit est alors complété, et le courant passera, par
exemple, de f en h, et de là successivement, à travers le cylindre a
et le fil inducteur, au pôle négatif de la pile. Or, aussitôt que le
courant est établi, le cylindre de fer b s'aimante, il attire son armature
qui entraîne le cylindre a auquel elle est soudée, et le circuit se trouve
rompu. Le courant cessant de circuler, le cylindre b revient à l'état
neutre, et le ressort de ramène le cylindre a en contact avec le disque h;
de cette manière le circuit est de nouveau complété, le courant se
rétablit, le cylindre de fer doux b attire de nouveau son armature, et
ainsi de suite. Pour recevoir la commotion des courants d'induction,
il suffit de saisir dans les mains des conducteurs métalliques mis en
communication avec les boutons 3 et 4 (voy. plus loin l'article relatif
à la graduation des appareils d'induction).

L'interrupteur automatique que nous venons de faire connaître et
que beaucoup d'auteurs décrivent sous le nom de *trembleur*, a été
inventé par Wagner, physicien allemand. (H. V.)

INDUCTION D'UN COURANT SUR LUI-MÊME; EXTRA-COURANT
OU COURANT SECONDAIRE.

Lorsqu'on réunit les deux pôles d'un élément voltaïque par un long
fil de cuivre, enveloppé de soie et enroulé sur une bobine, et qu'ensuite, en deux points du circuit, on applique des conducteurs métalliques tellement disposés, qu'en les tenant dans les mains, les

extrémités du fil restent, par l'intermédiaire du corps, en communication l'une avec l'autre quand on vient à ouvrir le circuit : chaque fois qu'on ouvre ce dernier, on éprouve une commotion plus ou moins forte, due à un courant d'induction que le courant de l'élément voltaïque développe à l'instant de son interruption, et qui passe, du fil de la bobine où il se forme, dans les deux conducteurs métalliques et de ceux-ci dans le corps de l'expérimentateur. On désigne sous les noms d'*extra-courants* ou de *courants secondaires*, les courants d'induction produits dans le fil même par lequel passe le courant inducteur.

Les figures 224 et 225 indiquent de quelle manière on peut faire

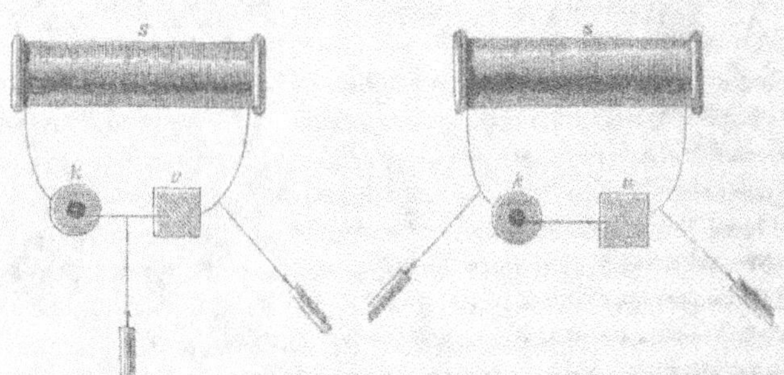

Fig. 224.
Fig. 225.

l'expérience qui vient d'être décrite : S est la bobine; *k* l'élément voltaïque : *u* un appareil quelconque propre à interrompre le courant. Si les deux conducteurs métalliques qu'on prend dans les mains sont disposés comme le montre la figure 224, après la rupture du circuit, les extrémités du fil de la bobine restent en communication l'une avec l'autre par l'intermédiaire du corps et de l'élément voltaïque, et le courant secondaire, qui se forme lors de la cessation du courant de la

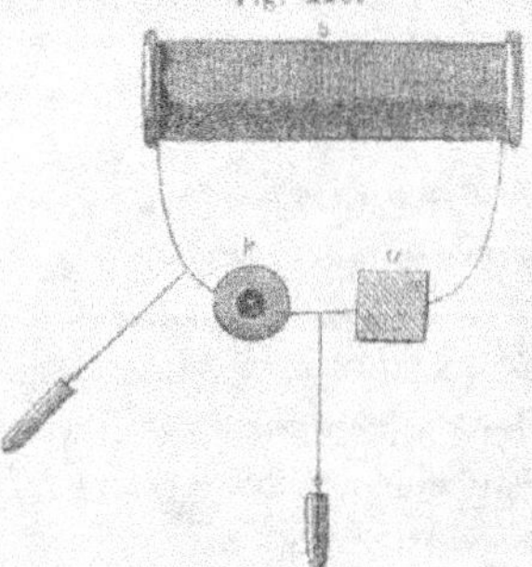

Fig. 226.

pile, peut traverser le corps. Il en sera encore de même si l'on adopte la disposition de la figure 225. Seulement, dans ce dernier cas, quand on fait cesser le courant de la pile, les deux extrémités du fil de la bobine ne sont réunies que par le corps de l'expérimentateur, et la pile se trouve exclue du circuit. Enfin, si l'on adoptait la disposition représentée par la figure 226, on n'obtiendrait pas de commotion, parce qu'après la rupture du circuit de la pile, le corps ne communiquerait plus avec les deux extrémités du fil de la bobine, et ne serait traversé que par le courant de la pile qui, pour des motifs que nous indiquerons plus tard, est incapable de produire des commotions.

Pour faire passer à travers le corps un grand nombre de courants secondaires se succédant à des intervalles très-rapprochés, il faut introduire dans le circuit de la pile un interrupteur dans le genre de ceux que nous avons décrits plus haut. La figure 227 montre la disposition d'un appareil muni d'un interrupteur que la pile met elle-même en action, et qui repose sur le même

Fig. 227.

principe que le trembleur de Wagner (p. 413) : S est un fil mince, enveloppé de soie et enroulé sur une bobine en bois ; les extrémités de ce fil communiquent l'une avec le bouton *a*, l'autre avec le bouton *b*. La bobine contient un faisceau de fils de fer pour renforcer les extra-courants et pour faire fonctionner l'interrupteur (nous verrons plus loin pourquoi un pareil faisceau est préférable à un cylindre massif de fer doux). Une lame de cuivre, faisant ressort, est fixée, par une de ses extrémités, au bouton *c*, et porte à son autre extrémité un petit marteau en fer doux *d*. Vers le milieu de cette lame de cuivre se trouve disposée une vis de métal, terminée par une pointe mousse de platine, contre laquelle la lame appuie légèrement. A l'endroit du contact avec cette pointe, la lame est garnie d'une mince feuille également de platine. On fait communiquer l'un des pôles de l'élément voltaïque avec *a*, et l'autre avec *c*. Le courant passe alors de *a*, par exemple, à travers le fil de la bobine, arrive en *b* et regagne, au moyen de la lame de cuivre et du bouton *c*, l'autre pôle de l'élément ; mais aussitôt qu'il est établi, il aimante le faisceau de fils de fer, contenu dans l'intérieur de la bobine, le marteau *d* est attiré et le circuit rompu ; par suite de cette rupture, le faisceau de fils de fer se désaimante, et le marteau *d* n'étant plus retenu, la lame de cuivre vient se remettre en contact avec la pointe de platine, et le courant recommence, pour être bientôt interrompu de nouveau, et ainsi de suite. A chaque rupture du circuit, il jaillit une petite étincelle entre la pointe de platine et la lame de cuivre. En même temps, il se forme un courant secondaire dans le fil de la bobine quand le circuit se trouve complété par un corps conducteur. Si l'on ferme le circuit à l'aide d'une partie conductrice du corps, on éprouve les commotions dont il a été parlé. Or, l'insertion d'une partie du corps dans le circuit peut avoir lieu, soit en appliquant l'un des conducteurs en *b*, et l'autre en *c*, ce qui correspond à la disposition représentée par la figure 224, soit en adaptant l'un de ces mêmes conducteurs en *a*, et l'autre en *b*, ce qui correspond à la disposition indiquée dans la figure 225. En mettant l'un des conducteurs en *a* et l'autre en *c*, on n'éprouverait pas de commotion, car le fil de la bobine ne serait plus dans le circuit à l'instant de la cessation du courant de la pile.

M. Faraday, qui a découvert cette nouvelle espèce de courants d'induction, explique de la manière suivante leur mode de formation : Lorsqu'un courant électrique commence ou cesse dans le fil d'une bobine, son influence a le pouvoir de faire naître dans un fil enroulé sur la même bobine des courants passagers de sens contraire au sien, ou de même sens; mais lorsque ce dernier fil manque, le courant développe dans le fil même qu'il parcourt, et cela par suite de l'action inductive que les diverses révolutions de ce fil exercent les unes sur les autres, des courants induits dirigés dans le même sens que les premiers, c'est-à-dire inverses ou directs, suivant qu'il commence ou cesse. Ce sont ces courants induits développés par un courant dans le conducteur même qu'il parcourt, que nous avons désignés sous les noms de *courants secondaires* ou *extra-courants*.

On peut facilement constater que l'extra-courant direct possède la direction que M. Faraday lui a assignée. Il suffit, pour cela, de substituer aux conducteurs métalliques de la figure 225, soit deux fils de cuivre communiquant avec un galvanomètre, soit deux fils de platine qui se rendent dans l'eau acidulée d'un voltamètre. On trouvera, au moyen de l'un et de l'autre procédé, que dans le circuit formé par le fil de la bobine et par le galvanomètre ou le voltamètre, l'extra-courant direct va dans le fil de cette bobine dans le même sens suivant lequel cheminait le courant du couple lui-même. Quant à l'extra-courant inverse, il ne peut être perçu à l'aide de la disposition représentée par la figure 225, puisqu'il circule dans le circuit qui transmet le courant même du couple, et qu'il ne peut se développer qu'autant que ce courant est établi et que, par conséquent, le circuit est fermé. Mais comme il va en sens contraire, il diminue un instant l'intensité du courant primitif; cette diminution a pu être rendue sensible, et

M. Edlund est même parvenu, dans ces derniers temps, à imaginer un appareil particulier qui permet de recueillir l'extra-courant inverse, de sorte qu'il ne saurait plus rester le moindre doute sur l'existence de ce courant. On voit maintenant quelle est l'origine des effets physiologiques dont il a été question plus haut : ces effets résultent uniquement de l'action d'extra-courants directs. Nous appellerons *appareils à courants secondaires* ceux qui reposent sur la formation d'extra-courants, et nous réserverons le nom d'*appareils à induction* aux instruments à deux fils séparés et traversés, l'un par le courant inducteur, l'autre par les courants induits que l'on se propose d'utiliser. Plusieurs des effets physiologiques des courants dépendant de la direction suivant laquelle ceux-ci traversent les organes, on conçoit que, dans les applications à la médecine, on ne puisse pas toujours faire usage indifféremment de l'une ou de l'autre de ces deux classes d'appareils, car ceux de la première développent des courants tous dirigés dans le même sens, tandis que ceux de la seconde donnent des courants dirigés alternativement en sens contraires (voyez plus loin les articles relatifs aux effets physiologiques des courants). (H. V.)

COURANTS D'INDUCTION DE DIFFÉRENTS ORDRES.

Henry a démontré que les courants induits exerçaient à leur tour une influence inductrice sur des conducteurs fermés voisins. Au lieu de bobines, il se sert de spirales, formées avec des lames ou rubans de cuivre de 4 centimètres de largeur, ayant de 20 à 30 mètres de longueur, et pesant environ 1/2 kilogramme par mètre; il se sert aussi d'hélices, formées avec des fils de cuivre d'un demi-millimètre de diamètre dont les longueurs varient de 500 à 3000 mètres, et qui sont recouverts de coton enduit de cire.

Voici maintenant comment Henry démontre l'action inductive des courants induits. On fait passer le courant d'une pile à travers une spirale *a* (fig. 228), de 30 mètres; sur cette spirale on en place une

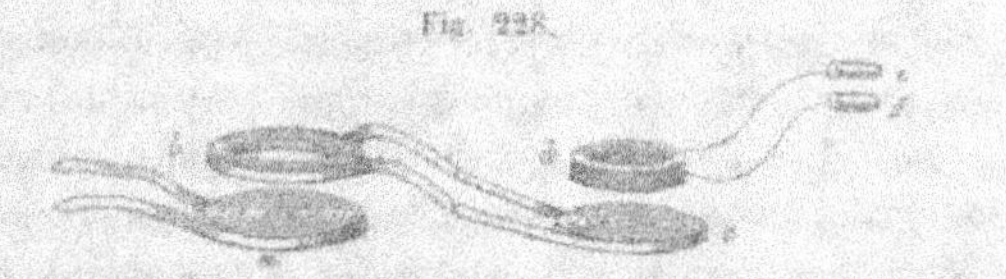

Fig. 228.

autre *b*, de 20 mètres, qui communique avec une troisième *c*, de même longueur, mais dont le ruban est moins large. Enfin sur cette spirale c on place une spirale d d'un fil très-long dont on saisit les deux extrémités au moyen des cylindres conducteurs e et f. A l'instant où l'on ouvre ou ferme le circuit de la pile, on ressent une vive commotion. Celle-ci s'explique par l'action inductive du courant induit qui a passé de la spirale b dans la spirale c, et qui a fait naître un courant induit dans l'hélice d. Ce dernier courant induit est appelé courant de second ordre, et le premier, courant de premier ordre. Henry a reconnu, par des expériences analogues à celle que nous venons d'indiquer, qu'un courant de second ordre peut en faire naître un de troisième ordre, celui-ci, un de quatrième ordre, et ainsi de suite.

On peut encore démontrer expérimentalement les principaux phénomènes de l'induction électro-dynamique, au moyen de spirales planes fixées verticalement et parallèlement entre elles sur des planches en bois, ainsi que l'a fait M. Matteucci. L'une des spirales a, par exemple, est mise en relation avec une pile de Bunsen de 8 à 10 éléments, et l'autre b avec un galvanomètre à fil court ou une troisième spirale, etc. Quand on approche l'une des spirales de l'autre, un courant inverse ou négatif se développe; en les éloignant il se produit un courant direct ou positif. L'aiguille du galvanomètre est à peine déviée si les deux spirales s'approchent ou s'éloignent lentement, tandis qu'elle l'est fortement quand le mouvement est rapide. La figure 229

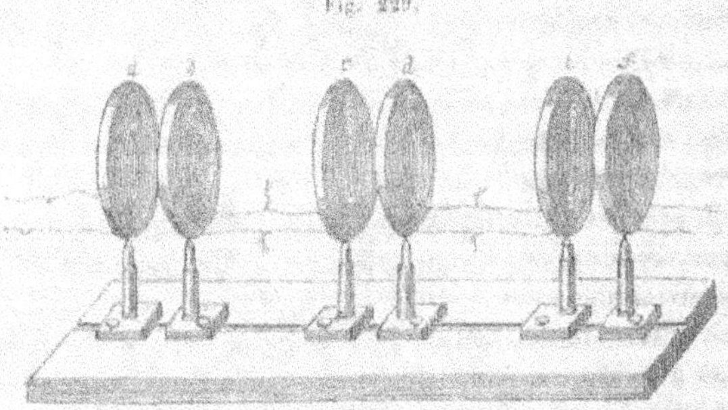

Fig. 229.

indique plusieurs spirales disposées de façon à pouvoir étudier avec le même appareil les effets d'induction de différents ordres.

L'action inductive s'exerce sans altération à travers les substances non-conductrices, comme le verre, le bois, etc. Pour s'en assurer, il suffit de deux spirales entre lesquelles on interpose un écran de verre, par exemple. On peut même produire des effets d'induction au travers des murs d'une chambre ; ainsi, en plaçant contre le mur une spirale plate communiquant avec les pôles d'une pile, tandis qu'une personne tient des conducteurs en cuivre en relation avec une seconde spirale plate placée parallèlement de l'autre côté du mur, chaque fois que l'on rompt ou que l'on ferme le circuit galvanique, la personne reçoit une secousse. L'expérience réussit mieux au travers d'une porte ou d'une pièce de bois épaisse, parce qu'alors la distance entre les deux spirales est moindre. (H. V.)

PROPRIÉTÉS DES COURANTS INDUITS D'ORDRES SUPÉRIEURS.

Henry ne s'est pas borné à constater l'existence des courants induits d'ordres supérieurs, mais il en a aussi étudié les propriétés. Il a trouvé d'abord que ces courants n'agissent que très-faiblement sur l'aiguille du galvanomètre, alors même que leurs effets physiologiques et leur puissance magnétisante sont très-énergiques. Il a trouvé, en second lieu, que si l'on détermine le sens des divers courants induits par le sens de l'aimantation qu'ils sont capables d'imprimer à une petite aiguille aimantée placée dans une bobine faisant partie du circuit où ils circulent, on constate que chaque courant d'ordre supérieur est de sens contraire au courant instantané par lequel il est induit.

La faiblesse de l'action que les courants induits d'ordre supérieur exercent sur l'aiguille aimantée, comparée à l'énergie de leur puissance magnétisante et de leur action physiologique, a conduit Henry à regarder ces courants comme formés de courants successifs de directions opposées, égaux en quantité, mais différents en durée. Le courant induit du premier ordre étant instantané, il doit, lorsqu'il agit comme inducteur sur un fil conducteur voisin, déterminer presque en même temps deux courants induits, l'un en sens contraire du sien au moment où il commence, l'autre dans le même sens au moment où il finit. Ces deux courants induits se succédant très-rapidement et étant produits par des quantités égales d'électricité, leurs actions sur l'aiguille du galvanomètre se détruisent, mais leurs effets physiologiques s'ajoutent à peu près, car la secousse déterminée par le passage d'un courant instantané est sensiblement indépendante de sa direction. Quant aux propriétés magnétisantes, elles résultent de la différence de durée des deux courants successifs, et Henry a reconnu que les aiguilles d'acier doivent s'aimanter dans le sens du courant dont la

durée est la plus courte, ou, ce qui revient au même, dont l'intensité
est la plus grande. Ce courant de plus grande intensité paraît toujours
être celui qui se forme au moment où le courant inducteur commence,
de sorte que c'est lui qui détermine le sens de l'aimantation. Jusqu'ici
on ne possède pas encore d'explication satisfaisante de l'inégale durée
des deux courants successifs que développent les courants induits de
premier ordre. Quant aux courants induits de troisième ordre, ils se
composent, chacun, de quatre courants : deux de ces courants résultent de l'induction exercée par l'un des deux courants qui composent le
courant de second ordre ; et le troisième et le quatrième proviennent
de l'action de l'autre partie du courant inducteur de second ordre. De
ces quatre courants le premier et le quatrième déterminent le sens
de l'aimantation, etc. MM. Poggendorff, Abria et Verdet ont confirmé la théorie qui précède.

M. Verdet a pensé qu'on obtiendrait une démonstration des vues
théoriques de M. Henry, en cherchant à manifester des actions électro-chimiques avec des courants induits du second ordre ; il y est
parvenu à l'aide des dispositions suivantes : il a fait communiquer l'un
des fils d'une bobine à deux fils avec une pile voltaïque, et l'autre avec
une seconde bobine à deux fils. Le second fil de cette nouvelle bobine
était mis en rapport avec un voltamètre ordinaire à lames de platine
et à deux éprouvettes (voy. fig. 148, p. 273). En interrompant ou
en fermant le circuit traversé par le courant de la pile, on produisait,
dans la première bobine, un courant induit qui circulait également
dans le premier fil de la seconde bobine, et induisait dans le second
fil un courant du second ordre par lequel l'eau du voltamètre était
décomposée. L'interruption et la fermeture du courant principal s'ob-
tenaient à l'aide d'une roue dentée, dans le genre de celle représentée
par la figure 183, p. 343.

Si l'hypothèse précédente était exacte, chaque courant du second
ordre étant constitué par la succession de deux courants de directions
opposées, il devait se dégager alternativement de l'hydrogène et de
l'oxygène à la surface de chacun des deux électrodes de platine, et par
conséquent, on devait obtenir dans chaque éprouvette du voltamètre
un mélange de ces deux gaz. Tel a été effectivement le résultat des
expériences : on a toujours trouvé dans les deux éprouvettes un mélange explosif d'hydrogène et d'oxygène, mais les proportions relatives
des deux gaz ont varié très-irrégulièrement d'une expérience à l'autre,
et n'ont d'ailleurs presque jamais été les mêmes dans les deux éprouvettes ; de façon qu'il n'a été impossible de vérifier, par cette méthode,

si les deux courants successifs qui constituent le courant du second
ordre sont formés par des quantités égales des deux électricités. La
cause de toutes ces irrégularités se trouve évidemment dans la recomposition partielle qui doit s'effectuer entre l'hydrogène et l'oxygène
dégagés presque simultanément sur la même lame métallique, et dans
la série d'oxydations et de désoxydations qu'éprouvent les lames sous
l'influence des deux gaz. Ces oxydations et ces désoxydations se sont
fréquemment manifestées dans le cours de ses expériences, par la production d'une poudre noire à la surface des électrodes, comme M. De
La Rive l'a observé dans ses expériences sur les courants alternatifs
transmis par les liquides (p. 278).

Il nous sera facile maintenant d'expliquer les résultats des recherches de Savary concernant l'influence que les enveloppes métalliques
exercent sur l'aimantation de l'acier au moyen de courants produits
par les décharges d'électricité statique (p. 336). On se rappelle que
le fait principal qui ressort de ces recherches, consiste en ce qu'un
cylindre assez épais d'un métal non-magnétique, placé entre l'acier et
le courant de la décharge, est capable d'arrêter complétement l'action
de cette dernière. Pour expliquer ce fait, il suffit de remarquer que le
courant d'une décharge d'électricité statique, de celle d'une bouteille
de Leyde par exemple, peut, à cause de sa durée toujours très-petite,
être assimilé à un courant d'induction de premier ordre. Par conséquent, ce courant doit développer dans l'enveloppe métallique de
l'acier deux courants induits opposés, l'un, inverse, quand il commence, l'autre, direct, quand il finit. Or, de ces deux courants qui
agissent sur l'acier en même temps que celui de la décharge elle-
même, c'est le premier, le courant inverse, qui détermine l'aimantation la plus forte. Cette aimantation étant opposée à celle que fait
naître le courant de la décharge, on comprend que l'enveloppe métallique doive affaiblir l'action de ce courant, et même l'arrêter complétement, lorsque le courant inverse acquiert une intensité suffisante.

(H. V.)

COURANTS MAGNÉTO-ÉLECTRIQUES.

Si l'hypothèse d'Ampère sur la nature du magnétisme est réelle, il
faut que les aimants puissent, comme les courants électriques, agir par
induction sur des conducteurs fermés. Or, M. Faraday a constaté le
premier qu'il en était effectivement ainsi, et la théorie d'Ampère a

reçu ainsi une nouvelle confirmation. Nous allons indiquer les expériences par lesquelles on démontre l'action inductive des aimants.

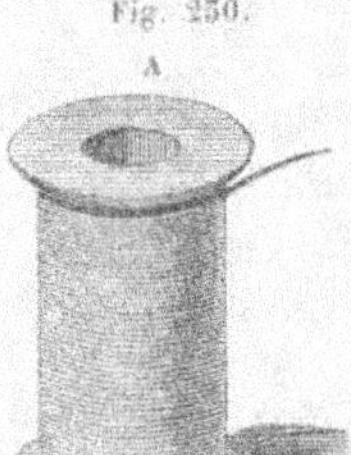

Fig. 230.

Un fil métallique couvert de soie, de 100 ou 200 mètres de longueur, est enroulé sur une bobine en bois ou en carton (fig. 230), dont l'ouverture intérieure est assez grande pour recevoir un aimant; les deux extrémités de ce fil communiquent avec les deux extrémités d'un galvanomètre suffisamment éloigné, et à l'instant où l'on introduit le pôle d'un aimant dans l'intérieur de la bobine, on voit l'aiguille du galvanomètre qui est déviée avec plus ou moins de force; mais bientôt elle revient au repos, pendant tout le temps que l'aimant reste en place; et, si l'on enlève l'aimant, elle se meut de nouveau dans le sens opposé. La déviation de l'aiguille donne le sens du courant d'induction qui traverse le circuit composé du galvanomètre et de la bobine. Il est facile de reconnaître que le courant qui se produit lorsqu'on approche l'aimant est un *courant inverse*, c'est-à-dire opposé à celui qui eût pu donner à cet aimant la polarité qu'il possède. La déviation de l'aiguille indique, au contraire, un *courant direct*, quand on retire rapidement le barreau. Les courants induits dont il vient d'être question ont reçu le nom de *courants magnéto-électriques*, expression qui rappelle leur origine. Lorsque le barreau aimanté est passablement énergique, ces courants induits sont bien plus intenses que ceux qui sont développés par des courants inducteurs. Pour augmenter leur force, il faut introduire et retirer l'aimant aussi brusquement que possible.

Fig. 231.

Les mêmes courants se produisent encore lorsqu'on approche ou qu'on éloigne des pôles d'un aimant en fer à cheval *ab* (fig. 231), un morceau de fer doux *mcn*, de même forme et autour des branches duquel on a enroulé, dans le même sens, un fil de cuivre recouvert de soie et dont les deux extrémités communiquent avec un galvanomètre, destiné à compléter le circuit. Quand le magnétisme se développe dans le fer doux par l'approche des pôles de l'aimant, le courant du fil est *inverse*, c'est-à-dire opposé à celui qui pourrait donner au fer doux la polarité qu'il acquiert par l'influence de l'aimant; quand le magnétisme se perd, parce qu'on éloigne le barreau des pôles de l'aimant, le courant est direct; enfin si l'état magnétique du fer reste constant, parce qu'on laisse le barreau en repos, tout courant cesse dans le fil conducteur. — Il est évident que les résultats seraient les mêmes si, au lieu d'un fer à cheval, on employait un barreau droit de fer doux. (H. V.)

MACHINES MAGNÉTO-ÉLECTRIQUES.

Supposons maintenant qu'après avoir fait communiquer ensemble les deux bouts du fil de l'arc de fer doux $m c n$ (fig. 231), on imprime à cet arc un mouvement de rotation autour d'un axe passant par son milieu c et partageant en deux parties égales la ligne droite qui réunirait ses extrémités m et n, de telle sorte qu'après une première demi-révolution, l'extrémité m, qui se trouve actuellement au-dessus du pôle a, soit au-dessus du pôle b, et qu'après une seconde demi-révolution, elle soit ramenée dans sa position primitive.

Il est facile de voir que pendant cette rotation l'état magnétique de l'arc de fer doux varie sans cesse : il a acquis sa plus grande force lorsque ses extrémités passent immédiatement au-dessus des pôles de l'aimant; cet état décroît par l'éloignement des pôles, devient nul quand les deux arcs sont perpendiculaires entre eux, enfin s'accroît en changeant de sens quand, par suite du mouvement de rotation, les extrémités du fer doux s'approchent respectivement des pôles opposés à ceux qu'ils quittaient au commencement de la demi-révolution. Ainsi le magnétisme du fer doux oscille constamment entre deux maxima pour lesquels sa polarité est contraire. Le courant que ce changement perpétuel entretient dans le fil conducteur doit donc changer de sens à chaque demi-révolution du fer doux, ou à chaque passage de ses extrémités au-dessus des pôles de l'aimant.

C'est sur ce principe que reposent les machines dites *magnéto-électriques*, à l'aide desquelles on peut facilement faire des expériences sur les courants induits par des aimants. La première machine de ce genre fut construite en 1832, par Pixii; seulement, dans sa machine, ce n'était pas le fer doux qui tournait, mais l'aimant lui-même. Plus tard, Saxton, Clarke, Ettingshausen, Petrina, Page, Stöhrer, etc., perfectionnèrent ces machines d'une manière notable. Tous adoptèrent la disposition qui consiste à rendre l'aimant fixe et le fer doux mobile. Plus récemment, surtout dans les machines pour l'usage médical, on a commencé à enrouler le fil sur les branches de l'aimant, ce qui revient à peu près au même pour l'effet, mais diminue la force nécessaire pour faire tourner le fer doux, qui ne doit plus entraîner le poids du fil. (H. V.)

MACHINE MAGNÉTO-ÉLECTRIQUE DE CLARKE.

L'appareil de Clarke est représenté par la figure 232 [1]. Il se compose d'un faisceau aimanté A, très-puissant, recourbé en fer à cheval,

Fig. 232.

et appliqué verticalement le long d'une planchette de bois. Devant cet aimant se trouvent deux cylindres en fer doux B, B', fixés sur une armature V, de même métal. Cette pièce se visse sur un axe de rotation qui est mis en mouvement au moyen de la roue R, et d'un fil ou d'une chaîne sans fin. Sur chaque cylindre est enroulée une hélice en fil fin de cuivre entouré de soie, d'une longueur de 750 mètres. Ces fils sont enroulés et réunis de façon à représenter un fil unique disposé exactement comme celui d'un électro-aimant ordinaire, et ayant, par conséquent, deux extrémités libres. L'une des extrémités du fil des cylindres B, B' communique avec l'axe de rotation de l'armature V, et l'autre extrémité avec le cylindre creux de cuivre q, qui est isolé de

<hr>

[1] Les figures relatives à la machine magnéto-électrique de Clarke sont empruntées au *Traité élémentaire de Physique*, de M. A. Ganot.

l'axe au moyen d'un cylindre de bois dur [1]. En avant de la virole *q* est une deuxième virole *o*, formée de deux pièces égales, isolées l'une de l'autre, mais en communication l'une avec *q*, l'autre avec l'axe. La virole *o* est ajustée de manière que, pendant la rotation des cylindres B, B', chacune de ses moitiés représente un pôle qui change de signe à chaque demi-révolution. Des deux pièces *o*, le courant passe sur deux lames de laiton *b* et *c*, fixées sur deux plaques de cuivre *m* et *n*. Par cette disposition, ces deux lames deviennent l'une un pôle positif, l'autre un pôle négatif. En effet, supposons la lame *b*, par exemple, en contact avec la pièce positive de la virole *o*. Ce contact se prolongera pendant une demi-révolution des cylindres de fer doux, c'est-à-dire pendant toute la durée du temps que la pièce dont il s'agit restera positive. Au commencement de la demi-révolution suivante, le courant changeant de direction, celle des deux pièces de la virole *o* qui était positive devient négative, et réciproquement. Or, à l'instant où ce changement de polarité s'établit, la lame *b* vient en contact avec la seconde moitié de *o*, devenue positive. Par conséquent, cette lame restera constamment un pôle positif, tandis que la lame *c* représentera, au contraire, un pôle négatif. On voit donc qu'en réunissant les deux lames *b* et *c*, ou les deux plaques *m* et *n*, au moyen d'un corps conducteur, les deux courants opposés produits à chaque révolution des cylindres de fer doux pénétreront dans ce corps, et le traverseront suivant la même direction.

Fig. 233.

Avec l'appareil de Clarke, on fait produire aux courants magnéto-électriques tous les effets des courants voltaïques. La figure 233 montre comment on dispose l'expérience pour la décomposition de l'eau.

Lorsqu'on veut donner une

[1] On peut également unir ensemble les deux fils des cylindres B. B', de manière à obtenir deux circuits parallèles, dont les effets s'ajoutent. A cet effet, il faut faire communiquer ensemble les deux bouts de chacun des fils d'où les courants induits semblent sortir, et les deux bouts où ils semblent entrer à la fois ; ces quatre bouts, unis ainsi deux à deux, ne présentent plus que deux extrémités que l'on fait communiquer, l'une avec l'axe, et l'autre avec la virole *q*. Le premier circuit est évidemment beaucoup moins conducteur que le second, puisqu'il se compose d'un seul fil d'une longueur double, au lieu de deux fils d'une longueur de moitié ; aussi est-il préférable quand les courants d'induction sont destinés à traverser des conducteurs imparfaits ; le second est préférable pour le cas où les corps qui sont mis sur la route de ces courants ont un bon pouvoir conducteur.

commotion avec cette machine, on prend dans les deux mains, humectées avec de l'eau salée, les deux conducteurs de cuivre p, p', dont l'un est en communication avec la plaque m et l'autre avec la plaque n, de la manière indiquée sur la figure 252. La commotion que l'on reçoit avec cet appareil, dès l'instant que l'on tourne la roue, est très-violente. On peut même en augmenter l'énergie au point de la rendre insupportable. A cet effet, on a recours à un artifice que nous allons indiquer. Pendant qu'une personne tient dans les mains les deux conducteurs p, p', faisons communiquer, par un fil de métal, les deux plaques m et n : les courants induits traverseront presque en totalité ce fil, et l'expérimentateur ne ressentira pas de commotion. Cela posé, si au moment où le courant induit a son maximum d'intensité, on retire le fil, il se produira un extra-courant direct dans les bobines de l'appareil, et ce courant instantané, très-intense, traversant la personne qui tient les conducteurs p, p', produit une commotion des plus énergiques. Or, par une disposition très-simple, on peut faire en sorte que la machine elle-même remplace le fil que nous avons supposé tendu entre les plaques m et n. On y parvient au moyen d'une troisième lame a (fig. 252), et de deux appendices i, dont un seul est visible sur la figure. Ces deux appendices sont isolés l'un de l'autre sur un cylindre d'ivoire, mais communiquent respectivement avec les pièces o. Toutes les fois que la lame a touche un de ces appendices, elle est en communication avec la lame b, et le courant est fermé, car il passe de b en a, puis gagne la lame c par la plaque n. Au contraire, tant que la lame a ne touche pas un des appendices, le courant est interrompu. Lorsqu'on fait tourner les cylindres de fer doux, il se produit, par conséquent, à chaque révolution, deux extra-courants directs, et les commotions, que l'on obtient en saisissant les deux cylindres p et p', acquièrent une intensité remarquable. Si l'appareil est bien construit et de grande dimension, les muscles se contractent avec une telle force, qu'ils refusent d'obéir à la volonté, et qu'on ne peut plus lâcher les deux poignées.

Les deux hélices précédentes et leurs accessoires qu'on appelle *armature d'intensité*, parce que le courant qui en résulte provient d'une électricité à forte tension, ne peuvent servir que pour les effets chimiques et physiologiques. Pour les effets physiques, on emploie, au contraire, une *armature de quantité*, qui est formée de cylindres moins forts et d'un fil de cuivre de 40 mètres seulement, d'un diamètre plus gros et recouvert de soie. Les figures 234 et 235, ci-après, montrent la forme qu'on donne alors aux bobines et au commutateur. La première représente l'inflammation de l'éther, et la

Fig. 234.

Fig. 235.

seconde l'incandescence d'un fil métallique a, dans lequel passe, toujours dans le même sens, le courant allant de la lame a à la lame c.

(H. V.)

APPAREIL DE PAGE.

On peut obtenir des courants d'induction assez énergiques, ainsi que l'a fait M. Page, en entourant d'hélices les branches d'un aimant permanent et fixe en fer à cheval, et en faisant *tourner* rapidement une armature en fer doux devant cet aimant. Quand l'armature est devant les pôles de l'aimant, son influence détermine un changement dans l'intensité magnétique des différents points de l'aimant, et par suite un courant induit dans le fil conducteur; quand l'armature s'éloigne de cette position, il y a un effet inverse de produit.

Fig. 236.

La figure 236 représente un appareil de ce genre, mais construit par M. Breton pour les applications médicales. On obtient, en tournant l'armature de fer doux mobile B, devant l'aimant J, une série de courants induits de sens contraire, capables de donner des commotions. Pour graduer l'action de l'appareil, on éloigne plus ou moins l'aimant de l'armature mobile à l'aide du bouton G; la tige en fer doux F, que l'on peut mettre en contact avec les pôles de l'aimant, sert au même usage. (Voy. aussi l'article relatif à la graduation des appareils d'induction.)

(H. V.)

MACHINE D'INDUCTION DE M. RUHMKORFF.

L'appareil d'induction de M. Ruhmkorff (fig. 237) consiste en une
longue bobine en carton mince, avec rebord en verre ou en bois,

Fig. 237.

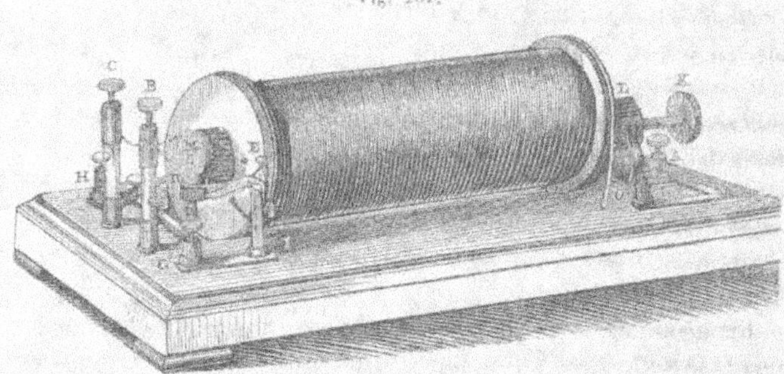

recouverte d'un premier circuit formé par un fil de cuivre gros et
court, lequel doit donner passage au courant électrique inducteur destiné à provoquer l'aimantation d'une masse centrale en fer doux dont
il sera question plus loin. Les extrémités de ce gros fil viennent s'attacher aux colonnes de cuivre I et O, fixées sur la tablette de l'appareil.

Sur ce premier circuit se trouve enroulé un fil de cuivre entouré de
soie, mais d'un très-petit diamètre (n° 16 du commerce), et dont la
longueur varie entre 8 à 10 kilomètres, car la longueur du fil, par la
résistance qu'il oppose au mouvement de l'électricité, est la première
condition pour que celui-ci acquière une grande tension. Ce second fil
est en outre isolé avec le plus grand soin au moyen d'un vernis à la
gomme laque, et ses extrémités aboutissent à deux colonnes isolantes
en verre C et B.

Dans l'axe de la bobine se trouve un faisceau de fils de fer M, destiné à renforcer les courants induits dans le circuit extérieur (voy. l'article relatif au renforcement des courants d'induction au moyen du fer
doux).

Le principe de l'appareil consiste en ce que l'on fait passer, à des
intervalles très-rapprochés, une succession de courants électriques
dans le gros fil O I ; il se produit de cette manière, dans le circuit de
fil fin, une série de courants induits donnant lieu à divers phénomènes
extrêmement curieux dont il sera bientôt question.

Pour établir la communication entre les fils de la pile et les extrémités du gros fil conducteur, les premiers sont attachés en A et A' des deux côtés du commutateur KL; ils communiquent à des ressorts qui, en rencontrant les plaques conductrices du commutateur, font passer le courant dans le gros fil, dans un sens ou dans l'autre. Ce commutateur a été décrit page 381.

Quant à la succession rapide des courants dans le gros fil inducteur, elle est obtenue de la manière suivante : le faisceau de fer doux central est terminé par une rondelle de fer doux qui fait saillie hors de la bobine, et qui est destinée à attirer une petite masse de fer doux D, toutes les fois que l'aimantation a lieu. Cette petite masse en fer doux, attachée à un bras de levier DE, très-mobile à l'extrémité de la colonne I, est terminée à sa partie inférieure par une lame en platine, qui repose, dans les conditions ordinaires, sur un morceau de cuivre également couvert de platine. Or, comme la masse en fer doux D communique par la colonne I à une des extrémités du gros fil inducteur, et que le morceau de cuivre touche par l'intermédiaire du conducteur en cuivre partant de H à l'un des deux pôles du couple ou de la pile produisant le courant, le second pôle communiquant à l'autre extrémité O du fil, il en résulte que le circuit sera fermé toutes les fois que les masses métalliques seront en contact; mais, quand cela aura lieu, les fils de fer s'aimanteront, le morceau de fer doux sera attiré, et le circuit se trouvera rompu. Aussitôt, le courant cessant de passer, le fer doux retombera, touchera de nouveau le cuivre, d'où résultera un nouveau passage de l'électricité; de là, nouvelle attraction, nouvelle rupture du circuit, et ainsi de suite. On comprend dès lors qu'il se produira une succession très-rapide de passages du courant attestée par des étincelles éclatant entre le marteau de fer et le morceau de cuivre; mais, comme ces masses métalliques sont recouvertes de platine, il ne se produit pas d'oxyde entre les surfaces en contact, et l'action peut se continuer pendant longtemps sans qu'on ait besoin de rafraîchir avec du papier à émeri la surface métallique du platine.

(H. V.)

CONDENSATEUR DE M. FIZEAU.

Lorsqu'on fait fonctionner l'appareil de M. Ruhmkorff, le courant inducteur est alternativement établi et interrompu, et il se produit successivement des courants induits en sens inverse dans le fil fin isolé. Ces courants sont égaux en quantité, mais non en durée, ou en d'autres termes, ils sont formés de quantités égales d'électricités contraires qui se neutralisent inégalement vite. La durée des courants induits directs est toujours moindre que celle des courants inverses, et voilà pourquoi les premiers sont capables de vaincre des résistances plus considérables que les seconds.

La différence de durée qui existe entre les deux espèces de courants d'induction de l'appareil de M. Ruhmkorff est due à l'influence des extra-courants qui se développent à chaque interruption et à chaque fermeture du courant inducteur. Lorsque l'on ferme le circuit inducteur, il se forme un extra-courant inverse. Par conséquent, le circuit induit se trouve soumis, à cet instant, à une double influence : à celle du courant de la pile et à celle de l'extra-courant inverse ; le premier de ces courants y développe un courant induit également inverse ; le second, à l'instant où il commence, développe dans ce même fil induit un courant inverse, et, à l'instant où il finit, un courant direct ; or, le premier courant induit par l'extra-courant est dirigé en sens contraire du courant inverse que développe le courant de la pile, et, par conséquent, il diminue l'intensité du courant inverse dont il s'agit ; quant au second courant induit par l'extra-courant, il est dirigé dans le même sens que le courant inverse dû au courant de la pile, et comme il est produit presque instantanément après ce dernier courant inverse, tout se passe comme si la durée de celui-ci se trouvait prolongée. On voit donc que l'extra-courant inverse qui se développe lorsque l'on ferme le circuit inducteur, doit diminuer la tension du courant inverse dans le circuit induit. C'est effectivement ce qui a lieu, comme nous le constaterons bientôt par des expériences directes.

L'extra-courant direct qui se forme lorsqu'on interrompt le courant inducteur, agit sur le circuit induit comme l'extra-courant inverse, mais avec une intensité beaucoup moindre, parce que, le circuit inducteur étant ouvert au moment de sa formation, il ne peut pas s'établir en toute liberté dans ce circuit comme le fait l'extra-courant inverse, qui se développe lorsque le circuit est fermé. Il suit de là que la durée du courant induit direct dans le fil fin de l'appareil de Ruhmkorff doit être moindre, et par suite son intensité plus grande que celle du courant inverse induit dans le même fil. Il suit encore de là que pour donner au courant induit direct la plus grande intensité possible, il faudrait supprimer ou au moins affaiblir notablement l'extra-courant direct. Or, c'est à quoi l'on parvient en faisant communiquer chaque côté de l'interrupteur de l'appareil de Ruhmkorff avec une des faces d'un condensateur. On forme ce condensateur à l'aide de deux feuilles de papier d'étain, collées des deux côtés d'une bande de taffetas gommé d'environ 4 mètres de longueur, et repliées entre deux autres bandes de ce même taffetas, de manière à pouvoir être introduites dans l'intérieur de la planche servant de support à l'appareil. Les boutons G et H de la figure 237 sont mis en rapport avec les faces de ce condensateur. C'est à M. Fizeau qu'on doit l'addition du condensateur à l'appareil d'induction. Lorsqu'on fait fonctionner cet appareil, muni d'un condensateur présentant une surface de 5 ou 6 décimètres carrés, par exemple, il donne, à l'aide d'un ou deux couples voltaïques, un courant induit direct d'une intensité telle, qu'entre les extrémités C et B du fil induit, on obtient des étincelles éclatant dans l'air à une distance qui peut aller jusqu'à 1 centimètre, et même à plusieurs centimètres lorsqu'on les fait jaillir à travers la flamme d'une lampe à alcool, qui est plus conductrice que l'air. Ce renforcement du courant induit direct résulte de la suppression, ou du moins de la diminution de l'extra-courant direct dans le fil inducteur. En effet, lorsque l'appareil est muni du condensateur, les électricités qui tendent à se recombiner pour former l'extra-courant direct se distribuent sur les deux feuilles d'étain et se dissimulent ; le courant induit direct se forme à l'abri de leur influence et bientôt, lorsque, par le jeu de l'interrupteur, le circuit inducteur se ferme, elles quittent le condensateur, se recombinent et disparaissent. Il est facile de s'assurer que tel est le mode d'action du condensateur de M. Fizeau. En effet, lorsque l'appareil d'induction fonctionne sans l'intermédiaire du condensateur, on voit des étincelles éclater entre les extrémités de l'interrupteur, et qui sont dues, comme on le sait, à la production de l'extra-courant direct dans le circuit inducteur lui-même ; or, lorsqu'on interpose le condensateur dans le circuit inducteur, ces étincelles diminuent beaucoup, en même temps que celles qui résultent du courant induit dans le fil fin augmentent.

Voici encore une expérience de M. Poggendorf qui vient à l'appui de ce que nous avons dit sur l'influence que les extra-courants exercent sur les courants développés dans le fil induit : on dispose deux hélices inductrices composées d'un gros fil, et l'on fait passer le courant principal dans une seule de ces hélices, puis on réunit les extrémités du second fil par un fil conducteur. Le courant induit dans ce deuxième fil réagit sur le courant induit de l'hélice extérieure de fil fin, et en diminue la tension au point de faire disparaître l'étincelle. Quand les extrémités de ce second fil inducteur sont séparées, les effets ont lieu comme dans les conditions ordinaires. (H. V.)

EFFETS STATIQUES DUS A L'ACTION DES COURANTS D'INDUCTION.

Nous avons dit plus haut que lorsqu'on fait fonctionner l'appareil de M. Ruhmkorff à l'aide d'un ou deux couples voltaïques, les extrémités C et B du fil induit se chargent d'électricités libres de noms contraires, qui ont une tension assez grande pour donner des étincelles éclatant dans l'air. Ces électricités sont produites par le courant induit direct : tant que le courant de la pile conserve la même direction, C et B se chargent constamment de la même électricité, l'un de fluide positif, l'autre de fluide négatif, suivant le sens de ce courant, et l'appareil présente réellement deux pôles. Mais une chose digne de remarque, c'est l'inégale tension de l'électricité aux deux extrémités du fil induit : l'extrémité extérieure du fil fin présente, en effet, un excès de tension tel, qu'on peut tirer de cette extrémité des étincelles lorsqu'on en approche un conducteur communiquant avec le sol ; à l'autre extrémité, à l'extrémité intérieure, on n'observe aucun effet de ce genre. Si l'on veut déterminer la nature de l'électricité libre au pôle extérieur, il suffit d'approcher de ce pôle un électroscope ordinaire à feuilles d'or, ou même simplement un pendule électrique isolé, chargé préalablement d'une électricité connue.

Comme on vient de le voir, l'appareil de M. Ruhmkorff est une véritable machine électrique ordinaire, donnant à volonté chacune des deux électricités, et qui a cela de remarquable que les électricités qu'elle développe proviennent de la transformation de l'électricité galvanique en électricité statique. Par conséquent, s'il était encore besoin de démontrer l'identité du galvanisme et de l'électricité ordinaire, l'appareil de M. Ruhmkorff en fournirait la preuve la plus directe et la plus saisissante. (H. V.)

RENFORCEMENT DES COURANTS D'INDUCTION AU MOYEN DU FER DOUX.

La puissance des appareils à induction et à courants secondaires se trouve considérablement augmentée lorsqu'on introduit dans les bobines de ces appareils un cylindre de fer doux massif, ou mieux un faisceau de fils de même métal, isolés les uns des autres. Cet effet est le résultat de l'influence du magnétisme que le courant inducteur développe dans le fer, et qui disparaît ou se produit au moment de l'interruption ou du rétablissement de ce courant, c'est-à-dire précisément quand celui-ci exerce son action inductrice. Le courant produit par le magnétisme du fer s'ajoute dans ces deux cas à celui qui provient du courant inducteur. D'après M. Magnus, l'effet moins grand d'un cylindre de fer massif tient à ce que le courant inducteur agit également par induction sur le cylindre et y développe des courants induits qui augmentent la durée et diminuent par suite l'intensité de ceux que produit le magnétisme de ce métal. Ces courants induits sont beaucoup plus faibles dans des fils isolés que dans un cylindre de même masse, et voilà pourquoi les faisceaux de fil de fer renforcent beaucoup plus la tension des courants induits que ne le font les cylindres. A l'appui de cette théorie on peut citer qu'une feuille de tôle roulée en spirale et dont les deux extrémités ne communiquent pas ensemble, agit avec autant d'énergie qu'un faisceau de fils de fer. — On peut aussi citer à l'appui de cette théorie, l'influence des métaux non-magnétiques sur les propriétés des courants d'induction. Lorsqu'on introduit dans l'intérieur de la bobine d'un appareil à induction un cylindre de cuivre, ou de tout autre métal non-magnétique, mais bon conducteur de l'électricité, la durée des courants induits augmente, et, par suite, leur tension diminue au point qu'ils ne produisent plus que de faibles effets physiologiques (nous verrons plus loin que ces effets dépendent essentiellement de la durée ou de l'intensité des courants). Ces modifications des courants induits s'expliquent de la manière suivante : le courant inducteur développe dans le cylindre métallique des courants induits; ceux-ci en font naître à leur tour dans le fil induit, et ce sont ces derniers courants qui augmentent la durée et diminuent la tension des courants induits que le courant inducteur développe dans le même fil, ainsi que nous l'avons exposé dans l'article relatif au condensateur de M. Fizeau (p. 429). D'après cette explication, un cylindre de cuivre creux, fendu dans le sens de sa longueur, suivant une de ses arêtes, de manière que les courants induits ne puissent plus se former dans sa masse, doit être sans influence sur les propriétés des courants induits dans le fil fin des appareils d'induction. L'expérience confirme cette conséquence. (H. V.)

GRADUATION DES APPAREILS D'INDUCTION.

Dans les appareils d'induction construits pour l'usage médical, il est nécessaire de pouvoir graduer les commotions. A cet effet, dans l'appareil de M. Breton (fig. 256), on peut, comme nous l'avons déjà dit, approcher ou éloigner l'armature mobile en fer doux. Dans les appareils d'induction ordinaires (voy. p. 412) et dans les appareils à extra-courant (voy. p. 413), on change la longueur ou le diamètre du fer doux ou le nombre des fils placés dans la bobine. On peut aussi, dans chacun de ces appareils, se servir d'un cylindre de cuivre enveloppant l'hélice dans laquelle se forment les courants induits. La présence de cette enveloppe amortit les commotions, ainsi que nous l'avons vu dans l'article précédent. Enfin, dans chacun d'eux, on peut interposer dans le circuit des courants d'induction une colonne liquide de longueur variable, en enfonçant plus ou moins deux fils de platine dans deux bouchons placés aux extrémités d'un tube de verre rempli de liquide. On combine ordinairement plusieurs des moyens de graduation que nous venons d'indiquer. (H. V.)

COURANTS D'INDUCTION PRODUITS PAR LE MAGNÉTISME TERRESTRE.

M. Faraday avait reconnu depuis longtemps que le magnétisme terrestre était capable de développer des courants d'induction. Mais deux physiciens italiens, MM. Linari et Palmieri, ont obtenu, les premiers, au moyen de ces courants, des étincelles, des commotions et des décompositions chimiques. Leur appareil se compose d'un anneau circulaire ou elliptique ab (fig. 258), ayant une gorge autour de laquelle est enroulé un fil de cuivre recouvert de soie [1]. Cet

Fig. 258.

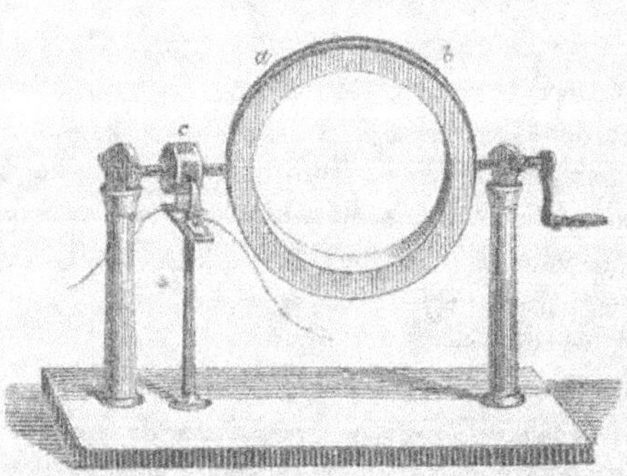

<hr>

[1] MM. Linari et Palmieri emploient généralement dans leurs appareils des anneaux elliptiques dont le grand axe a 2m.2 et le petit axe 0m.6 de longueur; le fil de cuivre, qui doit être assez long pour faire 200 révolutions, a 1mm.5 de diamètre.

anneau est mobile autour d'un axe horizontal qui passe par son centre. Quand on veut faire fonctionner l'appareil, on le place de manière que son axe de rotation soit perpendiculaire au méridien magnétique, et on lui imprime ensuite un mouvement de rotation rapide. Pendant chaque révolution, il se forme deux courants opposés, qui commencent quand la perpendiculaire au plan du cadre quitte la direction de l'aiguille d'inclinaison et qui finissent quand elle y revient, après une rotation de 180°. Un commutateur c, analogue à celui de la machine magnéto-électrique de Clarke (p. 424), permet de recueillir ces courants, et de les diriger, dans le même sens, à travers un corps conducteur.

Pour expliquer la formation de ces courants, considérons une bobine d'induction, mobile autour d'une droite qui se projette en C et qui soit perpendiculaire au milieu de l'axe D E de la bobine (fig. 239). Supposons l'axe de rotation horizontal, et plaçons devant l'une des extrémités de la bobine l'un des pôles d'un barreau aimanté A B, de manière que lorsque la bobine tourne, son axe de figure vienne à coïncider deux fois

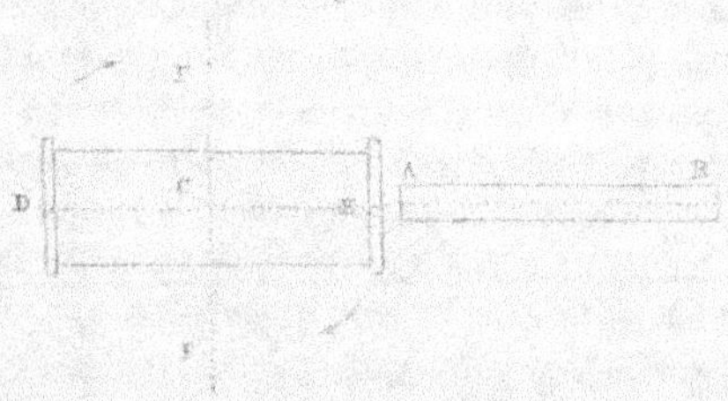

par révolution avec la ligne A B des pôles de l'aimant. Il est évident que pendant le mouvement de la bobine de F en E, tout se passe comme si on approchait le pôle A de cette bobine, et il doit, par conséquent, se former un courant inverse; tandis que lorsque la bobine passe de E en F', il doit se développer un courant direct. Or, l'action de la terre peut être représentée par celle d'un aimant dirigé dans le plan du méridien magnétique, parallèlement à l'aiguille d'inclinaison, et l'appareil de MM. Linari et Palmieri n'est autre chose qu'une bobine d'une grande ouverture et de peu de longueur qui, à cause de l'éloignement de l'aimant terrestre, se comporte, par rapport aux pôles de celui-ci, exactement comme la bobine DE, par rapport aux pôles de l'aimant A B. Quand cet appareil tourne autour d'un axe horizontal perpendiculaire au méridien magnétique, il doit donc se former un courant dans un sens, pendant que son axe de figure, partant d'une direction parallèle à l'aiguille d'inclinaison, décrit une demi-circonférence, et un courant en sens opposé, pendant que cet axe décrit une nouvelle demi-circonférence pour revenir à son point de départ.

Il ne se forme pas de courants lorsqu'on fait tourner la bobine DE autour de son axe de figure, supposé situé dans le prolongement de la ligne des pôles de l'aimant AB. Il en serait de même, si on faisait tourner l'appareil de MM. Linari et Palmieri autour de son axe de figure, dirigé parallèlement à l'aiguille d'inclinaison.

Si l'on n'a pas à sa disposition l'appareil de MM. Palmieri et Linari, on peut démontrer l'action inductrice de la terre par l'expérience suivante, qui est très-simple : on prend un fil de cuivre ordinaire de 3 mètres de long et de 1 millimètre de diamètre; on l'attache par l'un des bouts à l'une des extrémités du fil d'un multiplicateur, et par l'autre bout à l'autre extrémité. On lui donne ensuite la forme d'un rectangle qu'on place perpendiculairement au méridien magnétique et dont le côté inférieur se trouve interrompu par le fil du multiplicateur. La partie supérieure de ce rectangle peut être portée en avant ou en arrière sur le multiplicateur, tandis que la partie inférieure et le multiplicateur qui lui est attaché restent immobiles. Toutes les fois que l'on fait passer le fil sur le galvanomètre de droite à gauche, l'aiguille est déviée sur-le-champ; la déviation a lieu dans un autre sens, quand on fait repasser le fil en sens inverse. En répétant souvent ces mouvements, on finit par obtenir une déviation de 90 degrés.

Nous empruntons au *Traité d'électricité* de M. De La Rive, les lignes suivantes relatives à plusieurs phénomènes curieux qui s'expliquent par l'action inductive de la terre :

« La facilité avec laquelle le magnétisme terrestre peut développer des courants électriques dans des corps en mouvement conduit à une conséquence qui peut paraître extraordinaire au premier moment, c'est qu'il n'est pas une pièce de métal qui, étant mise en mouvement et demeurant en même temps en contact avec d'autres corps conducteurs en repos ou animés de vitesses différentes, ne soit par cela même traversée par des courants électriques. C'est ce qui doit, en particulier, arriver aux différentes pièces en mouvement d'une machine à vapeur. M. Faraday a réussi, en imprimant simplement un mouvement de rotation à un disque de cuivre horizontal, et par conséquent incliné de près de 70° à l'aiguille d'inclinaison, à obtenir des courants d'induction qui étaient toujours dirigés du centre à la circonférence ou de la circonférence au centre, suivant le sens de la rotation; pour

percevoir ces courants, on avait soin de mettre l'une des extrémités
du galvanomètre en communication avec l'axe, et l'autre avec la circonférence du disque. Aucun effet n'avait lieu lorsque le disque tournait dans le plan du méridien magnétique ou dans tout autre plan
passant par la ligne d'inclinaison; mais dès que le plan dans lequel il
se trouvait était incliné seulement d'un très-petit angle sur cette direction, la rotation donnait immédiatement naissance à un courant qui,
pour une vitesse de rotation constante, avait son maximum d'intensité
quand cet angle était de 90°. Avec un globe de cuivre disposé de façon
que son axe de rotation soit incliné à la direction de l'aiguille d'inclinaison, mais reste dans le plan du méridien magnétique, on obtient,
en lui imprimant un mouvement autour de son axe, des courants d'induction qui sont assez énergiques pour exercer immédiatement une
déviation sur une aiguille aimantée qu'on en approche, sans que l'intermédiaire du galvanomètre soit nécessaire. On a soin de se servir
d'une aiguille astatique suspendue à un fil de soie très-fin (fig. 108)
et de la placer dans un bocal de verre pour la mettre à l'abri de
l'agitation de l'air. On approche le système astatique du globe en
mouvement, de telle façon que l'aiguille supérieure soit dans le plan
horizontal qui passe par le centre du globe; si elle est placée à l'est et
que le globe se meuve de l'est à l'ouest, son pôle nord se dévie à l'est;
il se dévie à l'ouest quand la rotation a lieu de l'ouest à l'est. Les effets
ont lieu dans un sens inverse si le système astatique des aiguilles est
transporté à l'ouest du globe en mouvement.

« Les effets que produit un globe de cuivre mis en rotation sont
exactement de même nature que ceux que M. Barlow a obtenus avec
un globe de fer placé dans les mêmes circonstances; ce qui prouve
que la déviation exercée sur une aiguille aimantée par une sphère de
fer en mouvement ne tient pas au magnétisme, mais aux courants
d'induction développés par l'influence du magnétisme terrestre; circonstance qui établit, aussi bien dans la cause que dans la nature
des effets, une grande différence entre l'action d'un globe de fer en
repos et l'action d'un globe de fer en mouvement. » (H. V.)

MAGNÉTISME PAR ROTATION.

Arago a découvert, en 1824, qu'en faisant osciller une aiguille de
déclinaison au-dessus d'un disque d'un métal non-magnétique, tel que
le cuivre, le zinc, l'étain, etc., les oscillations décroissent très-rapidement d'amplitude, et que l'aiguille est ramenée au repos beaucoup plus

vite que si l'on répète l'expérience après avoir écarté le disque métallique : un disque de cuivre rouge, par exemple, peut réduire le
nombre des oscillations de 300 à 4. Le même savant a constaté, en
1825, que si l'on imprime un mouvement de rotation à un disque de
cuivre, au-dessous d'une aiguille aimantée, dont il est séparé par une
plaque de verre, pour qu'on ne puisse pas attribuer l'effet produit à
l'agitation de l'air, on reconnaît que l'aiguille est déviée, et qu'elle reste
écartée du méridien magnétique, d'un angle d'autant plus grand que
la rotation du disque est plus rapide. En augmentant progressivement
la rapidité de ce mouvement, la déviation atteint bientôt 90°; alors
l'aiguille est entraînée, et prend elle-même un mouvement de rotation dans le même sens que celui du plateau. En changeant le sens du
mouvement du disque de cuivre, l'aiguille est bientôt entraînée dans
ce nouveau sens. Si l'on détruit la continuité du plateau de cuivre,
par des traits de scie dans la direction des rayons, l'effet de son mouvement de rotation sur l'aiguille aimantée diminue beaucoup; mais si
l'on rétablit la continuité, en coulant dans les fentes, du bismuth ou
tout autre métal, l'action recouvre presque la même énergie. L'effet
décroît avec la distance de l'aiguille au disque et varie beaucoup avec
la nature de celui-ci. Le maximum d'effet a lieu avec les métaux; avec
le bois, le verre, l'eau, etc., il est nul. MM. Babbage et Herschel, en
Angleterre, ont trouvé qu'en représentant par 100 l'action d'un disque
de cuivre sur un aimant, cette action, pour les autres métaux, est
représentée par les nombres suivants : zinc, 90 ; étain, 47 ; plomb, 23 ;
antimoine, 11 ; bismuth, 1.

Les phénomènes que nous venons de décrire sont connus sous le
nom de phénomènes du *magnétisme par rotation*.

Pour les mettre en évidence, on peut se servir de l'appareil représenté dans la figure 240. Il se compose d'un disque métallique M,

Fig. 240.

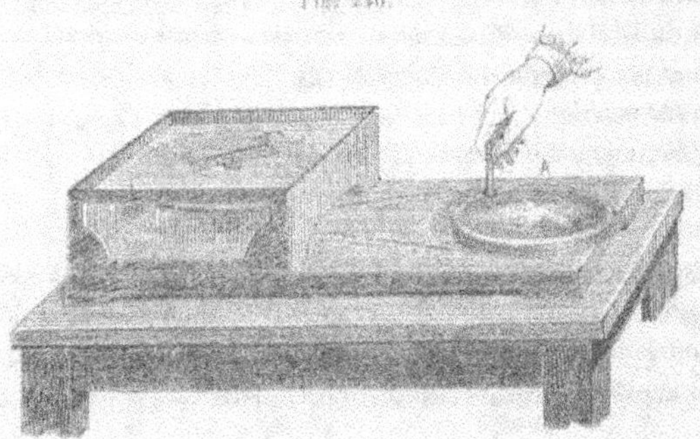

mobile autour d'un axe vertical. Sur cet axe est fixée une poulie B, autour de laquelle s'enroule un cordon sans fin qui va passer sur une poulie plus grande A. En faisant tourner celle-ci avec la main, on peut imprimer au disque M un mouvement de rotation très-rapide. Au-dessus du disque est un carreau de verre fixe, sur lequel on pose une aiguille de déclinaison ab, de façon que le pivot corresponde au centre du disque métallique. (H. V.)

THÉORIE DU MAGNÉTISME PAR ROTATION.

Les phénomènes du magnétisme par rotation sont dus à des courants d'induction développés dans les disques par l'influence de l'aiguille aimantée. C'est ce que M. Faraday a fait voir, le premier, en 1832, en démontrant qu'un disque de cuivre mis en rotation autour d'un axe dans un plan quelconque donne naissance à des courants électriques, quand on le fait tourner de façon que son bord passe entre les deux pôles opposés de deux aimants ou d'un aimant en fer à cheval. La figure 241 représente l'appareil qui sert à en faire l'ex-

Fig. 241.

périence. Il consiste en un disque de cuivre R, mobile dans un plan vertical autour d'un axe horizontal, et qu'on fait tourner entre les deux pôles opposés d'un aimant puissant M. Si l'on fait communiquer un bout du fil d'un multiplicateur A avec l'axe du disque, l'autre avec un point de sa circonférence, on a, pendant le mouvement du disque, un courant continu, dont le sens et l'intensité dépendent du sens et de la rapidité de la rotation, toutes les autres circonstances restant les mêmes. Au lieu de faire l'expérience avec deux pôles magnétiques, on peut n'en employer qu'un seul; mais alors le courant obtenu est moins intense. Dans tous les cas, l'origine de ce courant est facile à expliquer.

En effet, supposons que le disque tourne entre les deux pôles opposés d'un aimant M, représentés par les deux carrés de la

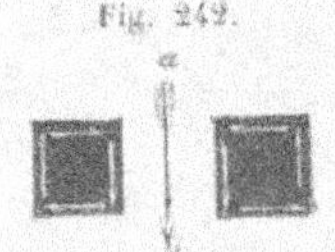

Fig. 242.

figure 242. D'après la théorie d'Ampère, les courants qui constituent l'aimant M circuleront, dans ses deux pôles, comme l'indiquent les flèches, c'est-à-dire que sur les faces de ces pôles tournées vers le disque, les courants dont il s'agit seront dirigés dans le même sens, par exemple de haut en bas. Par conséquent, si l'on fait tourner le disque de manière que son bord supérieur, en passant entre les deux pôles, se meuve dans le sens de la flèche *ab*, c'est-à-dire également de haut en bas, le galvanomètre doit, d'après les lois de l'induction électro-dynamique, accuser la formation de courants circulant dans le disque du centre à la circonférence; lorsqu'on imprime au disque un mouvement dans le sens opposé, le multiplicateur doit, au contraire, indiquer la présence de courants marchant de la circonférence au centre du disque. Or, l'expérience confirme pleinement ces déductions de la théorie.

Lorsqu'on interrompt la communication du disque avec le galvanomètre, les courants d'induction se forment comme auparavant, sauf

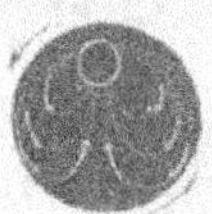

Fig. 243.

qu'ils sont obligés d'achever leur circuit dans le disque lui-même. La figure 243 montre quel est alors le mode de circulation des courants dont il s'agit. Cette figure suppose toujours l'aimant placé de façon que sur les faces en regard de ses pôles les courants moléculaires soient dirigés de haut en bas, comme le montre la figure 242, et que le disque tourne dans le sens des deux flèches marquées en noir.

Appliquons maintenant ce qui précède à l'explication des phénomènes d'un disque de cuivre tournant au-dessous d'une aiguille aimantée, mobile autour de son centre (fig. 240). Admettons que les courants propres de cette aiguille soient sur sa face inférieure dirigés de droite

Fig. 244.

à gauche, et que le disque tourne dans le sens indiqué par les deux flèches tracées près de sa circonférence (fig. 244). Dans ces circonstances, le pôle *a* développera des courants magnéto-électriques marchant dans le disque, du centre à la circonférence, tandis que le pôle *b* en produira qui se propageront au contraire de la circonférence au centre, en un mot, il se formera dans le disque, sous l'influence des deux pôles de l'aiguille aimantée, deux systèmes de courants d'induction circulant comme l'indique la figure 244. Il est facile de voir que l'action combinée de ces courants sur l'aiguille aimantée doit tendre à lui donner un mouvement dans la direction de celui du disque.

(H. V.)

DU DIAMAGNÉTISME.

Le magnétisme agit sur tous les corps, mais de deux manières différentes, de telle sorte qu'on peut les diviser en deux classes : les *corps magnétiques*, qui se comportent comme le fer en présence des aimants; et les *corps diamagnétiques* qui, en considérant la masse entière, ne sont point attirés, mais repoussés. C'est à M. Faraday que l'on doit la découverte de cette action universelle du magnétisme. Avant les travaux de cet illustre savant, Coulomb, Becquerel, Arago, Brugmanns, et d'autres physiciens avaient, à la vérité, découvert quelques faits qui auraient pu la faire soupçonner. Mais ces faits étaient isolés, fort peu nombreux et ne paraissaient soumis à aucune loi. M. Faraday les a constatés d'une manière positive, en a découvert de nouveaux, et les a ramenés, les uns et les autres, à un principe général. Ses premiers travaux sur cette matière datent de 1846; depuis cette époque, plusieurs autres physiciens distingués se sont occupés du même sujet, notamment MM. Plücker, Becquerel, Tyndall, Knoblauch et Zantedeschi.

Pour étudier l'action des aimants sur tous les corps, on se sert d'un puissant électro-aimant vertical dont les pôles sont tournés en haut. Sur ces pôles on place des armatures de fer de diverses formes, suivant les expériences qu'on se propose de faire. Si le corps soumis à l'essai est un corps solide, on en prend un petit morceau qu'on suspend à un fil de soie ou simplement à un fil de cocon, de manière qu'il puisse se mouvoir librement dans un plan horizontal et qu'il se trouve entre les deux armatures de l'électro-aimant, rapprochées autant que le permet la longueur du corps. Pour les expériences sur les corps solides, les armatures sont ordinairement munies, du côté du corps solide, de deux pointes coniques en fer, qui deviennent les pôles entre lesquels ce corps se meut.

La figure 245, ci-après, représente la disposition adoptée par M. Plücker : A, table en chêne, à trois pieds, qui supporte l'électro-aimant. Épaisseur, 0^{m}10; diamètre, 0^m,60. Un cylindre de fer doux y est fixé; il a la forme d'un fer à cheval, mais son arc n'est pas visible. Les extrémités des branches, qui forment les pôles de l'aimant, sont désignées par la lettre C. Ces deux branches, d'un diamètre de 0^m,102, s'élèvent de 0^m,465 au-dessus de la table; leurs axes sont écartés de 0^m,284. Elles sont entourées de 8 couches de

Fig. 245.

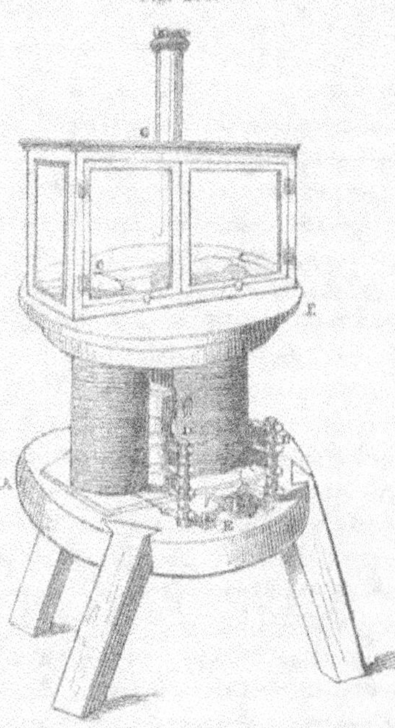

fil de cuivre, de 4^{mm},36 de diamètre, formant 90 tours. Le même fil forme quatre couches, et les quatre extrémités des deux fils de chaque branche sont fixées, par des vis de pression, aux parties métalliques d'une colonne D, formée alternativement de bois et de laiton. Les parties métalliques supérieures peuvent être réunies par le moyen de fils, les inférieures communiquent avec des vases remplis de mercure, dans lesquels plongent les pointes d'un commutateur E. De cette manière, on peut mettre les quatre fils parallèlement dans le circuit, ou les y mettre de façon que le courant les parcoure successivement, soit tous, soit seulement deux ou trois; et même il est facile de s'arranger de manière qu'un seul soit dans le circuit.

Fig. 246.

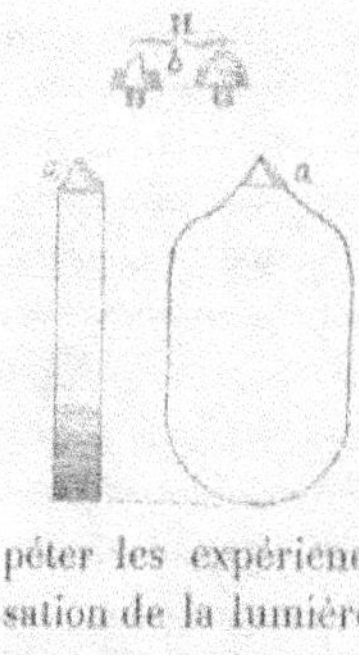

F, table qui supporte une cage en verre G, destinée à mettre le corps à essayer à l'abri des courants d'air. Le fil de suspension pour les corps solides est attaché à un petit treuil suivant l'axe du cylindre de verre qui surmonte la cage G.

Figure 246. H, armatures munies de cônes *a*; ces cônes peuvent être remplacés par les pièces *b*, plus pointues ou portant un demi-cône.

Figure 247, ci-après. I, grande armature. Elle porte un canal longitudinal C, qui permet de répéter les expériences de Faraday sur la rotation du plan de polarisation de la lumière et dont il sera question dans le 2e volume de cet ouvrage.

Si l'on suspend, comme il vient d'être dit plus haut, entre les deux pôles de l'électro-aimant un petit cylindre de flint pesant (verre particulier d'une couleur jaunâtre préparé par M. Faraday, et qu'il avait

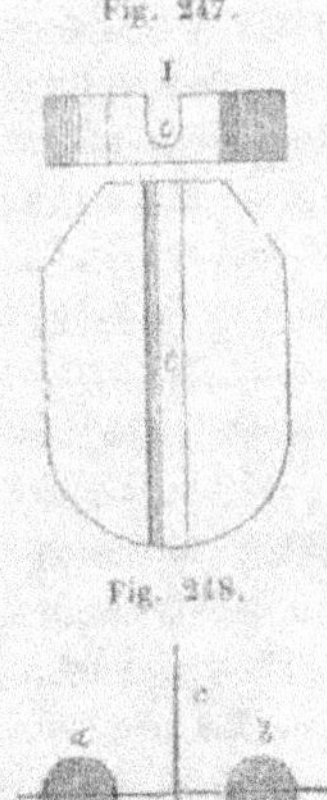

Fig. 247.

Fig. 248.

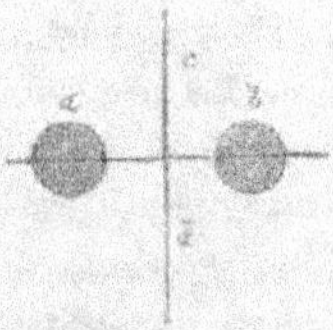

nommé *verre pesant*, à cause de sa grande densité ; c'est un boro-silicate de plomb), on observe qu'après quelques oscillations, il s'arrête dans une position telle, que sa plus grande dimension est perpendiculaire à la ligne des pôles. Si *a* et *b* représentent les pôles des deux armatures (fig. 248), *c d* sera la position d'équilibre du cylindre : un barreau de fer de même forme se serait placé suivant la ligne des pôles *a b*. M. Faraday nomme la droite *a b* la *ligne axiale*, et la droite *c d*, qui lui est perpendiculaire, la *ligne équatoriale*. — Un cylindre de fer se dirige par conséquent *axialement*, et un cylindre de flint pesant *équatorialement*.

Une foule d'autres corps donnent les mêmes résultats que le flint pesant ; le phénomène est surtout remarquable si l'on opère sur un bâton de phosphore ou de bismuth. Ces corps se placent équatorialement comme le flint, mais avec bien plus d'énergie. Comme les solides, les liquides sont aussi soit magnétiques, soit diamagnétiques. M. Faraday l'a démontré, en suspendant et faisant osciller entre les pôles un tube de verre très-mince, rempli de différents liquides. Quand le tube est très-mince et vide, il est dirigé très-faiblement, tandis qu'il l'est avec beaucoup de force quand il est rempli d'un liquide. On n'a donc pas à craindre de confondre l'effet exercé sur le verre avec celui qu'éprouve le liquide qu'il contient.

Pour qu'un corps se place équatorialement, il est nécessaire que l'une de ses dimensions l'emporte sur les deux autres, et qu'il ait, par conséquent, une forme allongée, prismatique ou cylindrique. Une sphère ou un cube de phosphore, de bismuth, etc., suspendu entre les pôles d'un électro-aimant, ne s'arrête dans aucune position de préférence à toute autre ; une sphère de ces corps suspendue à un fil de soie est repoussée, soit qu'on la présente à l'un des pôles, soit qu'on la dispose entre les deux pôles rapprochés à une distance qui excède peu son diamètre. Il suit de là que les *aimants agissent*, comme nous l'avons dit, *par répulsion sur les corps diamagnétiques*. Cette répulsion explique la position équatoriale que prennent les cylindres ou les prismes de ces corps entre les pôles des aimants.

En soumettant les différents corps solides à l'action des pôles d'électro-aimants, on a reconnu que plusieurs d'entre eux se placent

axialement et sont par conséquent magnétiques, comme le fer, mais
à un très-faible degré. C'est ainsi que M. Faraday a trouvé que,
parmi les métaux, le manganèse, le chrome, le cérium, le titane, le
palladium, le platine et l'osmium sont magnétiques, comme le fer, le
nickel et le cobalt. Il a encore trouvé que presque toutes les combinaisons du fer sont magnétiques, tant à l'état cristallisé qu'à l'état
dissous.

M. Plücker a observé qu'un petit prisme de charbon de bois se
place axialement entre les pôles d'un électro-aimant quand le courant
qui active celui-ci est faible, et équatorialement quand l'intensité s'élève
à une certaine limite ou la dépasse. Des cylindres d'un alliage préparé
en faisant fondre ensemble du bismuth et de l'étain (qui était probablement magnétique à cause d'un faible contenu en fer) se sont
comportés de la même manière, et M. Plücker a démontré qu'il en
est ainsi de tous les corps qui contiennent des substances magnétiques
et des substances diamagnétiques mélangées, de telle sorte que le
magnétisme des uns soit loin d'être égal au diamagnétisme des autres.

M. J. Müller explique ces phénomènes, fort singuliers au premier
abord, en admettant que l'influence de pôles faibles fait déjà acquérir
aux corps magnétiques de ces mélanges le maximum d'aimantation,
tandis que les corps diamagnétiques de ces mêmes mélanges sont
repoussés avec d'autant plus de force que la puissance des pôles devient plus grande. Il en résulte que, pour une certaine énergie des
pôles, ceux-ci attireront le mélange ; que, pour une autre, le mélange
ne sera ni attiré, ni repoussé, et enfin que, passé cette limite, les
pôles le repousseront. (H. V.)

LIQUIDES MAGNÉTIQUES ET LIQUIDES DIAMAGNÉTIQUES.

Puisqu'un aimant attire les plus petites particules des corps magnétiques et repousse celles des corps diamagnétiques, cette force, en
agissant sur les fluides, doit troubler leur équilibre hydrostatique et
changer la forme de leur surface libre. C'est cette considération qui a
conduit M. Plücker à la découverte d'une série de phénomènes très-
intéressants. Si l'on place, sur les pôles du fort électro-aimant représenté dans la figure 245, les deux grandes armatures I (fig. 247), les
canaux tournés vers la terre et les parties courbes opposées l'une à
l'autre, et qu'on pose dessus un verre de montre dans lequel on a
versé un liquide, on observe un changement dans la forme de la

surface libre de ce liquide à l'instant où le courant est établi autour de l'électro-aimant. Si l'on emploie un liquide magnétique, surtout une solution très-concentrée de chloride ferrique, on verra un phénomène admirable, car, à l'instar de la limaille de fer, la liqueur se rassemble autour des pôles d'où émane la plus grande force, tandis qu'un liquide diamagnétique s'en écarte. Dans l'une des expériences de M. Plücker sur le chloride ferrique, la surface libre de la liqueur formait un cercle de

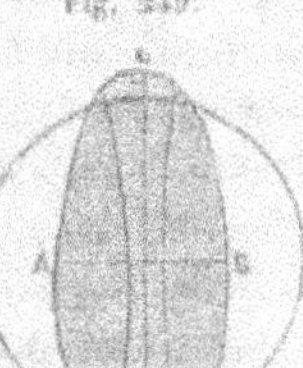

Fig. 249.

25^{mm} de diamètre. Lorsque les armatures étaient rapprochées à $2^{mm},5$, le périmètre de la surface libre prit la forme elliptique A B C D (fig. 249); (dans cette figure comme dans la suivante, les arcs de cercle tracés avec le plus grand rayon représentent les contours convexes des parties des armatures qui sont en regard); les axes de cette ellipse étaient égaux respectivement à 30,5 et à 13 millimètres; la surface libre elle-même cessa d'être horizontale, elle s'exhaussa suivant la direction équatoriale et sa section par un plan vertical passant par la ligne des

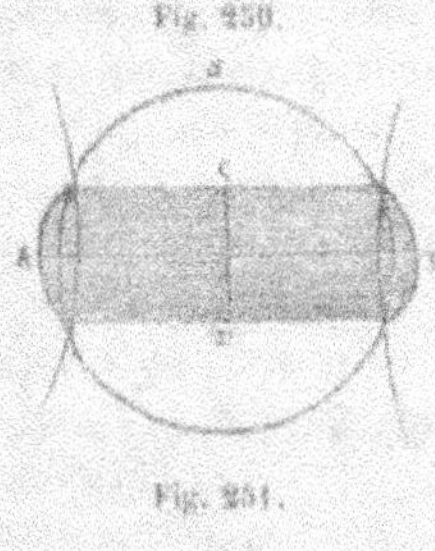

Fig. 250.

Fig. 251.

Fig. 252.

pôles présenta la forme indiquée par la figure 251. En éloignant les armatures jusqu'à 23 millimètres, la liqueur prit la forme représentée par la figure 250 et dont la figure 252 montre la section axiale.

Une dissolution de chlorure ferreux fut trouvée moins magnétique, et celle du sulfate ferreux le fut encore à un moindre degré. La dissolution du nitrate de nickel est plus magnétique que celle du vitriol de fer.

En opérant sur des liquides diamagnétiques, M. Plücker observa des phénomènes inverses. Ainsi quand les armatures étaient à 2,5 millimètres, le liquide s'étendit suivant la direction axiale et il se retira suivant la direction équatoriale. Au-dessus du milieu de l'intervalle des armatures, il présenta une dépression au lieu d'un exhaussement. Mais tous ces effets sont moins marqués que pour les liquides magnétiques.

Par ce procédé très-simple, on constate le diamagnétisme de l'eau, de l'alcool, de l'éther sulfurique, de l'acide hydrochlorique, etc. La solution de prussiate rouge de potasse est magnétique; la jaune est diamagnétique. Le sang de l'homme est diamagnétique.

Les pôles étant placés à 5^{mm}, et quelques gouttes du liquide à examiner étant placées sur une feuille de mica, on obtient des effets plus marqués qu'au moyen du verre de montre.

D'après M. Quet, on peut reconnaître d'une manière plus certaine l'état magnétique ou diamagnétique d'un liquide à l'aide du procédé suivant : un tube de verre mince contenant une longue colonne du liquide à essayer, est placé entre les deux pôles des armatures de l'électro-aimant; on le met perpendiculairement à la ligne des pôles dans une situation sensiblement horizontale, et l'on amène le commencement de l'index liquide très-près des pièces polaires. Aussitôt que l'électro-aimant est animé par un courant voltaïque, si la colonne liquide est magnétique, elle s'avance de toute la longueur des pièces polaires et atteint rapidement une position d'équilibre magnétique stable. Lorsqu'on supprime le courant voltaïque, l'index rétrograde et reprend sa position primitive. Lorsqu'il s'agit d'un liquide diamagnétique, on amène l'index entre les pièces polaires de manière à couvrir leur longueur : alors dès que le courant électrique passe, le liquide est fortement repoussé et ne s'arrête qu'au delà des pièces polaires, à une distance plus ou moins grande. Ce mouvement, qui se produit sur une étendue de 4 ou 5 centimètres, ne peut laisser aucun doute sur les conséquences de l'expérience. (H. V.)

THÉORIE DU DIAMAGNÉTISME.

Comme M. Faraday l'a fait observer, on pourrait expliquer la manière dont les corps diamagnétiques se comportent en présence des aimants, en admettant que les pôles de ceux-ci y déterminent des courants opposés à ceux qu'Ampère suppose exister dans les aimants eux-mêmes, de sorte que chaque pôle développerait dans la partie la plus rapprochée du corps diamagnétique un pôle de même nom, tandis qu'il développerait dans un corps magnétique un pôle de nom contraire. Les courants qui se forment dans les corps diamagnétiques auraient, par conséquent, la même direction que les courants induits inverses que les courants électriques produisent, dans des conducteurs voisins, à l'instant où ils commencent à passer; tandis que les courants qui se développent dans les corps magnétiques auraient la même direction que les courants directs correspondant à la cessation de courants inducteurs. M. Faraday non-seulement n'a pas cherché à développer cette théorie, mais il l'a même plus tard abandonnée, pour ne voir dans l'action des aimants sur les corps diamagnétiques que l'effet d'une simple répulsion.

Les pôles boréal et austral repoussent tous les deux une sphère de bismuth. Par conséquent, si toute l'action de chaque pôle se réduisait à une simple répulsion, la sphère, soumise à la fois à l'influence d'un pôle boréal et d'un pôle austral placés du même côté, devrait être plus fortement repoussée que par chaque pôle en particulier. Or, M. Reich a constaté que dans ce cas les effets des deux pôles se neutralisent et que, par conséquent, la première théorie de M. Faraday était la seule exacte.

Fig. 253. Si un pôle magnétique développe réellement une polarité dans un corps diamagnétique voisin, il faut que, dans des conditions déterminées, les pôles de celui-ci puissent agir par attraction sur un pôle magnétique. C'est effectivement ce qui a lieu, et voici comment M. Weber s'en est assuré. On dispose une aiguille aimantée ns (fig. 253), suspendue à un fil de cocon, entre un électro-aimant dont les pôles sont a et b, et un aimant M, de manière que les lignes des pôles de ab et de M soient situées sur une même droite horizontale et perpendiculaire au milieu de l'aiguille ns, parvenue à sa position d'équilibre dans le méridien magnétique. On éloigne ou l'on approche l'aimant M jusqu'à ce que la force directrice qu'il exerce sur ns soit neutralisée exactement par celle des pôles de l'électro-aimant. Cela fait, on place un barreau de bismuth w entre les pôles a et b, suivant la ligne droite qui les réunirait et à égale distance de chacun d'eux. Ce barreau, présenté isolément à l'aiguille ns dans la position indiquée, serait sans action sur elle. Mais lorsque par l'influence de l'électro-aimant il acquiert la polarité magnétique, il fait dévier cette aiguille d'une quantité mesurable. Si l'on renverse les pôles de l'électro-aimant et de M, l'aiguille est déviée en sens contraire. Un morceau de fer mis à la place du barreau de bismuth occasionne dans tous les cas une déviation opposée à celle que produit le bismuth.

Lorsqu'on approche de l'un des pôles d'un aimant un conducteur fermé, il se développe dans celui-ci, d'après les lois connues de l'induction, des courants inverses de ceux qui devraient le traverser pour que l'aimant prît sous leur influence la polarité qu'il possède. Si l'on approche, par exemple, du pôle austral d'un aimant un barreau de cuivre, l'extrémité de celui-ci, qui est dirigée vers ce pôle, deviendra, pour un moment, identique à un pôle austral. Par conséquent, dans un barreau de bismuth qu'on approche de l'un des pôles d'un aimant, l'induction magnéto-électrique développe la même polarité que celle que nous devons admettre pour nous rendre compte de son état diamagnétique. Mais il existe entre les effets de cette induction et ceux de l'induction qui s'exerce sur un conducteur quelconque, cette différence que ces derniers disparaissent aussitôt que le conducteur reste en repos, tandis que les premiers persistent dans cette même circonstance. Voici comment M. Weber explique la différence dont il s'agit.

Si le bismuth contenait, comme le fer, les deux fluides magnétiques, ou, ce qui revient au même, si autour de ses molécules circulaient des courants comme ceux qu'Ampère suppose exister dans le fer, l'action qu'il éprouverait de la part des aimants devrait être la même que celle que les courants font éprouver au fer, c'est-à-dire que les deux fluides devraient se séparer, ou les courants moléculaires se disposer parallèlement à ceux des aimants influençants. Or, le bismuth ne se comportant pas de la même manière que le fer, on ne saurait attribuer le diamagnétisme à des courants moléculaires préexistants dans les corps qui le présentent.

Il suit de là que les courants qui déterminent la polarité des corps diamagnétiques ne doivent se développer qu'à l'instant où l'on approche ces corps des pôles d'un aimant; il faut, de plus, que ces courants persistent pendant tout le temps que ces corps sont soumis à l'influence magnétique, et n'aient pas une durée très-courte comme ceux que les aimants font naître dans des conducteurs ordinaires qu'on en approche. Pour expliquer cette circonstance, M. Weber admet qu'il se développe dans les corps diamagnétiques des *courants induits moléculaires*, c'est-à-dire des courants qui circulent autour des molécules, sans pouvoir passer des unes aux autres à travers la masse du corps. La différence entre les courants qui traversent des conducteurs et les courants moléculaires consiste en ce que les premiers, en passant d'une molécule à une autre, ont à vaincre une résistance plus ou moins grande suivant la conductibilité de la matière, résistance qui détruit rapidement la vitesse impulsive de l'électricité et par là anéantit ces courants au bout d'un temps très-court, à moins que la force magnéto-électrique n'agisse d'une manière continue et ne répare les pertes de vitesse de l'électricité au fur et à mesure qu'elles se produisent; tandis que les autres, qui ne se propagent pas de molécule à molécule, n'éprouvant pas une pareille résistance, se prolongent en conservant leur intensité primitive, sans exiger, pour cela, l'intervention incessante de la force électro-motrice qui les a développés.

On voit, par ce qui précède, que lorsqu'on soumet un corps à des actions inductrices, il peut se développer deux espèces de courants : les courants d'induction ordinaires qui traversent toute la masse du corps influencé et cessent avec la force inductrice, et les courants moléculaires induits qui, ne rencontrant sur leur trajet autour des molécules aucune résistance, doivent persister avec la même intensité jusqu'à ce qu'à la suite d'une induction opposée ils soient détruits par de nouveaux courants moléculaires dirigés en sens contraire. Ce sont ces courants moléculaires qui produisent les phénomènes du diamagnétisme. Ils se forment quand on approche d'un aimant un corps diamagnétique, et ils se prolongent jusqu'à ce que l'aimant perde son magnétisme ou que l'on en éloigne le corps diamagnétique, car dans les deux cas il s'exerce une action inductrice opposée qui détruit les effets de la première. Les courants induits ordinaires qui passent de molécule à molécule ne peuvent prendre naissance dans des corps mauvais conducteurs; il n'en est pas de même des courants moléculaires, puisque l'expérience indique que le verre pesant, par exemple, se place équatorialement entre les pôles d'un électro-aimant. (H. V.)

DE L'ACTION DE L'AIMANT SUR LES GAZ.

M. Bancalari a constaté le premier qu'une flamme placée entre les pôles d'un électro-aimant est repoussée tant que le courant circule, et qu'à l'instant où on l'interrompt, elle reprend sa forme et sa position primitives.

MM. Zantedeschi, Faraday et Plücker ont poursuivi ces recherches. Ce dernier plaça entre les pointes des armatures H de son électro-aimant (voy. fig. 246), la flamme d'une chandelle de suif brûlant tranquillement, sans donner de fumée. Les pointes des demi-cônes étant à 5,3^{mm} de distance et la flamme étant placée de manière que ces pointes correspondissent à des points distants de son sommet de 1/8 de sa hauteur totale, cette flamme prit une forme dont la section équatoriale est représentée fig. 254 a, et la section axiale, fig. 254 b. Lorsqu'on souleva la flamme de manière à faire correspondre le milieu de sa hauteur aux pointes des cônes, elle prit, suivant la direction équatoriale, la forme fig. 255 a, et suivant la direction axiale, la forme fig. 255 b. La figure 255 c

Fig. 254.

Fig. 255.

représente la flamme vue d'en haut. Enfin, on souleva la flamme jusqu'à ce que les pointes des cônes fussent au niveau du sommet de la mèche et que le refroidissement dû à ces cônes en eût considérablement affaibli l'éclat. Lorsqu'on établit le courant, non-seulement elle répan-

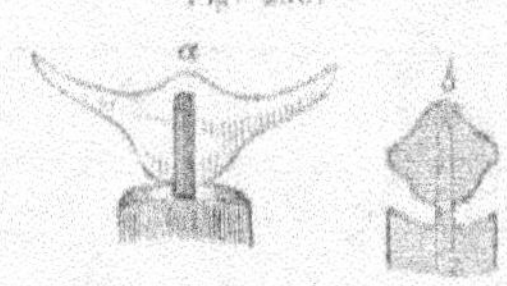
Fig. 256.

dit la même clarté qu'auparavant, mais elle brûla plus vivement par suite de la dépression qu'elle subit. La figure 256 *a* représente la section équatoriale, et la figure 256 *b* la section axiale de la forme qu'elle affecta dans cette position.

Dans aucune de ces expériences, la flamme de la chandelle de suif n'était fuligineuse. Une flamme fortement fuligineuse offre d'autres

Fig. 257.

phénomènes. — Les cônes étant, par exemple, placés aux 3/4 de la hauteur primitive de la flamme, à partir de sa base, la flamme et la fumée furent repoussées et formèrent, en montant, des figures paraboliques, distinctement limitées et inclinées sur la flamme. La figure 257 représente une section équatoriale de l'ensemble. — La flamme de l'essence de térébenthine et la fumée d'un morceau d'amadou donnèrent lieu à des phénomènes analogues.

Toutes les formes que prennent les flammes dans ces expériences démontrent que les gaz qui les composent sont repoussés par les pôles de l'électro-aimant et qu'ils sont par conséquent diamagnétiques. — Par des expériences plus récentes, M. Plücker a constaté que l'oxygène, et, par suite, l'air atmosphérique, qui contient 1/5 de son volume de ce gaz, sont magnétiques, tandis que le gaz hydrogène est diamagnétique. M. Plücker a trouvé, en outre, qu'à poids égaux, le magnétisme du fer étant 1,000,000, celui de l'oxygène est 5,500.

Nous nous occuperons, dans le second volume de cet ouvrage, de l'action du magnétisme sur les substances cristallisées. (H. V.)

IV. — EFFETS MÉCANIQUES DES COURANTS.

Indépendamment des propriétés que nous venons d'étudier, le courant électrique possède encore celle de transporter, dans certaines conditions, du pôle positif au pôle négatif, des matières soit liquides, soit solides.

C'est Porret qui, le premier, constata cette propriété en ce qui concerne les liquides. Il faisait l'expérience en séparant une capsule en deux compartiments au moyen d'un diaphragme de baudruche ou d'argile poreuse, mettant de l'eau ordinaire dans chacun de ces compartiments, et plongeant ensuite dans l'un l'électrode positif d'une pile et dans l'autre l'électrode négatif. Au bout de peu de temps, on voit l'eau passer à travers le diaphragme dont elle surmonte la résistance, de la case positive dans la case négative, où elle se maintient à un niveau plus élevé. Le phénomène n'est bien prononcé qu'autant que le liquide est un conducteur imparfait, tel que l'eau pure; avec de l'eau acidulée, il n'a plus lieu.

Il résulte des expériences de Porret qu'il y a une tendance bien prononcée d'un liquide traversé par un courant à cheminer du pôle positif vers le pôle négatif, pourvu qu'il présente une certaine résistance au passage du courant. M. Wiedemann a réussi, à la suite de recherches très-précises, à trouver les lois de ce phénomène. Ces lois peuvent se résumer comme il suit : *La force avec laquelle un courant voltaïque tend à transporter un liquide à travers une paroi poreuse du pôle positif vers le pôle négatif, est proportionnelle à l'intensité du courant et à la résistance que le liquide oppose au passage de l'électricité*[1].

Nous aurons bientôt l'occasion de citer des faits qui démontrent que le courant électrique peut de même transporter, du pôle positif au pôle négatif, des molécules de corps solides. (H. V.)

V. — EFFETS LUMINEUX DES COURANTS ÉLECTRIQUES.

Au moment de l'ouverture ou de la fermeture d'un circuit galvanique, il se produit une étincelle plus ou moins vive entre les deux conducteurs qu'on rapproche ou qu'on sépare. Un seul élément ne suffit pas pour donner des étincelles très-brillantes, à moins qu'on ne fasse usage, comme conducteur interpolaire, d'un long fil de métal enroulé autour d'une bobine : dans ce cas, l'étincelle qui se produit au moment de la rupture du circuit présente un éclat remarquable; cet effet est dû à l'extra-courant direct qui se développe au même instant. Avec un fil interpolaire court et non enroulé, on obtient déjà des étincelles assez vives lorsqu'on emploie, soit une pile de 5 ou 6 éléments de Bunsen, soit tout autre appareil galvanique équivalent. Étudions d'abord les effets lumineux produits dans ces conditions.

[1] Voy., pour les détails des recherches de M. Wiedemann, le *Traité d'Électricité* de M. De La Rive, tome II, p. 573.

Lorsqu'on attache à l'un des pôles de la pile une lime, et à l'autre pôle une pointe d'acier et qu'on fait glisser cette pointe sur les rayures de la lime, il se forme de nombreux jets d'étincelles résultant de parcelles de fer détachées, qui brûlent et sont lancées dans toutes les directions.

L'un des bouts du fil conducteur de la pile étant entouré d'une feuille mince de métal, d'or, par exemple, si l'on promène l'autre bout du fil conducteur par son extrémité libre sur les bords et sur les plis de cette feuille, elle brûle ou devient incandescente vers les points touchés ; cette combustion ou cette incandescence est également la cause des jets de lumière que l'on observe dans les conditions indiquées.

Le phénomène lumineux prend un aspect différent quand, après avoir fait communiquer l'un des pôles de la pile avec un petit godet rempli de mercure, on plonge dans le même bain métallique ou l'on en retire l'une des extrémités d'un fil conducteur communiquant par son autre extrémité avec le second pôle de la même pile. Dans ce cas il n'y a pas d'étincelles lancées suivant différentes directions. Il ne se produit qu'une seule étincelle arrondie, d'une lumière blanche et éclatante. Cette étincelle est accompagnée d'un bruit comme l'étincelle électrique ordinaire. Il est probable que sa lumière est le résultat de la combustion du mercure.

Entre deux conducteurs communiquant avec les pôles d'une pile ordinaire, il ne se forme jamais d'étincelle franchissant l'espace, si petit qu'il soit, qui sépare encore les deux conducteurs rapprochés. Il existe sous ce rapport une différence entre l'électricité des piles et l'électricité de frottement. Cette différence s'explique par la faible tension de l'électricité galvanique. M. Jacobi a constaté, par des mesures très-précises, qu'une pile de 12 éléments de Grove ne donne pas encore d'étincelle quand la distance entre les conducteurs qui partent des pôles est même réduite à 0,00005 de pouce. L'étincelle ne jaillit que si l'on augmente de beaucoup le nombre des éléments employés. D'après M. Gassiot, une pile de 3500 couples zinc et cuivre, activée avec de l'eau de pluie, donne aux extrémités polaires des tensions assez fortes pour produire pendant plusieurs jours des étincelles qui éclatent à 1/50 de pouce anglais de distance et se succèdent avec une très-grande rapidité. (H. V.)

LA LUMIÈRE PREND NAISSANCE AU PÔLE NÉGATIF DE LA PILE.

Comme les piles ordinaires, composées d'un petit nombre d'éléments, ont une distance explosive sensiblement nulle, il est évident

que les phénomènes lumineux qui se produisent quand on ouvre ou
ferme le circuit, sont dus à une autre cause que l'étincelle électrique
ordinaire. On les attribue ordinairement à des effets secondaires d'incandescence ou de combustion qui se manifestent lors de l'établissement ou de la cessation du courant. Ces effets seraient produits,
les premiers, par l'échauffement, et les seconds, par l'oxydation des
aspérités qui hérissent les surfaces des conducteurs rapprochés et à
travers lesquelles le courant s'établit en premier lieu. On ne saurait
révoquer en doute l'existence de pareils phénomènes d'incandescence
et de combustion lorsqu'il s'agit de fortes étincelles galvaniques;
mais dans ce cas la cause des étincelles est complexe. En effet, on
peut produire des étincelles galvaniques qui, selon toutes les proba-
bilités, ne sont pas accompagnées d'incandescence et de combustion
des conducteurs, et dans ce cas les étincelles ne sont pas de la même
nature que l'étincelle électrique ordinaire, car elles ne jaillissent pas
entre les deux conducteurs, mais elles se forment seulement à l'extrémité libre de celui qui communique avec le pôle négatif de la pile. Pour
s'en assurer, il suffit, d'après M. Neef, d'observer avec une loupe
simple la pointe de platine de l'appareil d'induction que nous avons
décrit précédemment (p. 415). Si la pointe de platine communique avec
le pôle négatif de la pile, on la voit entourée d'une lumière violette,
tandis que la mince feuille de platine, qui oscille devant elle, paraît
obscure. Vers l'extrémité inférieure de la pointe et au milieu de la
lumière violette, on aperçoit des points lumineux extrêmement petits,
d'un blanc éblouissant et agités d'un mouvement rapide; en même
temps, on voit apparaître, jusque dans la partie la plus élevée de la
gaîne de lumière violette, des espèces d'éclairs d'une lumière rougeâtre, plus vive que cette dernière; mais ces éclairs ne s'étendent jamais
jusqu'à la lame de platine qui communique avec le pôle positif, de manière à donner l'apparence d'étincelles jaillissant entre les deux pôles.
La lumière rougeâtre s'affaiblit avec l'intensité du courant. Si l'on renverse le courant, la pointe devient obscure et la lame s'illumine en
violet autour de son point de contact avec la pointe. Il ne se produit
donc jamais de véritable étincelle, et l'on ne saurait non plus attribuer
à une combustion du platine la lumière violette, uniforme et tran-
quille que l'on observe. (H. V.)

ARC LUMINEUX DE LA PILE.

Si l'on attache deux fils métalliques aux deux pôles d'une pile assez forte, et que l'on termine les bouts libres de ces fils par deux baguettes minces de charbon compacte de cornues à gaz, en rapprochant les deux charbons jusqu'au contact, on verra à leur jonction se produire un point lumineux d'un éclat éblouissant. Si on laisse les deux baguettes en contact, elles s'échauffent fortement à une petite distance tout autour du point lumineux et celui-ci s'élargit peu à peu ; puis une partie du charbon prend feu, brûle et disparait ; une autre partie semble se volatiliser, et bientôt les deux extrémités des charbons qui se touchaient s'éloignent de plus en plus par suite de l'usure, sans que le courant électrique cesse un instant de circuler dans la pile, dans les fils et dans les charbons, comme on peut s'en assurer en insérant un galvanomètre dans le circuit. Le phénomène lumineux ne cesse pas non plus, il est seulement modifié : en effet, au lieu de l'étincelle éblouissante qui se formait au contact des charbons, on voit s'étendre entre ceux-ci un jet lumineux pourpre dans lequel tourbillonnent sans cesse des particules de charbon incandescentes que le pôle négatif semble soutirer au pôle positif, ou que celui-ci lance vers le premier (voy. l'article relatif aux effets mécaniques des courants, p. 450). Ce jet constitue ce que l'on appelle *l'arc lumineux de la pile*. Sa lumière est tellement éblouissante, que les yeux ne peuvent pas en supporter l'éclat. Pour le produire, il n'est pas nécessaire d'attendre l'usure des charbons : le courant une fois établi par le contact des charbons, il se forme quand on écarte ceux-ci graduellement. Mais il y a, pour chaque intensité de courant, une limite de distance entre les deux pointes de charbon, au delà de laquelle la lumière purpurine s'éteint, le jet incandescent cesse et le courant se trouve interrompu. C'est ce qui explique pourquoi l'arc finit par s'éteindre lorsque, après avoir placé les deux charbons à une distance moindre que cette limite, on les abandonne à eux-mêmes ; en effet, pendant que l'arc est établi, le charbon positif s'use à cause des particules qui se détachent de son extrémité libre, et bientôt sa distance au charbon négatif, qui s'use beaucoup moins, est égale à la limite qui correspond à l'extinction du jet lumineux. Il suit de là que si l'on veut produire une lumière vive et uniforme, il faut rapprocher les charbons au fur et à mesure qu'ils s'usent, afin de les maintenir à une distance sensiblement constante. On peut produire ce rapprochement à la main, mais il vaut mieux appliquer le courant électrique lui-même à régulariser la marche des charbons, comme l'ont fait MM. Petrie et Staite, en Angleterre, MM. Foucault, Achereau, Deleuil et J. Duboscq, en France, et M. Jaspar, en Belgique. De tous ces appareils, le plus parfait est celui de M. Duboscq; malheureusement il est trop compliqué pour que nous puissions le décrire dans cet ouvrage.

H. Davy, à qui l'on doit la découverte de l'arc lumineux de la pile, a démontré que ce phénomène se produit également dans le vide, mais avec une lumière moins vive, parce que le charbon n'y peut plus brûler et joindre sa lumière à celle qui résulte de l'action du courant électrique. Il se produit aussi dans les différents gaz et même dans les liquides.

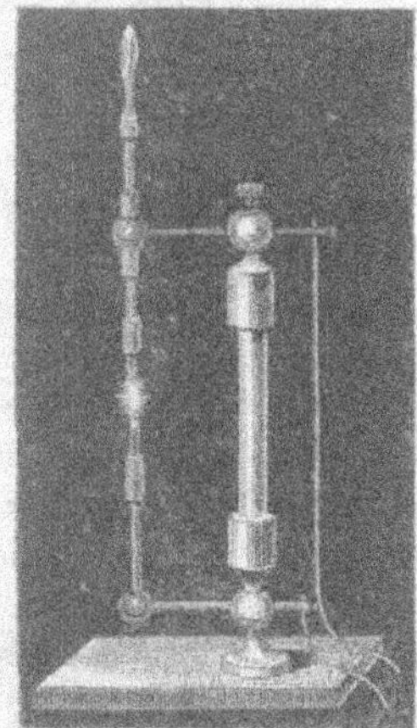

Fig. 258.

La figure **258** représente un appareil très-simple au moyen duquel on peut étudier la plupart des propriétés de l'arc lumineux de la pile. Il se compose essentiellement d'une colonne de verre verticale, mastiquée à ses deux extrémités dans des garnitures métalliques. Celles-ci sont traversées par deux tiges également de métal et portant deux viroles de cuivre dans lesquelles on monte deux petites baguettes de charbon de cornues à gaz, ayant à peu près la longueur et le diamètre d'un tuyau de plume. Lorsqu'on veut faire une expérience, on rapproche les deux charbons jusqu'au contact et on fait communiquer les tiges des viroles avec les pôles de la pile pour faire passer le courant; presque aussitôt on voit paraître, à la jonction des charbons, le point lumineux d'un éclat éblouissant dont il a été question plus haut. Alors on peut soulever la tige supérieure, qui glisse à frottement, et produire, entre les charbons, un intervalle de quelques millimètres et même de plusieurs centimètres, quand on opère avec une pile de 100 éléments. L'arc lumineux que l'on obtient dans ce cas, offre la disposition indiquée dans la figure 259.

Fig. 259.

On doit à M. Foucault une jolie expérience qui consiste à projeter l'image des cônes de charbon représentés dans la figure 258, sur un écran, dans la chambre noire, à l'aide de lentilles, au moment où la lumière électrique se produit (fig. 260, ci-après). Cette expérience, qui se fait au moyen du microscope photo-électrique que nous décrirons dans le second volume, met à même de distinguer très-bien

Fig. 266.

les deux charbons incandescents, et on voit le charbon positif se
creuser et diminuer, tandis que l'autre augmente. Quant aux globules représentés sur les deux charbons, ils proviennent de la fusion
d'une petite quantité de silice contenue dans le coke dont ces charbons sont formés. Lorsque le courant commence à passer, c'est le
charbon négatif qui devient lumineux le premier ; mais c'est le charbon positif qui, s'échauffant le plus, finit par présenter l'éclat le plus
intense. C'est aussi le charbon positif qui s'use le plus vite, ainsi
que cela a déjà été dit ; pour remédier aux inconvénients de cette
usure plus rapide, il est convenable de le prendre un peu plus
gros.

L'appareil de la figure 258 est également très-propre pour constater
le grand dégagement de chaleur qui accompagne le passage de courants très-intenses à travers les métaux. A cet effet, au lieu de mettre
un charbon taillé en pointe dans la virole inférieure de cet appareil,
on y met un charbon élargi, dont la surface inférieure est concave et
forme creuset. Là on pose les fragments du métal qu'on veut soumettre
à l'expérience, on approche le charbon supérieur, on fait passer le courant, et l'on constate qu'il se dégage assez de chaleur pour fondre, en
quelques secondes, une pièce d'argent, une pièce d'or, et même des
morceaux de platine de 10 ou 20 grammes, ou davantage si la pile
se compose d'un nombre suffisant de couples. Alors la lumière est
encore très-éclatante, mais elle se colore par la vapeur des métaux qui
se volatilisent, ou du moins qui sont entraînés vers le pôle négatif
supérieur. Le fer et l'acier ne sont pas seulement fondus dans ces
expériences, mais portés à une température telle, qu'ils entrent en vive

combustion au contact de l'air; alors ils lancent de toutes parts des étincelles éblouissantes qui ressemblent à une petite gerbe d'artifice.

(H. V.)

INTENSITÉ DE LA LUMIÈRE ÉLECTRIQUE.

MM. Fizeau et Foucault ont comparé la lumière du soleil à celle qui se produit entre deux cônes de charbon traversés, soit par le courant d'une pile de Bunsen de 46 éléments doubles, soit par celui de 46 éléments simples; dans le premier cas, ils ont trouvé que l'intensité de la lumière solaire était à l'intensité de la lumière des pointes du charbon comme 2,59 : 1; et dans le second cas, comme 4 : 1. La lumière produite par les gaz oxygène et hydrogène projetés sur de la chaux, a été trouvée égale à 1/146 de celle du soleil. On voit donc combien, par l'intensité, la lumière électrique est plus rapprochée de la lumière solaire que celle qui est produite par la combustion du mélange gazeux.

MM. Bunsen et Wartmann ont également fait quelques expériences qui viennent confirmer les résultats obtenus par MM. Fizeau et Foucault. M. Bunsen a trouvé, avec 48 de ses éléments, et en plaçant les pointes de charbon à 1 millimètre, que la lumière produite était égale à celle de 572 bougies. La dépense pour entretenir cette lumière pendant une heure était de $0^k,500$ de zinc, $0^k,456$ d'acide sulfurique et $0^k,608$ d'acide nitrique. M. Wartmann a produit, dans une de ses expériences, une lumière électrique dont l'intensité était égale à celle de 500 becs de gaz.

Les recherches les plus récentes sur l'arc voltaïque sont celles de M. Despretz. Ce physicien, par des expériences faites sur une grande échelle, a constaté que si l'arc croît en longueur avec le nombre des couples disposés en série, l'intensité de sa lumière, passé une certaine limite, ne suit pas la même progression, mais augmente avec la surface. Ainsi, au delà de 100 couples, l'intensité ne s'accroît pas sensiblement si on augmente même jusqu'à 600 le nombre des couples en série, tandis que l'arc devient 6 à 7 fois plus long; mais si on dispose ces 600 couples en six séries parallèles, de manière à avoir 100 couples à grande surface (voy. p. 256), alors l'intensité de la lumière croît presque proportionnellement à cette surface. Il suit de là que la pile la plus convenable pour produire la lumière électrique se composera d'éléments de Bunsen de grande dimension. Avec 40 de ces éléments, on obtient déjà une lumière très-brillante. (H. V.)

ÉCLAIRAGE ÉLECTRIQUE.

La pensée d'utiliser, pour l'éclairage, la lumière éclatante qui se dégage entre deux morceaux de charbon communiquant avec les pôles de la pile, appartient à M. Léon Foucault qui, en 1844, fit le premier usage de cette lumière, pour remplacer le soleil dans le microscope solaire. M. Deleuil s'en est ensuite servi pour un essai d'éclairage public. Vers la fin de 1844, M. Deleuil exécuta cette expérience sur la place de la Concorde, à Paris. Malgré l'existence d'un épais brouillard, la lumière émanée du foyer électrique traversait, sans affaiblissement, toute l'étendue de cette vaste place. C'est à partir de cette époque que la lumière électrique, reconnue d'un usage pratique, a été, à diverses reprises, expérimentée en public, soit comme une sorte de divertissement dans des fêtes et réunions publiques, soit pour rendre certains services dans quelques cas spéciaux. On en fait, par exemple, un assez grand usage au Grand-Opéra de Paris, pour les effets de mises en scène; et, par exemple, dans le dernier acte du *Prophète*, c'est par la lumière électrique que s'illumine le magique tableau de la destruction et de l'incendie du palais. Dans ce théâtre, on se sert exclusivement de l'appareil si ingénieux et si parfait de M. Jules Duboscq, qui donne une lumière fixe, d'une longue durée et sans variations appréciables dans l'intensité.

En voyant le puissant effet lumineux dû à la lumière électrique, il n'est personne qui ne se demande quel est l'avenir réservé à cette invention remarquable, et qui n'espère voir bientôt les lampes électriques employées pour les besoins de l'éclairage. Cette question mérite d'être soumise à un examen attentif.

C'est une erreur de croire, comme le font bien des personnes, que l'obstacle qui arrête l'application des lampes électriques à l'éclairage public ou privé, provienne de la dépense qu'elles entraîneraient. Cette dépense est médiocre; comparée à l'effet lumineux produit, elle est même notablement inférieure à celle de nos modes habituels d'éclairage. L'obstacle qui s'oppose à leur adoption réside dans l'excessive intensité de la lumière électrique, qui ne devient supportable qu'à une grande distance du foyer, et éblouit les personnes placées dans le voisinage de celui-ci. Mais cette intensité, qui est un inconvénient pour l'éclairage des rues et pour l'éclairage privé, devient un avantage réel lorsqu'il s'agit de transporter au loin les effets lumineux, comme dans les phares, par exemple. Dans l'état actuel de la science, c'est donc

aux seules illuminations lointaines qu'il faut réserver la lumière électrique ; en effet, comme on vient de le voir, elle ne convient ni pour
l'éclairage public, ni pour l'éclairage privé. (H. V.)

LUMIÈRE PRODUITE PAR LES COURANTS D'INDUCTION.

Outre les étincelles que l'on obtient en faisant communiquer avec
les pôles de l'appareil de M. Ruhmkorff deux corps conducteurs dont
on rapproche les bouts libres jusqu'à ce que les électricités contraires
accumulées aux deux pôles puissent vaincre la résistance de l'air et se
recombiner, on obtient des effets lumineux bien plus remarquables en
établissant une communication entre les deux extrémités du fil induit
et les deux tiges de l'œuf électrique. On donne ce nom à un ballon à
deux tubulures disposé comme celui représenté dans les figures 261.

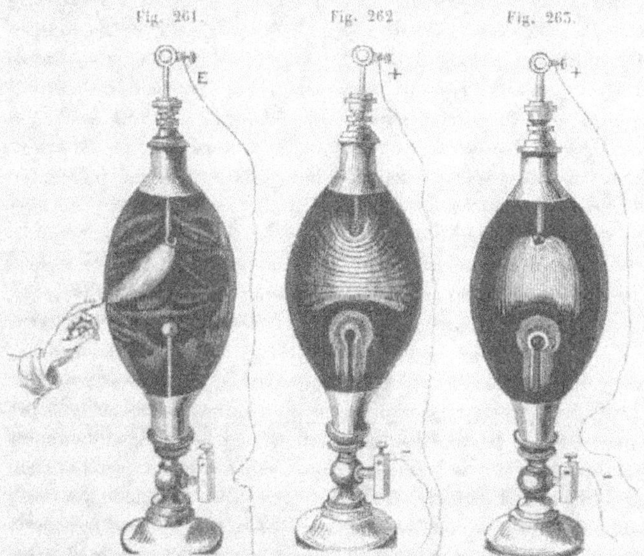

262 et 263 ; la tubulure supérieure de ce ballon est garnie d'une boîte
à cuir dans laquelle passe une forte tige métallique qui peut s'enfoncer
à volonté ; l'autre tubulure porte une tige métallique fixe et un robinet ;
on la visse sur la platine d'une bonne machine pneumatique, capable
de faire le vide à un demi-millimètre de mercure près. Lorsque après

avoir fait le vide dans l'œuf électrique et établi la communication des tiges avec les pôles de l'appareil d'induction, on fait fonctionner celui-ci à l'aide d'un ou deux couples voltaïques, on observe le magnifique phénomène lumineux représenté sur la figure 263 ; le pôle négatif inférieur est entouré d'une auréole bleue, et du pôle positif supérieur s'échappent des flots d'une superbe lumière rouge de feu qui se renouvellent sans cesse comme les courants eux-mêmes, pendant des heures entières ; l'expérience exige que l'on opère dans une chambre obscure, la lumière électrique ayant trop peu d'éclat pour qu'on puisse bien l'observer à la lumière trop vive du jour. Lorsqu'on approche le doigt du ballon, on obtient le phénomène représenté sur la figure 264.

En étudiant, dans des conditions variées, cette double lumière électrique qui se forme autour des deux pôles de l'appareil de M. Ruhmkorff, M. Quet est parvenu à établir qu'elle a une constitution fort singulière. Cette lumière est en effet comme stratifiée ; elle est composée d'une suite de couches brillantes, entièrement séparées les unes des autres par des couches obscures. Pour bien développer ce phénomène de stratification et lui donner un grand éclat, on peut s'y prendre ainsi : On remplit d'abord le récipient avec un mélange d'air et d'une des vapeurs fournies par l'esprit de bois, l'essence de térébenthine, l'alcool, l'huile de naphte, le bichlorure d'étain, etc. ; on fait ensuite le vide aussi parfaitement que possible avec une excellente machine pneumatique, on met les boules du récipient à $0^m,1$ de distance environ, puis on fait passer le courant électrique que fournit la machine de M. Ruhmkorff ; alors on voit une multitude de couches brillantes, séparées par des couches obscures, formant entre les pôles du récipient comme une pile de lumière électrique (fig. 262). Dans la lumière rouge, les couches brillantes les plus rapprochées de la boule négative ont la forme de capsules dont la concavité est tournée vers cette boule ; leur position et leur figure sont sensiblement fixes, en sorte qu'il est facile de constater sur elles qu'il y a discontinuité en passant de l'une à l'autre. La capsule extrême ne touche pas la lumière bleue du pôle négatif ; elle en est séparée très-nettement par une couche obscure, au moins quand on n'emploie pas le bichlorure d'étain pour former le vide ; cette couche obscure peut être plus ou moins grande, suivant la nature des vides et leur perfection ; on peut la rendre très-considérable en se servant de l'essence de térébenthine pour former le vide du récipient. Le phénomène de stratification est donc facile à constater pour les trois ou quatre couches qui avoisinent la lumière bleue du pôle négatif ; mais la lumière rouge contient une multitude de couches brillantes, et il importe de constater pour elles qu'il y a discontinuité en passant de l'une à l'autre. Ces couches ne sont pas toutes d'une même espèce de rouge, et cette variété est très-sensible lorsqu'on emploie le bichlorure d'étain; leur forme est aussi très-diverse, suivant la nature des vides, le degré de leur perfection, le rang de la couche, la distance des boules; en outre, pour une même couche, cette forme et cette position ne paraissent pas fixes, et il semble que, dans la colonne de lumière, il y a comme un mouvement ondulatoire et progressif, si les couches sont bien séparées, ou un mouvement giratoire autour de l'axe du récipient, si les couches sont plus fixées et moins séparées. Mais ces mouvements d'ondulation ou de rotation ne paraissent être que de simples illusions d'optique.

Pour éliminer ces illusions et constater le phénomène de stratification dans toute sa simplicité, M. Quet s'y prend comme il suit : La lumière électrique qu'on aperçoit dans le vide n'a pas une durée continue; elle consiste en une suite de décharges électriques qui se succèdent avec rapidité, et qui résultent des ruptures du courant inducteur par le marteau de l'interrupteur de l'appareil d'induction. Au lieu de laisser au marteau le jeu alternatif et très-rapide que lui donne l'électro-aimant de la machine, on peut le manœuvrer à la main et en le soulevant une seule fois; alors on obtient dans le vide une émission de lumière qui ne dure qu'un instant. Dans ces conditions, toutes les illusions d'optique cessent, et on voit la pile entière de couches alternativement brillantes et obscures se dessiner avec une forme fixe. En renouvelant cette manœuvre à volonté, il devient donc facile d'étudier les détails du phénomène.

La lumière rouge n'est pas seule stratifiée; la lumière bleue l'est aussi, et ce dernier phénomène est toujours très-nettement visible lorsque le vide est bien fait; car, indépendamment d'une lueur vague qui termine la lumière bleue, on reconnaît dans cette lumière trois couches distinctes qui ont une forme et une position fixes; la couche intermédiaire est sombre, et elle paraît d'un bleu obscur, peut-être parce qu'on ne peut la voir qu'à travers la couche extérieure; par le progrès du vide, on peut donner à cette couche obscure plus de 2 millimètres d'épaisseur[1].

La cause du phénomène de stratification de la lumière électrique est encore inconnue. (H. V.)

---

[1] Pour de plus amples détails sur la lumière des courants d'induction, voir l'excellent travail de M. le vicomte Th. Du Moncel, intitulé : *Notice sur l'appareil d'induction électrique* de Ruhmkorff, Paris, 1855.

VI — EFFETS CALORIFIQUES DES COURANTS ÉLECTRIQUES.

Un fil métallique, suffisamment mince et court, qui réunit les deux pôles d'une pile, s'échauffe, rougit et quelquefois se fond ou brûle. Ce qu'il y a de remarquable dans ce phénomène, c'est la prolongation ou la continuité de l'incandescence du fil, quand sa nature ou l'énergie limitée du courant ne permet pas la fusion ou la combustion. Toutes choses égales d'ailleurs, les fils des métaux les moins conducteurs sont les premiers à rougir. Nous avons vu dans l'article relatif aux effets calorifiques de la bouteille de Leyde (p. 119), que le même phénomène s'observe lorsqu'on soumet les métaux au passage instantané de la décharge de cet appareil.

La chaleur prend toujours naissance au pôle positif de la pile. Parmi les expériences qu'on a faites pour démontrer cette proposition, nous citerons la suivante, due à M. Walker : Si l'on plonge les fils conducteurs d'une pile dans deux vases séparés, remplis d'eau et réunis au moyen d'une mèche de coton, on observe que le liquide du vase dans lequel plonge l'électrode positif s'échauffe davantage que le liquide de l'autre vase ; des thermomètres ordinaires suffisent pour s'assurer de cet échauffement inégal des deux liquides.

D'après MM. Joule et Lenz, le dégagement de chaleur dû au passage du courant électrique à travers des fils de métal, est régi par les deux lois suivantes : 1° la quantité de chaleur dégagée est proportionnelle à la résistance que le fil oppose au mouvement de l'électricité ; 2° cette quantité de chaleur est, en outre, proportionnelle au carré de l'intensité du courant.

Ces lois pour un courant continu sont les mêmes que celles que M. Riess a trouvées pour le cas de la décharge de la bouteille de Leyde (voy. p. 119). (H. V.)

EFFETS CALORIFIQUES, ÉLECTRO-MAGNÉTIQUES ET CHIMIQUES DES COURANTS D'INDUCTION DE L'APPAREIL DE M. RUHMKORFF.

Les effets calorifiques des courants d'induction sont les mêmes que ceux des courants ordinaires. Mais l'appareil de M. Ruhmkorff permet mieux que les piles de constater le dégagement inégal de chaleur aux deux pôles. Il suffit en effet d'observer deux fils de fer très-fins, attachés aux pôles de cet appareil et rapprochés jusqu'au contact, pour voir que celui qui est au pôle négatif rougit seul et fond. Ce phénomène est donc inverse de celui que présentent les courants ordinaires. Mais cette opposition est-elle réelle ou seulement apparente? Voilà ce qu'il est difficile de décider dans l'état actuel de la science.

Les effets calorifiques des étincelles de l'appareil d'induction ont reçu une application importante : on en tire parti pour produire l'explosion des mines. L'article suivant est consacré à ce sujet intéressant.

Pour compléter ce qui est relatif aux propriétés physiques des courants d'induction de l'appareil de M. Ruhmkorff, nous ajouterons que ces courants ont une si faible action magnétique, que c'est tout au plus si on peut constater leur direction à l'aide d'un galvanomètre assez sensible. La cause de cette faiblesse d'action des courants dont il s'agit n'est pas encore nettement expliquée.

Quant aux propriétés chimiques de ces mêmes courants, elles varient suivant la disposition des électrodes. Avec des baguettes de Wollaston comme celles que nous avons décrites (p. 293) et plongées dans l'eau acidulée, M. Grove a obtenu les gaz hydrogène et oxygène mélangés aux deux électrodes de platine. En se servant, au contraire, de baguettes dont les fils de platine dépassaient le bout des tubes, il a obtenu les gaz séparés aux deux pôles. (H. V.)

INFLAMMATION DES MINES.

On a recours, à chaque instant, pour des travaux divers, à l'emploi de la mine. On s'en sert pour faire sauter les rochers et les masses de terre dans les travaux des ports. L'exploitation des carrières, le creusement des tranchées pour les chemins de fer, etc., nécessitent encore l'emploi de la mine. Enfin le génie militaire a su tirer un parti immense de l'explosion des fourneaux de mines, pour la défense et pour l'attaque des places.

Personne n'ignore que l'inflammation des mines par le moyen le plus généralement employé, c'est-à-dire par la fusée ou *saucisson*, est impraticable dans certains cas, et le plus souvent insuffisante et dangereuse. C'est pour parer à ces inconvénients que l'on s'est occupé, depuis bien longtemps, de trouver un système d'inflammation des mines, d'un effet certain et exempt de dangers pour les ouvriers.

L'idée de faire servir à cet usage l'électricité s'est présentée à l'esprit des physiciens dès le moment où l'on eut connaissance des propriétés du fluide électrique. C'est Franklin qui la formula le premier, en proposant de mettre le feu aux mines au moyen de l'étincelle de la bouteille de Leyde. Mais l'extrême difficulté de faire fonctionner cet appareil par les temps humides et l'impossibilité d'isoler parfaitement les fils conducteurs, firent abandonner le projet de Franklin, et l'on continua à se servir des procédés anciennement en usage.

Plus tard, lorsqu'on eut découvert les propriétés calorifiques des courants électriques, on chercha à utiliser ceux-ci pour enflammer la poudre dans les mines, en employant à cet effet l'incandescence d'un fil métallique interposé dans un circuit voltaïque; mais outre que l'effet n'est pas instantané, l'embarras de la disposition de couples dont le nombre dépend de la longueur du circuit, est tel, que l'on n'a guère tiré parti de ce moyen dans la pratique. En outre, ce procédé ne permettait pas de faire partir à la fois plus de deux ou trois fourneaux de mines.

Le fait suivant que nous empruntons à M. L. Figuier [1], fera comprendre au lecteur combien il faut multiplier les éléments de la pile quand on veut porter le calorique à des distances considérables, et quels embarras doivent en résulter pour les opérations. Le jour de l'inauguration solennelle du télégraphe sous-marin, entre Douvres et Calais, on voulut se donner la joie de mettre le feu à une pièce de canon, d'une rive à l'autre de la Manche, en se servant du fil conducteur qui reliait les deux pays à travers ce bras de mer. Cette merveilleuse expérience réussit parfaitement; le courant électrique, parti d'une pile installée sur le rivage français, mit le feu à une pièce de canon placée sur le rempart de Douvres. Mais il fallut, pour y parvenir, employer une énorme batterie voltaïque, car elle était formée par la réunion de cent quarante éléments de Bunsen.

M. Verdu, lieutenant-colonel du corps du génie espagnol, avait été témoin, en Angleterre, de cette expérience étonnante. Frappé des embarras de manipulation d'un si grand nombre de couples, il songea à parer à cette difficulté, et il y parvint en se servant de l'appareil d'induction de M. Ruhmkorff qui n'exige qu'un seul couple ou tout au plus deux quand la distance devient considérable, et encore ces couples peuvent-ils être remplacés par une machine magnéto-électrique toujours prête à fonctionner.

M. Verdu fit ses expériences en 1855, de concert avec M. Ruhmkorff. Elles donnèrent les résultats les plus remarquables, surtout en ce qui concerne la distance à laquelle furent transportés les effets de

---

[1] L. Figuier, *Exposition et histoire des découvertes scientifiques modernes*, tome IV, Paris, 1856.

l'électricité; on a pu enflammer de la poudre jusqu'à une distance de 25,000 mètres.

Ces remarquables effets s'obtiennent en faisant partir des extrémités du fil induit de l'appareil de M. Ruhmkorff deux fils de cuivre bien isolés par une enveloppe de gutta-percha; ces deux fils aboutissent au point où l'on veut provoquer l'explosion, et là on en engage les deux bouts, à une petite distance l'un de l'autre, dans une fusée très-inflammable : aussitôt que l'on met l'appareil en action, l'étincelle électrique jaillit entre les bouts très-rapprochés des deux fils conducteurs, et c'est cette étincelle qui détermine l'inflammation de la poudre.

Il paraît établi que c'est avec la machine de Ruhmkorff, ainsi disposée, que, dans la guerre de Crimée, les Russes ont fait sauter la plupart de leurs mines et détruit, derrière eux, leurs ouvrages de défense.

Nous venons de dire que, dans ses expériences avec M. Ruhmkorff, le colonel Verdu avait fait usage de fusées très-inflammables; mais il importe de donner quelques détails sur l'espèce toute particulière de ces fusées. Il ne faut pas croire, en effet, qu'une substance combustible quelconque, telle que du pulvérin ou du coton-poudre, pût s'enflammer toujours et en toute circonstance, grâce à l'étincelle d'un appareil d'induction. Le problème de construire les fusées de telle manière que l'inflammation des mines fût toujours certaine constituait une sérieuse difficulté; le hasard est venu en fournir une solution aussi curieuse qu'imprévue.

Pendant les longues épreuves préliminaires auxquelles fut soumis, en 1851, le câble conducteur du télégraphe sous-marin de Douvres à Calais, le constructeur de ce câble, M. Stateham, avait reconnu, dans une portion du conducteur, une solution de continuité. En l'examinant avec attention, en ce point, il reconnut avec surprise que, lorsqu'on faisait fonctionner la pile pour exécuter les signaux télégraphiques, des étincelles passaient et se succédaient rapidement au point où la gutta-percha dont le câble était recouvert se trouvait partiellement enlevée.

Ce phénomène physique était anomal, car, pour voir s'élancer ainsi des étincelles entre les deux bouts d'un conducteur, il faut employer des courants d'une intensité extrêmement considérable, et tout à fait hors de proportion avec les faibles courants voltaïques qui parcourent le fil d'un télégraphe. En étudiant les circonstances dans lesquelles ces étincelles apparaissaient, M. Stateham reconnut qu'elles tenaient à ce que le fil de cuivre, dépouillé de son enveloppe de gutta-percha, conservait pourtant certaines empreintes noires, conductrices de l'électricité ; c'était par cette voie que les étincelles pouvaient se transmettre et se propager, comme celles que fournit la machine électrique, c'est-à-dire à la manière de l'électricité statique. Or, ces empreintes n'étaient autre chose que de légères taches de sulfure de cuivre, corps conducteur de l'électricité ; elles s'étaient produites par suite du contact prolongé du métal avec la gutta-percha *vulcanisée*, c'est-à-dire imprégnée de soufre. C'est d'après cette observation que M. Stateham construisit, pour favoriser l'inflammation électrique, des fusées que l'on a désignées dès lors sous le nom de *fusées Stateham*. C'est grâce à l'emploi de ces fusées que M. Ruhmkorff réussit à déterminer dans toutes les circonstances possibles l'explosion des mines.

Fig. 264.

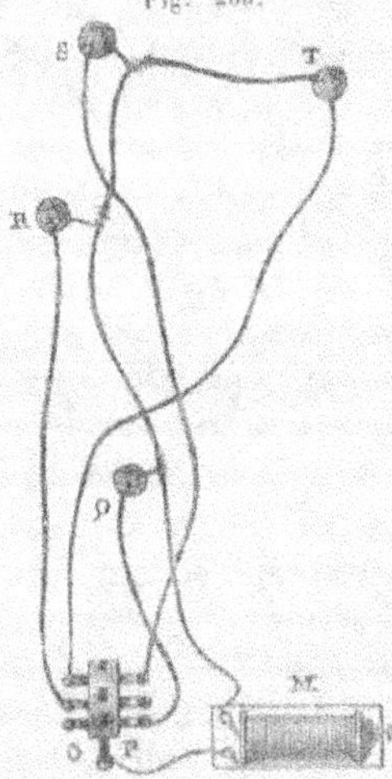

La manière de préparer les *fusées* Stateham n'offre aucune difficulté : on prend deux bouts de fil de cuivre rouge recouverts de gutta-percha ordinaire ; on dégarnit de gutta-percha leurs extrémités, puis on les fait pénétrer dans une enveloppe de gutta-percha vulcanisée, que l'on a coupée et enlevée de dessus un fil qui en avait été recouvert depuis longtemps. La figure 264 représente une de ces fusées, A B étant l'enveloppe de gutta-percha sur laquelle une échancrure a été pratiquée. On place les extrémités des fils de cuivre à deux ou trois millimètres l'un de l'autre, et l'on recouvre les pointes de fulminate de mercure, afin de rendre plus aisée l'inflammation de la poudre. On remplit l'échancrure de poudre, et l'on enveloppe le tout dans une cartouche pleine de poudre.

Fig. 265.

M. Du Moncel a proposé une disposition ingénieuse, qui permet de produire l'inflammation simultanée avec un nombre quelconque de fourneaux de mines. Cette disposition a été employée avec succès pour les travaux de la rade de Cherbourg ; elle est indiquée sur la figure 265, que nous empruntons à l'ouvrage de M. Du Moncel [1], ainsi que sa description.

[1] Notice sur l'appareil d'induction de M. Ruhmkorff, Paris, 1856.

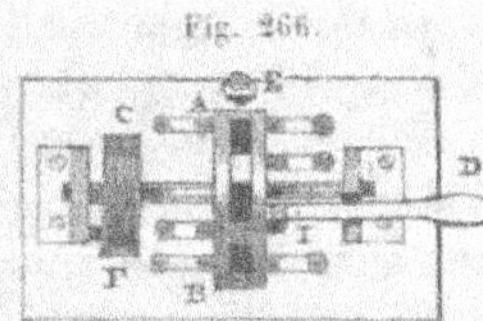

Fig. 266.

« On a eu recours à un commutateur à
« rotation représenté par la figure 266, et
« consistant dans une roue épaisse de gutta-
« percha A B, mise en mouvement par un
« ressort de pendule C F, et dont la circon-
« férence portait cinq plaques métalliques
« séparées les unes des autres par un intervalle de 2 centimètres
« environ. Sur cette circonférence appuyait un frotteur E, qui, par
« l'intermédiaire d'un bouton d'attache et d'un fil, était mis en rap-
« port avec celui des pôles de l'appareil de Ruhmkorff qui fournit
« l'étincelle à distance. Les plaques elles-mêmes communiquaient,
« par l'intermédiaire de lames métalliques appliquées sur les deux
« surfaces planes de la roue, à cinq ressorts frotteurs, mis en rela-
« tion par des boutons d'attache avec les cinq fils des circuits. Enfin
« une détente à encliquetage I D, destinée à brider le ressort quand
« il était tendu, permettait, à un instant donné, de dégager le
« mouvement de la roue. Le jeu de cet appareil est facile à conce-
« voir : quand la roue entrait en mouvement, elle présentait suc-
« cessivement au frotteur commutateur E les différentes plaques de
« sa circonférence; mais comme celles-ci, par leurs relations avec
« les autres frotteurs, se trouvaient mises en communication avec les
« différents circuits, le courant était renvoyé successivement d'un cir-
« cuit dans l'autre, dans un temps inappréciable. »

La disposition des fils et des appareils est représentée par la
figure 265 : M représente l'appareil d'induction; O P, le commutateur à rotation, et les mines sont figurées en Q, R, S, T. Le pôle exté-

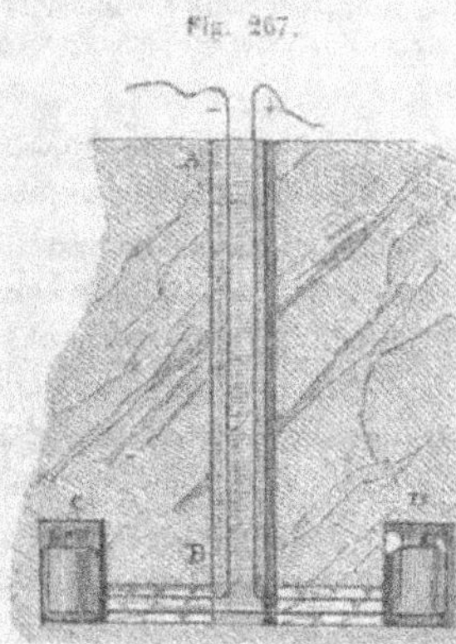

Fig. 267.

rieur du courant induit communique au ressort E du commutateur
(fig. 266); celui qui ne fournit pas
d'excès de tension électrique est en
rapport avec un long fil recouvert de
gutta-percha vulcanisée, qui circonscrit
les différentes mines. Sur ce fil, on
pratique des dérivations qui vont rejoindre l'un des deux fils de chaque
mine, l'autre fil de ces mines s'attachant à un des ressorts frotteurs du
commutateur. Quant à la disposition
des mines, elle est indiquée sur la
figure 267.

Chacune de ces mines se compose de deux chambres carrées de la contenance de 3 ou 4 mètres cubes, creusées à environ 12 mètres au-dessous de la surface du rocher, et que l'on remplit de poudre. On opère ce creusement en ouvrant d'abord un puits A B, de 12 mètres de profondeur, puis on fait partir du fond de ce puits deux galeries horizontales BC, BD, d'environ $1^m,50$ de hauteur, sur 5^m de longueur, et c'est à l'extrémité de ces galeries qu'on creuse les chambres dont il a été question. La poudre n'est pas déversée directement dans ces chambres ; car, dans le long travail du bourrage de ces mines, elle pourrait devenir humide et rester sans effet. C'est dans de grands sacs en gutta-percha, hermétiquement fermés, qu'elle est déposée avec la fusée d'explosion. La figure montre la disposition des deux fils, qui font arriver l'électricité aux fusées : ces fils, qui amènent l'un le fluide positif et l'autre le fluide négatif, après être descendus d'abord verticalement dans le puits de descente, se recourbent brusquement pour passer par les galeries horizontales et viennent s'attacher à l'un des bouts des fusées d'explosion C et D, les autres bouts de ces fusées sont ensuite reliés directement par un troisième fil. Quand les chambres sont remplies de poudre et que les fusées ont été mises en place et reliées à leurs fils conducteurs, on maçonne solidement à pierre et à plâtre les galeries, on remplit de terre le puits de descente, et on établit la communication des fils avec le commutateur et l'appareil à induction, ainsi que nous l'avons expliqué plus haut.

Cette propriété d'inflammation due à l'emploi des appareils d'induction pourrait être encore utilisée fort avantageusement dans l'artillerie, pour les explosions sous-marines, et dans toutes les circonstances où l'on veut provoquer une explosion à distance à un moment donné, et simultanément en plusieurs endroits à la fois. (H. V.)

ÉLECTRO-PHYSIOLOGIE.

> Quand on songe que tout l'organisme vital des plantes et des animaux fonctionne par l'électricité, on ne peut assez s'étonner que l'agent dont Thalès notait seulement dans l'*électron* les attractions à distance soit devenu, pour ainsi dire, dans la nature inanimée comme dans la nature vivante, le principe fondamental de la constitution des êtres.
>
> BABINET, de l'Institut.

L'*électro-physiologie* traite des lois du développement d'électricité dans les êtres vivants, ainsi que des lois de l'action des courants extérieurs sur leurs tissus et sur leurs organes. — Le cadre de cet ouvrage ne nous permet que d'indiquer les principes généraux de cette science déjà très-vaste, quoiqu'elle ne soit cultivée avec succès que depuis un petit nombre d'années.

On peut distinguer dans l'électro-physiologie trois ordres de phénomènes : 1° ceux qui résultent de causes inconnues et dans lesquels on peut cependant reconnaître tous les caractères électriques ; je les appellerai *phénomènes des courants organiques* ; 2° ceux qui résultent d'une cause extérieure connue ; tel est, entre autres, le phénomène de la commotion due à l'étincelle électrique, à la bouteille de Leyde, au courant de la pile ou aux courants d'induction ; je les appellerai *phénomènes des courants extérieurs* ; 3° ceux qui se manifestent dans les poissons électriques et sont produits par des organes spéciaux. Nous étudierons ces divers phénomènes dans l'ordre qui vient d'être indiqué. (H. V.)

I. — PHÉNOMÈNES DES COURANTS ORGANIQUES.

LOIS DU COURANT MUSCULAIRE DE M. DU BOIS-REYMOND.

Pour donner une idée exacte des lois du courant musculaire, nous commencerons pas définir quelques termes dont nous serons obligé de faire usage.

Considérons un muscle de forme cylindrique. Les bases de ce cylindre seront ce que nous désignerons sous le nom de *sections transversales naturelles*. Si nous supposons qu'on coupe le cylindre par des plans perpendiculaires à son axe, nous obtiendrons des *sections transversales artificielles*. Celle de ces sections qui passe par le milieu de l'axe du cylindre sera la *section équatoriale*, et son intersection avec la surface convexe du cylindre sera appelée l'*équateur du muscle*. Nous nommerons *section longitudinale naturelle* l'intersection de la surface du muscle avec un plan passant par l'axe du cylindre qui représente la forme de ce muscle. Toute droite parallèle à l'axe du cylindre et située dans l'intérieur de sa surface convexe, recevra le nom de *section longitudinale artificielle*. Les muscles étant composés de fibres cylindriques, on voit que les sections transversales renferment les bases naturelles ou artificielles des extrémités des fibres, tandis que les sections longitudinales ne contiennent que les points de la surface convexe des différentes fibres dont le muscle se compose.

Ces définitions posées, voici l'énoncé des lois du courant musculaire, entrevues par MM. Nobili et Matteucci, mais formulées pour la première fois par M. Du Bois-Reymond.

Première loi. — *Les muscles des animaux, pendant tout le temps qu'ils sont aptes à se contracter sous des influences quelconques, produisent un courant qui est sensible au galvanomètre, et qui, hors du muscle, est dirigé de la surface ou de la section longitudinale à la section transversale du muscle, considéré comme cylindrique, ou, plus généralement, de la section équatoriale au centre des sections transversales naturelles.* L'intensité de ce courant est dépendante de la position et de la distance des points par lesquels le muscle est introduit dans le circuit du galvanomètre : elle est nulle, quand ces points sont symétriques par rapport à l'équateur ou à l'axe du muscle, que nous supposons toujours cylindrique, pour fixer les idées ; elle est maximum, au contraire, quand l'un des points de contact étant sur la circonférence d'une section transversale, l'autre se trouve au centre de cette section ou de toute autre section transversale naturelle ou artificielle. — A ce sujet, il faut remarquer que certains muscles, tels que, par exemple, le gastrocnémien et le triceps de la grenouille, offrent des *sections transversales naturelles*, là où les faisceaux musculaires vont aboutir aux tendons, les aponévroses musculaires n'étant alors que des revêtements de ces sections transversales naturelles.

Il suit de cette loi, que *les sections longitudinales naturelles ou artificielles d'un muscle sont électro-positives par rapport aux sections transversales naturelles ou artificielles.*

Pour vérifier la loi qui vient d'être énoncée, M. Du Bois-Reymond se sert d'un galvanomètre de 4600 tours. Les extrémités du fil de ce galvanomètre communiquent à des lames de platine suspendues dans des vases de porcelaine séparés et remplis d'une dissolution concentrée de sel marin. En mettant ces vases en communication avec le muscle à examiner, le courant de celui-ci fait dévier le galvanomètre. Mais pour empêcher l'action de la dissolution saline sur ce muscle ou plus généralement sur les organes qu'on veut soumettre à l'expérience, M. Du Bois-Reymond procède de la manière suivante : Il prépare des conducteurs (*Bäusche*) formés au moyen d'un grand nombre de feuilles de papier à filtrer superposées (fig. 268, ci-après) ; deux de ces conducteurs, imbibés de la dissolution saline, sont plongés par une de leurs extrémités dans les vases qui contiennent les lames de platine, tandis que leur autre extrémité repose sur le bord du vase qu'elle dépasse un peu. Pour empêcher ces conducteurs de se déplacer, ils

Fig. 268.

sont soutenus par une petite planchette de bois verni qui est fixée au
vase. On commence par fermer le circuit au moyen d'un troisième
conducteur, préparé de la même manière, et que l'on pose sur les
deux premiers. De cette façon, on obtient en général une déviation du galvanomètre, due au défaut d'homogénéité des deux lames
de platine. On attend que ce courant cesse et que l'aiguille revienne
au zéro. Puis, l'on pose sur chacun des deux premiers conducteurs
un petit morceau de membrane de vessie ramollie dans du blanc

Fig. 269.

d'œuf, l'on ôte le conducteur qui fermait le
circuit, et on réunit les deux membranes au
moyen du muscle ou de l'organe qu'il s'agit
d'étudier. La figure 269 montre la manière
dont le muscle se trouve disposé entre les deux
conducteurs lorsqu'on veut fermer le circuit en
réunissant une section transversale artificielle a et une section longitudinale b. Cette dernière étant électro-positive par rapport à l'autre,
le courant circulera dans le muscle dans le sens indiqué par la flèche,
et dans le galvanomètre de la section longitudinale à la section transversale, conformément à la loi qu'il s'agissait de démontrer. (H. V.)

THÉORIE DU COURANT MUSCULAIRE.

Pour expliquer la loi que nous venons d'énoncer et de démontrer
expérimentalement, M. Du Bois-Reymond admet que les muscles
sont formés de molécules électro-motrices telles, qu'en les supposant
sphériques, chacune d'elles soit électro-positive sur toute l'étendue
d'une zone équatoriale et électro-négative sur toute l'étendue des deux

zones polaires qui complètent, avec la première, toute la surface de la
molécule. Ces molécules seraient distribuées sur des lignes parallèles
aux fibres du muscle et passant par les pôles négatifs des molécules
distribuées respectivement sur chacune d'elles. On voit qu'ainsi les

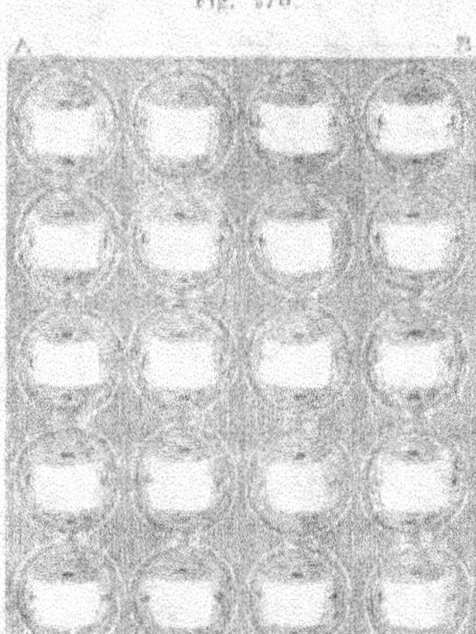

Fig. 270.

sections transversales ne contien-
dront que des pôles négatifs, et les
sections longitudinales que des zones
équatoriales positives. Les premières doivent donc être électro-négatives et les autres électro-positives,
ce qui est conforme à l'expérience.
La figure 270 représente un pareil
groupement de molécules musculaires : A B et C D sont des sections
transversales, A C et B D des sections longitudinales ; les intervalles
entre les molécules sont supposés
remplis par une matière conductrice dénuée de pouvoir électro-
moteur. Cette ingénieuse théorie de
M. Du Bois-Reymond rend compte

de toutes les particularités que présente le courant musculaire. Pour
plus de détails voir : Du Bois-Reymond, *Untersuchungen über thieri-
sche Electricität*, Berlin, 1848 et 1849. (H. V.)

SUITE DES LOIS DU COURANT MUSCULAIRE.

Deuxième loi. — *En comparant les divers muscles entre eux,
on observe que le courant est d'autant plus intense, que le muscle
est destiné à exercer une action mécanique plus grande, que cette
action doive être volontaire ou involontaire.* — Dans un même muscle,
le courant a une intensité qui est proportionnelle à l'irritabilité de
l'organe ; il cesse, après la mort, au moment de l'invasion de la roi-
deur cadavérique.

Troisième loi. — *Lorsqu'on observe au galvanomètre le courant
produit par un muscle, et que, par un moyen extérieur quelconque, électrique ou non-électrique, on détermine dans le muscle des
contractions répétées, on voit qu'à l'instant l'intensité du courant
ordinaire et naturel auquel il avait donné naissance éprouve une*

diminution d'intensité des plus remarquables. — La cause de cette diminution du courant musculaire doit être attribuée à un affaiblissement de la force électro-motrice du muscle pendant sa contraction.

M. Du Bois-Reymond a démontré que sur le vivant la contraction musculaire est également accompagnée d'une diminution d'intensité du courant des muscles contractés. Le moyen le plus simple de s'en assurer consiste à disposer au-dessous d'une tige cylindrique et horizontale de bois, solidement fixée à ses deux extrémités, deux verres contenant une dissolution de sel marin. Deux lames de platine plongent dans ces dissolutions et communiquent avec les extrémités d'un galvanomètre très-sensible. Après avoir lavé les deux mains dans de l'eau savonnée et les avoir essuyées, on plonge un doigt de chaque main dans l'un des vases, et l'on attend que l'aiguille, qui en général dévie, soit revenue au zéro. Si l'on saisit alors avec les quatre doigts libres de l'une des mains la barre de bois, et qu'on serre celle-ci avec force, l'aiguille éprouve une déviation considérable dans un sens ou dans l'autre, suivant le bras qui a été contracté. Avant la contraction, l'aiguille était immobile sous l'influence des courants des deux bras; lorsque l'un de ceux-ci vient à être contracté, le courant de l'autre devient prédominant et produit la déviation observée. (H. V.)

COURANT NERVEUX.

Depuis Galvani, et même déjà avant la publication des découvertes de ce savant, on avait supposé que l'agent qui préside aux fonctions des nerfs et que l'on avait appelé le fluide ou le principe nerveux, n'était autre que l'électricité. Mais on avait vainement essayé d'apporter quelque preuve expérimentale en faveur de cette hypothèse, jusqu'à ce que M. Du Bois-Reymond réussit, dans ces derniers temps, à lui donner un grand degré de probabilité, en démontrant dans les nerfs l'existence d'un courant propre. Voici de quelle manière on doit opérer : on prépare un morceau du nerf sciatique d'une grenouille récemment tuée, et on le dispose entre deux conducteurs de papier à filtrer, de manière qu'il touche l'un d'eux par sa section transversale, et l'autre, par sa section longitudinale, comme le montre la figure 271. Disposée de cette manière, cette portion de nerf produit un courant capable de

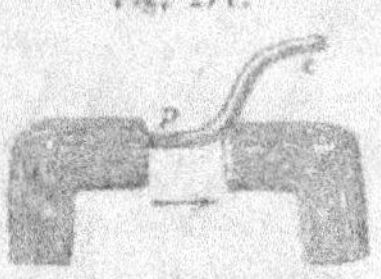

Fig. 271.

dévier l'aiguille de 15 à 30 degrés, et obéissant, quant à sa direction, aux mêmes lois que le courant musculaire. (H. V.)

II. — ACTION DES COURANTS SUR LES NERFS ET SUR LES MUSCLES.

MANIÈRE D'OBSERVER CETTE ACTION.

Pour observer les phénomènes produits par l'action des courants électriques sur les nerfs et les muscles, on peut se servir d'une grenouille récemment tuée et préparée à la manière ordinaire de Galvani (voy. fig. 110). Un grand nombre d'expériences peuvent également être faites au moyen de la *grenouille rhéoscopique ou galvanoscopique*, qui n'est autre chose qu'une jambe de grenouille dépouillée et unie à un long filament nerveux, composé du plexus lombaire et de son prolongement dans la cuisse, c'est-à-dire du nerf crural (fig. 272). Ou

Fig. 272.

bien, l'on peut, sur un animal vivant, découvrir un nerf, le nerf sciatique, par exemple, le séparer autant que cela est possible des parties environnantes, l'essuyer avec du papier sans colle, et introduire audessous de lui une bande de taffetas gommé pour l'isoler complétement des tissus. (H. V.)

COMMOTION GALVANIQUE.

Voici maintenant les effets que l'on remarque lorsqu'on fait passer le long d'un nerf moteur et sensitif[1] le courant d'une pile, en appli-

[1] On donne ce nom ou celui de nerfs mixtes à ceux qui président à la fois au sentiment et au mouvement des organes dans lesquels ils se distribuent. Ces nerfs sont toujours composés de deux espèces de fibres, les unes sensitives et les autres motrices. Dans toute paralysie, il y a abolition plus ou moins complète des fonctions de certains nerfs : quand les fibres sensitives sont seules frappées dans un organe, celui-ci devient insensible au froid et au chaud, au contact des corps extérieurs, etc.; quand les fibres motrices sont paralysées, les muscles dans lesquels ces fibres se distribuent perdent la faculté de se contracter, c'est-à-dire de produire le mouvement des organes. Il existe des nerfs exclusivement moteurs, et d'autres exclusivement sensitifs. Le nerf optique qui transmet à l'âme la sensation de la forme et de la couleur des corps, est un nerf exclusivement sensitif ; le nerf facial est presque exclusivement moteur. (H. V.)

quant les deux conducteurs à peu de distance l'un de l'autre. Que le courant soit *direct* ou *inverse*, c'est-à-dire qu'il soit dirigé de la partie centrale à la périphérie du nerf, ou qu'il suive la route opposée, pourvu que dans l'un et l'autre cas, son intensité soit appropriée au degré d'excitabilité du nerf, au moment où l'on ferme le circuit, comme au moment où on l'ouvre, tous les muscles dans lesquels le nerf va se ramifier se contractent vivement, et si l'on opère sur un animal vivant, celui-ci donne tous les signes de la douleur. Mais pendant que le circuit est fermé, on n'observe pas de contraction, et la douleur, chez un animal vivant, est beaucoup moindre. Les mêmes effets se remarquent si l'on applique les deux conducteurs sur deux points d'un des muscles que le nerf anime, de manière à faire passer le courant autant que possible dans le sens de la longueur de ce muscle. Cette contraction musculaire, accompagnée de douleur, et qui se produit à l'instant où le courant commence ou cesse, est ce qu'on appelle la *commotion galvanique*. Elle est identique, à l'intensité près, avec celle de la bouteille de Leyde. On peut la produire avec une pile de Volta, composée d'un grand nombre d'éléments, en appliquant l'une des mains mouillées sur le pôle positif de cet appareil, et l'autre, également mouillée, sur le pôle négatif. Au moment où l'on ferme le circuit, comme à celui où on le rompt, on ressent la commotion, d'autant plus vive que la pile est composée d'un plus grand nombre d'éléments; mais pendant tout le temps que le courant circule à travers le corps, on n'éprouve qu'une sensation particulière peu prononcée.

Si la grenouille rhéoscopique est récemment préparée, des courants même très-faibles suffisent pour qu'elle se contracte. C'est sur cette excessive sensibilité que reposent son nom et son emploi pour reconnaître l'existence de courants très-faibles. (H. V.)

LOI GÉNÉRALE DE L'EXCITATION ÉLECTRIQUE DES NERFS ET DES MUSCLES.

Pour produire la contraction d'un muscle, il n'est pas indispensable d'interrompre le courant qui traverse le nerf dont il reçoit le mouvement : il suffit de faire subir à ce courant des variations d'intensité en plus ou en moins, assez rapides et se succédant à des intervalles de temps très-courts. Chaque variation donnera lieu à une contraction. Ce fait est une conséquence des phénomènes que l'on observe à l'instant de la fermeture ou de l'ouverture d'un circuit. En effet, on peut comparer un courant dont l'intensité s'accroît subitement à un courant qui commence, et un courant brusquement affaibli, à un courant qui cesse. C'est en se fondant sur ces résultats, établis depuis un demi-siècle, que M. Du Bois-Reymond a pu formuler, pour la première fois, la proposition suivante, qui indique la condition sous laquelle l'électricité peut provoquer des contractions musculaires : *La contraction qu'un courant peut provoquer en agissant sur le nerf moteur d'un muscle, ne dépend pas directement de l'intensité du courant à un instant donné, mais principalement des variations d'intensité que ce courant éprouve d'un instant à l'autre, et elle est d'autant plus forte que ces variations sont plus considérables et plus rapides.*

Cette proposition explique l'énergie de la commotion produite par la bouteille de Leyde et la contraction en quelque sorte continue que déterminent les appareils d'induction que nous avons décrits plus haut. Ces courants peuvent donner la mort s'ils sont très-intenses et suffisamment prolongés. M. Masson a tué un chat en le soumettant seulement pendant 5 minutes à l'action d'un appareil à induction de force moyenne. La mort est due à l'abolition de l'excitabilité des nerfs. La foudre agit probablement de la même manière sur les individus qu'elle frappe de mort.

La loi de M. Du Bois-Reymond n'est toutefois rigoureusement applicable qu'aux nerfs moteurs. Quant aux nerfs sensitifs et aux nerfs des sens, ils sont tous susceptibles d'une certaine réaction à l'égard des courants continus, tout en subissant cependant l'influence des variations d'intensité des courants de la même manière que les nerfs moteurs. Volta a déjà indiqué la continuité de la sensation particulière que l'on éprouve en faisant passer un courant continu à travers une partie très-sensible de la peau. On connaît également la continuité de la douleur vive et brûlante que l'on ressent lorsqu'un courant, même très-faible, traverse une partie de la peau dépouillée de son épiderme. Les nerfs sensoriels donnent lieu à des observations analogues. (H. V.)

ACTION DES COURANTS SUR LES NERFS SENSORIELS.

Le nerf optique possède une grande excitabilité. Pour s'en assurer, il suffit de mettre une lame de cuivre en contact avec la gencive supérieure et une lame de zinc sur la paupière fermée et mouillée, puis de rapprocher ces deux lames jusqu'au contact : on observera au moment du contact une sensation de lumière subjective ; pendant que le courant circule, la lumière aperçue est très-faible. L'expérience peut se faire aussi en plaçant le zinc sur la gencive, et le cuivre sur la paupière, ou même en plaçant ces métaux en deux points différents de la gencive supérieure. Lorsqu'on applique sur l'une des paupières les deux conducteurs d'un appareil galvanique, on obtient des effets d'autant plus intenses que le courant est plus fort.

Le nerf acoustique est beaucoup moins impressionnable que le nerf optique, car il exige des courants assez intenses pour produire la sensation de sons subjectifs. Mais de tous les nerfs sensoriels, ceux qui président au goût sont les plus faciles à affecter, puisqu'un simple couple zinc et argent suffit pour donner une saveur très-prononcée aux points de la langue qui touchent le zinc. L'expérience se fait tout simplement en plaçant la langue entre une pièce de zinc et une pièce d'argent, le zinc en haut, et rapprochant ensuite les deux métaux jusqu'au contact pour fermer le circuit. Cette expérience remarquable, que Sulzer avait publiée, vers 1760, dans un ouvrage intitulé : *Théorie générale du plaisir*, peut être regardée comme le premier exemple connu d'une action physiologique produite par le contact de deux métaux différents. (H. V.)

LE SENS D'UN COURANT PEUT ÊTRE INDIQUÉ PAR LA GRENOUILLE RHÉOSCOPIQUE.

Si l'on opère sur une grenouille rhéoscopique d'excitabilité moyenne, on n'observe plus de contraction lors de l'ouverture du courant direct, ou de l'établissement du courant inverse; mais il se produit une forte contraction quand le courant direct commence ou que le courant inverse finit. Ces résultats, dont on peut tirer parti pour déterminer la direction d'un courant, s'expliquent en admettant que le courant direct affaiblit l'excitabilité des nerfs, tandis que le courant inverse l'augmente. On peut très-bien les vérifier au moyen d'une grenouille préparée à la manière de Galvani et dont on fait plonger les pieds dans des vases séparés, remplis d'eau salée et communiquant avec les conducteurs d'une pile. Mais les indications que l'on obtient sur le sens des courants au moyen de la grenouille sont loin d'être aussi sûres que celles que fournit le galvanomètre. (H. V.)

EXPLICATION DES EXPÉRIENCES DE GALVANI.

Les contractions observées par Galvani (voy. p. 220) peuvent être produites dans trois circonstances : 1° Lorsqu'on réunit les nerfs et

les muscles à l'aide d'un arc de deux métaux ; 2° lorsqu'on n'emploie
qu'un seul métal, et 3° sans métal, en faisant communiquer les nerfs
avec les muscles soit directement, soit par l'intermédiaire de corps
liquides simplement conducteurs. Dans le premier cas, la contraction
est principalement le résultat du courant extérieur ; dans les deux
autres, elle est produite par le changement brusque qui survient, lors
de la communication des nerfs avec les muscles, dans le courant propre des muscles. Mais ces dernières contractions exigent des grenouilles très-vivaces. (H. V.)

DE L'ÉTAT ÉLECTROTONIQUE DES NERFS.

Lorsqu'un courant extérieur traverse une portion quelconque de la
longueur d'un nerf, celui-ci se constitue dans un état particulier que
M. Du Bois-Reymond désigne sous le nom d'*état électrotonique*, et en
vertu duquel le *nerf développe, dans toute son étendue, outre son courant propre, un autre courant dirigé, à travers sa substance, dans le
même sens que le courant extérieur.*

Parmi les expériences qui démontrent cette
loi, nous nous bornerons à citer la suivante :
Une portion du nerf est étendue entre deux conducteurs de papier à filtrer, comme le représente
la figure 273, et l'autre repose sur deux petites
lames de platine placées sur un morceau d'ivoire
ou de verre et communiquant l'une avec le pôle
positif Z et l'autre avec le pôle négatif P d'un
simple élément de Grove. Le courant propre
du nerf circule dans le sens indiqué par la flèche. Supposons que le courant extérieur circule
à travers la portion de nerf qu'il traverse dans
le même sens, ainsi que l'indique la flèche tracée à côté de cette portion. Cela posé, aussitôt que le courant extérieur est établi, la déviation
permanente du galvanomètre augmente de 2 à 3 degrés, ce qui indique, dans la partie du nerf non traversée par le courant extérieur, la
formation d'un courant dirigé dans le même sens que ce dernier. Si
le courant extérieur circulait en sens opposé, la déviation du galvanomètre serait, au contraire, diminuée de 2 ou 3 degrés. La ligature du
nerf empêche le développement de l'état électrotonique, ce qui démontre que le nouveau courant accusé par le galvanomètre n'est pas

le résultat du passage du courant extérieur à travers la portion du nerf qui complète le circuit du galvanomètre. (H. V.)

THÉORIE DE L'ÉTAT ÉLECTROTONIQUE.

Les lois du courant nerveux étant les mêmes que celles du courant musculaire, la polarité électrique des molécules nerveuses doit être analogue à celle des molécules qui composent les muscles. Il s'agit maintenant de savoir comment cet état polaire des molécules des nerfs se laisse concilier avec la formation du courant dû à l'état électrotonique. A cet effet, M. Du Bois-Reymond admet que ces particules sont composées chacune de deux molécules bipolaires qui se touchent

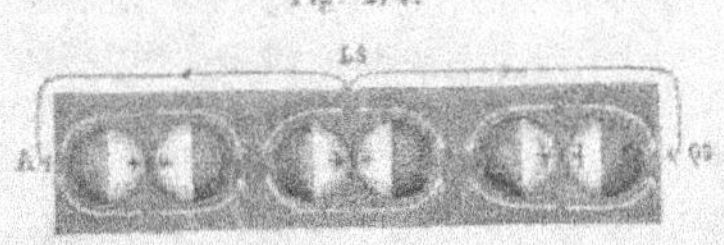

Fig. 274.

par leurs pôles de même nom, comme l'indique la figure 274. Lorsque les molécules ont ce groupement, le nerf est apte à produire son courant propre, quand on fait communiquer la section transversale QS, avec la section longitudinale LS par un fil conducteur. Mais le développement de l'état électrotonique modifie ce groupement, de manière qu'une des deux molécules de chaque particule accomplit une demi-révolution,

Fig. 275.

et qu'ainsi tous les pôles de même nom se dirigent dans le même sens (fig. 275), ce qui rend la constitution du nerf analogue à celle d'une pile ordinaire, et lui permet de produire un courant dans le même sens que le courant extérieur. Lorsque l'état électrotonique cesse, les molécules reprennent leur groupement primitif. (H. V.)

EFFET DE LA TÉTANISATION DES NERFS.

Lorsqu'on soumet un nerf isolé à l'action d'agents qui auraient déterminé la contraction des muscles dans lesquels il se rendait, son courant propre s'affaiblit, comme cela a lieu pour le courant des muscles quand ils se contractent. Mais pour le démontrer dans le cas où l'on produit l'excitation du nerf par des courants électriques, il faut se servir de courants interrompus, alternativement dirigés en sens contraires, afin d'empêcher le développement de l'état électrotonique. Les courants des appareils d'induction remplissent cette condition. Cette précaution prise, on introduit une portion du nerf dans le circuit du galvanomètre, et on tétanise l'autre en la mettant en contact avec les conducteurs de l'appareil à induction. A l'instant où la tétanisation commence, l'aiguille, déviée par le courant propre, se rapproche plus ou moins de sa position d'équilibre. (H. V.)

SUR UNE PRÉTENDUE JEUNE FILLE ÉLECTRIQUE.

Nous venons d'étudier les principaux phénomènes électriques que l'on observe dans l'organisme animal. Tous ces phénomènes sont dus à l'électricité en mouvement; et bien que, dans l'organisme, ils aient une intensité considérable, cependant, pour les manifester au dehors, il faut recourir à des appareils et à des procédés très-délicats. Il y a loin de ces phénomènes aux actions électriques que l'on prétend avoir été observées chez quelques personnes; il ne s'agirait plus de phénomènes d'électricité dynamique, mais d'effets d'électricité statique et notamment d'attractions et de répulsions électriques intenses que le corps de l'homme pourrait produire dans certaines conditions. Hâtons-nous toutefois de le dire, ces effets, attribués à une cause électrique par des personnes prévenues ou trompées, ont toujours été rapportés à une autre origine, lorsque, étant réels et non le résultat d'une supercherie, comme cela est arrivé souvent, ils ont pu être soumis à un examen sérieux de la part d'observateurs exercés et au courant de la science.

L'histoire d'Angélique Cottin, entre autres, va nous fournir la preuve de ce que nous avançons. — Des facultés extraordinaires s'étaient, disait-on, développées chez cette demoiselle, et l'on avait prié l'Académie des sciences de Paris de vérifier les faits signalés. Voici le rapport que fit à cette illustre assemblée une commission composée de MM. Arago, Becquerel, Isidore Geoffroy-Saint-Hilaire, Babinet, Rayer et Pariset.

« Dans sa séance du 16 février dernier, l'Académie reçut de M. Cholet et de M. le docteur Tanchou deux Notes relatives à des facultés extraordinaires qui, disait-on, s'étaient développées depuis environ un mois chez une jeune fille du département de l'Orne, Angélique Cottin, âgée de quatorze ans. L'Académie, conformément à ses usages, chargea une commission d'examiner les faits annoncés et de lui rendre compte des résultats. Nous allons, en très-peu de mots, nous acquitter de ce devoir.

« On avait assuré que mademoiselle Cottin exerçait une action répulsive très-intense sur les corps de toute nature, au moment où une partie quelconque de ses vêtements venait à les toucher. On parlait même de guéridons renversés à l'aide du simple contact d'un fil de soie.

« Aucun effet appréciable de ce genre ne s'est manifesté devant la commission.

« Dans les relations communiquées à l'Académie, il est question d'une aiguille aimantée qui, sous l'influence du bras de la jeune fille, fit d'abord de rapides oscillations, et se fixa ensuite assez loin du méridien magnétique.

« Sous les yeux de la commission, une aiguille délicatement suspendue n'a éprouvé, dans les mêmes circonstances, ni déplacement permanent ni déplacement momentané.

« M. Tanchou croyait que mademoiselle Cottin avait la faculté de distinguer le pôle nord d'un aimant du pôle sud, en touchant simplement ces deux pôles avec les doigts.

« La commission s'est assurée, par des expériences variées et nombreuses, que la jeune fille ne possède pas la prétendue faculté qu'on lui avait attribuée de distinguer par le tact les pôles des aimants.

« La commission ne poussera pas plus loin l'énumération de ses tentatives avortées. Elle se contentera de déclarer, en terminant, que le seul fait annoncé qui se soit réalisé devant elle est celui de mouvements brusques et violents éprouvés par les chaises sur lesquelles la jeune fille s'asseyait. Des soupçons sérieux s'étant élevés sur la manière dont ces mouvements s'opéraient, la commission décida qu'elle les soumettrait à un examen attentif. Elle annonça, sans détour, que ses recherches tendraient à découvrir la part que certaines manœuvres habiles et cachées des pieds ou des mains pouvaient avoir eue dans le fait observé. A partir de ce moment, il nous fut déclaré que la jeune fille avait perdu ses propriétés attractives et répulsives, et que nous serions prévenus aussitôt qu'elles se représenteraient. Bien des jours se sont écoulés depuis lors, et la commission n'a point reçu d'avertissement. Nous avons appris, cependant, que mademoiselle Angélique Cottin est journellement conduite dans des salons où elle répète ses expériences [1]. »

[1] C'est dans une séance de ce genre qui eut lieu un soir à l'hôtel où logeait Angélique Cottin, qu'un ami de M. Dalanet, M. M..., découvrit le mot de l'énigme en ce qui concerne les mouvements dans l'épreuve de la chaise et dans celle du guéridon; M. M..., qui se défiait quelque peu de la bonne foi de la fille électrique, s'était placé

« Après avoir pesé toutes ces circonstances, la commission est d'avis que les communications transmises à l'Académie, au sujet de mademoiselle Angélique Cottin, doivent être considérées comme non avenues. »

On voit, par le rapport qui précède, que l'histoire d'Angélique Cottin ne prouve nullement en faveur de la faculté que posséderait le corps humain de pouvoir, dans certaines circonstances, produire des effets d'électricité statique.

Il en est de même des histoires analogues qu'on trouve dans les auteurs. Pour s'en convaincre, il suffit d'une simple discussion des faits signalés, qui, la plupart du temps, sont en opposition avec les propriétés les mieux constatées des fluides électriques. Rien jusqu'ici ne nous autorise donc à admettre que le corps humain puisse développer à sa surface de l'électricité libre, soit positive, soit négative : les seules sources d'électricité qu'il renferme sont celles qui donnent lieu aux courants organiques dont nous nous sommes occupé précédemment. (H. V.)

UN MOT SUR LE MAGNÉTISME ANIMAL.

Bien que les phénomènes du magnétisme animal n'appartiennent pas à la physique, cependant, comme leur nom pourrait faire supposer qu'ils dépendent de la même cause première que les phénomènes magnétiques dont nous nous sommes occupé précédemment, nous devons en dire un mot, d'autant plus que cela nous fournira peut-être l'occasion de prémunir quelques-uns de nos lecteurs contre les exagérations

de manière à la voir de côté avec son guéridon devant elle. Angélique faisait face à ceux qui occupaient en grand nombre le fond et les côtés de la salle. Après une heure d'attente patiente, rien ne se manifesta. M. M... n'en continua pas moins à rester obstinément à son poste : il tenait en arrêt, de son œil infatigable, la fille électrique, comme un chien couchant le fait d'une perdrix. Enfin, au bout d'une autre heure, mille préoccupations ayant distrait l'assemblée et de nombreuses conversations s'y étant établies, tout à coup le miracle s'opéra, le guéridon fut renversé. Grand étonnement, grand espoir ! On allait crier : Bravo ! lorsque M. M..., s'avançant avec l'autorité de l'âge (c'était un vieillard octogénaire) et de la vérité, déclara qu'il avait vu Angélique, par un mouvement convulsif du genou, pousser le guéridon placé devant elle. Il en conclut que l'effort qu'elle avait dû faire avant dîner pour renverser une lourde table de cuisine (à l'arrivée de M. M..., les parents d'Angélique s'étaient empressés de l'instruire de ce nouveau prodige de leur fille) avait dû occasionner au-dessus du genou une forte contusion, ce qui fut vérifié et trouvé réel. Telle fut la fin de cette triste histoire où tant de gens avaient été dupes d'une jeune fille presque idiote, mais assez maligne cependant pour faire illusion par son calme même.

ridicules qu'on entend souvent débiter sur ce sujet, même par des personnes d'ailleurs très-sensées et fort instruites.

On donne le nom de *magnétisme animal* à un fluide hypothétique qui, par l'effet de la volonté, et par certains mouvements des mains (passes magnétiques), pourrait être transmis d'un individu (le magnétiseur) à un autre (le magnétisé), et développer chez celui-ci un sommeil analogue à celui des somnambules [1].

Que l'on puisse faire naître chez certaines personnes douées des qualités qui distinguent les gens nerveux (finesse de sensations et de perceptions, impressionnabilité, intelligence vive et rapide, ou faible et obtuse, jugement peu ferme, esprit essentiellement propre à se laisser subjuguer), un état analogue ou identique au sommeil des somnambules, c'est un fait incontestable. Mais pour arriver à ce résultat, on n'a nullement besoin de recourir aux passes magnétiques : il suffit qu'on ait pris sur la personne à magnétiser un ascendant moral prononcé, et qu'on lui commande avec autorité de s'endormir. Les partisans du magnétisme animal savent parfaitement que telles sont les deux conditions nécessaires et suffisantes à la réussite de l'expérience. En effet, j'ouvre l'ouvrage d'un des adeptes, et j'y lis : « Le magnétiseur, petit ou grand, robuste ou non, doit se sentir capable d'énergie, d'énergie soutenue. Il doit savoir ou non s'il est de force à dire : *Je veux!* d'une façon irrésistible et persévérante, et bien se rendre compte de ce qu'est un *je veux* bien articulé; car il est des gens qui, disant *je veux*, se font rire au nez par femme et enfant; tandis qu'il en est d'autres qui, avec un *je veux* bien senti et bien prononcé, enfonceront un carré d'infanterie, suivis de quelques hommes seulement, que leur parole et leur geste auront électrisés. » Tel est tout le secret des disciples de Mesmer, l'inventeur de la doctrine du magnétisme animal. La domination plus ou moins absolue de la volonté d'une personne sur celle d'une autre, et le développement d'une espèce de somnambulisme artificiel par l'effet d'une volonté puissante, sont, sans doute, des phénomènes fort singuliers; mais peut-on en conclure qu'il existe un fluide passant de celui qui agit à celui qui reçoit l'impression? Non; car, dans les sciences physiologiques comme dans les sciences physiques, les hypothèses ne sont permises que lorsqu'elles expliquent et coordonnent les faits connus, et qu'elles en font prévoir d'autres dont

---

[1] Le mot *somnambulisme* indique un état nerveux dans lequel une personne, à demi endormie, à demi éveillée, perçoit des sensations, se livre à des actes semblables à ce qui arriverait pendant l'éveil des sens et des organes. C. M. S. Sandras. *Traité pratique des maladies nerveuses*, tome I, Paris, 1851.

l'expérience vient ensuite démontrer la réalité ; quand elles ne remplissent pas ces conditions, elles doivent être rejetées, comme inutiles et même comme nuisibles, parce qu'elles entravent les recherches, en donnant à l'esprit une satisfaction trompeuse. Or, tel est le cas de l'hypothèse du magnétisme animal, qui, n'ayant rien expliqué, rien coordonné, rien fait prévoir, aurait depuis longtemps dû être vouée à un oubli complet.

Quant aux phénomènes que l'on observe chez les sujets magnétisés, ce sont les mêmes que ceux que présentent les somnambules naturels : rien de plus, mais probablement beaucoup de moins. Comme les somnambules, les sujets magnétisés ont besoin de leurs yeux pour voir, de leurs oreilles pour entendre, de leurs mains pour toucher, et les réponses des uns et des autres aux questions qu'on leur adresse sont toujours parfaitement en rapport avec leur degré d'instruction, et ne dénotent nullement la manifestation de facultés extraordinaires. En effet, toutes les merveilles qu'on raconte des somnambules artificiels parfaitement lucides, capables de voir par le haut de la tête, le nombril ou toute autre partie, de lire au travers des portes ou des murailles, de connaître en France, par exemple, ce qui se passe en Chine, de lire dans des organes dont ils ne connaissent pas la disposition, les dérangements qu'ils ne peuvent apprécier, de trouver dans une mèche de cheveux tous les secrets présents et passés de la personne à qui ces cheveux appartiennent, etc., etc. ; toutes ces merveilles, disons-nous, sont des histoires absurdes, inventées et accréditées par un charlatanisme adroit et effronté, et auxquelles les mystifications dont quelques médecins éclairés ont été dupes, ont donné un faux air de science. En un mot, tous les phénomènes réels et bien établis du magnétisme animal s'expliquent en les rattachant à ceux du somnambulisme, et sans qu'on ait besoin pour cela de recourir à une hypothèse que rien ne justifie. (H. V.)

ÉLECTRISATION PAR LES COURANTS.

L'électrisation par les courants est employée avec succès dans le traitement de plusieurs affections, et notamment de celles du système nerveux [1].

----

[1] Voy. le *Traité des applications de l'électricité à la thérapeutique médicale et chirurgicale*, par M. A. Becquerel. Paris, 1857. Cet ouvrage renferme, outre les belles

Pour appliquer ces courants à l'homme sain ou malade, on a recours à des conducteurs de diverses formes qu'on met en rapport, d'une part, au moyen de fils métalliques, avec l'appareil qui fournit ces courants, et de l'autre, avec la peau ou les organes. Tantôt ces conducteurs sont des cylindres de cuivre plus ou moins volumineux, destinés surtout à être serrés dans les mains, préalablement humectées d'un liquide conducteur (eau salée, eau acidulée), ou simplement humidifiées par la transpiration insensible.

D'autres fois, ce sont des plaques, des boutons, des boules, des cônes métalliques que l'on applique à une certaine distance sur la peau ou sur la partie à travers laquelle on veut diriger les courants.

Quelquefois encore, on a recours à des tiges métalliques droites ou recourbées, destinées à être introduites dans les cavités, ou bien à des éponges imbibées d'eau salée et placées dans des godets métalliques fixés à l'extrémité des fils conducteurs qui amènent les courants.

Pour agir énergiquement sur la peau et produire l'électrisation cutanée, on fait usage de pinceaux ou de brosses métalliques fixés à un manche isolant en communication avec l'un des fils conducteurs, tandis que l'autre fil communique avec un conducteur métallique placé sur un point quelconque de la surface du corps.

Enfin, M. A. Becquerel a indiqué un dernier mode d'application des courants, celui par bains. On peut faire usage du bain de pieds et du bain entier.

Le bain de pieds est composé de deux petites cuves en bois indépendantes l'une de l'autre et dans chacune desquelles on place de l'eau salée ou de l'eau acidulée tiède.

Le malade plonge chacun de ses pieds dans une cuve différente. Une d'elles est en communication avec l'un des fils conducteurs de l'appareil qui fournit les courants, l'autre avec le second fil de cet appareil, à l'aide de conducteurs métalliques plongés dans le liquide. On peut se servir de cuves analogues pour plonger un pied et une main du même côté. On peut également y plonger les deux mains.

Les bains entiers, tels que les emploie M. A. Becquerel, dans son

recherches de l'auteur, une analyse savante et consciencieuse de tous les travaux importants publiés jusqu'ici sur ce sujet. C'est incontestablement le travail le plus complet que nous possédions sur l'électricité médicale, et nous ne saurions trop le recommander à nos lecteurs. Voy. également les divers mémoires que j'ai publiés dans les *Annales de la Société de médecine de Gand*, et notamment celui qui porte pour titre : *Mémoire sur l'emploi de l'électricité en médecine*. Gand, 1852. (H. V.)

service à l'hôpital de la Pitié, sont fondés sur le même principe que les bains de pieds électriques.

L'individu sur lequel on veut agir est plongé dans une grande baignoire pleine d'eau salée tiède, à une température convenable. Un des bras du patient sort de l'eau et va plonger dans une petite cuve de porcelaine ou de verre, placée à une certaine distance et pleine d'eau salée.

Les choses étant ainsi disposées, on plonge l'un des conducteurs dans la grande baignoire, et l'autre dans la petite cuve dans laquelle est plongé le bras. De tels bains ne doivent jamais être prolongés au delà de sept à huit minutes. Ils rendent de grands services en agissant comme de puissants stimulants dans des cas de débilité profonde, d'anémie portée à un haut degré, etc.

Dans tout ce qui précède, nous avons supposé tacitement l'emploi de courants d'induction, les seuls dont on fasse usage lorsqu'il s'agit de modifier la vitalité des organes. Mais ce n'est pas à ces cas seuls que se bornent les applications de l'électricité. En effet, on tire également parti de la chaleur électrique, pour le traitement de certaines affections chirurgicales. Cette application consiste à mettre en contact avec les tissus sur lesquels on veut agir, un fil de platine que l'on fait rougir au moyen d'un courant électrique d'une intensité convenable. (H. V.)

III. — DES POISSONS ÉLECTRIQUES.

On sait depuis longtemps que la torpille a la propriété de communiquer des secousses particulières à la main qui la touche, mais on ignorait la cause de ce singulier effet jusqu'à ce que Musschenbroek, ayant ressenti pour la première fois la commotion de la bouteille de Leyde, l'attribua au mouvement de l'électricité à travers la main : c'est alors seulement que la torpille et les autres poissons analogues, que l'on appelait en général *trembleurs*, furent appelés à juste titre *poissons électriques*; on en connaît maintenant cinq espèces principales, qui sont : le *Torpedo narce, sive marmorata*; le *T. Galvanii*; le *Narcine brasiliensis*; le *Gymnotus electricus* et le *Silurus electricus*.

Les torpilles vivent dans la Méditerrannée, dans l'océan Atlantique, rarement dans la mer du Nord ; les gymnotes, semblables à des anguilles, se rencontrent dans les lacs de l'Amérique méridionale, et le silurus dans le Nil, le Niger et d'autres fleuves d'Afrique. (H. V.)

PROPRIÉTÉS DE LA TORPILLE.

C'est à Walsh que nous devons les premières recherches un peu précises sur les effets de la torpille ; ses expériences furent faites en 1772.

Quand la torpille est dans l'air, on reçoit une commotion semblable à celle de la bouteille de Leyde, en touchant directement ou par l'intermédiaire de corps bons conducteurs, avec l'une des mains son ventre et avec l'autre son dos. La manière la plus sûre de faire cette expérience consiste à mettre la torpille sur une assiette de métal qu'on tient dans une main, tandis qu'avec l'autre on touche le dos du poisson. Cette commotion se fait même sentir dans un cercle de plusieurs personnes qui se tiennent par la main, quand la première touche la torpille sous le ventre, tandis que la dernière la touche sur le dos, ou vice versâ. La moindre solution dans le circuit fait manquer l'expérience. Dans l'eau, les commotions ont toujours moins d'intensité que dans l'air, mais elles se produisent encore de la même manière et sous les mêmes conditions. L'eau étant un assez bon conducteur, on conçoit qu'une torpille vive et énergique puisse agir à distance, et qu'alors il ne soit pas nécessaire de la toucher directement. Walsh a en effet observé qu'elle foudroie, à distance, de petits poissons, ou au moins qu'elle les étourdit.

Dans tous les cas, la commotion que lance la torpille est pour elle un phénomène volontaire : il arrive souvent qu'on la touche à plusieurs reprises sans rien obtenir ; mais, lorsqu'on l'irrite en lui pinçant les nageoires, on est à peu près assuré de recevoir des coups redoublés ; Walsh a compté jusqu'à cinquante décharges en une minute.

J. Davy a reconnu que l'électricité de la torpille agit sur l'aiguille aimantée, produit des décompositions chimiques et peut aimanter l'acier : par là il a établi, le premier, l'identité de cette électricité avec celle que développent le frottement et le contact.

MM. Becquerel et Breschet ont fait plusieurs observations très-intéressantes sur les torpilles de Chioggia, non loin de Venise : ils ont constaté, par exemple, au moyen d'un bon galvanomètre, que le courant va toujours du dos au ventre en passant par le galvanomètre ; ils ont pareillement vérifié de nouveau que la torpille peut faire à volonté passer la décharge par tels ou tels points de ses surfaces supérieures et inférieures.

M. Matteucci, qui a fait plus récemment encore des expériences

très-curieuses sur les torpilles de l'Adriatique, a trouvé le moyen de
rendre l'étincelle parfaitement visible : pour cela il applique deux
armatures métalliques, l'une sur le dos et l'autre sur le ventre de la
torpille; puis il dispose en même temps deux feuilles d'or très-près
l'une de l'autre, et dont chacune est mise en communication avec
l'une des armatures : alors, aussitôt qu'on irrite la torpille, on voit
briller l'étincelle entre les deux feuilles d'or. (H. V.)

PROPRIÉTÉS DU GYMNOTE.

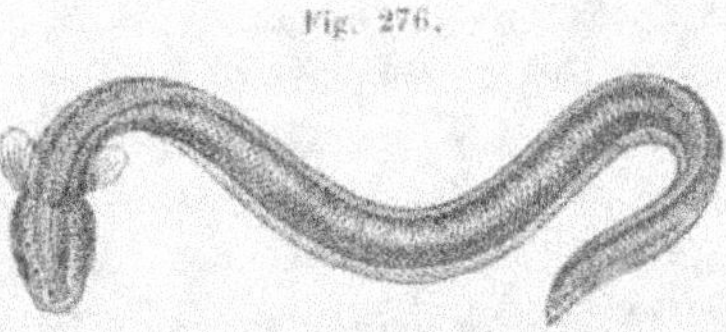

Le gymnote électrique, que
l'on appelle aussi *l'anguille
de Surinam*, est doué d'une
puissance électrique encore
plus grande que celle de la
torpille. Walsh fit venir de
Surinam des gymnotes, sur lesquels il confirma les résultats qu'il
avait obtenus de la torpille quelques années auparavant; de plus,
il fit cette observation curieuse, que la commotion du gymnote peut
se transmettre d'un conducteur à un autre au travers d'une petite lame
d'or, et qu'alors on voit briller une étincelle électrique.

M. de Humboldt a fait, en Amérique, avec M. Bonpland, un grand
nombre d'expériences sur le gymnote. Voici ce qu'il rapporte, dans
son ouvrage, des habitudes de ce poisson singulier et des moyens de le
pêcher :

« Nous partîmes, le 9 mars, de grand matin, pour le petit village
de *Rastro de Abaxo* : de là, les Indiens nous conduisirent à un ruisseau qui, dans le temps des sécheresses, forme un bassin d'eau bour-
beuse entouré de beaux arbres, de clusia, d'amyris et de mimoses à
fleurs odoriférantes. La pêche des gymnotes avec des filets est très-
difficile, à cause de l'extrême agilité de ces poissons qui s'enfoncent
dans la vase comme des serpents. On ne voulut point employer le
barbasco, c'est-à-dire les racines du *piscidia erythrina*, du *jacquinia
armillaris*, et de quelques espèces de *phyllanthus*, qui, jetées dans
une mare, enivrent ou engourdissent les animaux : ce moyen aurait
affaibli les gymnotes. Les Indiens nous disaient qu'ils allaient *pêcher
avec des chevaux*. Nous eûmes de la peine à nous faire une idée de
cette pêche extraordinaire; mais bientôt nous vîmes nos guides revenir de la savane, où ils avaient fait une battue de chevaux et de mulets

non domptés; ils en amenèrent une trentaine qu'on força d'entrer dans la mare.

« Le bruit extraordinaire causé par le piétinement des chevaux fait sortir les poissons de la vase et les excite au combat. Ces anguilles, jaunâtres et livides, semblables à de grands serpents aquatiques, nagent à la surface de l'eau, et se pressent sous le ventre des chevaux et des mulets; une lutte entre des animaux d'une organisation si différente offre le spectacle le plus pittoresque. Les Indiens, munis de harpons et de roseaux longs et minces, ceignent étroitement la mare; quelques-uns d'entre eux montent sur les arbres, dont les branches s'étendent horizontalement au-dessus de la surface de l'eau; par leurs cris sauvages et la longueur de leurs joncs, ils empêchent les chevaux de se sauver en atteignant la rive du bassin. Les anguilles, étourdies du bruit, se défendent par la décharge réitérée de leurs batteries électriques; pendant longtemps elles ont l'air de remporter la victoire. Plusieurs chevaux succombent à la violence des coups invisibles qu'ils reçoivent de toutes parts dans les organes les plus essentiels à la vie; étourdis par la force et la fréquence des commotions, ils disparaissent sous l'eau; d'autres, haletants, la crinière hérissée, les yeux hagards et exprimant l'angoisse, se relèvent et cherchent à fuir l'orage qui les surprend. Ils sont repoussés par les Indiens au milieu de l'eau. Cependant un petit nombre parvient à tromper l'active vigilance des pêcheurs; on les voit gagner la rive, broncher à chaque pas, s'étendre dans le sable, excédés de fatigue et les membres engourdis par les commotions électriques des gymnotes.

« En moins de cinq minutes, deux chevaux étaient noyés. L'anguille, ayant cinq pieds de long et se pressant contre le ventre des chevaux, fait une décharge de toute l'étendue de son organe électrique : elle attaque à la fois le cœur, les viscères et le *plexus cœliacus* des nerfs abdominaux. Il est naturel que l'effet qu'éprouvent les chevaux soit plus puissant que celui que le même poisson produit sur l'homme lorsqu'il ne le touche que par une des extrémités. Les chevaux ne sont probablement pas tués, mais simplement étourdis. Ils se noient, étant dans l'impossibilité de se relever par la lutte prolongée entre les autres chevaux et les gymnotes.

« Nous ne doutions pas que la pêche ne se terminât par la mort successive des animaux qu'on y emploie. Mais peu à peu l'impétuosité de ce combat inégal diminue : les gymnotes fatigués se dispersent; ils ont besoin d'un long repos et d'une nourriture abondante pour réparer ce qu'ils ont perdu de force galvanique : les mulets et les chevaux parurent moins effrayés, ils ne hérissaient plus la crinière, leurs yeux exprimaient moins d'épouvante : les gymnotes s'approchaient timidement du bord des marais, où on les prit au moyen de petits harpons attachés à de longues cordes. Lorsque les cordes sont bien sèches, les Indiens, en soulevant le poisson en l'air, ne ressentent point de commotion. En peu de minutes nous eûmes cinq grandes anguilles, dont la plupart n'étaient que légèrement blessées ; d'autres furent prises vers le soir par le même moyen.

« La température des eaux dans lesquelles vivent habituellement les gymnotes est de 26 à 27°. On assure que leur force électrique diminue dans les eaux plus froides ; et il est assez remarquable en général, comme l'a déjà observé un physicien célèbre, que les animaux doués d'organes électro-moteurs, dont les effets deviennent sensibles à l'homme, ne se rencontrent pas dans l'air, mais dans un fluide conducteur de l'électricité. Le gymnote est le plus grand des poissons électriques ; j'en ai mesuré qui avaient cinq pieds à cinq pieds trois pouces de long. Les Indiens assuraient qu'ils en avaient vu de plus grands encore. Nous avons trouvé qu'un poisson qui avait trois pieds dix pouces de long pesait douze livres. Le diamètre transversal du corps était (sans compter la nageoire anale, qui est prolongée en forme de carène) de trois pouces cinq lignes. Les gymnotes du *Cano* de Bera sont d'un beau vert d'olive : le dessous de la tète est jaune mêlé de rouge ; deux rangées de petites taches jaunes sont placées symétriquement le long du dos, depuis la tête jusqu'au bout de la queue ; chaque tache renferme une ouverture excrétoire : aussi la peau de l'animal est constamment couverte d'une matière muqueuse qui, comme Volta l'a prouvé, conduit l'électricité vingt à trente fois mieux que l'eau pure. Il est, en général, assez remarquable qu'aucun des poissons électriques découverts jusqu'ici dans les différentes parties du monde ne soit couvert d'écailles. »

En opérant sur ces poissons, dont les batteries sont si puissantes, M. de Humboldt n'a pu découvrir aucune action directe sur les électromètres les plus sensibles, et aucun phénomène de lumière électrique. Nous avons dit plus haut que M. Walsh avait, au contraire, réussi à obtenir des étincelles au moyen de ces poissons. (H. V.)

DE L'ORGANE ÉLECTRIQUE.

Dans les divers poissons électriques, l'organe dans lequel se développe l'électricité a sensiblement la même texture et les mêmes

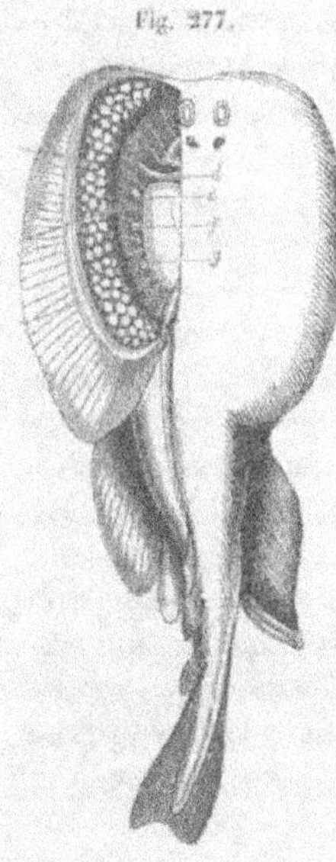

Fig. 277.

apparences, quoique différent par sa forme, par sa grandeur et par sa disposition. Nous essayerons de donner une idée de l'organe de la torpille, qui a été l'objet des recherches les plus précises. Cet organe se divise en deux parties symétriquement placées de chaque côté de la tête et appuyées contre les branchies (fig. 277); elles occupent l'une et l'autre toute l'épaisseur qui sépare la peau du ventre de celle du dos. Lorsqu'on en fait la dissection, on voit qu'il est composé d'un tissu cellulaire extrêmement lâche, à grandes mailles qui affectent la forme de prismes de cinq à six pans, dont les axes sont dirigés du dos au ventre du poisson. On en fait une comparaison sensiblement exacte, en disant qu'il ressemble aux alvéoles d'un rayon de miel, dont les cloisons seraient remplacées par des membranes fibreuses et résistantes. On compte ordinairement dans chaque organe quatre à cinq cents de ces petits prismes. Si l'on observe en détail la structure de chacun d'eux, on y distingue une foule de lames minces perpendiculaires à l'axe, séparées l'une de l'autre, et ajustées enfin comme les divers éléments d'une pile à colonne. Ces petits feuillets distincts, tantôt plans, tantôt ondulés, sont séparés par des couches d'une matière muqueuse très-adhérente. Quatre faisceaux nerveux d'un grand volume d, e, f, g, viennent se distribuer dans l'organe.

Chez le gymnote la queue est très-longue, et c'est dans cette partie de son corps qu'est logé l'organe électrique qui est extrêmement volumineux, circonstance qui explique l'intensité des commotions que ce poisson peut produire. Mais les prismes de l'organe ne sont plus verticaux, comme dans la torpille; ils sont, au contraire, dirigés horizontalement dans le sens de la longueur de la queue, de sorte que les feuillets qu'ils contiennent sont verticaux. Aussi chez le gymnote, le courant positif passe de la tête à la queue, et non du dos au ventre comme chez la torpille. (H. V.)

CAUSES DIVERSES QUI DONNENT NAISSANCE
A DES COURANTS ÉLECTRIQUES.

Puisque les courants électriques ne sont autre chose que la recomposition des deux fluides contraires, il en résulte que toutes les causes capables de développer de l'électricité dans des corps suffisamment conducteurs sont capables aussi de produire des courants; car les deux fluides sont toujours développés simultanément, et, comme chaque fluide libre tend à se réunir à une égale quantité de fluide contraire, il suffit de permettre cette réunion pour que le courant soit produit. Tous les courants jusqu'à présent connus doivent leur origine à quatre causes différentes, savoir : à des actions mécaniques, à des actions physiques, à des actions chimiques, à des actions physiologiques. Nous nous sommes déjà occupé des courants dus à cette dernière cause (voy. le chapitre relatif à l'électro-physiologie, p. 468); nous n'aurons donc plus à examiner que les courants produits par les trois premières. (H. V.)

I. — ACTIONS MÉCANIQUES.

Bien que le frottement, la pression et le simple clivage puissent développer de l'électricité, cependant l'on n'a réussi jusqu'à présent à obtenir des courants qu'au moyen du frottement, parce que cette source d'électricité, même lorsqu'elle s'exerce entre des corps bons conducteurs, est assez puissante pour s'opposer à la recombinaison immédiate des éléments du fluide neutre qu'elle a décomposé. Il n'en est point ainsi de la pression et du clivage. En effet, nous allons voir que deux corps pressés l'un contre l'autre ne se chargent d'électricité libre que lorsque l'un de ces corps au moins est mauvais conducteur. Quant au dégagement d'électricité par le clivage, il paraît faible et n'a d'ailleurs été observé que dans des corps mauvais conducteurs. La pression et le clivage ne peuvent par conséquent donner lieu à des courants électriques, la circulation de l'électricité à travers des corps mauvais conducteurs étant impossible. (H. V.)

COURANTS PRODUITS PAR LE FROTTEMENT.

Dans les machines ordinaires, l'électricité se développe par le frottement du verre contre les coussins. Lorsque au lieu d'accumuler cette électricité sur les conducteurs, on veut la transformer en courant, il suffit de disposer un fil de communication entre les conducteurs et les coussins; ce fil est alors traversé par un courant comme s'il réunissait les deux pôles d'une pile plus ou moins forte, et il est en effet capable d'agir sur l'aiguille aimantée, d'opérer des décompositions chimiques (p. 292), d'aimanter le fer doux (p. 336), etc. Cependant, son action est peu énergique : une grande machine, produisant de rapides et brillantes étincelles à une distance considérable, donne un si faible courant, qu'il faut un multiplicateur assez sensible et à long fil pour en constater l'existence. Dans ces expériences, il importe surtout que les différents tours du multiplicateur soient bien isolés les uns des autres; il faut donner au fil une double ou triple couverture de soie, le recouvrir ensuite d'un vernis à la gomme laque bien uniformément appliqué, et séparer par une couche de vernis les divers plans de spires superposés. Toutes ces précautions sont indispensables à cause de la tension considérable de l'électricité de frottement.

Lorsque les extrémités du multiplicateur ne sont pas en contact avec les conducteurs, mais seulement présentés à distance, le courant est plus faible, et son intensité paraît être en raison inverse de la distance, du moins pour les distances comprises entre 1 décimètre et 1 mètre.

Même dans les conditions les plus favorables, les courants produits par les machines sont très-faibles comparativement à ceux que donnent les piles voltaïques. Cette circonstance paraît tenir à la prodigieuse vitesse avec laquelle les fluides électriques se transmettent, et à la lenteur avec laquelle le frottement les développe.

Deux corps conducteurs, deux métaux différents, par exemple, que l'on frotte l'un contre l'autre, s'électrisent également et peuvent produire un courant. Pour le démontrer, on n'a qu'à frotter l'une contre l'autre deux plaques métalliques de nature différente, en les tenant par des manches isolants aux extrémités du fil d'un galvanomètre. Immédiatement l'une des plaques se chargera d'électricité positive, et l'autre d'électricité négative; tant que durera le frottement, cet état électrique persistera, et le fil du galvanomètre sera traversé par un courant accusé par la déviation de l'aiguille aimantée. Déjà M. Becquerel avait fait observer que, si l'on classe les métaux dans un ordre tel, que chacun d'eux soit négatif par rapport à ceux qui le suivent, et positif par rapport à ceux qui le précèdent, le même ordre convient aux courants électriques produits par le frottement et aux courants thermo-électriques, dont il sera question plus loin. M. Gaugain, qui a repris l'étude du frottement considéré comme source d'électricité, pensé que, contrairement à l'opinion de Becquerel, les effets électriques observés sont dus à l'échauffement des plaques métalliques frottées, et il conclut de ses expériences que *les courants produits par le frottement de deux plaques métalliques ne sont pas autre chose que des courants thermoélectriques*. (H. V.)

DÉVELOPPEMENT DE L'ÉLECTRICITÉ PAR LA PRESSION.

Le premier fait relatif au développement de l'électricité libre par la pression a été signalé par Libes, qui a remarqué qu'un disque de métal isolé et non verni, pressé sur du taffetas gommé, s'électrisait négativement, tandis que, frotté sur le même corps, il s'électrisait positivement. Un plateau de verre s'électrise aussi négativement lorsqu'on le presse sur du taffetas gommé.

Haüy a découvert plus tard que la pression exercée sur des cristaux dont le clivage n'est pas très-serré peut de même occasionner un développement d'électricité libre. La chaux carbonatée cristallisée présente ce phénomène d'une manière très-sensible ; il suffit de la comprimer avec les doigts et de la présenter à l'une des extrémités de l'aiguille électrique (voy. p. 37) : l'aiguille est alors déviée. Les cristaux comprimés peuvent conserver leur électricité libre pendant plusieurs heures, et même pendant plusieurs jours ; cette puissance conservatrice est principalement remarquable dans le spath d'Islande, qui, à cause de sa mauvaise conductibilité, se comporte à peu près comme la résine frottée.

M. Becquerel a publié un travail très-étendu sur la pression considérée comme source d'électricité. Il résulte de ses recherches que, lorsqu'on presse l'un contre l'autre deux corps dont l'*un au moins soit isolant*, ils se chargent toujours d'électricités de noms contraires. Il suffit d'une légère différence de température entre les deux corps pressés pour modifier l'état électrique acquis ; celui des deux corps qui est le plus chaud tend à devenir *négatif*. — En pressant deux corps *métalliques* l'un contre l'autre, quelle que soit la rapidité de la séparation, on n'obtient aucune trace d'électrisation. (H. V.)

DÉVELOPPEMENT DE L'ÉLECTRICITÉ PAR LE CLIVAGE.

Lorsqu'on sépare dans l'obscurité deux lames de mica, ou qu'on clive rapidement des corps lamellaires cristallisés quelconques, tels

que la baryte sulfatée, le feldspath, le talc, etc., il y a lumière produite,
et si l'on a eu soin de fixer à des manches isolants les deux portions du
corps lamellaire qu'on veut séparer, on trouve, après la séparation,
que ces deux portions sont chargées d'électricités contraires. — On
obtient des résultats de même nature en dédoublant rapidement une
carte à jouer. — Le soufre, le chocolat, l'acide borique, etc., s'électrisent quand on les détache d'une plaque de verre sur laquelle ils se
sont solidifiés; le corps détaché et la plaque se chargent de fluides de
noms contraires. (H. V.)

II. — ACTIONS PHYSIQUES.

Les causes physiques qui développent de l'électricité sont : le simple
contact de certains corps, les actions de la chaleur, du magnétisme et
de l'électricité. Quelques observations publiées par M. Becquerel portent à penser que les *actions capillaires* (voy. tome II de cet ouvrage)
constituent également une source d'électricité; nous devons nous con-
tenter de mentionner ces faits trop complexes et encore trop peu
étudiés pour qu'il soit possible de démêler leur véritable signification. Comme nous avons consacré des articles spéciaux à l'étude de
l'électricité produite par le contact (voy. *Galvanisme*, p. 219), par le
magnétisme (voy. p. 421), et par l'électricité, tant statique (voy. *Électricité par influence*, p. 43), que dynamique (voy. les articles relatifs
à l'*Induction*, p. 409), nous fixerons ici notre attention exclusivement
sur l'action de la chaleur considérée comme source d'électricité. (H. V.)

ACTION DE LA CHALEUR SUR LES CORPS MAUVAIS CONDUCTEURS. — POLARITÉ ÉLECTRIQUE DE LA TOURMALINE.

Certains cristaux, tant naturels qu'artificiels, présentent des phénomènes électriques lorsqu'on élève leur température. La tourmaline,
dont il a déjà été question au commencement de cet ouvrage (p. 35)
et qui cristallise en prismes hexagonaux ou triangulaires allongés, se
prête très-bien à l'étude de cette propriété. En effet, il suffit de chauffer
légèrement un cristal de cette substance, soit sur une lampe à esprit-
de-vin, soit par tout autre moyen, pour qu'il acquière la propriété
d'attirer et de repousser les corps légers. Il est facile aussi de s'assurer
que ces attractions et ces répulsions sont dues à l'électricité, car si l'on

suspend le cristal sur un pivot, de manière qu'il soit mobile autour d'un axe vertical, comme une aiguille de déclinaison, et qu'on en approche ensuite un bâton de cire à cacheter frotté, on constate que l'une des moitiés du cristal est électrisée positivement et l'autre négativement; enfin, l'on peut reconnaître, par le même moyen, que la présence des deux électricités est principalement sensible vers les deux extrémités du cristal prismatique, auxquelles, pour ce motif, on a donné le nom de *pôles*.

La propriété de la tourmaline chauffée est connue depuis fort longtemps : dans les Indes, et surtout à Ceylan, où cette pierre est très-commune, on s'amuse de cette propriété depuis bien des siècles, à peu près comme au temps de Platon les Grecs s'amusaient des attractions de l'aimant. Un phénomène aussi curieux ne pouvait échapper à l'attention des voyageurs ou même des commerçants. Les Hollandais firent connaître les tourmalines en Europe, et, depuis une centaine d'années, les propriétés électriques dont elles jouissent exercent la sagacité des physiciens.

Æpinus est un des premiers physiciens qui se soient occupés de ce sujet. C'est lui, en effet, qui constata, en 1756, que les propriétés de la tourmaline sont dues à l'électricité, et que les deux extrémités du même minéral avaient toujours des charges de nature opposée. C'est encore lui qui montra, quelques années plus tard, en 1759, que la tourmaline ne prend la *polarité électrique* que quand sa température s'élève ou s'abaisse; il montra encore que, si l'on casse une tourmaline *polarisée*, chacun des fragments est aussi *polarisé*, avec cette particularité que les deux surfaces de la cassure représentent des pôles électriques de noms contraires. Nous verrons plus loin, à propos des recherches de M. Gaugain, de quelle manière ce dernier fait doit être expliqué.

En 1828, M. Becquerel a publié un travail remarquable qui a considérablement étendu nos connaissances sur les phénomènes électriques de la tourmaline. Il a constaté que ce minéral reste *neutre* tant que sa température est constante, et se *polarise*, au contraire, pendant qu'il s'échauffe ou se refroidit. Il a prouvé aussi que, dans un même échantillon, la disposition des pôles, déterminée par l'élévation de température, est inverse de celle que produit le refroidissement. Lorsqu'on chauffe une tourmaline, il arrive une certaine température à laquelle la polarité se prononce, et l'on observe que la position des pôles reste la même aussi longtemps que la température est *ascendante;* mais à une température *stationnaire*, toute polarité disparaît. Au moment où le *refroidissement* commence, les propriétés électriques reparaissent, mais les pôles sont renversés et conservent cette nouvelle position aussi longtemps que le minéral se refroidit, pour disparaître de nouveau quand la température redevient stationnaire. Les phénomènes précédents ne se produisent pas à tous les degrés de l'échelle thermométrique; en effet, la tourmaline ne se polarise qu'entre certaines limites de température, au-dessous et au-dessus desquelles elle perd son état polaire antérieur, reste insensible à l'échauffement comme au refroidissement, et conserve son état neutre. Dans les expériences de M. Becquerel, la région moyenne d'une tourmaline polarisée et isolée est toujours restée à l'état neutre. Enfin, d'après le même physicien, toutes les tourmalines ne sont pas également électriques; quand elles sont trop longues ou trop ferrugineuses, elles ne donnent aucun effet. Les tourmalines brunes de 2 à 4 centimètres de longueur sont celles qui le sont le plus.

Le travail le plus récent sur les propriétés de la tourmaline est celui de M. Gaugain [1]. Ce savant a d'abord observé que la tourmaline peut communiquer à un électroscope l'électricité dont elle se charge par une variation de température, et il a déterminé les conditions requises pour que cette communication puisse avoir lieu :

« Je suspends, dit-il, à deux supports isolants la tourmaline que je veux étudier, au moyen de deux fils fins de platine ou de cuivre enroulés sur les extrémités du cristal; puis, après avoir mis l'un de ces fils en communication avec un électroscope à feuilles d'or ordinaire (voy. p. 38), et l'autre fil en communication avec le sol, j'échauffe la tourmaline d'une manière quelconque, et la laisse ensuite refroidir à l'air libre. Si le cristal en expérience a été porté à une température très-élevée, les feuilles d'or restent immobiles pendant quelques instants; mais, dès que la température de la tourmaline s'est abaissée au-dessous d'une certaine limite, elles commencent à diverger, s'écartent de plus en plus, finissent par atteindre les tiges métalliques destinées à les décharger, puis, après s'être dépouillées de l'électricité qu'elles possédaient, elles retombent dans la position initiale, pour diverger de nouveau. Ce mouvement se continue jusqu'à ce que le refroidissement soit complet, et le nombre des décharges effectuées peut mesurer avec assez d'exactitude la quantité d'électricité développée dans des conditions déterminées. Si l'on répète cette expérience, après avoir *supprimé la communication établie entre le sol et la tourmaline, les feuilles d'or ne*

---

bougent pas, ou, si elles divergent, leur angle d'écartement ne dépasse pas 5 ou 6 degrés. »

D'ailleurs, la nature de la charge communiquée à l'électroscope dépend de l'extrémité du cristal, ou pôle, qui est en communication avec l'appareil.

M. Gaugain a ensuite étudié la conductibilité électrique de la tourmaline à diverses températures. Il s'est assuré que cette conductibilité, presque nulle à la température ordinaire, augmente rapidement à mesure que ce minéral s'échauffe. Lorsque la température est assez haute pour que toute polarité du cristal disparaisse, sa conductibilité est telle, qu'il décharge instantanément un électroscope électrisé mis, par son intermédiaire, en communication avec le sol. Selon M. Gaugain, ce dernier fait expliquerait la disparition des signes électriques de la tourmaline aux températures élevées; en effet, dit-il, en supposant qu'à cette haute température le refroidissement développât de l'électricité, le fluide, au lieu de s'accumuler sur l'électroscope, s'écoulerait dans le sol à travers la tourmaline elle-même et le fil de communication, et les feuilles d'or conserveraient leur position initiale. Nous ne croyons pas cette explication exacte, et nous pensons qu'au-dessus d'une certaine température la tourmaline perd la propriété de développer de l'électricité. En effet, nous verrons à l'instant que, d'après les recherches de M. Gaugain lui-même, un cristal de tourmaline se comporte à peu près comme une pile sèche dont les disques seraient formés par les couches successives du cristal, disposées perpendiculairement à sa longueur.

Par conséquent, si la force électro-motrice qui agit dans la tourmaline ne s'anéantissait pas aux hautes températures, l'accroissement de conductibilité que ces températures élevées produisent dans le cristal, loin de nuire à l'accumulation des électricités aux pôles de celui-ci, devrait la favoriser en la rendant plus rapide, contrairement à ce qui a lieu en réalité (voy. la théorie de la pile voltaïque, p. 251). D'après cela, il nous paraît que, si une tourmaline chauffée au-dessus d'une certaine température ne présente plus de polarité, c'est parce que le fluide neutre n'est plus décomposé, et non parce que les électricités de noms contraires se recombineraient au fur et à mesure de leur développement, par suite de la bonne conductibilité que la tourmaline acquiert aux températures élevées.

Nous avons dit que M. Gaugain assimile une tourmaline polarisée à une pile sèche qui oppose une très-grande résistance à la circulation de l'électricité, et qui, dans un temps donné, ne peut fournir qu'une assez faible quantité d'électricité libre. Voici quelques-unes des expériences que le savant physicien cite à l'appui de sa théorie :

1° Dans une tourmaline *isolée*, les extrémités donnent seules des signes appréciables d'électrisation ; il n'en est pas de même dans un cristal qui communique avec le sol par une extrémité. Dans ce dernier cas, la partie moyenne de la tourmaline est aussi électrisée, et, sur cette partie moyenne, la tension est de même signe que sur l'extrémité isolée. On voit l'analogie qui existe entre ces phénomènes et la distribution de l'électricité dans une pile, suivant qu'elle est isolée ou non (voy. p. 251 et 253).

2° Parmi les fragments d'un même cristal, les plus longs sont ceux qui fournissent le plus d'électricité, et la tourmaline entière en fournit toujours plus que chacun de ses fragments. La quantité d'électricité développée pendant que la température s'abaisse augmente donc avec la longueur du cristal lui-même, ou, en d'autres termes, avec le nombre des éléments dont il se compose.

3° Voyant que la longueur des cristaux influe sur l'intensité des phénomènes produits, M. Gaugain a associé plusieurs tourmalines. Tantôt il a accouplé les cristaux en *série*, en les réunissant bout à bout par leurs pôles de noms contraires ; tantôt il les a disposés en *batterie*, c'est-à-dire de manière à les faire tous communiquer par les pôles de même nom. Les combinaisons en série reproduisent les phénomènes des piles voltaïques à éléments nombreux ; les combinaisons en batterie, ceux des piles à grandes surfaces. En opérant avec une batterie de quinze tourmalines communiquant toutes par leurs pôles de même nom, M. Gaugain est parvenu à communiquer à un petit carreau magique (p. 105) des charges assez fortes pour produire, par la recombinaison des électricités accumulées sur les deux garnitures de l'appareil, des étincelles de 2 à 3 millimètres de longueur.

La tourmaline ne jouit pas seule de la propriété de se polariser sous l'influence des variations de température. D'après les travaux de Haüy, beaucoup de cristaux qui dérogent à la loi de symétrie, c'est-à-dire dont les parties opposées correspondantes ne sont pas semblables par le nombre, la disposition et la figure de leurs faces, prennent, sur leurs surfaces terminales, des tensions électriques de signes contraires pendant leur échauffement et pendant leur refroidissement. Tels sont, d'après M. Brewster et Hankel, les cristaux de sucre candi, et d'après Köhler, les cristaux de boracite. (H. V.)

ACTION DE LA CHALEUR SUR LES MÉTAUX. — COURANTS THERMO-ÉLECTRIQUES.

Nous avons vu (p. 331) que Seebeck a observé, le premier, que, deux fils ou deux barreaux métalliques de nature différente étant soudés par leurs extrémités de manière à former un circuit complet, il suffit que les deux soudures présentent une inégalité de température pour qu'il se développe un courant électrique. De pareils circuits de deux métaux différents s'appellent des couples thermo-électriques, et les courants qu'ils fournissent, des courants thermo-électriques. Dans l'état actuel de la science, on ne peut expliquer la formation de ces courants qu'en admettant que, sous l'influence d'une élévation de température, la surface de jonction de deux barreaux métalliques devient le siège d'une force *électro-motrice*, qui les constitue et les maintient dans des états électriques opposés.

Pour étudier, au moyen du galvanomètre, les courants thermo-électriques donnés par deux métaux quelconques, tels que le fer et le platine, par exemple, il suffit de couper en deux un fil de platine, et d'adapter chacune de ces moitiés à chacun des bouts du multiplicateur, de manière que le contact soit bien métallique; alors, pourvu que ces jonctions entre le cuivre du fil galvanométrique et le platine soient constamment à la même température, le multiplicateur, armé de ses deux bouts de platine, jouira des mêmes propriétés que s'il était tout entier composé d'un fil de platine continu, c'est-à-dire qu'en touchant maintenant avec un fil de fer les deux extrémités du multiplicateur, on aura des courants qui ne pourront résulter que de la différence de température des deux points de contact du fer et du platine.

En soumettant les différents métaux à cette épreuve, ou à d'autres analogues, on reconnaît que les différents couples métalliques ont à cet égard des sensibilités très-différentes; car, dans les mêmes circonstances, les uns donnent des courants d'une grande énergie, et les autres, des courants excessivement faibles.

On a pareillement essayé, par les mêmes moyens, de classer les métaux à raison de leur tendance à prendre l'électricité positive ou négative, et les résultats que l'on a obtenus sont représentés dans le tableau suivant, où chaque métal est positif avec tous ceux qui le suivent, et négatif avec tous ceux qui le précèdent :

Antimoine,	Cuivre,	Argent,	Nickel,
Arsenic,	Laiton,	Manganèse,	Mercure,
Fer,	Rhodium,	Cobalt,	Bismuth.
Zinc,	Plomb,	Palladium,	
Or,	Étain,	Platine,	

M. Becquerel est arrivé aux mêmes résultats en se servant d'un circuit composé de fils de nature différente. Il chauffait successivement chacune des soudures à 20 degrés pendant que toutes les autres étaient maintenues à *zéro*. Le sens du courant développé dans chaque essai indiquait l'état électrique relatif qu'un métal quelconque prenait par rapport aux autres.

Il résulte de ce tableau, que si l'on chauffe la soudure *s* de l'appareil fig. 179, le courant circule de *s* en *s'*, en traversant le côté *c*, pour revenir en *s* à travers le barreau de bismuth, c'est-à-dire qu'il passe du cuivre vers ce dernier métal; le courant circulerait en sens inverse si l'on chauffait, au contraire, la soudure *s'*.

La force électro-motrice, toujours très-faible dans les couples thermo-électriques, ne peut produire que des courants peu intenses. Comme, d'un autre côté, la résistance propre de ces couples est pareillement faible, puisqu'ils sont composés uniquement de métaux, il est évident que si l'on ne veut pas trop diminuer l'intensité des courants qu'ils développent, il faut éviter d'introduire de grandes résistances dans leur circuit. C'est pour ces motifs que les *thermo-multiplicateurs*, c'est-à-dire les *multiplicateurs* qu'on applique aux courants thermo-électriques, doivent, en général, être composés d'un fil très-gros et n'avoir qu'un petit nombre de tours. On emploie ordinairement, pour ces multiplicateurs, des fils de cuivre d'environ un millimètre de diamètre et assez longs pour faire deux cents tours.

Si l'on réunit les deux bouts d'un thermo-multiplicateur avec un fil métallique en apparence homogène, on découvre quelquefois sur ce fil des points qui, étant chauffés, développent des courants thermo-électriques. Cet effet est évidemment dû à un défaut d'homogénéité. Pour produire ce défaut quand il n'existe pas naturellement, il suffit de faire dans le fil un simple nœud. En chauffant alors le fil dans le voisinage de ce nœud, il se manifeste un courant de la partie chauffée au nœud, lorsque le métal employé est du platine. Cette observation est de M. Becquerel. Cependant Nobili a obtenu des courants inverses avec des métaux plus oxydables, tels que le zinc et le fer. (H. V.)

FROID PRODUIT PAR LES COURANTS ÉLECTRIQUES.

Peltier a constaté par les expériences les plus concluantes un fait remarquable, jusqu'à présent exceptionnel et qui reste sans explication : c'est que, si un courant électrique passe d'un barreau de bismuth dans un barreau d'antimoine soudé au premier, au lieu d'un dégagement de chaleur, on observe un *refroidissement* considérable des deux métaux au point de soudure.

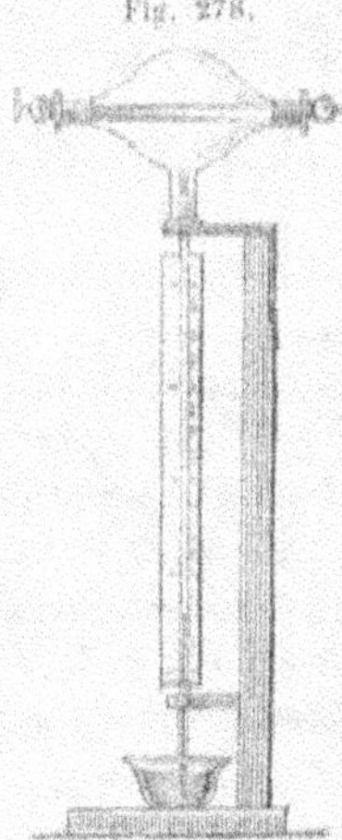

Fig. 278.

Pour vérifier ce fait, on peut se servir de l'appareil représenté par la figure 278 et qui n'est qu'une espèce de thermomètre à air dans la boule duquel est disposé un couple bismuth et antimoine, et dont le tube, placé verticalement, plonge dans un vase contenant un liquide coloré, qui doit s'élever dans ce tube à une certaine hauteur. Lorsqu'on fait passer à travers le couple le courant d'un seul élément voltaïque, de manière que l'électricité positive se propage du bismuth à l'antimoine, on voit le liquide monter dans le tube du thermomètre, ce qui accuse un refroidissement du point de soudure ; si l'on fait passer le courant de l'antimoine au bismuth, la soudure s'échauffe, au contraire, et le liquide descend.

M. Lenz a fait remarquer, avec raison, que l'effet du refroidissement est diminué dans la manière d'opérer de Peltier, par le réchauffement que le passage du courant détermine dans le barreau même de bismuth, ainsi qu'il s'en est assuré. Pour se mettre à l'abri de cet inconvénient, il a soudé par un de leurs bouts deux barreaux quadrangulaires de bismuth et d'antimoine de 11 1/2 centimètres de longueur chacun, et de 2 1/2 centimètres carrés de section transversale ; puis il a pratiqué au point de soudure une cavité dans laquelle il a introduit la boule d'un petit thermomètre, et qu'il a ensuite remplie entièrement de limaille de fer. En faisant passer à travers ce prisme mixte le courant d'un simple couple zinc et platine d'environ 10 décimètres carrés de surface, il a trouvé que le thermomètre descendait de 4° centig., quand le courant allait du bismuth à l'antimoine, et qu'il montait au contraire de plusieurs degrés, quand le courant cheminait de l'antimoine au bismuth. Ayant rempli d'eau la cavité de la soudure et recouvert le prisme mixte, sauf au point de soudure, de neige fondante, de manière que la température de tout l'appareil, l'eau comprise, fût maintenue à 0°, il a réussi à faire congeler l'eau renfermée dans la cavité et même à en abaisser la température à 4°,5 au-dessous de zéro, en faisant passer le courant du bismuth à l'antimoine pendant cinq minutes. Sans le passage du courant, l'eau ne se congelait point, et sa température se maintenait seulement à 0°.

(H. V.)

PILES THERMO-ÉLECTRIQUES.

Fig. 279.

Les piles thermo-électriques sont composées de couples disposés à la suite les uns des autres à peu près comme les éléments dans une pile voltaïque. Leur forme varie d'après l'usage auquel on les destine. La figure 279 représente la pile thermo-électrique dont Nobili et Melloni se sont servis, les premiers, pour l'étude de la chaleur rayonnante. Elle se compose de 25 ou 30 petits barreaux de bismuth et d'antimoine, ayant environ 4 ou 5 centimètres de longueur; ils sont soudés alternativement

Fig. 280.

bout à bout, comme le représente la figure 280, de manière que toutes les soudures paires soient d'un côté, et toutes les soudures impaires de l'autre; l'ensemble forme un petit faisceau compacte et solide, à cause des substances isolantes, telles que le gypse, le papier ou la résine qui séparent les barreaux les uns des autres, car il ne faut pas qu'ils se touchent ailleurs qu'aux soudures; enfin, les deux demi-éléments qui terminent la chaine viennent communiquer l'un à la tige de cuivre x, et l'autre à la tige de même métal y, qui forment ainsi les pôles de la pile. Deux fils roulés en hélice lâche et couverts de soie établissent la communication entre ces pôles et le multiplicateur; si l'on chauffe l'une des bases de cette pile, le galvanomètre indique un courant dans un sens, et si l'on chauffe, au contraire, l'autre base, on obtient un courant en sens opposé. La moindre différence de température entre les deux bases est ainsi signalée, et c'est sur cette propriété que repose l'application de cette pile à l'étude de la chaleur rayonnante.

Des piles construites d'après les mêmes principes, mais dont les couples ont de plus grandes dimensions, donnent des courants très-intenses, lorsqu'on établit entre les deux ordres de soudures une très-grande différence de température. Dans ce cas particulier, on dispose ces

appareils verticalement : on plonge l'extrémité inférieure dans de la
glace ou dans un mélange réfrigérant, et l'on fait rayonner sur l'autre
un disque de fer chauffé au rouge. Le bismuth et l'antimoine étant
trop fusibles, si l'on veut établir de très-grandes différences de température, il faut remplacer ces métaux par le fer et le platine, ou, suivant M. Poggendorff, par le fer et l'argentane. On a trouvé que
l'intensité du courant fourni par une pile thermo-électrique est proportionnelle à la différence de température entre les deux bases de
l'appareil. (H. V.)

CARACTÈRE DISTINCTIF DES COURANTS THERMO-ÉLECTRIQUES.

Les courants thermo-électriques se distinguent des courants voltaïques et d'induction, en ce qu'ils sont transmis beaucoup plus difficilement à travers les liquides. Cette différence est due à la faible
intensité des forces électro-motrices qui leur donnent naissance.
D'après cela, on peut séparer l'un de l'autre un courant voltaïque
et un courant thermo-électrique qui suivent le même conducteur, en
intercalant un liquide dans le circuit : le liquide laissera passer le
premier courant, mais il arrêtera le second. On donne généralement
le nom de *courants hydro-électriques* à ceux qui ne sont pas arrêtés
par les liquides. (H. V.)

DES EFFETS DES COURANTS THERMO-ÉLECTRIQUES.

Les courants thermo-électriques produisent tous les effets des courants hydro-électriques, mais à un degré beaucoup moindre dans les
cas où la résistance du circuit devient un peu considérable.

Nous avons déjà vu qu'ils dévient l'aiguille aimantée. Cette action
devait faire présumer qu'ils pourraient également aimanter le fer des
électro-aimants. L'expérience a confirmé cette prévision. — Les
actions chimiques de ces courants sont nécessairement faibles, à
cause de la grande résistance qu'opposent la plupart des électrolytes
au mouvement de l'électricité. Cependant Botto, de Turin, et Alexan-
der ont réussi à décomposer l'eau sous leur influence. Enfin M. Munke,
en se servant d'une pile de 81 barreaux de bismuth et d'antimoine,
longs de 27''' et ayant 5''' de largeur sur une épaisseur de 4''', a obtenu
des étincelles en ouvrant le circuit fermé au moyen d'une spirale d'induction. (H. V.)

APPLICATIONS DIVERSES DES EFFETS THERMO-ÉLECTRIQUES.

Nous avons déjà indiqué (p. 531) l'emploi des effets thermo-électriques pour déterminer la température à diverses profondeurs dans l'eau et dans le sol. Nous ajouterons seulement qu'afin d'éviter la réaction chimique de l'eau, les deux fils de l'élément thermo-électrique du thermomètre doivent être étamés, recouverts de coton et goudronnés. Avec ces précautions, on est assuré que l'appareil n'accuse plus que des courants thermo-électriques.

Nous avons également mentionné l'emploi de la pile thermo-électrique pour l'étude des propriétés de la chaleur rayonnante. Cette étude n'était même possible qu'avec cet appareil, qui seul est assez sensible et assez prompt dans ses indications pour accuser les changements brusques et peu considérables de température que produit le rayonnement calorifique des corps et dont il faut pouvoir déterminer la valeur exacte pour arriver à la connaissance des lois de ce rayonnement. On trouvera dans le second volume tous les détails relatifs à cette application importante des effets thermo-électriques.

Enfin, on a utilisé les effets thermo-électriques pour déterminer, non-seulement les températures élevées que l'on développe dans les diverses espèces de fourneaux employés dans l'industrie, mais encore pour explorer la température des parties intérieures de l'homme et des animaux. Nous allons entrer dans quelques développements sur cette dernière application, qui nous paraît de nature à piquer la curiosité du lecteur. (H. V.)

TEMPÉRATURE DES PARTIES INTÉRIEURES DE L'HOMME ET DES ANIMAUX.

On explore la température des parties intérieures de l'homme et des animaux, en y introduisant une aiguille ou sonde métallique plus ou moins fine, semblable à celles dont on se sert pour l'acupuncture[1], car il n'existe aucun autre moyen de traverser impunément les organes sans y produire de lésion. Cette aiguille est composée de manière à obtenir des effets thermo-électriques donnant immédiate-

---

[1] L'acupuncture est une opération chirurgicale fort usitée chez les Chinois, les Japonais et les peuples de l'Inde; elle consiste à piquer une partie saine ou malade avec une aiguille d'or ou d'argent.

ment et avec une grande exactitude la température du milieu où se trouvent des points déterminés de la sonde : à cet effet, M. Becquerel a pris deux aiguilles composées chacune de deux autres soudées par

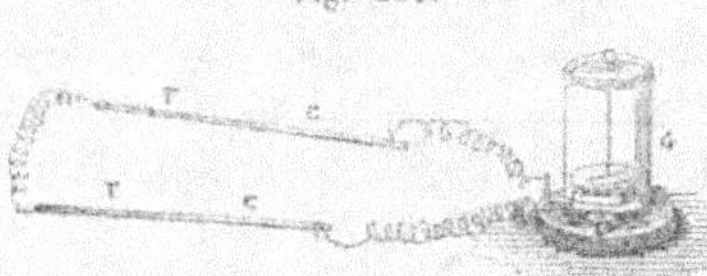

Fig. 281.

un de leurs bouts, l'une C, de cuivre et l'autre F, d'acier (fig. 281). La communication est établie entre les deux aiguilles, d'une part par leur bout acier avec un fil d'acier de même nature, de l'autre par leur bout cuivre avec les deux extrémités du fil d'un multiplicateur G, dont la sensibilité est telle, qu'une différence de $0°,10$ de température correspond à une déviation de $1°$. La soudure de l'une des aiguilles mixtes est placée dans un milieu dont la température est constante, par exemple dans la bouche, tandis que l'autre est introduite dans la partie dont on cherche la température. Quand la température n'est pas la même aux deux soudures, il en résulte une déviation de l'aiguille aimantée, due à la production d'un courant thermo-électrique. Une table des intensités et des températures correspondantes donne l'intensité du courant, et par suite la différence de température entre les soudures. La température de l'une d'elles étant connue par une expérience préalable, celle de l'autre ou du milieu exploré s'en déduit immédiatement.

Pour être bien certain de l'exactitude des résultats, on opère d'une manière inverse, c'est-à-dire que l'on place la soudure qui se trouvait dans la bouche, dans la partie dont on cherche la température, et celle de l'autre aiguille dans la bouche. Si les résultats sont les mêmes dans les deux cas, quand les aiguilles sont identiques, on peut considérer les expériences comme bonnes ; dans le cas contraire, on cherche d'où peut provenir la différence, et l'on continue l'expérience jusqu'à ce que l'on soit parvenu à une égalité parfaite.

Voici quelques-uns des résultats que M. Becquerel a obtenus dans une série d'expériences faites en commun avec M. Breschet :

Il existe une différence bien marquée entre la température des muscles et celle du tissu cellulaire dans l'homme et les animaux, différence qui paraît dépendre de la température extérieure et de la manière dont l'individu est vêtu ou recouvert. Cette différence dans l'homme varie de $1°,25$ à $2°,25$ en faveur des muscles, qui paraissent constituer le foyer où se développe la chaleur animale. On voit par là que les corps suivants se trouvent dans le cas d'un corps inerte dont on a élevé la température et qui est soumis à un refroidissement continuel de la part du milieu ambiant; ce refroidissement se fait sentir d'abord à la surface, puis gagne successivement les couches intérieures jusqu'au centre.

Le mode d'expérimentation adopté par M. Becquerel ayant l'avantage de constater des effets de chaleur instantanés, a permis de montrer que la température des muscles s'élève par la contraction. Supposons que l'une des soudures soit maintenue à une température de 36° (température de la bouche) et que l'autre soit placée dans le muscle biceps brachial, le bras étant tendu : l'aiguille aimantée est déviée de 10° environ. Si l'on ploie alors l'avant-bras de manière à contracter le muscle (la contraction se manifeste par le gonflement de la face antérieure du bras où se trouve le biceps), la déviation augmente de 1 à 2°. On attend que l'oscillation et son retour soient achevés, et à l'instant où elle recommence on ploie de nouveau l'avant-bras, afin de donner une nouvelle impulsion à l'aiguille aimantée. On finit ainsi par obtenir une déviation de 15°, correspondant à une déviation définitive de 5°, et par suite à une augmentation de température d'un demi-degré centigrade. Cette expérience prouve bien que les contractions ont la propriété d'élever la température dans les parties où elles se manifestent. Elle explique aussi l'augmentation de température qui résulte de l'exercice et l'influence salutaire que celui-ci exerce sur la nutrition des organes et, par suite, sur toutes les fonctions de l'économie.

MM. Becquerel et Breschet ont également prouvé, à l'aide de la méthode thermo-électrique, que la compression d'une artère diminue la température des muscles auxquels le vaisseau est destiné à apporter le sang. Ce phénomène nous rend compte de l'atrophie des organes par l'application prolongée de ligatures qui gênent la circulation; de l'influence si nuisible de certains vêtements qui, par la constriction qu'ils déterminent, agissent comme de véritables ligatures, etc.

Enfin les deux observateurs cités plus haut ont constaté qu'il existe une différence entre la température du sang artériel et celle du sang veineux; la différence en faveur du sang artériel est de plus d'un demi-degré.

Les exemples que nous venons de citer montrent le parti que l'on peut tirer des appareils thermo-électriques pour étudier la distribution de la chaleur dans l'intérieur du corps de l'homme, de celui des animaux, et même des végétaux. (H. V.)

III. — COURANTS PRODUITS PAR LES ACTIONS CHIMIQUES

LOI DE M. BECQUEREL.

Le développement de l'électricité par les actions chimiques a été l'objet des recherches d'un grand nombre de physiciens. Mais c'est M. Becquerel qui, le premier, a saisi la loi générale de ce phénomène. Cette loi peut être formulée de la manière suivante : *Quand deux corps se combinent, du fluide neutre est décomposé; le corps qui joue le rôle d'élément électro-négatif se charge d'électricité positive, et celui qui se comporte comme élément électro-positif prend l'électricité néga-tive.*

Voici deux expériences de M. Becquerel, faciles à faire, et que l'on peut citer à l'appui de la loi qui précède.

Après avoir versé de l'acide nitrique dans une capsule de porce-laine, on y plonge, en même temps, une même longueur de deux fils de cuivre ou de platine, dont les autres bouts sont mis en communi-cation avec le fil d'un galvanomètre très-sensible; on n'observe alors aucun courant; mais si l'on verse près de la partie immergée de l'un des fils quelques gouttes d'acide hydrochlorique, afin de former de l'eau régale qui puisse attaquer le métal le plus voisin, la déviation du multiplicateur signale un courant dont le sens indique que le métal attaqué (l'élément électro-positif de la combinaison qui se forme) prend l'électricité négative, et l'acide (qui fournit l'élément électro-négatif de la combinaison nouvelle) l'électricité positive. Pour que cette expérience réussisse bien, il faut employer de l'or et du platine préparés avec beaucoup de soin, afin qu'ils soient dégagés de tout alliage. Il faut également prendre les précautions nécessaires pour que leur surface soit bien propre (voy. p. 298).

La seconde expérience de M. Becquerel a pour objet de démontrer qu'en faisant réagir l'une sur l'autre deux dissolutions conductrices de l'électricité, et capables d'exercer l'une sur l'autre une action chimique, quelque faible qu'elle soit, on obtient une manifestation électrique sous forme de courant, tout aussi bien que par l'action chimique d'un liquide sur un solide, comme dans l'expérience précédente. Pour observer cet effet, on fait communiquer les deux extrémités d'un galvanomètre respectivement avec deux lames de platine bien déca-pées, qu'on plonge dans deux verres remplis l'un et l'autre d'acide nitrique; puis on fait communiquer les deux verres au moyen d'une mèche de coton imbibée d'eau et longue d'un décimètre, en ayant soin, sur sa longueur, de la soutenir par un tube de verre; vers le milieu de cette mèche on pose doucement avec un tube, à côté l'une de l'autre, une goutte d'acide nitrique et une goutte de potasse dissoute. Tant que les deux gouttes sont séparées il n'y a aucun effet; mais dès l'instant que leur réunion a lieu, il y a production d'un courant électrique allant directement de la potasse (élément électro-positif) à l'acide (élément électro-négatif) et de l'acide à la potasse à travers tout le circuit. En substituant d'autres acides à l'acide nitrique, les résultats sont les mêmes, mais plus ou moins prononcés, suivant l'énergie de l'action chimique et la conductibilité des liquides.

Comme toute combinaison, le phénomène de la combustion doit être accompagné d'un dégagement d'électricité. C'est ce que M. Pouillet a constaté le premier par des expériences décisives. D'après M. Gaugain, voici comment il faut opérer pour recueillir les électricités qui se dégagent dans la combustion du charbon. Supposons d'abord qu'on veuille recueillir l'électricité négative dont se charge le charbon, comme élément électro-positif du produit de la combustion. On prend un charbon, de forme quelconque, et on le met en communication avec le plateau supérieur du condensateur d'un électroscope à feuilles d'or; puis à 2 ou 3 millimètres de la surface enflammée, on dispose une spirale de platine ou un conducteur de toute autre nature qu'on met en communication avec le sol; on active pendant quelques instants la combustion au moyen d'un soufflet; puis lorsque le charbon est bien enflammé, on met de côté le soufflet, et on touche le plateau inférieur pour le mettre en communication avec le sol. En opérant ainsi on obtient toujours une charge d'électricité négative, pourvu qu'on ait eu soin de choisir un charbon conducteur. Lorsqu'on veut recueillir l'électricité positive de l'oxygène ou de l'air, il suffit de renverser l'ordre des communications indiquées plus haut, de mettre le charbon en communication avec le sol, et l'oxygène ou l'air en communication avec le condensateur. Un instant suffit pour obtenir toute la charge que le charbon ou l'air peuvent développer. Cette charge croît proportionnellement avec la surface du condensateur. D'après cela, on voit que dans l'acte de la combustion, le charbon et l'air se comportent exactement comme les deux disques zinc et cuivre dans l'expérience de Fechner (p. 227).

Les gaz et les vapeurs en combustion donnent les mêmes résultats que le charbon. Pour le constater, il faut opérer de la même manière que s'il s'agissait du charbon. Par exemple, si l'on fait communiquer l'intérieur d'une flamme d'alcool avec le condensateur, et que l'on établisse en même temps une communication entre le sol et l'air chaud qui enveloppe la flamme, on obtient une charge d'électricité négative. Pour obtenir l'électricité positive de l'air chaud, il suffit de renverser l'ordre des communications. (H. V.)

FIN DU PREMIER VOLUME.

TABLE DES MATIÈRES

DU PREMIER VOLUME.

Les articles de M. H. Valérius sont signés de ses initiales; ceux qui ne portent pas de signature sont, pour la plupart, une traduction libre des articles correspondants de l'ouvrage de M. Zimmermann.

DE L'ÉLECTRICITÉ.

DU MAGNÉTISME.

DU GALVANISME.

FORMES DIVERSES DONNÉES A LA PILE VOLTAÏQUE.

EFFETS PHYSIQUES DE L'ÉLECTRICITÉ EN MOUVEMENT.

ÉLECTRO-PHYSIOLOGIE.

CAUSES DIVERSES QUI DONNENT NAISSANCE A DES COURANTS ÉLECTRIQUES.

(Les trois cartes peuvent être placées à côté du titre ou à la page 201.)

FIN DE LA TABLE DES MATIÈRES.

25 centimes la livraison.

LES
PHÉNOMÈNES
DE
LA NATURE

LEURS LOIS

ET LEURS APPLICATIONS AUX ARTS ET A L'INDUSTRIE,

D'APRÈS LE D' W. F. A. ZIMMERMANN,

PAR

LE D' H. VALÉRIUS,

Professeur de physique à l'Université de Gand.

DEUX VOLUMES GR. IN-8°,

ILLUSTRÉS D'UN GRAND NOMBRE DE GRAVURES SUR BOIS, ET DE PLUSIEURS PLANCHES COLORIÉES,

publiés en 94 livraisons.

Optique. — Acoustique. — Mécanique. — Calorique. — Pneumatique. —
Hydraulique. — Électricité. — Magnétisme. — Galvanisme.

PARIS.   BRUXELLES.   PARIS.
SCHULZ ET THUILLIÉ,   CHARLES MUQUARDT,   GUSTAVE HAVARD,
1, Quai des Grands-Augustins.   Éditeur.   15, Rue Guénégaud.

ET CHEZ DECKER, DESSAIN ET FILS, COMMISSIONNAIRES POUR L'ÉTRANGER.

1857

Livraison 1.

PROSPECTUS.

Nous sommes à l'entrée d'une ère nouvelle. Une révolution se prépare, plus grande et plus féconde qu'aucune de celles qui ont marqué les diverses périodes de notre histoire. Il nous serait impossible de prévoir jusqu'où s'étendra l'influence qu'elle exercera sur l'avenir des peuples, et l'esprit le plus pénétrant oserait à peine faire quelques conjectures à cet égard. Mais si l'avenir nous est encore voilé, le mouvement actuel ne saurait échapper à personne. Il résulte de la tendance de notre époque vers *l'étude et les applications des forces de la nature.*

Pendant des siècles, le livre de la nature nous était, pour ainsi dire, resté complètement fermé; on traitait de téméraires et de présomptueux ceux qui essayaient d'en pénétrer les secrets. Notre époque a la gloire d'avoir secoué l'empire de ce préjugé. Non-seulement elle a réuni en corps de doctrine les observations et les recherches isolées de nos devanciers, mais elle a découvert un grand nombre de phénomènes nouveaux, elle a remonté à leurs causes, les a expliqués et classés dans un ordre qui les enchaîne étroitement, elle a formulé les lois qui les régissent et indiqué les applications dont ils sont susceptibles. Par cet immense travail, elle a changé la face de l'industrie et porté la physique à un tel degré de perfection, qu'à l'aide des seules données de cette science, il a été possible d'aborder les problèmes les plus difficiles, tels, par exemple, que celui de la formation de notre globe, au point de vue des changements successifs qu'il a éprouvés.

Les générations les plus reculées nous envieront d'avoir été les contemporains de cette grande révolution dans le domaine des sciences naturelles et dans celui de l'industrie.

À peine commençons-nous à en cueillir les premiers fruits, et déjà que de résultats obtenus!

Par le refroidissement, la vapeur d'eau se condense et donne lieu à un espace vide. La découverte de cette seule loi naturelle, qui sert de base aux machines à vapeur, a transformé le commerce et l'industrie, et doté l'homme de forces qui lui permettent d'exécuter en un jour le travail qui auparavant exigeait des siècles, et de parcourir des distances de plusieurs lieues en moins de temps qu'il n'en faut pour faire quelques pas.

La machine électrique qui, il y a quelques années à peine, n'était qu'un jouet d'enfants, que de résultats merveilleux n'a-t-elle pas fait réaliser, depuis qu'elle nous a permis l'étude d'un agent qui joue un rôle si important dans l'univers tout entier! En effet, en moins d'un instant, l'électricité transporte la pensée d'un bout de la terre à l'autre; elle a ouvert à la médecine un champ nouveau et dont, sans elle, on n'eût jamais soupçonné l'existence; elle est même devenue la rivale du soleil, puisqu'elle est capable de développer une lumière presque aussi éclatante que celle de cet astre.

Il nous serait facile de citer, par centaines, d'autres conquêtes de la science, et qui ne sont, comme les précédentes, que des applications de lois naturelles très-simples.

En présence de ce mouvement scientifique sans exemple, en présence d'applications qui, en s'étendant et en se multipliant chaque jour davantage, créent, sous nos yeux, pour ainsi dire un monde nouveau, on comprend suffisamment pourquoi l'étude de la physique est devenue un besoin si réel pour les masses. Malheureusement, les nombreux ouvrages publiés, pour répondre à ce besoin, soit en Allemagne, soit en France, et décorés du titre de *Traités populaires*, n'atteignent guère ce but, comme plus d'un de nos lecteurs aura pu s'en convaincre par sa propre expérience. C'est ce qui a décidé M. le docteur Zimmermann à essayer à son tour de combler la lacune regrettable que nous signalons, en offrant à l'Allemagne un *Traité de physique contenant le résultat de toutes les recherches accomplies jusqu'à ce jour, présenté de telle façon que, pour le comprendre, il ne faut pas avoir fait d'études scientifiques préalables.* Par son ouvrage « Le Monde avant la création de l'homme », ce savant a déjà vulgarisé une branche des sciences naturelles que les gens du monde connaissent à peine de nom. Le succès extraordinaire de cette publication (dix éditions en moins de deux ans), succès qui n'a pas son pareil dans les annales de la librairie, nous donne la certitude que ce nouveau travail ne sera pas accueilli avec moins de faveur et que chacun y trouvera ample moisson de connaissances utiles et intéressantes.

Dans cet ouvrage, il expose successivement toutes les parties de la physique, l'électricité, le magnétisme, le galvanisme, l'optique, le calorique, la pneumatique, l'acoustique, l'hydraulique et la mécanique. Pour faciliter l'intelligence des théories et des principes dont il a à traiter, il cherche constamment à s'appuyer sur des faits que le lecteur connaît ou peut observer aisément. En outre, il a soin d'indiquer toutes les applications de la physique à la vie ordinaire, aux arts et à l'industrie, de telle manière que chacun puisse se former une opinion raisonnée sur les diverses applications dont il s'agit, et *tirer parti, pour son propre usage, des connaissances qu'il aura acquises.*

Nous recommandons ce livre à tous ceux qui ne veulent pas rester en arrière, qui désirent étendre le cercle de leur savoir et se perfectionner dans leur industrie; à tous ceux qui veulent connaître l'esprit de notre époque, ses œuvres, ses créations et les avantages que nous offrent les conquêtes de la science. Enfin, nous recommandons ce livre à tous ceux qui, après les labeurs et les fatigues de la journée, désirent trouver un délassement propre à satisfaire le cœur et l'esprit.

M. le docteur H. Valérius, professeur à l'université de Gand, a enrichi et augmenté notre édition de plusieurs notes intéressantes. En outre, il a remanié un certain nombre de chapitres de l'édition allemande, de manière à les mettre en rapport avec les besoins des lecteurs auxquels nous nous adressons.

L'exécution matérielle du livre ne laissera rien à désirer. De nombreuses gravures accompagnent et expliquent le texte, ce qui n'empêche pas le prix de l'ouvrage d'être extrêmement modique.

LES PHÉNOMÈNES DE LA NATURE, formant deux beaux volumes gr. in-8°, illustrés d'un grand nombre de gravures sur bois et de plusieurs planches coloriées, seront publiés en 64 livraisons de 16 pages, à 25 centimes.

Imprimerie de J. Stienon, à Bruxelles.

LES
PHÉNOMÈNES
DE
LA NATURE
LEURS LOIS
ET LEURS APPLICATIONS AUX ARTS ET A L'INDUSTRIE.

D'APRÈS LE Dr W. F. A. ZIMMERMANN.

PAR

LE Dr H. VALÉRIUS,

Professeur de physique à l'Université de Gand.

DEUX VOLUMES GR. IN-8°,

ILLUSTRÉS D'UN GRAND NOMBRE DE GRAVURES SUR BOIS, ET DE PLUSIEURS PLANCHES COLORIÉES

publiés en 64 livraisons.

Optique. — Acoustique. — Mécanique. — Calorique. — Pneumatique. —
Hydraulique. — Électricité. — Magnétisme. — Galvanisme.

PARIS.   **BRUXELLES.**   **PARIS.**

SCHULZ ET THUILLIÉ,   CHARLES MUQUARDT,   GUSTAVE HAVARD.
9, Quai des Grands-Augustins.   Éditeur.   13, Rue Guénégaud.

ET CHEZ HECTOR BOSSANGE ET FILS, COMMISSIONNAIRES POUR L'ÉTRANGER.

1857

25 centimes la livraison.

LES
PHÉNOMÈNES
DE
LA NATURE

ET LEURS APPLICATIONS AUX ARTS ET A L'INDUSTRIE.

D'APRÈS LE D' W. F. A. ZIMMERMANN,

PAR

LE D' H. VALÉRIUS,

Professeur de physique à l'Université de Gand

DEUX VOLUMES GR. IN-8°,

ILLUSTRÉS D'UN GRAND NOMBRE DE GRAVURES SUR BOIS, ET DE PLUSIEURS PLANCHES COLORIÉES,

publiés en 64 livraisons.

Optique — Acoustique — Mécanique — Calorique — Pneumatique. —
Hydraulique. — Électricité. — Magnétisme. — Galvanisme.

PARIS.
SCHULZ ET THUILLIÉ,
7, Quai des Grands-Augustins.

BRUXELLES.
CHARLES MUQUARDT,
Éditeur.

PARIS.
GUSTAVE HAYARD,
15, Rue Guénégaud.

ET CHEZ HECTOR BOSSANGE ET FILS, COMMISSIONNAIRES POUR L'ÉTRANGER.

1857

Livraisons 6 et 7.

25 centimes la livraison.

LES

PHÉNOMÈNES

DE

LA NATURE

LEURS LOIS

ET LEURS APPLICATIONS AUX ARTS ET A L'INDUSTRIE,

D'APRÈS LE Dr W. F. A. ZIMMERMANN,

PAR

LE Dr H. VALÉRIUS,

Professeur de physique à l'université de Gand.

DEUX VOLUMES GR. IN-8°,

ILLUSTRÉS D'UN GRAND NOMBRE DE GRAVURES SUR BOIS, ET DE PLUSIEURS PLANCHES COLORIÉES.

publiés en 64 livraisons.

Optique. — Acoustique. — Mécanique. — Calorique. — Pneumatique. — Hydraulique. — Électricité. — Magnétisme. — Galvanisme.

PARIS.
SCHULZ ET THUILLIÉ,
2, Quai des Grands-Augustins.

BRUXELLES.
CHARLES MUQUARDT,
Éditeur.

PARIS.
GUSTAVE HAVARD,
15, Rue Guénégaud.

ET CHEZ HECTOR BOSSANGE ET FILS, COMMISSIONNAIRES POUR L'ÉTRANGER.

1857

Livraisons 8 et 9.

25 centimes la livraison.

LES
PHÉNOMÈNES
DE
LA NATURE

LEURS LOIS

ET LEURS APPLICATIONS AUX ARTS ET A L'INDUSTRIE,

D'APRÈS LE Dʳ W. F. A. ZIMMERMANN,

PAR

LE Dʳ H. VALÉRIUS,

Professeur de physique à l'université de Gand.

DEUX VOLUMES GR. IN-8°,

ILLUSTRÉS D'UN GRAND NOMBRE DE GRAVURES SUR BOIS, ET DE PLUSIEURS PLANCHES COLORIÉES,

publiés en 64 livraisons.

Optique. — Acoustique. — Mécanique — Calorique. — Pneumatique. —
Hydraulique. — Électricité. — Magnétisme — Galvanisme.

PARIS.   **BRUXELLES.**   **PARIS.**

SCHULZ ET THUILLIÉ,   CHARLES MUQUARDT,   GUSTAVE HAVARD,

7, Quai des Grands-Augustins.   Éditeur.   15, Rue Guénégaud.

ET CHEZ HECTOR BOSSANGE ET FILS, COMMISSIONNAIRES POUR L'ÉTRANGER.

1857

Livraisons 10 et 11.

25 centimes la livraison.

LES
PHÉNOMÈNES
DE
LA NATURE

LEURS LOIS

ET LEURS APPLICATIONS AUX ARTS ET A L'INDUSTRIE.

D'APRÈS LE Dr W. F. A. ZIMMERMANN,

PAR

LE Dr H. VALERIUS,

Professeur de physique à l'Université de Gand.

DEUX VOLUMES GR. IN-8°,

ILLUSTRÉS D'UN GRAND NOMBRE DE GRAVURES SUR BOIS, ET DE PLUSIEURS PLANCHES COLORIÉES,

publiés en 64 livraisons.

Optique. — Acoustique. — Mécanique. — Calorique. — Pneumatique. — Hydraulique. — Électricité. — Magnétisme. — Galvanisme.

PARIS
SCHULZ ET THUILLIÉ,
7, Quai des Grands-Augustins.

BRUXELLES,
CHARLES MUQUARDT,
Éditeur.

PARIS,
GUSTAVE HAVARD,
15, Rue Guénégaud.

ET CHEZ TOUTES LES LIBRAIRES ET CHEZ NOS CORRESPONDANTS POUR L'ÉTRANGER.

1857

Livraisons 12 et 13.

25 centimes la livraison.

LES
PHÉNOMÈNES
DE
LA NATURE

LEURS LOIS

ET LEURS APPLICATIONS AUX ARTS ET A L'INDUSTRIE.

D'APRÈS LE Dr W. F. A. ZIMMERMANN,

PAR

LE Dr H. VALÉRIUS,

Professeur de physique à l'université de Gand.

DEUX VOLUMES GR. IN-8°,

ILLUSTRÉS D'UN GRAND NOMBRE DE GRAVURES SUR BOIS, ET DE PLUSIEURS PLANCHES COLORIÉES,

publiés en 64 livraisons.

PHYSIQUE POPULAIRE A L'USAGE DES GENS DU MONDE.

PARIS.   **BRUXELLES.**   **PARIS.**

SCHULZ ET THUILLIÉ,   CHARLES MUQUARDT,   GUSTAVE BAVARD,
7, Quai des Grands-Augustins.   Éditeur.   15, Rue Guénégaud.

ET CHEZ HECTOR BOSSANGE ET FILS, COMMISSIONNAIRES POUR L'ÉTRANGER.

1857

Livraisons 14 et 15.

25 centimes la livraison.

LES
PHÉNOMÈNES
DE
LA NATURE

LEURS LOIS

ET LEURS APPLICATIONS AUX ARTS ET A L'INDUSTRIE,

D'APRÈS LE Dr W. F. A. ZIMMERMANN,

PAR

LE Dr M. VALÉRIUS,

Professeur de physique à l'université de Gand.

DEUX VOLUMES GR. IN-8°,

ILLUSTRÉS D'UN GRAND NOMBRE DE GRAVURES SUR BOIS, ET DE PLUSIEURS PLANCHES COLORIÉES,

publiés en 64 livraisons.

PHYSIQUE POPULAIRE A L'USAGE DES GENS DU MONDE

PARIS.
SCHULZ ET THUILLIÉ,
5, Quai des Grands-Augustins.

BRUXELLES.
CHARLES MUQUARDT,
Éditeur.

PARIS.
GUSTAVE HAVARD,
15, Rue Guénégaud.

ET CHEZ HECTOR BOSSANGE ET FILS, COMMISSIONNAIRES POUR L'ÉTRANGER.

1857

Livraisons 16 et 17.

LES
PHÉNOMÈNES
DE
LA NATURE

ET LEURS APPLICATIONS AUX ARTS ET A L'INDUSTRIE,

D'APRÈS LE Dr W. F. A. ZIMMERMANN,

PAR

LE Dr W. VALERIUS,

Professeur de physique à l'université de Gand

DEUX VOLUMES GR. IN-8°,

ILLUSTRÉS D'UN GRAND NOMBRE DE GRAVURES SUR BOIS, ET DE PLUSIEURS PLANCHES COLORIÉES,

publiés en 44 livraisons.

PHYSIQUE POPULAIRE A L'USAGE DES GENS DU MONDE

PARIS.
SCHELZ ET THUILLIÉ,
1, Quai des Grands-Augustins.

BRUXELLES.
CHARLES MUQUARDT,
Éditeur.

PARIS.
GUSTAVE HAVARD,
16, Rue Guénégaud.

ET CHEZ TOUS LES MÉDECINS ET TOUS LES COMMISSIONNAIRES POUR L'ÉTRANGER.

1857

LES
PHÉNOMÈNES
DE
LA NATURE

LEURS LOIS

ET LEURS APPLICATIONS AUX ARTS ET A L'INDUSTRIE,

D'APRÈS LE Dr W. F. A. ZIMMERMANN.

PAR

LE Dr M. VALÉRIUS,

Professeur de physique à l'université de Gand.

DEUX VOLUMES GR. IN-8°,

ILLUSTRÉS D'UN GRAND NOMBRE DE GRAVURES SUR BOIS, ET DE PLUSIEURS PLANCHES COLORIÉES,

publiés en 64 livraisons.

PHYSIQUE POPULAIRE A L'USAGE DES GENS DU MONDE.

<table>
<tr><td>**PARIS.**</td><td>**BRUXELLES.**</td><td>**PARIS.**</td></tr>
<tr><td>SCHULZ ET THUILLIÉ,</td><td>CHARLES MUQUARDT,</td><td>GUSTAVE HAVARD,</td></tr>
<tr><td>2, Quai des Grands-Augustins.</td><td>Éditeur.</td><td>15, Rue Guénégaud.</td></tr>
</table>

ET CHEZ DECQ ET ROZEZ, ROZEZ ET FILS, COMMISSIONNAIRES POUR L'ÉTRANGER.

1857

25 centimes la livraison.

LES
PHÉNOMÈNES
DE
LA NATURE

LEURS LOIS

ET LEURS APPLICATIONS AUX ARTS ET A L'INDUSTRIE,

D'APRÈS LE Dr W. F. A. ZIMMERMANN,

PAR

LE Dr H. VALÉRIUS,

Professeur de physique à l'université de Gand.

DEUX VOLUMES GR. IN-8°,

ILLUSTRÉS D'UN GRAND NOMBRE DE GRAVURES SUR BOIS, ET DE PLUSIEURS PLANCHES COLORIÉES,

publiés en 64 livraisons.

PHYSIQUE POPULAIRE A L'USAGE DES GENS DU MONDE.

PARIS.
SCHULZ ET THUILLIÉ,
3, Quai des Grands-Augustins.

BRUXELLES.
CHARLES MUQUARDT,
Éditeur.

PARIS.
GUSTAVE HAVARD,
13, Rue Guénégaud.

ET CHEZ HECTOR BOSSANGE ET FILS, COMMISSIONNAIRES POUR L'ÉTRANGER.

1857

Livraisons 22 et 23.

LES
PHÉNOMÈNES
DE
LA NATURE

LEURS LOIS

ET LEURS APPLICATIONS AUX ARTS ET A L'INDUSTRIE,

D'APRÈS LE Dr W. F. A. ZIMMERMANN,

PAR

LE Dr H. VALÉRIUS,

Professeur de physique à l'université de Gand.

DEUX VOLUMES GR. IN-8°,

ILLUSTRÉS D'UN GRAND NOMBRE DE GRAVURES SUR BOIS, ET DE PLUSIEURS PLANCHES COLORIÉES,

publiés en 64 livraisons.

PHYSIQUE POPULAIRE A L'USAGE DES GENS DU MONDE.

<table>
<tr><td>**PARIS,**</td><td>**BRUXELLES,**</td><td>**PARIS,**</td></tr>
<tr><td>SCHULZ ET THUILLIÉ,</td><td>CHARLES MUQUARDT,</td><td>GUSTAVE HAVARD,</td></tr>
<tr><td>5, Quai des Grands-Augustins</td><td>Éditeur,</td><td>15, Rue Guénégaud</td></tr>
</table>

ET CHEZ MEYER-DÉSINGÉ ET FILS, COMMISSIONNAIRES POUR L'ÉTRANGER.

1857

LES
PHÉNOMÈNES
DE
LA NATURE

LEURS LOIS

ET LEURS APPLICATIONS AUX ARTS ET A L'INDUSTRIE,

D'APRÈS LE D' W. F. A. ZIMMERMANN,

PAR

LE D' H. VALERIUS,

Professeur de physique à l'Université de Gand.

DEUX VOLUMES GR. IN-8°,

ILLUSTRÉS D'UN GRAND NOMBRE DE GRAVURES SUR BOIS, ET DE PLUSIEURS PLANCHES COLORIÉES,

publiés en 64 livraisons.

PHYSIQUE POPULAIRE A L'USAGE DES GENS DU MONDE.

PARIS,   **BRUXELLES,**   **PARIS,**
SCHULZ ET THUILLIÉ,   CHARLES MUQUARDT,   GUSTAVE HAVARD,
7, Quai des Grands-Augustins.   Éditeur.   45, Rue Guénégaud.

ET CHEZ MM. LES LIBRAIRES ET VILE, CORRESPONDANTS POUR L'ÉTRANGER.

1857

25 centimes la livraison.

LES
PHÉNOMÈNES
DE
LA NATURE

LEURS LOIS

ET LEURS APPLICATIONS AUX ARTS ET A L'INDUSTRIE.

D'APRÈS LE Dr W. F. A. ZIMMERMANN,

PAR

LE Dr H. VALÉRIUS,

Professeur de physique à l'université de Gand.

DEUX VOLUMES GR. IN-8°,

ILLUSTRÉS D'UN GRAND NOMBRE DE GRAVURES SUR BOIS, ET DE PLUSIEURS PLANCHES COLORIÉES,

publiés en 64 livraisons.

PHYSIQUE POPULAIRE A L'USAGE DES GENS DU MONDE.

PARIS.	BRUXELLES.	PARIS.
SCHULZ ET THUILLIÉ,	CHARLES MUQUARDT,	GUSTAVE HAVARD,
5, Quai des Grands-Augustins.	Éditeur.	15, Rue Guénégaud.

ET CHEZ HECTOR BOSSANGE ET FILS, COMMISSIONNAIRES POUR L'ÉTRANGER.

1857

Livraisons 28 et 29.

LES

PHÉNOMÈNES

DE

LA NATURE

LEURS LOIS

ET LEURS APPLICATIONS AUX ARTS ET A L'INDUSTRIE,

D'APRÈS LE D° W. F. A. ZIMMERMANN,

PAR

LE D° H. VALÉRIUS,

Professeur de physique à l'université de Gand.

DEUX VOLUMES GR. IN-8°,

ILLUSTRÉS D'UN GRAND NOMBRE DE GRAVURES SUR BOIS, ET DE PLUSIEURS PLANCHES COLORIÉES,

publiés en 64 livraisons.

PHYSIQUE POPULAIRE A L'USAGE DES GENS DU MONDE.

PARIS.   BRUXELLES.   PARIS

SCHULZ ET THUILLIÉ,   CHARLES MUQUARDT,   GUSTAVE HAVARD,
17, Rue de Seine.   Éditeur.   15, Rue Guénégaud.

ET CHEZ MÉNZÉS ROSSANGE ET FILS, COMMISSIONNAIRES POUR L'ÉTRANGER.

1857

LES

PHÉNOMÈNES

DE

LA NATURE

LEURS LOIS

ET LEURS APPLICATIONS AUX ARTS ET A L'INDUSTRIE.

D'APRÈS LE D' W. F. A. ZIMMERMANN,

PAR

LE D' H. VALÉRIUS,

Professeur de physique à l'université de Gand.

DEUX VOLUMES GR. IN-8°,

ILLUSTRÉS D'UN GRAND NOMBRE DE GRAVURES SUR BOIS, ET DE PLUSIEURS PLANCHES COLORIÉES,

publiés en 64 livraisons.

PHYSIQUE POPULAIRE A L'USAGE DES GENS DU MONDE.

PARIS.	BRUXELLES.	PARIS.
SCHULZ ET THUILLIÉ,	CHARLES MUQUARDT,	GUSTAVE HAVARD,
12, Rue de Seine.	Éditeur.	15, Rue Guénégaud.

ET CHEZ HECTOR BOSSANGE ET FILS, COMMISSIONNAIRES POUR L'ÉTRANGER.

1857